液化天然气装备设计技术

动力储运卷

张周卫　赵 丽　汪雅红　郭舜之　著

化学工业出版社

·北 京·

本书主要围绕液化天然气（LNG）混合制冷剂液化工艺及储运工艺中所涉及的主要低温装备，研究开发LNG 工艺流程中主要动力装备及储运装备的设计计算技术，主要包括混合制冷剂离心压缩机、天然气往复式压缩机、BOG 压缩机、混合制冷机膨胀机、螺旋压缩膨胀制冷机、LNG 潜液泵、LNG 温控阀及其附件、LNG 汽车加气系统、LNG 大型储罐、10000m^3 液化天然气球罐、LNG 立式储罐、LNG 槽车等装备的设计计算技术，为 LNG 液化、LNG 储运、LNG 接收及 LNG 气化等关键环节中所涉及主要设备的设计计算提供可参考样例，并推进 LNG 系列装备及系统工艺技术的标准化及国产化进程。

本书不仅可供从事天然气、液化天然气（LNG）、化工机械、制冷与低温工程、石油化工、动力工程及工程热物理领域内的研究人员、设计人员、工程技术人员参考，还可供高等学校化工机械、能源化工、石油化工、低温与制冷工程、动力工程等相关专业的师生参考。

图书在版编目（CIP）数据

液化天然气装备设计技术. 动力储运卷/张周卫等著.
北京：化学工业出版社，2018.3
ISBN 978-7-122-31066-8

Ⅰ.①液…　Ⅱ.①张…　Ⅲ.①液化天然气-贮运设备-设计　Ⅳ.①TE8

中国版本图书馆 CIP 数据核字（2017）第 288634 号

责任编辑：卢萌萌　刘兴春　　文字编辑：向　东
责任校对：王　静　　装帧设计：王晓宇

出版发行：化学工业出版社(北京市东城区青年湖南街 13 号　邮政编码 100011)
印　　装：三河市延风印装有限公司
787mm×1092mm　1/16　印张 26¼　字数 643 千字　2018 年 6 月北京第 1 版第 1 次印刷

购书咨询：010-64518888(传真：010-64519686)　售后服务：010-64518899
网　　址：http://www.cip.com.cn
凡购买本书，如有缺损质量问题，本社销售中心负责调换。

定　　价：158.00 元

前 言

FOREWORD

随着低温制冷技术的不断发展，低温工艺及装备设计制造技术日趋完善，在工业、农业、国防及科研等领域内的作用日益凸显，尤其在石油化工、煤化工、天然气、空分等大型成套装备技术领域具有重要地位，已广泛应用于大型液化天然气（LNG）、百万吨化肥、百万吨甲醇、大型气体液化分离等重大系统装备技术工艺流程中。

在LNG工业领域，大力发展LNG产业，提高天然气能源在消费中的比例是调整我国能源结构的重要途径，LNG既是天然气远洋运输的唯一方法，也是天然气调峰的重要手段。随着国内众多LNG工厂的相继投产及沿海LNG接收终端的建设，我国LNG工业进入了高速发展时期，与之相关连的LNG低温制冷装备技术也得到相应快速发展。LNG液化工艺主要包括天然气预处理、液化、储存、运输、接收、再气化等工艺单元，其中，液化工艺为核心工艺流程，主要应用低温制冷工艺技术制取-162℃低温环境并将天然气液化。根据不同的LNG液化工艺，可设计并加工制造不同的制冷装备，主要包括天然气压缩机、制冷剂压缩机、天然气冷箱、BOG压缩机、气液分离器、大型空冷器、LNG膨胀机、四级节流阀及各种过程控制装备等。储运工艺技术中还包括大型LNG储罐、LNG立式储罐、LNG气化器、LNG潜液泵等。近年来，30万立方米以上LNG系统多采用混合制冷剂板翅式主换热装备及液化工艺技术，60万立方米以上大型LNG系统多采用混合制冷剂缠绕管式主换热装备及液化工艺技术，这两种混合制冷剂LNG液化工艺技术具有集约化程度高、制冷效率高、占地面积小及非常便于自动化管理等优势，已成为大型LNG液化工艺装备领域内的标准性主流选择，在世界范围内已广泛应用。目前，国内的大型LNG装备一般随着成套工艺技术整体进口，包括工艺技术包及主设备专利技术使用费等，造价非常昂贵，后期维护及更换设备的费用同样巨大。由于大型LNG系统装备及主设备大多仍未国产化，即还没有成型的设计标准，因此给LNG制冷装备的设计计算带来了难题。

《液化天然气装备设计技术：动力储运卷》主要围绕LNG液化工艺及储运工艺中所涉及的主要装备技术，研究开发LNG液化工艺流程中核心动力装备及储运装备的设计计算技术，主要包括混合制冷剂离心压缩机、天然气往复式压缩机、BOG压缩机、混合制冷剂膨胀机、螺旋压缩膨胀制冷机、LNG潜液泵、LNG温控阀及其附件、LNG汽车加气系统、LNG大型储罐、10000m^3液化天然气球罐、LNG立式储罐、LNG槽车共12类核心装备的设计计算技术，为LNG液化、LNG储运、LNG接收及LNG气化等关键环节中所涉及主要设备的设计计算提供可参考样例，并推进LNG系列装备及LNG系统工艺技术的标准化及国产化研究开发进程。

（1）混合制冷剂离心压缩机

混合制冷剂离心压缩机是大型 LNG 液化工艺流程中的核心动力设备，也是大型混合制冷剂低温制冷系统的核心设备之一，主要用于100万立方米以上MCHE型LNG液化系统，及60万立方米以上大型PFHE型LNG液化系统。由于混合制冷剂在压缩过程中存在预冷分凝过程，混合制冷剂压缩难以计算，压缩过程中存在很多不确定性等问题，给混合制冷剂离心压缩机的研究及设计带来了困难。本文基于通用离心压缩机设计计算过程，结合混合制冷剂物性计算过程，采用西安交通大学流体教研室提供的多级离心压缩机压缩过程计算方法，结合100万立方米MCHE型LNG液化混合制冷剂压缩机压缩工艺流程，采用正丁烷、异丁烷、丙烷、乙烯、氮气、甲烷六元混合制冷剂，两段四级压缩过程，中段冷却并分离提取正丁烷、异丁烷二元制冷剂，丙烷、乙烯、氮气、甲烷四元混合制冷剂进入二段压缩过程的工艺流程。经过近些年来对MCHE型LNG液化系统的研究与开发，本书给出了一种六元混合制冷剂离心式压缩机设计计算模型，供相关行业的同行参考，以利于推进大型 LNG 混合制冷剂离心式压缩机的国产化进程。

（2）天然气往复式压缩机

LNG液化工艺用天然气压缩机是LNG液化流程中的主要动力设备之一，是将管道送来的低压天然气增压后，送至主换热设备并液化，从而使天然气在接近 4.3MPa 压力下液化，一来可以节省液化过程中天然气管道占用空间，缩小主换热器的换热面积及总体尺寸；二来让天然气压力高于主要成分甲烷的临界压力，整体液化温度高于标准沸点，便于天然气液化。天然气压缩机是将机械能转变为气体压力能的机械，而往复式压缩机又因排气压力高、排气压力稳定、价格相对较低，还可实现小气量、高压力等优点，已成为工业上使用量大、使用面广的一种通用机械。近年来，管道天然气增压功率及流量逐渐增大，在3MW以下中小型LNG液化系统中，通常采用往复式压缩机。往复式压缩机，主要由机座和工作腔两大部分组成，机座部分包括机身、曲轴、连杆、十字头组件等；工作腔部分包括气缸、活塞、活塞杆、活塞环与填料、气阀组件等，而在压缩机工艺计算中，热力计算和动力计算又是最重要的环节。往复式压缩机的动力和热力计算结果将是总体设计的依据，其精确程度会体现压缩机的设计水平。本书给出了天然气往复式压缩机设计计算模型，供相关行业的同行参考。

（3）BOG压缩机

BOG压缩机是LNG液化过程中不可缺少的主要动力设备之一，为大型LNG储罐等配套设施，是 LNG 饱和蒸气返回主液化系统的主要动力设备，具有压缩-162℃以上温度低温蒸气的特点。BOG 压缩一般采用往复式较多，其压缩机头具有防冻、防霜等特点。本书给出BOG压缩机设计计算模型，供相关行业的同行参考。

（4）混合制冷剂膨胀机

混合制冷剂膨胀机是 LNG 液化膨胀制冷过程获取冷量所必备的设备，是膨胀制冷液化工艺中的核心设备之一，其主要原理是利用有一定压力的混合制冷剂气体在透平膨胀机内进行绝热等熵膨胀对外做功而消耗气体本身的内能，从而使混合制冷剂气体自身强烈地冷却而达到制冷的目的。目前，从 LNG 低温液化、空分到极低温氢、氦的液化制冷，都有透平膨胀机的应用。本书根据透平膨胀机膨胀制冷原理，给出了混合制冷剂膨胀机的设计计算方法，仅供参考。

（5）螺旋压缩膨胀制冷机

螺旋压缩膨胀制冷机采用完全轴对称且同轴线结构的螺旋压缩机头、电动机及螺旋膨胀机头，应用近似布雷顿循环制冷原理，较布雷顿循环更接近等温压缩过程的循环方式，压缩功相对较小，可回收膨胀功，COP 较高；应用多级螺旋压缩叶片逐级改变螺旋压缩叶片螺距及螺旋上升角、逐级扩压再压缩的连续压缩方法，实现高速螺旋叶轮对气体的多级离心冲压压缩过程；通过增大螺旋膨胀叶片螺距及螺旋上升角，高压气流逐渐膨胀加速的连续膨胀做功方法，实现气体对螺旋叶片膨胀做功过程及降温过程；采用气流多级轴向扩压再膨胀的方法带动螺旋叶片高速旋转，实现气流对多级螺旋叶片逐级膨胀做功并降温的过程；结构简洁精巧，外形似圆柱形，可直接连接至管道中，实现高温气体的开式低温制冷过程。该技术由兰州交通大学张周卫等提出，并给出了螺旋压缩膨胀制冷机设计计算模型，供相关行业的同行参考。

（6）LNG 潜液泵

作为整个 LNG 加气站的动力装置，LNG 低温泵的性能要求最主要的是耐低温且绝热效果好，以及承受出口高压。其次是气密性和电气方面的安全性能要求比普通泵高很多。低温泵必须有足够的压力和流量范围，以适应不同级别的汽车 LNG 储存系统；要尽可能减少运行时产生的热量，以防止引发 LNG 气化；不可出现两相流，否则会造成泵的损坏。LNG 汽车加气站用潜液泵主要由泵、泵夹套和电动机组成。采用离心式结构体，转速高、质量轻，这种高速离心式 LNG 潜液泵采用屏蔽电动机一体轴配装泵体、叶轮、导流器、诱导轮等部件，通过变频控制器控制电动机的转速。其结构设计为屏蔽电动机和泵体全部浸没在低温液体中，达到零泄漏的方式。本书根据 LNG 潜液泵增压原理，给出了 LNG 潜液泵的设计计算方法，仅供参考。

（7）LNG 温控阀及其附件

温度控制阀是流量调节阀在温度控制领域的典型应用，其基本原理：通过控制换热器，空调机组或其他用热、冷设备，一次热冷媒入口流量，以达到控制设备出口温度的目的。当负荷产生变化时，通过改变阀门开启度调节流量，以消除负荷波动造成的影响，使温度恢复至设定的值。本书给出了一种 LNG 温控设计计算模型，供相关行业的同行参考。

（8）LNG 汽车加气系统

以 LNG 为燃料的汽车称为 LNG 汽车，一般分三种形式：第一种为完全以 LNG 为燃料的纯 LNG 汽车；第二种为 LNG 与柴油混合使用的双燃料 LNG 汽车；第三种为 LNG 与汽油混合使用的双燃料 LNG 汽车。这几种 LNG 汽车的燃气系统基本相同，都是将 LNG 储存在车用储罐内，通过气化装置气化为 0.5MPa 左右的气体供给发动机，其主要构成有 LNG 储罐、气化器、减压调压阀、混合器和控制系统等。本书主要给出了 LNG 汽车车载 LNG 储罐等的设计计算模型，供相关行业的同行参考。

（9）LNG 大型储罐

LNG 大型储罐主要用于 LNG 接收站或 LNG 液化工厂末端，为接收 LNG 的最主要设备。LNG 接收站内一般有多个大型 LNG 储罐，设计容积从几万立方米到几十万立方米，投资造价很高。LNG 大型储罐结构形式有单包容罐、双包容罐、全包容罐和膜式罐等。本文给出了一种 LNG 大型储罐的设计计算模型，供相关行业的同行参考。

（10）10000m^3液化天然气球罐

10000m^{3}液化天然气球罐是一种常用的LNG储存罐体，为中小型LNG接收站内核心设备，一般一个接收站可由几个罐体组成。LNG球罐主要由真空双壳体组成，外层安装水平环路，用以均匀罐内LNG温度，避免罐内LNG温度分层。LNG球罐是一个大型、复杂的焊接壳体，它涉及材料、结构、焊接、热处理、无损检测等多方面技术，对球罐设计方法和理论、选材和材料评价体系、高性能材料的焊接及热处理技术、大板片球罐制造技术的理论和实际都有重要作用。球形储罐与其他形式的压力容器比较，有许多突出的优点。如与同等容量、相同工作压力的圆筒形压力容器比较，球罐表面积小，所需钢板厚度较薄，因而具有耗钢量少、重量轻的优点。本书给出了10000m^3 LNG球罐的设计计算方法，仅供参考。

（11）LNG立式储罐

LNG立式储罐一般是垂直圆柱形双层真空储罐，具有耐低温特性，要求储液具有良好的耐低温性能和优异的保冷性能。储罐内LNG一般储存在101325Pa、-162℃饱和状态。内罐壁要求耐低温材料，一般选用A537CL2、A516Gr60等材料。在内罐和外罐之间填充高性能的保冷材料。罐底保冷材料还要有足够的承压性能。本书给出了一种LNG立式储罐设计计算模型，供相关行业的同行参考。

（12）LNG槽车

LNG槽车主要由双层平卧真空罐体与汽车底盘两部分组成。作为LNG陆地运输的最主要的工具，因其具有很强的灵活性和经济性，已得到了广泛应用。目前，我国使用的LNG槽车主要有两种形式，LNG半挂式运输槽车和LNG集装箱式罐车。半挂式运输槽车有效容积为36m^3，集装箱式有效容积为40m^3。本书给出了LNG槽车设计计算模型，供相关行业的同行参考。

本书共分12章，第1章、第3～5章、第8～10章由张周卫、郭舜之负责撰写并编辑整理，第2章、第6章、第7章、第11章、第12章由汪雅红、赵丽负责撰写并编辑整理。全书最后由张周卫统稿。

本书受国家自然科学基金（编号：51666008），甘肃省财政厅基本科研业务费（编号：214137），甘肃省自然科学基金（编号：1208RJZA234）等支持。

本书按照目前所列装备设计计算开发进度，重点针对12项装备进行研究开发，总结设计计算方法，并与相关行业内的研究人员共同分享。

由于水平有限、时间有限及其他原因，本书中难免存在疏漏与不足之处，希望同行及广大读者批评指正。

兰州交通大学
张周卫　赵　丽　汪雅红　郭舜之
2017年12月

目录
CONTENTS

第1章 混合制冷剂离心压缩机设计计算

第2章 天然气往复式压缩机设计计算

第3章 BOG压缩机设计计算

第 4 章 混合制冷剂膨胀机设计计算

第 5 章 螺旋压缩膨胀制冷机设计计算

第6章 LNG潜液泵设计计算

第 7 章 LNG 温控阀及其附件设计计算

第 8 章　LNG 汽车加气系统设计计算

第 9 章　LNG 大型储罐设计计算

第10章 10000m³液化天然气球罐设计计算

第 11 章 LNG 立式储罐设计计算

第12章 LNG 槽车设计计算

第1章
混合制冷剂离心压缩机设计计算

混合制冷剂离心压缩机是大型 LNG 液化工艺流程中的核心动力设备，也是大型混合制冷剂低温制冷系统的核心设备之一，主要用于 100 万立方米以上 MCHE 型 LNG 液化系统，及 60 万立方米以上大型 PFHE 型 LNG 液化系统。由于混合制冷剂在压缩过程中存在预冷分凝过程，混合制冷剂压缩难以计算，压缩过程中存在很多不确定性等问题，给混合制冷剂离心压缩机的研究及设计带来了困难。本文基于通用离心压缩机设计计算过程，结合混合制冷剂物性计算过程，采用西安交通大学流体教研室提供的多级离心压缩机压缩过程计算方法，结合 100 万立方米 MCHE 型 LNG 液化混合制冷剂压缩机压缩工艺流程，采用正丁烷、异丁烷、丙烷、乙烯、氮气、甲烷六元混合制冷剂，两段六级压缩过程，中段冷却并分离提取正丁烷、异丁烷二元制冷剂，丙烷、乙烯、氮气、甲烷四元混合制冷剂进入二段压缩过程的工艺流程。其中，一段根据计算可设置三级离心叶轮，二段可设置三级叶轮，整台压缩机共设计 6 级离心叶轮。六元混合制冷剂进气压力为 0.3MPa，中段出口压力为 0.9MPa，中段进口压力为 0.9MPa，六级叶轮出口压力为 2.18MPa。设计混合制冷剂流量为 42.388kg/s。图 1-1 为混合制冷剂离心压缩机结构图。

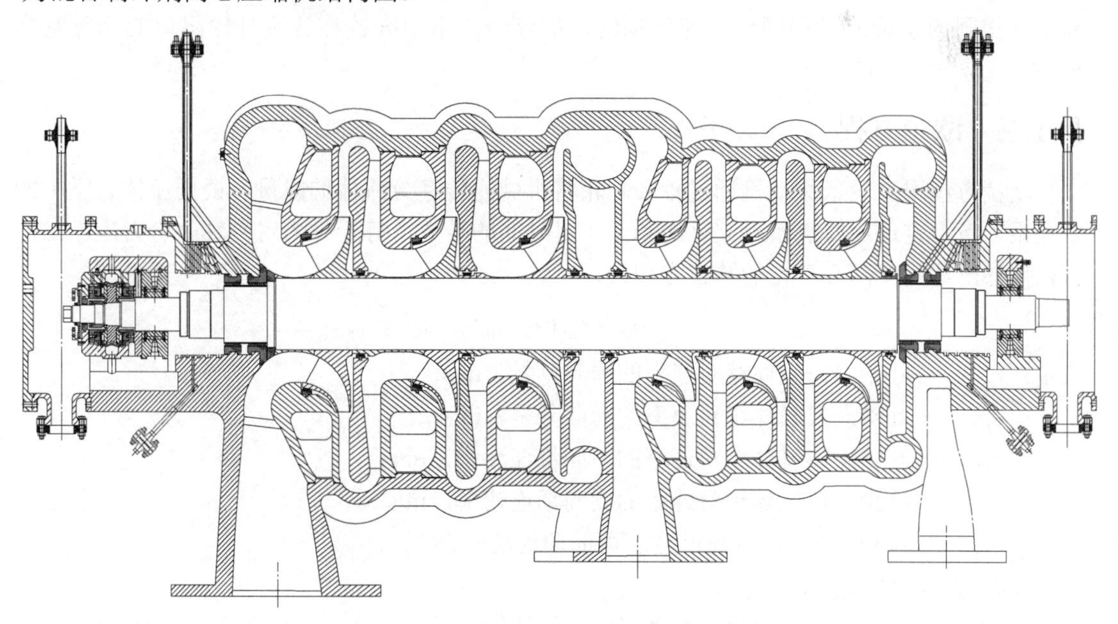

图 1-1 混合制冷剂离心压缩机结构图

1.1 设计中所涉知识点介绍

1.1.1 连续方程

连续方程是质量守恒定律在流体力学中的数学表达式。在流体作一元定常流动的情况下，流经压缩机任意截面的质量流量相等，即

$$q_m = \rho_i q_{Vi} = \rho_1 q_{V1} = \rho_2 q_{V2} = \rho_1 c_{1r} A_1 = \rho_2 c_{2r} A_2 = \text{const} \tag{1-1}$$

式中 q_m ——质量流量，kg/s；

q_{Vi} ——体积流量，m^3/s；

ρ_1，ρ_2 ——气体密度，kg/m^3；

c_{1r}，c_{2r} ——径向分速率，m/s；

A_1，A_2 ——叶轮进、出口流道的通流截面积，m^2。

$$q_m = \rho_2 q_{V2} = \rho_2 \frac{b_2}{D_2} \phi_{2r} \frac{\tau_2}{\pi} \left(\frac{60}{\pi} \right)^2 u_2^3 \tag{1-2}$$

式中 ϕ_{2r} ——流量系数，定义为$\phi_{2r} = c_{2r} / u_2$；

b_2 ——出口宽度，m;

u_2 ——出口速率，m/s；

D_2 ——叶轮直径，m;

τ_2 ——叶片出口阻力系数。

式中表明质量流量q_m一定时，叶轮出口相对宽度b_2 / D_2与流量系数ϕ_{2r}成反比。对应于多级离心式压缩机，一根轴上的各个叶轮中的体积流量或叶轮出口的相对宽度b_2 / D_2等参数，都受到相同的质量流量和同一转速的制约，故该式也常用来校核各级叶轮出口的相对宽度b_2 / D_2选取的合理性。

1.1.2 欧拉方程

欧拉方程用来表示原动机通过轴和叶轮将机械能传递给流体的能量。根据流体力学中的质点系动量距定理：质点系对某轴的动量距对时间的导数，等于外力对同轴的合力矩。由此可以推导出适用于离心叶轮的欧拉方程为：

$$h_{\text{th}} = c_{2u} u_2 - c_{1u} u_1 \tag{1-3}$$

式中 c_{2u} ——叶轮出口气体绝对速率的周向分量，m/s;

c_{1u} ——叶轮入口气体绝对速率的周向分量，m/s;

u_2 ——叶轮出口气体绝对速率的周向牵连速率，m/s;

u_1 ——叶轮入口气体绝对速率的周向牵连速率，m/s;

h_{th} ——1kg 气体流经叶轮叶片获得的理论功，J / kg 。

欧拉方程的物理意义：

① 欧拉方程指出了叶轮与流体之间的能量转换关系，它遵循能量转换与守恒定律；

② 欧拉方程表示只要知道叶轮进、出口的流体速率，即可求出单位质量流体与叶轮之

间机械能转换的大小，而无需知道气体在叶轮内部的具体流动情况；

③ 欧拉方程也适用于任何气体或液体工质。

对叶轮进、出口的速度三角形应用余弦定理，可以推导出欧拉第二方程，即

$$h_{th}=\frac{u_2^2-u_1^2}{2}+\frac{c_2^2-c_1^2}{2}+\frac{\omega_1^2-\omega_2^2}{2} \tag{1-4}$$

欧拉第二方程是欧拉方程的另外一种表达形式，其物理概念清楚，说明叶轮中圆周速度的增加和相对速度的减少用来提高理论功 h_{th}。

离心式压缩机的工质流动是很复杂的，是三元周期性不稳定流动。我们在讲述基本方程时一般采用如下的简化，即假设流动沿流道的每一个截面气动参数是相同的，用平均值表示，同时平均后，认为气体流动是稳定的流动。根据动量矩定理可以得到叶轮机械的欧拉方程，它表示叶轮的机械功能变成气体的能量，如果按单位质量的气体计算，用 h_{th} 表示，这称为单位质量气体的理论能量：

$$h_{th}=c_{2u}u_2-c_{1u}u_1 \tag{1-5}$$

式中，c_u 和 u 分别为气体绝对速度的周向分量和叶轮的周向牵连速度，下标 1 和 2 分别表示进、出口。用 ω_1 和 ω_2 分别表示叶轮入口和出口角速度，rad/s。利用速度三角形可以得到欧拉方程的另一种形式，即

$$h_{th}=\frac{u_2^2-u_1^2}{2}+\frac{c_2^2-c_1^2}{2}+\frac{\omega_1^2-\omega_2^2}{2} \tag{1-6}$$

1.1.3　能量方程

能量方程是用来表示气体温度（或比焓）和速度的变化关系。根据能量转换与守恒定律，外界对压缩机内的气体所做的功和输入能量应转换为气体的焓和动能的增加。叶轮对气体做的压缩功转换成气体的能量。在满足质量守恒的前提下，并假设气体与外界无热交换，则压缩机级中的能量方程式可以表示为：

$$w_{tot}=h_1-h_2+\frac{c_2^2-c_1^2}{2}=c_p(T_2-T_1)+\frac{c_2^2-c_1^2}{2} \tag{1-7}$$

式中　w_{tot} ——1kg 气体在叶轮中获得的总功，也称为总能量头，J/kg；

T_1 ——叶轮入口温度，℃；

T_2 ——叶轮出口温度，℃；

h_1，h_2 ——气体焓，kJ/kg。

能量方程式的物理意义：

① 能量守恒是在质量守恒的前提条件下得到的，即首先要满足连续性方程；

② 能量方程对理想气体和黏性气体都是适用的，流体损失最终以热的形式传递给气体，体现在气体温度的变化；

③ 在离心式压缩机中，一般忽略与外界的热交换，整个压缩机可以视为绝热系统；

④ 对实际叶轮，原动机传给叶轮的总功，其中是以机械能的形式传递给气体，泄漏损失功和轮阻损失功是以热的形式传给气体，提高了气体的温度；

⑤ 当气体流过静止部件通道时，因为对气体没有能量加入，即绝能流，所以 $w_{tot}=0$。

1.1.4 速度三角形

叶轮对气体做功，反映在气体在叶轮叶片的进、出口处气体流动速度的变化。气体在旋转叶轮流道中流动时，一个气体质点有 3 种运动：

① 气体相对于叶轮流道中的流动称为相对运动，用相对速度ω表示；

② 若相对坐标系选定在旋转叶轮上，叶轮相对于地面的运动称为牵连运动，用圆周速度 u 表示；

③ 气体质点相对于地面的运动称为绝对运动，用绝对速度 c 表示。

气体在叶轮流道中运动的速度有圆周速度 u、相对速度ω和绝对速度 c。三种速度矢量相加，组成一个封闭的三角形，称为气体运动的速度三角形。图 1-2 表示的是叶轮进口速度三角形，图 1-3 表示的是叶轮出口速度三角形。图中下标 1、2 分别表示叶轮叶片进、出口截面处速度。常把绝对速度 c_1 和 c_2 分解成两个分速度，即圆周分速度 c_{1u} 和 c_{2u}（其值大小在一定程度上反映了叶轮的做功能力和压力的大小）和径向分速度 c_{1r} 和 c_{2r}（其值大小在一定程度上反映了流量的大小）。一般情况下，设计叶轮时为了获得较大的理论功，通常使 $c_{1u}=0$，以保证叶轮具有较大的理论功，这样叶片进口处的速度三角形为直角三角形，即 $c_{1r}=c_1c_{1\alpha}$ 成为叶轮叶片进口气体的预旋速度，其值大小的变化，可以改变叶轮做功能力的大小。

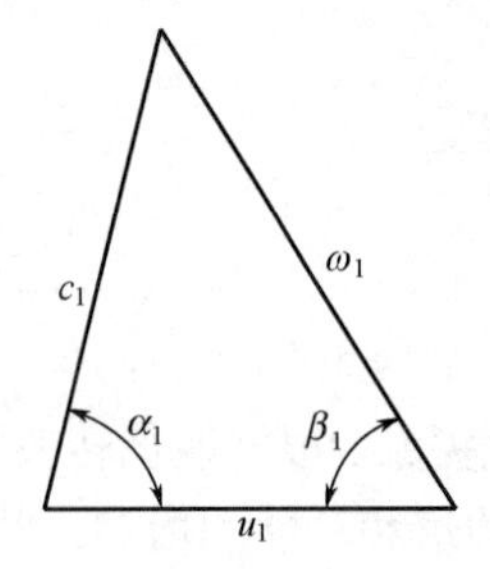

图 1-2　叶轮进口速度三角形

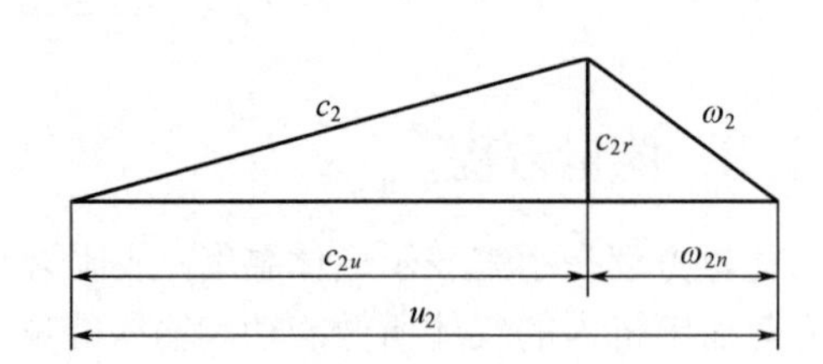

图 1-3　叶轮出口速度三角形

1.1.5 伯努利方程

伯努利方程将气体所获得的能量区分为有用能量和能量损失，显示出能量的有效性。

对压缩机级内流体而言，伯努利方程为：

$$h_{\text{th}}=\int_1^2\frac{\mathrm{d}p}{\rho}+\frac{c_2^2-c_1^2}{2}+h_{\text{hyd}}^{1-2} \tag{1-8}$$

式中　$\int_1^2\frac{\mathrm{d}p}{\rho}$——级中气体静压的增量；

$\frac{c_2^2-c_1^2}{2}$——级中气体动能的增加；

h_{hyd}^{1-2}——级中气体的流动损失。

如果计入离心压缩机级内的泄漏损失 h_1 和轮阻损失 h_{df}，则伯努利方程可以表示为：

$$w_{\text{tot}}=\int_1^2\frac{\mathrm{d}p}{\rho}+\frac{c_2^2-c_1^2}{2}+h_{\text{hyd}}^{1-2}+h_1+h_{\text{df}} \tag{1-9}$$

式中 w_{tot} ——级内 1kg 气体所获得的总能量；

h_l ——级内的泄漏的损失；

h_{df} ——级内叶轮的轮阻损失。

伯努利方程的意义：

① 伯努利方程是能量转化与守恒定律的一种表达方式。其表示叶轮将所做机械功转换为级中流体的有用能量（静压能和动压能的增加）的同时，由于流体具有黏性，还需要付出一部分能量克服流动损失或级中的所有损失。

② 伯努利方程建立了机械能与气体压力、速度和能量损失之间的相互关系。

③ 伯努利方程适用于单级或多级离心压缩机的级或整机中的任意流通部件。

对叶轮，伯努利方程可化简为：

$$w_{tot}=\int_1^2\frac{dp}{\rho}+\frac{c_2^2-c_1^2}{2}+h_{hyd}^{1-2} \tag{1-10}$$

对扩压器，伯努利方程可化简为：

$$\int_3^4\frac{dp}{\rho}+\frac{c_4^2-c_3^2}{2}+h_{hyd}^{3-4}=0 \tag{1-11}$$

即

$$\frac{c_3^2-c_4^2}{2}=\int_3^4\frac{dp}{\rho}+h_{hyd}^{3-4} \tag{1-12}$$

其表示动能的减少使静压能进一步提高，这也是扩压器能够进行降压扩压的理论依据。

④ 静压能的提高为$\int_1^2\frac{dp}{\rho}$。如果流体为不可压缩流体，例如液体，密度为一个定值，则$\int_1^2\frac{dp}{\rho}=\frac{p_2-p_1}{\rho}$，而对于可压缩流体只要已知 $p=f(\rho)$ 的函数关系，即能积分出静压能。

1.2 压缩过程和压缩功的说明

1.2.1 等熵压缩

假定在压缩过程中既与外界绝热，又无损失存在，即为等熵过程。一般认为离心式压缩机和外界热交换量与压缩气体所产生的热量相比很小，而且气体是流动的，故可视为绝热过程。但实际上，压缩机总有损失存在的。所以等熵压缩只是一种理想的情况，它可作为一种比较的标准。

在级中流道的不同截面上的热力参数 p，V，T 之间的关系是服从压缩过程方程的。等熵过程中的温度 T、压力 p 和比体积 V的关系为：

$$\frac{p_2}{p_1}=\left(\frac{T_2}{T_1}\right)^{\frac{\kappa_T}{\kappa_T-1}} \tag{1-13}$$

$$pV^{\kappa_V}=C\ （常数） \tag{1-14}$$

式中 1，2——级中的任意两控制截面；

κ_T，κ_V ——温度和容积等熵指数，κ_T、κ_V 随气体的压力和温度而变化，适用于真实气体，当为理想气体时，$\kappa_T=\kappa_V=\kappa$。

气体在等熵压缩过程中，叶轮加给气体的等熵压缩功 w_{ts} 为：

$$w_{ts}=\int_1^2\frac{\mathrm{d}p}{\rho}=\frac{\kappa_V-1}{\kappa_V}RT_1\left[\left(\frac{p_2}{p_1}\right)^{\frac{\kappa_V-1}{\kappa_V}}-1\right] \tag{1-15}$$

式中　R——气体常数，J/(mol・K)；

1，2——等熵压缩过程中级的进、出口截面上的参数。在确定压缩功时，大多数制冷剂需要采用 p-h 图或表进行计算。一级排气温度小于100℃。

1.2.2　多变压缩

气体的实际压缩过程是有损失的多变压缩过程。损失消耗的能量转变为比焓的增加，因此在图上的压缩过程线为1—2线。其压力 p、温度 T 和比体积 V 之间的关系为：

$$\frac{p_2}{p_1}=\left(\frac{T_2}{T_1}\right)^{\frac{m_T}{m_T-1}} \tag{1-16}$$

$$pV^{m_V}=\text{常数} \tag{1-17}$$

式中　1，2——级中任意两控制截面；

m_T，m_V——温度和容积多变指数，m_T、m_V 随气体的压力和温度而变化，适用于真实气体，当为理想气体时，$m_T=m_V=m$。

气体在多变压缩过程中，叶轮加给气体的多变压缩功 w_{pol} 为：

$$w_{pol}=\int_1^2\frac{\mathrm{d}p}{\rho}=\frac{m_V-1}{m_V}RT_1\left[\left(\frac{p_2}{p_1}\right)^{\frac{m_V-1}{m_V}}-1\right] \tag{1-18}$$

排气压力超过 $34.3\times10^4\,\mathrm{N/m^2}$ 以上的气体机械为压缩机。压缩机分为容积式和透平式两大类，后者是属于叶片式旋转机械，又分为离心式和轴流式两种。透平式主要应用于低中压力，大流量场合。

离心式压缩机用途很广。例如，石油化学工业中，合成氨化肥生产中的氮、氢气体的离心压缩机，炼油和石化工业中普遍使用的各种压缩机，天然气输送和制冷等场合的各种压缩机。在动力工程中，离心式压缩机主要用于小功率的燃气轮机，内燃机增压以及动力风源等。

离心压缩机的结构如图1-1所示。高压的离心压缩机由多级组成，为了减少后级的压缩功，还需要中间冷却，其主要可分为转子和定子两大部分。

1.2.3　压缩功与叶轮中的气体变化过程关系

① 等温过程　用 l_{is} 表示压缩功：

$$l_{is}=-\int_1^2\frac{\mathrm{d}p}{\rho}=-\int_1^2\frac{RT_1}{V}\mathrm{d}V=RT_1\ln\frac{V_1}{V_2}=RT_1\ln\frac{p_2}{p_1} \tag{1-19}$$

② 绝热过程　对于完全绝热过程，$q_0=0$，$l_{hyd}=0$。其过程方程为：

$$\frac{p}{\rho^k}=C\text{（常数，下同）或}\ p^{T/\frac{k-1}{k}}=C\text{（常数，下同）} \tag{1-20}$$

绝热过程压缩功 l_{ad} 为：

$$l_{ad}=\int_1^2\frac{dp}{\rho}=\frac{k}{k-1}RT_1\left[\left(\frac{p_2}{p_1}\right)^{\frac{k-1}{k}}-1\right]=c_p(T_2-T_1) \tag{1-21}$$

③ 多变过程　压缩功 l_{pol} 为：

$$l_{pol}=\frac{n}{n-1}RT_1\left[\left(\frac{p_2}{p_1}\right)^{\frac{n-1}{n}}-1\right]=\frac{n}{n-1}R(T_2-T_1) \tag{1-22}$$

各级压缩比例越小越好，实际压缩机中压缩过程指数 n 可按以下经验选取大、中型压缩机 $n=K$，对微小型 $n=$（0.9～0.98）K。

1.2.4 压缩过程在 *T-S* 图上的表示

热力学第二定律的表达式为：

$$dS=\frac{dq}{T} \tag{1-23}$$

式中，S 为熵。在 T-S 图中，dq 为过程曲线下的面积，如图 1-4（a）所示。

同样，从过程起点 1 至终点 2，热量为：

$$q_{12}=\int_1^2 TdS \tag{1-24}$$

如图 1-4（b）所示，q_{12} 为吸入热量。

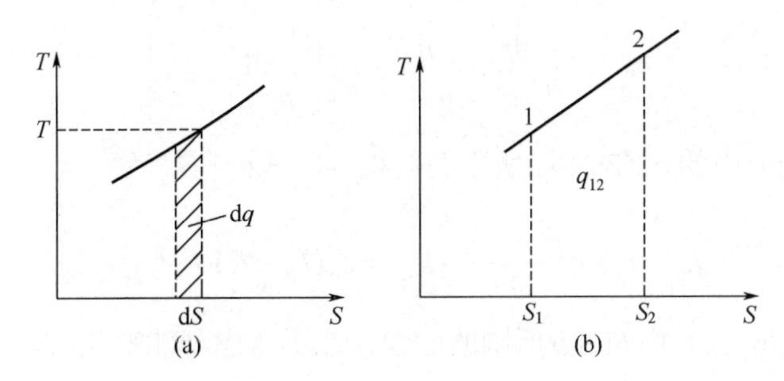

图 1-4　压缩过程 *T-S* 图

根据热力学第一定律可以得出：

$$dS=\frac{dq}{T}=c_p\frac{dT}{T}-R\frac{dp}{p} \tag{1-25}$$

对于等压过程：$p=$ 恒量，$dp=0$，故有：

$$dS=c_p\frac{dT}{T} \tag{1-26}$$

$$S_2-S_1=c_p\ln\frac{T_2}{T_1} \tag{1-27}$$

$$q_{12}=\int_1^2 TdS=\int_1^2 c_p dT=c_p(T_2-T_1)=h_2-h_1 \tag{1-28}$$

由式（1-27）可知，等压过程在 T-S 图上为对数曲线，所吸入的热量用式（1-28）表示。

1.2.4.1　等温过程

等温过程在 T-S 图上为水平线，当从 p_1 至 p_2 点时，即从图 1-5 上的 1 点至 $2''$ 点，此时应该传出热量 q_{12}，其值由图 1-5 中的面积表示 $ab12''$，即：

$$q_{12} = -RT\ln\frac{p_2}{p_1} = -l_{is} \tag{1-29}$$

式（1-29）表示传出的热量为等温过程中的压缩功。

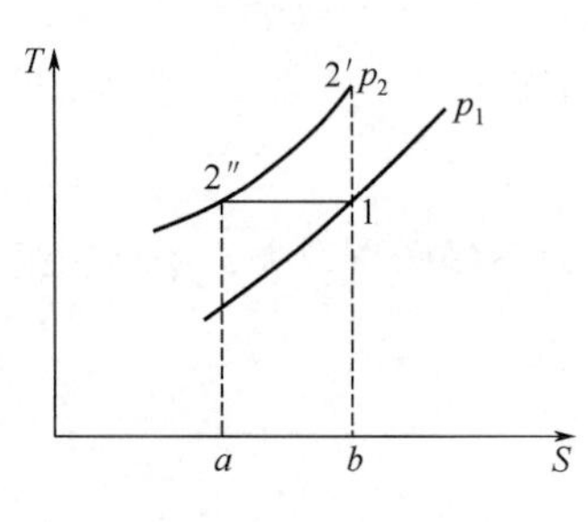

图 1-5　等温过程线

1.2.4.2　绝热过程

绝热过程在 T-S 图上为垂直线，即为图 1-5 中的 $12'$ 线。绝热过程中，传入的热量 $q_0 = 0$，同时没有流动损失，即 $q_{hyd} = 0$，那么 $dS = 0$，S＝常数，故又称为等熵过程，此时压缩功 l_{ad} 可表示为：

$$l_{ad} = c_p(T_2' - T_1') = c_p(T_2' - T_2'') = q_{2''2'} \tag{1-30}$$

即 l_{ad} 相当于等压压缩从 $2''$ 至 $2'$，也相当于 $ab2'2''$ 所围的面积，同时可以看出 $ab12'' < ab2'2''$。

所以等熵压缩功大于等温压缩功，差值为 $2''2'1$，这是由于等熵压缩的终点温度高，压缩功就必然大。

1.2.4.3　多变过程

实际的压缩过程比较复杂，可用多变过程表示，为了简单分别讨论：

① 在多变过程中存在流动损失，无传入的热量，即 $q_{hyd} \neq 0$，$q_0 = 0$。此种多变过程由图 1-6（a）中 12 曲线表示。

$$l_{pol} = \int_1^2 \frac{dp}{\rho} = \frac{n}{n-1}RT_1\left[\left(\frac{p_2}{p_1}\right)^{\frac{n-1}{n}} - 1\right] \tag{1-31}$$

l_{pol} 为图 1-6（a）中的 $a2''2'21ba$ 所围的面积。而理论功 l_{th} 为：

$$l_{th} = l_{pol} + \frac{c_2^2 - c_1^2}{2} + l_{hyd} = c_p(T_2 - T_1) + \frac{c_2^2 - c_1^2}{2} \tag{1-32}$$

其中 l_{hyd} 为图 1-6（a）中 $b12cb$ 所围的面积，在不考虑动能变化时，l_{th} 为 $a2''2'2cba$ 所围的面积，在图 1-6（a）中流动损失所做的功 l_{hyd} 即为损失转化为热量传入系统，此热量为 q_{hyd}。

当有热量 q_0 传入时，总功 l_{tot} 为：

$$l_{tot} = l_{th} + q_0 = l_{pol} + l_{hyd} + q_0 + \frac{c_2^2 - c_1^2}{2} \tag{1-33}$$

当不考虑动能变化时，此时 l_{tot} 即为 $a2''2'2cba$ 所围的面积。此时图 1-6（a）中 $12cb$ 为 $q_0 + l_{hyd}$。

② 有热交换的多变过程，考虑比较简单的 $q_0 \neq 0$，$q_{hyd} \neq 0$ 的情况，可用图 1-6（b）中的曲线 12 表示，此时过程为放热过程，$q_0 < 0$。l_{pol} 仍由图 1-6（b）中面积 $a2''21bda$ 表示，q_0 为 $d212'''cbd$，而 l_{hyd} 为 $b12'''cb$。那么在不考虑动能变化时

$$l_{tot} = l_{th} - q_0 = l_{pol} + l_{hyd} - q_0 = c_p(T_1 - T_2) \tag{1-34}$$

l_{tot} 为 $a2''2da$ 所围的面积。此种多变过程为放热过程，由于有冷却，那么$1<n<k$ 。

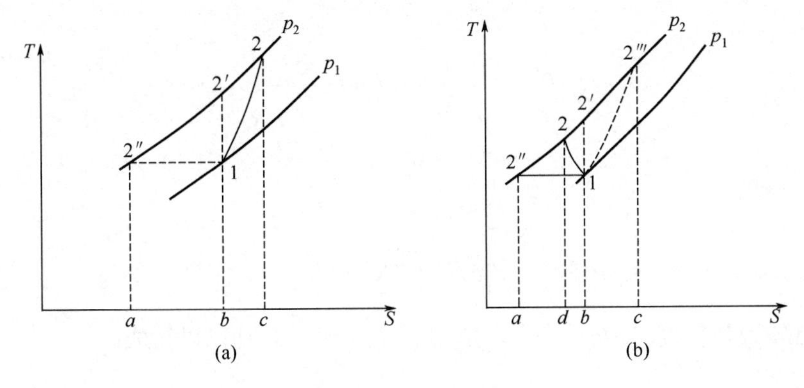

图 1-6　多变过程线

1.2.5　总耗功和功率

对于压缩机的一个工作级，其理论功率可用 N_{th} 表示：

$$N_{th}=m_c l_{th} \tag{1-35}$$

式中　m_c ——有效质量流量。

同理总功率 N_{tot} 为：

$$N_{tot}=(m_c+m_e)l_{th}+N_{df} \tag{1-36}$$

式中　N_{df} ——轮阻损失功率；

m_e ——漏气损失。

$$l_{tot}=\frac{m_c+m_l}{m_c}l_{th}+\frac{N_{df}}{m_c} \tag{1-37}$$

可用式（1-38）表示：

$$l_{tot}=(1+\beta_l+\beta_{df})l_{th} \tag{1-38}$$

其中，$l_l=\beta_l l_{th}$ ，$l_{df}=\beta_{df}l_{th}$ ，即 $\beta_l=m_l/m_c$ ，$\beta_{df}=N_{df}/(m_c l_{th})$ 。

总功率为：

$$N_{tot}=\frac{(1+\beta_l+\beta_{df})m_l l_{th}}{1000} \tag{1-39}$$

轮阻功率为：

$$N_{df}=\frac{\beta_{df}m_l l_{th}}{1000} \tag{1-40}$$

漏气功率为：

$$N_l=\frac{\beta_{df}m_l l_{th}}{1000} \tag{1-41}$$

1.2.6　滞止参数的表示

令 T^* 为滞止温度（即总温 T_t ），其表示为：

$$c_pT+\frac{c^2}{2}=c_pT^* \tag{1-42}$$

$$T^*=T+\frac{c^2}{2c_p}=T+\frac{c^2}{2\dfrac{k}{k-1}R} \tag{1-43}$$

或令 $a^2=kRT$

$$\frac{T^*}{T}=1+\frac{k-1}{2}Ma^2 \tag{1-44}$$

式中，Ma 为马赫数，$Ma=a/c$，那用 T^* 表示时，总功可以写成：

$$l_{\mathrm{tot}}=c_p(T_2-T_1)+\frac{c_2^2-c_1^2}{2}=c_p(T_2^*-T_1^*)=h_2^*-h_1^* \tag{1-45}$$

式中，h^* 为滞止焓。滞止压力 p^*，可以用绝热过程表示出：

$$p^*=p\left(\frac{T^*}{T}\right)^{\frac{k}{k-1}} \tag{1-46}$$

$$p^*=p+\rho\frac{c^2}{2} \tag{1-47}$$

在绝热流动中，$l_{\mathrm{tot}}=0$，那么

$$\frac{p_2}{\rho_2}+\frac{1}{2}c_2^2=\frac{p_1}{\rho}+\frac{1}{2}c_1^2 \tag{1-48}$$

$$p_2^*=p_1^* \tag{1-49}$$

1.3 压缩机效率的表达式

由于压缩机中存在多种压缩过程，故可以用各种效率来表示，其中有多变效率 η_{pol}，绝热效率 η_{ad} 以及等温效率 η_{is}。

1.3.1 多变效率

多变效率为多变压缩功与总功率之比：

$$\eta_{\mathrm{pol}}=\frac{l_{\mathrm{pol}}}{l_{\mathrm{tot}}} \tag{1-50}$$

其中

$$l_{\mathrm{pol}}=\frac{n}{n-1}RT_1\left[\left(\frac{p_2}{p_1}\right)^{\frac{n-1}{n}}-1\right]=\frac{n}{n-1}R(T_2-T_1) \tag{1-51}$$

$$l_{tot}=(1+\beta_l+\beta_{df})l_{th}=c_p(T_2-T_1)+\frac{c_2^2-c_1^2}{2} \tag{1-52}$$

多变效率 η_{pol} 为：

$$\eta_{pol}=\frac{\frac{n}{n-1}RT_1\left[\left(\frac{p_2}{p_1}\right)^{\frac{n-1}{n}}-1\right]}{(1+\beta_l+\beta_{df})l_{th}}=\frac{\frac{n}{n-1}R(T_2-T_1)}{\frac{k}{k-1}R(T_2-T_1)+\frac{c_2^2-c_1^2}{2}} \tag{1-53}$$

当忽略 l_{tot} 的动能变化时

$$\eta_{pol}\approx\frac{\frac{n}{n-1}}{\frac{k}{k-1}} \tag{1-54}$$

1.3.2　绝热效率

绝热效率可以用 η_{ad} 和 η_{ad}^* 表示，后者为滞止绝热效率，它们分别定义如下：

$$\eta_{pol}=\frac{l_{ad}}{l_{tot}}=\frac{\frac{k}{k-1}RT_1\left[\left(\frac{p_2}{p_1}\right)^{\frac{n-1}{n}}-1\right]}{c_p(T_2-T_1)+\frac{c_2^2-c_1^2}{2}}=\frac{\frac{k}{k-1}R(T_2'-T_1)}{\frac{k}{k-1}R(T_2-T_1)+\frac{c_2^2-c_1^2}{2}} \tag{1-55}$$

$$\eta_{ad}\approx\frac{T_2'-T_1}{T_2-T_1} \tag{1-56}$$

$$\eta_{ad}^*=\frac{l_{ad}^*}{l_{tot}}=\frac{\frac{k}{k-1}RT_1\left[\left(\frac{p_2}{p_1}\right)^{\frac{n-1}{n}}-1\right]+\frac{c_2^2-c_1^2}{2}}{c_p(T_2-T_1)+\frac{c_2^2-c_1^2}{2}} \tag{1-57}$$

$$\eta_{ad}^*=\frac{\left(\frac{p_2^*}{p_1^*}\right)^{\frac{n-1}{n}}-1}{\left(\frac{p_2^*}{p_1^*}\right)^{\frac{k-1}{k\eta_{pol}}}-1}=\frac{T_2'^*-T_1^*}{T_2^*-T_1^*} \tag{1-58}$$

此时：

$$\frac{T_2^*}{T_1^*}=\left(\frac{p_2^*}{p_1^*}\right)^{\frac{n-1}{n}} \tag{1-59}$$

$$\frac{T_2'}{T_1'}=\left(\frac{p_2}{p_1}\right)^{\frac{k}{k-1}} \tag{1-60}$$

$$\frac{T_2^{*\prime}}{T_1^*}=\left(\frac{p_2^*}{p_1^*}\right)^{\frac{k}{k-1}} \tag{1-61}$$

1.3.3　等温效率 η_{is} 和流动效率 η_{hyd}

等温效率 η_{is} 为：

$$\eta_{is}=\frac{l_{is}}{l_{tot}} \tag{1-62}$$

流动效率 η_{hyd} 为：

$$\eta_{hyd}=\frac{l_{pol}}{l_{th}}=(1+\beta_1+\beta_{df})\eta_{pol} \tag{1-63}$$

压缩机内的基本过程变化（见图 1-7）：离心式压缩机的每一个工作级一般由进气道 *aa*-11、叶轮分导风轮和工作轮、无叶扩压器 22-33、叶片扩压器 33-55（44 断面为叶片扩压器喉部截面）和集气管（55 有时表示集气管出口）等组成。叶片进口直径为 D_1，叶轮进口直径为 D_0，进口轮缘直径为 D_{t1}。

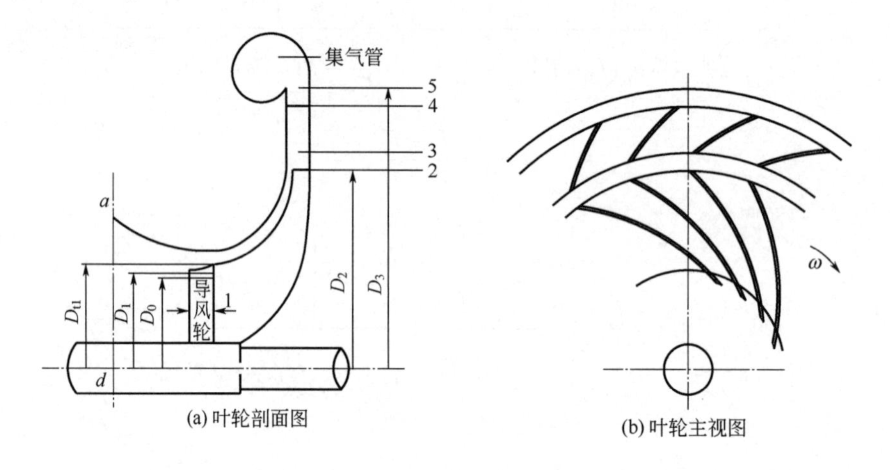

图 1-7　离心压缩机叶轮及有叶扩压器基本结构图

1—叶轮入口；2—叶轮出口；3—扩压器进口；4—叶片扩压器喉部截面；5—扩压器出口

1.4　压缩机各部的压缩过程

1.4.1　工作级间的等熵压缩过程

现在考虑工作级间 1—1 至 5—5 断面的压缩过程，首先考虑等熵压缩过程，即不考虑流动损失与外界的热交换。在整个工作级中，从叶轮进口 1 点到扩压器出口 5 点，等熵压缩的过程线为1^*至$5I^*$，在叶轮中从 1—1 至 2—2 断面，工作过程线为1^*点至 $2I$ 点（见参考文献[1]中图 11.8），在全部扩压器中为 $2I$ 点至$5I^*$。

1.4.2　级中实际压缩过程

实际上混合制冷剂在叶轮内的流动过程存在着流动损失，所以实际上叶轮出口状态 2 点的温度 T_2 比等熵压缩 $2I$ 点的温度 T_{2i} 高。这样全部扩压器中的等熵过程线不是 $2I$ 至 $5I^*$ 点，而是图中的 2 点至 $5I^*$ 点（见参考文献[1]中图 11.8）。叶轮出口的总焓为 h_2^*，所以叶轮做功使气体在叶轮中获得的总焓增量为：

$$\Delta h_1^* = h_2^* - h_1^* = l_{\mathrm{tot}} \tag{1-64}$$

叶轮出口气体的动能为$c_2^2/2$。如果$c_1^2/2$在扩压器中全部等熵的转变成压力能的话，那么扩压器出口的静压力为 p_2^*，即图上的2^*点（见参考文献[1]中图 11.8），但这实际上是不可能的，因为扩压器中的实际扩压过程中存在流动损失和余速损失。扩压器中的实际扩压线为 2 点至 5 点。扩压器中出口静压为 p_5，而滞止压力为 p_5^*，即5^*点，而 $p_5^*<p_2^*$但是2^*点和5^*点的总焓相等：

$$h_2^* = h_5^* \tag{1-65}$$

相当于上述各状态的压缩功表示如下：

① 1 点至 2 点，或 1 点至 5 点的多变压缩功如参考文献［1］中式（11-20）所示。

② 从1^*点至5^*点多变压缩功（滞止功），包括静压压缩功 l_{pol} 以及动能的变化 l_{pol}^*：

$$l_{\mathrm{pol}}^* = \int_{1^*}^{5^*} \frac{\mathrm{d}p}{\rho} = \frac{n}{n-1} RT_1^* \left[\left(\frac{p_5^*}{p_1^*} \right)^{\frac{n-1}{n}} - 1 \right] = \frac{n}{n-1} RT_1 \left(\frac{T_5}{T_1} - 1 \right) + \frac{c_5^2 - c_1^2}{2} \tag{1-66}$$

③ 从1^*点至$5I^*$点的等熵压缩总功 l_{ad}^* 为：

$$l_{\mathrm{ad}}^* = \int_{1^*}^{5I^*} \frac{\mathrm{d}p}{\rho} = \frac{k}{k-1} RT_1^* \left[\left(\frac{p_5^*}{p_1^*} \right)^{\frac{k-1}{k}} - 1 \right] = c_p (T_{5I}^* - T_1^*) \tag{1-67}$$

1.5　混合制冷剂压缩机设计

1.5.1　混合制冷剂压缩机设计任务

设计一台 LNG 液化用混合制冷剂离心式压缩机，该离心压缩机的工作介质是六元混合制冷剂，由 N_2、CH_4、C_2H_4、C_3H_8、n-C_4H_{10} 和 i-C_4H_{10} 六种组分按一定配比组成，进入压缩机的各组分的质量流量见表 1-1。制冷剂的压缩过程分两段进行，第一段压缩完成后将 n-C_4H_{10} 和 i-C_4H_{10} 两种组分分离，然后将剩余的四种组分冷却后导入第二段压缩入口，进行第二段压缩。第一段入口和第二段入口处混合制冷剂及各组分计算参数分别见表 1-2 和表 1-3。已知第一段压缩混合制冷剂出口压力为 0.9MPa，第二段压缩混合制冷剂出口压力为 2.25MPa（注：以下计算过程中，压力的单位是 $\mathrm{kgf/cm^2}$，0.1MPa=1.02$\mathrm{kgf/cm^2}$）。

表 1-1 混合制冷剂及其各组分质量流量

组分	混合制冷剂	N_2	CH_4	C_2H_4	C_3H_8	$n\text{-}C_4H_{10}$	$i\text{-}C_4H_{10}$
质量流量/（kg/s）	42.388	10.872	5.316	14.35	6.45	2.3	3.1

表 1-2 第一段入口混合制冷剂计算参数

组分	温度/K	压力/MPa	密度/（kg/m^3）	c_p/［kJ/（kg·K）］	k	焓/（kJ/kg）	熵/［kJ/（kg·K）］
混合制冷剂	299.00	0.30	4.8525	1.6376	1.23	591.38	4.531

表 1-3 第二段入口混合制冷剂计算参数

组分	温度/K	压力/MPa	密度/（kg/m^3）	c_p/［kJ/(kg·K)］	k	焓/（kJ/kg）	熵/［kJ/（kg·K）］
混合制冷剂	309.00	0.90	10.505	1.8239	1.26	679.98	4.3870

1.5.2 压缩机第一段设计计算

1.5.2.1 混合制冷剂的物性参数计算

（1）混合制冷剂的分子量 μ

$$\mu = \Sigma r_i \mu_i \tag{1-68}$$

式中 r_i ——各组分的体积分数，%；

μ_i ——各组分的分子量。

由混合制冷剂组成可知，N_2、CH_4、C_2H_4、C_3H_8、$n\text{-}C_4H_{10}$ 和 $i\text{-}C_4H_{10}$ 各组分气体的体积分数分别为 25.7%、12.5%、33.9%、15.2%、5.4%和 7.3%。所以第一段压缩过程中混合气体的分子量为：

$$\mu = 28\times25.7\% + 16\times12.5\% + 26\times33.9\% + 44\times15.2\% + 58\times5.4\% + 58\times7.3\% = 32.064$$

（2）混合制冷剂的气体常数 R

$$R = \frac{848}{\mu} = \frac{848}{32.064} = 26.45\ \{J \cdot m/[(N \cdot K) \cdot s^2]\}$$

混合制冷剂的其他物性参数见表 1-2。

1.5.2.2 压缩机第一段级的确定

（1）进口容积流量 Q_{in}

压缩机第一段内质量流量为：

$$G = 42.388\ kgf/s$$

气体重度：

$$\gamma_{in} = \frac{p_{in}}{RT_{in}} = \frac{0.3\times10.2\times10^4}{26.45\times299} = 3.87\ (kgf/m^3)$$

进口容积流量：

$$Q_{in} = \frac{G}{\gamma_{in}} = \frac{42.388}{3.87} = 10.96(m^3/s) = 39456(m^3/h)$$

（2）多变能量头 h_{pol} 的计算

取压缩机第一段的多变效率 $\eta_{\text{pol}} = 0.81$。

指数系数：

$$\sigma = \eta_{\text{pol}} \frac{k}{k-1} = 0.81 \times 5.35 = 4.33$$

第一段的多变能量头：

$$h_{\text{pol}} = \sigma R T_{\text{in}} \left(\varepsilon^{\frac{1}{\sigma}} - 1 \right) = 4.33 \times 26.45 \times 299 \times \left(3^{\frac{1}{4.33}} - 1 \right) = 9890.1 (\text{kgf} \cdot \text{m/kgf})$$

（3）第一段基本参数选取及级数 i 和圆周速度 u_2 的初步计算

取叶轮入口安装角 $\beta_{1A} = 32^\circ$，叶轮出口安装角 $\beta_{2A} = 40^\circ$（后弯形叶片），流量系数 $\varphi_{2r} = 0.23$，叶轮叶片数 $z = 20$，轮阻损失系数 $\beta_{\text{df}} = 0.025$，漏气损失系数 $\beta_1 = 0.009$。则周速系数：

$$\varphi_{2u} = 1 - \frac{\pi}{z} \sin \beta_{2A} - \varphi_{2r} \cot \beta_{2A} = 1 - \frac{3.14}{20} \sin 40^\circ - 0.23 \cot 40^\circ = 0.625$$

流动效率：

$$\eta_A = \eta_{\text{pol}} (1 + \beta_{\text{df}} + \beta_1) = 0.81 \times (1 + 0.025 + 0.009) = 0.838$$

计算系数：

$$\chi = \frac{\eta_{\text{A}} \varphi_{2u}}{g} = \frac{0.838 \times 0.625}{9.8} = 0.0534$$

初步选取圆周速度：

$$u_2' = 250 \text{ m/s}$$

由以上数据，计算第一段级数为

$$i' = \frac{h_{\text{pol}}}{\chi u_2'^2} = \frac{9890.1}{0.0534 \times 250^2} = 2.96$$

经圆整，压缩机第一段级数为 3 级。

圆整后的圆周速度为：

$$u_2 = \sqrt{\frac{h_{\text{pol}}}{\chi i}} = \sqrt{\frac{9890.1}{0.0534 \times 3}} = 248.5 (\text{m/s})$$

（4）第一段各级压比分配

第一段将压力为 0.3MPa 的混合制冷剂压缩到 0.9MPa，压缩过程分三级进行，一、二、三级压比分别按 $\varepsilon = 1.452$、$\varepsilon = 1.445$ 和 $\varepsilon = 1.428$ 分配。

1.5.2.3　压缩机转速 n 的确定

第一级叶轮转速计算：

取第一级叶轮的相对宽度 $\frac{b_2}{D_2} = 0.055$，叶轮出口阻塞系数 $\tau_2 = 0.9243$，流量系数 $\varphi_{2r} = 0.23$。

第一级的转速按式（1-69）计算：

$$n = 33.9\sqrt{\frac{k_{V2}\tau_2\varphi_{2r}\frac{b_2}{D_2}u_2^3}{0.5Q_{\text{in}}}} \tag{1-69}$$

式中 $\frac{b_2}{D_2}$ ——叶轮相对宽度；

τ_2 ——叶轮出口阻塞系数；

φ_{2r} ——流量系数；

k_{V2} ——叶轮出口比体积比。

则各参数计算如下：

$$c_{2r} = u_2\varphi_{2r} = 248.5\times0.23 = 57.2(\text{m/s})$$

$$\varphi_{2u} = 1-\frac{\pi}{z}\sin\beta_{2A}-\varphi_{2r}\cot\beta_{2A} = 1-\frac{3.14}{20}\sin40^\circ-0.23\cot40^\circ = 0.625$$

$$\tan\alpha_2 = \frac{\varphi_{2r}}{\varphi_{2u}} = \frac{0.23}{0.625} = 0.368$$

$$\alpha_2 = \arctan\frac{\varphi_{2r}}{\varphi_{2u}} = \arctan\frac{0.23}{0.625} = 20.2(^\circ)$$

$$c_2 = \frac{c_{2r}}{\sin\alpha_2} = \frac{57.2}{\sin20.2^\circ} = 165.7(\text{m/s})$$

$$h_{\text{pol}} = \sigma RT_{\text{in}}\left(\varepsilon^{\frac{1}{\sigma}}-1\right) = 4.33\times26.45\times299\times\left(1.452^{\frac{1}{4.33}}-1\right) = 3080.2(\text{kgf}\cdot\text{m/kgf})$$

$$\Delta t_2 = \frac{k-1}{Rk}\left(\frac{h_{\text{pol}}}{\eta_{\text{pol}}}-\frac{c_2^{\ 2}}{2g}\right) = \frac{1.23-1}{26.45\times1.23}\times\left(\frac{3080.2}{0.81}-\frac{165.7^2}{2\times9.8}\right) = 17.0\ (\text{K})$$

$$k_{V2} = \left(1+\frac{\Delta t_2}{T_{\text{in}}}\right)^{\sigma-1} = \left(1+\frac{17.0}{299}\right)^{3.33} = 1.20$$

其中，φ_{2u} ——周速系数；

c_{2r} ——径向分速度，m/s；

α_2 ——气流方向角，（°）；

c_2 ——出口气流速度，m/s。

所以转速为：

$$n = 33.9\times\sqrt{\frac{1.20\times0.9243\times0.23\times0.055\times248.5^3}{0.5\times10.96}} = 6720\ (\text{r/min})$$

1.5.2.4　第一级叶轮设计计算

第一级叶轮宽度 b_2 的核算：

叶轮直径：$D_2 = \frac{60u_2}{\pi n}\times1000 = \frac{60\times248.5}{3.14\times6720}\times1000 = 706.6\ (\text{mm})$

叶轮叶片厚度：3mm

叶轮叶片出口计算厚度：$\delta = 3\text{mm}$

叶片摺边厚度：$\Delta = 15/15 = 1\ (\text{mm})$

则叶轮叶片出口宽度：$b_2 = D_2 \dfrac{b_2}{D_2} = 706.6 \times 0.055 = 38.86\ (\text{mm})$

假设此时的转速就是整个压缩机的转速，进行第一级叶轮设计计算。图 1-8 为一级叶轮及扩压器结构图。

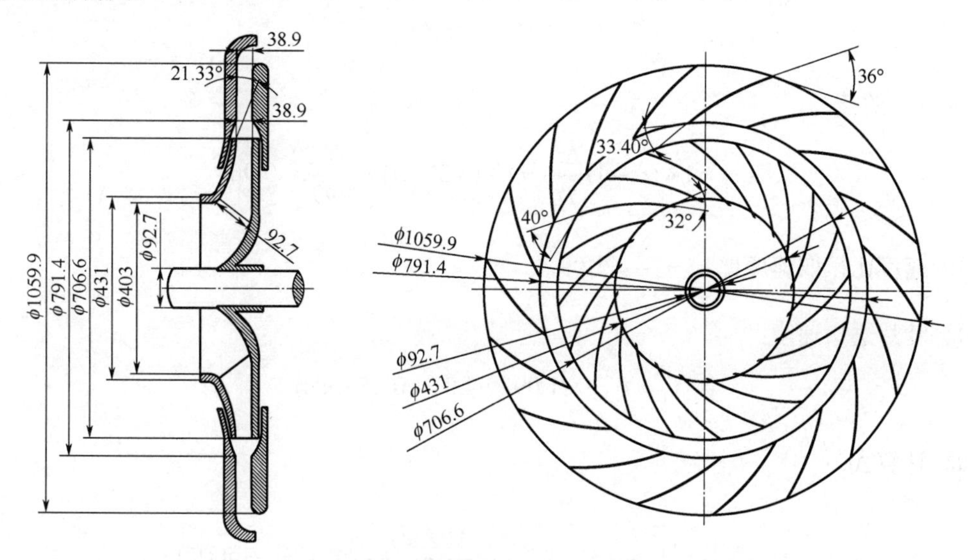

图 1-8　一级叶轮及扩压器结构图

① 叶片进口轮径比：取叶片进口轮径比 $\dfrac{D_1}{D_2} = 0.61$

② 叶片进口直径：

$$D_1 = \frac{D_1}{D_2} D_2 = 0.61 \times 706.6 = 431.0\ (\text{mm})$$

③ 叶轮轮径比：取叶轮轮径比 $k_D = \dfrac{D_1}{D_0} = 1.07$

④ 叶轮进口直径：

$$D_0 = \frac{D_1}{k_D} = \frac{431.0}{1.07} = 403.0\ (\text{mm})$$

⑤ 轴径比：取轴径比 $k_d = \dfrac{d}{D_0} = 0.23$

⑥ 叶轮进口轮壳直径：

$$d = k_d D_0 = 0.23 \times 403.0 = 92.7\ (\text{mm})$$

⑦ 叶轮进口面积：

$$F_0 = \frac{\pi}{4}(D_0^2 - d^2) = \frac{3.14}{4} \times (403.0^2 - 92.7^2) = 120745\ (\text{mm}^2) = 0.121\ (\text{m}^2)$$

⑧ 进口速度：

$$c_0=\frac{Q_{\text{in}}}{k_{V0}F_0}=\frac{10.96}{0.964\times0.121}=94.0\ (\text{m/s})$$

式中选取 $k_{V0}=0.964$。

⑨ 计算 Δt_0：

$$\Delta t_0=-\frac{c_0^{\ 2}}{2gR\dfrac{k}{k-1}}=-\frac{94.0^2}{2\times9.8\times26.45\times\dfrac{1.23}{1.23-1}}=-3.2\ (\text{K})$$

⑩ k_{V0} 的核算：

$$k_{V0}=1+(\sigma-1)\frac{\Delta t_0}{T_{\text{in}}}=1+(4.33-1)\times\frac{-3.2}{299}=0.964$$

⑪ 速度比：取速度比 $k_c=\dfrac{c_1}{c_0}=1.09$

⑫ 叶片进口速度：

$$c_1=k_c c_0=1.09\times94.0=102.5\ (\text{m/s})$$

⑬ 计算 Δt_1：

$$\Delta t_1=-\frac{c_1^{\ 2}}{2gR\dfrac{k}{k-1}}=-\frac{102.5^2}{2\times9.8\times26.45\times\dfrac{1.23}{1.23-1}}=-3.8\ (\text{K})$$

⑭ 计算 k_{V1}：

$$k_{V1}=1+(\sigma-1)\frac{\Delta t_1}{T_{\text{in}}}=1+(4.33-1)\times\frac{-3.8}{299}=0.957$$

⑮ 进口阻塞系数：

$$\tau_1=1-\frac{z\delta\left(1+\dfrac{\Sigma\varDelta}{b_1}\right)}{\pi D_1\sin\beta_{1A}}=1-\frac{20\times3\times\left(1+\dfrac{30}{92.7}\right)}{3.14\times431.0\sin32^\circ}=0.890$$

其中选取 b_1=92.7mm。

⑯ 叶片进口宽度：

$$b_1=\frac{Q_{\text{in}}}{k_{V1}\pi c_1 D_1\tau_1}=\frac{10.96}{0.957\times3.14\times102.5\times0.431\times0.890}=92.7\ (\text{mm})$$

⑰ 叶片进口圆周速度：

$$u_1=\frac{\pi D_1 n}{60}=\frac{3.14\times0.431\times6720}{60}=151.6\ (\text{m/s})$$

⑱ 进口气流角 β_1：

$$\beta_1=\arctan\frac{c_1}{u_1}=\arctan 0.68=34.06(°)$$

⑲ 冲角i：

$$i=\beta_{1A}-\beta_1=-2.06(°)$$

⑳ 相对速度比值：

$$\frac{\omega_1}{\omega_2}\approx\frac{c_1\sin\beta_{2A}}{c_{2r}\sin\beta_{1A}}=\frac{102.5\sin 40°}{57.2\sin 32°}=2.17$$

㉑ 叶片圆弧曲率半径：

$$R=\frac{1-\left(\frac{D_1}{D_2}\right)^2}{4\left(\cos\beta_{2A}-\frac{D_1}{D_2}\cos\beta_{1A}\right)}D_2=\frac{1-0.61^2}{4\times(\cos 40°-0.61\cos 32°)}\times 706.6=445.9\ (\text{mm})$$

㉒ 叶片圆弧圆心半径：

$$R_0=\sqrt{R(R-D_2\cos\beta_{2A})+\left(\frac{D_2}{2}\right)^2}=\sqrt{445.9\times(445.9-706.6\cos 40°)+353.3^2}=286.9(\text{mm})$$

㉓ 轮盖斜度：

$$\theta=\arctan\frac{2(b_1-b_2)}{D_2-D_1}=\arctan\frac{2\times(92.7-38.9)}{706.6-431.0}=21.33(°)$$

㉔ 计算Δt_2：

$$\Delta t_2=\frac{k-1}{Rk}\left(\frac{h_{\text{pol}}}{\eta_{\text{pol}}}-\frac{c_2^2}{2g}\right)=\frac{1.23-1}{26.45\times 1.23}\times\left(\frac{3080.2}{0.81}-\frac{165.7^2}{2\times 9.8}\right)=17.0\ (\text{K})$$

㉕ 叶轮出口温度T_2：

$$T_2=T_{\text{in}}+\Delta t_2=299+17.0=316.0\ (\text{K})$$

㉖ 压比ε_2：

$$\varepsilon_2=\left(1+\frac{\Delta t_2}{T_{\text{in}}}\right)^{\sigma}=\left(1+\frac{17.0}{299}\right)^{4.33}=1.271$$

㉗ 叶轮出口压力：

$$p_2=\varepsilon_2 p_{\text{in}}=1.271\times 0.3\times 10.2=3.889\ (\text{kgf/cm}^2)$$

㉘ 无叶扩压器宽度：

$$b_2'=b_2=38.9\ \text{mm}$$

㉙ 无叶扩压器入口气流周向分速：

$$c_{2u}'=c_{2u}=u_2\varphi_{2u}=248.5\times 0.625=155.3\ (\text{m/s})$$

㉚ 无叶扩压器入口气流径向分速：

$$c_{2r}'=c_{2r}\tau_2=57.2\times 0.9243=52.9\ (\text{m/s})$$

㉛ 无叶扩压器入口气流角：

$$\alpha_2' = \arctan\frac{c_{2r}'}{c_{2u}'} = \arctan\frac{52.9}{155.3} = 18.81(^\circ)$$

㉜ 无叶扩压器入口气流速度：

$$c_2' = \sqrt{c_{2u}'^2 + c_{2r}'^2} = \sqrt{155.3^2 + 52.9^2} = 164.1\ (\text{m/s})$$

㉝ 无叶扩压器入口气流温度：

$$T_2' = T_2 + \frac{(c_2^2 - c_2'^2)(k-1)}{2kR} = 316.0 + \frac{(165.7^2 - 164.1^2)\times(1.23-1)}{2\times1.23\times26.45} = 317.9\ (\text{K})$$

㉞ 无叶扩压器入口气流压力：

$$p_2' = p_2\left(\frac{T_2'}{T_2}\right)^{\frac{k}{k-1}} = 3.889\times\left(\frac{317.9}{316.0}\right)^{\frac{1.23}{1.23-1}} = 4.016\ (\text{kgf/cm}^2)$$

㉟ 无叶扩压器入口气流密度：

$$\rho_2' = \frac{p_2'}{RT_2} = \frac{4.016\times10^4}{26.45\times316.0} = 4.80\ (\text{kg/m}^3)$$

㊱ 取无叶扩压器出口转径比：

$$\frac{D_3}{D_2} = 1.08\sim1.18，取\frac{D_3}{D_2} = 1.12$$

㊲ 无叶扩压器出口轮径：

$$D_3 = D_2\left(\frac{D_3}{D_2}\right) = 706.6\times1.12 = 791.4\ (\text{mm})$$

㊳ 无叶扩压器出口密度：

$$取\ \rho_3' = 5.46\ \text{kg/m}^3$$

㊴ 无叶扩压器出口气流速度：

$$c_3 = \frac{c_2'D_2\rho_3'}{D_3\rho_2'} = \frac{164.1\times0.7066\times5.46}{0.7914\times4.80} = 166.6\ (\text{m/s})$$

㊵ 无叶扩压器出口气流温度：

$$T_3 = T_2' + \frac{(c_3^2 - c_2'^2)(k-1)}{2kR} = 317.9 + \frac{(166.6^2 - 164.1^2)\times(1.23-1)}{2\times1.23\times26.45} = 320.8\ (\text{K})$$

㊶ 无叶扩压器马赫数：

$$Ma_3 = \frac{c_3}{\sqrt{kRT_3}} = \frac{166.6}{\sqrt{1.23\times26.45\times9.8\times320.8}} = 0.52$$

㊷ 无叶扩压器多变效率：

$$(\eta_{\text{pol}})_{D_1} = 0.6\sim0.8，取(\eta_{\text{pol}})_{D_1} = 0.8$$

㊸ 无叶扩压器多变指数：

$$n=\frac{n_3}{n_3-1}=\frac{k}{k-1}(\eta_{\rm pol})_{D_1}=\frac{1.23}{1.23-1}\times 0.8=4.27$$

㊹ 无叶扩压器出口混合制冷剂压力：

$$p_3=p_2'\left(\frac{T_3}{T_2}\right)^n=4.016\times\left(\frac{320.8}{316.0}\right)^{4.27}=4.283\ (\text{kgf/cm}^2)$$

㊺ 无叶扩压器出口混合制冷剂密度：

$$\rho_3=\frac{p_3}{RT_3}=\frac{4.283\times 10^4}{26.45\times 320.8}=5.05\ (\text{kg/m}^3)$$

㊻ 无叶扩压器出口宽度：

$$b_3=b_2'=38.9\ \text{mm}$$

㊼ 无叶扩压器出口径向分速：

$$c_{3r}=\frac{G}{\pi D_3 b_3 \rho_3}=\frac{42.388}{3.14\times 0.7914\times 0.0389\times 5.05}=86.8(\text{m/s})$$

㊽ 无叶扩压器出口周向分速：

$$c_{3u}=\sqrt{c_3^2-c_{3r}^2}=\sqrt{166.6^2-86.8^2}=142.2(\text{m/s})$$

㊾ 无叶扩压器出口气流角：

$$\alpha_3=\arctan\frac{c_{3r}}{c_{3u}}=\arctan\frac{86.8}{142.2}=31.40(^\circ)$$

㊿ 无叶扩压器长度：

$$l_{\rm w}=\frac{D_3-D_2}{2}=\frac{791.4-706.6}{2}=42.4(\text{mm})$$

51 叶片扩压器转径比：

$$\frac{D_4}{D_2}=1.40\sim 1.70\text{，取 }1.50$$

52 叶片扩压器出口轮径：

$$D_4-D_2\frac{D_4}{D_2}=706.6\times 1.50=1059.9(\text{mm})$$

53 叶片扩压器出口宽度：

$$b_4=b_2=38.9\text{mm}$$

54 叶片扩压器进气口冲角：

$$i_4=2^\circ\sim 5^\circ$$

55 叶片扩压器叶片进口角：

$$\alpha_4=\alpha_3+i_4=31.40^\circ+2^\circ=33.40^\circ$$

56 叶片扩压器叶片进口阻塞系数：

$$\text{取 }\tau_4=0.85$$

57 叶片扩压器叶片数：

$$z=16\sim 30\text{，取 }18$$

⑱ 叶片扩压器出口气流密度：

$$设\ \rho_4' = 6.67\text{kg/m}^3$$

⑲ 叶片扩压器出口气流速度：

$$c_4 = \frac{c_3 D_3 \rho_4'}{D_4 \rho_3} = \frac{166.6 \times 0.7914 \times 6.67}{1.0599 \times 5.05} = 164.2(\text{m/s})$$

⑳ 叶片扩压器出口空气温度：

$$T_4 = T_3 + \frac{(c_3^2 - c_4^2)(k-1)}{2kR} = 320.8 + \frac{(166.6^2 - 164.2^2) \times (1.23 - 1)}{2 \times 1.23 \times 26.45} = 323.6(\text{K})$$

㉑ 叶片扩压器出口混合制冷剂压力：

$$p_4 = p_3 \left(\frac{T_4}{T_3}\right)^n = 4.283 \times \left(\frac{323.6}{320.8}\right)^{4.27} = 4.447(\text{kgf/cm}^2)$$

㉒ 叶片扩压器出口密度：

$$\rho_4 = \frac{p_4}{RT_4} = \frac{4.447 \times 10^4}{26.45 \times 323.6} = 5.20(\text{kg/m}^3)$$

㉓ 内功率：

$$N_\text{i} = \frac{G}{g} \times \frac{u_2^2}{102} \varphi_{2u} (1 + \beta_1 + \beta_\text{df}) = \frac{42.388}{9.8} \times \frac{248.5^2}{102} \times 0.625 \times (1 + 0.009 + 0.025) = 1692.3(\text{kW})$$

1.5.2.5 第二级叶轮设计计算

（1）第二级叶轮宽度 b_2 的核算

进口容积流量：$Q_\text{in} = \dfrac{G}{\rho_4} = \dfrac{42.388}{5.20} = 8.15(\text{m}^3/\text{s})$

进口温度：$T_\text{in} = 323.6\text{K}$

进口压力：$p_\text{in} = 4.447\text{kgf/cm}^2$

多变指数：$k = 1.23$

多变效率：$\eta_\text{pol} = 0.81$

叶轮出口阻塞系数：取 $\tau_2 = 0.9132$

圆周速度：$u_2 = 248.5\ \text{m/s}$

流量系数：$\varphi_{2r} = 0.24$

$$c_{2r} = u_2 \varphi_{2r} = 248.5 \times 0.24 = 59.6(\text{m/s})$$

周速系数：$\varphi_{2u} = 1 - \dfrac{\pi}{z} \sin\beta_{2A} - \varphi_{2r} \cot\beta_{2A} = 1 - \dfrac{3.14}{20} \sin 40° - 0.24\cot 40° = 0.613$

气流方向角：$\alpha_2 = \arctan\dfrac{\varphi_{2r}}{\varphi_{2u}} = \arctan\dfrac{0.24}{0.613} = 21.38(°)$

出口气流速度：$c_2 = \dfrac{c_{2r}}{\sin\alpha_2} = \dfrac{59.6}{\sin 21.38°} = 163.5\ (\text{m/s})$

指数系数：$\sigma=\eta_{\text{pol}}\dfrac{k}{k-1}=0.81\times5.17=4.19$

$$h_{\text{pol}}=\sigma RT_{\text{in}}\left(\varepsilon^{\frac{1}{\sigma}}-1\right)=4.19\times26.45\times323.6\times\left(1.445^{\frac{1}{4.19}}-1\right)=3293.3(\text{kgf}\cdot\text{m/kgf})$$

$$\Delta t_2=\frac{1}{R\dfrac{k}{k-1}}\left(\frac{h_{\text{pol}}}{\eta_{\text{pol}}}-\frac{c_2^{\ 2}}{2g}\right)=\frac{1}{26.45\times\dfrac{1.24}{1.24-1}}\times\left(\frac{3293.3}{0.81}-\frac{163.5^2}{2\times9.8}\right)=19.8\ (\text{K})$$

$$k_{V2}=\left(1+\frac{\Delta t_2}{T_{\text{in}}}\right)^{\sigma-1}=\left(1+\frac{19.8}{323.6}\right)^{3.19}=1.21$$

相对宽度：$\dfrac{b_2}{D_2}=\dfrac{0.5Q_{\text{in}}}{k_{V2}\tau_2u_2^{\ 3}\varphi_{2r}}\left(\dfrac{n}{33.9}\right)^2=\dfrac{0.5\times8.15}{1.21\times0.9122\times248.5^3\times0.24}\times\left(\dfrac{6720}{33.9}\right)^2=0.039$

叶轮直径：$D_2=\dfrac{60u_2}{\pi n}\times1000=\dfrac{60\times248.5}{3.14\times6720}\times1000=706.6\ (\text{mm})$

叶轮叶片厚度：3mm

叶轮叶片出口计算厚度：$\delta=3\text{mm}$

叶片摺边厚度：$\varDelta=15/15=1(\text{mm})$

叶轮叶片出口宽度：$b_2=D_2\dfrac{b_2}{D_2}=706.6\times0.039=27.6\text{mm}$

核算出口阻塞系数：$\tau_2=1-\dfrac{z\delta\left(1+\dfrac{\Sigma\varDelta}{b_2}\right)}{\pi D_2\sin\beta_{2A}}=1-\dfrac{20\times3\times\left(1+\dfrac{30}{27.6}\right)}{3.14\times706.6\sin40^\circ}=0.9132$

经计算，第二级相对宽度$\dfrac{b_2}{D_2}$和宽度b_2均符合要求，因此取压缩机的转速为$n=6720\text{r/min}$，进行二级叶轮设计计算。

（2）第二级叶轮各参数计算

图 1-9 为二级叶轮及扩压器结构图。

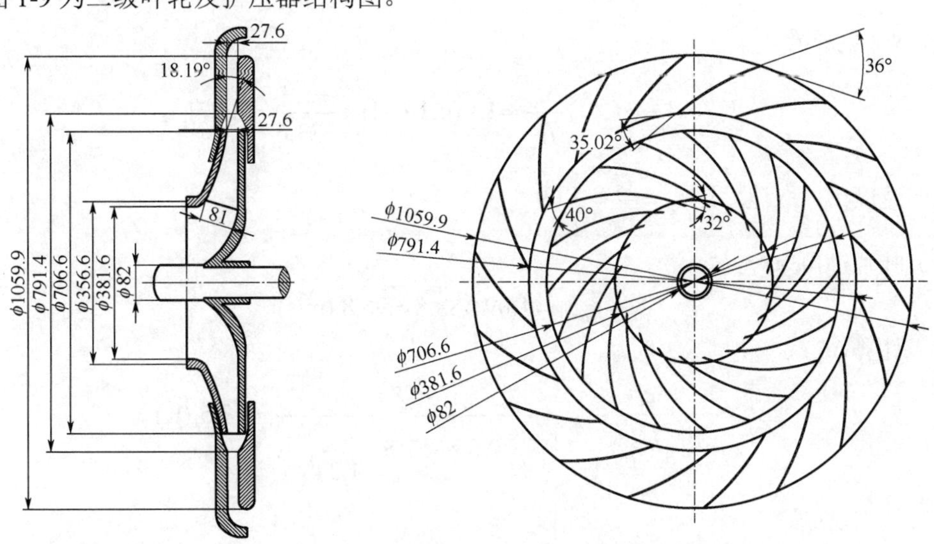

图 1-9　二级叶轮及扩压器结构图

① 叶片进口轮径比：取叶片进口轮径比$\dfrac{D_1}{D_2}=0.54$

② 叶片进口直径：

$$D_1=\frac{D_1}{D_2}D_2=0.54\times 706.6=381.6\ (\text{mm})$$

③ 叶轮轮径比：取叶轮轮径比$k_D=\dfrac{D_1}{D_0}=1.07$

④ 叶轮进口直径：

$$D_0=\frac{D_1}{k_D}=\frac{381.6}{1.07}=356.6\ (\text{mm})$$

⑤ 轴径比：取轴径比$k_d=\dfrac{d}{D_0}=0.23$

⑥ 叶轮进口轮壳直径：

$$d=k_d D_0=0.23\times 356.6=82.0\ (\text{mm})$$

⑦ 叶轮进口面积：

$$F_0=\frac{\pi}{4}({D_0}^2-d^2)=\frac{3.14}{4}\times(356.6^2-82.0^2)=94545\ (\text{mm}^2)=0.0945\ (\text{m}^2)$$

⑧ 进口速度：

$$c_0=\frac{Q_{\text{in}}}{k_{V0}F_0}=\frac{8.15}{0.971\times 0.0945}=88.8\ (\text{m/s})$$

式中选取$k_{V0}=0.971$。

⑨ 计算Δt_0：

$$\Delta t_0=-\frac{{c_0}^2}{2gR\dfrac{k}{k-1}}=-\frac{88.8^2}{2\times 9.8\times 26.45\times\dfrac{1.24}{1.24-1}}=-2.9\ (\text{K})$$

⑩ k_{V0}的核算：

$$k_{V0}=1+(\sigma-1)\frac{\Delta t_0}{T_{\text{in}}}=1+(4.19-1)\times\frac{-2.9}{323.6}=0.971$$

⑪ 速度比：取速度比$k_c=\dfrac{c_1}{c_0}=1.09$

⑫ 叶片进口速度：

$$c_1=k_c c_0=1.09\times 88.8=96.8\ (\text{m/s})$$

⑬ 计算Δt_1：

$$\Delta t_1=-\frac{{c_1}^2}{2gR\dfrac{k}{k-1}}=-\frac{96.8^2}{2\times 9.8\times 26.45\times\dfrac{1.24}{1.24-1}}=-3.5\ (\text{K})$$

⑭ 计算k_{V1}：

$$k_{V1}=1+(\sigma-1)\frac{\Delta t_1}{T_{in}}=1+(4.19-1)\times\frac{-3.5}{323.6}=0.966$$

⑮ 进口阻塞系数：

$$\tau_1=1-\frac{z\delta\left(1+\frac{\Sigma\Delta}{b_1}\right)}{\pi D_1\sin\beta_{1A}}=1-\frac{20\times3\times\left(1+\frac{30}{81.0}\right)}{3.14\times381.6\sin32^\circ}=0.871$$

其中选取 b_1=81.0 mm 。

⑯ 叶片进口宽度：

$$b_1=\frac{Q_{in}}{k_{V1}\pi c_1 D_1\tau_1}=\frac{8.15}{0.966\times3.14\times96.8\times0.3816\times0.871}=83.5(\text{mm})$$

⑰ 叶片进口圆周速度：

$$u_1=\frac{\pi D_1 n}{60}=\frac{3.14\times0.3816\times6720}{60}=134.2(\text{m/s})$$

⑱ 进口气流角 β_1：

$$\beta_1=\arctan\frac{c_1}{u_1}=\arctan0.72=35.80(^\circ)$$

⑲ 冲角 i ：

$$i=\beta_{1A}-\beta_1=-3.80^\circ$$

⑳ 相对速度比值：

$$\frac{\omega_1}{\omega_2}\approx\frac{c_1\sin\beta_{2A}}{c_{2r}\sin\beta_{1A}}=\frac{96.8\sin40^\circ}{59.6\sin32^\circ}=1.97$$

㉑ 叶片圆弧曲率半径：

$$R=\frac{1-\left(\frac{D_1}{D_2}\right)^2}{4\left(\cos\beta_{2A}-\frac{D_1}{D_2}\cos\beta_{1A}\right)}D_2=\frac{1-0.54^2}{4\times(\cos40^\circ-0.54\cos32^\circ)}\times706.6=406.2\ (\text{mm})$$

㉒ 叶片圆弧圆心半径：

$$R_0=\sqrt{R(R-D_2\cos\beta_{2A})+\left(\frac{D_2}{2}\right)^2}=\sqrt{406.2\times(406.2-706.6\cos40^\circ)+353.3^2}=264.5\ (\text{mm})$$

㉓ 轮盖斜度：

$$\theta=\arctan\frac{2(b_1-b_2)}{D_2-D_1}=\arctan\frac{2\times(83.5-27.6)}{706.6-381.6}=18.98(^\circ)$$

㉔ 计算Δt_2：

$$\Delta t_2=\frac{k-1}{Rk}\left(\frac{h_{pol}}{\eta_{pol}}-\frac{c_2^2}{2g}\right)=\frac{1.24-1}{26.45\times1.24}\times\left(\frac{3293.3}{0.81}-\frac{163.5^2}{2\times9.8}\right)=19.8\ (\text{K})$$

㉕ 叶轮出口温度 T_2：

$$T_2 = T_{\text{in}} + \Delta t_2 = 323.6 + 19.8 = 343.4\ (\text{K})$$

㉖ 压比ε_2：

$$\varepsilon_2 = \left(1 + \frac{\Delta t_2}{T_{\text{in}}}\right)^{\sigma} = \left(1 + \frac{19.8}{323.6}\right)^{4.19} = 1.283$$

㉗ 叶轮出口压力：

$$p_2 = \varepsilon_2 p_{\text{in}} = 1.283 \times 4.447 = 5.706\ (\text{kgf/cm}^2)$$

㉘ 无叶扩压器宽度：

$$b_2' = b_2 = 27.6\ \text{mm}$$

㉙ 无叶扩压器入口气流周向分速：

$$c_{2u}' = c_{2u} = u_2 \varphi_{2u} = 248.5 \times 0.613 = 152.2\ (\text{m/s})$$

㉚ 无叶扩压器入口气流径向分速：

$$c_{2r}' = c_{2r} \tau_2 = 59.6 \times 0.9132 = 54.4\ (\text{m/s})$$

㉛ 无叶扩压器入口气流角：

$$\alpha_2' = \arctan \frac{c_{2r}'}{c_{2u}'} = \arctan \frac{54.4}{152.2} = 19.67(^\circ)$$

㉜ 无叶扩压器入口气流速度：

$$c_2' = \sqrt{c_{2u}'^2 + c_{2r}'^2} = \sqrt{152.2^2 + 54.4^2} = 161.6\ (\text{m/s})$$

㉝ 无叶扩压器入口气流温度：

$$T_2' = T_2 + \frac{(c_2^2 - c_2'^2)(k-1)}{2kR} = 343.4 + \frac{(163.5^2 - 161.6^2) \times (1.24 - 1)}{2 \times 1.24 \times 26.45} = 345.7\ (\text{K})$$

㉞ 无叶扩压器入口气流压力：

$$p_2' = p_2 \left(\frac{T_2'}{T_2}\right)^{\frac{k}{k-1}} = 5.706 \times \left(\frac{345.7}{343.4}\right)^{\frac{1.24}{1.24-1}} = 5.906\ (\text{kgf/cm}^2)$$

㉟ 无叶扩压器入口气流密度：

$$\rho_2' = \frac{p_2'}{RT_2} = \frac{5.906 \times 10^4}{26.45 \times 343.4} = 6.50\ (\text{kg/m}^3)$$

㊱ 取无叶扩压器出口转径比：

$$\frac{D_3}{D_2} = 1.08 \sim 1.18\text{，取} \frac{D_3}{D_2} = 1.12$$

㊲ 无叶扩压器出口轮径：

$$D_3 = D_2 \left(\frac{D_3}{D_2}\right) = 706.6 \times 1.12 = 791.4\ (\text{mm})$$

㊳ 无叶扩压器出口密度：

$$取\ \rho_3' = 7.38\ \mathrm{kg/m^3}$$

㊴ 无叶扩压器出口气流速度：

$$c_3 = \frac{c_2' D_2 \rho_3'}{D_3 \rho_2'} = \frac{161.6 \times 0.7066 \times 7.38}{0.7914 \times 6.50} = 164.5\ (\mathrm{m/s})$$

㊵ 无叶扩压器出口气流温度：

$$T_3 = T_2' + \frac{(c_3^2 - c_2'^2)(k-1)}{2kR} = 344.8 + \frac{(164.5^2 - 161.6^2) \times (1.24-1)}{2 \times 1.24 \times 26.45} = 347.4(\mathrm{K})$$

㊶ 无叶扩压器马赫数：

$$Ma_3 = \frac{c_3}{\sqrt{kRT_3}} = \frac{164.5}{\sqrt{1.24 \times 26.45 \times 9.8 \times 347.4}} = 0.49$$

㊷ 无叶扩压器多变效率：

$$(\eta_{\mathrm{pol}})_{D_1} = 0.6 \sim 0.8，取\ (\eta_{\mathrm{pol}})_{D_1} = 0.8$$

㊸ 无叶扩压器多变指数：

$$n = \frac{n_3}{n_3 - 1} = \frac{k}{k-1}(\eta_{\mathrm{pol}})_{D_1} = \frac{1.24}{1.24-1} \times 0.8 = 4.13$$

㊹ 无叶扩压器出口混合制冷剂压力：

$$p_3 = p_2' \left(\frac{T_3}{T_2}\right)^n = 5.906 \times \left(\frac{347.4}{343.4}\right)^{4.13} = 6.112(\mathrm{kgf/cm^2})$$

㊺ 无叶扩压器出口混合制冷剂密度：

$$\rho_3 = \frac{p_3}{RT_3} = \frac{6.112 \times 10^4}{26.45 \times 347.4} = 6.60(\mathrm{kg/m^3})$$

㊻ 无叶扩压器出口宽度：

$$b_3 = b_2' = 27.6\ \mathrm{mm}$$

㊼ 无叶扩压器出口径向分速：

$$c_{3r} = \frac{G}{\pi D_3 b_3 \rho_3} = \frac{42.388}{3.14 \times 0.7914 \times 0.0276 \times 6.60} = 93.6(\mathrm{m/s})$$

㊽ 无叶扩压器出口周向分速：

$$c_{3u} = \sqrt{c_3^2 - c_{3r}^2} = \sqrt{164.5^2 - 93.6^2} = 135.3(\mathrm{m/s})$$

㊾ 无叶扩压器出口气流角：

$$\alpha_3 = \arctan\frac{c_{3r}}{c_{3u}} = \arctan\frac{93.6}{135.3} = 34.67(^\circ)$$

㊿ 无叶扩压器长度：

$$l_{\mathrm{w}} = \frac{D_3 - D_2}{2} = \frac{791.4 - 706.6}{2} = 42.4(\mathrm{mm})$$

⑤① 叶片扩压器转径比：

$$\frac{D_4}{D_2}=1.40\sim1.70\text{，取 }1.50$$

⑤② 叶片扩压器出口轮径：

$$D_4=D_2\frac{D_4}{D_2}=706.6\times1.50=1059.9(\text{mm})$$

⑤③ 叶片扩压器出口宽度：

$$b_4=b_2=27.6\text{mm}$$

⑤④ 叶片扩压器进气口冲角：

$$i_4=2^\circ\sim5^\circ$$

⑤⑤ 叶片扩压器叶片进口角：

$$\alpha_4=\alpha_3+i_4=33.8^\circ+2^\circ=35.8^\circ$$

⑤⑥ 叶片扩压器叶片进口阻塞系数：

$$\text{取 }\tau_4=0.846$$

⑤⑦ 叶片扩压器叶片数：

$$z=16\sim30\text{，取 }18$$

⑤⑧ 叶片扩压器出口气流密度：

$$\text{设 }\rho_4'=9.05\text{ kg/m}^3$$

⑤⑨ 叶片扩压器出口气流速度：

$$c_4=\frac{c_3D_3\rho_4'}{D_4\rho_3}=\frac{164.5\times0.7914\times9.05}{1.0599\times6.60}=168.4(\text{m/s})$$

⑥⓪ 叶片扩压器出口空气温度：

$$T_4=T_3+\frac{(c_3^2-c_4^2)(k-1)}{2kR}=347.4+\frac{(168.4^2-164.5^2)\times(1.24-1)}{2\times1.24\times26.45}=354.8(\text{K})$$

⑥① 叶片扩压器出口混合制冷剂压力：

$$p_4=p_3\left(\frac{T_4}{T_3}\right)^n=6.112\times\left(\frac{354.8}{347.4}\right)^{4.13}=6.67(\text{kgf/cm}^2)$$

⑥② 叶片扩压器出口密度：

$$\rho_4=\frac{p_4}{RT_4}=\frac{6.67\times10^4}{26.45\times354.8}=7.11(\text{kg/m}^3)$$

⑥③ 内功率：

$$N_\text{i}=\frac{G}{g}\times\frac{u_2^2}{102}\varphi_{2u}(1+\beta_1+\beta_\text{df})=\frac{42.388}{9.8}\times\frac{248.5^2}{102}\times0.613\times(1+0.009+0.025)=1659.8(\text{kW})$$

1.5.2.6 第三级叶轮设计计算

（1）第三级叶轮宽度 b_2 的核算

进口容积流量：$Q_{in}=\dfrac{G}{\rho_4}=\dfrac{42.388}{7.17}=5.91(\mathrm{m^3/s})$

进口温度：$T_{in}=347.9\ \mathrm{K}$

进口压力：$p_{in}=6.23\ \mathrm{kgf/cm^2}$

多变指数：$k=1.22$

多变效率：$\eta_{pol}=0.81$

叶轮出口阻塞系数：取 $\tau_2=0.9087$

圆周速度：$u_2=248.5\ \mathrm{m/s}$

流量系数：$\varphi_{2r}=0.25$

$$c_{2r}=u_2\varphi_{2r}=248.5\times0.25=62.1(\mathrm{m/s})$$

周速系数：$\varphi_{2u}=1-\dfrac{\pi}{z}\sin\beta_{2A}-\varphi_{2r}\cot\beta_{2A}=1-\dfrac{3.14}{20}\times\sin40°-0.25\cot40°=0.601$

气流方向角：$\alpha_2=\arctan\dfrac{\varphi_{2r}}{\varphi_{2u}}=\arctan\dfrac{0.25}{0.601}=22.59(°)$

出口气流速度：$c_2=\dfrac{c_{2r}}{\sin\alpha_2}=\dfrac{62.1}{\sin22.59°}=161.7\ (\mathrm{m/s})$

指数系数：$\sigma=\eta_{pol}\dfrac{k}{k-1}=0.81\times5.55=4.50$

$$h_{pol}=\sigma RT_{in}\left(\varepsilon^{\frac{1}{\sigma}}-1\right)=4.50\times26.45\times347.6\times\left(1.428^{\frac{1}{4.50}}-1\right)=3408.8(\mathrm{kgf\cdot m/kgf})$$

$$\Delta t_2=\frac{1}{R\dfrac{k}{k-1}}\left(\frac{h_{pol}}{\eta_{pol}}-\frac{c_2{}^2}{2g}\right)=\frac{1}{26.45\times\dfrac{1.22}{1.22-1}}\times\left(\frac{3408.8}{0.81}-\frac{161.7^2}{2\times9.8}\right)=19.6\ (\mathrm{K})$$

$$k_{V2}=\left(1+\frac{\Delta t_2}{T_{in}}\right)^{\sigma-1}=\left(1+\frac{19.6}{347.9}\right)^{3.50}=1.21$$

相对宽度：$\dfrac{b_2}{D_2}=\dfrac{0.5Q_{in}}{k_{V2}\tau_2u_2^3\varphi_{2r}}\left(\dfrac{n}{33.9}\right)^2=\dfrac{0.5\times5.91}{1.21\times0.9087\times248.5^3\times0.25}\times\left(\dfrac{6720}{33.9}\right)^2=0.027$

叶轮直径：$D_2=\dfrac{60u_2}{\pi n}\times1000=\dfrac{60\times248.5}{3.14\times6720}\times1000=706.6\ (\mathrm{mm})$

叶轮叶片厚度：3mm

叶轮叶片出口计算厚度：$\delta=3\mathrm{mm}$

叶片摺边厚度：$\varDelta=12/12=1(\mathrm{mm})$

叶轮叶片出口宽度：$b_2=D_2\dfrac{b_2}{D_2}=706.6\times0.027=19.08\ (\mathrm{mm})$

核算出口阻塞系数：$\tau_2=1-\dfrac{z\delta\left(1+\dfrac{\Sigma\varDelta}{b_2}\right)}{\pi D_2\sin\beta_{2A}}=1-\dfrac{20\times3\times\left(1+\dfrac{24}{19.08}\right)}{3.14\times706.6\sin40°}=0.905$

经计算，第三级相对宽度$\dfrac{b_2}{D_2}$和宽度b_2均符合要求，因此取压缩机的转速为$n = 6720\text{r/min}$，进行三级叶轮设计计算。图 1-10 为三级叶轮及扩压器结构图。

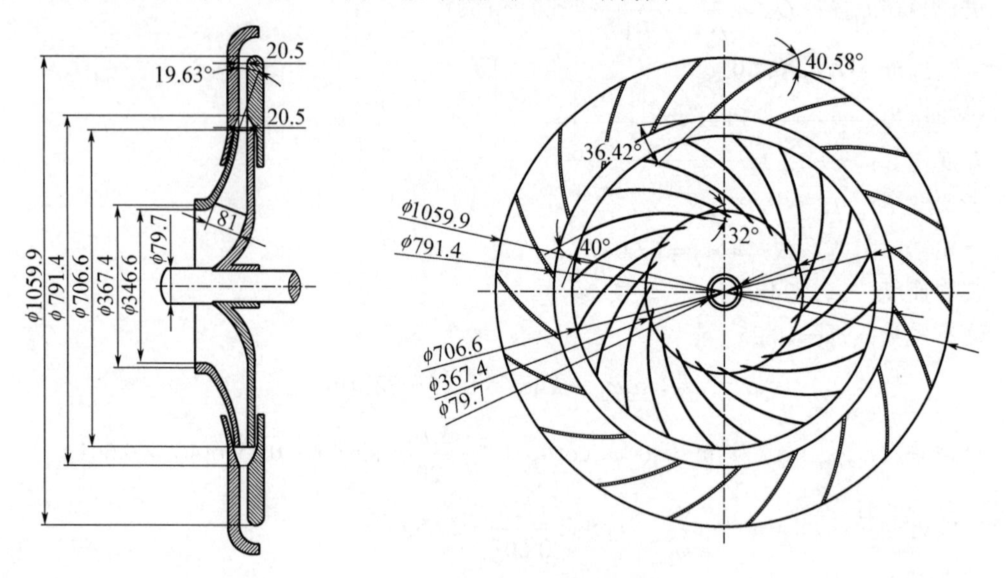

图 1-10　三级叶轮及扩压器结构图

（2）第三级叶轮各参数计算

① 叶片进口轮径比：取叶片进口轮径比$\dfrac{D_1}{D_2} = 0.52$

② 叶片进口直径：

$$D_1 = \frac{D_1}{D_2} D_2 = 0.52 \times 706.6 = 367.4\ (\text{mm})$$

③ 叶轮轮径比：取叶轮轮径比$k_D = \dfrac{D_1}{D_0} = 1.06$

④ 叶轮进口直径：

$$D_0 = \frac{D_1}{k_D} = \frac{367.4}{1.06} = 346.6\ (\text{mm})$$

⑤ 轴径比：取轴径比$k_d = \dfrac{d}{D_0} = 0.23$

⑥ 叶轮进口轮壳直径：

$$d = k_d D_0 = 0.23 \times 346.6 = 79.7\ \text{mm}$$

⑦ 叶轮进口面积：

$$F_0 = \frac{\pi}{4}({D_0}^2 - d^2) = \frac{3.14}{4} \times (346.6^2 - 79.7^2) = 89316\ \text{mm}^2 = 0.0893\ (\text{m}^2)$$

⑧ 进口速度：

$$c_0 = \frac{Q_{\text{in}}}{k_{V0} F_0} = \frac{6.26}{0.983 \times 0.0893} = 71.3\ (\text{m/s})$$

式中选取 $k_{V0}=0.983$。

⑨ 计算 Δt_0：

$$\Delta t_0=-\frac{{c_0}^2}{2gR\dfrac{k}{k-1}}=-\frac{71.3^2}{2\times9.8\times26.45\times\dfrac{1.22}{1.22-1}}=-1.8(\mathrm{K})$$

⑩ k_{V0} 的核算：

$$k_{V0}=1+(\sigma-1)\frac{\Delta t_0}{T_{\mathrm{in}}}=1+(4.50-1)\times\frac{-1.8}{347.9}=0.982$$

⑪ 速度比：取速度比 $k_c=\dfrac{c_1}{c_0}=1.10$

⑫ 叶片进口速度：

$$c_1=k_c c_0=1.10\times71.3=78.4\ (\mathrm{m/s})$$

⑬ 计算 Δt_1：

$$\Delta t_1=-\frac{{c_1}^2}{2gR\dfrac{k}{k-1}}=-\frac{78.4^2}{2\times9.8\times26.45\times\dfrac{1.22}{1.22-1}}=-2.1\ (\mathrm{K})$$

⑭ 计算 k_{V1}：

$$k_{V1}=1+(\sigma-1)\frac{\Delta t_1}{T_{\mathrm{in}}}=1+(4.50-1)\times\frac{-2.1}{347.9}=0.979$$

⑮ 进口阻塞系数：

$$\tau_1=1-\frac{z\delta\left(1+\dfrac{\Sigma\Delta}{b_1}\right)}{\pi D_1\sin\beta_{1A}}=1-\frac{20\times3\times\left(1+\dfrac{24}{81.0}\right)}{3.14\times367.4\sin32^\circ}=0.873$$

其中选取 b_1=81.0mm。

⑯ 叶片进口宽度：

$$b_1=\frac{Q_{\mathrm{in}}}{k_{V1}\pi c_1 D_1\tau_1}=\frac{6.26}{0.979\times3.14\times78.4\times0.3674\times0.873}=81.0(\mathrm{mm})$$

⑰ 叶片进口圆周速度：

$$u_1=\frac{\pi D_1 n}{60}=\frac{3.14\times0.3674\times6720}{60}=129.2\ (\mathrm{m/s})$$

⑱ 进口气流角 β_1：

$$\beta_1=\arctan\frac{c_1}{u_1}=\arctan0.59=30.73(^\circ)$$

⑲ 冲角 i：

$$i=\beta_{1A}-\beta_1=1.27(^\circ)$$

⑳ 相对速度比值：

$$\frac{\omega_1}{\omega_2} \approx \frac{c_1 \sin\beta_{2A}}{c_{2r}\sin\beta_{1A}} = \frac{78.4\sin 40^\circ}{62.1\sin 32^\circ} = 1.53$$

㉑ 叶片圆弧曲率半径：

$$R = \frac{1-\left(\dfrac{D_1}{D_2}\right)^2}{4\left(\cos\beta_{2A} - \dfrac{D_1}{D_2}\cos\beta_{1A}\right)} D_2 = \frac{1-0.52^2}{4\times(\cos 40^\circ - 0.52\cos 32^\circ)} \times 706.6 = 396.5\ (\text{mm})$$

㉒ 叶片圆弧圆心半径：

$$R_0 = \sqrt{R(R - D_2\cos\beta_{2A}) + \left(\frac{D_2}{2}\right)^2} = \sqrt{396.5\times(396.5 - 706.6\cos 40^\circ) + 353.3^2} = 259.6\ (\text{mm})$$

㉓ 轮盖斜度：

$$\theta = \arctan\frac{2(b_1 - b_2)}{D_2 - D_1} = \arctan\frac{2\times(81.0-20.5)}{706.6-367.4} = 19.63(^\circ)$$

㉔ 计算Δt_2：

$$\Delta t_2 = \frac{k-1}{Rk}\left(\frac{h_{\text{pol}}}{\eta_{\text{pol}}} - \frac{c_2^2}{2g}\right) = \frac{1.22-1}{26.45\times1.22}\times\left(\frac{3408.8}{0.81} - \frac{161.7^2}{2\times9.8}\right) = 19.6\ (\text{K})$$

㉕ 叶轮出口温度 T_2：

$$T_2 = T_{\text{in}} + \Delta t_2 = 347.9 + 19.6 = 367.5\ (\text{K})$$

㉖ 压比ε_2：

$$\varepsilon_2 = \left(1 + \frac{\Delta t_2}{T_{\text{in}}}\right)^{\sigma} = \left(1 + \frac{19.6}{347.9}\right)^{4.50} = 1.28$$

㉗ 叶轮出口压力：

$$p_2 = \varepsilon_2 p_{\text{in}} = 1.28\times 6.23 = 7.974\ (\text{kgf/cm}^2)$$

㉘ 无叶扩压器宽度：

$$b_2' = b_2 = 20.5\ \text{mm}$$

㉙ 无叶扩压器入口气流周向分速：

$$c_{2u}' = c_{2u} = u_2\varphi_{2u} = 248.5\times 0.601 = 149.3\ (\text{m/s})$$

㉚ 无叶扩压器入口气流径向分速：

$$c_{2r}' = c_{2r}\tau_2 = 62.1\times 0.9087 = 56.4\ (\text{m/s})$$

㉛ 无叶扩压器入口气流角：

$$\alpha_2' = \arctan\frac{c_{2r}'}{c_{2u}'} = \arctan\frac{56.4}{149.3} = 20.69(^\circ)$$

㉜ 无叶扩压器入口气流速度：

$$c_2' = \sqrt{c_{2u}'^2 + c_{2r}'^2} = \sqrt{149.3^2 + 56.4^2} = 159.6 \text{ (m/s)}$$

㉝ 无叶扩压器入口气流温度：

$$T_2' = T_2 + \frac{(c_2^2 - c_2'^2)(k-1)}{2kR} = 367.5 + \frac{(161.7^2 - 159.6^2) \times (1.22-1)}{2 \times 1.22 \times 26.45} = 369.8 \text{ (K)}$$

㉞ 无叶扩压器入口气流压力：

$$p_2' = p_2 \left(\frac{T_2'}{T_2} \right)^{\frac{k}{k-1}} = 7.974 \times \left(\frac{369.8}{367.5} \right)^{\frac{1.22}{1.22-1}} = 8.255 \text{ (kgf/cm}^2\text{)}$$

㉟ 无叶扩压器入口气流密度：

$$\rho_2' = \frac{p_2'}{RT_2} = \frac{8.255 \times 10^4}{26.45 \times 367.5} = 8.49 \text{ (kg/m}^3\text{)}$$

㊱ 无叶扩压器出口转径比：

$$\frac{D_3}{D_2} = 1.08 \sim 1.18\text{，取} \frac{D_3}{D_2} = 1.12$$

㊲ 无叶扩压器出口轮径：

$$D_3 = D_2 \left(\frac{D_3}{D_2} \right) = 706.6 \times 1.12 = 791.4 \text{ (mm)}$$

㊳ 无叶扩压器出口密度：

$$\text{取 } \rho_3' = 9.69 \text{ kg/m}^3$$

㊴ 无叶扩压器出口气流速度：

$$c_3 = \frac{c_2' D_2 \rho_3'}{D_3 \rho_2'} = \frac{159.6 \times 0.7066 \times 9.69}{0.7914 \times 8.49} = 162.6 \text{ (m/s)}$$

㊵ 无叶扩压器出口气流温度：

$$T_3 = T_2' + \frac{(c_3^2 - c_2'^2)(k-1)}{2kR} = 369.8 + \frac{(162.6^2 - 159.6^2) \times (1.22-1)}{2 \times 1.22 \times 26.45} = 373.1 \text{ (K)}$$

㊶ 无叶扩压器马赫数：

$$Ma_3 = \frac{c_3}{\sqrt{kRT_3}} = \frac{162.6}{\sqrt{1.22 \times 26.45 \times 9.8 \times 373.1}} = 0.47$$

㊷ 无叶扩压器多变效率：

$$(\eta_{\text{pol}})_{D_1} = 0.6 \sim 0.8\text{，取} (\eta_{\text{pol}})_{D_1} = 0.8$$

㊸ 无叶扩压器多变指数：

$$n = \frac{n_3}{n_3 - 1} = \frac{k}{k-1} (\eta_{\text{pol}})_{D_1} = \frac{1.22}{1.22-1} \times 0.8 = 4.44$$

㊹ 无叶扩压器出口混合制冷剂压力：

$$p_3 = p_2'\left(\frac{T_3}{T_2}\right)^n = 8.255\times\left(\frac{373.1}{367.5}\right)^{4.44} = 8.83\ (\mathrm{kgf/cm^2})$$

㊺ 无叶扩压器出口混合制冷剂密度：

$$\rho_3 = \frac{p_3}{RT_3} = \frac{8.83\times10^4}{26.45\times373.1} = 8.95\ (\mathrm{kg/m^3})$$

㊻ 无叶扩压器出口宽度：

$$b_3 = b_2' = 20.5\ \mathrm{mm}$$

㊼ 无叶扩压器出口径向分速：

$$c_{3r} = \frac{G}{\pi D_3 b_3 \rho_3} = \frac{42.388}{3.14\times0.7914\times0.0205\times8.95} = 93.0\ (\mathrm{m/s})$$

㊽ 无叶扩压器出口周向分速：

$$c_{3u} = \sqrt{{c_3}^2 - {c_{3r}}^2} = \sqrt{162.6^2 - 93.0^2} = 133.4\ (\mathrm{m/s})$$

㊾ 无叶扩压器出口气流角：

$$\alpha_3 = \arctan\frac{c_{3r}}{c_{3u}} = \arctan\frac{93.0}{133.4} = 34.9(^\circ)$$

㊿ 无叶扩压器长度：

$$l_\mathrm{w} = \frac{D_3 - D_2}{2} = \frac{791.4 - 706.6}{2} = 42.4(\mathrm{mm})$$

(51) 叶片扩压器转径比：

$$\frac{D_4}{D_2} = 1.40\sim1.70\text{，取 }1.50$$

(52) 叶片扩压器出口轮径：

$$D_4 = D_2\frac{D_4}{D_2} = 706.6\times1.50 = 1059.9\ (\mathrm{mm})$$

(53) 叶片扩压器出口宽度：

$$b_4 = b_2 = 20.5\mathrm{mm}$$

(54) 叶片扩压器进气口冲角：

$$i_4 = 2^\circ\sim5^\circ$$

(55) 叶片扩压器叶片进口角：

$$\alpha_4 = \alpha_3 + i_4 = 34.9^\circ + 2^\circ = 36.9^\circ$$

(56) 叶片扩压器叶片进口阻塞系数：

$$\text{取 }\tau_4 = 0.845$$

(57) 叶片扩压器叶片数：

$$z = 16\sim30\text{，取 }18$$

(58) 叶片扩压器出口气流密度：

$$设\ \rho_4' = 12.07\ \mathrm{kg/m^3}$$

(59) 叶片扩压器出口气流速度：

$$c_4 = \frac{c_3 D_3 \rho_4'}{D_4 \rho_3} = \frac{162.6 \times 0.7914 \times 12.07}{1.0599 \times 8.95} = 163.7(\mathrm{m/s})$$

(60) 叶片扩压器出口空气温度：

$$T_4 = T_3 + \frac{(c_3^2 - c_4^2)(k-1)}{2kR} = 373.1 + \frac{(162.6^2 - 163.7^2) \times (1.22 - 1)}{2 \times 1.22 \times 26.45} = 371.9(\mathrm{K})$$

(61) 叶片扩压器出口混合制冷剂压力：

$$p_4 = p_3 \left(\frac{T_4}{T_3}\right)^n = 8.83 \times \left(\frac{371.9}{373.1}\right)^{4.44} = 8.70(\mathrm{kgf/cm^2})$$

(62) 叶片扩压器出口密度：

$$\rho_4 = \frac{p_4}{RT_4} = \frac{6.23 \times 10^4}{26.45 \times 351.6} = 6.91\ (\mathrm{kg/m^3})$$

(63) 内功率：

$$N_i = \frac{G}{g} \times \frac{u_2^2}{102} \varphi_{2u} (1 + \beta_l + \beta_{\mathrm{df}}) = \frac{42.388}{9.8} \times \frac{248.5^2}{102} \times 0.601 \times (1 + 0.009 + 0.025) = 1627.3\ \mathbf{(kW)}$$

1.5.3 压缩机第二段设计计算

1.5.3.1 混合制冷剂的物性参数计算

（1）混合制冷剂的分子量 μ

由混合制冷剂组成可知，N_2、CH_4、C_2H_4 和 C_3H_8 各组分气体的体积分数分别为 29.4%、14.4%、38.8%和 17.4%。所以第二段压缩过程中混合气体的分子量由式（1-68）计算：

$$\mu = 28 \times 29.4\% + 16 \times 14.4\% + 26 \times 38.8\% + 44 \times 17.4\% = 28.28$$

（2）第二段混合制冷剂的气体常数 R

$$R = \frac{848}{\mu} = \frac{848}{28.28} = 29.99\ [\mathrm{J \cdot m/(N \cdot K \cdot s^2)}] = 293.902\ [\mathrm{J/(kg \cdot K)}]$$

混合制冷剂的其他物性参数见表 1-3。

1.5.3.2 压缩机第二段级的确定

（1）进口容积流量 Q_{in}

压缩机第二段内重量流量：

$$G = 36.988\ \mathrm{kgf/s}$$

气体重度：

$$\gamma_{\mathrm{in}} = \frac{p_{\mathrm{in}}}{RT_{\mathrm{in}}} = \frac{0.9 \times 10.2 \times 10^4}{29.99 \times 309} = 9.90\ (\mathrm{kgf/m^3})$$

进口容积流量：

$$Q_{\text{in}}=\frac{G}{\gamma_{\text{in}}}=\frac{36.988}{9.90}=3.74\ (\text{m}^3/\text{s})=13450.2\ (\text{m}^3/\text{h})$$

（2）多变能量头 h_{pol} 的计算

取压缩机第二段的多变效率 $\eta_{\text{pol}}=0.81$。

指数系数：

$$\sigma=\eta_{\text{pol}}\frac{k}{k-1}=0.81\times\frac{1.26}{1.26-1}=3.92$$

第二段的多变能量头：

$$h_{\text{pol}}=\sigma RT_{\text{in}}\left(\varepsilon^{\frac{1}{\sigma}}-1\right)=3.92\times 29.99\times 309\times\left(2.42^{\frac{1}{3.92}}-1\right)=9186.5\ (\text{kgf}\cdot\text{m/kgf})$$

（3）第二段基本参数选取及级数 i 和圆周速度 u_2 的初步计算

取叶轮入口安装角 $\beta_{1\text{A}}=33^\circ$，叶轮出口安装角 $\beta_{2\text{A}}=42^\circ$（后弯形叶片），流量系数 $\varphi_{2r}=0.23$，叶轮叶片数 $z=20$，轮阻损失系数 $\beta_{\text{df}}=0.025$，漏气损失系数 $\beta_{\text{l}}=0.009$。则周速系数：

$$\varphi_{2\text{u}}=1-\frac{\pi}{z}\sin\beta_{2A}-\varphi_{2r}\cot\beta_{2A}=1-\frac{3.14}{20}\sin 42^\circ-0.23\cot 42^\circ=0.645$$

流动效率：

$$\eta_A=\eta_{\text{pol}}(1+\beta_{\text{df}}+\beta_{\text{l}})=0.81\times(1+0.025+0.009)=0.838$$

计算系数：

$$\chi=\frac{\eta_A\varphi_{2u}}{g}=\frac{0.838\times 0.645}{9.8}=0.0552$$

初步选取圆周速度：

$$u_2'=250\ \text{m/s}$$

由以上数据，计算第一段级数为

$$i'=\frac{h_{\text{pol}}}{\chi u_2'^2}=\frac{9186.5}{0.0552\times 250^2}=2.66$$

经圆整，压缩机第二段级数为 3 级。

圆整后的圆周速度为：

$$u_2=\sqrt{\frac{h_{\text{pol}}}{\chi i}}=\sqrt{\frac{9186.5}{0.0552\times 3}}=235.5(\text{m/s})$$

（4）第二段各级压比分配

第二段将压力为 0.9MPa 的混合制冷剂压缩到 2.18MPa，压缩过程分三级进行，四级、五级、六级压比分别按 $\varepsilon=1.352$、$\varepsilon=1.343$ 和 $\varepsilon=1.334$ 分配。

1.5.3.3 第四级叶轮设计计算

（1）第四级叶轮宽度 b_2 的核算

进口容积流量：$Q_{in}=3.74\ m^3/s$
进口温度：$T_{in}=309\ K$
进口压力：$p_{in}=9.18\ kgf/cm^2$
多变指数：$k=1.26$
多变效率：$\eta_{pol}=0.81$
叶轮出口阻塞系数：取 $\tau_2=0.9130$
圆周速度：$u_2=235.5\ m/s$
流量系数：$\varphi_{2r}=0.23$

$$c_{2r}=u_2\varphi_{2r}=235.5\times0.23=54.2\ (m/s)$$

周速系数：$\varphi_{2u}=1-\dfrac{\pi}{z}\sin\beta_{2A}-\varphi_{2r}\cot\beta_{2A}=1-\dfrac{3.14}{20}\sin42^\circ-0.23\cot42^\circ=0.640$

气流方向角：$\alpha_2=\arctan\dfrac{\varphi_{2r}}{\varphi_{2u}}=\arctan\dfrac{0.23}{0.640}=19.77(^\circ)$

出口气流速度：$c_2=\dfrac{c_{2r}}{\sin\alpha_2}=\dfrac{54.2}{\sin19.77^\circ}=160.2\ (m/s)$

指数系数：$\sigma=\eta_{pol}\dfrac{k}{k-1}=0.81\times4.85=3.93$

$$h_{pol}=\sigma RT_{in}\left(\varepsilon^{\frac{1}{\sigma}}-1\right)=3.93\times29.99\times309\times\left(1.352^{\frac{1}{3.93}}-1\right)=2904.8(kgf\cdot m/kgf)$$

$$\Delta t_2=\frac{1}{R\dfrac{k}{k-1}}\left(\frac{h_{pol}}{\eta_{pol}}-\frac{c_2^2}{2g}\right)=\frac{1}{29.99\times\dfrac{1.26}{1.26-1}}\times\left(\frac{2904.8}{0.81}-\frac{160.2^2}{2\times9.8}\right)=15.7\ (K)$$

$$k_{V2}=\left(1+\frac{\Delta t_2}{T_{in}}\right)^{\sigma-1}=\left(1+\frac{15.7}{309}\right)^{2.93}=1.16$$

相对宽度：$\dfrac{b_2}{D_2}=\dfrac{0.5Q_{in}}{k_{V2}\tau_2u_2{}^3\varphi_{2r}}\left(\dfrac{n}{33.9}\right)^2=\dfrac{0.5\times3.74}{1.16\times0.9130\times235.5^3\times0.23}\times\left(\dfrac{6720}{33.9}\right)^2=0.023$

叶轮直径：$D_2=\dfrac{60u_2}{\pi n}\times1000=\dfrac{60\times235.5}{3.14\times6720}\times1000=669.6\ (mm)$

叶轮叶片厚度：3mm
叶轮叶片出口计算厚度：$\delta=3mm$
叶片摺边厚度：$\varDelta=8/8=1(mm)$

叶轮叶片出口宽度：$b_2=D_2\dfrac{b_2}{D_2}=669.6\times0.023=15.4\ mm$

核算出口阻塞系数：$\tau_2=1-\dfrac{z\delta\left(1+\dfrac{\Sigma\varDelta}{b_2}\right)}{\pi D_2\sin\beta_{2A}}=1-\dfrac{20\times3\times\left(1+\dfrac{16}{15.4}\right)}{3.14\times669.6\sin42^\circ}=0.9130$

经计算，第四级相对宽度 $\dfrac{b_2}{D_2}$ 和宽度 b_2 均符合要求，因此，取压缩机的转速为 $n=6720r/min$，进行第四级叶轮设计计算。图 1-11 为四级叶轮及扩压器结构图。

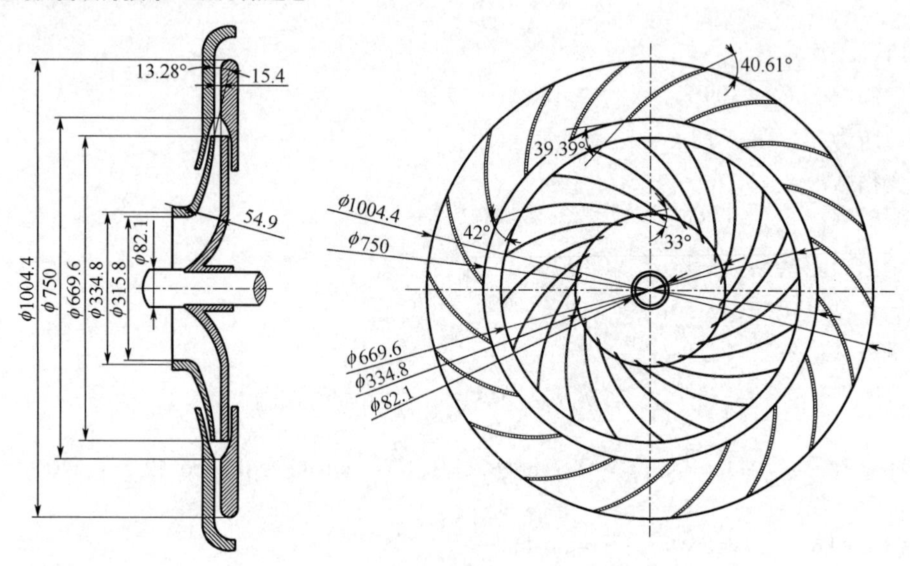

图 1-11　四级叶轮及扩压器结构图

（2）第四级叶轮各参数计算

① 叶片进口轮径比：取叶片进口轮径比 $\frac{D_1}{D_2}=0.50$

② 叶片进口直径：

$$D_1=\frac{D_1}{D_2}D_2=0.50\times 669.6=334.8\ (\mathrm{mm})$$

③ 叶轮轮径比：取叶轮轮径比 $k_D=\frac{D_1}{D_0}=1.06$

④ 叶轮进口直径：

$$D_0=\frac{D_1}{k_D}=\frac{334.8}{1.06}=315.8\ (\mathrm{mm})$$

⑤ 轴径比：取轴径比 $k_d=\frac{d}{D_0}=0.26$

⑥ 叶轮进口轮壳直径：

$$d=k_d D_0=0.26\times 315.8=82.1\ (\mathrm{mm})$$

⑦ 叶轮进口面积：

$$F_0=\frac{\pi}{4}(D_0{}^2-d^2)=\frac{3.14}{4}\times(315.8^2-82.1^2)=72997\ (\mathrm{mm}^2)=0.0730\ (\mathrm{m}^2)$$

⑧ 进口速度：

$$c_0=\frac{Q_{\mathrm{in}}}{k_{V0}F_0}=\frac{3.74}{0.991\times 0.0730}=51.7\ (\mathrm{m/s})$$

式中选取 $k_{V0}=0.991$。

⑨ 计算 Δt_0：

$$\Delta t_0 = -\frac{c_0^{\ 2}}{2gR\dfrac{k}{k-1}} = -\frac{51.7^2}{2\times 9.8\times 29.99\times \dfrac{1.26}{1.26-1}} = -0.9\ (\mathrm{K})$$

⑩ k_{V0} 的核算：

$$k_{V0} = 1+(\sigma-1)\frac{\Delta t_0}{T_{\mathrm{in}}} = 1+(3.93-1)\times\frac{-0.9}{309} = 0.991$$

⑪ 速度比：取速度比 $k_c = \dfrac{c_1}{c_0} = 1.48$

⑫ 叶片进口速度：

$$c_1 = k_c c_0 = 1.48\times 51.7 = 76.5\ \mathrm{m/s}$$

⑬ 计算 Δt_1：

$$\Delta t_1 = -\frac{c_1^{\ 2}}{2gR\dfrac{k}{k-1}} = -\frac{76.5^2}{2\times 9.8\times 29.99\times \dfrac{1.26}{1.26-1}} = -2.1\ (\mathrm{K})$$

⑭ 计算 k_{V1}：

$$k_{V1} = 1+(\sigma-1)\frac{\Delta t_1}{T_{\mathrm{in}}} = 1+(3.93-1)\times\frac{-2.1}{309} = 0.980$$

⑮ 进口阻塞系数：

$$\tau_1 = 1-\frac{z\delta\left(1+\dfrac{\Sigma\Delta}{b_1}\right)}{\pi D_1\sin\beta_{1A}} = 1-\frac{20\times 3\times\left(1+\dfrac{16}{54.9}\right)}{3.14\times 334.8\sin 33^\circ} = 0.865$$

其中选取 b_1=54.9 mm 。

⑯ 叶片进口宽度：

$$b_1 = \frac{Q_{\mathrm{in}}}{k_{V1}\pi c_1 D_1\tau_1} = \frac{3.74}{0.980\times 3.14\times 76.5\times 0.3348\times 0.865} = 54.9\ (\mathrm{mm})$$

⑰ 叶片进口圆周速度：

$$u_1 = \frac{\pi D_1 n}{60} = \frac{3.14\times 0.3348\times 6720}{60} = 117.7\ (\mathrm{m/s})$$

⑱ 进口气流角 β_1：

$$\beta_1 = \arctan\frac{c_1}{u_1} = \arctan 0.65 = 33.02(^\circ)$$

⑲ 冲角 i：

$$i = \beta_{1A}-\beta_1 = -0.02(^\circ)$$

⑳ 相对速度比值：

$$\frac{\omega_1}{\omega_2} \approx \frac{c_1\sin\beta_{2A}}{c_{2r}\sin\beta_{1A}} = \frac{76.5\sin 42^\circ}{54.2\sin 33^\circ} = 1.73$$

㉑ 叶片圆弧曲率半径：

$$R=\frac{1-\left(\frac{D_1}{D_2}\right)^2}{4\left(\cos\beta_{2A}-\frac{D_1}{D_2}\cos\beta_{1A}\right)}D_2=\frac{1-0.50^2}{4\times(\cos 42°-0.50\cos 33°)}\times 669.6=387.7\ (\mathrm{mm})$$

㉒ 叶片圆弧圆心半径：

$$R_0=\sqrt{R(R-D_2\cos\beta_{2A})+\left(\frac{D_2}{2}\right)^2}=\sqrt{387.7\times(387.7-669.6\cos 42°)+334.8^2}=263.6\ (\mathrm{mm})$$

㉓ 轮盖斜度：

$$\theta=\arctan\frac{2(b_1-b_2)}{D_2-D_1}=\arctan\frac{2\times(54.9-15.4)}{669.6-334.8}=13.28(°)$$

㉔ 计算Δt_2：

$$\Delta t_2=\frac{k-1}{Rk}\left(\frac{h_{\mathrm{pol}}}{\eta_{\mathrm{pol}}}-\frac{c_2^2}{2g}\right)=\frac{1.26-1}{29.99\times 1.26}\times\left(\frac{2904.8}{0.81}-\frac{160.2^2}{2\times 9.8}\right)=15.7\ (\mathrm{K})$$

㉕ 叶轮出口温度 T_2：

$$T_2=T_{\mathrm{in}}+\Delta t_2=309+15.7=324.7\ (\mathrm{K})$$

㉖ 压比ε_2：

$$\varepsilon_2=\left(1+\frac{\Delta t_2}{T_{\mathrm{in}}}\right)^{\sigma}=\left(1+\frac{15.7}{309}\right)^{3.93}=1.215$$

㉗ 叶轮出口压力：

$$p_2=\varepsilon_2 p_{\mathrm{in}}=1.215\times 9.18=11.154\ (\mathrm{kgf/cm^2})$$

㉘ 无叶扩压器宽度：

$$b_2'=b_2=15.4(\mathrm{mm})$$

㉙ 无叶扩压器入口气流周向分速：

$$c_{2u}'=c_{2u}=u_2\varphi_{2u}=235.5\times 0.640=150.7\ (\mathrm{m/s})$$

㉚ 无叶扩压器入口气流径向分速：

$$c_{2r}'=c_{2r}\tau_2=54.2\times 0.9130=49.5\ (\mathrm{m/s})$$

㉛ 无叶扩压器入口气流角：

$$\alpha_2'=\arctan\frac{c_{2r}'}{c_{2u}'}=\arctan\frac{49.5}{150.7}=18.18(°)$$

㉜ 无叶扩压器入口气流速度：

$$c_2'=\sqrt{c_{2u}'^2+c_{2r}'^2}=\sqrt{150.7^2+49.5^2}=158.6\ (\mathrm{m/s})$$

㉝ 无叶扩压器入口气流温度：

$$T_2' = T_2 + \frac{(c_2^2 - c_2'^2)(k-1)}{2kR} = 324.7 + \frac{(160.2^2 - 158.6^2)\times(1.26-1)}{2\times1.26\times29.99} = 326.4(\text{K})$$

㉞ 无叶扩压器入口气流压力：

$$p_2' = p_2\left(\frac{T_2'}{T_2}\right)^{\frac{k}{k-1}} = 11.154\times\left(\frac{326.4}{324.7}\right)^{\frac{1.26}{1.26-1}} = 11.439\ (\text{kgf/cm}^2)$$

㉟ 无叶扩压器入口气流密度：

$$\rho_2' = \frac{p_2'}{RT_2} = \frac{11.439\times10^4}{29.99\times324.7} = 11.75\ (\text{kg/m}^3)$$

㊱ 无叶扩压器出口转径比：

$$\frac{D_3}{D_2} = 1.08 \sim 1.18\text{，取}\frac{D_3}{D_2} = 1.12$$

㊲ 无叶扩压器出口轮径：

$$D_3 = D_2\left(\frac{D_3}{D_2}\right) = 669.6\times1.12 = 750.0(\text{mm})$$

㊳ 无叶扩压器出口密度：

$$\text{取}\ \rho_3' = 13.25\ \text{kg/m}^3$$

㊴ 无叶扩压器出口气流速度：

$$c_3 = \frac{c_2' D_2 \rho_3'}{D_3 \rho_2'} = \frac{158.6\times0.6696\times13.25}{0.750\times11.75} = 159.7\ (\text{m/s})$$

㊵ 无叶扩压器出口气流温度：

$$T_3 = T_2' + \frac{(c_3^2 - c_2'^2)(k-1)}{2kR} = 326.4 + \frac{(159.7^2 - 158.6^2)\times(1.26-1)}{2\times1.26\times29.99} = 327.6(\text{K})$$

㊶ 无叶扩压器马赫数：

$$Ma_3 = \frac{c_3}{\sqrt{kRT_3}} = \frac{159.7}{\sqrt{1.26\times29.99\times9.8\times327.6}} = 0.46$$

㊷ 无叶扩压器多变效率：

$$(\eta_{\text{pol}})_{D_1} = 0.6 \sim 0.8\text{，取}(\eta_{\text{pol}})_{D_1} = 0.8$$

㊸ 无叶扩压器多变指数：

$$n = \frac{n_3}{n_3 - 1} = \frac{k}{k-1}(\eta_{\text{pol}})_{D_1} = \frac{1.26}{1.26-1}\times0.8 = 3.87$$

㊹ 无叶扩压器出口混合制冷剂压力：

$$p_3 = p_2'\left(\frac{T_3}{T_2}\right)^n = 11.439\times\left(\frac{327.6}{324.7}\right)^{3.87} = 11.839\ (\text{kgf/cm}^2)$$

㊺ 无叶扩压器出口混合制冷剂密度：

$$\rho_3=\frac{p_3}{RT_3}=\frac{11.839\times10^4}{29.99\times327.6}=12.05\ (\mathrm{kg/m^3})$$

㊻ 无叶扩压器出口宽度：

$$b_3=b_2'=15.4\ \mathrm{mm}$$

㊼ 无叶扩压器出口径向分速：

$$c_{3r}=\frac{G}{\pi D_3b_3\rho_3}=\frac{42.388}{3.14\times0.750\times0.0154\times12.05}=97.0\ (\mathrm{m/s})$$

㊽ 无叶扩压器出口周向分速：

$$c_{3u}=\sqrt{c_3^2-c_{3r}^2}=\sqrt{159.7^2-97.0^2}=126.9\ (\mathrm{m/s})$$

㊾ 无叶扩压器出口气流角：

$$\alpha_3=\arctan\frac{c_{3r}}{c_{3u}}=\arctan\frac{97.0}{126.9}=37.39(^\circ)$$

㊿ 无叶扩压器长度：

$$l_\mathrm{w}=\frac{D_3-D_2}{2}=\frac{750.0-669.6}{2}=40.2\ (\mathrm{mm})$$

51 叶片扩压器转径比：

$$\frac{D_4}{D_2}=1.40\sim1.70\text{，取 }1.50$$

52 叶片扩压器出口轮径：

$$D_4=D_2\frac{D_4}{D_2}=669.6\times1.50=1004.4\ (\mathrm{mm})$$

53 叶片扩压器出口宽度：

$$b_4=b_2=15.4(\mathrm{mm})$$

54 叶片扩压器进气口冲角：

$$i_4=2^\circ\sim5^\circ$$

55 叶片扩压器叶片进口角：

$$\alpha_4=\alpha_3+i_4=37.39^\circ+2^\circ=39.39(^\circ)$$

56 叶片扩压器叶片进口阻塞系数：

$$\text{取 }\tau_4=0.847$$

57 叶片扩压器叶片数：

$$z=16\sim30\text{，取 }18$$

58 叶片扩压器出口气流密度：

$$\text{设 }\rho_4'=15.76(\mathrm{kg/m^3})$$

59 叶片扩压器出口气流速度：

$$c_4 = \frac{c_3 D_3 \rho_4'}{D_4 \rho_3} = \frac{159.7 \times 0.750 \times 15.76}{1.0044 \times 12.05} = 156.0(\text{m/s})$$

⑥⓪ 叶片扩压器出口空气温度：

$$T_4 = T_3 + \frac{(c_3^2 - c_4^2)(k-1)}{2kR} = 327.6 + \frac{(159.7^2 - 156.0^2) \times (1.26-1)}{2 \times 1.26 \times 29.99} = 331.6(\text{K})$$

⑥① 叶片扩压器出口混合制冷剂压力：

$$p_4 = p_3 \left(\frac{T_4}{T_3}\right)^n = 11.839 \times \left(\frac{331.6}{327.6}\right)^{3.87} = 12.413\ (\text{kgf/cm}^2)$$

⑥② 叶片扩压器出口密度：

$$\rho_4 = \frac{p_4}{RT_4} = \frac{12.413 \times 10^4}{29.99 \times 331.6} = 12.48(\text{kg/m}^3)$$

⑥③ 内功率：

$$N_\text{i} = \frac{G}{g} \times \frac{u_2{}^2}{102} \varphi_{2u}(1 + \beta_1 + \beta_\text{df}) = \frac{36.988}{9.8} \times \frac{235.5^2}{102} \times 0.640 \times (1 + 0.009 + 0.025) = 1358.1(\text{kW})$$

1.5.3.4　第五级叶轮设计计算

（1）第五级叶轮宽度 b_2 的核算

进口容积流量：$Q_\text{in} = \dfrac{G}{\rho_4} = \dfrac{36.988}{12.48} = 2.96(\text{m}^3/\text{s})$

进口温度：$T_\text{in} = 331.6\ \text{K}$

进口压力：$p_\text{in} = 12.413\ \text{kgf/cm}^2$

多变指数：$k = 1.26$

多变效率：$\eta_\text{pol} = 0.81$

叶轮出口阻塞系数：取 $\tau_2 = 0.9009$

圆周速度：$u_2 = 235.5\ \text{m/s}$

流量系数：$\varphi_{2r} = 0.24$

$$c_{2r} = u_2 \varphi_{2r} = 235.5 \times 0.24 = 56.5\ (\text{m/s})$$

周速系数：$\varphi_{2u} = 1 - \dfrac{\pi}{z} \sin\beta_{2A} - \varphi_{2r} \cot\beta_{2A} = 1 - \dfrac{3.14}{20} \sin 42° - 0.24 \cot 42° = 0.628$

气流方向角：$\alpha_2 = \arctan\dfrac{\varphi_{2r}}{\varphi_{2u}} = \arctan\dfrac{0.24}{0.628} = 20.92(°)$

出口气流速度：$c_2 = \dfrac{c_{2r}}{\sin\alpha_2} = \dfrac{56.5}{\sin 20.92°} = 158.2\ (\text{m/s})$

指数系数：$\sigma = \eta_\text{pol} \dfrac{k}{k-1} = 0.81 \times 4.85 = 3.93$

$$h_\text{pol} = \sigma R T_\text{in} \left(\varepsilon^{\frac{1}{\sigma}} - 1\right) = 3.93 \times 29.99 \times 331.6 \times \left(1.343^{\frac{1}{3.93}} - 1\right) = 3045.6(\text{kgf} \cdot \text{m/kgf})$$

$$\Delta t_2 = \frac{1}{R\dfrac{k}{k-1}}\left(\frac{h_{\mathrm{pol}}}{\eta_{\mathrm{pol}}} - \frac{c_2^{\ 2}}{2g}\right) = \frac{1}{29.99\times\dfrac{1.26}{1.26-1}}\times\left(\frac{3045.6}{0.81} - \frac{158.2^2}{2\times 9.8}\right) = 17.1\ (\mathrm{K})$$

$$k_{V2} = \left(1+\frac{\Delta t_2}{T_{\mathrm{in}}}\right)^{\sigma-1} = \left(1+\frac{17.1}{331.6}\right)^{2.93} = 1.16$$

相对宽度：$\dfrac{b_2}{D_2} = \dfrac{0.5Q_{\mathrm{in}}}{k_{V2}\tau_2 u_2^{\ 3}\varphi_{2r}}\left(\dfrac{n}{33.9}\right)^2 = \dfrac{0.5\times 2.96}{1.16\times 0.9009\times 235.5^3\times 0.24}\times\left(\dfrac{6720}{33.9}\right)^2 = 0.018$

叶轮直径：$D_2 = \dfrac{60u_2}{\pi n}\times 1000 = \dfrac{60\times 235.5}{3.14\times 6720}\times 1000 = 669.6\ (\mathrm{mm})$

叶轮叶片厚度：3mm

叶轮叶片出口计算厚度：$\delta = 3\ \mathrm{mm}$

叶片摺边厚度：$\varDelta = 8/8 = 1(\mathrm{mm})$

叶轮叶片出口宽度：$b_2 = D_2\dfrac{b_2}{D_2} = 669.6\times 0.018 = 12.1(\mathrm{mm})$

核算出口阻塞系数：$\tau_2 = 1 - \dfrac{z\delta\left(1+\dfrac{\Sigma\varDelta}{b_2}\right)}{\pi D_2\sin\beta_{2A}} = 1 - \dfrac{20\times 3\times\left(1+\dfrac{16}{12.1}\right)}{3.14\times 669.6\sin 42^\circ} = 0.9009$

经计算，第五级相对宽度$\dfrac{b_2}{D_2}$和宽度b_2均符合要求，因此取压缩机的转速为$n = 6720\mathrm{r/min}$，进行第五级叶轮设计计算。图 1-12 为五级叶轮及扩压器结构图。

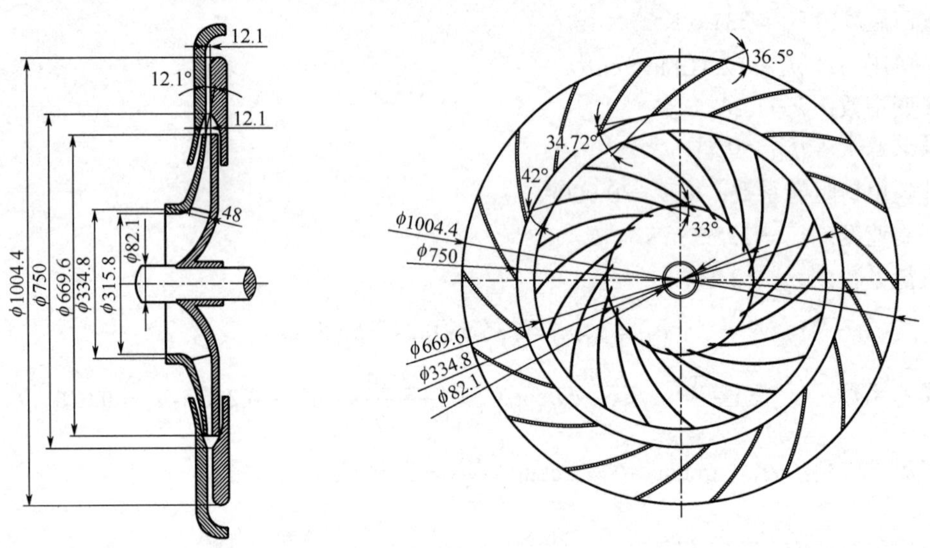

图 1-12　五级叶轮及扩压器结构图

（2）第五级叶轮各参数计算

① 叶片进口轮径比：取叶片进口轮径比$\dfrac{D_1}{D_2} = 0.50$

② 叶片进口直径：

$$D_1 = \frac{D_1}{D_2} D_2 = 0.50 \times 669.6 = 334.8\ (\text{mm})$$

③ 叶轮轮径比：取叶轮轮径比 $k_D = \dfrac{D_1}{D_0} = 1.06$

④ 叶轮进口直径：

$$D_0 = \frac{D_1}{k_D} = \frac{334.8}{1.06} = 315.8(\text{mm})$$

⑤ 轴径比：取轴径比 $k_d = \dfrac{d}{D_0} = 0.26$

⑥ 叶轮进口轮壳直径：

$$d = k_d D_0 = 0.26 \times 315.8 = 82.1(\text{mm})$$

⑦ 叶轮进口面积：

$$F_0 = \frac{\pi}{4}(D_0{}^2 - d^2) = \frac{3.14}{4} \times (315.8^2 - 82.1^2) = 72997\ (\text{mm}^2) = 0.0730(\text{m}^2)$$

⑧ 进口速度：

$$c_0 = \frac{Q_{\text{in}}}{k_{V0} F_0} = \frac{2.96}{0.995 \times 0.0730} = 41.0(\text{m/s})$$

式中选取 $k_{V0} = 0.995$ 。

⑨ 计算 Δt_0：

$$\Delta t_0 = -\frac{c_0{}^2}{2gR\dfrac{k}{k-1}} = -\frac{41.0^2}{2 \times 9.8 \times 29.99 \times \dfrac{1.26}{1.26-1}} = -0.6(\text{K})$$

⑩ k_{V0} 的核算：

$$k_{V0} = 1 + (\sigma - 1)\frac{\Delta t_0}{T_{\text{in}}} = 1 + (3.93 - 1) \times \frac{-0.6}{331.6} = 0.995$$

⑪ 速度比：取速度比 $k_c = \dfrac{c_1}{c_0} = 1.68$

⑫ 叶片进口速度：

$$c_1 = k_c c_0 = 1.68 \times 41.0 = 68.9(\text{m/s})$$

⑬ 计算 Δt_1：

$$\Delta t_1 = -\frac{c_1{}^2}{2gR\dfrac{k}{k-1}} = -\frac{68.9^2}{2 \times 9.8 \times 29.99 \times \dfrac{1.26}{1.26-1}} = -1.7(\text{K})$$

⑭ 计算 k_{V1}：

$$k_{V1} = 1 + (\sigma - 1)\frac{\Delta t_1}{T_{\text{in}}} = 1 + (3.93 - 1) \times \frac{-1.7}{331.6} = 0.984$$

⑮ 进口阻塞系数：

$$\tau_1 = 1 - \frac{z\delta\left(1+\frac{\Sigma\Delta}{b_1}\right)}{\pi D_1 \sin\beta_{1A}} = 1 - \frac{20\times3\times\left(1+\frac{16}{48.0}\right)}{3.14\times334.8\sin33^\circ} = 0.860$$

其中选取 b_1=48.0 mm 。

⑯ 叶片进口宽度：

$$b_1 = \frac{Q_{\text{in}}}{k_{V1}\pi c_1 D_1 \tau_1} = \frac{2.96}{0.984\times3.14\times68.9\times0.3348\times0.860} = 48.0(\text{mm})$$

⑰ 叶片进口圆周速度：

$$u_1 = \frac{\pi D_1 n}{60} = \frac{3.14\times0.3348\times6720}{60} = 117.7(\text{m/s})$$

⑱ 进口气流角 β_1：

$$\beta_1 = \arctan\frac{c_1}{u_1} = \arctan 0.58 = 30.54(^\circ)$$

⑲ 冲角 i：

$$i = \beta_{1A} - \beta_1 = 2.46(^\circ)$$

⑳ 相对速度比值：

$$\frac{\omega_1}{\omega_2} \approx \frac{c_1\sin\beta_{2A}}{c_{2r}\sin\beta_{1A}} = \frac{68.9\sin42^\circ}{56.5\sin33^\circ} = 1.50$$

㉑ 叶片圆弧曲率半径：

$$R = \frac{1-\left(\frac{D_1}{D_2}\right)^2}{4\left(\cos\beta_{2A} - \frac{D_1}{D_2}\cos\beta_{1A}\right)} D_2 = \frac{1-0.50^2}{4\times(\cos42^\circ - 0.50\cos33^\circ)}\times669.6 = 387.7(\text{mm})$$

㉒ 叶片圆弧圆心半径：

$$R_0 = \sqrt{R(R-D_2\cos\beta_{2A}) + \left(\frac{D_2}{2}\right)^2} = \sqrt{387.7\times(387.7-669.6\cos42^\circ)+334.8^2} = 263.6(\text{mm})$$

㉓ 轮盖斜度：

$$\theta = \arctan\frac{2(b_1-b_2)}{D_2-D_1} = \arctan\frac{2\times(48.0-12.1)}{669.6-334.8} = 12.10(^\circ)$$

㉔ 计算Δt_2：

$$\Delta t_2 = \frac{k-1}{Rk}\left(\frac{h_{\text{pol}}}{\eta_{\text{pol}}} - \frac{c_2^2}{2g}\right) = \frac{1.26-1}{29.99\times1.26}\times\left(\frac{3045.6}{0.81} - \frac{158.2^2}{2\times9.8}\right) = 17.1(\text{K})$$

㉕ 叶轮出口温度 T_2：

$$T_2 = T_{\text{in}} + \Delta t_2 = 331.6 + 17.1 = 348.7(\text{K})$$

㉖ 压比ε_2：

$$\varepsilon_2=\left(1+\frac{\Delta t_2}{T_{\text{in}}}\right)^{\sigma}=\left(1+\frac{17.1}{331.6}\right)^{3.93}=1.218$$

㉗ 叶轮出口压力：

$$p_2=\varepsilon_2 p_{\text{in}}=1.218\times 12.413=15.119(\text{kgf/cm}^2)$$

㉘ 无叶扩压器宽度：

$$b_2'=b_2=12.1\text{mm}$$

㉙ 无叶扩压器入口气流周向分速：

$$c_{2u}'=c_{2u}=u_2\varphi_{2u}=235.5\times 0.628=147.9(\text{m/s})$$

㉚ 无叶扩压器入口气流径向分速：

$$c_{2r}'=c_{2r}\tau_2=56.5\times 0.9009=50.9(\text{m/s})$$

㉛ 无叶扩压器入口气流角：

$$\alpha_2'=\arctan\frac{c_{2r}'}{c_{2u}'}=\arctan\frac{50.9}{147.9}=18.99(^\circ)$$

㉜ 无叶扩压器入口气流速度：

$$c_2'=\sqrt{c_{2u}'^2+c_{2r}'^2}=\sqrt{147.9^2+50.9^2}=156.4(\text{m/s})$$

㉝ 无叶扩压器入口气流温度：

$$T_2'=T_2+\frac{(c_2^2-c_2'^2)(k-1)}{2kR}=348.7+\frac{(158.2^2-156.4^2)\times(1.26-1)}{2\times 1.26\times 29.99}=350.6(\text{K})$$

㉞ 无叶扩压器入口气流压力：

$$p_2'=p_2\left(\frac{T_2'}{T_2}\right)^{\frac{k}{k-1}}=15.119\times\left(\frac{350.6}{348.7}\right)^{\frac{1.26}{1.26-1}}=15.522\ (\text{kgf/cm}^2)$$

㉟ 无叶扩压器入口气流密度：

$$\rho_2'=\frac{p_2'}{RT_2}=\frac{15.522\times 10^4}{29.99\times 348.7}-14.84(\text{kg/m}^3)$$

㊱ 取无叶扩压器出口转径比：

$$\frac{D_3}{D_2}=1.08\sim 1.18\text{，取}\frac{D_3}{D_2}=1.12$$

㊲ 无叶扩压器出口轮径：

$$D_3=D_2\frac{D_3}{D_2}=669.6\times 1.12=750.0(\text{mm})$$

㊳ 无叶扩压器出口密度：

$$\text{取}\ \rho_3'=16.75\text{kg/m}^3$$

㊴ 无叶扩压器出口气流速度：

$$c_3 = \frac{c_2' D_2 \rho_3'}{D_3 \rho_2'} = \frac{156.4 \times 0.6696 \times 16.75}{0.750 \times 14.84} = 157.6(\text{m/s})$$

㊵ 无叶扩压器出口气流温度：

$$T_3 = T_2' + \frac{(c_3^2 - c_2'^2)(k-1)}{2kR} = 350.6 + \frac{(157.6^2 - 156.4^2) \times (1.26-1)}{2 \times 1.26 \times 29.99} = 351.9(\text{K})$$

㊶ 无叶扩压器马赫数：

$$Ma_3 = \frac{c_3}{\sqrt{kRT_3}} = \frac{157.6}{\sqrt{1.26 \times 29.99 \times 9.8 \times 351.9}} = 0.44$$

㊷ 无叶扩压器多变效率：

$$(\eta_{\text{pol}})_{D_1} = 0.6 \sim 0.8\text{，取}\ (\eta_{\text{pol}})_{D_1} = 0.8$$

㊸ 无叶扩压器多变指数：

$$n = \frac{n_3}{n_3 - 1} = \frac{k}{k-1}(\eta_{\text{pol}})_{D_1} = \frac{1.26}{1.26-1} \times 0.8 = 3.87$$

㊹ 无叶扩压器出口混合制冷剂压力：

$$p_3 = p_2' \left(\frac{T_3}{T_2}\right)^n = 15.522 \times \left(\frac{351.9}{348.7}\right)^{3.87} = 16.081(\text{kgf/cm}^2)$$

㊺ 无叶扩压器出口混合制冷剂密度：

$$\rho_3 = \frac{p_3}{RT_3} = \frac{16.081 \times 10^4}{29.99 \times 351.9} = 15.24(\text{kg/m}^3)$$

㊻ 无叶扩压器出口宽度：

$$b_3 = b_2' = 12.1\text{mm}$$

㊼ 无叶扩压器出口径向分速：

$$c_{3r} = \frac{G}{\pi D_3 b_3 \rho_3} = \frac{36.988}{3.14 \times 0.750 \times 0.0121 \times 15.24} = 85.2(\text{m/s})$$

㊽ 无叶扩压器出口周向分速：

$$c_{3u} = \sqrt{c_3^2 - c_{3r}^2} = \sqrt{157.6^2 - 85.2^2} = 132.6(\text{m/s})$$

㊾ 无叶扩压器出口气流角：

$$\alpha_3 = \arctan\frac{c_{3r}}{c_{3u}} = \arctan\frac{85.2}{132.6} = 32.72(^\circ)$$

㊿ 无叶扩压器长度：

$$l_{\text{w}} = \frac{D_3 - D_2}{2} = \frac{750.0 - 669.6}{2} = 40.2(\text{mm})$$

51 叶片扩压器转径比：

$$\frac{D_4}{D_2} = 1.40 \sim 1.70\text{，取 } 1.50$$

㊾ 叶片扩压器出口轮径：

$$D_4 = D_2 \frac{D_4}{D_2} = 669.6 \times 1.50 = 1004.4(\text{mm})$$

㊿ 叶片扩压器出口宽度：

$$b_4 = b_2 = 12.1\text{mm}$$

54 叶片扩压器进气口冲角：

$$i_4 = 2^\circ \sim 5^\circ$$

55 叶片扩压器叶片进口角：

$$\alpha_4 = \alpha_3 + i_4 = 32.72^\circ + 2^\circ = 34.72(^\circ)$$

56 叶片扩压器叶片进口阻塞系数：

$$\text{取}\ \tau_4 = 0.846$$

57 叶片扩压器叶片数：

$$z = 16 \sim 30\text{，取 } 18$$

58 叶片扩压器出口气流密度：

$$\text{设}\ \rho_4' = 20.01(\text{kg/m}^3)$$

59 叶片扩压器出口气流速度：

$$c_4 = \frac{c_3 D_3 \rho_4'}{D_4 \rho_3} = \frac{157.6 \times 0.750 \times 20.01}{1.0044 \times 15.24} = 154.5(\text{m/s})$$

60 叶片扩压器出口空气温度：

$$T_4 = T_3 + \frac{(c_3^2 - c_4^2)(k-1)}{2kR} = 351.9 + \frac{(157.6^2 - 154.5^2) \times (1.26 - 1)}{2 \times 1.26 \times 29.99} = 355.2(\text{K})$$

61 叶片扩压器出口混合制冷剂压力：

$$p_4 = p_3 \left(\frac{T_4}{T_3}\right)^n = 16.081 \times \left(\frac{355.2}{351.9}\right)^{3.87} = 16.667(\text{kgf/cm}^2)$$

62 叶片扩压器出口密度：

$$\rho_4 = \frac{p_4}{RT_4} = \frac{16.667 \times 10^4}{29.99 \times 355.2} = 15.65(\text{kg/m}^3)$$

63 内功率：

$$N_\text{i} = \frac{G}{g} \times \frac{u_2^2}{102} \varphi_{2u} (1 + \beta_\text{l} + \beta_\text{df}) = \frac{36.988}{9.8} \times \frac{235.5^2}{102} \times 0.628 \times (1 + 0.009 + 0.025) = 1332.6(\text{kW})$$

1.5.3.5　第六级叶轮设计计算

（1）第六级叶轮宽度 b_2 的核算

进口容积流量：$Q_\text{in} = \dfrac{G}{\rho_4} = \dfrac{36.988}{15.65} = 2.36\ (\text{m}^3/\text{s})$

进口温度：$T_{\text{in}} = 355.2\ \text{K}$

进口压力：$p_{\text{in}} = 16.667\ \text{kgf/cm}^2$

多变指数：$k = 1.27$

多变效率：$\eta_{\text{pol}} = 0.81$

叶轮出口阻塞系数：取 $\tau_2 = 0.9004$

圆周速度：$u_2 = 235.5\ \text{m/s}$

流量系数：$\varphi_{2r} = 0.25$

$$c_{2r} = u_2\varphi_{2r} = 235.5 \times 0.25 = 58.9\ (\text{m/s})$$

周速系数：$\varphi_{2u} = 1 - \dfrac{\pi}{z}\sin\beta_{2A} - \varphi_{2r}\cot\beta_{2A} = 1 - \dfrac{3.14}{20}\sin 42^\circ - 0.25\cot 42^\circ = 0.617$

气流方向角：$\alpha_2 = \arctan\dfrac{\varphi_{2r}}{\varphi_{2u}} = \arctan\dfrac{0.25}{0.617} = 22.06(^\circ)$

出口气流速度：$c_2 = \dfrac{c_{2r}}{\sin\alpha_2} = \dfrac{58.9}{\sin 22.06^\circ} = 156.8\ (\text{m/s})$

指数系数：$\sigma = \eta_{\text{pol}}\dfrac{k}{k-1} = 0.81 \times 4.70 = 3.81$

$$h_{\text{pol}} = \sigma R T_{\text{in}}\left(\varepsilon^{\frac{1}{\sigma}} - 1\right) = 3.81 \times 29.99 \times 355.2 \times \left(1.334^{\frac{1}{3.81}} - 1\right) = 3189.9(\text{kgf}\cdot\text{m/kgf})$$

$$\Delta t_2 = \frac{1}{R\dfrac{k}{k-1}}\left(\frac{h_{\text{pol}}}{\eta_{\text{pol}}} - \frac{c_2^2}{2g}\right) = \frac{1}{29.99 \times \dfrac{1.27}{1.27-1}} \times \left(\frac{3189.9}{0.81} - \frac{156.8^2}{2 \times 9.8}\right) = 19.0(\text{K})$$

$$k_{V2} = \left(1 + \frac{\Delta t_2}{T_{\text{in}}}\right)^{\sigma - 1} = \left(1 + \frac{19.0}{355.2}\right)^{2.81} = 1.16$$

相对宽度：$\dfrac{b_2}{D_2} = \dfrac{0.5Q_{\text{in}}}{k_{V2}\tau_2 u_2{}^3\varphi_{2r}}\left(\dfrac{n}{33.9}\right)^2 = \dfrac{0.5 \times 2.36}{1.16 \times 0.9004 \times 235.5^3 \times 0.25} \times \left(\dfrac{6720}{33.9}\right)^2 = 0.0136$

叶轮直径：$D_2 = \dfrac{60u_2}{\pi n} \times 1000 = \dfrac{60 \times 235.5}{3.14 \times 6720} \times 1000 = 669.6(\text{mm})$

叶轮叶片厚度：3mm

叶轮叶片出口计算厚度：$\delta = 3\text{mm}$

叶片摺边厚度：$\varDelta = 6/6 = 1(\text{mm})$

叶轮叶片出口宽度：$b_2 = D_2\dfrac{b_2}{D_2} = 669.6 \times 0.0136 = 9.1(\text{mm})$

核算出口阻塞系数：$\tau_2 = 1 - \dfrac{z\delta\left(1 + \dfrac{\Sigma\varDelta}{b_2}\right)}{\pi D_2\sin\beta_{2A}} = 1 - \dfrac{20 \times 3 \times \left(1 + \dfrac{12}{9.1}\right)}{3.14 \times 669.6\sin 42^\circ} = 0.9004$

经计算，第六级相对宽度 $\dfrac{b_2}{D_2}$ 和宽度 b_2 均符合要求，因此取压缩机的转速为 $n = 6720\text{r/min}$，进行第六级叶轮设计计算。图 1-13 为六级叶轮及扩压器结构图。

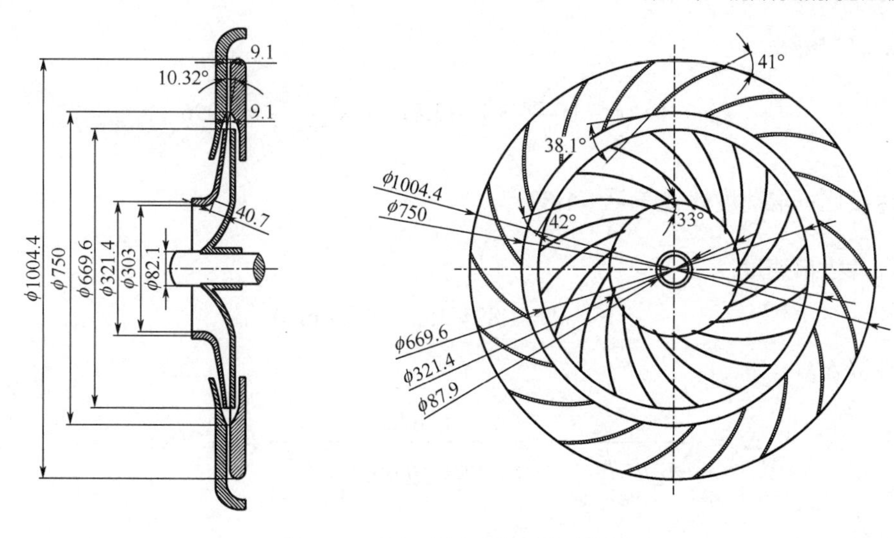

图 1-13　六级叶轮及扩压器结构图

（2）第六级叶轮各参数计算

① 叶片进口轮径比：取叶片进口轮径比 $\dfrac{D_1}{D_2}=0.48$

② 叶片进口直径：

$$D_1=\frac{D_1}{D_2}D_2=0.48\times669.6=321.4(\text{mm})$$

③ 叶轮轮径比：取叶轮轮径比 $k_D=\dfrac{D_1}{D_0}=1.06$

④ 叶轮进口直径：

$$D_0=\frac{D_1}{k_D}=\frac{321.4}{1.06}=303.2(\text{mm})$$

⑤ 轴径比：取轴径比 $k_d=\dfrac{d}{D_0}=0.29$

⑥ 叶轮进口轮壳直径：

$$d=k_dD_0=0.29\times303.2=87.9(\text{mm})$$

⑦ 叶轮进口面积：

$$F_0=\frac{\pi}{4}(D_0^2-d^2)=\frac{3.14}{4}\times(303.2^2-87.9^2)=66100(\text{mm}^2)=0.0661(\text{m}^2)$$

⑧ 进口速度：

$$c_0=\frac{Q_{\text{in}}}{k_{V0}F_0}=\frac{2.36}{0.996\times0.0661}=35.9(\text{m/s})$$

式中选取 $k_{V0}=0.996$。

⑨ 计算 Δt_0：

$$\Delta t_0=-\frac{c_0^2}{2gR\dfrac{k}{k-1}}=-\frac{35.9^2}{2\times9.8\times29.99\times\dfrac{1.27}{1.27-1}}=-0.5(\text{K})$$

⑩ k_{V0} 的核算：

$$k_{V0}=1+(\sigma-1)\frac{\Delta t_0}{T_{\text{in}}}=1+(3.81-1)\times\frac{-0.5}{355.2}=0.996$$

⑪ 速度比：取速度比 $k_c=\frac{c_1}{c_0}=1.89$

⑫ 叶片进口速度：

$$c_1=k_c c_0=1.89\times 35.9=67.9(\text{m/s})$$

⑬ 计算 Δt_1：

$$\Delta t_1=-\frac{c_1^{\ 2}}{2gR\frac{k}{k-1}}=-\frac{67.9^2}{2\times 9.8\times 29.99\times\frac{1.27}{1.27-1}}=-1.7(\text{K})$$

⑭ 计算 k_{V1}：

$$k_{V1}=1+(\sigma-1)\frac{\Delta t_1}{T_{\text{in}}}=1+(3.81-1)\times\frac{-1.7}{355.2}=0.986$$

⑮ 进口阻塞系数：

$$\tau_1=1-\frac{z\delta\left(1+\frac{\Sigma\varDelta}{b_1}\right)}{\pi D_1\sin\beta_{1A}}=1-\frac{20\times 3\times\left(1+\frac{12}{40.7}\right)}{3.14\times 321.4\sin 33^\circ}=0.858$$

其中选取 b_1=40.7 mm 。

⑯ 叶片进口宽度：

$$b_1=\frac{Q_{\text{in}}}{k_{V1}\pi c_1 D_1\tau_1}=\frac{2.36}{0.986\times 3.14\times 67.9\times 0.3214\times 0.858}=40.7(\text{mm})$$

⑰ 叶片进口圆周速度：

$$u_1=\frac{\pi D_1 n}{60}=\frac{3.14\times 0.3214\times 6720}{60}=113.0(\text{m/s})$$

⑱ 进口气流角 β_1：

$$\beta_1=\arctan\frac{c_1}{u_1}=\arctan 0.60=31.00(^\circ)$$

⑲ 冲角 i：

$$i=\beta_{1A}-\beta_1=2.00^\circ$$

⑳ 相对速度比值：

$$\frac{\omega_1}{\omega_2}\approx\frac{c_1\sin\beta_{2A}}{c_{2r}\sin\beta_{1A}}=\frac{67.9\sin 42^\circ}{58.9\sin 33^\circ}=1.47$$

㉑ 叶片圆弧曲率半径：

$$R=\frac{1-\left(\frac{D_1}{D_2}\right)^2}{4\left(\cos\beta_{2A}-\frac{D_1}{D_2}\cos\beta_{1A}\right)}D_2=\frac{1-0.48^2}{4\times(\cos 42^\circ-0.48\cos 33^\circ)}\times 669.6=378.3(\text{mm})$$

㉒ 叶片圆弧圆心半径：

$$R_0=\sqrt{R(R-D_2\cos\beta_{2A})+\left(\frac{D_2}{2}\right)^2}=\sqrt{378.3\times(378.3-669.6\cos 42°)+334.8^2}=271.6(\text{mm})$$

㉓ 轮盖斜度：

$$\theta=\arctan\frac{2(b_1-b_2)}{D_2-D_1}=\arctan\frac{2\times(40.7-9.1)}{669.6-321.4}=10.32(°)$$

㉔ 计算Δt_2：

$$\Delta t_2=\frac{k-1}{Rk}\left(\frac{h_{\text{pol}}}{\eta_{\text{pol}}}-\frac{c_2^2}{2g}\right)=\frac{1.27-1}{29.99\times1.27}\times\left(\frac{3189.9}{0.81}-\frac{156.8^2}{2\times9.8}\right)=19.0(\text{K})$$

㉕ 叶轮出口温度 T_2：

$$T_2=T_{\text{in}}+\Delta t_2=355.2+19.0=374.2(\text{K})$$

㉖ 压比ε_2：

$$\varepsilon_2=\left(1+\frac{\Delta t_2}{T_{\text{in}}}\right)^{\sigma}=\left(1+\frac{19.0}{355.2}\right)^{3.81}=1.220$$

㉗ 叶轮出口压力：

$$p_2=\varepsilon_2 p_{\text{in}}=1.220\times16.667=20.333(\text{kgf/cm}^2)$$

㉘ 无叶扩压器宽度：

$$b_2'=b_2=9.1\text{ mm}$$

㉙ 无叶扩压器入口气流周向分速：

$$c_{2u}'=c_{2u}=u_2\varphi_{2u}=235.5\times0.617=141.3(\text{m/s})$$

㉚ 无叶扩压器入口气流径向分速：

$$c_{2r}'=c_{2r}\tau_2=58.9\times0.9004=53.0\ (\text{m/s})$$

㉛ 无叶扩压器入口气流角：

$$\alpha_2'=\arctan\frac{c_{2r}'}{c_{2u}'}=\arctan\frac{53.0}{141.3}=20.56(°)$$

㉜ 无叶扩压器入口气流速度：

$$c_2'=\sqrt{c_{2u}'^2+c_{2r}'^2}=\sqrt{141.3^2+53.0^2}=150.9(\text{m/s})$$

㉝ 无叶扩压器入口气流温度：

$$T_2'=T_2+\frac{(c_2^2-c_2'^2)(k-1)}{2kR}=374.2+\frac{(156.8^2-150.9^2)\times(1.27-1)}{2\times1.27\times29.99}=380.6(\text{K})$$

㉞ 无叶扩压器入口气流压力：

$$p_2'=p_2\left(\frac{T_2'}{T_2}\right)^{\frac{k}{k-1}}=20.333\times\left(\frac{380.6}{374.2}\right)^{\frac{1.27}{1.27-1}}=22.021(\text{kgf/cm}^2)$$

㉟ 无叶扩压器入口气流密度：

$$\rho_2' = \frac{p_2'}{RT_2} = \frac{22.021 \times 10^4}{29.99 \times 374.2} = 19.62(\text{kg/m}^3)$$

㊱ 取无叶扩压器出口转径比：

$$\frac{D_3}{D_2} = 1.08 \sim 1.18\text{，取}\frac{D_3}{D_2} = 1.12$$

㊲ 无叶扩压器出口轮径：

$$D_3 = D_2 \frac{D_3}{D_2} = 669.6 \times 1.12 = 750.0(\text{mm})$$

㊳ 无叶扩压器出口密度：

$$\text{取}\ \rho_3' = 20.85(\text{kg/m}^3)$$

㊴ 无叶扩压器出口气流速度：

$$c_3 = \frac{c_2' D_2 \rho_3'}{D_3 \rho_2'} = \frac{150.9 \times 0.6696 \times 22.05}{0.750 \times 19.62} = 151.4(\text{m/s})$$

㊵ 无叶扩压器出口气流温度：

$$T_3 = T_2' + \frac{(c_3^2 - c_2'^2)(k-1)}{2kR} = 380.6 + \frac{(151.4^2 - 150.9^2) \times (1.27 - 1)}{2 \times 1.27 \times 29.99} = 381.1(\text{K})$$

㊶ 无叶扩压器马赫数：

$$Ma_3 = \frac{c_3}{\sqrt{kRT_3}} = \frac{151.4}{\sqrt{1.27 \times 29.99 \times 9.8 \times 381.1}} = 0.40$$

㊷ 无叶扩压器多变效率：

$$(\eta_{\text{pol}})_{D_1} = 0.6 \sim 0.8\text{，取}(\eta_{\text{pol}})_{D_1} = 0.8$$

㊸ 无叶扩压器多变指数：

$$n = \frac{n_3}{n_3 - 1} = \frac{k}{k-1}(\eta_{\text{pol}})_{D_1} = \frac{1.27}{1.27 - 1} \times 0.8 = 3.76$$

㊹ 无叶扩压器出口混合制冷剂压力：

$$p_3 = p_2' \left(\frac{T_3}{T_2}\right)^n = 22.021 \times \left(\frac{381.1}{380.6}\right)^{3.76} = 22.123(\text{kgf/cm}^2)$$

㊺ 无叶扩压器出口混合制冷剂密度：

$$\rho_3 = \frac{p_3}{RT_3} = \frac{22.123 \times 10^4}{29.99 \times 381.1} = 19.36(\text{kg/m}^3)$$

㊻ 无叶扩压器出口宽度：

$$b_3 = b_2' = 9.1(\text{mm})$$

㊼ 无叶扩压器出口径向分速：

$$c_{3r}=\frac{G}{\pi D_3 b_3 \rho_3}=\frac{36.988}{3.14\times0.750\times0.0091\times19.36}=89.2(\mathrm{m/s})$$

㊽ 无叶扩压器出口周向分速：

$$c_{3u}=\sqrt{c_3^2-c_{3r}^2}=\sqrt{151.4^2-89.2^2}=122.3(\mathrm{m/s})$$

㊾ 无叶扩压器出口气流角：

$$\alpha_3=\arctan\frac{c_{3r}}{c_{3u}}=\arctan\frac{89.2}{122.3}=36.10(^\circ)$$

㊿ 无叶扩压器长度：

$$l_\mathrm{w}=\frac{D_3-D_2}{2}=\frac{750.0-669.6}{2}=40.2(\mathrm{mm})$$

51 叶片扩压器转径比：

$$\frac{D_4}{D_2}=1.40\sim1.70\text{，取 }1.50$$

52 叶片扩压器出口轮径：

$$D_4=D_2\frac{D_4}{D_2}=669.6\times1.50=1004.4(\mathrm{mm})$$

53 叶片扩压器出口宽度：

$$b_4=b_2=9.1(\mathrm{mm})$$

54 叶片扩压器进气口冲角：

$$i_4=2^\circ\sim5^\circ$$

55 叶片扩压器叶片进口角：

$$\alpha_4=\alpha_3+i_4=36.10^\circ+2^\circ=38.10(^\circ)$$

56 叶片扩压器叶片进口阻塞系数：

$$\text{取 }\tau_4=0.845$$

57 叶片扩压器叶片数：

$$z=16\sim30\text{，取 }18$$

58 叶片扩压器出口气流密度：

$$\text{设 }\rho_4'=25.84(\mathrm{kg/m^3})$$

59 叶片扩压器出口气流速度：

$$c_4=\frac{c_3 D_3 \rho_4'}{D_4 \rho_3}=\frac{151.4\times0.750\times25.84}{1.0044\times19.36}=150.9(\mathrm{m/s})$$

60 叶片扩压器出口空气温度：

$$T_4=T_3+\frac{(c_3^2-c_4^2)(k-1)}{2kR}=381.1+\frac{(151.4^2-150.9^2)\times(1.27-1)}{2\times1.27\times29.99}=381.6(\mathrm{K})$$

⑥¹ 叶片扩压器出口混合制冷剂压力：

$$p_4 = p_3\left(\frac{T_4}{T_3}\right)^n = 22.123\times\left(\frac{381.6}{381.1}\right)^{3.81} = 22.236(\text{kgf/cm}^2)$$

⑥² 叶片扩压器出口密度：

$$\rho_4 = \frac{p_4}{RT_4} = \frac{22.236\times10^4}{29.99\times381.6} = 19.43(\text{kg/m}^3)$$

⑥³ 内功率：

$$N_\text{i} = \frac{G}{g}\times\frac{u_2^2}{102}\varphi_{2u}(1+\beta_1+\beta_\text{df}) = \frac{36.988}{9.8}\times\frac{235.5^2}{102}\times0.617\times(1+0.009+0.025) = 1309.2(\text{kW})$$

1.5.4 主轴的计算

离心压缩机的主轴在运行中承受着转矩、弯矩和离心力的作用。在选择主轴材料时，需考虑材料的力学性能，本设计主轴材料选用 34CrMo1A。

轴的强度校核条件为：

$$\tau_\text{max} = \frac{T}{W_\text{p}} = \frac{9550\dfrac{P}{n}}{W_\text{p}} \leqslant [\tau] \tag{1-70}$$

式中 τ_max ——轴的最大扭剪应力，MPa；

T ——轴传递的转矩，N·mm；

W_p ——轴的抗扭截面模量，mm^3；

P ——轴传递的功率，kW，$P = \dfrac{\Sigma N_i}{\eta} = \dfrac{8979.3}{0.97} = 9257.0(\text{kW})$；

n ——轴的转速，r/min；

$[\tau]$ ——轴材料的许用扭剪应力，MPa，$[\tau] = 40\ \text{MPa}$。

对于实心圆轴，$W_\text{p} = \dfrac{\pi d^3}{16}$，则轴的直径应满足：

$$d \geqslant \sqrt[3]{\frac{16\times9550P}{\pi[\tau]n}} = \sqrt[3]{\frac{16\times9550\times9257.0}{3.14\times40\times10^6\times6720}} = 0.119(\text{m}) = 119\ (\text{mm})$$

经圆整，取轴的直径为 120mm。

1.6 离心式压缩机强度设计及轴向推力计算

1.6.1 转子强度设计

强度分析主要包括单个叶轮的强度分析和转子轴系的动力学分析。单个叶轮的强度分析包括叶轮应力计算、叶轮的轮盘自振频率分析、叶轮的叶片自振频率分析；转子轴系的动力学分析主要是转子的稳定性分析，包括气体激振分析、轴和键的强度计算。回转刚体质量、重心、转动惯量计算及轴向推力计算、平衡盘尺寸确定也在其中。

气体激振是转子动力学分析的关键内容。气体激振是指在压缩机中由于叶轮内部发生旋转脱离而产生的对机器的气体激励。对于大分子量及压力高的的离心压缩机，如化肥装置中的 CO_2 压缩机和合成气压缩机，在方案设计中需要考虑此类问题。自激振动是指压力高、分子量较大的气体在通过平衡盘等密封时，由于压比高而有可能达到音速进而诱发对转子的气体激振。

（1）叶轮强度计算

根据经验机组运行时，第一级叶轮受到的应力最大，因此在叶轮强度校核时，第一级叶轮满足强度要求即可。

（2）叶轮应力计算

叶轮应力计算对象为轴对称模型，计算方法为有限元法。叶轮应力按下式验算：

$$k=\frac{\sigma_s}{\sigma_{max}} \tag{1-71}$$

式中　k ——安全系数，取安全系数为 1.3；

σ_s ——叶轮材料的屈服极限，第一级叶轮取 690MPa；

σ_{max} ——叶轮上任意一点的最大应力值。

验算时，在额定转速、最大连续转速和跳闸转速下都是叶轮根部受到的应力比较大，所以，分别对在主轴与支撑轴承间隙为最大间隙和间隙为最小间隙的两种情况进行计算。

本设计中，叶轮所受最大应力为 500MPa，小于叶轮材料的许用应力，且根据强度校核规范：

$$k=\frac{\sigma_s}{\sigma_{max}}=\frac{690}{500}=1.38>1.3，能够达到设计要求。$$

1.6.2　定子强度设计

1.6.2.1　进出风口厚度计算

混合制冷剂离心式压缩机的进、出风口材料选取 16MnR（GB 713—2008）低合金钢，同时考虑焊接和腐蚀对应力的影响，进出风口的厚度采用薄壁容器纵截面上的正应力公式计算：

$$t=\left(\frac{pD_e}{2[\sigma]\varphi-0.8p}+C\right)/0.855 \tag{1-72}$$

式中　$[\sigma]$ ——许用应力，为 150MPa；

φ ——焊缝系数，为 0.85；

D_e ——管子内径（按第一级叶轮有叶扩压器直径 D_4 计算），mm；

t ——标定厚度，mm；

C ——腐蚀系数，取 0.80；

p ——机壳设计压力，此压缩机机壳设计压力按 3.5MPa 计算。

由公式（1-72）计算得：

$$t=\left(\frac{pD_e}{2[\sigma]\varphi-0.8p}+C\right)/0.855=\left(\frac{3.5\times1059.9}{2\times150\times0.85-0.8\times3.5}+0.80\right)/0.855=18.1\ (\mathrm{mm})$$

1.6.2.2　端盖厚度计算

端盖厚度分别按以下情况计算。

在固定的地方：

$$\sigma_{r\max}=\frac{3p}{4h^2}\left[a^2-2b^2+\frac{b^4\left(1-u\right)-4b^4\left(1+u\right)\ln\dfrac{a}{b}-b^2a^2\left(1+u\right)}{a^2\left(1+u\right)+b^2\left(1+u\right)}\right] \tag{1-73}$$

沿内周边的地方：

$$\sigma_\tau=\frac{3p(1-u^2)}{4h^2}\frac{a^4-b^4-\dfrac{1}{3}a^2b^2\ln\dfrac{a}{b}}{a^2(1-u)+b^2(1+u)} \tag{1-74}$$

式中　p——设计压力，MPa；

h——理论能量头；

a——端盖长度，mm；

b——端盖宽度，mm；

u——叶轮圆周速度，m/s；

σ_r——径向压力，MPa；

σ_τ——切向压力，MPa。

1.6.3　机壳部分计算

（1）机壳厚度计算

本设计的压缩机机壳为垂直剖分型锻钢壳体。高压容器根据ASME规定，需检查高压容器最薄厚度是否满足要求，最薄厚度按式（1-75）计算：

$$t_{\min}=\frac{pR}{[\sigma]-0.5p} \tag{1-75}$$

式中　R——内半径，mm；

p——设计压力，MPa；

$[\sigma]$——最大许用应力，MPa，机壳最大许用应力为109 MPa；

$t_{\min}$——最薄厚度，mm。

由式（1-75）得：

$$t_{\min}=\frac{pR}{[\sigma]-0.5p}=\frac{3.5\times530}{109-0.5\times3.5}=17.3\ (\mathrm{mm})$$

根据美国机械工程师学会锅炉压力容器规范，如果机壳开孔，则开口部分应加厚，并应检查加厚量。机壳的实际厚度必须大于机壳的最小厚度与加厚厚度之和，当实际机壳的厚度是最小厚度值$t_{\min}$的两倍时，不需对加厚量进行检查。

（2）机壳端部厚度的计算

机壳端部理论厚度按式（1-76）计算：

$$t_\mathrm{r}=\sqrt{\frac{Cp}{[\sigma]}} \tag{1-76}$$

式中　$[\sigma]$ ——最大许用应力，MPa；

p ——设计压力，MPa；

C —— $C=5\dfrac{t_{\min}}{t_{\text{actae}}}$；

t_{actae} ——机壳实际厚度，mm；

$t_{\min}$ ——机壳最小理论厚度，mm。

由公式（1-76）得：

$$t_{\text{r}}=\sqrt{\frac{5\times\dfrac{17.3}{20}\times3.5\times1000}{109}}=11.8\ (\text{mm})$$

平端孔需要的加厚量见参考资料 ASME。当机壳端部的实际厚度是 t_{r} 值的两倍时，不需要检查加厚量。

1.6.4　轴向推力计算

各级轴向推力计算如下：

首级叶轮推力：

$$F_1=\frac{\pi}{4}(D_{L,1}^2-d_{L,1}^2)P_{2,1}-\frac{\pi}{4}(D_{L,1}^2-d_1^2)P_{1,1} \tag{1-77}$$

中间级叶轮推力：

$$F_i=\frac{\pi}{4}(D_{L,i}^2-d_{L,i}^2)P_{2,i}-\frac{\pi}{4}(D_{L,i}^2-d_{L,i-1}^2)P_{1,i} \tag{1-78}$$

式中，$i=2,\cdots,n-1$，n 为末级的序号。

末级叶轮推力：

$$F_n=\frac{\pi}{4}(D_{L,n}^2-d_{\text{s}}^2)P_{2,n}-\frac{\pi}{4}(D_{L,n}^2-d_{L,n-1}^2)P_{1,n} \tag{1-79}$$

各级总推力：

$$F=F_1+\sum_{i=2}^{n-1}(F_i+F_n) \tag{1-80}$$

平衡盘推力：

$$F_{\text{b}}=\frac{\pi}{4}(D_{\text{B}}^2-d_{\text{s}}^2)P_{2,n}-\frac{\pi}{4}(D_{\text{B}}^2-d_2^2)P_{1,1} \tag{1-81}$$

残余推力：

$$F_{\text{tot}}=F-F_{\text{b}} \tag{1-82}$$

残余推力 F_{tot} 一般取 500 kg 左右，最大不超过 1000 kg，当 F_{tot} 取定后，则平衡盘尺寸 D_{B} 可以用式（1-81）计算。

1.7 离心式压缩机结构设计

1.7.1 转子的结构设计

1.7.1.1 转子结构概述

转子是离心式压缩机的主要部件。它由主轴以及套在轴上的叶轮、平衡盘、推力盘、联轴器等组成。

转子上的各个零件用热套的方式与轴连成一体，以保证在高速旋转时不至松脱。为了更可靠，叶轮、平衡盘和联轴器等有时还用键与轴固定，或采用销钉固定以传递转矩和防止松动。每个制造厂家由于安装工艺和习惯不同，或由于结构要求，采用不同的安装方式。

转子上各零部件的轴向位置一般靠轴肩（有时还有隔套）来定位。转子上隔套或轴套的轴向固定，是把两个半环放入油槽中，然后被具有过盈的热套卡环夹紧。

1.7.1.2 叶轮

叶轮也称为工作轮。它是压缩机中一个最重要的部件。气体在叶轮叶片的作用下，跟着叶轮作高速的旋转。而气体由于受旋转离心力的作用，以及在叶轮里的扩压流动，使气体通过叶轮后的压力得到了提高。此外，气体的速度也同样在叶轮里得到了提高。因此，可以认为叶轮是使气体提高能量的唯一途径。

本设计使用了 U、B 两种形式的叶轮，U 型轮为三元叶轮，B 型轮为二元叶轮。U 系列的叶轮中选用了 U1、U2、U3 三种叶轮，B 系列的叶轮中选用了 B5、B6 两种叶轮。

1.7.1.3 主轴

主轴上安装所有的旋转零件。它的作用就是支持旋转零件及传递转矩。本设计采用阶梯轴，阶梯轴便于装配。由于本设计轴间跨距比较大，为了防止主轴在高速旋转时产生挠性形变，所以选用轴径为 120mm 的轴，才能满足设计的刚度要求。

1.7.1.4 推力盘

由于平衡盘只平衡部分轴向力，其余轴向力通过推力盘传给止推轴承上的推力块，实现力的平衡。本设计采用键连接的一般推力盘，材质选择 45 钢。

1.7.1.5 平衡盘

在多级离心式压缩机中，由于每级叶轮两侧的气体作用力大小不等，使转子受到一个从高压端指向低压端的合力，这个合力就称为轴向力。太大的轴向力对于压缩机的正常运转是不利的，它使转子向一端窜动，甚至使转子与机壳相碰，造成事故，因此必须要设法平衡它。

平衡盘就是利用它的两边气体压力差来平衡轴向力的零件。它位于高压端，它的一侧压力可以认为是末级叶轮轮盘侧中的气体压力（高压）。另一侧通向大气或进气管，它的压力是大气压或进气压力（低压）。由于平衡盘也是热套在主轴上，上述两侧压力差就使转子受到一个与轴向力反向的力，力的大小决定于平衡盘的受力面积。通常，平衡盘只平衡一部分轴向力。剩余轴向力由止推轴承承受。平衡盘的外缘安装气封，可以减少气体泄漏。

1.7.1.6 联轴器

联轴器是轴与轴互相连接的一种部件。离心压缩机的轴，有的直接与原动机相连，有的与增速箱相连，有的则与压缩机本身的低压缸与高压缸相连，离心压缩机是靠联轴器传递转矩的。

本设计联轴器为叠片式联轴器，便于拆装且能达到设计要求。

1.7.1.7　转子上的各螺母

在离心压缩机高速旋转时要求各转动部件都要紧密配合，不允许松动，所以在必要的部位要安装锁紧螺母。本设计选用三种螺母，依次为推力盘锁紧螺母，隔套锁紧螺母，平衡盘锁紧螺母。

1.7.2　定子的结构设计

定子中所有零件均不能转动。定子元件包括：机壳、扩压器、弯道、回流器和蜗室，另外还有密封、支撑轴承和止推轴承等部件。

1.7.2.1　机壳

机壳也称为气缸。机壳是定子中最大的零件。以前通常用铸铁或铸钢铸造而成。现大部分采用钢板焊接机壳。本设计为高压离心式压缩机，采用筒形锻钢机壳，以承受高压。

机壳一般有水平中分面，利于装配，上、下机壳用定位销定位，用螺栓连接。下机壳装有导柱，便于装拆。轴承箱与下机壳分开浇铸。

吸气室是机壳的一部分，它的作用是把气体均匀地引入叶轮。吸气室内常浇铸有分流肋，使气流更加均匀，也起增加机壳刚性的作用。

1.7.2.2　扩压器

气体从叶轮流出时，它具有较高的流动速度。为了充分利用这部分速度能，常常在叶轮后面设置流通面积逐渐扩大的扩压器，用以把速度能转化为压力能，以提高气体的压力。扩压器一般有无叶扩压器、有叶扩压器、直壁形扩压器等多种类型。

本设计采用无叶加有叶扩压器。由两个平壁构成环行通道，气体从叶轮出来后，经过环行通道，速度逐步降低而压力逐步升高，然后经过后面的弯道和回流器进入下一级。

1.7.2.3　回流器

回流器的作用是使气流按所需的方向均匀地进入下一级。它由隔板和导流叶片组成。通常，隔板和导流叶片整体铸造在一起。隔板借销钉或外缘凸肩与机壳定位。

1.7.2.4　蜗室

蜗室的主要目的是把扩压器后面或叶轮后面的气体汇集起来，把气体引到压缩机外面去，使它流向气体输送管道或流到冷却器去进行冷却。此外，在汇集气体的过程中，在大多数情况下，由于蜗室外径的逐渐增大和通流截面的渐渐扩大，也能起到一定的气流降速扩压作用。

1.7.2.5　密封

由于压缩机的转子和定子一个高速旋转而另一个固定不动，两部分之间必定具有一定的间隙，因此就一定会有气体在机器内由一个部位泄漏到另一个部位，同时还会向机器外部进行泄漏。为了减少或防止气体的这些泄漏，需要采用密封装置。

防止机器内部流通部分各空腔之间泄漏的密封，叫内部密封，一般用迷宫型密封。

防止或减少气体由机器向外界泄漏或由外界向机器内部泄漏的密封，叫轴端密封。本设计中，由于气体是易燃易爆气体，所以必须使用机械密封，保证内部气体不泄漏到外界。

（1）迷宫型密封

气体在密封前、后压差的作用下，从高压端流向低压端，通过密封齿和轴的间隙时，气流速度加快，压力和温度都降低。

由间隙流入齿间空腔时，由于面积突然扩大，气流形成强烈的漩涡，在比间隙容积大很多的齿腔空腔中，气流速度几乎等于零，动能由于漩涡作用全部变为热量。

对理想气体来说，气体温度又从流经间隙时的温度回升到流入间隙前的温度，但空腔中的压力却回升很少。可以认为保持流经间隙时的压力不变，气体从合格空间流经下一个密封齿和轴之间的间隙，又流入再下一个齿间空隙，重复上述过程。如此流经每一个齿，最后从整个密封流出。气体每从一个大的齿间空腔流经一个小的齿和轴之间的间隙，再流入另一个大的齿间空腔，压力就降低一次，而且随着流动气体比体积的不断增加，通过间隙的速度不断加快，因而越到下游经过一个齿的压力降低得越多。这个现象通常叫节流现象。

由流量计算式：

$$G_1 = \rho F_s c \tag{1-83}$$

式中 ρ ——气体密度，kg/m^3；

F_s ——流经间隙时的流通面积，cm^2；

c ——流经间隙时的速度，m/s。

使密封效果更好的方法有三种：

a．增加密封齿数。当然，密封齿数不是越多越好，一方面影响轴向尺寸；另一方面，当齿数增加到一定值后，继续增加齿数密封效果也不会显著提高。所以，一般轮盖处为 4～6 个齿，其他密封齿数都在 6～35 之间。

b．密封齿和轴之间的间隙应该尽可能小，一般最小半径间隙 s 和直径 D（mm）的关系是：

$$s = 0.2 + \frac{(0.3 \sim 0.6)D}{1000} \tag{1-84}$$

同时，为了减少间隙，提高密封效果而又不使密封齿和机壳擦伤，常在壳体上镶软金属块或者直接选用软金属作为梳齿材料。

c．提高节流效果，使相邻齿间的容积和间隙相比足够大。

（2）干气体密封

干气体密封主要由动、静两部分组件组成。静止部分包括由 O 形环密封的静环（主环）、加载弹簧以及固定静环的不锈钢支持套（固定在压缩机壳内）。动环（又名配对环）组件由一夹紧套和一锁定螺母（保持轴向定位）等部件安装在旋转轴上随轴高速旋转，动环一般由硬度高、刚性好而且耐磨的钨、硅硬质合金制造。螺旋槽式干气密封设计的特别之处是在动环表面加工出一系列螺旋状沟槽，深度一般为 0.0025～0.01mm。在静止条件下，由于静环也就是主环上的弹性负荷，使动环与静环保持相互接触。

螺旋槽式气体密封的工作原理是流体静力和流体动力的平衡。密封气体注入密封装置，使动、静环受到流体静压力作用，不论配对环是否转动，静压力都是存在的，而流体的动压力只在转动时才产生。配对环上的螺旋槽是产生流体动压力的关键，当动环随轴转动时，螺旋槽里的气体被剪切从外缘流向中心，产生动压力，由于存在静压力，密封堰对气体的流出有抑制作用，使气体流动受阻，气体压力升高，这一升高的压力将挠性安装的静环与配对动环分开，当气体压力与弹簧恢复力平衡后，维持一最小间隙，形成气膜，封住工艺气体。

由于密封面上的螺旋槽深只有几个微米，因此必须有非常干净的气体来启动并保护显微深度的密封面外表面。一般要求密封上游的注气非常清洁，无论是外设气源还是来自压缩机出口的工艺密封气都需要经过严格滤清。

本设计介质为混合制冷剂，为易燃、易爆气体。所以轴端密封采用干气体密封。

参考文献

[1] 吴玉林，陈庆光，刘树红．通风机和压缩机 [M]．北京：清华大学出版社，2011．

[2] 沈维道，蒋智敏，童钧耕．工程热力学 [M]．北京：高等教育出版社，2001．

[3] 黄钟岳．化工透平式压缩机 [M]．大连：大连理工大学出版社，1989．

[4] 西安交大流体机械教研室．离心式压缩机原理 [M]．北京：机械工业出版社，1980．

[5] 里斯 B O．离心压缩机械 [M]．北京：中国工业出版社，1992．

[6] 李吉宏，王为民．压缩机密封技术及其发展趋势 [J]．压缩机技术，2010，48（05）：46-48．

[7] 西安交大透平式压缩机教研室．化工用离心式压缩机热力设计参考资料，1976．

[8] Teh Y L，Ooi K T．International Journal of Refrigeration．Theoretical study of a novel refrigeration compressor，2009．

[9] 徐忠．离心式压缩机原理 [M]．北京：机械工业出版社，1990．

[10] Gross W A．Gas Film Lubrication．New York：John Wiley，1962．

[11] 苏军生．化工机械维修 [M]．北京：化学工业出版社，2007．

[12] 崔天生，孙文声．压缩机的安装维护与故障分析 [M]．西安：西安交通大学出版社，1995．

[13] 张华俊．制冷压缩机 [M]．北京：科学出版社，1999．

[14] Demba Ndiaye, Michel Bernier．Applied thermal engineering．Dynamic model of a hermetic reciprocating compressor in on-off cycling operation，2010．

[15] 王书敏．离心式压缩机技术问答 [M]．北京：中国石化出版社，2006．

[16] 汪庆桓．离心压气机的堵塞与喘振 [J]．力学情报，1976（02）：10-32．

[17] Dukowicz J K．A particle-fliud numerical model for liquid sprays．Journal of Computational physics，1980．

[18] Allaire P E, Li D F, Choy K C．Transient Unbalance Response of Four Multilobe Journal Bearings．Journal of Lubr，Technology，Trans ASME，1980．

[19] K S Whiteley．Ullmann's Encyclopedia of Industrial Chemistry．Polyofins，1992．

[20] Aprea C, Mastrullo R, Renno C．Determination of the compressor optimal working conditions．Applied Thermal Engineering，2009．

[21] Veprik A, Nachman I, Pundak N．Dynamic counterbalancing the single-piston linear compressor of a Stirling cryogenic cooler．Cryogenics，2009．

[22] 亢天明，孙家姝，姜妍．大支撑跨距离心压缩机的分析与结构设计 [J]．风机技术．2008，50（06）：24-26．

[23] 张周卫，汪雅红，李跃，等．LNG 混合制冷剂多股流板翅式换热器．中国：2015100510916 [P]，2016-10-05．

[24] 张周卫，汪雅红，张小卫，等．LNG 低温液化混合制冷剂多股流螺旋缠绕管式主换热装备．中国：201110381579．7 [P]，2012-07-11．

[25] Zhouwei Zhang，Yahong Wang，Yue Li，Jiaxing Xue．Research and Development on Series of LNG Plate-fin Heat Exchanger [C]．3rd International Conference on Mechatronics，Robotics and Automation (ICMRA 2015)，2015(4)，1299-1304．

[26] Zhang Zhou-wei，Wang Ya-hong，Xue Jia-xing．Research and Develop on Series of LNG Coil-wound Heat Exchanger [J]．Applied Mechanics and Materials，2015，Vols．1070-1072：1774-1779．

第 2 章 天然气往复式压缩机设计计算

LNG 液化工艺用天然气压缩机是 LNG 液化流程中的主要动力设备之一，是将管道送来的低压天然气增压后，送至主换热设备并液化，从而使天然气在接近 4.3MPa 压力下液化，一来可以节省液化过程中天然气管道占用的空间，缩小主换热器的换热面积及总体尺寸；二来让天然气压力高于主要成分甲烷的临界压力，整体液化温度高于标准沸点，便于天然气液化。天然气压缩机是将机械能转变为气体压力能的机械，而往复式压缩机具有排气压力高、排气压力稳定、价格相对较低、较能忍受一定的杂质和液滴，还可实现小气量、高压力等优点，已成为工业上使用量大、使用面广的一种通用机械。近年来，管道天然气增压功率及流量逐渐增大，在 3MW 以下中小型 LNG 液化系统中，通常采用往复式压缩机。往复式压缩机，主要由机座和工作腔两大部分组成，机座部分包括机身、曲轴、连杆、十字头组件等，工作腔部分包括气缸、活塞、活塞杆、活塞环与填料、气阀组件等，而在压缩机工艺计算中热力计算和动力计算又是最重要的环节。往复式压缩机的动力和热力计算结果将是总体设计的依据，其精确程度会体现压缩机的设计水平。图 2-1 为天然气往复式压缩机总图。

20 世纪 80 年代开始，我国的经济建设突飞猛进。在现代工业中，由于大型企业的发展，压缩机在生产与科研等各个方面取得了长足的进步。

近年来管道天然气的远距离输送趋势使输送气量越来越大，相应驱动功率也在增加，在 3MW 以下，通常我们采用往复式压缩机。在制冷空调领域，制冷量较大的制冷系统我们一般也采用往复式压缩机来达到工况要求。往复式压缩机是传统的制冷压缩机，目前仍占有主要市场。但近年来随着人们环保意识的提高，对压缩机可靠性、能耗方面又有了新的要求，随之螺杆式和涡旋式压缩机开始占据了市场的主导地位，以致往复式压缩机的市场份额正逐步减少。

2.1 总体设计

2.1.1 设计原始资料

压缩机设计参数见表 2-1。

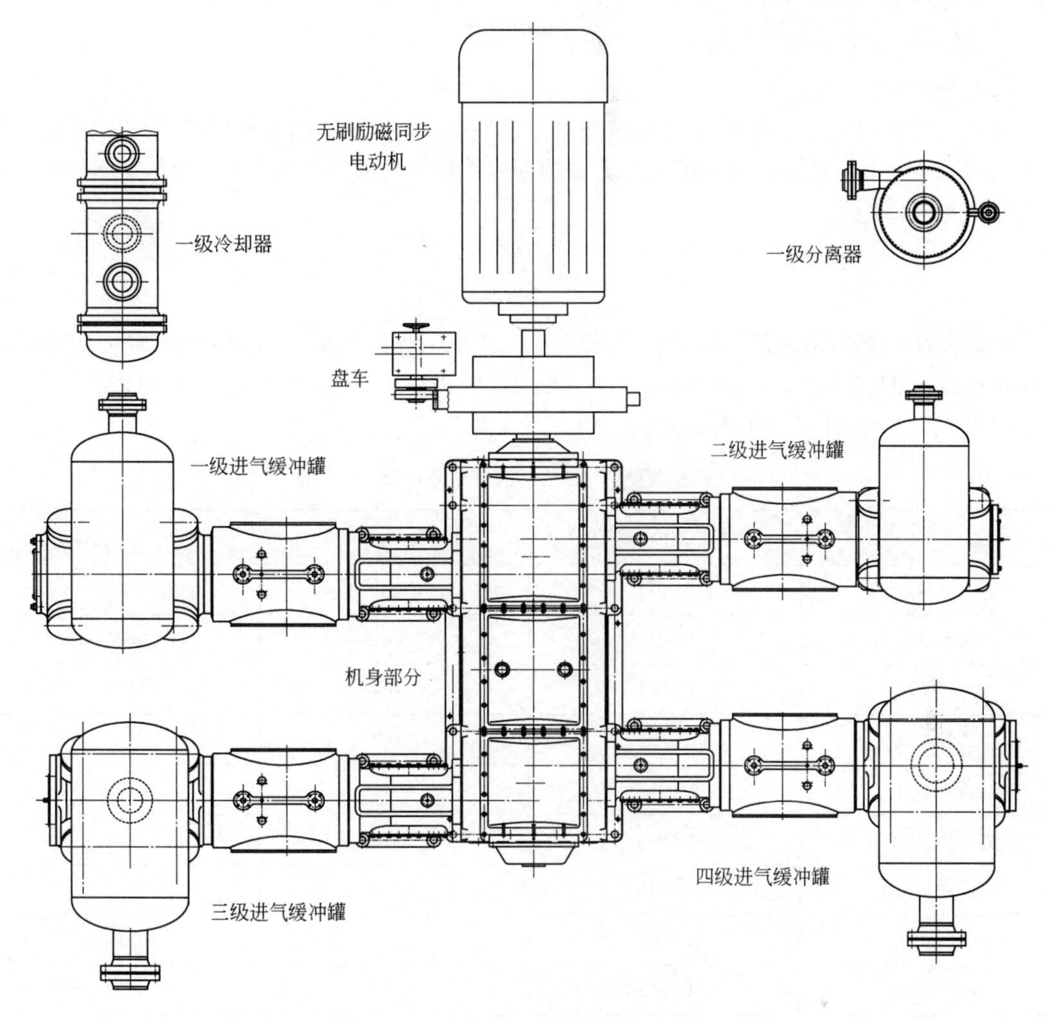

图 2-1　天然气往复式压缩机总图

表 2-1　设计参数表

压缩介质	天然气（主要成分为甲烷）	容积流量	80m³/min
进气压力	0.12 MPa	进气温度	40℃
排气压力	3.6 MPa	排气温度	≤130℃
冷却方式	水冷		

2.1.2　天然气的物性参数

2.1.2.1　分子量和相对密度

（1）分子量

其他混合物的分子量等于各组分分子量与混合气体中该组分的分子分数乘积的总和：

$$M_{\mathrm{m}}=\Sigma y_i M_i \tag{2-1}$$

式中　M_{m}——气体混合物的分子量；

y_i——混合气体中 i 组分的分子分数；

M_i ——i 组分的分子量。

（2）相对密度

天然气的相对密度是指压力为 101325 Pa、20℃下，单位体积的天然气密度与同样条件下的相同体积干空气（CO_2 含量 0.03%以下）的密度之比，此时干空气分子量 M_{air} =28.694，所以天然气相对密度为：

$$\rho = \frac{M_n}{28.694} \tag{2-2}$$

已知此次计算所用天然气的体积组成（%）如下：N_2 0.35%；CO_2 0.10%；CH_4 93.01%；C_2H_6 1.8%；C_3H_8 2.87%；i-C_4H_{10} 0.43%；n-C_4H_{10} 1.18%；C_5H_{12} 0.23%；C_6H_{14} 0.03%。

根据式（2-1）计算列于表 2-2 中。

表 2-2　天然气的分子量计算

天然气组分	组分的分子分数 y_i	组分的分子量 M_i	$M_i y_i$
氮 N_2	0.0035	28.01	0.10
二氧化碳 CO_2	0.0010	44.01	0.04
甲烷 CH_4	0.9301	16.04	14.92
乙烷 C_2H_6	0.018	30.07	0.54
丙烷 C_3H_8	0.0287	44.10	1.27
异丁烷 i-C_4H_{10}	0.0043	58.12	0.25
正丁烷 n-C_4H_{10}	0.0118	58.12	0.69
戊烷 C_5H_{12}	0.0023	72.15	0.17
己烷 C_6H_{14}	0.0003	86.17	0.03
总和	1.000		M_n=18.01

所以相对密度：

$$\rho = \frac{18.01}{28.694} = 0.628$$

2.1.2.2　压缩系数

天然气压缩时一般不符合理想气体状态方程，在压力大于 0.4 MPa 时，应看作真实气体，其表达式为：

$$pV = ZRT \tag{2-3}$$

式中　p ——气体的绝对压力，MPa；

V ——气体的体积，m^3；

T ——气体的热力学温度，K；

R ——通用气体常数，在不同的压力、温度、体积和能量单位时，R 的值是不同的；

Z ——压缩系数。

在此书的计算中，求得其相对密度 $\rho = 0.628$，进而可以查得天然气压缩系数 Z =0.995。

2.1.2.3　绝热指数

天然气的绝热指数随温度的升高而降低，计算压缩机压缩过程的天然气绝热指数，应取进气口、排气口平均温度下的绝热指数。其绝热指数可按下式计算：

$$\frac{1}{k-1}=\sum\frac{y_i}{k_i-1} \tag{2-4}$$

式中　k ——混合气体的绝热指数；

k_i ——i 组分的绝热指数；

y_i ——气体中 i 组分的分子分数。

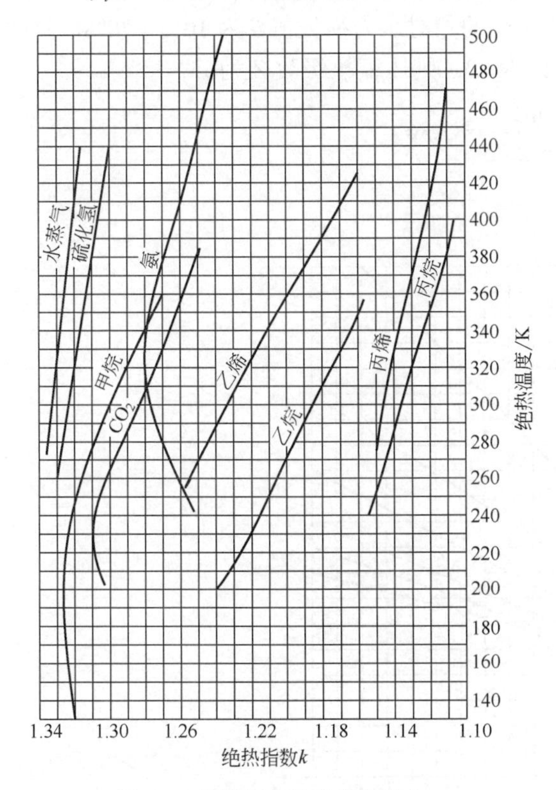

图 2-2　常用气体的绝热指数之一

顺丁烯-2
环戊烷
反丁烯-2
异丁烯
丁烯-2
异丁烷
正丁烷
正戊烷
正己烷
正庚烷
1.11
1.10
1.09
1.08
1.07
1.06
1.05
1.04
绝热指数k
26.0　30.0　34.0　38.0　42.0　46.0
绝热温度/K

图 2-3　常用气体的绝热指数之二

在此次计算中压缩机进气温度 40℃，排气温度 120℃，进气、排气的平均温度约 80℃。由图 2-2 和图 2-3 查得各组分在 80℃下的绝热指数，计算结果列于表 2-3。

$$\frac{1}{k-1}=\sum\frac{y_i}{k_i-1}=3.8918$$

所以混合气体的绝热指数 k=1.257。

表 2-3　各组分的绝热指数

名称	N_2	CO_2	CH_4	C_2H_6	C_3H_8	$i\text{-}C_4H_{10}$	$n\text{-}C_4H_{10}$	C_5H_{12}	C_6H_{14}	总和
$y_i \times 100$	0.35	0.10	93.1	1.8	2.87	0.43	1.18	0.23	0.03	100
k_i	1.285	1.265	1.28	1.162	1.13	1.092	1.088	1.07	1.058	
$\frac{y_i \times 100}{k_i-1}$	1.228	0.377	332.5	11.11	22.08	4.674	13.41	3.286	0.517	389.18

2.1.3 热力计算

2.1.3.1 结构形式与方案的选择

（1）多级压缩机级数的选择

a．多级压缩的优点　省功、降低排气温度、提高容积效率、减少气体作用力并使其均匀。

b．级数的选择　按最省功的原则来确定该设计压缩机级数，最省功原则即等温指示效率最高的原则，对连续运转的大型压缩机来讲省功尤其重要。对于多级压缩机可参阅图 2-4，按等温指示效率进行级数选取。该图由计算所得，计算时第一级后的冷却不完善度为 10℃，各级为等熵压缩，其过程指数为 n=1.35，一般平均的相对压力损失值 δ 为 10%～20%，此次初步取 δ =15%，查图 2-4 得 δ_0=2.75，总压力比为 30。则压缩机级数 Z 为：

$$Z=\frac{\ln\varepsilon_1}{\ln\varepsilon_0}=\frac{\ln 30}{\ln 2.75}=3.36$$

故取 Z =4 级。

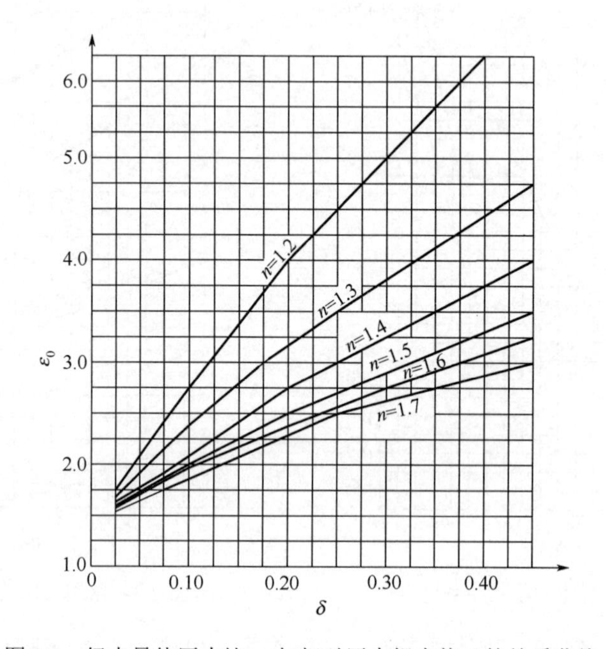

图 2-4　级中最佳压力比 ε_0 与相对压力损失值 δ 的关系曲线

（2）总压力比的计算

总压力比可用式（2-5）计算：

$$\varepsilon_1=\frac{p_d}{p_s} \tag{2-5}$$

式中　ε_1——总压力比；

p_d——压缩机排气压力，MPa；

p_s——压缩机进气压力，MPa。

$$\varepsilon_1=\frac{3.6}{0.12}=30$$

（3）结构形式与方案的确定

中、大型压缩机大都选用对动式或多列对置式，其动力平衡性好，方便布置较多气缸，安装维修方便。在此书的计算中，根据要求选择四级压缩、四列-M 型对动式结构，电动机转速（也是压缩机转速）n=500r/min。

2.1.3.2　各级压力的分配和排气温度的初步估算

（1）各级压力的分配

按各级功相等分配，图 2-5 为按等功分配确定多级压缩机各级压力的过程，其中考虑了级间压力损失与实际气体影响。根据设计依据进气压力为大气压，排气压力为 3.6MPa 的四级压缩机，各级的排气压力为Ⅰ级 0.27MPa、Ⅱ级 0.66MPa、Ⅲ级 1.65MPa、Ⅳ级 3.6MPa，各级压力比分别为$\varepsilon_{Ⅰ}$=2.25；$\varepsilon_{Ⅱ}$=2.444；$\varepsilon_{Ⅲ}$=2.5；$\varepsilon_{Ⅳ}$=2.182。

各级压力和压力比分配列于表 2-4。

表 2-4　各级压力和压力比分配

级次	Ⅰ级	Ⅱ级	Ⅲ级	Ⅳ级
进气压力 p_s/MPa	0.12	0.27	0.66	1.65
排气压力 p_d/MPa	0.27	0.66	1.65	3.6
压力比 ε_j	2.25	2.444	2.5	2.182

（2）压力比的修正

a．为提高压缩机的容积效率，第一级压力比修正系数取 0.95；

b．当采用余隙容积调节，而末级没有同时设相应的调节器时，为控制末级排气温度不致过高，末级压力比修正系数取 0.90；

c．当考虑到气体可压缩性的影响，高压级与低压级应按等功法分配压力比。

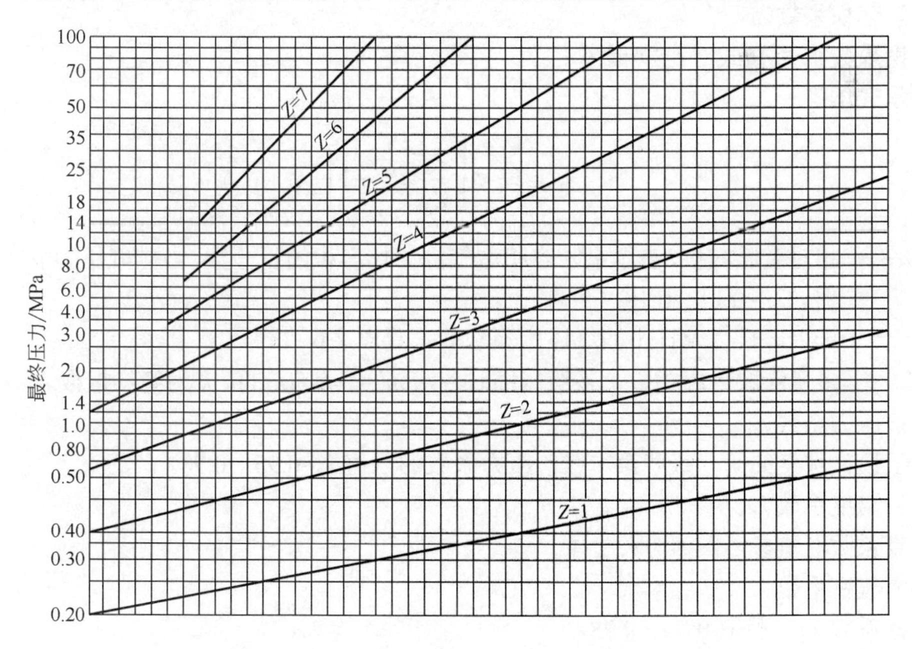

图 2-5　按等功原则确定多级压缩机各级压力的过程

（3）初步估算排气温度

取压缩过程指数 n 等于天然气等熵指数 k，即 n=1.35，则排气温度可按式（2-6）计算：

$$T_{\mathrm{d}}=T_{\mathrm{s}}\varepsilon^{\frac{n-1}{n}} \tag{2-6}$$

计算结果见表 2-5。

表 2-5　初步估算的排气温度

级次	Ⅰ级	Ⅱ级	Ⅲ级	Ⅳ级
压力比 ε_i	2.25	2.444	2.5	2.182
进气温度 T_{s} /K	313	313	313	313
排气温度 T_{d} /K	386	394.6	396.9	383.2

其排气温度最大为 123.9℃，满足要求。

2.1.3.3　排气系数的计算

排气系数的计算式为：

$$\lambda=\frac{V_{\mathrm{s}}}{V_{\mathrm{t}}}=\lambda_V\lambda_p\lambda_t\lambda_{\mathrm{g}} \tag{2-7}$$

式中　λ_V ——容积系数；

λ_p ——压力系数；

λ_t ——温度系数；

λ_{g} ——气密系数。

（1）容积系数 λ_V

容积系数 λ_V 可按式（2-8）计算：

实际气体

$$\lambda_V=1-\alpha\left(\frac{Z_{\mathrm{s}}}{Z_{\mathrm{d}}}\varepsilon^{\frac{1}{m'}}-1\right) \tag{2-8}$$

式中　α——相对余隙容积，表示余隙容积占气缸工作容积的百分数，当排气压力 p_{d} ≤32MPa 时，a=0.12～0.18；

Z_{s}，Z_{d} ——进气、排气条件下的气体压缩系数，查图 2-6 可得；

m' ——多变膨胀过程指数，多级压缩时各级 $m'=1+0.5(k-1)$，k 为绝热指数。

（2）压力系数 λ_p

对于设计优良的第一级和第二级，压力系数的取值 λ_p=0.95～0.98。

（3）温度系数 λ_t

温度系数取值参考图 2-7 来选择。

（4）气密系数 λ_{g}

气密系数 λ_{g} 一般取 0.90～0.98。

以上各参数的计算值列于表 2-6。

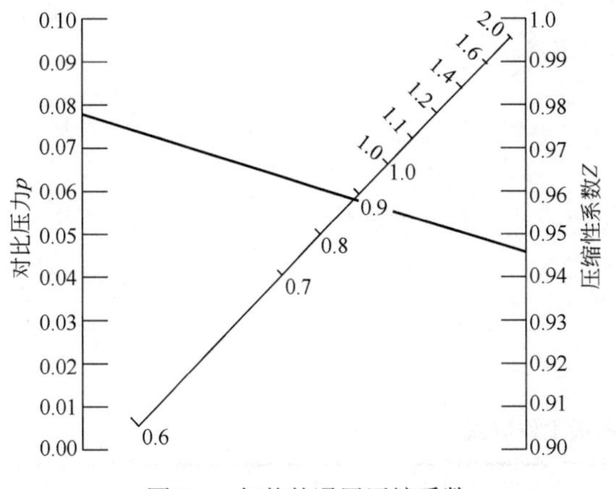

图 2-6　气体的通用压缩系数

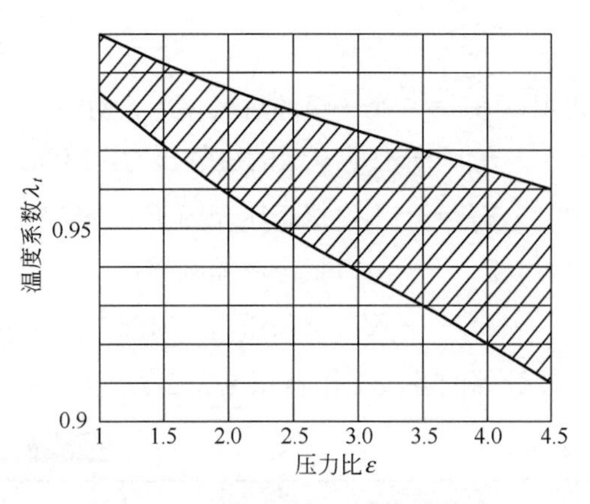

图 2-7　温度系数与压力比的关系

表 2-6　排气系数的计算值

级次	Ⅰ级	Ⅱ级	Ⅲ级	Ⅳ级
相对余隙容积 a	0.12	0.14	0.16	0.18
多变膨胀指数 m'	1.13			
进气压缩系数 Z_s	1.0	1.0	0.96	0.68
排气压缩系数 Z_d	1.0	0.98	0.92	0.80
名义压力比 ε_i	2.25	2.444	2.5	2.182
容积系数 λ_V	0.9635	0.8250	0.7845	0.8750
压力系数 λ_p	0.95	0.96	0.97	0.98
温度系数 λ_t	0.95	0.94	0.94	0.94
气密系数 λ_g	0.98	0.96	0.94	0.92
排气系数 λ	0.8522	0.7147	0.6724	0.7416

2.1.3.4　各级气缸工作容积的计算

（1）第一级工作容积计算

第一级工作容积 V_{s1} 可按式（2-9）计算：

$$V_{s1}=\frac{q_V}{\eta_{V1}n} \tag{2-9}$$

式中　q_V ——压缩机的容积流量，m^3/s；

η_{V1} ——第一容积效率，$\eta_{V1}=\lambda_{V1}\lambda_{p1}\lambda_{t1}\lambda_{g1}$，其中 λ_{V1}、λ_{p1}、λ_{t1}、λ_{g1} 分别为第一容积系数、压力系数、温度系数及气密系数；

n ——压缩机转速，r/min。

（2）第 j 级工作容积的计算

前一级排出的气体经级间冷却后，要为下一级所吸进，则任意级的工作容积 V_{sj} 可按下式计算：

$$V_{sj} = \frac{q_V}{\eta_{Vj} n} \frac{p_1 Z_{sj}}{p_{sj} Z_{dj}} \tag{2-10}$$

式中　p_1 ——第一级的进气压力，MPa；

η_{Vj} ——任意 j 级的进气压力，MPa；

Z_{sj} ——入口状态压缩因子；

Z_{dj} ——出口状态压缩因子；

p_{sj} ——入口状态压力，MPa。

计算的各级工作容积见表 2-7。

表 2-7　各级工作容积

级次	Ⅰ级	Ⅱ级	Ⅲ级	Ⅳ级
各级工作容积 V_{sj}/m^3	0.1877	0.0851	0.0356	0.0116

2.1.3.5　各级气缸直径的计算

（1）活塞平均速度

$$C_m = \frac{Sn}{30} \tag{2-11}$$

式中　S ——活塞行程，m；

n ——压缩机转速，r/min；

C_m ——活塞平均速度，m/s。

C_m 反映气体气流流动损失的情况，C_m 越高，流经管道及气阀的压力损失越大，因此活塞平均速度关系到压缩机的经济性及可靠性。

选取活塞行程 S=320mm，活塞杆直径 d=70mm，则 $C_m = (0.32 \times 500)/30 = 5.33(\text{m/s})$，符合活塞平均速度。

（2）气缸直径

双作用气缸计算式为：

$$D_j = \sqrt{\frac{2V_{sj}}{\pi S z_j} + \frac{d^2}{2}} \tag{2-12}$$

式中　z_j ——j 级气缸数；

V_{sj} ——第 j 级工作容积，m^3；

d ——活塞杆直径，mm。

计算数据列于表 2-8。

表 2-8　各级气缸直径

级次	Ⅰ级	Ⅱ级	Ⅲ级	Ⅳ级
各级气缸直径 D_j/mm	613.23	414.53	270.76	159.81
圆整气缸直径 D_j/mm	630	420	280	160

2.1.3.6　气缸圆整后各级压力比及各级余隙容积

此次计算中采取保持原压力比不变而调整相对余隙的方法，计算得出的结果列于表 2-9 中。

表 2-9　圆整后的压力比及余隙容积

级次	圆整缸径前			圆整缸径后			
	容积系数	工作容积	相对余隙	缸径	工作容积	容积系数	相对余隙
	λ_{Vj}	V_{sj}/m³	α_j	D_j/mm	V_{sj}^0 /m³	λ_{Vj}^0	α_j^0
Ⅰ级	0.9635	0.1877	0.12	630	0.1982	0.9125	0.28
Ⅱ级	0.8250	0.0851	0.14	420	0.0874	0.8033	0.16
Ⅲ级	0.7845	0.0356	0.16	280	0.0382	0.7311	0.20
Ⅳ级	0.8750	0.0116	0.18	160	0.0116	0.8750	0.18

注：$V_{sj}^0=\dfrac{\pi S}{2}\left(D_j^2-\dfrac{d^2}{2}\right)$；$\lambda_{Vj}^0=\dfrac{V_s}{V_{sj}^0}\lambda_{Vj}$；$\alpha_j^0=\dfrac{(1-\lambda_{Vj}^0)\alpha_j}{1-\lambda_{Vj}}$。

2.1.3.7　考虑到压力损失后的各级实际压力

表 2-10 各级的进气和排气相对压力损失由图 2-8 查得。

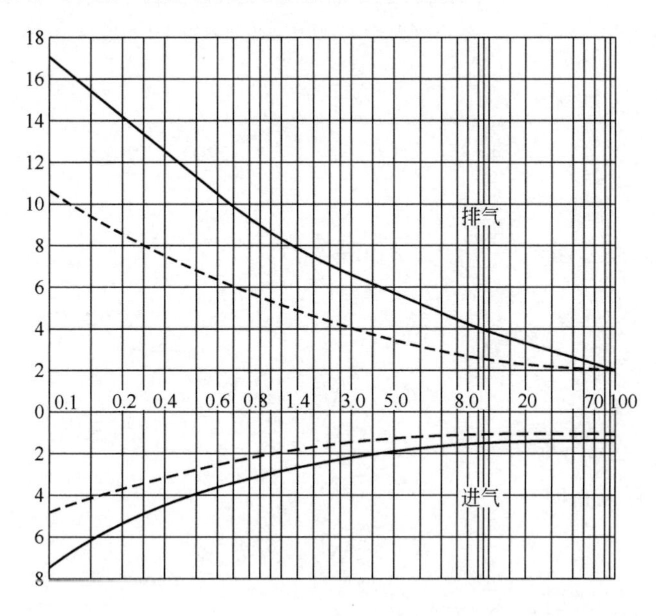

图 2-8　相对压力损失参考值

表 2-10　考虑到压力损失后的各级实际压力

级次	相对压力损失		名义压力		实际压力		实际压力比
	进气	排气	进气	排气	进气	排气	ε_j'
	δ_{sj}	δ_{dj}	p_{sj}/MPa	p_{dj}/MPa	p_{sj}' /MPa	p_{dj}' /MPa	
Ⅰ级	0.060	0.14	0.12	0.27	0.1128	0.2322	2.059
Ⅱ级	0.057	0.122	0.27	0.66	0.2546	0.5795	2.276
Ⅲ级	0.038	0.098	0.66	1.65	0.6349	1.4883	2.344
Ⅳ级	0.034	0.075	1.65	3.6	1.5939	3.3300	2.089

注：$p_{sj}'=p_s(1-\delta_{sj})$；$p_{dj}'=p_d(1-\delta_{dj})$；$\varepsilon_j'=\dfrac{p_{dj}'}{p_{sj}'}$。

2.1.3.8 考虑到压力损失后的各级压缩终了温度

压缩终了温度的计算公式为：

$$T'_{\mathrm{d}} = T_{\mathrm{s}} \varepsilon_j'^{\frac{n_j - 1}{n_j}} \tag{2-13}$$

计算结果如表 2-11 所列。

表 2-11 考虑到压力损失后的各级压缩终了温度

级次	进气温度	实际压力比	压缩指数	排气温度	排气温度
	T_s/K	ε'_j	$n_j = k_{tj}$	T'_{dj}/K	t'_{dj}/℃
Ⅰ级	313	2.059	1.27	364.9	91.9
Ⅱ级	313	2.276	1.28	374.7	101.7
Ⅲ级	313	2.344	1.30	381.0	108.0
Ⅳ级	313	2.089	1.35	378.9	105.9

注：过程指数 $n_j = \frac{1}{2}(k_{Vj}^{\mathrm{s}} + k_{Vj}^{\mathrm{d}})$，$k_{Vj}^{\mathrm{s}}$、$k_{Vj}^{\mathrm{d}}$ 分别为进气、排气温度下容积等熵指数。

2.1.3.9 计算各列最大活塞力

各列的活塞面积：

盖侧无活塞杆

$$A_{\mathrm{c}} = \frac{\pi}{4} D^2 \tag{2-14}$$

轴侧有活塞杆

$$A_{\mathrm{z}} = \frac{\pi}{4} (D^2 - d^2) \tag{2-15}$$

行程中活塞力：

向盖行程至止点位置时，

$$F_{\mathrm{g}}^{\mathrm{c}} = p'_{\mathrm{s}} A_{\mathrm{z}} - p'_{\mathrm{d}} A_{\mathrm{c}} \tag{2-16}$$

向轴行程至止点位置时，

$$F_{\mathrm{g}}^{\mathrm{z}} = p'_{\mathrm{d}} A_{\mathrm{z}} - p'_{\mathrm{s}} A_{\mathrm{c}} \tag{2-17}$$

各列活塞力计算所得数据列于表 2-12。

表 2-12 各列活塞力

级次	Ⅰ级	Ⅱ级	Ⅲ级	Ⅳ级
盖侧活塞面积 A_c/m^2	0.2205	0.1809	0.0707	0.02834
轴侧活塞面积 A_z/m^2	0.2167	0.1785	0.0668	0.02449
向盖行程活塞力 F_g^c /kN	−26.76	−59.39	−62.81	−55.33
向轴行程活塞力 F_g^z /kN	25.45	57.38	54.53	36.38

2.1.3.10　功率和效率计算

（1）计算各级指示功率

指示功率计算公式如下：

$$p_{ij}=\frac{n}{60}\lambda_{Vj}p'_{sj}\frac{n}{n_j-1}\left(\varepsilon_j'^{\frac{n_j-1}{n_j}}\right)\frac{Z_{sj}+Z_{di}}{2Z_{sj}} \tag{2-18}$$

各级计算值列于表 2-13 中。

表 2-13　各级指示功率计算值

级次	Ⅰ级	Ⅱ级	Ⅲ级	Ⅳ级
指示功率 p_{ij}/kW	367	315	294	254
总指示功率 p_i/kW	1230			

（2）轴功率

取机械效率 η_m=0.86，则轴功率为：

$$p_{sh}=\frac{p_i}{\eta_m}=\frac{1230}{0.86}=1430\ \text{(kW)} \tag{2-19}$$

（3）计算等温效率

a．等温压缩指示功率

$$p_{isj}=\frac{q_V}{60}p_{s1}\frac{T_{sj}}{T_{s1}}\lambda_{cj}\ln\varepsilon_j\frac{Z_{sj}+Z_{dj}}{2Z_{sj}} \tag{2-20}$$

各级进气温度相等，T_{sj}=313K；各级无抽充气 λ_{cj}=1。代入式（2-20）计算得出的数据列入表 2-14 中。

表 2-14　各级等温指示功率计算值

级次	Ⅰ级	Ⅱ级	Ⅲ级	Ⅳ级
等温指示功率 p_{isj}/kW	130	148	172	165
总等温指示功率 p_{is}/kW	615			

b．等温指示效率

$$\eta_{i\text{-}is}=\frac{p_{is}}{p_i}\times100\%=\frac{615}{1230}\times100\%=50\%$$

c．等温效率

$$\eta_{is}=\frac{p_{is}}{p_{sh}}\times100\%=\frac{615}{1430}\times100\%=43\%$$

因此选用同步电动机，电动机动力余度为 p_e=1430×1.15=1645（kW）；电动机功率为 1700kW，转速为 500r/min；其功率储备等于 $\frac{p_e-p_{sh}}{p_{sh}}\times100\%=\frac{1645-1430}{1430}\times100\%=15\%$。

2.2 动力计算

2.2.1 曲柄连杆机构及运动关系

图 2-9 为典型往复式压缩机中心曲柄连杆机构的示意。

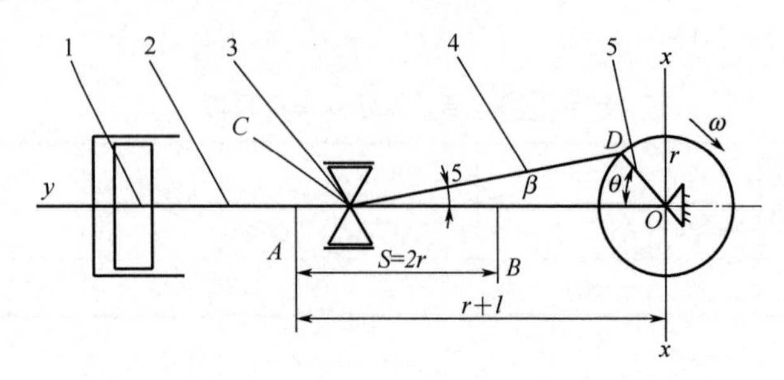

图 2-9　典型往复式压缩机中心曲柄连杆机构的示意

1—活塞；2—活塞杆；3—十字头；4—连杆；5—曲轴

活塞的位移：

$$x = \overline{AO} - \overline{CO} = l + r - (l\cos\beta - r\cos\theta) \tag{2-21}$$

根据几何关系得：$\cos\beta = 1 - \dfrac{\lambda^2 \sin^2\theta}{2}$，$\lambda = \dfrac{r}{l}$。经运算得：

$$x = r\left[\left(1 - \cos\theta\right) + \frac{\lambda}{4}\left(1 - \cos 2\theta\right)\right] \tag{2-22}$$

式中　l ——连杆长度，m；

r ——曲柄半径，S=2r，m；

β ——连杆摆角，即气缸中心线与连杆中心线之间的夹角，(°)，当 α 为 0°～180° 时 β 为正，当 α 为 180°～360° 时 β 为负；

λ ——曲柄半径与连杆长度之比。

2.2.2 作用力计算

2.2.2.1　气体力

盖侧压缩气体力：

$$F_{\mathrm{gc}} = p_i A_{\mathrm{G}} \tag{2-23}$$

p_i 应满足

$$p'_{\mathrm{s}}(S + S_0)^n = p_i(X_i + S_0)^n \tag{2-24}$$

盖侧膨胀气体力：

$$F_{gp} = p_i A_{\mathrm{G}} \tag{2-25}$$

p_i 应满足

$$p'_{\mathrm{d}} {S_0}^n = p_i(X_i + S_0)^n \tag{2-26}$$

X_i 需满足

$$X_i = r\left[(1-\cos\theta_i)+\frac{\lambda}{4}(1-\cos 2\theta_i)\right] \tag{2-27}$$

由热力计算得到各级所需的数据列入表 2-15 中。

表 2-15 气体热力计算所需数据

级次	Ⅰ级	Ⅱ级	Ⅲ级	Ⅳ级
气缸直径 D/mm	630	420	280	160
进气压力 p_{sj} /MPa	0.1128	0.2546	0.6349	1.5939
排气压力 p'_{sj} /MPa	0.2322	0.5795	1.4883	3.3300
相对余隙 α	0.28	0.16	0.20	0.18
相对余隙容积 S_0/mm	89.6	51.2	64	57.6
过程指数 n	1.27	1.28	1.30	1.35

注：$S_0=\alpha S$，活塞行程 S=320mm，压缩机转速 n=500r/min。

往复式的压缩过程 θ 角由 180° 开始计算，膨胀过程 θ 角由 0° 开始计算，其最大活塞力初步计算值见表 2-12。

2.2.2.2 惯性力

（1）往复惯性力

旋转角速度：

$$\omega=\frac{\pi n}{30} \tag{2-28}$$

活塞运动速度：

$$c=r\omega\left(\sin\theta+\frac{\lambda}{2}\sin 2\theta\right) \tag{2-29}$$

活塞加速度：

$$a=r\omega^2(\cos\theta+\lambda\cos 2\theta) \tag{2-30}$$

往复惯性力 F_{IS} 的计算：

一阶惯性力

$$F_{\mathrm{IS}}^{\mathrm{I}}=m_{\mathrm{p}}r\omega^2\cos\theta \tag{2-31}$$

二阶惯性力

$$F_{\mathrm{IS}}^{\mathrm{II}}=m_{\mathrm{p}}r\omega^2\lambda\cos 2\theta \tag{2-32}$$

又

$$m_0=m_{\mathrm{p}}a \tag{2-33}$$

$$F_{\mathrm{IS}}=F_{\mathrm{IS}}^{\mathrm{I}}+F_{\mathrm{IS}}^{\mathrm{II}} \tag{2-34}$$

联立式（2-28）～式（2-34）得：

$$F_{IS}=m_p r\omega^2(\cos\theta+\lambda\cos 2\theta) \tag{2-35}$$

图 2-10 表示 $\lambda=1/4$ 时，往复惯性力 F_{IS} 按曲柄转角 θ 展开的曲线图，按式（2-35）计算的惯性力符号与活塞上止点开始的曲柄转角 θ 的余弦符号一致，其单位为 N。

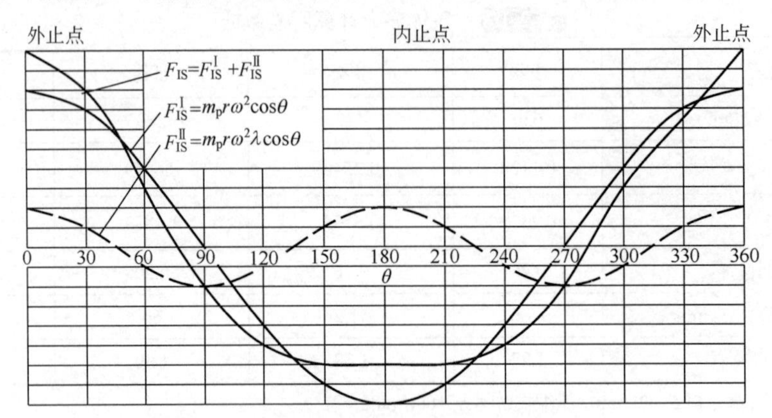

图 2-10 λ=1/4 时往复惯性力 F_{IS} 按曲柄转角 θ 展开图

F_{IS} —往复惯性力；F_{IS}^{I} ——一阶往复惯性力；F_{IS}^{II} —二阶往复惯性力

在压缩机中，λ 通常在[1/3.5，1/6]的范围内选择，从数值上说，一阶惯性力的最大值 $F_{IS\max}^{I}$ 为二阶惯性力最大值 $F_{IS\max}^{II}$ 的 $1/\lambda$ 倍。

（2）旋转惯性力

$$F_{Ir}=m_r r\omega^2 \tag{2-36}$$

（3）运动质量的确定

$$m_s=m_p+(0.3\sim0.4)m_l \tag{2-37}$$

式中 m_p ——活塞、活塞杆、十字头的质量，kg；

m_l ——连杆质量，kg。

每列最大往复质量估算计算式为：

$$m_{s\max}=\frac{F_g}{r\omega^2(1+\lambda)} \tag{2-38}$$

计算结果见表 2-16。

表 2-16 最大往复质量计算值

级次	Ⅰ级	Ⅱ级	Ⅲ级	Ⅳ级
盖侧活塞面积 A_c/m²	0.2205	0.1809	0.0707	0.02834
向盖行程活塞力 F_g^c /kN	−26.76	−59.39	−62.81	−55.33
最大往复质量 $m_{S\max}$/kg	48.92	108.56	114.81	101.14

往复惯性力计算值见表 2-17。

表 2-17　往复惯性力计算值　　单位：kN

角度/(°) \ 级次	Ⅰ级	Ⅱ级	Ⅲ级	Ⅳ级
0	26.76	59.39	62.81	55.33
30	21.22	47.08	49.80	43.87
60	8.03	17.82	18.84	16.60
90	−5.35	−11.88	−12.56	−11.07
120	−13.38	−29.70	−31.40	−27.66
150	−15.87	−35.21	−37.23	−32.80
180	−16.06	−35.63	−37.68	−33.20

由于往复惯性力是 θ 的函数，所以表中只列取了 0°～180° 的数值。

2.2.2.3　摩擦力

按相对运动形式不同，摩擦力分为往复摩擦力和旋转摩擦力两部分，分别为：

$$F_{\mathrm{f}}=(0.6\sim0.7)\frac{P_i(1/\eta_{\mathrm{m}}-1)\times60}{2Sn} \tag{2-39}$$

$$F_{\mathrm{r}}=(0.4\sim0.3)\frac{P_i(1/\eta_{\mathrm{m}}-1)\times60}{\pi Sn} \tag{2-40}$$

式中　P_i——第 i 列的指示功率，kW；

η_{m}——压缩机的机械效率；

S——活塞行程，m；

n——压缩机转速，r/min。

所以初步设计中往复摩擦力系数取 0.6，旋转摩擦力取 0.4，其计算结果如表 2-18 所列。

表 2-18　摩擦力计算值

级次	Ⅰ级	Ⅱ级	Ⅲ级	Ⅳ级
指示功率 P_i/kW	367	315	294	254
往复摩擦力 F_f/N	11.2	9.6	8.97	7.75
旋转摩擦力 F_r/N	7.13	6.12	5.71	4.94

2.2.2.4　综合活塞力

气体力、往复惯性力和往复摩擦力的代数和称为综合活塞力，即

$$F_{\mathrm{p}}=F_{\mathrm{g}}+F_{\mathrm{IS}}+F_{\mathrm{f}} \tag{2-41}$$

综合活塞力计算值见表 2-19。

表 2-19　综合活塞力计算值

级次	Ⅰ级	Ⅱ级	Ⅲ级	Ⅳ级
盖侧气体力/kN	26.76	59.39	62.81	55.33
往复惯性力/kN	26.76	59.39	62.81	55.33

续表

往复摩擦力/kN	0.0112	0.0096	0.00897	0.00775
综合活塞力/kN	53.5312	118.7896	125.62897	110.66775

2.3 气缸部分主要零件设计

2.3.1 气缸

2.3.1.1 基本结构形式

此次计算的工作压力在1～10MPa内，可选用中压气缸。中、大型压缩机气缸组件比较复杂，主要零件有气缸体、气缸盖、气缸座、气缸套、压阀罩、阀室盖板、填料压盖等。排气压力为3.6MPa，气缸材料需选用高强度铸铁。此计算选用水冷气缸且气缸两端为同级有两个工作腔的双作用气缸。

2.3.1.2 气缸主要尺寸的确定与强度校核

（1）气缸的壁厚计算

$$s=\frac{p_1 D}{2\left[\sigma_b\right]}+a \tag{2-42}$$

式中 p_1——排气压力，Pa；

s——气缸壁厚，m；

D——气缸直径，m；

$\left[\sigma_b\right]$——材料许用拉伸应力，MPa，普通铸铁$\left[\sigma_b\right]$=16～18MPa，高强度铸铁$\left[\sigma_b\right]$=20～28MPa，此次计算中取25MPa；

a——考虑到铸造模型误差的附加壁厚，a=0.05～0.08m，气缸尺寸大时取上限，取a=0.08m。

气缸内壁确定后，其余部分的关系式如下。

对于中压级气缸，因气体压力高则外壁厚：

$$s'=(1.0\sim1.2)s \tag{2-43}$$

端壁厚：

$$s''=(0.8\sim1.0)s \tag{2-44}$$

法兰厚：

$$s'''=1.5s \tag{2-45}$$

各级气缸的壁厚计算见表2-20。

表2-20 各级气缸的壁厚计算值

级次	Ⅰ级	Ⅱ级	Ⅲ级	Ⅳ级
排气压力/MPa	0.2322	0.5795	1.4883	3.3300
气缸直径 D/m	0.63	0.42	0.28	0.16
壁厚 s/mm	10.93	12.87	16.33	18.56

续表

外壁厚 $s'=1.2s$ / mm	13.12	15.44	19.60	22.27
端壁厚 $s''=1.0s$ / mm	10.93	12.87	16.33	18.56
法兰厚 $s'''=1.5s$ / mm	16.40	19.31	24.50	27.84

圆整后的壁厚计算值见表 2-21。

表 2-21　圆整后的壁厚计算值

级次	Ⅰ级	Ⅱ级	Ⅲ级	Ⅳ级
排气压力/MPa	0.2322	0.5795	1.4883	3.3300
气缸直径 D/m	0.63	0.42	0.28	0.16
壁厚 s/mm	12	15	18	20
外壁厚 $s'=1.2s$ /mm	15	18	20	25
端壁厚 $s''=1.0s$ /mm	12	15	18	20
法兰厚 $s'''=1.5s$ /mm	18	20	25	30

（2）气缸的应力计算

干式气缸套的气缸可以看作组合圆筒，压入气缸套的厚壁气缸中的应力作用如图 2-11 所示。

$$p_2=\frac{\dfrac{\varDelta}{4r_2}E(r_2^2-r_1^2)+p_1r_1^2}{r_2^2\dfrac{r_3^2-r_1^2}{r_3^2-r_2^2}} \tag{2-46}$$

式中　r_1，r_2，r_3——如图 2-11 所示的半径，cm；

$\varDelta$——直径过盈值，cm；

E——气缸和气缸套材料的弹性模数，MPa，对铸铁 E=1.0×10^5～1.5×10^5MPa。

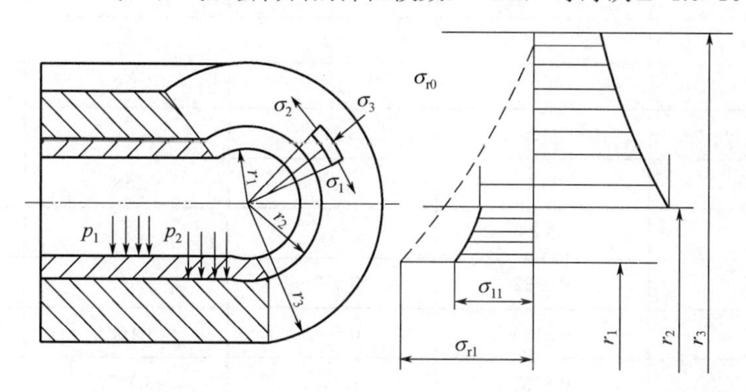

图 2-11　压入气缸套的厚壁气缸中的应力

对该计算式进行分析得直径过盈值 $\varDelta$ 最大为 0.002cm，最小为 0；由图 2-11 可知 $r_1=D/2$、$r_2=r_1+s$、$r_3=r_2+\dfrac{r_1}{2}$。则

$$p_2 = \frac{p_1 r_1^2}{r_2^2} \tag{2-47}$$

气缸强度校核的计算关系式如下：

气缸内表面的切向应力：

$$\sigma_{tc} = p_2 \frac{r_2^2 + r_3^2}{r_3^2 - r_2^2} \tag{2-48}$$

气缸内表面的径向切应力：

$$\sigma_{rc} = -p_2 \tag{2-49}$$

气缸套内表面的切向应力：

$$\sigma_{tl} = \frac{p_1(r_1^2 + r_2^2) - 2p_2 r_2^2}{r_2^2 - r_1^2} \tag{2-50}$$

气缸套内表面的径向应力：

$$\sigma_{rl} = -p_1 \tag{2-51}$$

气缸套外表面的切向应力：

$$\sigma'_{tl} = \frac{2p_1 r_1^2 - p_2(r_1^2 + r_2^2)}{r_2^2 - r_1^2} \tag{2-52}$$

气缸套外表面的径向应力：

$$\sigma'_{rl} = -p_2 \tag{2-53}$$

将已知数据代入上述计算式中得各级的应力计算值，统计见表 2-22。

表 2-22 各级应力计算值

级次	Ⅰ级	Ⅱ级	Ⅲ级	Ⅳ级
气缸直径 D/cm	63	42	28	16
壁厚 s/cm	1.2	1.5	1.8	2.0
r_1 /cm	31.5	21	14	8
r_2 /cm	32.7	22.5	15.8	10
r_3 /cm	48.45	33.0	22.8	14
p_1 /MPa	0.2322	0.5795	1.4883	3.3300
p_2 /MPa	0.2155	0.5048	1.1685	2.1312
σ_{tc} /MPa	0.5761	1.3819	3.3277	6.5712
σ_{rc} /MPa	−0.2155	−0.5048	−1.1685	−2.1312
σ_{tl} /MPa	0.2314	0.5796	1.4884	3.33
σ_{rl} /MPa	−0.2322	−0.5795	−1.4883	−3.3300
σ'_{tl} /MPa	0.2147	0.5049	1.1686	2.1312
σ'_{rl} /MPa	−0.2155	−0.5048	−1.1685	−2.1312

铸铁的许用应力：$[\sigma]\leqslant$20MPa，所以计算结果符合强度要求。

（3）气缸材料的选取

根据压缩气体的性质和承受的压力来选取气缸和气缸套的材料，此设计的进气压力为 0.12MPa，排气压力为 3.6MPa。本书的设计计算选用的材料为灰铸铁 HT20-40。

2.3.2 气阀

2.3.2.1 气阀的结构形式

自动阀可分为：环阀、孔阀、直流阀等，其中环阀又包括环状阀和网状阀。由于环状阀制造简单，工作可靠，可改变环数来适应各种气量要求，适应于各种压力、转数的压缩机，因此得到了广泛的应用，此设计中也采用环状阀。

2.3.2.2 气阀材料

对于此次计算中的介质天然气，我们可以采用 30CrMnSiA，其热轧技术条件见 YB 539—65 规定。

2.3.2.3 气阀的计算

（1）主要特性参数的计算

不同工作压力下的阀缝隙通道气流速度见表 2-23。

表 2-23　不同工作压力下的阀缝隙通道气流速度

工作压力/MPa	≤0.4	>0.4～1	>1～3	>3～13	>13～32	>32～60
阀缝隙通道气流速度/（m/s）	30～45	25～40	20～35	18～28	15～20	12～15

此次计算中查表取阀缝隙通道气流速度 c_{v}'=18m/s。

所以阀缝隙通道面积：

$$f_{\mathrm{v}}' = \frac{Fc_{\mathrm{m}}}{zc_{\mathrm{v}}'} \tag{2-54}$$

式中　F——活塞有效面积，m^2；

c_{m}——活塞平均速度，m/s；

c_{v}'——阀缝隙通道气流速度，m/s；

z——同时作用的同名气阀数。

$$F = \frac{\pi D^2}{4} \tag{2-55}$$

由热力计算得 c_{m}=5.33m/s，z=4，所以计算得到各级阀缝隙通道面积见表 2-24。

表 2-24　各级阀缝隙通道面积计算值

级次	Ⅰ级	Ⅱ级	Ⅲ级	Ⅳ级
气缸直径 D/m	0.63	0.42	0.28	0.16
活塞有效面积 F/m^2	0.3116	0.1385	0.0615	0.0201
阀缝隙通道面积 $f_{\mathrm{v}}'/\mathrm{m}^2$	0.0234	0.0103	0.0046	0.0015

图 2-12 是我国自行设计和制造的一些压缩机使用的环状阀，在阀座宽度 $b \geqslant 5\text{mm}$ 时，不同转数和不同压力下阀片开启高度的统计值。

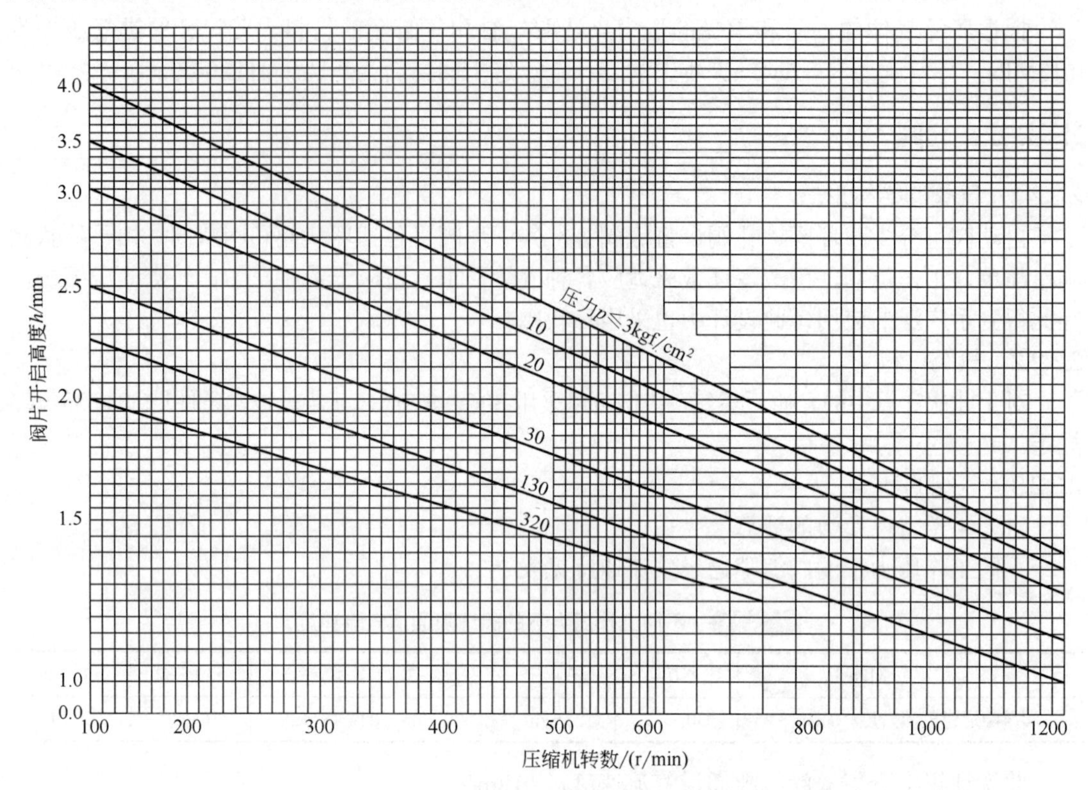

图 2-12　环状阀阀片开启高度的选择

由图可查得阀片开启高度为：$h=1.8\text{mm}$。

（2）环状阀结构尺寸的选择（图 2-13）

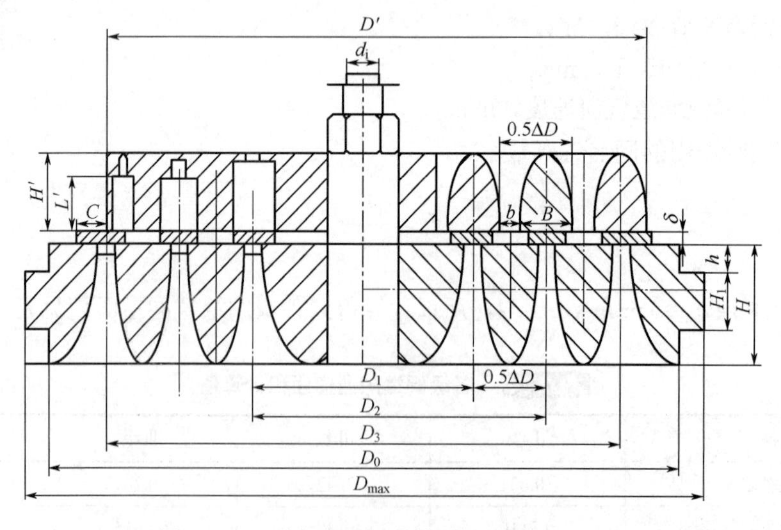

图 2-13　环状阀的主要结构尺寸及其几何关系

$$2h / b = 0.3 \sim 0.85 \tag{2-56}$$

式中　b——阀座通道宽度，b 值要选取整数，取 $2h/b$=0.8；

h——阀片开启高度，mm。

$$B = b + 2a_1 \tag{2-57}$$

式中　B——阀片宽度，mm；

a_1——阀座密封口宽度，mm（高转数低压压缩机：$a_1 \leqslant 1.5$mm；低转数高压压缩机：$a_1 \geqslant 1.5$mm），取 a_1=1.25mm。

$$\Delta D = 2(B + b') \tag{2-58}$$

式中　b'——升程限制器通道宽度，$b' = (1 \sim 1.2)b$，取 $b' = 1.2b$；

ΔD——阀座相邻通道平均直径差，mm。

此书中参考表 2-25 环状阀系列所推荐的数据。

表 2-25　推荐的环状阀主要结构尺寸

型式	阀座通道宽度 b/mm	气阀工作压力/MPa	阀片宽度 B/mm	阀座密封口宽度 a_1/mm	阀座相邻通道平均直径差 ΔD/mm
Ⅰ	4	>40	7.5	1.75	25
	5	<40		1.25	
Ⅱ	6	>100	10	1.75	35
	7	<100		1.5	

阀座最内环通道平均直径：

$$D_1 = \frac{f_s'}{\pi b i} - \frac{i-1}{2}\Delta D \tag{2-59}$$

式中　f_s'——需要的阀座通道面积，$f_s' = \dfrac{b}{2h} f_v'$；

f_v'——由式（2-54）计算出所需要的阀缝隙通道面积；

i——阀座通道数，对于环状阀当采用一排柱形（或锥形）弹簧顶二环阀片时，i 必取偶数，一般 i 不超过 8，取 i=6。

对 D_1 进行圆整选择后，即可确定阀座其余各环通道平均直径：

$$D_j = D_1 + (j-1)\Delta D \tag{2-60}$$

式中　j——从最内环算起的环数，j=2，3，4，…，i。

根据气阀工作压力和阀片直径，选择环状阀片厚度为：δ=0.8～3mm，一般取 1.8～3mm。

阀座的安装直径：

$$D_0 = D_j + B + 2C_1 \tag{2-61}$$

式中　D_j——阀座最外环通道平均直径，mm；

B——阀片宽度，mm；

C_1——最外圈的外缘到气阀安装止口的最小距离，当 $D_j \leqslant 60$mm 时，C_1=3～4mm；D_j>60mm 时，C_1=4～5mm，经后续计算可取 C_1=5mm。

阀座的最大外径：

$$D_{max} = D_0 + 2a_2 \tag{2-62}$$

式中　a_2——阀座安装凸缘（密封面）的宽度，当 D_0<100mm 时，a_2=4～5mm，D_0≤250mm 时，a_2=5～6mm，D_0>250mm 时，a_2=7～8mm，经后续计算可取 a_2=8mm。

阀座安装凸缘高度：

$$H_1 = (0.35 \sim 0.5)H \tag{2-63}$$

阀座厚度：

$$H = (0.12 \sim 0.2)D_{\max} \tag{2-64}$$

取 $H_1 = 0.35H$；$H = 0.12D_{\max}$。

将上式各项计算所得结果列入表 2-26 中。

表 2-26　各级环状阀的结构尺寸汇总表

级次	Ⅰ级	Ⅱ级	Ⅲ级	Ⅳ级
阀缝隙通道面积 f_v' /m²	0.0234	0.0103	0.0046	0.0015
阀片开启高度 h/mm	1.8			
阀座通道宽度 b/mm	4.5			
阀片宽度 B/mm	7			
升程限制器通道宽度 b' /mm	5.4			
阀座相邻通道平均直径差 ΔD/mm	25（24.8）			
阀座通道面积 f_s' /m²	0.0293	0.0129	0.0058	0.0019
阀座最内环通道平均直径 D_1/mm	283	90	6	-40
阀座最外环通道平均直径 D_j/mm	408	215	131	85
阀片厚度 δ /mm	2.5			
阀座安装直径 D_0/mm	425	232	148	102
阀座的最大外径 D_{max}/mm	441	248	164	118
阀座厚度 H/mm	53	30	20	14
阀座安装凸缘高度 H_1/mm	19	11	7	5

2.3.3　活塞

2.3.3.1　活塞的基本结构形式

在此书我们采用多级筒形活塞，其比较适用于低压、中压气缸中。其主要结构尺寸如图 2-14 所示。

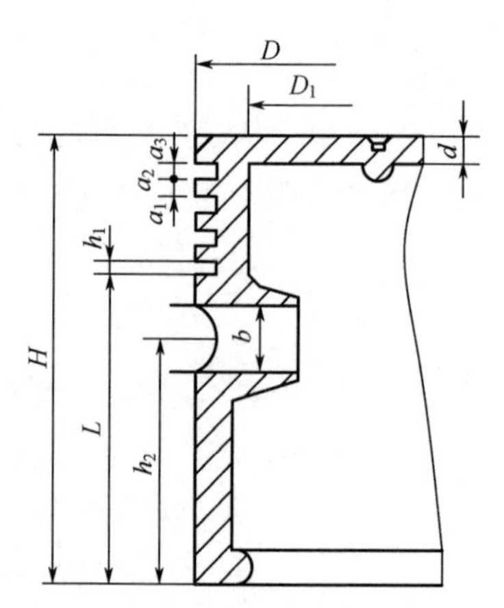

图 2-14　筒形活塞主要结构尺寸

2.3.3.2　活塞结构尺寸的确定

对于筒形活塞来说，不计密封环和刮油环高度时的活塞高度为：

$$H' \geqslant \frac{N_{\max}}{D[k_1]} \tag{2-65}$$

式中　$N_{\max}$——最大侧向力，$N_{\max} = \lambda p_{\max}$；

$p_{\max}$——最大活塞力；

D——活塞直径，m；

$[k_1]$——筒形活塞支承表面的许用比压，$[k_1] \leqslant 0.15 \sim 0.3$ MPa。

活塞总高度 H 与活塞直径 D 一般为：$H = (0.65 \sim 1.5)D$，取 $H = 1.5D$；

活塞顶面至第一道活塞环的距离：C_1=(0.8～1.5)h，取 $C_1 = 1.5h$；

裙部到底边的高度：$L = 0.7H$；

活塞销中心线到底边的距离：$h_1 = 0.6L$；

活塞环的轴向高度：$h = (0.4 \sim 1.4)t$，取 $h = 1.2t$；

活塞环的径向高度：$t = (0.025 \sim 0.045)D$，取 $t = 0.045D$。

将各级计算活塞结构尺寸数值列于表 2-27 中。

表 2-27　活塞结构尺寸计算数值

级次	Ⅰ级	Ⅱ级	Ⅲ级	Ⅳ级
活塞直径 D/cm	62.5	41.5	27.5	15.5
活塞总高度 H/cm	90	60	40	20
活塞环的径向高度 t/mm	28	18	12	7
活塞环的轴向高度 h/mm	32	22	15	9
C_1/mm	48	32	22	12
裙部到底边的高度 L/mm	63	42	28	14
h_1/mm	38	25	16	8

2.3.3.3　活塞及活塞销材料的选择

活塞常用材料见表 2-28。

表 2-28　活塞常用材料表

活塞结构形式		材料
筒形活塞		ZL_7，ZL_8，ZL_{10}，$HT_{20\text{-}40}$，$HT_{25\text{-}47}$，$HT_{30\text{-}54}$
盘形活塞	铸造 焊接	ZL_7，ZL_8，ZL_{10}，ZL_{15}，HT_{20-40}，$HT_{25\text{-}47}$，$HT_{30\text{-}54}$ 20 铜，16Mn，Δ_3，$ZG_{25}B$
极差活塞	低压部分高压部分	$HT_{20\text{-}40}$，$HT_{25\text{-}47}$，$HT_{30\text{-}54}$ 或 20 铜，16Mn，Δ_3 的焊接结构，$ZG_{25}B$ 或锻钢
柱塞		35CrMoAlA，38CrMoAlA

活塞销材料、热处理方式及表面要求见表 2-29。

表 2-29　活塞销材料及技术要求表

材料	热处理	表面硬度	表面光洁度
20 钢	渗碳淬火	$HRC_{55\sim62}$	8～9
45 钢	高频淬火	$HRC_{50\sim58}$	8～9
20Cr	渗碳淬火	$HRC_{50\sim56}$	8～9

参照表 2-29，本书设计的活塞材料选取 $HT_{20\text{-}40}$，活塞销选用 20 钢。

2.3.3.4　活塞销尺寸的计算

活塞销是连接活塞和连杆的零件，形状比较简单，一般做成中空的圆柱形活塞销在销座中的配合，以浮动的居多，安装在销座中时，直径或宽度的一半应埋入销座的嵌槽内，其结构示意如图 2-15 所示。

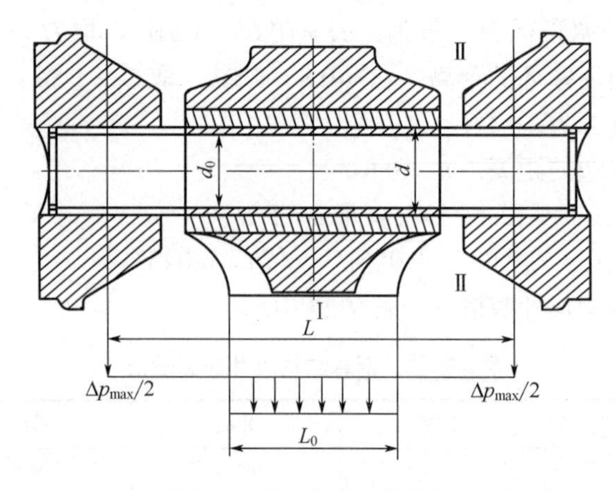

图 2-15　活塞销计算简图

直径按许用的比压计算，其计算公式如下：

$$d_s l = \frac{p_{max}}{[k]} \tag{2-66}$$

式中　l——连杆轴承长度，mm；

d_s——活塞销直径，mm；

p_{max}——最大活塞力，kgf；

$[k]$——许用比压，销固定在小头上时取 35～45MPa，销与小头相对运动时取 15～20MPa，取$[k]$=15 MPa。

连杆轴承长度：$l=(1.1\sim1.4)d_s$，取$l=1.4d_s$。

活塞销内径：$d_0=(0.6\sim0.7)d_s$，取$d_0=0.7d_s$。

活塞销长度：对于小直径气缸，$l_0=(0.8\sim0.9)D$，取$l_0=0.9D$。

所以活塞销各级计算尺寸值见表 2-30。

表 2-30　活塞销尺寸

级次	Ⅰ级	Ⅱ级	Ⅲ级	Ⅳ级
最大活塞力 p_{max}/kN	53.53	118.79	125.63	110.67
活塞销直径 d_s/mm	50	75	75	70
活塞销内径 d_0/mm	35	50	50	45
活塞销长度 l_0/mm	550	350	250	140
连杆轴承长度 l/mm	70	105	105	98

2.3.4　填料和刮油器

2.3.4.1　填料的基本要求

填料是易损件，在设计中应尽量采用标准化或通用化的元件，以便于生产管理，提高生产效率，降低成本。间隙 δ 的大小是影响气体泄漏的主要因素，因此在设计、制造时，应尽量减小间隙，当然安装质量也很重要。

2.3.4.2　填料的结构

此设计中排气压力为 3.6MPa，选择平面密封圈。在此压力下的中压密封，多采用三、六瓣密封圈，其密封圈如图 2-16 所示。此处选择平面密封圈，其材料选用灰铸铁 $HT_{20\text{-}40}$。

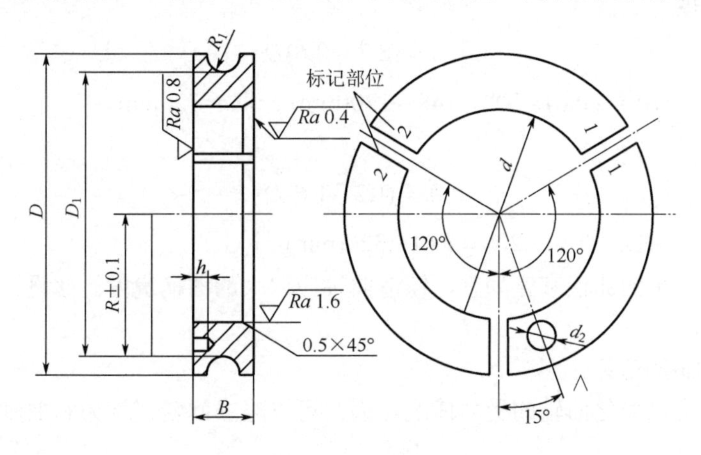

图 2-16　三、六瓣密封圈尺寸

2.3.4.3　活塞杆刮油器

对于一般隔油要求不高的压缩机，如低压空气压缩机，只需将刮油圈装在填料的末端，以防十字头润滑油大量地进入气缸并与气体一起排出。

十字头在导轨内作往复运动，就像一个活塞推动导轨内的空气，造成空气升压，使刮油器效果变差，甚至把刮油器中的油吹成油雾，通过刮油器向填料扩散。因此，导轨两侧必须有足够的气窗，让空气回流，避免升压。

2.4　基本部件的设计

2.4.1　曲轴

2.4.1.1　曲轴基本结构和材料

曲轴的基本形式有曲柄轴和曲拐轴两种，此书我们采用曲拐轴。近几年来，由于铸造技术的发展，采用稀土镁球墨铸造曲轴的也越来越多。另外，由于工艺自身特点，铸造曲轴可以节省原材料和大量减少加工工时，所以此设计采用球墨铸铁作为曲拐轴材料。

2.4.1.2　曲轴结构尺寸的确定

主要尺寸初步确定如下：

（1）曲柄销直径

$$D=(4.6\sim5.6)\sqrt{p_{\max}} \tag{2-67}$$

式中　$p_{\max}$——最大活塞力。

代入数据得 $D=(4.6\sim5.6)\times\sqrt{\dfrac{125.63}{9.8}}=16.5\sim20.0(\text{cm})$，取 D=200mm。

（2）主轴颈直径

$$D_1 = (1 \sim 1.1)D \tag{2-68}$$

代入数据得 $D_1 = (1 \sim 1.1) \times 200 = 200 \sim 220(\text{mm})$，取 D_1 =220mm。

（3）曲柄厚度

$$t = (0.7 \sim 0.6)D \tag{2-69}$$

代入数据得 $t = (0.7 \sim 0.6) \times 200 = 140 \sim 120(\text{mm})$，取 t=120mm。

（4）曲柄宽度

$$h = (1.2 \sim 1.6)D \tag{2-70}$$

代入数据得 $h = (1.2 \sim 1.6) \times 200 = 240 \sim 320(\text{mm})$。

锻造曲轴以取小的曲柄宽度为宜，铸造曲轴应取大的曲柄宽度。此设计中为锻造曲轴，所以取 h=250mm。

2.4.1.3　曲轴静强度校核

初步计算中可以简化曲轴的受力情况，因此可以略去回转惯性力和曲轴自重，

$$\tau = \frac{T}{W_\text{r}} = \frac{9550000\, {p_{\max}}/{n}}{0.2d^3} \tag{2-71}$$

所以

$$\tau = \frac{9550000 \times \dfrac{50}{980}}{0.2 \times 50^3} = 19.5\ (\text{MPa})$$

球墨铸铁的许用应力 $[\tau] = 20 \sim 25\ \text{MPa}$，满足静强度要求。

2.4.2　连杆

2.4.2.1　连杆的基本结构形式

连杆包括杆体、大头、小头三部分，杆体截面有圆形、环形、矩形和工字形等，在此计算中选用工字形截面的杆体。

由统计各种类型的连杆可得，图 2-17 所示的各主要尺寸与活塞力之间有如下的关系。

（1）杆体中间截面的尺寸

$$d_\text{m} = (1.65\text{\textasciitilde}2.45)\sqrt{p_{\max}} \tag{2-72}$$

式中　d_m ——杆体中间截面面积的当量直径，cm；

$p_{\max}$——最大活塞力，tf（1tf=9806.65N）。

当 $p_{\max}$>2tf 时，杆体为工字形截面，在式（2-72）中系数取 2.14～2.20。非圆形截面的杆体，求得 d_m 后，必须再计算成面积 $F_\text{m} = \pi d_\text{m}^2/4$，以 F_m 为杆体的中间截面面积，再求得工字形或矩形的尺寸。工字形截面与矩形截面的尺寸，工字形：$H_\text{m} = \sqrt{2.5F_\text{m}}$；矩形：$H_\text{m} = \sqrt{1.7F_\text{m}}$。

$$d_\text{m} = (2.30 \sim 2.45) \times \sqrt{\frac{125.63}{9.8}} = 8.23 \sim 8.77(\text{cm})$$

取 d_m=85mm。

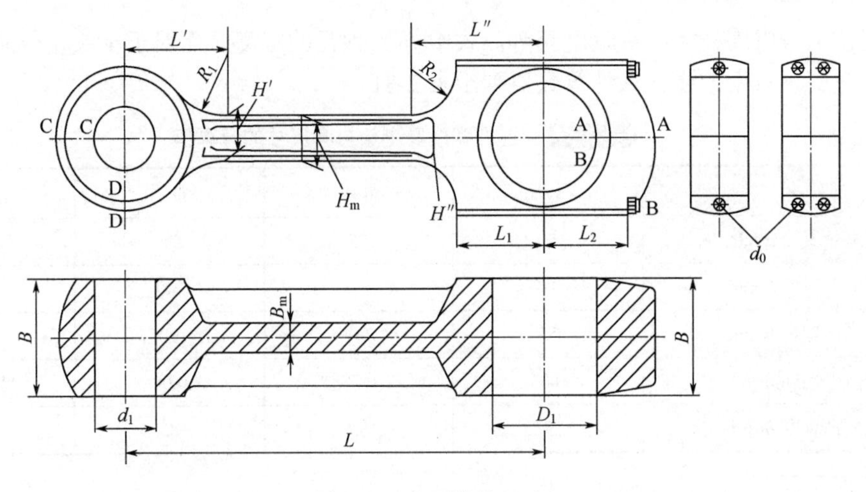

图 2-17 主要结构尺寸

工字形、矩形的截面宽度：

$$B_m = (0.65 \sim 0.75)H_m \tag{2-73}$$

所以

$$F_m = \frac{3.14 \times 85^2}{4} = 5672(\text{mm}^2)$$

$$H_m = \sqrt{2.5 \times 5672} = 119(\text{mm})$$

$$B_m = (0.65 \sim 0.75) \times 119 = 77.4 \sim 89.3$$

取 B_m=80mm。

（2）连杆长度 L 的确定

由热力计算知 λ=1/4，行程 S=320mm，则曲柄半径 R=S/2=160(mm)；即连杆长度 $L = R/\lambda = 160 \times 4 = 640(\text{mm})$。

（3）连杆宽度及小头衬套尺寸的确定

连杆小头轴瓦内径由十字头销或活塞销确定，小头轴瓦近年来广泛采用衬套结构，材料多采用铜合金，其结构简图如图 2-18 所示，衬套的厚度 S 及宽度 b 计算如下：

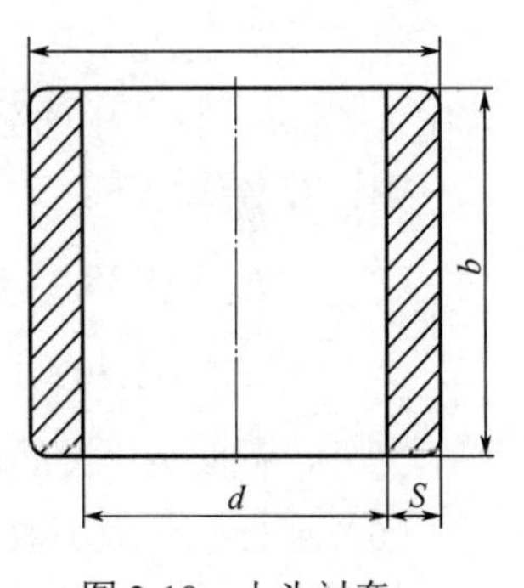

图 2-18 小头衬套

衬套的厚度

$$S = (0.06 \sim 0.08)d \tag{2-74}$$

衬套的宽度

$$b = (1 \sim 1.4)d \tag{2-75}$$

式中 d——十字头销或活塞销直径，mm。

小头衬套与十字头销的间隙

$$\delta = (0.0007 \sim 0.0012)d \tag{2-76}$$

连杆的宽度

$$B = 0.9b \tag{2-77}$$

从工艺上考虑连杆大小头宽度相等，式中 b 为轴瓦的宽度，而对于小头定位时，b 则为小头衬套宽度。对于上述各项计算数值列于表 2-31。

表 2-31 连杆宽度及小头衬套尺寸的计算值

级次	Ⅰ级	Ⅱ级	Ⅲ级	Ⅳ级
活塞销直径 d/mm	50	75	75	70
衬套的厚度 S/mm	3.5	5.0	5.0	5.0
衬套的宽度 b/mm	55	90	90	80
间隙 δ/mm	0.05	0.08	0.08	0.06
连杆的宽度 B/mm	50	85	85	75

（4）杆体截面变化尺寸的计算

工字形截面的宽度 B_m 是不变的，其高度变化一般如下：

在 $l'=(1.1\sim1.2)d_1$ 处，$H'=0.8H_m$；在 $l''=(1.1\sim1.2)D_1$ 处，$H''=1.2H_m$；另外，查小头孔直径 d_1=115mm，大头孔直径 $D_1=210$ mm，则 $l'=(1.1\sim1.2)\times115=126.5\sim138(\text{mm})$；取 l'=130mm，$H'=0.8\times119=95.2(\text{mm})$，取 H'=100mm；$l''=(1.1\sim1.2)\times210=231\sim252(\text{mm})$，取 l''=250mm，$H''=1.2\times119=142.8(\text{mm})$，取 $H''=150$ mm。

（5）连杆大头盖（见图 2-17）尺寸的确定

截面 A—A 面积

$$F_A=(1.38\sim1.60)F_m \tag{2-78}$$

截面 B—B 面积

$$F_B=(1.30\sim1.40)F_m \tag{2-79}$$

式中 F_m——杆体中间截面面积，式中系数当杆体为工字形截面时取最大值。

则计算数值如下：

$$F_A=(1.38\sim1.60)\times5672=7827.36\sim9075.2(\text{mm}^2)，取 F_A=9000\text{mm}^2；$$

$$F_B=(1.30\sim1.40)\times5672=7373.6\sim7940.8(\text{mm}^2)，取 F_B=7900\text{mm}^2。$$

另外，截面 A—A 的厚度为 $S_A=F_A/B$；截面 B—B 的厚度为 $S_B=F_B/B$。

（6）连杆小头最小截面的确定

如图 2-17 所示，截面 D—D 面积与截面 C—C 取值相同。

截面 C—C 面积：

$$F_C=(0.85\sim1.00)F_m \tag{2-80}$$

式中的系数当为圆形截面时取最小值或中间值，为工字形截面时取最大值，则 $F_C=(0.85\sim1.00)\times5672=4821.2\sim5672(\text{mm}^2)$，取 F_C=5600mm^2。

截面 C—C 的厚度：

$$S_C=\frac{F_C}{B} \tag{2-81}$$

所以各级截面厚度计算值见表 2-32。

2.4.2.2　连杆螺栓

（1）连杆螺栓的结构形式

连杆螺栓是连杆上非常重要的零件，影响连杆螺栓强度的重要因素是：结构的合理，尺寸的得当。表 2-32 为各级截面厚度。

表 2-32　各级截面厚度

级次	Ⅰ级	Ⅱ级	Ⅲ级	Ⅳ级
连杆的宽度 B/mm	50	85	85	75
截面 A—A 的厚度 S_A /mm	180	106	106	120
截面 B—B 的厚度 S_B /mm	158	93	93	106
截面 C—C 的厚度 S_C /mm	112	66	66	75

（2）连杆螺栓及螺母材料选择

材料的选取见表 2-33。

表 2-33　常用连杆螺栓及螺母的材料

螺栓材料	45	40CrMo	30CrMo	35CrMoA	$25Cr_2MoV$	38CrMoAl	$40Cr_2MnV$
螺母材料	35	35Mn，20Cr	20Cr	30Mn	30Mn，30CrMo	30Mn，30CrMo	30Mn，30CrMo

此设计中还可以选取 30CrMo 来作为螺栓和螺母的材料。

（3）连杆螺栓主要尺寸的确定

连杆螺栓直径

$$d_0 = (0.85 \sim 1.6)\sqrt{p_{max}} \tag{2-82}$$

式中　p_{max}——最大活塞力，tf。

不同活塞力系数见表 2-34。

表 2-34　不同活塞力系数

活塞力 p_{max}/tf	1～2	3.5～8	12～22	32～45
系数	1.60～1.40	1.27	1.15	0.85

p_{max} ≤22tf 时，连杆螺栓用 2 个；p_{max} ≥22tf 时，连杆螺栓用 4 个。此设计最大活塞力为 12.8tf，由此可得连杆螺栓选用 2 个。

连杆螺栓直径计算值见表 2-35。

表 2-35　各级连杆螺栓直径

级次	Ⅰ级	Ⅱ级	Ⅲ级	Ⅳ级
最大活塞力 p_{max} /kN	53.53	118.79	125.63	110.67
最大活塞力 p_{max} /tf	5.5	12.0	12.8	11.3
连杆螺栓直径 d_0/mm	30	40	42	40

螺栓处于杆体中长度：$l_1 = (0.55 \sim 0.65)D$

螺杆处于大头盖中长度：$l_2=(0.5\sim0.65)D$

螺栓总长度：$l=(1.2\sim1.5)D$

式中　D——曲柄销直径。

则 $l_1=(0.55\sim0.65)\times200=110\sim130(\text{mm})$，取 $l_1=120\text{mm}$；

$l_2=(0.5\sim0.65)\times200=100\sim130(\text{mm})$，取 $l_2=100\text{mm}$；

$l=(1.2\sim1.5)\times200=240\sim300(\text{mm})$，取 $l=280\text{mm}$。

2.4.2.3　连杆杆体的强度校核

（1）连杆小头处的杆体截面

应力 σ_p 按式（2-83）计算：

$$\sigma_p=\frac{p_{max}}{F'}=\frac{12.8\times100}{56}=22.9(\text{MPa}) \tag{2-83}$$

式中　p_{max}——最大活塞力，kgf；

F'——杆体小头处最小截面积，cm^2。

此处连杆截面采用的材料为30CrMo，其许用应力 $[\sigma]\leqslant100\text{MPa}$，所以满足应力要求。

（2）连杆杆体的稳定性计算

a．杆体的柔度　对于工字形截面的回转半径 i 值见表2-36。

表2-36　工字形截面的回转半径计算公式

截面形状	面积 F	惯性矩 J_x	截面模数 $W_x=1/e$	回转半径 $i_x=\sqrt{J/F}$	重心到相应边的距离 e
b/2　b/2　X　X　H　h　B	$BH-bh$	$J_x=\dfrac{BH^3-bh^3}{12}$	$W_x=\dfrac{BH^3-bh^3}{6H}$	$i_x=\sqrt{\dfrac{J_x}{F}}$	$e_x=\dfrac{H}{2}$

由表2-36得：

惯性矩 J_x：

$$J_x=\frac{BH^3-bh^3}{12} \tag{2-84}$$

回转半径 i_x：

$$i_x=\sqrt{\frac{J_x}{F}} \tag{2-85}$$

所以：

$$J_x=\frac{0.08\times0.12^3-0.05\times0.07^3}{12}=1\times10^{-5}\ (\text{m}^4)$$

$$i_x=\sqrt{\frac{1\times10^7}{5600}}=42.26\ (\text{mm})$$

则杆体的柔度 $\dfrac{L}{i}=\dfrac{640}{42.26}=15.14$。

b．当杆体柔度<50 时，杆体所受的压应力 σ_c 可按式（2-86）计算：

$$\sigma_c=\frac{p_{max}}{F_m} \tag{2-86}$$

式中 p_{max}——最大活塞力，kgf；

F_m ——杆体中间截面面积，cm^2。

则

$$\sigma_c=\frac{12.8\times10^5}{5672}=225.7\ (kgf/cm^2)=22.6\ (MPa)$$

纵向弯曲应力 $\sigma'_{\sigma B}$ 可按式（2-87）计算：

$$\sigma'_{\sigma B}=p_{max}C\frac{L^2}{J_x} \tag{2-87}$$

式中 p_{max}——最大活塞力，kgf（1kgf=9.80665N）；

L ——连杆长度，cm，见图 2-19；

J_x ——以垂直于摆动平面 X—X 为轴线的杆体中间截面的惯性矩，cm^4；

C ——系数，见表 2-37，$C=\dfrac{\sigma_s}{\pi^2 E}$；

σ_s ——材料屈服强度，kgf/cm^2；

E——材料弹性模数，kgf/cm^2。

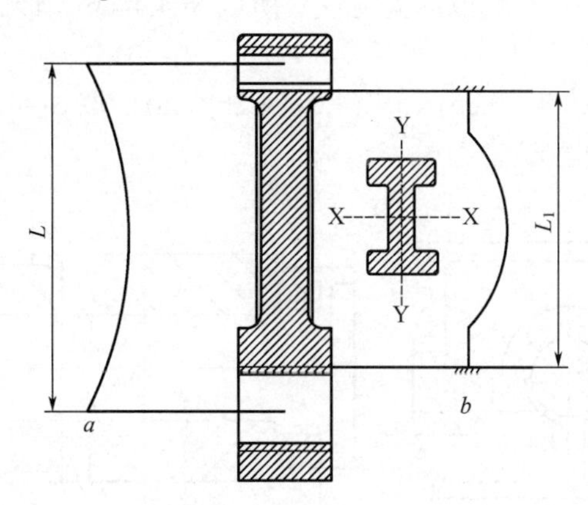

图 2-19　连杆杆体计算图

a—在连杆摆动平面上；*b*—在垂直连杆摆动平面上

表 2-37　不同材料的系数

材料	35	40	45	40Cr	30CrMo	QT40-10	QT60-2	锻钢
$C/10^{-4}$	1.37	1.42	1.52	3.85	3.85	1.95	2.75	6.50

对于连杆材料 30CrMo，$C=3.85\times10^{-4}$，所以纵向弯曲应力

$$\sigma'_{\sigma B}=12.8\times10^3\times3.85\times10^{-4}\times\frac{64^2}{1\times10^3}=20\ (kg/cm^2)=2(MPa)$$

许用应力[σ]<80～120MPa，满足要求。

2.4.3 十字头

2.4.3.1 十字头结构设计基本原则

（1）十字头滑履尺寸的确定

直径 D 的确定通常从两个方面考虑：一方面为了减小往复运动质量以及装拆方便，可将 D 取偏小；另一方面考虑到连杆的摆动，滑道直径要留有一定的空间，滑履直径 D 取足够长，长度 L 可取偏短。

综上可得：十字头滑履长度 L=(0.8～1.1)D；十字头滑履宽度取 B=(0.5～0.65)D。

当滑履工作面浇有巴氏合金时，合金层厚度一般为 t=4～5 mm。滑履长度 L 的确定，还应考虑滑履在工作时必须能将中体滑道上的润滑油孔盖住，以免油向外喷出。滑履长度 L 一般按十字头销中心线对称配置，为了给连杆留出摆动的空间而将靠曲轴的长度减少。

（2）间隙 δ 的确定

按经验，取 $\delta=(0.0007\sim0.0008)D$。十字头受侧向力的方向与曲轴旋转方向相同，在对称平衡压缩机中为：一侧向上，一侧向下。侧向力向上的一侧由于与重力相反，在压缩机启动或停车时将发生跳动。通常在总体设计时，应把这一侧放在活塞力较小的一列。

2.4.3.2 十字头体尺寸的确定

（1）十字头销孔座壁厚 S

当十字头体材质为球墨铸铁或铸钢时，取 S=0.347p_{max}(cm)；材质为铸铁时，取 S=1.183p_{max}(cm)；其中，p_{max} 为最大活塞力。

此书的设计中十字头材料选取球墨铸铁，所以 S=4.44cm，取 S=5cm。

（2）十字头体壁厚 S_1

$$S_1=(0.8\sim0.85)\times5=(4.0\sim4.25)(\text{cm})$$，取 S_1=4.2cm。

（3）截面面积（图 2-20）

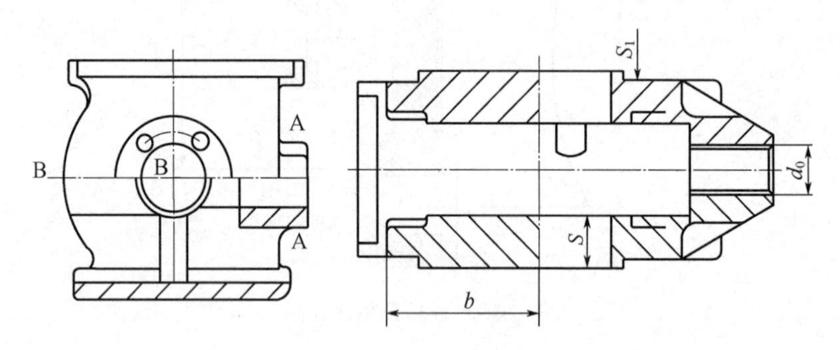

图 2-20 十字头体尺寸

截面 A—A 面积：

$$F_A=(1.8\sim2.0)F \tag{2-88}$$

式中 F——十字头与活塞杆连接处活塞杆截面积，$F=\pi d_0^2/4$。

截面 B—B 面积：

当材质为球墨铸铁或铸钢时，

$$F_B\approx(2.5\sim1.67)p_{max} \tag{2-89}$$

式中　p_{max}——最大活塞力，tf。

截面面积计算值见表 2-38。

表 2-38　截面面积计算值

级次	Ⅰ级	Ⅱ级	Ⅲ级	Ⅳ级
活塞杆直径 d_0/mm	5	7.5	7.5	7
活塞杆面积 F/cm^2	19.6	44.2	44.2	38.5
截面 A—A 面积 F_A/cm^2	36	80	80	75
截面 B—B 面积 F_B/cm^2	30			

（4）十字头体主要结构尺寸

经热力计算得最大活塞力为 12.8tf，所以查得 D=320mm。

十字头滑履长度：$L=(0.8\sim1.1)\times320=256\sim352(\text{mm})$，取 L=350mm；

十字头滑履宽度：$B=(0.5\sim0.65)\times320=160\sim208(\text{mm})$，取 L=200mm；

间隙：$\delta=(0.0007\sim0.0008)\times320=0.224\sim0.256(\text{mm})$，取 δ=0.25mm；

十字头销的直径 d：

$$d=(2.8\sim3)\sqrt{p_{max}} \tag{2-90}$$

所以 $d=(2.8\sim3)\times\sqrt{12.8}=10\sim10.7(\text{cm})$，取 d=10.5cm。

2.4.4　轴承

在本书的设计中天然气压缩机采用滚动轴承，精度为 G 级。

轴承内径：

$$d=(4.6\sim5.6)\sqrt{p_{max}} \tag{2-91}$$

式中　p_{max}——最大活塞力。

所以 $d=(4.6\sim5.6)\times\sqrt{12.8}=16.5\sim20.0(\text{cm})$，取 d=20cm。

2.5　其他部件的设计

2.5.1　盘车装置

盘车的目的是在压缩机运转前对压缩机的装配质量做最后检查，以保证压缩机能正常、顺利地运转。另外，在装配检修过程中，也常需盘车运动部件至某一便于拆装的位置。盘车装置是基于上述目的而设计的。

2.5.2　皮带轮和飞轮

皮带传动主要用于驱动机和压缩机轴之间距离较大的传动，它具有工作平稳、没有噪声、能缓和冲击、吸收振动、过载时能起安全保护作用等优点。目前，压缩机大多数采用三角皮带传动，因为它的传动外廓尺寸比平皮带紧凑、皮带的初拉力小，传动比平皮带平稳。

2.6 气路系统

2.6.1 空气滤清器

滤清器主要有壳体和滤芯组成，按滤芯取用材料的不同可分为纸质的、织物的、陶瓷的、泡沫塑料的、金属的等，空气压缩机中用得最普遍的是纸质滤清器和金属滤清器。

本书的设计排气量为 $80m^3/min$，应采用组合式的金属滤清器，它由金属方盒、内置金属丝网和金属屑等几个滤清元件组成。

2.6.2 液气分离器、缓冲器和储气罐

安装液气分离器是为了减少或消除压缩气体中的油、水及其他冷凝液，其工作原理是根据液体和气体的重度差别，利用惯性作用，使液体和气体互相分离。其结构应根据对压缩气体纯净的程度、使用的场合以及分离器制造的难易程度来选择，一般配置在压缩机各级中间冷却器之后。在级间配置缓冲器可以消除吸、排气管内气流的脉动，使总气管中的气流更易达到均匀。

2.7 冷却系统

2.7.1 冷却系统及其对水质的要求

2.7.1.1 冷却系统

中间冷却器、气缸和填料的水套、润滑油冷却器、后冷却器、水管路以及其他附件组成了活塞式压缩机的冷却系统。

冷却系统的配置原则：

① 进入中间冷却器的水温为最低；

② 气缸和填料水套的进水温度不应过低；

③ 系统耗水量要小，维修起来要方便；

④ 运行时检视方便。

2.7.1.2 水质要求

① 冷却水应接近于中性；

② 有机物质和悬浮机械杂质皆≤25mg/L，含油量≤5mg/L；

③ 暂时硬度≤10mg/L。

2.7.2 冷却器的结构设计

设计要求结构紧凑，节省材料，制造工艺性好，运行可靠以及安装、检修方便。本书采用套管式水冷冷却器。

参考文献

[1] 郁永章，姜培正，孙嗣莹. 压缩机工程手册 [M]. 北京：中国石化出版社，2012.

［2］冯家潮，杨五林．压缩机与驱动机选用手册［M］．北京：中国石化出版社，1990．

［3］活塞式压缩机设计编写组．活塞式压缩机设计［M］．北京：机械工业出版社，1974．

［4］郁永章．活塞式压缩机［M］．北京：机械工业出版社，1982．

［5］郁永章，孙嗣莹，陈洪俊．容积式压缩机技术手册［M］．北京：机械工业出版社，2005．

［6］吴业正，朱瑞琪，李新中．制冷与低温技术原理［M］．北京：高等教育出版社，2007．

第 3 章 BOG 压缩机设计计算

BOG 压缩机是 LNG 液化过程中不可缺少的主要动力设备之一，为大型 LNG 储罐等配套设施，是 LNG 饱和蒸气返回主液化系统的主要动力设备，具有压缩-162 °C 以上温度低温蒸气的特点。BOG 压缩一般采用往复式较多，其压缩机头具有防冻、防霜等特点。

3.1 压缩机的作用及分类

3.1.1 BOG 压缩机的用途

压缩机是压缩气体提高压力并输送气体的机械，而 BOG 压缩机是在-162～-160℃下工作的低温液化天然气压缩机。LNG 低温液化天然气在运输或储藏的过程中会因为各种原因汽化产生 BOG 气体，为重新回收并储藏这些 BOG 气体，需要使用 BOG 压缩机将 BOG 气体压缩至 1.6～1.7 MPa。BOG 压缩机主要使用在 LNG 船舶运输过程，LNG 接收站，LNG 储藏站等。

3.1.2 BOG 压缩机的种类

目前 BOG 压缩机主要分为两个大类：立式迷宫式 BOG 压缩机和水平对置式 BOG 压缩机。立式迷宫式 BOG 压缩机采用立式压缩机结构，气缸中心线垂直于地面，活塞与气缸采用迷宫密封，活塞表面开有一系列环槽，活塞上的环槽和气缸工作表面形成一系列迷宫小室，从而可以依靠气体的节流有效防止气体的泄漏，达到密封目的。其优点为占地面积小，不用装活塞环，气缸与活塞面不接触，从而可以在没有任何润滑条件下工作，是低温压缩机的常见形式，通常只有立式带十字头的压缩机采用迷宫密封，活塞不易产生磨损。其缺点为对加工和安装质量要求极高，对机器的刚性要求也比一般活塞式压缩机高，操作和维护不容易，对气缸需要高位维修平台，平衡性不好所以需要更大的基础，运动件易磨损需要更换，活塞与气缸有较大的气体泄漏损失，工作效率低。

水平对置式 BOG 压缩机根据级数可分为单列和多列，气缸与中体及机身左右对置，活塞与气缸采用自润滑活塞环接触。其优点为维护方便，很容易进入气缸，运动组件更换简单，布线方便，由于采用卧式，有条件实施优良的惯性力平衡，提高转速，因此占地面积不是特别大，工艺对称平衡式压缩机通常采用撬装的模块化结构，节省基建费和安装时间。其缺点为填料组件数目多，运动结构容易受震动而影响使用寿命，多曲拐轴，需要较大的飞轮矩，自润滑材料活塞环有使用寿命，需要在使用一段时间后更换。

3.2 压缩机机组结构设计

本章依据工艺条件对活塞式压缩机进行热力计算，通过确定气缸直径，计算活塞力，计算气缸压缩机功率选择驱动机，活塞式压缩机设计规范中对气缸组件和连杆组件进行了详细的结构设计和机械强度计算与校核，通过采用最新国家标准和行业标准对 BOG 压缩机的主要零部件及压缩机辅助设备进行了选型设计，按照一定要求和步骤对压缩机进行安装和维护。在保证压缩机安全平稳运转的前提下，尽量使设计达到经济，环保，高效的目的。图 3-1 为 BOG 压缩机总装图。

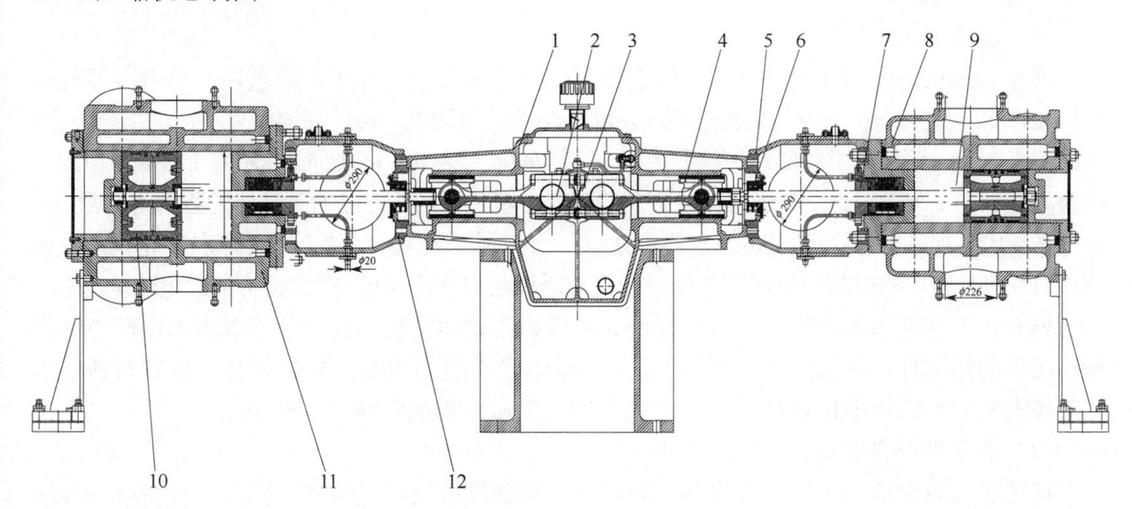

图 3-1　BOG 压缩机总装图

1—机身部分；2—曲轴部件；3—连杆部件；4—十字头部件；5—二级接筒部件；6—刮油环部件；7—填料部件；8—二级气缸部件；9—二级活塞部件；10——级活塞部件；11——级气缸部件；12——级接筒部件

3.2.1 主机结构设计

3.2.1.1　结构形式

本书选择卧式水平对置形式作为设计的主要形式，其特征是气缸中心线位置水平，气缸分布在机身两侧，活塞采用自润滑材料活塞环。

3.2.1.2　级数及气缸

本设计采用单列压缩机，根据热力计算，压缩机采用二级压缩，两级气缸分布在压缩机左右。设计时争取各列内外止点时的最大活塞力相等，力求泄漏最小，注意降低流动损失和减少气流脉动。

气缸是构成工作容积实现气体压缩的主要部件。在气缸设计时，除了考虑强度、刚度与制造外，还应注意气缸的密封性，气缸内壁面耐磨性以及气缸、填料的润滑性能要好；通流面积要大，弯道要少，以减少流动损失；余隙容积要小，以提高容积系数；冷却要好，以散逸压缩气体时产生的热量；进排气阀的阀腔应被冷却介质分别包围，以提高温度系数；应避免温差应力引起的开裂等。

本设计采用单作用气缸结构，第一级和第二级为水平列，气缸轴线夹角和曲轴错角均为180°，即对动式结构。

3.2.1.3 参数的确定

压缩机的主要结构参数是转速 n，活塞平均速度 C_m，活塞行程 S，它反映了机器的结构面貌和工作特征，三者的关系见式（3-1）。

$$C_m = \frac{2nS}{60} \tag{3-1}$$

式中 C_m ——活塞平均速度，m/s；

n ——转速，m/s；

S ——活塞行程，m。

（1）转速 n

设计压缩机时，同样的排气量，转速取得高，则机器的尺寸小、质量轻，并有可能与电动机直联，占地面积小；电动机也是如此，同样功率的电动机，转速高的尺寸小，价格也便宜，所以转速高的压缩机机组总的经济性要更好，正因如此，现代压缩机的转速趋向于提高。但提高转速需克服一系列的设计、制造与材料方面的问题，如会使惯性力过大而引起机器振动加剧；转速过高会使易损件寿命降低，即使活塞环、填料、十字头、连杆轴瓦等的磨损加快，特别是气阀阀片的寿命与转速的提高成反比例降低；转速的提高还使气流通道与气阀中的阻力增加。

另外，若转速增加使得惯性力超过最大活塞力，则运动机构的设计将以最大惯性力为依据，这样的运动件，其强度在压缩机工作过程中得不到充分利用，机器笨重，浪费材料。

参考《容积式压缩机设计手册》中表 2-10，取压缩机的转速 n=500r/min。

（2）活塞平均速度 C_m

转速提高导致活塞平均速度提高，而活塞平均速度的增加又会使易损件的寿命降低并增加摩擦功耗，一方面这是因为 C_m 提高则单位时间内活塞环、十字头、填料等在单位时间内的摩擦距离增加了；另一方面，活塞平均速度的提高还会导致气流通道尤其是气阀的阻力增加，所以活塞的平均速度也有一个限值范围。对于采用环状阀的压缩机，C_m=3.5～4.5m/s，大型机取下限；对迷宫压缩机，为减少泄漏，C_m≥4～5m/s；聚四氟乙烯密封环压缩机考虑到活塞的寿命，C_m≤3.5～4m/s；超高压压缩机为了保证摩擦副的耐久性，C_m≤2.5m/s；乙炔压缩机从安全考虑，C_m≈1m/s。本设计取 C_m=3.67m/s。

（3）活塞行程 S

转速与活塞平均速度确定后，行程可由《容积式压缩机设计手册》中式（1-222）确定，但还应考虑其他因素，行程应按压缩机的三化标准取标准值；压缩机的结构特点，立式机及角度式机行程宜比卧式机小些，以免高度太大；另外，还有行程与第一级缸径比的取值问题，若取得太大，则机身较长而笨重；若取得过小，则活塞直径过大使活塞力太大，运动机构也将变得笨重，且虽然气缸直径大、气阀安装方便，但过大又会使气缸接管安装空间减少，还影响到热交换及导致泄漏的问题等。

参考《容积式压缩机设计手册》中式（1-222），取 $S = 220\text{mm}$。

3.2.2 辅助设备设计

压缩机的辅助设备主要起到润滑、气量调节等作用，它们对压缩机的运行有十分重要的作用。

3.2.2.1　润滑系统

由于设计 BOG 压缩机是低温条件，因此气缸和活塞、活塞杆以及填料都需要采用无油润滑，活塞环、填料采用自润滑材料，机身曲轴和连杆以及十字头采用-70℃的低温润滑脂。

3.2.2.2　气量调节系统

从压缩机的作用原理得知，容积式压缩机的排气量不会由于背压的升高而自动降低，因此，如不进行有效的调节，在有些场合，会出现危险的事故，所以必须设置调节控制机构，以进行调节。本设计采用在进气阀上增加卸荷器来调节，通过电磁系统对卸荷器调节来限制进气阀开闭的高度从而限制进气量，可实现从 0 至 100%的进气量调节。

3.3　热力计算

3.3.1　初始条件

排气量 Q_N：20m^3/min；

压缩介质：BOG 闪蒸气（气体组分：CH_4）；

相对湿度 φ：100%；

吸入压力 p_s^0：0.103MPa（绝对压力）；

排出压力 p_d^0：1.6MPa（绝对压力）；

大气压力 p_0：0.1MPa（绝对压力）；

吸入温度 t_s^0：−160℃（T_s^0=113.15 K）；

二级排气温度 t_d^0：$t_d^0 < -50$℃；

压缩级数：2 级；

原动机：低压隔爆异步电动机，与压缩机直联；

一级排气温度：<100℃。

3.3.2　计算初始条件

排气量的计算如以下所示（以下所涉及的压力均为绝对压力）

$$Q = Q_N\{p_0 T_s^0 / [(p_s{}^0 - \varphi p_{sa})T^0]\} \tag{3-2}$$

式中　p_{sa}——饱和蒸气压，MPa，$p_{sa} = 0.011424$ MPa；

T^0——环境温度，K；

T_s^0——吸入温度，K；

φ——相对温度，K。

由 Antoine 方程 $\ln(p_s) = A - B/(C+T)$ 得

$$p = e^{A-B/(C+T)} \tag{3-3}$$

式中　p——温度 T 对应下的纯液体饱和蒸气压，mmHg（1mmHg=133.3Pa）；

A，B，C——甲烷物性参数，查《石油化工基础数据手册》中附录 1 得 A=15.2243，B=897.85，C= −7.16，则

$$p = e^{15.2243-897.85/(113.15-7.16)} = 856.892241(\text{mmHg})$$

其余参数见初始条件，则排气量为

$$Q = 20 \times \{0.1 \times 113.15 / [(0.103 - 0.011424) \times 273]\} = 9.052(\mathrm{m^3/min})$$

3.3.3 确定压缩级数

各级压缩比例越小越好，实际压缩机中压缩过程指数 n 可按以下经验选取大、中型压缩机 $n=k$，对微小型 $n=(0.9\sim0.98)k$，该设计中为中型压缩机，取 $n=1.3$。总压缩比 $\varepsilon^0 = 15.53$，取 $\delta = 20\%$，$n=1.3$，根据《活塞式压缩机设计》中式（1-1），压缩级数取 $z=2$ 级。

3.3.4 计算各级名义压力

本设计为二级压缩，在多级压缩中，通常取各级压力比值相等，这样各级消耗的功相等，而压缩机的总功耗也最小。各级压缩比计算公式为

$$\varepsilon_i = z\sqrt{\varepsilon_\mathrm{t}} \tag{3-4}$$

式中 ε_i——任意级的压力比；

ε_t——总压力比；

z——级数。

即总压缩比为：

$$\varepsilon_1^0 = \varepsilon_2^0 = \sqrt{15.53} = 3.9408$$

求出各级的名义压力如表 3-1 所列。

表 3-1 名义压力计算表

级次	p_s^0 /MPa	p_d^0 /MPa	压力比 $\varepsilon^0 = p_\mathrm{d}^0 / p_\mathrm{s}^0$
Ⅰ级	0.103	0.4059	3.9408
Ⅱ级	0.4059	1.6	3.9408

3.3.5 计算各级排气温度

查甲烷气体绝热指数 $k = 1.308$，各级的排气温度计算公式如下所示。

$$T_\mathrm{d} = T_\mathrm{s}\varepsilon_i^{0\frac{n-1}{n}} \tag{3-5}$$

式中 T_d——排气温度，K；

T_s——吸气温度，K；

n——压缩过程指数。

各级的排气温度计算如表 3-2 所列。

表 3-2 排气温度计算表

级次	吸气温度		压力比 ε^0	绝热指数 k	$\varepsilon^{0\frac{k-1}{k}}$	排气温度	
	t_s^0 /℃	T_s^0 /K				$T_\mathrm{d}^0 = T_\mathrm{s}^0\varepsilon^{0\frac{k-1}{k}}$ /K	t_d^0 /℃
Ⅰ级	−160	113.15	3.9408	1.308	1.381	156.26	−116.89
Ⅱ级	−116.89	156.26	3.9408	1.308	1.381	215.80	−57.35

一级排气温度为-116.89℃<-100℃，符合初始条件要求。

3.3.6 计算各级排气系数

3.3.6.1 确定容积系数

由于气缸存在余隙容积，气缸工作的部分容积被膨胀气体占据，而对气缸容积利用率产生影响的称为容积系数。

$$\lambda_V = 1 - \alpha\left(\varepsilon^{\frac{1}{m}} - 1\right) \tag{3-6}$$

式中 λ_V ——容积系数；

α ——相对余隙容积；

ε ——压力比；

m ——膨胀过程的多变指数。

（1）相对余隙容积

根据压力值的大小，压缩机的相对余隙容积取值在以下范围：压力≤20kgf/cm^2（1kgf/cm^2=98.07kPa）时，$\alpha = 0.07 \sim 0.12$；压力>20kgf/cm^2 时，$\alpha = 0.12 \sim 0.16$。

根据不同的气阀结构，选用各级的相对余隙容积 α 值，采用换装气阀的时候，一般 α 值的范围为低压级 $\alpha = 0.07 \sim 0.12$，中压级 $\alpha = 0.09 \sim 0.14$，高压级 $\alpha = 0.03 \sim 0.04$。

根据本设计的要求选取如下各级相对余隙容积：$\alpha_1 = 0.07$，$\alpha_2 = 0.09$。

（2）膨胀过程的多变指数 m

m 值计算见表 3-3。

表 3-3 m 值计算表

吸入压力 p（绝）/(kgf/cm^2)	m
<1.5	m=1+0.5(k−1)
1.5～4	m=1+0.62(k−1)
4～10	m=1+0.75(k−1)
10～30	m=1+0.88(k−1)，m=k
>30	m=k

$$m_2 = 1 + 0.75(k-1) = 1 + 0.75 \times (1.308 - 1) = 1.231$$

（3）容积系数 λ_V

$$\lambda_{V1} = 1 - \alpha_1\left(\varepsilon_1^{\frac{1}{0m_1}} - 1\right) = 1 - 0.07 \times \left(3.9408^{\frac{1}{1.154}} - 1\right) = 0.840$$

$$\lambda_{V2} = 1 - \alpha_2\left(\varepsilon_2^{\frac{1}{0m_2}} - 1\right) = 1 - 0.09 \times \left(3.9408^{\frac{1}{1.231}} - 1\right) = 0.816$$

3.3.6.2 确定压力系数

由于进气阻力和阀腔中的压力脉动，使得吸气完成时气缸内的压力低于名义进气压力，从而产生对气缸利用率的影响。

影响压力系数 λ_p 的主要原因是吸气阀处于关闭状态时存在弹簧力；另外一个原因是进气管道中的压力波动。在多级压缩机中，级数越高，压力系数 λ_p 应越大，对于进气压力等于或接近大气压的第一级，进气阻力影响相对较大，λ_p 可在 0.95～0.98 间选取，第二级进气阻力相对气体压力要小得多，λ_p 可在 0.98～1.0 间选取。本设计选取第一级压力系数 λ_{p1}=0.96，第二级压力系数 λ_{p2}=0.98。

3.3.6.3 确定温度系数

压缩机的吸入气体，温度总高于吸气管中的气体温度（因为缸壁对气体加热），折算到公称吸气压力和公称吸气温度时的气体吸气容积将比吸入时的容积小，因而使气缸行程容积的吸气能力再次降低。用来表示在吸气过程中，因气体加热而对气缸吸气能力影响的系数称为温度系数，用 λ_T 表示。

影响气缸内气体在吸气终了时温度的主要因素有：在吸气过程同气体接触的气缸和活塞的壁面传给气体热量的大小；膨胀结束时余隙容积中残余气体温度的高低；气体在吸气过程中阻力损失的大小，这部分阻力损失转化为热量使气体温度上升。显然，在吸气过程，气体吸收的热量越多，温度越高，温度系数就越小。要全面地考虑这些因素对温度系数的影响，精确求得 λ_T 是比较困难的；计算时可根据压力比的大小从图 3-2 中选择适当的 λ_T。

温度系数的大小取决于进气过程中加给气体的热量，其值与气体冷却及该级的压力比有关，一般 λ_T 取值范围为 0.92～0.98。如果气缸冷却良好，进气过程中加入气体的热量少，则 λ_T 取较高值；而压力比高，即气缸内的各处平均温度高，传热温差大造成实际气缸容积利用率低，λ_T 取较低值。

查图时应注意以下几点：

① 压力比大者，λ_T 取小值；

② 冷却效果好时，λ_T 取大值，水冷却比风冷却的 λ_T 大；

③ 高转速比低转速的压缩机，λ_T 大；

④ 气阀阻力小时，λ_T 取大值；

⑤ 大、中型压缩机 λ_T 取大值，微、小型压缩机取小值。

通过查阅图 3-2，可得压力比 $\varepsilon^0 = 3.9408$，其中取 $\lambda_{T1} = 0.95$，$\lambda_{T2} = 0.95$。

3.3.6.4 确定泄漏系数（气密系数）

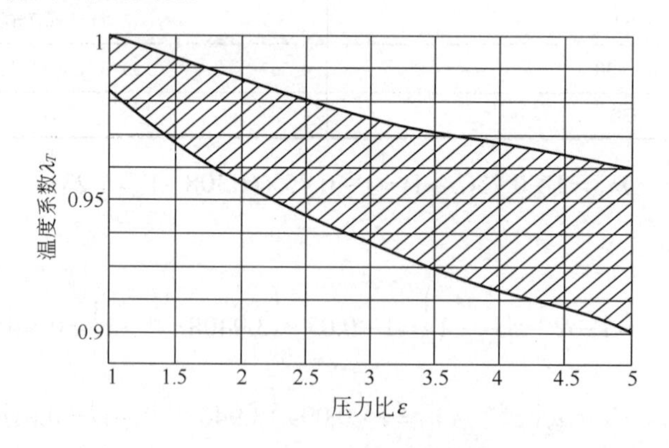

图 3-2 压力比与温度系数图

泄漏系数表示气阀、活塞环、填料及管道等因密封不严而产生的气体泄漏对气缸容积利用率的影响。一般对于无油润滑压缩机气密系数 $\lambda_t = 0.85\sim0.95$。表 3-4 为各部位泄漏系数计算表。

表 3-4 各部位泄漏系数计算表

漏气部位		相对值 V 一级	相对值 V 二级
气阀	一级	0.02	
	二级		0.02
活塞环	一级	0.005	
	二级		0.01
	一级与一列平衡容积	0.005	
	二级与一列平衡容积	0.015	0.015
填料	一级	0.01	
	二级	0.01	0.01
总相对损失 ΣV		0.065	0.055
$[\sigma]\leqslant$120MPa		0.939	0.948

3.3.6.5 各级排气系数汇总

现将各级排气系数汇总于表 3-5 中。

表 3-5 各级排气系数

级次	λ_V	λ_p	λ_T	λ_g	$\lambda_H=\lambda_V\lambda_p\lambda_T\lambda_g$
Ⅰ级	0.840	0.96	0.95	0.939	0.719
Ⅱ级	0.816	0.98	0.95	0.948	0.720

3.3.7 计算干气系数和抽气系数

由于临界温度为 191K，临界压力为 4.60MPa，而甲烷无法在 191K 以上的温度以液相存在，故一级、二级干气系数分别为 $\mu_{d1}=1$， $\mu_{d2}=1$；中间级均无抽气，所以一级、二级抽气系数分别为 $\mu_{o1}=1$， $\mu_{o2}=1$。

3.3.8 压缩机的行程容积

压缩机的第一级的气缸行程容积按式（3-7）计算。

$$V_{k1}=\frac{V_d}{\lambda_{d1}} \tag{3-7}$$

式中 V_d——压缩机的排气量，m^3/min；

λ_{d1}——压缩机第一级的排气系数。

多级压缩机的第二级气缸行程容积按式（3-8）计算。

$$V_{k2}=\frac{\mu_{d2}\mu_{o2}}{\lambda_{d2}}\frac{p_{s1}^0}{p_{s2}^0}\frac{T_{s1}^0}{T_{s2}^0}\times V_d \tag{3-8}$$

式中 p_{s1}^0，p_{s2}^0——一级和二级的名义吸气压力，MPa；

T_{s1}^0，T_{s2}^0 ——一级和二级的名义进气温度，K；

λ_{d2} ——压缩机的第二级排气系数；

μ_{d2} ——压缩机第二级干气系数；

μ_{o2} ——压缩机第二级抽气系数。

因此压缩机第一级的行程容积为：

$$V_{k1}=\frac{9.052}{0.719}=12.590(\mathrm{m^3/min})$$

压缩机第二级的行程容积为：

$$V_{k2}=\frac{1\times1}{0.720}\times\frac{0.103}{0.4059}\times\frac{156.26}{113.15}\times9.052=4.406(\mathrm{m^3/min})$$

3.3.9 确定活塞杆直径

先初步确定各级等温功率 N_{is} 和最大功率 N。

一级等温功率 N_{is1}

$$N_{is1}=\frac{1000}{60}p_{s1}^0Q\ln\varepsilon^0=\frac{1000}{60}\times0.103\times9.052\times\ln3.9408=21.3(\mathrm{kW})$$

因为一级、二级压力比相同，则

$$N_{is1}=N_{is2}=21.3\mathrm{kW}$$

最大功率

$$N=\frac{N_{is1}}{\eta_{is}}=35.5\mathrm{kW}$$

其中等温效率 η_{is} 参考《活塞式压缩机设计》中表 2-9 查得 $\eta_{is}=0.6$，确定活塞杆直径，根据《活塞式压缩机设计》中表 2-10 查最大功率，初步选择活塞杆直径 $d_H=0.6d=50\mathrm{mm}$。

3.3.10 确定气缸直径

一级、二级气缸均为轴侧单作用的盖侧容积，按式（3-9）计算气缸直径。

$$D=\sqrt{\frac{4V_{ki}}{\pi Snz}} \tag{3-9}$$

式中 V_{ki} ——i 级气缸的行程容积，$\mathrm{m^3/min}$；

S ——活塞行程，m；

n ——压缩机转速，r/min；

z ——同级气缸数，z=1。

本设计采用单作用气缸，活塞行程选择 $S=0.22\ \mathrm{m}$，转速 $n=500\ \mathrm{r/min}$，则一级气缸直径 D_1^0 为

$$D_1^0=\sqrt{\frac{4V_{k1}}{\pi Snz}}=\sqrt{\frac{4\times12.590}{\pi\times0.22\times500\times1}}=0.382$$

二级气缸直径

$$\Delta D=\frac{bf_{\mathrm{v}}}{2\pi bi}-\frac{i-1}{2}\Delta D=\frac{3485.95}{2\times 3.14\times 1.9\times 4}-\frac{4-1}{2}\times 16=49.04(\mathrm{mm})$$

$$D_2^{\ 0}=\sqrt{\frac{4V_{\mathrm{k2}}}{\pi Snz}}=\sqrt{\frac{4\times 4.406}{\pi\times 0.22\times 500\times 1}}=0.226$$

参考《活塞式压缩机设计》表 2-8 气缸公称直径，圆整后得 D_1=380mm， D_2=225mm 。

3.3.11　修正各级公称压力和温度

各级气缸直径计算完毕后，要按国家标准进行圆整，圆整后，各级的压力和温度会发生变化，需要进行修正。

3.3.11.1　确定圆整后的实际行程容积

圆整后的实际行程容积用式（3-10）计算。

$$V'_{\mathrm{k}i}=\frac{\pi}{4}D_i^{\ 2}Snz \tag{3-10}$$

则圆整后一级实际行程容积 V'_{k1} 为

$$D_1^0=\sqrt{\frac{4V_{\mathrm{k1}}}{\pi Snz}}=\sqrt{\frac{4\times 12.590}{\pi\times 0.22\times 500\times 1}}=0.382$$

$$V'_{\mathrm{k1}}=\frac{\pi}{4}D_i^{\ 2}Snz=\frac{\pi}{4}\times 0.38^2\times 0.22\times 500\times 1=12.475(\mathrm{m}^3)$$

3.3.11.2　计算各级的压力修正系数

各级压力修正系数计算式见式（3-11）、式（3-12）。

$$\beta_i=\frac{V'_{\mathrm{k1}}}{V_{\mathrm{k1}}}\frac{V_{\mathrm{k}i}}{V'_{\mathrm{k}i}} \tag{3-11}$$

$$\beta_i=\frac{V'_{\mathrm{k1}}}{V_{\mathrm{k1}}}\frac{V_{\mathrm{k}(i+1)}}{V'_{\mathrm{k}(i+1)}} \tag{3-12}$$

则各级修正系数为

$$\beta_1=\frac{V'_{\mathrm{k1}}}{V_{\mathrm{k1}}}\frac{V_{\mathrm{k1}}}{V'_{\mathrm{k1}}}=1$$

$$\beta_2=\frac{V'_{\mathrm{k1}}}{V_{\mathrm{k1}}}\frac{V_{\mathrm{k2}}}{V'_{\mathrm{k2}}}=\frac{12.475}{12.590}\times\frac{4.406}{4.374}=0.998$$

3.3.11.3　修正后各级的名义压力及压力比

修正后各级的名义压力及压力比见式（3-13）、式（3-14）。

$$p'_1=\beta_1 p_1 \tag{3-13}$$

$$p'_2=\beta_2 p_2 \tag{3-14}$$

式中　p_1， p_2 ——一级、二级圆整前的名义吸气压力、排气压力；

　　　p'_1， p'_2 ——一级、二级圆整后的名义吸气压力、排气压力。

现将各级名义压力、排气温度修正值列于表 3-6、表 3-7 中。

表 3-6 各级名义压力修正表

级次		Ⅰ级	Ⅱ级
计算行程容积 V_k /m³		12.590	4.406
实际行程容积 V_k' /m³		12.475	4.374
V_k/V_k'		1.009	1.007
修正系数 $\beta_i=\frac{V_{k1}'V_{ki}}{V_{k1}V_{ki}'}$		1.000	0.998
初步确定的	进气 p_s^0 /MPa	0.103	0.4059
	排气 p_d^0 /MPa	0.4059	1.6
修正后的	进气 p_s /MPa	0.103	0.4051
	排气 p_d /MPa	0.4051	1.6
修正后的名义压力比 ε'		3.933	3.950

表 3-7 各级温度修正表

级次	吸气温度		修正后压力比 ε	绝热指数 k	$\varepsilon^{\frac{k-1}{k}}$	排气温度	
	t_s /℃	T_s /K				$T_d=T_s\varepsilon^{\frac{k-1}{k}}$ /K	t_d /℃
Ⅰ级	−160	113.15	3.933	1.308	1.3805	156.206	−116.944
Ⅱ级	−116.944	156.206	3.950	1.308	1.3819	215.861	−57.289

3.3.12 计算活塞力

3.3.12.1 计算进气压力及排气温度

考虑损失后，计算各级气缸内实际压力及压力比，压力损失数值由《活塞式压缩机设计》图 2-15 查得：$\delta_{s1}=7\%$，$\delta_{s2}=5\%$，$\delta_{d1}=11\%$，$\delta_{d2}=7\%$。现将各级压力修正值、各级终了排气温度修正值列于表 3-8、表 3-9 中。

表 3-8 各级压力修正表

级次	修正后名义压力比 /MPa		相对压力损失 /%		$1-\delta_s$	$1+\delta_d$	气缸内实际压力/MPa		实际压力比 $\varepsilon=\frac{p_d}{p_s}$
	p_1'	p_2'	δ_s	δ_d			$p_s=p_i(1-\delta_s)$	$p_d=p_i'(1+\delta_d)$	
Ⅰ级	0.103	0.4051	7%	11%	0.93	1.11	0.096	0.450	4.69
Ⅱ级	0.4051	1.6	5%	7%	0.95	1.07	0.385	1.712	4.45

表 3-9 各级排气温度修正表

级次	吸气温度		实际压力比 ε'	绝热指数 k	$\varepsilon^{\frac{k-1}{k}}$	排气温度	
	t_s /℃	T_s /K				$T_d=T_s\varepsilon^{\frac{k-1}{k}}$ /K	t_d /℃
Ⅰ级	−160	113.15	4.69	1.308	1.439	162.82	−110.33
Ⅱ级	−110.33	162.82	4.45	1.308	1.421	231.37	−41.78

3.3.12.2 计算活塞力

活塞力p，即作用在活塞工作面积F_i上的气体压力的代数和，其大小按式（3-15）计算。

$$p=\Sigma p_i F_i \tag{3-15}$$

最大活塞力（气体力）发生在内，外止点处，规定使活塞杆受拉为正，使活塞杆受压缩为负，各级活塞力列于表3-10中。

盖侧活塞工作面积F_{zi}按式（3-16）计算。

$$F_{zi}=\frac{\pi D_i^2}{4} \tag{3-16}$$

则一级、二级盖侧活塞面积分别为：

$$F_{z1}=\frac{\pi D_1^2}{4}=\frac{3.14\times0.38^2}{4}=0.113354(\mathrm{m}^2)$$

$$F_{z2}=\frac{\pi D_2^2}{4}=\frac{3.14\times0.225^2}{4}=0.039741(\mathrm{m}^2)$$

表3-10 活塞力计算表

级次	内止点			外止点		
	缸内压力p/MPa	活塞面积A/mm²	气体力F/N	缸内压力p/MPa	活塞面积A/mm²	气体力F/N
Ⅰ级	0.450	113354	51009	0.096	113354	10882
Ⅱ级	0.385	39741	-15300	1.712	39741	-68037
	一级最大气体力为51009N			二级最大气体力为-68037N		

气体力均系数 $\mu=\frac{|F_{gmax}|+|F_{gmin}|}{2|F_{gmax}|}=\frac{57155+35709}{2\times57155}=0.812>0.6$

3.3.13 计算指示轴功率

3.3.13.1 实际排气量与实际等温功率

实际排气量计算如下：

$$Q_0=V_{t1}\lambda_1=12.475\times0.719=8.97(\mathrm{m}^3/\mathrm{min})$$

实际等温功率计算如下：

$$N_{is}=\frac{1000}{60}p_{s1}Q_0\ln\frac{p_d}{p_s}=\frac{1000}{60}\times0.103\times8.97\times\ln\frac{1.6}{0.103}=42.24(\mathrm{kW})$$

3.3.13.2 绝热容积系数

绝热容积系数计算如下：

$$\lambda_{V1}'=1-\alpha_1\left(\varepsilon_1^{\frac{1}{m_1}}-1\right)=1-0.07\times\left(4.69^{\frac{1}{1.154}}-1\right)=0.803$$

$$\lambda_{V2}'=1-\alpha_2\left(\varepsilon_2^{\frac{1}{m_2}}-1\right)=1-0.09\times\left(4.45^{\frac{1}{1.231}}-1\right)=0.787$$

3.3.13.3 实际各级指示功率

压缩机在单位时间内消耗于实际循环中的功称为指示功率，其计算公式见式（3-17）。

$$N_i=\frac{1000}{60}p_{si}V_{ti}\lambda'_{Vi}\frac{k}{k-1}\left[\left(\frac{p_{di}}{p_{si}}\right)^{\frac{k-1}{k}}-1\right] \tag{3-17}$$

本设计中的工质可看作理想气体，故用公式（3-17）计算可得：

$$N_1=\frac{1000}{60}p_{s1}V_{t1}\lambda'_{V1}\frac{k}{k-1}\left[\left(\frac{p_{d1}}{p_{s1}}\right)^{\frac{k-1}{k}}-1\right]$$

$$=\frac{1000}{60}\times0.103\times12.475\times0.803\times\frac{1.308}{1.308-1}\times\left(4.69^{\frac{1.308-1}{1.308}}-1\right)=32.1\ (\text{kW})$$

$$N_2=\frac{1000}{60}p_{s2}V_{t2}\lambda'_{V2}\frac{k}{k-1}\left[(p_{d2}/p_{s2})^{\frac{k-1}{k}}-1\right]$$

$$=\frac{1000}{60}\times0.4051\times4.374\times0.787\times\frac{1.308}{1.308-1}\times\left(4.45^{\frac{1.308-1}{1.308}}-1\right)=41.58\ (\text{kW})$$

总的实际指示功率 $N_i=N_1+N_2=73.68\text{kW}$。

3.3.14 计算实际轴功率

指示功率是压缩机活塞作用于气体的功率，属于内功率。驱动级传动给压缩机主轴的功率为轴功率，它除了提供内部功率以外还要克服摩擦产生的机械摩擦功率，通常摩擦损失功耗用机械效率 η_m 表示，所以轴功率按式（3-18）计算。

$$N_z=\frac{N_i}{\eta_m} \tag{3-18}$$

带十字头的大、中型压缩机，$\eta_m=0.90\sim0.95$，无油润滑压缩机的机械效率还要低些，所以 η_m 取下限。根据以上经验取机械效率 $\eta_m=0.90$，则实际轴功率为：

$$N_z=\frac{N_i}{\eta_m}=\frac{73.68}{0.90}=81.87$$

3.3.15 计算等温指示效率和等温效率

等温指示效率 $\eta_{is\text{-}id}$

$$\eta_{is\text{-}id}=\frac{N_{is}}{N_{id}}=\frac{42.24}{73.68}=0.573$$

等温效率 η_{is}

$$\eta_{is}=\frac{N_{is}}{N}=\frac{42.24}{81.87}=0.516$$

3.3.16 选用电动机

一般驱动功率应留有 5%～15%的裕度，本设计选择最小电动机功率按15%裕度计算，所以电动机最小功率 P_{min}=81.87+81.87×15%=94.1505(kW)。

所以选用 Y 系列 Y355M2-10 电动机，其额定功率为 110kW，满载转速为 595r/min。

3.4　动力计算

3.4.1　绘制气体指示图

图纸长度 200mm=行程 220mm，$m_s = 220/200 = 1.1$；

图纸高度 100mm=100000N，$m_p = 100000/100 = 1000(N/mm)$。

相对余隙容积在纸上的长度为：

$$S_{a1} = a_1 \times 200 = 0.07 \times 200 = 14\ (mm)$$

$$S_{a2} = a_2 \times 200 = 0.09 \times 200 = 18\ (mm)$$

由公式 $(\tan\alpha + 1)n = \tan\beta + 1$ 可求 n，$\tan\alpha$ 值和 $\tan\beta$ 值参考《活塞压缩机设计》中表 3-2 得到，一般选取 $\tan\alpha$=0.250 。表 3-11 为压缩过程与膨胀过程角度。

表 3-11　压缩过程与膨胀过程角度

级次	压缩过程			膨胀过程		
	α	k	β	α	m	β
Ⅰ级	14.04°	1.308	18.57°	14.04°	1.154	16.28°
Ⅱ级	14.04°	1.308	18.57°	14.04°	1.231	17.54°

各级气体力如表 3-12 所列。

表 3-12　各级气体力

级次	内止点		外止点	
	气体力 F/N	图纸高度/mm	气体力 F/N	图纸高度/mm
Ⅰ级	51009	51.00	10882	10.88
Ⅱ级	15300	15.30	68037	68.04

根据表 3-10、表 3-11 绘制气体指示力如图 3-3 所示。

3.4.2　列的惯性力

3.4.2.1　往复运动部件质量

根据结构设计可知：连杆部件的质量约为 m_l=40kg；十字头部件质量约为 m_c=25kg；活塞部件质量约为 m_p=70kg；往复运动部件总质量 m_l=0.3×40+25+70=107(kg)。

3.4.2.2　计算惯性力极大值、极小值

气缸行程 $S = 220mm$ =图纸长度（200mm）；

连杆长度 $L = 440mm$ =图纸长度（400mm）；

曲柄半径 $r = S/2 = 110mm = 0.11m$ =图纸长度（100mm）；

$$\lambda = r/L = 110/440 = 0.25$$

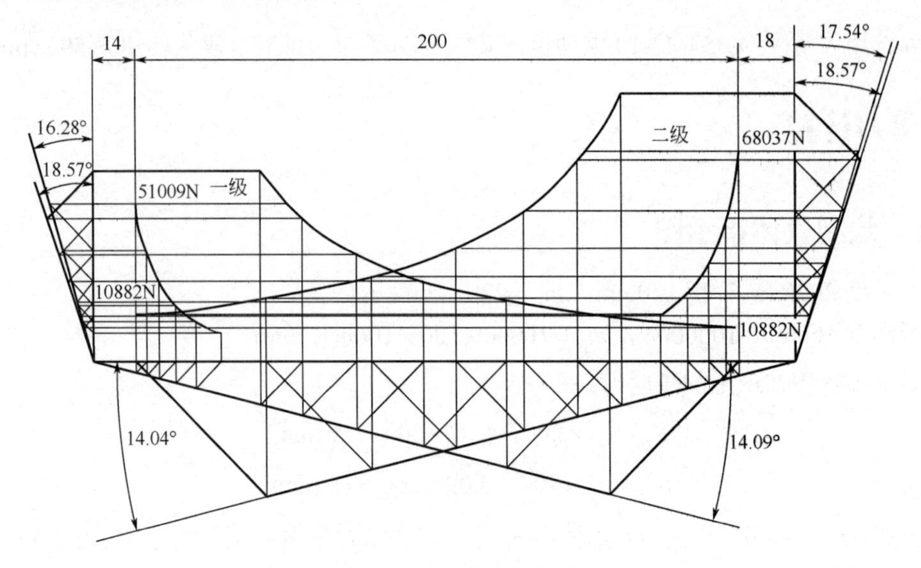

图 3-3　气体指示力图

曲轴旋转角速度由式（3-19）计算得

$$\omega=\frac{\pi n}{30} \tag{3-19}$$

式中　n——转速。

即

$$\omega=\frac{\pi n}{30}=\frac{\pi\times 500}{30}=52.3(\mathrm{m/s})$$

惯性力极大值按式（3-20）计算：

$$I_{\max}=m_{\mathrm{s}}r\omega(1+\lambda) \tag{3-20}$$

惯性力极小值按式（3-21）计算：

$$I_{\min}=-m_{\mathrm{s}}r\omega(1-\lambda) \tag{3-21}$$

所以

$$I_{\max}=m_{\mathrm{s}}r\omega(1+\lambda)=107\times 0.11\times 52.3^2\times(1+0.25)=40243(\mathrm{N})(40.2\mathrm{mm})$$

$$I_{\min}=-m_{\mathrm{s}}r\omega(1-\lambda)=-107\times 0.11\times 52.3^2\times(1-0.25)=-24146(\mathrm{N})(24.1\mathrm{mm})$$

$$-3\lambda m_{\mathrm{s}}r\omega^2=-3\times 0.25\times 107\times 0.11\times 52.3^2=-24146(\mathrm{N})\ (24.1\mathrm{mm})$$

绘制惯性力图如图 3-4 所示。

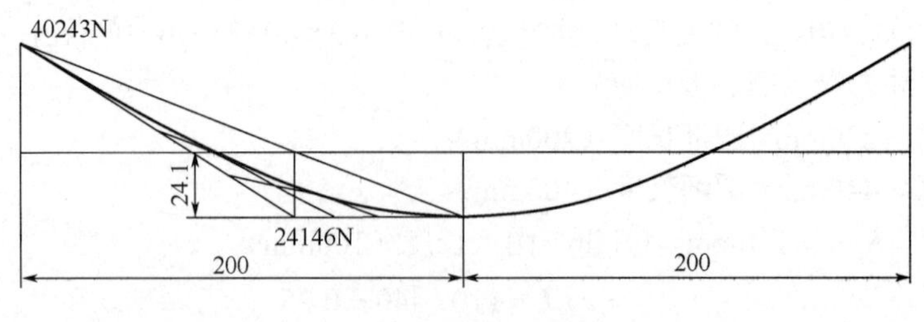

图 3-4　惯性力图

3.4.2.3　计算往复摩擦力

$$F_f=(0.6\sim0.7)\frac{60\times\frac{N_{id}}{2}\times1000\times\left(\frac{1}{\eta_m}-1\right)}{2Sn}\approx0.7\times\frac{60\times\frac{73.68}{2}\times1000\times\left(\frac{1}{0.9}-1\right)}{2\times0.22\times500}=1116.4\ (\text{N})\ (1.1\ \text{m})$$

3.4.2.4　绘制活塞力图

绘制活塞力图如图3-5所示。

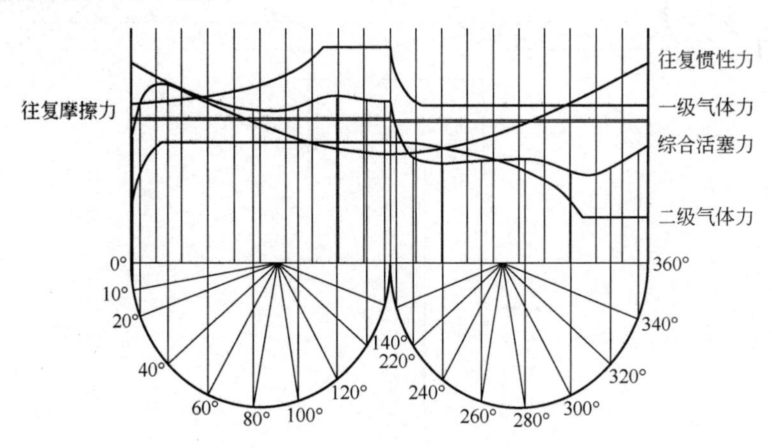

图3-5　活塞力图

3.4.2.5　绘制切向力图和法向力图

切向力图和法向力图绘制如图3-6、图3-7所示。

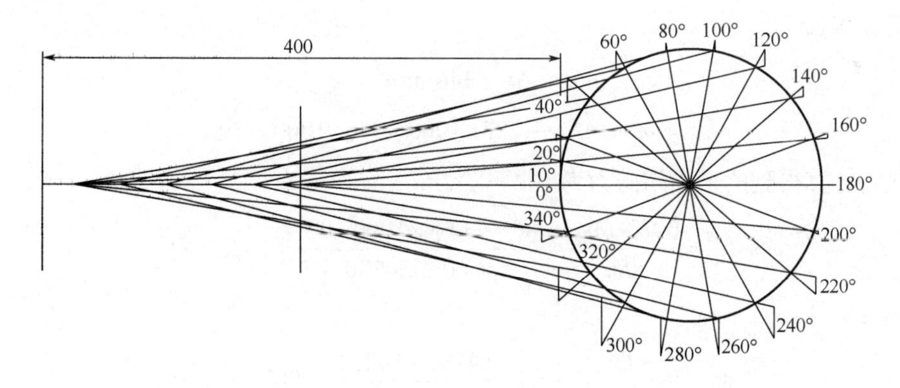

图3-6　切向力图

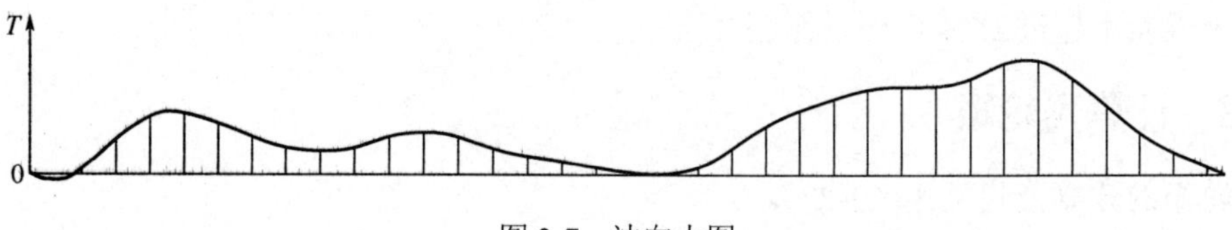

图3-7　法向力图

3.4.2.6　计算旋转摩擦力

相关物理量的计算如下所示：

平均切向力 $T_m = Am_l m_T / (\pi S)$；

总切向曲线图与横坐标所包围的面积 $A \approx 5913\ \text{mm}^2$；

切向力图的长度比例尺 $m_l = \pi S / l = \pi \times 220 / 400 = 1.727$；

切向力图的力比例尺 m_T=1000N/mm；

平均切向力 $T_m \approx 14782.5\text{N}$。

3.4.2.7　作幅面图和矢量图（图 3-8）

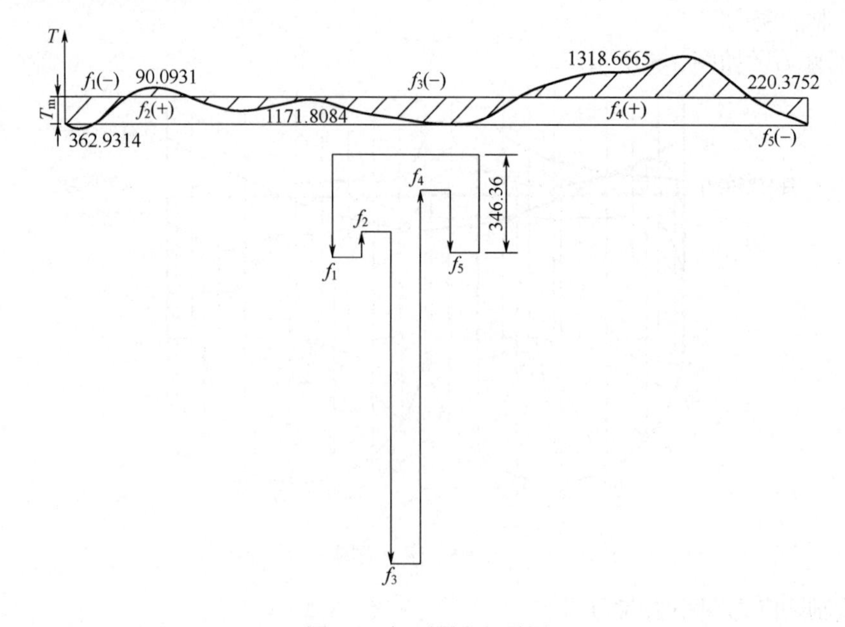

图 3-8　幅面图和矢量图

矢量面积 Δf

$$\Delta f = 346\ \text{mm}^2$$

$$L = m_l m_T \Delta f = 1.727 \times 1000 \times 346 / 1000 = 598$$

由热力计算得到的平均切向力为

$$T'_m = \frac{60N_{id}/\eta_m}{\pi Sn} = \frac{60 \times 73.68 \times 1000 / 0.9}{\pi \times 0.22 \times 500} = 14221(\text{N})$$

误差 $\varDelta$

$$\varDelta = \frac{T_m - T'_m}{T'_m} \times 100\% = \frac{14782 - 14221}{14221} \times 100\% = 3.9\%$$

由于误差不超过±5%，所以作图合格。

3.4.3　计算飞轮矩

飞轮矩的计算公式见式（3-22）。

$$GD^2 = 3600L / (n^2\delta) \tag{3-22}$$

式中取 $\delta = 1/100$。

切向力图长度与比例尺 m_l

$$m_l=\frac{\pi S}{l}=\frac{\pi\times 220}{400}\approx 1.727$$

切向力图的比例尺 m_{T}

$$m_{\mathrm{T}}=1000\ \ \mathrm{N/mm}$$

$$GD^2=3600L/(n^2\delta)=3600\times\frac{598}{500^2}\times 100=861.12(\mathrm{N}\cdot\mathrm{m}^2)$$

3.5 主要部件及零部件设计

3.5.1 活塞组件设计

活塞组件与气缸构成压缩容积，活塞组件除了良好的密封性以外还要有足够强度和刚度，活塞与活塞杆连接可靠，制造工艺好。本活塞组件设计包括活塞环的设计，活塞的设计和活塞销的设计。

3.5.1.1 活塞环的设计

活塞环是密封气缸镜面和活塞间缝隙用的零件。对活塞环的基本要求是密封可靠和耐磨损。它是易损件，在设计中尽量用标准件和通用件，以利于生产管理。

在活塞式压缩机中，活塞环是关键的零件，活塞环设计质量直接影响到压缩机的排气量、功率、密封性和可靠性，从而影响到压缩机的使用成本。活塞环的材料及结构尺寸的选择是影响其寿命的主要因素。图3-9为活塞环结构简图。

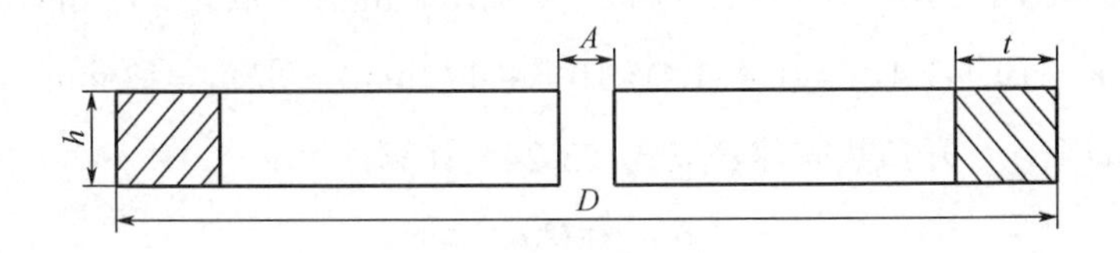

图3-9 活塞环结构简图

（1）活塞环的材料

活塞环的材料通常可用灰铸铁或合金铸铁制造，但在无油润滑压缩机中，多采用填充氟材料活塞环密封，其特点是无毒、自润滑、没有污染介质、耐酸碱、耐溶剂、不磨损气缸，适用高温或低温。填充聚四氟乙烯的使用寿命都比金属环寿命长，优点是：良好的自润滑性能；密封效果好；允许的比压比金属环小，低温应力形变小。本设计的压缩机属于超低温无油润滑压缩机，所以采用填充聚四氟乙烯。

（2）活塞环的结构

活塞的结构形式一般有直切口、斜切口和塔接口三种。压缩机工作时，气体通过活塞环切口的泄漏量和切口列面积成比例。直切口泄漏横截面最大，在切口间隙相同时，斜切口泄漏面积较小。塔切口不会造成直接通过切口泄漏，并且使气体不能直接通过切口，需要经过二次折流，大大减少了泄漏量。因此，本设计采用的是塔接口形式。为了增加塔接口处的强度，为防止其变形折断，所以活塞环轴的高度取较大值。

（3）活塞环数的确定

活塞环的数目按下列经验公式估算：

$$Z=\sqrt{\Delta p} \tag{3-23}$$

式中　Δp——活塞环两边的最大压差，$10^5\,\mathrm{MPa}$。

活塞环的数目按上述公式进行计算后，根据压缩机的转速的行程进行圆整。高转速压缩机，环数可比计算值少些；对于易泄漏的气体，则可多些。采用塑料活塞环时，由于优良的密封性能，环数可比金属活塞环少，即：

$$Z_1=\sqrt{(0.450-0.096)\times 10}=1.88\text{，取 }Z_1=2\text{。}$$

$$Z_2=\sqrt{(1.712-0.385)\times 10}=3.64\text{，取 }Z_2=3\text{。}$$

（4）主要尺寸的设计

a．径向厚度 t　径向厚度 t 一般取 $t=(1/36\sim1/22)D$。D 为活塞环外径，且大直径活塞环的 t 取小值，小直径活塞环的 t 取大值，最后参照《容积式压缩机技术手册》中表 11-3 取标准值。

$$t_1=(1/36\sim1/22)D=(1/36\sim1/22)\times 380=10.56\sim17.27(\mathrm{mm})\text{，取 }t_1=12\ \mathrm{mm}\text{。}$$

$$t_2=(1/36\sim1/22)D=(1/36\sim1/22)\times 225=6.25\sim10.23\ (\mathrm{mm})\text{，取 }t_2=10\ \ \mathrm{mm}\text{。}$$

b．轴向厚度 h　轴向厚度 h 一般取 $h=$（0.4～1.4）t。较小值用于大直径活塞环，较大值用于小直径活塞环和压差较大的活塞环，最后参照《容积式压缩机技术手册》表 11-3 取标准值。

$$h_1=(0.4\sim1.4)t_1=(0.4\sim1.4)\times 12=4.8\sim16.8(\mathrm{mm})\text{，取 }h_1=15\ \mathrm{mm}\text{。}$$

$$h_2=(0.4\sim1.4)t_2=(0.4\sim1.4)\times 10=4\sim14\ (\mathrm{mm})\text{，取 }h_2=12\ \mathrm{mm}\text{。}$$

c．开口热间隙 δ　开口热间隙 δ 按式（3-24）计算：

$$\delta=\alpha\pi D(t_2-t_1) \tag{3-24}$$

式中　D——活塞环外径，mm；

t_2——活塞工作时的温度，通常取排气温度，℃；

t_1——在检验尺寸 δ 时活塞环本身的温度，℃，通常取室温 20℃；

α——活塞环材料的线胀系数，℃$^{-1}$，填充聚四氟乙烯 $\alpha=5\times10^{-5}$℃$^{-1}$。

$$\delta_1=\alpha\pi D_1(t_2-t_1)=5\times10^{-5}\times3.14\times380\times[20-(-110)]=7.8\ \mathrm{mm}$$

$$\delta_2=\alpha\pi D_2(t_2-t_1)=5\times10^{-5}\times3.14\times225\times[20-(-40)]=2.1\ \mathrm{mm}$$

则 δ_1 取 8mm，δ_2 取 3mm。

d．自由开口度 A　自由开口度 A 按式（3-25）、式（3-26）计算。

$$A'=\delta+A \tag{3-25}$$

$$A=\frac{7.07}{1000}\frac{D}{1000E}\left(\frac{D}{t}-1\right)^3 p_0 \tag{3-26}$$

式中　D——气缸直径，mm；

t——环的径向厚度，mm；

E——环材料弹性模量，N/mm^2；

p_0——所需预接触压力，N/mm^2。

当 D≥150 mm 时，$p_0 = 0.03 \sim 0.1MPa$。因为本压缩机的活塞直径大于 150mm，所以取 $p_0 = 0.04MPa$，$E = 0.4MPa$。

$$A_1 = 7.07 \times p_0 \frac{D_1}{E}\left(\frac{D_1}{t_1} - 1\right)^3 = \frac{7.07}{1000} \times 0.04 \times \frac{380}{400} \times \left(\frac{380}{12} - 1\right)^3 = 7.75(\text{mm})$$

$$A_2 = 7.07 \times p_0 \frac{D_2}{E}\left(\frac{D_2}{t_2} - 1\right)^3 = \frac{7.07}{1000} \times 0.04 \times \frac{225}{400} \times \left(\frac{225}{10} - 1\right)^3 = 1.58(\text{mm})$$

$$A_1' = \delta_1 + A_1 = 8 + 7.75 = 15.75(\text{mm})$$

$$A_2' = \delta_2 + A_2 = 3 + 1.58 = 4.58(\text{mm})$$

3.5.1.2 活塞的设计

（1）结构形式及选材

本设计为无油润滑的单列往复式 BOG 压缩机，具有十字头和单作用气缸，故选用盘形活塞较为合适。为减轻质量，设计为中空结构，活塞柱面上开活塞环槽，为防止热膨胀和加剧活塞与气缸下沉时的磨损，活塞的外圆与气缸内圆应留有 1～2 mm 的间隙（承压面除外）。材料方面，本设计采用 ZL108，因为 ZL108 在铸造时有良好的流动性，而且铸件的致密度也高，具有密度小，耐蚀性较高和线收缩率较小等优点，所以选择这种材料。

（2）活塞的高度

活塞的高度取决于所需安装活塞环的多少及气阀配置的方式等。没有支撑面的活塞，还需考虑支撑面许用比压的需要。第一道活塞环与活塞之间的距离应根据气阀安置，并保证其超出气缸镜面 1～2mm。本设计压缩机中的滑动活塞高度应按支撑面上的许用比压校核。

根据《容积式压缩机技术手册》式（4-64），得

$$HB \geqslant G / [K] \tag{3-27}$$

式中 H——除去活塞环后的承压面高度，mm；

B——承压表面的投影宽度，mm；

G——活塞质量与活塞杆 1/2 质量的和，kg；

$[K]$——盘形活塞承压表面的许用比压，该金属对填充聚四氟乙烯，$[K] \leqslant 0.0294 \sim 0.049MPa$，铸铁对铸铁 $[K] \leqslant 0.03 \sim 0.05$ MPa，铸铁对巴氏合金 $[K] \leqslant 0.1$ MPa。

$$B = \frac{D}{2} \times (\sin 60°) \times 2 = 380 \sin 60° = 329.1(\text{mm})$$

$$H_1 B = 38 \times 329.1 = 12505.8(\text{mm}^2)$$

$$G = \left(\frac{18.1}{2} + 39.7\right) \times 9.8 = 477.75(\text{N})$$

由于支撑环选用的材料是填充聚四氟乙烯，即 $[K] \leqslant 0.049$ MPa，则

$$\frac{G}{[K]} = \frac{477.75}{0.049} = 9750(\text{mm}^2)$$

由于 $12505.8\text{mm}^2 > 9750\text{mm}^2$，所以满足要求。

（3）活塞的毂部外径 d_1 和活塞外壁的直径 d_2

活塞杆直径选择 d=50mm，$d_1>1.4d$，所以选择 d_1=70mm，活塞外壁直径 d_{12}=375mm，d_{22}=220mm，活塞顶面至第一道支撑环的距离见式（3-28）。

$$c=(1.2\sim3)h \tag{3-28}$$

取 $c_1=38\ \text{mm}$，$c_2=35\ \text{mm}$，则一级活塞顶面至第一道支撑环的距离

$$c_1=(1.2\text{~}3)h_1=(1.2\text{~}3)\times15=18\text{~}45(\text{mm})$$

二级活塞顶面至第一道支撑环的距离

$$c_2=(1.2\text{~}3)h_2=(1.2\text{~}3)\times12=14.4\text{~}36(\text{mm})$$

活塞环与支撑环之间的距离见式（3-29）。

$$c=(0.8\text{~}1.5)h \tag{3-29}$$

一级活塞活塞环之间的距离

$$c_1=(0.8\text{~}1.5)h_1=(0.8\text{~}1.5)\times15=12\text{~}22.5(\text{mm})$$

二级活塞活塞环之间的距离

$$c_2=(0.8\text{~}1.5)h_2=(0.8\text{~}1.5)\times12=9.6\text{~}18(\text{mm})$$

取 $c_1=15\ \text{mm}$，$c_2=15\ \text{mm}$。

3.5.1.3　活塞杆选材及校核

活塞杆将活塞与十字头连接，带动活塞运动。活塞靠活塞杆上的凸肩及螺纹用螺母固定在活塞杆上，由于活塞杆承受交变载荷，活塞杆上的连接螺纹应采用细牙螺纹，而且根部应倒圆，以减小应力集中。因此，本设计采用细牙螺纹连接，同时，为防止螺纹松动，必须采用防松措施，如加开口销、加锁紧垫片等，所以采用开口销来防止螺母松动，以保证活塞杆紧固于活塞上。在无油润滑压缩机中，为防止油进入填料函和气缸要适当加长活塞杆长，使活塞杆通过刮油器的部分不进入填料函。在低温 BOG 压缩机中，为了防止传热导致连杆与曲轴部分温度过低也应适当加长活塞杆。

对活塞杆的要求：活塞杆要有足够的强度、刚度和稳定性；耐磨性好并有较高的加工精度和表面粗糙度；在结构上尽量减少应力集中的影响；保证连接可靠，防止松动；活塞杆的结构设计要便于活塞的拆装。

（1）选材

合金钢材料具有很高的硬度、耐磨性、抗疲劳强度和较高的耐腐蚀性能。在能达到性能要求的同时，考虑经济性，本设计所采用的是 2Cr13，它是具有较高性价比的材料。

（2）稳定性校核

不贯穿活塞杆的稳定校核可看作两端为关节连接的杆，其长度按十字头销中心盘形活塞中点或级差活塞起点之间的距离计算。

当柔度 $L/i>100$ 时按书《容积式压缩机技术手册》中式（4-69）计算。

$$n_s=\frac{\pi^2EJ}{p_{max}L^2} \tag{3-30}$$

式中　n_s——安全系数（$[n_s]\geqslant10\sim20$；$[n_s]\geqslant5\sim10$）；

　　E——弹性模数；

$p_{\max}$——最大活塞力，N；

J——截面惯性矩，$J = \pi d^4 / 64$。

当柔度 $50 < L/i < 100$ 时按书《容积式压缩机技术手册》中式（4-70）计算。

$$n_s = \frac{FR(1 - CL/i)}{p_{\max}} \tag{3-31}$$

式中 F——杆的截面积，mm^2；

R——系数，合金钢 R=4700；

C——系数，合金钢 C=0.0049。

当 $L/i < 50$ 时按书《容积式压缩机技术手册》中式（4-71）计算。

$$n_s = \frac{\sigma_s}{\sigma_c} \tag{3-32}$$

式中 n_s——安全系数（$[n_s] \geqslant 10 \sim 20$；$[n_s] \geqslant 5 \sim 10$）。

即

$$J = \frac{\pi d^4}{64} = \frac{\pi \times 50^4}{64} = 3.0664 \times 10^5 \, mm^4$$

$$F = \frac{\pi d^2}{4} = 1.9625 \times 10^3 \, mm^2$$

$$i = \sqrt{\frac{J}{F}} = 12.4$$

$$\frac{L}{i} = \frac{1125}{12.4} = 90.7$$

因为 $50 < L/i < 100$，所以按式（3-31）计算，根据动力学设计计算最大活塞力 $p_{\max}$=38000N。

$$n_s = \frac{FR(1 - CL/i)}{p_{\max}} = \frac{1.9625 \times 10^3 \times 4700 \times (1 - 0.0049 \times 90.7)}{38000} = 134.9$$

由于 $n_s > 5 \sim 10$，$n_s = 134.9 > [n_s]$，所以安全。

（3）凸台比压校核

活塞与活塞杆之间的凸肩连接时，支撑面上的比压按书《容积式压缩机技术手册》式（4-72）计算。

$$q = \frac{4p}{\pi(d^2 - d_1^2)} \tag{3-33}$$

式中 q——比压许用值，MPa，$[q] = 19.6 \sim 29.5$ MPa；

d——活塞杆凸肩的外径，mm，d=60mm；

d_1——活塞杆直径，mm。

因为 $q > [q]$，即计算比压超过许用值，所以可用加钢衬环的办法来降低比压。

（4）静强度和疲劳强度校核

压缩机工作时，螺纹部分承受总的轴向载荷，按式（3-34）所示。

$$Q = T + x p_{\max} \tag{3-34}$$

式中　T——螺纹预紧时预紧力；

　　x——载荷系数；

　　p_{max}——最大活塞力，N。

　　其中预紧力T为：

$$T = K(1-x)p_{max}$$

式中　K——预紧系数，取2~3；

　　p_{max}——最大活塞力，N。

　　载荷系数x为：

$$x = \frac{\lambda_p}{\lambda_s + \lambda_p} \tag{3-35}$$

$$\lambda_s = 1/[E_2\Sigma(l_i / F_i)]$$

式中　λ_p——活塞柔度系数，$\lambda_p = L/(E_1F)$；

　　F——活塞的毂部截面积，mm^2；

　　λ_s——活塞杆柔度系数；

　　E_2——活塞材料的弹性模数，MPa；

　　l_i——活塞杆任意相等直径段的长度，mm；

　　F_i——活塞杆任意相等直径段的截面积，mm^2。

　　由《容积式压缩机技术手册》中附录二表19查得：

$$E_1 = 1.029\times10^5\ \text{MPa}$$

$$E_2 = 2.058\times10^5\ \text{MPa}$$

$$F = \frac{\pi}{4}(60^2 - 50^2) = 863.5\ (\text{mm}^2)$$

$$\lambda_p = \frac{350}{1.029\times10^5\times863.5} = 3.934\times10^{-6}$$

式中　E_1——活塞材料的弹性模数，MPa；

　　F——活塞的毂部截面积，mm^2；

　　E_2——活塞材料的弹性模数，MPa。

　　从螺母到凸肩之间分为六个圆柱体，其直径长度分别为$\phi56\ \text{mm}\times83\ \text{mm}$，$\phi54\ \text{mm}\times10\ \text{mm}$，$\phi54\ \text{mm}\times10\ \text{mm}$，$\phi58\ \text{mm}\times32\ \text{mm}$，$\phi58\ \text{mm}\times30\ \text{mm}$，$\phi54\ \text{mm}\times125\ \text{mm}$。

$$\lambda_s = \frac{1}{2.058\times10^5}\left(\frac{83}{56^2\pi/4} + \frac{10+10+125}{54^2\pi/4} + \frac{32+30}{58^2\pi/4}\right) = 0.5854\times10^{-6}$$

$$x = \frac{\lambda_p}{\lambda_s+\lambda_p} = \frac{0.3934\times10^{-6}}{0.5854\times10^{-6} + 3.934\times10^{-6}} = 0.8706$$

$$T = K(1-x)p_{max} = 2\times(1-0.8706)\times38000 = 9834.4(\text{N})$$

$$Q = T + xp_{max} = 9834.4 + 0.8706\times38000 = 42917.2(\text{N})$$

　　在轴向载荷Q作用下螺纹中产生的正应力σ为：

$$\sigma = \frac{Q}{F} \tag{3-36}$$

式中　F——螺纹根部截面积，mm^2。

$$F=\frac{\pi}{4}\times(0.85\times56)^2=1778.6(mm^2)$$

$$\sigma=\frac{42917.2}{1778.6}=24.1(MPa)$$

此外，还由于旋紧螺母时，在扭转力矩 M_R 作用下产生剪应力为：

$$\tau=\frac{M_R}{0.2d^3} \tag{3-37}$$

式中　d——螺纹根部截面的直径，mm。

扭转力矩按式（3-38）计算。

$$M_R=\xi Td_0 \tag{3-38}$$

式中　ξ——系数，无油润滑时为 $0.11\sim0.13$；

d_0——螺纹外径，mm。

$$M_R=0.12\times9834.4\times56=66087.17(N\cdot mm)$$

$$\tau=\frac{66087.17}{0.2\times(0.85\times56)^3}=3.06$$

螺纹安全系数按式（3-39）计算。

$$n_e=\frac{\sigma_s}{\sqrt{\sigma^2+3\tau^2}} \tag{3-39}$$

式中　n_e——安全系数，许用值 $[n_e]\geqslant1.5\sim3$；

σ_s——活塞杆材料的屈服强度，MPa，查得 $\sigma_s=450MPa$。

$$n_e=\frac{450}{\sqrt{24.1^2+3\times3.06^2}}=8.24$$

由于 $n_e=2.01$，在 $[n_e]$ 范围内，所以安全。

活塞杆螺纹承受的是交变载荷，其最大轴向载荷为 Q，最小载荷为 T，疲劳计算应校核应力幅的安全系数 n_a 和最大应力安全系数 n，根据书《过程流体机械》式（4-76）和式（4-77）计算。

$$n_a=\frac{\sigma_{-1}-\phi_\sigma\sigma_{min}}{(k_\sigma/\varepsilon_\sigma+\phi_\sigma)\sigma_a} \tag{3-40}$$

$$n=\frac{2\sigma_{-1}+(k_\sigma/\varepsilon_\sigma-\phi_\sigma)\sigma_{min}}{(k_\sigma/\varepsilon_\sigma+\phi_\sigma)(\sigma_{min}+2\sigma_a)} \tag{3-41}$$

式中　σ_{-1}——材料受拉时的疲劳强度；

ϕ_σ——应力循环时对称系数；

σ_a——循环拉应力的应力幅；

σ_{min}——最小应力值；

ε_σ——尺寸系数；

k_σ——应力集中系数。

由《容积式压缩机技术手册》中表 4-2 查得取 $\sigma_{-1}=370\text{MPa}$；附录三表 33 查得 $\sigma_b=660\text{MPa}$；附录三表 34，根据 $\sigma_b=660\text{MPa}$，查得 $\phi_\sigma=0.05$；表 4-19 查得 $k_\sigma=3.8$；图 4-123 查得 $\varepsilon_\sigma=0.51$，即

$$\sigma_{max}=\frac{Q}{F}=\frac{42917.2}{1778.6}=24.1(\text{MPa})$$

$$\sigma_{min}=\frac{T}{F}=\frac{9834.4}{1778.6}=5.53(\text{MPa})$$

$$\sigma_a=\frac{\sigma_{max}-\sigma_{min}}{2}=9.3(\text{MPa})$$

$$n_a=\frac{370-0.05\times 24.1}{\left(\frac{3.8}{0.51}+0.05\right)\times 9.3}=5.29$$

因为 $n_a=5.29>[n_a]$，所以安全。

$$n=\frac{2\times 370+\left(\frac{3.8}{0.51}-0.05\right)\times 34.2}{\left(\frac{3.8}{0.51}+0.05\right)\times\left(24.2+2\times 9.3\right)}=3.09$$

由于 $[n]=1.25\sim 2.5$，$n=3.09>[n]$，所以安全。

3.5.2 气缸的设计

3.5.2.1 基本结构式及选材

设计气缸的要点是应具有足够的强度和刚度。工作表面具有良好的耐磨性，要有良好的冷却，结合部分的连接和密封要可靠，要有良好的制造工艺性，装拆方便，气缸直径和阀座安装孔等尺寸应符合“三化”要求。本次设计气压低于 6MPa 且温度为-160℃，所以使用含 Ni 铸铁防低温脆性材料作为缸体材料，气缸壁为多层壁，铸铁型号为 Ni23Mn4，在-196℃下也能工作。

3.5.2.2 气缸尺寸设计

根据热力计算一级气缸内直径 D_1=380mm，二级气缸内直径 D_2=225mm。

3.5.2.3 气缸强度校核

根据热力计算，一级气缸工作气压为 0.096～0.45MPa，二级工作气压为 0.385～1.712MPa，均低于 2MPa，因此无需进行强度校核，而已知材料 Ni23Mn4 在-196℃下均能保持很好的冷脆性，因此在-16℃无需进行温度强度校核。

3.5.2.4 进气口直径

已知气流速度 c_m=3.67m/s，所以进气口直径为：

$$D_{il}=2\sqrt{\frac{Q}{60\times\pi\times 3.67}}=2\times\sqrt{\frac{9.052}{60\times 3.14\times 3.67}}=0.228\ (\text{m})=228(\text{mm})$$

3.5.3 连杆的设计

3.5.3.1 连杆的结构形式及选材

连杆是将作用在活塞上的推力传递给曲轴，又将曲轴的旋转运动转换为活塞的往复运动的机件。连杆由杆体、大头、小头三部分组成。杆体截面有圆形、工字形、环形、矩形等。

圆形截面的杆体，适用于低速、大型以及小批生产的压缩机；工字形截面的杆体在同样的强度时，具有最小的运动质量，但其毛坯必须用模锻或铸造，适用于高速及大批量生产的压缩机。杆体内一般设有油路，用来保证压缩机运转时，从曲轴来的润滑油能送入大头、小头和十字头滑道等处。

根据本次设计的对置式压缩机的特点，连杆杆体采用工字形截面，大头选用开式结构。压缩机的连杆材料采用球墨铸铁 QT400-15，为铸造连杆。对于锻造连杆，其锻造比应不小于 3，并应进行金相检查、化学成分及力学性能试验；对于铸造连杆，除做以上各项试验外，铸件表面应十分光洁，不得有严重的铸造缺陷，例如粘砂、冷隔等存在。连杆主体结构如图 3-10 所示。

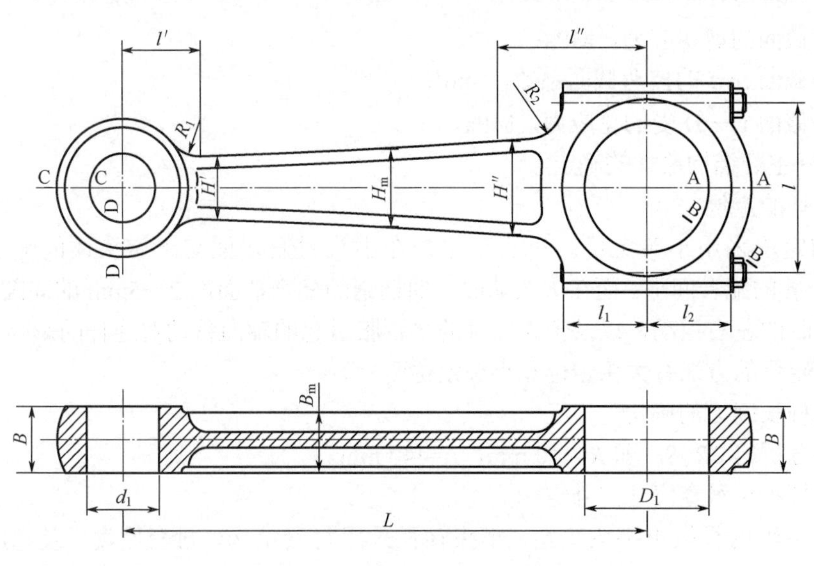

图 3-10 连杆主体结构尺寸图

参考《活塞式压缩机设计》中列出下列参数的具体意义。

R——曲柄半径，mm；

L——连杆长度，mm；

D——十字头销或活塞销直径（小头衬套内径），mm；

s——小头衬套厚度，mm；

b——小头衬套宽度（轴瓦宽度），mm；

B——连杆宽度，mm；

p_{max}——最大活塞力，N；

d_m——杆体中间截面的当量直径，mm；

F_m——杆体中间截面为工字形截面的面积，mm^2；

H_m——杆体中间截面为工字形截面的高度，mm；

B_m——杆体中间截面为工字形截面的宽度，mm；

D_1——大头孔直径，mm；

d_1——十字头销直径，mm；

F_i——截面 $i—i$ 面积，mm^2；

S_i——截面 $i—i$ 的厚度，mm；

J_x——惯性矩，mm^4；

i_x ——回转半径，mm；

L/i ——柔度；

l ——连杆螺栓中心线间距离，mm；

W_i ——截面 i 的抗弯截面系数，mm^3；

σ_B ——截面的弯曲应力，MPa；

b' ——截面B—B的重心到连杆螺栓轴线的距离（从图量得 $b' = 32mm$），mm；

α ——截面B—B与连杆螺栓轴线的夹角（从图量得 $\alpha = 35°$），（°）；

σ_p ——截面的拉压应力，MPa；

τ ——截面的剪切应力，MPa；

W_i ——截面 i—i 的抗弯截面系数，mm^3；

σ ——截面D—D受的总应力，MPa。

3.5.3.2　连杆主要结构尺寸的确定

（1）连杆的定位

连杆的定位采用小头定位。小头定位是在小头衬套端面与十字头体的配合端面采用0.20～0.50mm的配合间隙；而在大头端面与曲柄销的配合端面取2～5mm的间隙（为了防止连杆在运动时的左右摆动，以及考虑曲轴的热膨胀引起的轴向移动对连杆的影响，连杆必须加以定位，定位的方法有大头定位和小头定位两种）。

（2）连杆长度 L 的确定

由已知分析得 $2R=S$，即 R=110 mm，L=440 mm。

（3）连杆小头衬套尺寸的确定

连杆小头轴内径按十字头决定，小头轴瓦采用衬套结构，衬套厚度 s 及宽度 b 计算见式（3-42）、式（3-43）。

$$s = (0.06{\sim}0.08)d \tag{3-42}$$

$$b = (1{\sim}1.4)d \tag{3-43}$$

由前述所知活塞杆直径 d=50mm，代入式（3-42）和式（3-43）得

$$s = 0.07 \times 50mm = 3.5mm，取 s = 4mm。$$

$$b = 1.2 \times 50mm = 60mm，取 b = 60mm。$$

（4）连杆宽度 B

$$B = 0.9b \tag{3-44}$$

将已知数据代入式（3-44）得

$$B = 0.9 \times 60 = 54\ (mm)$$

根据《活塞式压缩机设计》中表5-13，对连杆宽度进行圆整得 $B = 54mm$。

（5）连杆杆体结构尺寸的确定

杆体中间截面的尺寸由《活塞式压缩机设计》式（5-45）可知：

$$d_m = (1.65{\sim}2.45)\sqrt{p_{max}} \times 10^{-4} \tag{3-45}$$

已知最大活塞力 $p_{max} = 38000N$，代入式（3-45）得

$$d_m = 2.15\sqrt{p_{max}} \times 10^{-4} = 2.15 \times \sqrt{38000} \times 10^{-4} = 41.91(mm)$$

根据《活塞式压缩机设计》可知：

$$F_{\mathrm{m}} = \frac{\pi d_{\mathrm{m}}^2}{4} \tag{3-46}$$

$$H_{\mathrm{m}} = \sqrt{2.5F_{\mathrm{m}}} \tag{3-47}$$

$$B_{\mathrm{m}} = (0.65\sim0.75)H_{\mathrm{m}} \tag{3-48}$$

将已知数据代入式（3-46）～式（3-48）可得：

$$F_{\mathrm{m}} = \frac{41.91^2}{4}\pi = 1378.81(\mathrm{mm}^2)$$

$$H_{\mathrm{m}} = \sqrt{2.5\times1378.81} = 58.71(\mathrm{mm})$$

$$0.2H_{\mathrm{m}} = 11.7\mathrm{mm}$$

$$B_{\mathrm{m}} = 0.7H_{\mathrm{m}} = 0.7\times58.71 = 41.1(\mathrm{mm})$$

杆体截面沿长度通常是直线变化的，并根据受力情况越接近大头的截面尺寸越大，工字形截面宽度 B_{m} 是变化的，其高度变化一般取：

在 $l' = (1.1\sim1.2)d_1$ 处，$H' = 0.8H_{\mathrm{m}}$；在 $l'' = (1.1\sim1.2)D_1$ 处，$H'' = 1.2H_{\mathrm{m}}$。参考《活塞式压缩机设计》表 5-13 得大头孔直径 $D_1 = 100\mathrm{mm}$，$d_1 = 55\mathrm{mm}$，则有当 $l' = 1.2d_1 = 1.2\times55 = 66(\mathrm{mm})$ 时，$H' = 0.8\times58.71 = 47(\mathrm{mm})$；当 $l'' = 1.2D_1 = 1.2\times100 = 120(\mathrm{mm})$ 时，$H'' = 1.2\times58.71 = 71(\mathrm{mm})$。

（6）连杆大头尺寸的确定

截面 A—A 面积：$F_{\mathrm{A}} = (1.38\sim1.60)F_{\mathrm{m}} = 1.50\times1378.81 = 2068.22(\mathrm{mm}^2)$

截面 A—A 的厚度：$S_{\mathrm{A}} = \dfrac{F_{\mathrm{A}}}{B} = \dfrac{2068.22}{54} = 38.3(\mathrm{mm})$

截面 B—B 面积：$F_{\mathrm{B}} = (1.30\sim1.40)F_{\mathrm{m}} = 1.40\times1378.81 = 1930.33(\mathrm{mm}^2)$

截面 B—B 的厚度：$S_{\mathrm{B}} = \dfrac{F_{\mathrm{B}}}{B} = \dfrac{1930.33}{54} = 35.7(\mathrm{mm})$

（7）连杆小头最小截面的确定

截面 C—C 面积：$F_{\mathrm{C}} = (0.85\sim1.00)F_{\mathrm{m}} = 0.85\times1378.81 = 1172(\mathrm{mm}^2)$

截面 C—C 的厚度：$S_{\mathrm{C}} = \dfrac{F_{\mathrm{C}}}{B} = \dfrac{1172}{54} = 21.7(\mathrm{mm})$

3.5.3.3　强度校核

（1）连杆力的确定

$$p_{\mathrm{c}} = 38000\ \mathrm{N}$$

（2）连杆小头衬套的计算

参考《活塞式压缩机设计》中式（3-46）：

$$p = \frac{p_{\mathrm{c}}}{db} \tag{3-49}$$

将已知数据代入式（3-49）得：

$$p = \frac{38000}{50\times60} = 12.67(\mathrm{MPa})$$

许用的最大比压值 $[p]\leqslant15\ \mathrm{MPa}$，$p\leqslant[p]$，所以满足要求。

（3）连杆杆体的强度校核

连杆小头处的杆体截面承受单纯的压缩与拉伸作用力，其应力 σ_p 按式（3-50）计算：

$$\sigma_p = \frac{p_c}{F'} \tag{3-50}$$

其中 $F' = F_C$，将已知数据代入式（3-50）得

$$\sigma_p = \frac{38000}{1172} = 32.4(\text{MPa})$$

因为许用应力 $[\sigma] \leqslant 100$，$\sigma \leqslant [\sigma]$，所以满足强度要求。

（4）连杆杆体的稳定性计算

因为杆体截面沿长度变化，计算时均以杆体中间截面为计算截面。连杆长度 L 与杆体的回转半径 i 的比值 L/i 称为连杆体的柔度，由《活塞式压缩机设计》中附录三查得。

面积

$$F = BH - bh = 41 \times 59 - (41 - 22) \times (0.6 \times 59) = 1746.4(\text{mm}^2)$$

惯性矩

$$J_x = \frac{BH^3 - bh^3}{12} = \frac{41 \times 59^3 - 19 \times 35.4^3}{12} = 6.31 \times 10^5 (\text{m}^4)$$

回转半径

$$i_x = \sqrt{\frac{J_x}{F}} = \sqrt{\frac{6.31 \times 10^5}{1746.4}} = 19.0(\text{mm})$$

柔度

$$\frac{L}{i} = \frac{440}{19.0} = 23.2$$

当 $L/i<50$ 时，在最大活塞力 p_{max} 作用下，杆体按纵弯-压及横弯-压的应力公式进行计算。

杆体所受压应力 σ_c

$$\sigma_c = \frac{p_{max}}{F_m} = \frac{38000}{1378.81} = 27.56(\text{MPa})$$

杆体在连杆摆动平面的纵向弯曲应力

$$\sigma'_{cB} = p_{max} C \frac{L^2}{J_x} = 38000 \times 1.95 \times 10^{-4} \times \frac{440^2}{6.31 \times 10^5} = 2.27(\text{MPa})$$

杆体在垂直于连杆摆动平面的纵向弯曲应力 σ''_{cB} 为：

$$L_1 = L - \frac{D_1}{2} - \frac{d_1}{2} = 450 - \frac{100}{2} - \frac{55}{2} = 372.5(\text{mm})$$

$$J_y = \frac{59^3 \times 372.5}{12} = 6.38 \times 10^6 (\text{m}^4)$$

$$\sigma''_{cB}=pC\frac{L_1^{\ 2}}{4J_y}=38000\times1.95\times10^{-4}\times\frac{372.5^2}{4\times6.38\times10^6}=0.04(\text{MPa})$$

连杆杆体所受纵弯-压的总应力 σ_1、σ_2 为:

$$\sigma_1=\sigma_c+\sigma'_{cB}=27.56+2.27=29.83(\text{MPa})$$

$$\sigma_2=\sigma_c+\sigma''_{cB}=27.56+0.04=27.6\ (\text{MPa})$$

许用应力$[\sigma]\leqslant120$ MPa，$\sigma\leqslant[\sigma]$，满足强度要求。

（5）连杆大头的强度校核

大头盖的强度校核：大头盖按自由支承在连杆螺栓轴线上受到均匀载荷的梁来计算。

截面 A—A 只受弯曲应力

$$\sigma_B=\frac{p(1-D/2)}{4W_A} \tag{3-51}$$

$$W_A=\frac{BS_A^2}{6} \tag{3-52}$$

$$W_A=\frac{BS_A^2}{6}=\frac{54\times38.3^2}{6}=1.32\times10^4(\text{mm}^3)$$

将已知数据代入式（3-51）得

$$\sigma_B=\frac{38000\times\left(140-\dfrac{100}{2}\right)}{4\times1.32\times10^4}=64.77(\text{MPa})$$

许用应力$[\sigma_B]\leqslant80$ MPa，$\sigma_B\leqslant[\sigma_B]$，满足强度要求。

截面 B—B 除了受弯曲应力 σ_B 外，还受拉压应力 σ_p 及剪切应力 τ，其值按下列各式计算:

$$\sigma_B=\frac{pb}{2W_B} \tag{3-53}$$

$$W_B=\frac{BS_B^2}{6}=\frac{54\times35.7^2}{6}=1.15\times10^4(\text{mm}^3)$$

将已知数据代入式（3-53）得

$$\sigma_B=\frac{38000\times60}{2\times1.15\times10^4}=99(\text{MPa})$$

拉压应力 σ_p

$$\sigma_p=\frac{p\sin\alpha}{2F_B} \tag{3-54}$$

切应力 τ

$$\tau=\frac{p\cos\alpha}{2F_B} \tag{3-55}$$

将已知数据代入以上两式得

$$\sigma_p = \frac{38000\sin 35^\circ}{2\times 1930.33} = 5.65(\text{MPa})$$

$$\tau = \frac{38000\cos 35^\circ}{2\times 1930.33} = 8.06(\text{MPa})$$

截面 B—B 受的总应力σ

$$\sigma = \sqrt{(\sigma_p + \sigma_\text{B})^2 + 4\tau^2} = \sqrt{(5.65+99)^2 + 4\times 8.06^2} = 105.88(\text{MPa})$$

因为许用应力$[\sigma]\leqslant 120$ MPa， $\sigma\leqslant[\sigma]$，所以满足强度要求。

（6）连杆小头的强度校核

截面 C—C：承受弯曲应力σ_B，是按自由支承梁与固定支承梁的平均值来计算的，其值按下式计算。

$$\sigma_\text{B} = \frac{p(l_3 - d/3)}{8W_\text{c}} \tag{3-56}$$

小头侧壁中心间距

$$l_3 = d_1 + S_\text{c} = 63 + 21.7 = 84.7(\text{mm})$$

截面 C—C 的抗弯截面系数W_C

$$W_\text{C} = \frac{BS_\text{C}^2}{6} = \frac{54\times 21.7^2}{6} = 4238(\text{m}^3)$$

将已知数据代入式（3-56）得

$$\sigma_\text{B} = \frac{38000\times(84.7-55/3)}{8\times 4238} = 74.38(\text{MPa})$$

因为许用应力$[\sigma_\text{B}]\leqslant 80$ MPa， $\sigma_\text{B} < [\sigma_\text{B}]$，所以满足强度要求。

截面 D—D 承受弯曲应力σ_B与拉压应力σ_p，其值按下列各式计算。

$$\sigma_\text{B} = \frac{Pl}{8W_\text{D}} \tag{3-57}$$

式中$W_\text{D} = W_\text{C}$，将已知数据代入式（3-57）得

$$\sigma_\text{B} = \frac{38000\times 84.7}{8\times 4238} = 94.93(\text{MPa})$$

拉压应力σ_p

$$\sigma_p = \frac{p}{2F_\text{D}} \tag{3-58}$$

式中$F_\text{D} = F_\text{C}$，将已知数据代入式（3-58）得

$$\sigma_p = \frac{38000}{2\times 1172} = 16.2(\text{MPa})$$

截面 D—D 受的总应力σ

$$\sigma = \sigma_p + \sigma_\text{B} = 16.2 + 94.93 = 111.13(\text{MPa})$$

因为许用应力$[\sigma]\leqslant 120$ MPa，$\sigma<[\sigma]$，所以满足强度要求。

3.5.4　曲轴设计

3.5.4.1　曲轴的结构形式及选材

曲柄轴的结构特点是仅在曲拐销的一端有曲柄，曲拐销的另一端为开式，连杆的大头可从此端套入，因此，曲柄轴采用悬臂式支撑。由于曲柄轴的曲柄销是外伸梁，使连杆结构简单，安装方便，故本设计采用曲柄轴。

曲轴一般用40或45优质碳素钢锻造或用稀土球墨铸铁铸造而成。采用球墨铸铁铸造可以直接铸出所需要的结构形状，经济性好，且对应力集中，敏感性小，耐磨，加工要求也比碳钢低。因此，选择曲轴的材料为QT600-3。

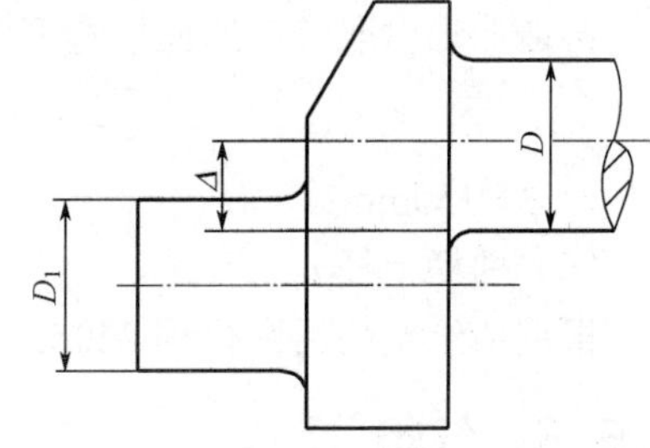

图3-11　曲轴的主要尺寸

3.5.4.2　主要结构尺寸的确定

曲轴主要结构尺寸如图3-11所示。曲轴的轴颈要有适当的尺寸，使配用的轴承能有承受负荷的能力，同时曲轴应有足够的强度和刚度，以承受交变弯曲与交变扭转的联合作用，保证轴颈转角处的应力不超过许用值。

（1）曲柄销直径D

$$D=(46\sim56)\sqrt{p_{\max}\times10^{-4}} \tag{3-59}$$

式中　$p_{\max}$——最大活塞力，N。

当压缩机活塞力小，列数少，行程短，往返行程中活塞力较接近，以及曲轴材料许用应力高，轴承负荷能力强时，系数的取值可偏小；反之，系数取值应偏大。对于曲柄轴，因曲轴销受力情况较曲拐轴差，故一般取大值。

$$D=(46\sim56)\times\sqrt{38000\times10^{-4}}=89.7\sim109.2(\text{mm})$$

取$D=100$ mm。

（2）主轴颈直径D_1

$$D_1=(1.0\sim1.1)D \tag{3-60}$$

在确定轴颈尺寸时，应考虑轴径重合度$\varDelta$的影响。重合度$\varDelta$为正值时，系数可取较小些；为负值时取较大值，则

$$D_1=(1.0\sim1.1)D=(1.0\sim1.1)\times100=100(\text{mm})$$

取$D_1=100$ mm。

（3）轴颈长度L

轴颈长度要与轴承宽度相适应。在非定位轴颈处，轴颈直圆柱部分的长度要比轴承宽度适当大一些，使轴颈与轴承沿轴线方向有相互窜动的余地，以适应制造偏差和曲轴热膨胀的影响。取一侧的轴颈L=39mm，另一侧的轴颈L=22mm。

（4）曲柄厚度s

$$s=(0.6\sim0.7)D \tag{3-61}$$

大的曲柄厚度相应于小的曲柄宽度；小的曲柄厚度相应于大的曲柄宽度。在轴颈重合度$\varDelta$较大时，例如$\varDelta / D > 0.3$，曲柄厚度s可酌情减少10%～20%。那么

$$s = (0.6 \sim 0.7)D = (0.6 \sim 0.7) \times 100 = 60 \sim 70(\text{mm})$$

取$s = 60\text{mm}$。

（5）曲柄宽度B

$$B = (1.2 \sim 1.6)D \tag{3-62}$$

铸造曲轴以取较大的曲柄宽度为宜，以减少机加工切削量，则

$$B = (1.2 \sim 1.6) \times 100 = 120 \sim 160(\text{mm})$$

取$B = 150\text{mm}$。

（6）曲柄半径r

根据所给定的活塞行程220mm的1/2来确定曲柄半径，则曲柄半径r=110mm。

3.5.5 气阀

现代活塞式压缩机使用的气阀，都是随着气缸内气体压力的变化而自行开、闭的自动阀。自动阀由阀座、运动密封组件、弹簧、升程限制器等零件组成，其组成如图3-12所示。

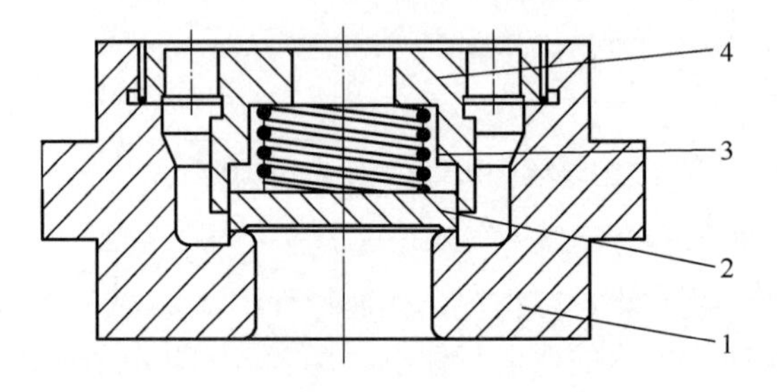

图3-12 活塞式压缩机自动阀的组成

1—阀座；2—阀片；3—弹簧；4—升程限制器

3.5.5.1 气阀的基本要求

气阀是活塞式压缩机重要部件之一，它的工作直接关系到压缩机运转的经济性和可靠性。对气阀的基本要求如下。

使用期限长，不能由阀片或弹簧的损坏而引起压缩机非计划停车；气体通过气阀时的能量损失小，以减少压缩机动力消耗，对固定长期连续运转的压缩机尤为重要；气阀关闭时具有良好的密封性，减少气体的泄漏量；阀片启、闭动作及时和迅速，而且要完全开启，以提高机器效率和延长使用寿命；气阀所引起的余隙容积要小，以提高气缸容积效率。因此，还要求结构简单、制造方便、易于维修、气阀零件标注化、通用化水平要高。

3.5.5.2 阀的种类选择

此压缩机设计采用网状阀，因为网状阀工作可靠，不易发生故障，它适用于各种压力、转数的压缩机。

3.5.5.3 设计的主要技术要求

阀座密封表面要经过研磨，阀片上下表面粗糙度不高于0.40μm，内外边缘要倒钝；气阀组装后要进行泄漏检查。此设计选用网状阀片，由于BOG压缩机工作温度在−160℃以下，

因此选用填充聚氯乙烯制造的网状阀片。

3.5.5.4　一级上的气阀尺寸选择

一级进气压力 p_a=0.096MPa；一级排气压力 p_d=0.45MPa；活塞有效面积 F=110391mm^2；活塞的平均速度 c_m=3.67m/s；同时作用的同名气阀数 Z=2。

结构尺寸的选择：气阀的主要特性参数确定后，就要确定阀座通道宽度 b、阀片宽度 B 和阀座相邻信道平均直径差 ΔD 。

（1）选择的阀缝隙通道气体流速 c_v

表 3-13 为一级吸气压缝隙通道的平均气流速度。

表 3-13　一级吸气压缝隙通道的平均气流速度

工作压力/(kgf/cm^2)	≤4	4～10	10～30	30～130	130～320	320～600
间缝隙通道的平均气流速度/(m/s)	30～45	25～40	20～35	18～28	15～20	12～15

工作压力 $p=0.45\ \text{MPa}=4.59\ \text{kgf}/\text{cm}^2>4\ \text{kgf/cm}^2$，则 $c_v=25\sim40\ \text{m}/\text{s}$，取 $c_v=25\ \text{m}/\text{s}$ 。

（2）需要的阀缝隙面积 f_v

$$f_v=\frac{Fc_m}{Zc_v}=\frac{\pi D^2 c_m}{4Zc_v}=\frac{3.14\times0.375^2\times3.67}{4\times2\times25}=6958(\text{mm}^2)$$

式中　Z——同时作用的同名气阀数；

c_m ——活塞的平均速度，m/s。

F——活塞的有效面积，mm^2。

（3）阀片开启高度 h

$$h=2.2\text{mm}$$

（4）阀座通道宽度 b

$$2h/b=0.3\sim0.85\ （取\ 2h/b=0.85\ ）$$

又因为 $h=2.2\text{mm}$ ，所以 $b=5.18\text{mm}$ 。

（5）阀座密封口宽度

表 3-14 为推荐的网状阀主要结构尺寸。

表 3-14　推荐的网状阀主要结构尺寸

级次	阀座通道宽度 b/mm	气阀工作压力/(kgf/cm^2)	阀孔宽度 B/mm	阀座密封口宽度 α_1/mm	阀座相邻通道平均直径差 ΔD/mm
Ⅰ级	4	>40	7.5	1.75	25
	5	<40		1.25	
Ⅱ级	6	>100	10	1.75	35
	7	<100		1.5	

工作压力 p=0.45 MPa=4.59 kgf/cm^2<40 kgf/cm^2，则阀座密封口宽度 $\alpha_1=1.25$ mm 。

（6）阀孔宽度 B

$$B=b+2\alpha_1=5.18+2\times1.25=7.68(\text{mm})\ (取\ B=8\ \text{mm})$$

（7）升程限制器通道宽度 b_1

$$b_1=(0.6\sim1.2)b=(0.6\sim1.2)\times5.18=3.108\sim6.216(\text{mm})\ (取\ b_1=6\ \text{mm})$$

（8）限座相邻信道平均直径差 ΔD

$$\Delta D = 2(B + b_1) = 2 \times (8 + 6) = 28(\text{mm})$$

（9）阀座通道环数 i

$$i = 5$$

（10）阀座最内圈信道平均直径 D_1

$$f_s = \frac{b}{2h} f_v$$

$$D_1 = \frac{f_s}{\pi b i} - \frac{i-1}{2}\Delta D = \frac{b}{2h}\frac{f_v}{\pi b i} - \frac{i-1}{2}\Delta D = \frac{8102.672}{2 \times 3.14 \times 2.2 \times 5} - \frac{5-1}{2} \times 28 = 61.294(\text{mm})$$

（11）阀座各环信道平均直径 D_j

$$D_j = D_1 + (j-1)\Delta D = 61.294 + (5-1) \times 28 = 173.294(\text{mm})\ (\text{取}\ D_j = 174\text{mm})$$

（12）阀座安装直径 D_0

取附加裕量 C_1=4mm，则

$$D_0 = D_j + B + 2C_1 = 174 + 8 + 2 \times 5 = 192(\text{mm})$$

（13）阀座最大外径 D_{max}

取 $\alpha_2 = 5\text{mm}$，则

$$D_{max} = D_0 + 2\alpha_2 = 192 + 2 \times 5 = 202(\text{mm})$$

（14）阀座厚度 H

$$H = (0.12 \sim 0.2) \times 202 = 24.24 \sim 40.4(\text{mm})\text{，取}\ H = 30\text{mm}$$

（15）阀座安装凸缘高度 H_1

$$H_1 = (0.35 \sim 0.5)D_{max} = (0.35 \sim 0.5) \times 30 = 10.5 \sim 15(\text{mm})\ (\text{取}\ H_1 = 10\ \text{mm})$$

（16）连接螺栓直径 d

表 3-15 为气阀连接螺栓尺寸的选择。

表 3-15　气阀连接螺栓尺寸的选择

气阀安装直径 D_0/mm	气阀螺栓 d_0/mm
≤60	M10×1
>60～100	M12×1.25
>100～150	M16×1.5
>150～200	M20×1.5
>200～300	M24×1.5
≥300	M27×1.5

由于 $D_0 = 190$ mm，故选择 d 为 M20×1.5mm。

（17）阀片厚度 δ

取阀片厚度 $\delta = 6$ mm。

3.5.5.5　二级上的气阀尺寸选择

由于Ⅱ级计算与Ⅰ级相似，所以图表参照 3.5.5.4。

对于压缩机数据，压缩机的转速 n=500r/min；活塞行程 S=220mm；二级吸气压力

p_a=0.385MPa；二级排气压力 p_d=1.712MPa；活塞有效面积 F=37994mm^2；活塞的平均速度 c_m=3.67m/s。

对于结构尺寸的选择，气阀的主要特性参数确定后，就要确定阀座通道宽度 b、阀片宽度 B 和阀座相邻信道平均直径差 ΔD 。

（1）选择的阀缝隙通道气体流速 c_v

工作压力 p=1.712MPa=17.46kgf/cm^2 $>$10kgf/cm^2，则 c_v=20~35m/s，取 c_v=20m/s 。

（2）需要的阀缝隙面积 f_v

$$f_v = \frac{Fc_m}{Zc_v} = \frac{\pi D^2 c_m}{4Zc_v} = \frac{3.14\times 0.22^2\times 3.67}{4\times 2\times 20} = 3485.95(\text{mm}^2)$$

式中　Z——同时作用的同名气阀数；

F ——活塞的有效面积。

（3）阀片开启高度 h

$$h=1.9\text{mm}$$

（4）阀座通道宽度 b

$$2h/b = 0.3 \sim 0.85\ (\text{取 } 2h/b = 0.85)$$

又因为 $h = 1.9$mm，所以 $b = 4.47$mm 。

（5）阀座密封口宽度

工作压力 p=1.712MPa=17.46kgf/cm^2<40kgf/cm^2，则阀座密封口宽度 $\alpha_1 = 1.25$mm 。

（6）阀孔宽度 B

$$B=b+2\alpha_1=4.47+1.25=5.72(\text{mm})\ (\text{取 } B = 5\ \text{mm})$$

（7）升程限制器通道宽度 b_1

$$b_1 = (0.6\sim1.2)b = (0.6\sim1.2)\times 4.47 = 2.682\sim5.364(\text{mm})\ (\text{取 } b_1 = 3\text{mm})$$

（8）限座相邻信道平均直径差 ΔD

$$\Delta D = 2(B + b_1) = 2\times(5+3) = 16(\text{mm})$$

（9）阀座通道环数 i

$$i = 4$$

（10）阀座最内圈信道平均直径 D_1

$$f_s = \frac{b}{2h} f_v$$

$$D_1 = \frac{b}{2h}\frac{f_v}{\pi bi} - \frac{i-1}{2}\Delta D = \frac{3485.95}{2\times 3.14\times 1.9\times 4} - \frac{4-1}{2}\times 16 = 49.04(\text{mm})$$

（11）阀座各环信道平均直径 D_j

$$D_j = D_1 + (j-1)\ \Delta D = 49.04 + (4-1)\times 16 = 97.04(\text{mm})$$

（12）阀座安装直径 D_0

取 C_1=5mm，则

$$D_0=D_j+B+2C_1=97.04+5+2\times 5=112.04(\text{mm})\ (\text{取 } D_0=112\ \text{mm})$$

（13）阀座最大外径 D_{max}

取 $\alpha_2 = 5$ mm，则

$$D_{max} = D_0 + 2\alpha_2 = 112 + 2 \times 5 = 122(\text{mm})$$

（14）阀座厚度 H

$$H = (0.12 \sim 0.2) \times 112 = 13.44 \sim 22.4(\text{mm}) \text{ (取 } H\text{=22mm)}$$

（15）阀座安装凸缘高度 H_2

$$H_2 = (0.35 \sim 0.5)D_{max} = (0.35 \sim 0.5) \times 22 = 7.7 \sim 11(\text{mm}) \text{ (取 } H_2\text{=10mm)}$$

（16）连接螺栓直径 d

由于 D_0=112 mm，故选择 d 为 M16×1.5mm。

（17）阀片厚度 δ

阀片厚度取 δ=6mm。

3.5.6 十字头

十字头选择开式十字头，滑履和十字头整体，滑履上镶有巴氏合金，十字头与活塞杆采用楔连接。根据《活塞式压缩机设计》表 5-18，十字头选择 D=180mm，L=200mm，B=100mm，b=60mm。

3.5.7 填料及密封材料

填料函选用新型的 CPI184 材料作为填料函密封环，寿命极长，运行 25000h 磨损量仅为 0.1mm。

参考文献

[1] 陈成江．LNG 接收站 BOG 立式迷宫式压缩机与卧式活塞环压缩机对比分析［J］．化工中间体，2015，15（10）：55-56.

[2] 霍如肖，朱玉峰，李玲密，等．全无油压缩机上活塞环弹力环结构的探究［J］．轻工机械，2007，25（1）：50-52.

[3] 虞明，胡华强．压缩机曲轴组件检修工艺的改进［J］．压缩机技术，2009，47（6）：44-47.

[4] 王发辉，孙付伟，程艳霞．压缩机气阀工作可靠性分析［J］．压缩机技术，2007，45（3）：11-12.

[5] 郁永章．容积式压缩机技术手册［M］．北京：机械工业出版社，2000.

[6] 李云，姜培正．过程流体机械［M］．北京：化学工业出版社，2008.

[7] 方子严．化工机器［M］．北京：中国石化出版社，1999.

[8]《活塞式压缩机设计》编写组．活塞式压缩机设计［M］．北京：机械工业出版社，1974.

[9] JB/T 7240—2005．一般用往复活塞空气压缩机主要零部件技术条件［S］．北京：中国标准出版社，2005.

第 4 章 混合制冷剂膨胀机设计计算

混合制冷剂膨胀机是 LNG 液化膨胀制冷过程获取冷量所必备的设备，是膨胀制冷液化工艺中的核心设备之一，其主要原理是利用有一定压力的混合制冷剂气体在透平膨胀机内进行绝热等熵膨胀对外做功而消耗气体本身的内能，从而使混合制冷剂气体自身强烈地冷却而达到制冷的目的。目前，LNG 低温液化、空分以及极低温氢、氦的液化制冷，都有透平膨胀机的应用。

4.1 透平膨胀机的应用

4.1.1 透平膨胀机的分类

4.1.1.1 按膨胀机工作原理分类

透平膨胀机按工作原理可分为反动式和冲动式。

透平膨胀机的工作原理是低速高压的气体经过流道膨胀形成高速低压的气体，即具有很大动能的气流来推动叶轮，如果膨胀过程完全在静止的导流器中进行，叶轮所受的完全是气流的冲动，那么该透平膨胀机为冲动式（见图 4-1）。气流在叶轮流通中还继续膨胀，这时在叶轮中除去接受从静止导流器中出来的动能外，在叶轮流道还利用反作用原理产生向前的推力，这种透平膨胀机称为反动式。冲动式透平膨胀机叶轮见图 4-2。

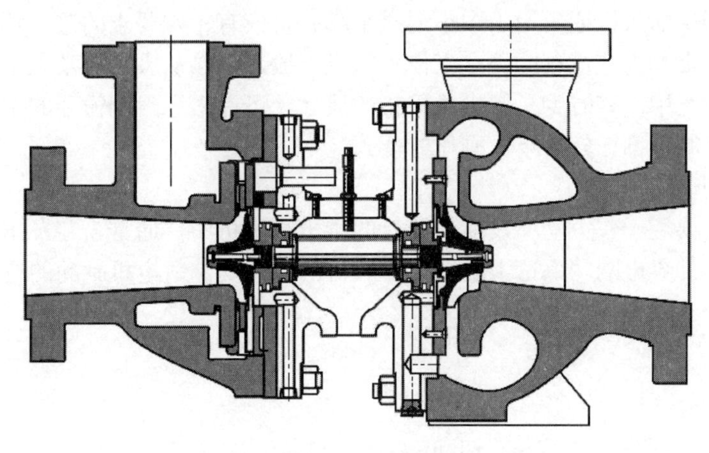

图 4-1　冲动式透平膨胀机剖面图

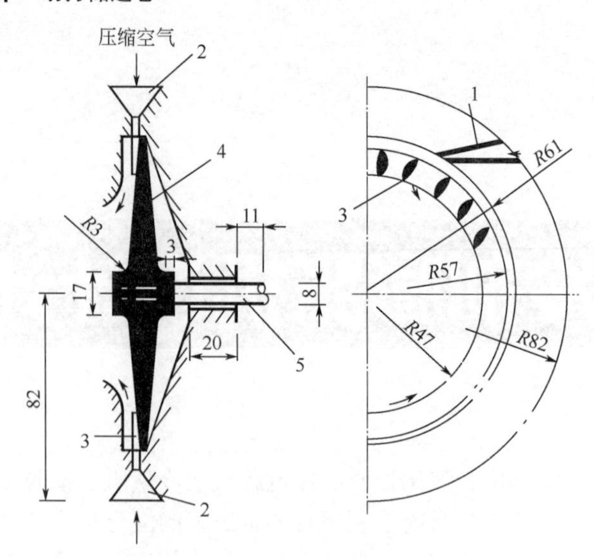

图 4-2　冲动式透平膨胀机叶轮

1—喷嘴；2—导流器；3—工作叶轮的叶片；4—工作叶轮；5—轴

4.1.1.2　按压力分类

高压 19～22MPa 膨胀到 0.6～1.5MPa（绝压）；

中压 2～5MPa 膨胀到 0.6MPa；

低压 0.5～1.0MPa 膨胀到 0.13～0.14MPa；

超低压 0.2～0.3MPa 膨胀到 0.12MPa；

本设计用低压透平膨胀机，气态混合制冷剂从 0.89MPa 膨胀到 0.14MPa。

4.1.1.3　按级数分类

透平膨胀机按照级数分类可分为单级、双级和多级膨胀机。根据一台膨胀机中包含的级数多少又可以分为单级透平膨胀机和多级透平膨胀机。为了简化膨胀机结构、减少流动损失，透平膨胀机基本上都采用单级膨胀机或者是由几台单级组成的多级膨胀形式。

4.1.1.4　按制动方式分类

（1）风机制动

风机制动透平膨胀机通常用于中小型透平膨胀机或有特殊要求的透平膨胀机中，在空分装置中，为了不影响工艺流程的稳定工作，风机一般都直接从大气中吸入空气，空气压力增大后直接排入大气中；有时为了减小风机轮的尺寸，可以采用封闭循环的制动方式。风机制动器系统设计和制造都比较简单，操作方便。

（2）电机制动

电机制动主要用于较大功率及能量回收的透平膨胀机中，通常，它发出的电能要并入外界电网中，由于外界电网功率远大于透平膨胀机的输出功，故电机制动的透平膨胀机就有几乎恒定的转速。

$$n_0 = \frac{60f}{p} \tag{4-1}$$

式中　n_0——发电机的同步转速，r/min；

f——电网频率，Hz；

p——电极对数。

由于电机最大转速每分钟只有几千转，而透平膨胀机要求的转速却很高，为此必须通过减速装置来传递功率，即要配一套减速箱。

（3）油制动

油制动主要用于小功率的透平膨胀机中。制动器为一系列位于转子和定子之间的油腔，工作时油腔内充有润滑油，透平膨胀机的轴功率通过油的摩擦而转变为热量由油带入冷却器中冷却，可以通过制动油腔数量和制动油压力的调节来适应不同的输出功率，以维持一定的工况要求。为简化结构，一般来说，在这类透平膨胀机中轴承润滑用油和制动器用油都由同一供油系统提供，进油参数是相同的。

4.1.2　国内外透平膨胀机的发展概况

4.1.2.1　国外发展状况

1898 年英国人劳德·雷利提出应用透平膨胀机的设想，1930 年德国人林德第一次应用单级透平膨胀机，20 世纪 60 年代美国、德国、苏联等国家又相继发展了小型高速、大膨胀比、高压大功率等多种用途的透平膨胀机。70 年代的能源危机，加大了透平膨胀机在能量回收方面的运用。美国的 Rotoflow 公司设计制造了世界上第一台天然气压缩机，从此以后该公司在烯烃透平膨胀机技术方面一直位于国际前列，特别是在两相流-气体带液膨胀技术上。德国 MAN Diesel & Turbo 公司在透平膨胀机方面的设计制造经验也比较丰富，可以设计制造多种形式的透平膨胀机。

4.1.2.2　国内概况

当前，我国使用的透平膨胀机大部分要从国外进口，特别是应用于石油化工、天然气领域的低温膨胀机，如液化石油气（LPG）、液化天然气（LNG）等工艺流程的膨胀机基本上完全要从国外进口，大型空分用制冷透平膨胀机也被国外的厂家垄断。最近几年，我国各透平机械制造商也在透平膨胀机领域加大了设计研发力度，也取得了一些成绩。

总体来看，由于国外膨胀机技术垄断，国内各制造厂商在透平膨胀机方面起步较晚，以及透平膨胀机工艺技术的复杂性，我国的透平膨胀机与国外相比仍有很大的技术差距。

4.2　制冷剂

4.2.1　制冷剂的选用原则

制冷技术的发展，始终与它所使用的制冷剂的变更密切相关。选用什么制冷剂，主要从下列三个方面考虑。

（1）制冷性能

制冷剂性能的好坏，要看它在制冷机要求的工作条件下（即温度 T_H、T_L）下，是否有满意的循环理论特性，这取决于制冷剂的热力性质。人们期望的是：冷凝压力不太高；蒸发压力在常压以上或不要比大气压低得太多；压力比适中；排气温度不宜过高；单位制冷量大；循环的性能系数高；传热性能好（热导率大、比热容大）；流动性好（黏性小）。

（2）实用性

为了便于实用，制冷剂的化学稳定性和热稳定性要好，在制冷循环过程中不分解、不变质，对机器设备的材料无腐蚀，与润滑油不起化学反应。还希望它安全、无毒、无害，燃烧性和爆炸性小。另外，来源广，价格便宜也是要考虑的重要方面。

（3）环境可接受性

将环境可接受性列为选用制冷剂的考察指标，而且作为硬指标，是20世纪80年代后期提出的。针对保护大气臭氧层和减少温室效应的环境保护要求，制冷剂的臭氧破坏指数必须为0，温室效应指数尽可能小。

4.2.2 混合制冷剂及其性质

混合制冷剂是由两种或两种以上的纯制冷剂组成的混合物。由于纯制冷剂在品种和性质上的局限性，采用混合制冷剂为调节制冷剂的性质和扩大制冷剂的选择提供了更大的自由度。

混合制冷剂的性质取决于其组分物质的性质以及各组分物质在混合物中所占的份额。可以通过组分物质的选择和成分搭配调整混合制冷剂的性质，以达到用于制冷的性能要求。混合后不仅热力性质改变，而且理化性质也发生了改变。例如，稳定性好的组分对混合物性质的贡献是改善稳定性；不可燃组分对混合物性质的贡献是抑制可燃性；重分子组分对混合物性质的贡献是降低压缩机排气温度；油溶性好的组分对混合物性质的贡献是改善油溶性等。

4.2.3 混合制冷剂的选定

本设计选用天然气的主要成分（甲烷、乙烷、丙烷）作为混合制冷剂。需要指出，混合制冷剂的各组分一般都是部分至全部由天然气原料来提供或补充。天然气组成参考国内最大的基本负荷型液化天然气工厂（新疆广汇公司）预处理后的数据，见表 4-1。以天然气流量1kmol/h 为计算基准，混合制冷剂由甲烷、乙烷和丙烷等 3 种以上的组分组合而成，其组成见表 4-2。通过查询 REFPROP 8.0 程序可得出 3 种制冷剂在不同状态下的性能参数见表 4-3。通过查询 REFPROP 8.0 程序可得出 3 种制冷剂和 3 种制冷剂混合后的混合制冷剂的物性参数表，见附录附表 1～附表 4。

表 4-1 天然气组成

天然气组分	摩尔分数/%
氮 N_2	3.814
甲烷 CH_4	81.1
乙烷 C_2H_6	10
丙烷 C_3H_8	4.104
异丁烷 i-C_4H_{10}	0.5
正丁烷 n-C_4H_{10}	0.431
戊烷 C_5H_{12}	0.051

表 4-2 混合制冷剂的组成

组分	摩尔分数/%
甲烷 CH_4	43.1
乙烷 C_2H_6	25.4
丙烷 C_3H_8	31.5

表 4-3　混合制冷剂状态参数表

名称	临界压力/MPa	临界温度/K	饱和压力/MPa	饱和温度/K
甲烷	4.5992	190.6	1.188	153
乙烷	4.88	305.42	1.213	220
丙烷	4.2512	369.89	1.2427	309

由表 4-3 可知，甲烷、乙烷、丙烷的临界温度、临界压力，从而确定透平膨胀机的进口温度为 175K，进口压力为 0.89MPa。

4.3　透平膨胀机的工艺计算

混合制冷剂透平膨胀机的工艺计算，包括膨胀机可回收功和其出口特性的计算。在天然气加工工业中，为了部分液化或获得低温，用膨胀机使工艺管网气膨胀到低温低压，同时以功的形式回收能量，这与通过节流阀膨胀的形式基本相同。膨胀机是在等熵或接近于等熵的条件下操作的，而操作的好坏与膨胀机的效率有关。膨胀机的热力学计算就要求工质进出膨胀机的熵值相等。为了确定工质通过膨胀机后的末态，就必须确定它的焓值与熵值。

对于天然气而言，由于缺乏许多组分的热力学数据，而且流体排出膨胀机时有两相同时存在的可能性，这就使得计算发生困难。因此只有陈述了膨胀机的工艺计算之后，才能对透平膨胀机进行合理经济的分析。本设计为了简化计算，选用单相膨胀，即气态膨胀到气态。

4.3.1　膨胀过程

所有真实气体的膨胀过程，不论是理想的还是非理想的，都是不可逆过程。但是在计算其膨胀流体的焓值和熵值时，都必须先假定为可逆膨胀，因为焓和熵是状态函数。下面用压-焓图（图 4-3）说明膨胀过程。

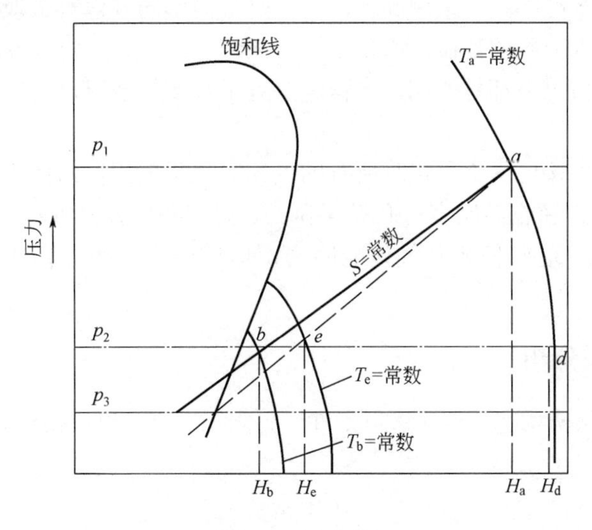

图 4-3　压-焓图

设流体的始态为 a 点，压力为 p_1，比容为 v_1，温度为 T_a，焓为 H_a，熵为 S_a。b 点表示等焓膨胀的末态，从 a 到 b 表示流体作可逆的绝热膨胀路线，而实际的不可逆膨胀是从 a 点膨胀到某一点，比如 e 点。e 点与 b 点的压力相同，但 e 点比 b 点具有较高的温度、较高的焓值和熵值。假如从 a 点膨胀到 p_2 还低的压力的某一点，就进入两相区，其结果气体将发生部分冷凝。倘若气体是混合物的话，会因冷凝而发生组成变化。

用热力学第一定律表示膨胀过程的热，功和能的关系即

$$\Delta H = Q - W \tag{4-2}$$

对于绝热膨胀机，可设 $Q=0$，则

$$\Delta H = -W \tag{4-3}$$

从式（4-3）可以看出，任何作绝热膨胀的气体所做的功等于焓变。同理，气体作等熵膨胀时做的等熵功为：

$$W_S = H_a - H_b \tag{4-4}$$

4.3.1.1　单一组分的膨胀计算

对于单一组分制冷剂的膨胀机的计算，广泛使用的是热力图表法，如莫里尔图（任何以焓为坐标的图称作莫里尔图）。从莫里尔图上可以直接读出不同温度压力下的焓值，如果膨胀剂的等熵效率 η_S 为已知时，膨胀机的输出功为：

$$W = \eta_S W_S \tag{4-5}$$

$$W = \eta_S (H_a - H_b) = H_a - H_e \tag{4-6}$$

式中，H_a、H_b、η_S 为已知，由式解出 H_e 数值，在莫里尔图上根据压力 p_S 和 H_e 的交点处的读数就可以确定膨胀机出口温度。

4.3.1.2　混合制冷剂的膨胀计算

对于天然气、石油气等复杂的多组分混合制冷剂，它的膨胀计算没有现成的热力图表可以参考。对于混合制冷剂的焓值和熵值的计算，通常采用特殊的热力图表（通常由透平厂家来提供），此外是用下面介绍的直接计算法来计算。

现代工业实践越来越趋向于采用高压，即使是最简单的气体对于理想气体定律都显示出了偏差。为了求得较为准确的数值，需要采用一些经验的、有一定理论依据的状态方程式进行求解。但是在各种情况下都是如此，方程越接近于真实的情况，它的形式就变得越复杂，所包含的常数项就越多。

从热力学中可知，接近于临界点时所有的气体都显示出相似的性质。以此为基础，用临界压力 p_c、临界温度 T_c 和临界比容 v_c 代替了压力、温度和比容的绝对值，即把压力、温度和比容转化为对比变量，这样使所有气体能够密切地结合为一个方程式，这就是“对比状态理论”。

4.3.2　多变过程分析

如图 4-3 所示，从初状态 a 点（进口条件）到末态 e 点（出口条件），如果气体是可逆膨胀则服从下列方程：

$$pV^n = \text{常数} \tag{4-7}$$

真实功

$$W = \eta_p W_p \tag{4-8}$$

$$W_p = \frac{1}{778}\int_{p_1}^{p_2} V\mathrm{d}p \tag{4-9}$$

式中 n——多变容积指数；

V——比体积，m^3/kg；

η_p——多变效率；

778——热功当量，取决于选择单位制；

W_p——气体所做的多变功，J。

将上面的方程代入真实气体状态方程 $pV=ZR$，对其积分，可得

$$W_p = \frac{n}{n-1}\frac{Z_a RT_a}{778}\left[1-\left(\frac{p_2}{p}\right)^{\frac{n-1}{n}}\right] \tag{4-10}$$

式中 Z_a——始态 a 点的压缩因子；

T_a——始态 a 点的热力学温度。

末态 e 点的温度

$$T_e = RT_a\left(\frac{p_2}{p}\right)^m \tag{4-11}$$

式（4-10）和式（4-11）为膨胀机出口温度和功值的求解方程，n 和 m 可按式（4-12）和式（4-13）计算。

$$n = \frac{1}{y_{平均} - m(1 + x_{平均})} \tag{4-12}$$

$$m=\frac{Z_{平均}R}{778c_{p平均}}(\eta_{平均}+x_{平均}) \tag{4-13}$$

式中 $c_{p平均}$——平均定压比热容，J/(kg·K)；

$y_{平均}$——压缩性函数平均值；

$Z_{平均}$——压缩因子平均值；

$\eta_{平均}$——多变效率平均值；

$x_{平均}$——压缩性函数平均值；

R——气体常数，J/(mol·K)。

压缩性函数 x 和 y 是由 Schultg 计算的，并把它作为对比温度（T_R）和对比力（p_R）的函数作图，但是 Schultg 指出在 $p_R<2.9$ 和 $Z>0.6$ 的范围内，x 及 y 可以用下列方程式计算。

$$x = 0.1846\times 8.36^{1/Z} - 15.29 \tag{4-14}$$

$$y = 0.074\times 6.65^{1/Z} + 0.509 \tag{4-15}$$

必须注意的是 x，y，Z 和 c_p 均为平均值。其平均的含义就是说把膨胀的总线分成若干个小的增量，对于每一个增量可以看成是平均值。上面的计算必须在假设温度或估算温度的基础上进行计算，求得 x，y。

4.3.3 等熵过程分析

4.3.3.1 理论分析

用于等熵过程计算的方程式，和多变过程一样用等熵效率 η_S 计算等熵焓差 H_a-H_b，然后

计算等熵功 W_S。对等熵膨胀过程，服从方程 pV^{nS}=常数。将此方程代入式（4-9）中并积分，得等熵功

$$W_S = \frac{n_S}{n_S - 1} \frac{Z_a R T_a}{778} \left[1 - \left(\frac{p_2}{p_1} \right)^{n_S - 1/n_S} \right] \tag{4-16}$$

式中　n_S——等熵容积指数，$n_S = k / y$（$k = c_p / c_V$，c_p，c_V 为比热容）。

用式（4-16）计算 W_S，最后结果用式（4-17）校对直到得到满意的 T_0 为止。

$$W_S = \frac{c_{p平均}(T_a - T_b)}{1 + x_{平均}} \tag{4-17}$$

由图 4-3 可见，真实末态温度可用式（4-18）估算。

$$T_e \approx \frac{T_b + \left[W_S (1 - \eta_S) \right]}{c_{p平均}} \tag{4-18}$$

式中　$c_{p平均}$——T_b 和 T_e 之间的平均比热容。

4.3.3.2　举例计算

计算甲烷在透平膨胀机中从 0.89MPa，175 K 膨胀到 0.14MPa 的出口温度和可回收的功，该透平膨胀机的等熵效率为 80%。甲烷各参数如表 4-4 所列。

表 4-4　甲烷参数

项目	数值
临界压力 p_c/MPa	4.5992
临界温度 T_c/K	190.6
分子量 M	16
气体常数 R	96.56

设 $T_a - T_b = 75\ \text{K}$，则

$$T_{c平均} = (T_a - T_b) / 2 = (175 - 75) / 2 = 50(\text{K})$$

$$p_{平均} = (0.89 + 0.14) / 2 = 0.515(\text{MPa})$$

$$T_{R平均} = T_{c平均} / T_c = 50 / 190.6 = 0.26$$

$$p_{R平均} = p_{平均} / p_c = 0.515 / 4.5992 = 0.112$$

运行 REFPROP8.0 程序，运行结果见表 4-5。

表 4-5　程序运行结果

温度/K	压力/MPa	密度/（kg/m^3）	焓/（kJ/kg）	熵/［kJ/（kg·K）］	$Z=Z$（T，rho）
175	0.89	10.771	624.87	4.3278	0.91102
115.74	0.14	2.5281	500.75	4.3278	0.95312

将 Z=0.911 代入式中计算得

$$x = 0.1846 \times 8.36^{1/Z} - 15.29 = -13.39$$

$$y = 0.074 \times 6.65^{1/Z} + 0.509 = 1.1$$

从表 4-5 可知，$c_{p平均}$=2.08，k=1.45，始态的压缩因子 Z_a=0.911，$n_{S平均} = k_{平均} / y_{平均} = 1.45 / 1.1 = 1.32$，用式（4-16）计算等熵功

$$W_S=\frac{1.32}{1.32-1}\times\frac{96.56\times0.911\times175}{778}\times\left[1-\left(\frac{0.14}{0.89}\right)^{(1.32-1)/1.32}\right]=29.5(\text{kJ/kg})$$

代入式（4-17）中，解得 T_a-T_b=75.87K，与假设温度差基本上接近，再详细计算没有太大的意义，则真实功为：

$$W=\eta_S W_S=0.8\times29.5=23.6(\text{kJ/kg})$$

真实的末态温度由式（4-18）计算：

$$T_e\approx\frac{T_b+\left[W_S(1-\eta_S)\right]}{c_{p平均}}=\frac{100+\left[42.08(1-0.75)\right]}{2.08}=53.13(\text{K})$$

4.3.4 膨胀混合气体进入气相区的计算

当天然气混合制冷剂进入气相区时，先要确定混合制冷剂的气体组成成分和组成量。在前面的计算中已经确定了混合制冷剂进入膨胀机的气体组成、进口温度和进口压力，现在就是要确定通过已知效率的膨胀机（本设计的膨胀效率为 80%）膨胀到某一给定压力时可回收功的多少。这里首先把它看作等熵条件下的理想膨胀，然后再进行非理想行为的校正，根据膨胀机的效率确定膨胀机的出口真实末态，就可以计算出膨胀过程中气体对外做的功。

已知混合制冷剂的组成，则气体各项参数如下所示：

气体进膨胀机的温度 175K；

气体进膨胀机的压力 0.89MPa；

气体出膨胀机的压力 0.14MPa；

膨胀机的效率 80%。

4.3.4.1　气体混合制冷剂进入膨胀机时的热力学性质

根据进入透平膨胀机的气态混合制冷剂的组成、温度和压力，则对应于这些条件的焓和熵值就可以确定。首先确定在理想情况下的混合焓（H_m^*）和混合熵（S_m^*），然后进行非理想行为的校正，即

$$H_m^*=\sum_{i=1}^{N}\pm S_i H_i^* \tag{4-19}$$

$$S_m^*=\sum_{i=1}^{N}+n_i S_i^* \tag{4-20}$$

式中，H_i^* 和 S_i^* 表示纯组分作为理想气体时的焓值和熵值。

由 REFPROP 8.0 程序（运行结果见表 4-6）可查出混合制冷剂在进口温度下的混合熵和混合焓，根据等熵条件和膨胀机出口压力，可得混合制冷剂膨胀机的理论出口温度 T=145.78K，理论混合熵 S_m=0.92164kJ/（kg·K），将两种状态下的混合焓值相减，可求得混合制冷剂气体的理论等熵膨胀功，计算如下：

$$W_{S理论}=H_1-H_2=89.137-63.444=25.693\ (\text{kJ/kg})$$

表 4-6　程序运行结果

温度/K	压力/MPa	密度/（kg/m³）	焓/（kJ/kg）	熵/［kJ/（kg·K）］
175	0.89	79.982	89.137	0.92136
145.78	0.14	9.1459	63.444	0.92136

混合焓和混合熵进行非理想行为的热力学校正中，对于原料混合物来讲，采用假临界参数。如果将纯物质（单一制冷剂）对比状态的 p-V-T 关系扩大到混合物（混合制冷剂）时，就是使其混合物为假想的纯物质，采用对比状态关系去处理（一般利用混合物的真临界性质数据得不到正确的结果）。利用假临界性质求取混合物性质的数据最简单的方法是 kay 规则，其定义为：假临界温度、临界压力和压缩因子为纯组分临界性质的分子平均值，则

假临界温度为：

$$T_{\mathrm{c}}' = \sum_{i=1}^{N} Y_i T_{\mathrm{c}i} = 43.1\% \times 190.6 + 25.4\% \times 305.42 + 31.5\% \times 369.89 = 276.24(\mathrm{K})$$

假临界压力为：

$$p_{\mathrm{c}}' = \sum_{i=1}^{N} y_i p_{\mathrm{c}i} = 4.5592 \times 0.431 + 4.88 \times 0.254 + 4.2512 \times 0.315 = 4.56(\mathrm{MPa})$$

假临界压缩因子，根据资料查得甲烷临界压缩因子为 0.286，乙烷临界压缩因子为 0.279，丙烷的临界压缩因子为 0.277。

$$Z_{\mathrm{c}}' = \sum_{i=1}^{N} y_i z_{\mathrm{c}i} = 0.286 \times 0.431 + 0.279 \times 0.254 + 0.277 \times 0.315 = 0.281$$

由以上假临界数据求出对比温度和对比压力为 $T_{\mathrm{R}}{}' = 175 / 276.2 = 0.634$，$p_{\mathrm{R}}' = 0.89 / 4.56 = 0.195$。

由 REFPROP 8.0 软件（运行结果见表 4-7）可查出混合制冷剂在进口温度下的混合熵、混合焓和在假临界温度，假临界压力下的混合焓和混合熵。

表 4-7 程序运行结果

温度/K	压力/MPa	密度/（kg/m³）	焓/（kJ/kg）	熵/［kJ/（kg・K）］
175	0.89	79.982	89.137	0.92136
145.78	0.14	9.1459	63.444	0.92136
276.24	4.65	138.85	408.59	2.1879

$$\frac{H^* - H}{T_{\mathrm{c}}'} = \frac{408.59 - 89.137}{276.24} = 1.16$$

$$S^* - S = 0.92 - 2.2 = -1.28$$

再考虑压力对熵变的影响，由热力学定律知

$$\mathrm{d}H^* = T\mathrm{d}S^* - V\mathrm{d}p \tag{4-21}$$

或

$$\mathrm{d}S^* = \frac{\mathrm{d}H^*}{T} - \frac{V}{T}\mathrm{d}p \tag{4-22}$$

当绝热膨胀时，$\mathrm{d}H^* = 0$，对 1mol 分子理想气体，则

$$pV = RT \tag{4-23}$$

$$\mathrm{d}S^* = -R\frac{\mathrm{d}p}{p} \tag{4-24}$$

$$\Delta S^*_{压力} = -R\ln\frac{\mathrm{d}p}{p} = -R\ln\frac{0.11}{0.89} = -4.14 \quad （标准态 p_1=1\text{atm}）$$

由此得混合焓为：

$$H_\mathrm{m} = H^*_\mathrm{m} - T_\mathrm{c}'\frac{H^* - H}{T_\mathrm{c}'} = 408.59 - 276.24\times 1.16 = 88.15\ (\text{kJ/kg})$$

而生成 1mol 分子理想气体的熵变为：

$$\Delta S_{混合} = -R\sum_{i=1}^{N} n_i l_i n_i = 1.06$$

混合熵为：

$$S_\mathrm{m} = S_\mathrm{m}(1\ \text{atm}) + \Delta S^*_{压力} - (S^* - S) + \Delta S_{混合} = 4.11 - 4.14 + 1.28 + 1.06 = 2.31\ [\text{kJ/(kg}\cdot\text{K)}]$$

4.3.4.2　混合制冷剂真实膨胀后的性质

由上面计算得混合制冷剂熵 S_m=2.31kJ/（kg·K），当其压力从 0.89MPa 理想膨胀 0.14MPa 时，由于是等熵膨胀，所以熵值不变。混合制冷剂进出口状态的焓值，由表 4-7 可查得，则膨胀机所做的理论功为：

$$W_\mathrm{t} = 89.137 - 63.444 = 25.693(\text{kJ/kg})$$

已知透平膨胀机效率为 80%，则膨胀机所做的真实功为：

$$W = 0.80\times 25.693 = 20.55(\text{kJ/kg})$$

4.4　混合制冷剂透平膨胀机的设计与计算

4.4.1　设计资料

透平膨胀机的组织结构如图 4-4 所示，根据上面的计算，确定透平膨胀机的设计资料见表 4-8。

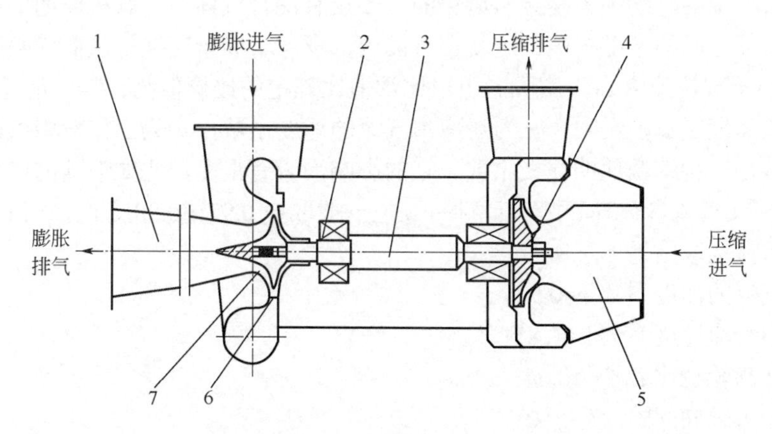

图 4-4　透平膨胀机的组织结构

1—排气扩压管；2—轴承；3—主轴；4—制动鼓风机叶轮；
5—鼓风机进气口；6—可调叶片导流器；7—膨胀机叶轮

表 4-8　设计资料

名称	混合制冷剂透平膨胀机
工作介质	甲烷、乙烷、丙烷
流量（0°C、101.325 kPa）	10000 m^3/h
进口压力（A）	0.89 MPa
进口温度	175.0 K
出口压力（A）	0.14 MPa
效率	80%

4.4.2　混合制冷剂透平膨胀机的热力计算

4.4.2.1　已知条件

表 4-9 为混合制冷剂透平膨胀机的已知条件。

表 4-9　混合制冷剂透平膨胀机的已知条件

混合制冷剂	甲烷、乙烷、丙烷按比例混合
混合气体常数	R=293.03 m/（kg·K）
等熵指数	k=1.4
工质密度	γ=1.2638 kg/m^3
膨胀机进气量	q_V=10000 m^3/h
膨胀机进口压力	p_0=0.89 MPa
膨胀机进口温度	T_0=175.0 K
膨胀机出口压力	p_2=0.14 MPa

4.4.2.2　相关参数的估取及选用值

（1）基本参数的估取

气体在喷嘴中的流动损失是无法避免的，不仅有混合气体与膨胀机壁面的摩擦损失，还有气体内部相互之间的摩擦损失。这就使气流内部发生了能量交换，从而使喷嘴出口气流的实际速度 c_1 小于理论速度 c_{1s}，实际的出口比焓值比理论的比焓值高。在一元流动时，这种损失通常用经验速度系数来反映，φ 为喷嘴中气流的速度系数，ψ 为工作轮中气流速度系数，因此速度系数是一种综合性的损失系数。它的影响因素有很多，比如喷嘴的结构尺寸、叶片形状、加工质量、气流参数等。中等叶高时，φ 值一般取在 0.92～0.98 之间，ψ 值一般在 0.75～0.90 之间，具体选取结果如下所示：

喷嘴中气流的速度系数 φ=0.94；

工作轮中气流速度系数 ψ=0.85；

工作轮叶高轮径比 L_1/D_1=0.04；

工作轮相对轴向间隙 δ/L_1=0.01；

喷嘴出口减窄系数 $\tau_N = 0.98$；

工作轮进口减窄系数 $\tau_1 = 0.964$；

工作轮出口减窄系数 $\tau_2 = 0.776$。

（2）相关角度的选定

喷嘴的出口角 α_1' 和工作轮的出口角 β_2' 属于几何参数，它反映了气流的流动方向。根据欧拉方程可知，α_1' 与 β_2' 的减少对增加轮周功是有利的。但是它们使叶片倾斜角减小，流道长度和曲率增加，从而增加了流动损失。同时还使叶片出口的边宽度增加，使得出口边分离损失增大。在透平膨胀机中喷嘴的出口角 α_1'，工作轮出口角 β_2' 通常在下述范围内选取，即 $\alpha_1'=12°\sim30°$，$\beta_2'=20°\sim45°$。

在以上范围内变化时，对膨胀机的效率影响不大，选取结果如下所示：

喷嘴出口叶片角 $\alpha_1'=18°$；

工作轮的进口叶片角 $\beta_1'=90°$；

工作轮的出口叶片角 $\beta_2'=40.5°$。

（3）工作轮中相关参数的选取

工作轮（见图 4-5）不但要接受从喷嘴中出来的气流的动能，而且气体还要在工作轮中继续膨胀做功，进一步降低工质的比焓和温度。根据气体工质在工作轮中的膨胀程度，工作轮有冲动式和反动式之分。在冲动式工作轮中，机械功绝大部分是由从喷嘴中出来的气流动能转换而得的，因此膨胀机的总比焓降绝大部分在喷嘴中膨胀完成。这时在透平膨胀机的工作轮中气体工质的相对速度和密度变化不大，所以，工作轮进出口流道截面积基本上一致。反动式工作轮中膨胀机总的比焓降分为两部分。一部分比焓降在喷嘴中完成，另一部分在工作轮中继续膨胀。它们的大小通常用反动度 ρ 来表示。反动度是指工作轮中的等熵比焓降和膨胀机总的等熵比焓降之比。通常 $\rho=0$ 时为纯冲动式膨胀机；$\rho\leqslant0.1$ 时习惯上称为带有小反动度的冲动式膨胀机；$\rho>0.1$ 时称为反动式膨胀机。

工质在工作轮中实现膨胀，利用膨胀时的反作用力来进一步推动工作轮做功，把这种膨胀机称为反动式透平膨胀机。很明显，在进出口参数相同的条件下，冲动式透平膨胀机喷嘴的气流速度要比反动式的大，从工作轮中排出的气流速度也比反动式的大，从而形成了较大的流动损失，降低了膨胀效率。因此在现代低温装置的透平膨胀机中冲动式工作轮已经很少采用了。

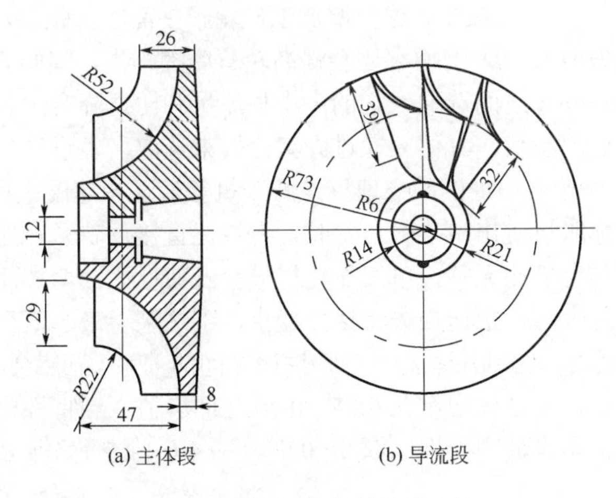

图 4-5　透平膨胀机径轴流叶轮

反动度代表喷嘴和工作轮气体工质膨胀时的能量分配。反动度越小意味着喷嘴出口的气流速度越大，工作轮的气流速度也越大。这些都将造成较大的流动损失，所以冲动式透平膨胀机的等熵效率较低。但是过大的反动度将会造成工作轮排出的气流速度过大，增大余速损失。在向心式透平膨胀机中，为了保证工作轮流道内的工质流动为加速运动，即 $\omega_2>\omega_1$，相应地存在着最小反动度。当反动度小于最小反动度时，气流将做减速运动，这时工作轮中的速度系数会有明显的下降。本设计的反动度取 ρ=0.48。

轮径比 μ 是指工作轮出口直径 D_2 与进口直径 D_1 的比，即

$$\mu=\frac{D_2}{D_1}=\frac{u_2}{u_1} \tag{4-25}$$

如果是径轴流式工作轮，出口直径则取为面积平均直径。

$$D_{2\mathrm{m}}=\sqrt{D_1^2+D_2^2} \tag{4-26}$$

因此

$$\mu=\frac{D_{2\mathrm{m}}}{D_1}=\frac{u_{2\mathrm{m}}}{u_1} \tag{4-27}$$

根据欧拉方程式可得，透平膨胀机的轮轴功

$$W=\frac{c_1^2-c_2^2}{2}+\frac{\omega_1^2-\omega_2^2}{2}+\frac{u_1^2-u_2^2}{2} \tag{4-28}$$

式（4-25）代入式（4-28）中可得

$$W=\frac{c_1^2-c_2^2}{2}+\frac{\omega_1^2-\omega_2^2}{2}+\frac{u_1^2(1-\mu^2)}{2} \tag{4-29}$$

由式（4-29）可看出，轮径比 μ 直接影响透平膨胀机的轮轴功 W。对于向心式膨胀机 $\mu<1$，$\mu^2<1$，所以式（4-29）右边第三项为正值，可以增加轮周功；对于轴流式膨胀机而言 $\mu\approx1$，因此式（4-29）右边第三项接近零，轮周功较小；对于离心式膨胀机，则 $\mu>1$，其第三项为负值，轮周功最小。因此轮径比从膨胀机的基本结构形式上影响了对膨胀机的做功能力。但是都选过小的轮径比会带来不利的因素。例如在气流量一定时，轮径比 μ 的减小意味着工作轮直径 D_1 的增大，叶片高度会减少，这会增加工作轮子午面的扩张角，导致出现工质在流道内的减速运动，使损失增大。D_1 的增大还会提高轮背摩擦损失，因此 μ 值不宜取太小，在透平膨胀机中通常在 0.3～0.5 之间选取，它的大小与流量和比焓降有关。大流量、小比焓降的膨胀机取大值；反之则取小值。具体应通过方案比较来选取，本设计的轮径比取 μ=0.496。

特性比 υ_1 是指工作轮进口处的圆周速度与膨胀机等熵理想速度之比，是影响透平膨胀机的重要因素之一。当膨胀机进出口参数一定时，特性比直接反映了转速的影响。在反动度不变时，喷嘴损失基本与特性比无关，单工作轮损失会随特性比的增加而减少。

特性比由小逐渐变大时，余速损失将逐渐变小，到达某一最小值后，又从小变大。把上述三种损失叠加后，就可以得到流道效率与特性比之间的关系。显然会存在一个最佳特性比，在反动式透平膨胀机中，特性比通常在 0.65～0.70 之间取值。当特性比偏离最佳值时，将会引起流道效率的下降，本设计中特性比取 υ_1=0.65。图 4-6 为透平膨胀机通流部分。

（4）估取扩压比

根据设计经验扩压比取 1.04，即 p_2/p_3=1.04，将 p_2=0.14MPa 代入式中，计算结果如下：

$$p_3=p_2/1.04=0.14/1.04=0.135(\mathrm{MPa})$$

由 p_0、T_0 及 p_2、p_3 通过软件 REFPROP 可得如下参数：

膨胀机入口理想焓值 $i_0 = 89.137\text{kJ/kg}$；

膨胀机出口理想焓值 $i_{2S} = 63.444\text{kJ/kg}$；

工作轮出口理想焓值 $i'_{2S} = 63.764\text{kJ/kg}$。

膨胀机总的理想比焓降

$$h_S = i_0 - i_{2S} = 89.137 - 63.444 = 25.693(\text{kJ/kg})$$

通流部分（见图 4-6）理想比焓降

$$h'_S = i_0 - i_{2S'} = 89.137 - 63.764 = 25.373(\text{kJ/kg})$$

等焓理想速度

$$c_S = \sqrt{2h'_S} = \sqrt{2 \times 25373} = 225.268\ (\text{m/s})$$

膨胀机进口的气体压缩因子：$Z_0 = 0.912$。

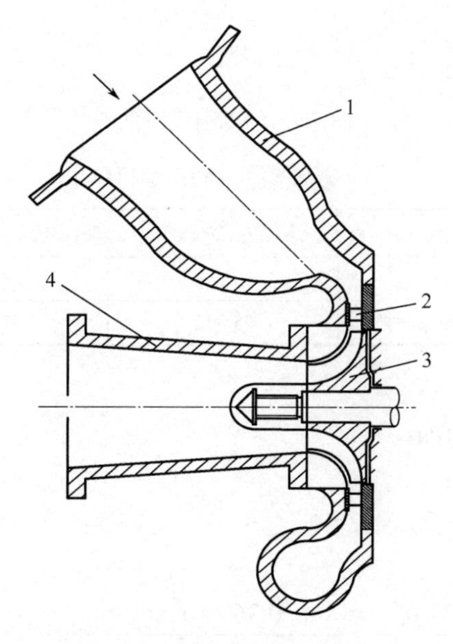

图 4-6　透平膨胀机通流部分

1—蜗壳；2—喷嘴；3—叶轮；4—扩压器

4.4.2.3　喷嘴相关参数计算

喷嘴中的等熵比焓降

$$h_{1S} = (1-\rho)h'_S = (1-0.48) \times 25373 = 13193.96(\text{J/kg})$$

喷嘴出口实际速度

$$c_1 = \varphi\sqrt{2h_{1S}} = 0.94 \times \sqrt{2 \times 13193.96} = 152.69(\text{m/s})$$

喷嘴出口理想比焓

$$i_{1S} = i_0 - h_{1S} = 89137 - 13193.96 = 75944(\text{J/kg})$$

喷嘴出口实际比焓

$$i_1 = i_0 - \varphi^2 h_{1S} = 89137 - 0.94^2 \times 13193.96 = 77478.82(\text{J/kg})$$

转动喷嘴组件如图 4-7 所示，运行程序 REFPROP 8.0，运行结果如表 4-10 所列。

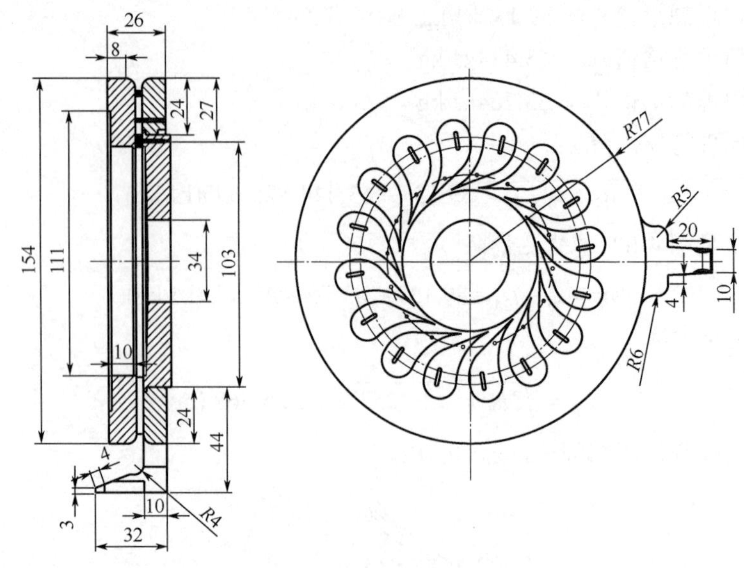

图 4-7　转动喷嘴组件图

表 4-10　程序运行结果

温度/K	压力/MPa	密度/（kg/m³）	焓/（kJ/kg）	熵/［kJ/(kg・K)］
175	0.89	79.982	89.137	0.92136
159	0.35982	25.372	77.478	0.92136

由表 4-10 可知：

喷嘴出口压力 p_1=0.36MPa；

喷嘴出口温度 T_1=159K；

喷嘴出口气体的压缩因子 Z_1=0.954。

喷嘴出口气体密度

$$\gamma_1=\frac{p_1}{Z_1RT_1}=\frac{0.36\times10^6}{0.954\times293.03\times159}=8.1(\text{kg/m}^3)$$

多变指数

$$n=\frac{k}{k-\varphi^2(k-1)}=\frac{1.4}{1.4-0.94^2\times(1.4-1)}=1.338$$

喷嘴出口喉部的截面速率

$$c^*=\sqrt{2Z_0RT_0\frac{K}{K-1}\frac{n-1}{n+1}}=\sqrt{2\times0.912\times293.03\times175\times\frac{1.4}{1.4-1}\times\frac{1.338-1}{1.338+1}}=217.549(\text{m/s})$$

由于 $c_1>c^*$，采用收缩喷嘴时，气流在斜切口有偏转角。

$$\frac{\sin(\alpha_1'+\delta)}{\sin\alpha_1'}=\frac{\left(\dfrac{2}{n-1}\right)^{\frac{1}{n+1}}\sqrt{\dfrac{n-1}{n+1}}}{\left(\dfrac{p_0}{p_1}\right)^{\frac{1}{n}}\sqrt{\left(\dfrac{p_1}{p_2}\right)^{\frac{n-1}{n}}-1}}=\frac{\left(\dfrac{2}{1.338-1}\right)^{\frac{1}{1.338+1}}\times\sqrt{\dfrac{1.338-1}{1.338+1}}}{\left(\dfrac{0.89}{0.36}\right)^{\frac{1}{1.338}}\times\sqrt{\left(\dfrac{0.36}{0.14}\right)^{\frac{1.338-1}{1.338}}-1}}=1.020$$

代入数据可求得

$$\frac{\sin(\alpha_1'+\delta)}{\sin\alpha_1'}=1.02$$

$$\sin(\alpha_1'+\delta)=1.02\sin\alpha_1'=1.02\sin 18^\circ=0.315$$

$$\alpha_1=\alpha_1'+\delta=18.373^\circ$$

$$\delta=18.373^\circ-18^\circ=0.373^\circ$$

由于偏转角 $\delta=0.373^\circ$ 小于 2°，可以忽略不计。

喷嘴出口状态下的声速

$$c_1'=\sqrt{nZ_1RT_1}=\sqrt{1.338\times0.954\times293.03\times159}=243.87\ (\text{m/s})$$

喷嘴出口的绝对速度马赫数

$$Ma_{\text{c1}}=\frac{c_1}{c_1'}=\frac{152.69}{243.87}=0.626<1.2$$

一般绝对马赫数小于 1.1 时仍可采用收缩喷嘴，但是较大的马赫数时要注意叶形的选择。

喷嘴中的能量损失：

$$q_{\text{n}}=(1-\varphi^2)h_{\text{1s}}=(1-0.94^2)\times13193.96\ =1535.777\text{J/kg}$$

喷嘴中的相对能量损失：

$$\xi_{\text{n}}=\frac{q_{\text{n}}}{h_{\text{s}}'}=\frac{1535.777}{25373}=0.0605$$

工作轮气体进口密度 $\gamma_0=17.286\text{kg/m}^3$，则喷嘴喉部气流密度：

$$\gamma^*=\left(\frac{2}{n+1}\right)^{1/n-1}\gamma_0=\left(\frac{2}{1.338+1}\right)^{1/(1.338-1)}\times17.286=10.89\ (\text{kg/m}^3)$$

喷嘴数的多少直接影响每一个喷嘴流道内气流分布的均匀性以及其流动损失的大小，喷嘴数目多，就会有较大的壁面摩擦损失，但是气流分布比较均匀；喷嘴数目少可以减少壁面的摩擦损失，但是气流分布不太均匀，可能会造成局部气流脱离而形成旋涡。

随着气体动力学理论的快速发展，喷嘴通道内气流分布的均匀性有了比较大的改善，喷嘴数目也由以前的多叶片逐渐向少叶片发展，通常在 8～12 片内选取。本膨胀机采用大叶片叶形，取 Z_{N}=8 片，根据经验，取喷嘴喉部宽度，b_{N}=12.26mm。

膨胀机内气体的质量流量

$$q_m=q_V\gamma=\frac{5500\times1.2638}{3600}=1.931\ (\text{kg/s})$$

喷嘴的叶片高度

$$H=\frac{q_m}{\gamma^*C^*b_{\text{N}}Z_{\text{N}}}=\frac{1.931}{10.89\times217.549\times12.26\times10^{-3}\times8}=8.310\times10^{-3}(\text{m})=8.310(\text{mm})$$

取 H=8.4mm（圆整），叶片形状大致如图 4-8 所示。

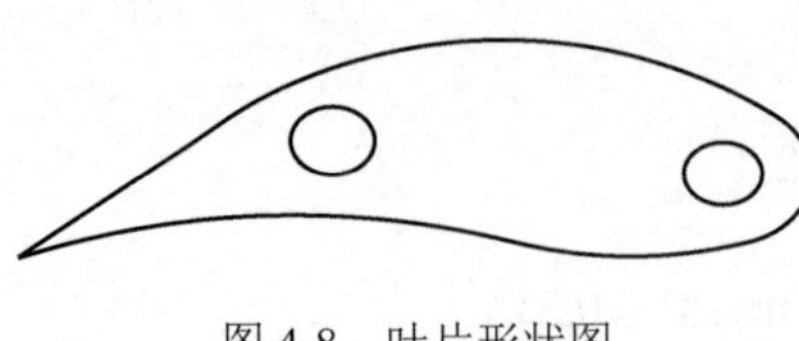

图 4-8 叶片形状图

4.4.2.4 工作轮相关参数计算

工作轮入口叶片高度取为 b_1=8.9mm；

工作轮入口处气体的体积流量

$$q_V=\frac{q_m}{\gamma_1}=\frac{1.931}{8.1}=0.238(\mathrm{m^3/s})$$

工作轮入口气流的截面积

$$F_1=\frac{q_V}{c_1\sin\alpha_1'}=\frac{0.238}{152.69\sin 18^\circ}=5044.10(\mathrm{mm^2})$$

工作轮直径

$$D_1=\sqrt{\frac{F_1}{\pi\frac{L_1}{D_1}\tau_1}}=\sqrt{\frac{4938.66}{3.14\times0.04\times0.964}}=201.96(\mathrm{mm})$$

工作轮的周向速度

$$u_1=c_1\cos\alpha_1'=152.69\times\cos 18^\circ=145.217(\mathrm{m/s})$$

取 D_1=210mm，则工作轮的转速

$$n=\frac{60u_1}{\pi D_1}=\frac{60\times145.217}{3.14\times0.21}=13213.56(\mathrm{r/min})$$

取 n=13500r/min，则工作轮的出口圆周速度

$$u_{2\mathrm{m}}=\mu u_1=0.496\times145.217=72.028(\mathrm{m/s})$$

工作轮进口气流角

$$\tan\beta_1=\frac{\sin\alpha_1}{\cos\alpha_1-\frac{u_1}{c_1}}=\frac{\sin 18.373^\circ}{\cos 18.373^\circ-\frac{145.217}{152.69}}=-155.039$$

$$B_1=89.63^\circ=89^\circ\ 37'48''$$

因为 $c_1>c^*$，在斜切口处气流发生偏斜，从而使气流进工作轮时有冲击，则冲击角

$$\Delta\beta=\beta_1'-\beta_1=90^\circ-89^\circ\ 37'48''=22'12''$$

根据计算结果可以看出，气流进工作轮时的冲击角很小，可忽略不计。

气流进工作轮的相对速度

$$\omega_1=\frac{c_1\sin\alpha_1}{\sin\beta_1}=\frac{152.69\times\sin 18.373^\circ}{\sin 89.63^\circ}=48.129(\mathrm{m/s})$$

进工作轮相对速度的圆周分速度

$$\omega_{1u}=c_1\sin(90^\circ-\alpha_1)-u_1=152.69\times\sin(90^\circ-18.373^\circ)-145.217=-0.310(\mathrm{m/s})$$

进工作轮相对速度的径向分速

$$\omega_{1\mathrm{r}}=\omega_1\sin\beta_1=48.129\sin 89.63^\circ=48.126(\mathrm{m/s})$$

工作轮处相对速度的马赫数

$$Ma_{\omega1}=\frac{\omega_1}{c_1'}=\frac{48.129}{243.87}=0.197<0.5$$

通常情况下希望$Ma_{\omega1}<0.5$，以避免过大的进口损失。

工作轮进口处的冲击损失

$$q_{\omega1u}=\frac{\omega_{1u}^2}{2}=\frac{(-0.310)^2}{2}=0.048\ (\text{J/kg})$$

工作轮进口的比焓

$$i_1'=i_1+q_{\omega1u}=77478.82+0.048=77478.868\ (\text{J/kg})\approx i_1$$

由于工作轮进口的冲击损失很小，可以忽略，所以工作轮进口处的状态可以认为与喷嘴出口的状态相同。

工作轮出口等熵比焓$i_{2S}'=63764\ \text{J/kg}$。

工作轮出口等熵比焓降

$$h_{2S}=i_1-i_{2S}'=77478.954-63764\ =13714.954(\text{J/kg})$$

不考虑工作轮内部损失时，工作轮出口的理想相对速度为：

$$\omega_{2S}=\sqrt{2h_{2S}+\omega_{1r}^2+u_{2m}^2+u_1^2}$$

$$=\sqrt{2\times13714.954+48.126^2+72.028^2-145.217^2}=117.667(\text{m/s})$$

工作轮出口的实际相对速度为：

$$\omega_2=\psi\omega_{2S}=0.85\times117.667=100.017(\text{m/s})$$

工作轮中的能量损失为：

$$q_r=\frac{\omega_{2S}^2-\omega_2^2}{2}=\frac{117.667^2-100.017^2}{2}=1921.061(\text{J/kg})$$

工作轮中相对能量损失为：

$$\xi_r=\frac{q_r}{h_S'}=\frac{1921.061}{25373}=0.0757$$

工作轮的出口实际比焓：

$$i_2=i_{2S}'+q_r=63764+1921.061=65685.061(\text{J/kg})$$

运行程序 REFPROP 8.0，运行结果如表 4-11 所列。

表 4-11　程序运行结果

温度/K	压力/MPa	密度/（kg/m^3）	焓/（kJ/kg）	熵/［kJ/（kg・K）］
175	0.89	79.982	89.137	0.92136
147.59	0.16128	10.598	65.606	0.92136

由表 4-11 可知，工作轮出口实际温度$T_2'=147.59\text{K}$，工作轮出口气体的压缩因子Z_2=0.61。

工作轮出口实际气体密度

$$\gamma_2 = \frac{p_3}{Z_2 R T_2'} = \frac{0.135\times 10^6}{0.61\times 293.03\times 147.59} = 5.117(\text{kg/m}^3)$$

工作轮出口气流的绝对速度方向

$$\tan\alpha_2 = \frac{\sin\beta_2'}{\cos\beta_2' - u_{2\text{m}}/w_2} = \frac{\sin 40.5^\circ}{\cos 40.5^\circ - 73.565/97.916} = 71.378$$

解得 $\alpha_2 = 89.2^\circ$ 。

工作轮出口气流绝对速度

$$c_2 = \frac{\omega_2 \sin\beta_2'}{\sin\alpha_2} = \frac{97.916\sin 40.5^\circ}{\sin 89.2^\circ} = 63.598(\text{m/s})$$

$$q_\text{k} = \frac{c_2^2}{2} = \frac{63.598^2}{2} = 2022.353(\text{J/kg})$$

相对余速损失

$$\xi_\text{k} = \frac{q_\text{k}}{h_S'} = \frac{2022.353}{25373} = 0.0797$$

流道效率

$$\eta_\text{u} = 1-(\xi_\text{N} + \xi_\text{N} + \xi_\text{K}) = 1-(0.0605+0.0725+0.0797) = 0.787$$

工作轮的出口直径

$$D_{2\text{m}} = \mu D_1 = 0.496\times 210 = 104.16(\text{mm})$$

工作轮的出口截面

$$F_2 = \frac{q_\text{m}}{\tau_2\gamma_2 c_2} = \frac{1.931}{0.776\times 5.117\times 63.598} = 0.007646\ \text{m}^2$$

工作轮出口内径

$$D_2'' = \sqrt{D_{2\text{m}}^2 - \frac{2F_2}{\pi}} = \sqrt{104.16^2 - \frac{2\times 7646}{3.14}} = 77.326(\text{mm})$$

导流锥直径等于工作轮的出口内径。

工作轮的出口外径

$$D_2' = \sqrt{D_{2\text{m}}^2 + \frac{2F_2}{\pi}} = \sqrt{104.16^2 + \frac{2\times 7646}{3.14}} = 125.377(\text{mm})$$

由经验可知，应取稍大值，故取 $D_2' = 129\ \text{mm}$ 。

4.4.2.5 扩压器相关参数的计算

扩压后的气流速度 $c_3' = 12\ \text{m/s}$;

扩压器出口气体密度 $\gamma_3' = 5.164\ \text{kg/m}^3$;

扩压器的出口温度 $T_3' = 148.75\ \text{K}$ 。

扩压器的出口气体截面

$$F_3 = \frac{q_\text{m}}{c_3'\gamma_3'} = \frac{1.931}{12\times 5.164} = 0.03116(\text{m}^2)$$

扩压器出口直径

$$D_3 = \sqrt{\frac{4F_3}{\pi}} = \sqrt{\frac{4 \times 0.03116}{3.14}} = 0.1992\ (\text{m})$$

取 $D_3 = 200\ \text{mm}$，则扩压器进口直径 $D_4 = D_2' = 125.377\text{mm}$。

扩压器的出口扩张角 α_3，根据经验取值 $\alpha_3 = 6°$；

扩压器的长度

$$L = \frac{D_3 - D_4}{2\tan\alpha_3} = \frac{200 - 125.377}{2\tan 6°} = 354.99(\text{mm})$$

这里扩压器的长度取 L=360mm。

4.4.2.6　工作轮型线的计算

将上述计算的参数进行统计，结果如表 4-12 所列。

表 4-12　计算结果统计

项　　目	数值
工作轮进口直径 D_1	210mm
工作轮出口内径 D_2''	77.326mm
工作轮出口外径 D_2'	125.377mm
工作轮出口平均直径 D_{2m}	104.16mm
工作轮转速 n	13500r/min
叶片顶部厚度 δ_1	1.5mm
叶片平均直径处的法向厚度 δ_2	2.0mm
工作轮出口气流绝对速度	63.598m/s
扩压器的长度 L	360mm

在叶轮旋转的条件下，叶轮叶片使气体获得能量。如果叶片的数量太少，会使叶道的当量扩张角过大，从而容易引起气流边界层的分离，使效率下降；叶片数目增多，可以减少叶轮出口气流的偏斜度，从而提高能量头系数；但是，如果叶片数目过多，就会增加气流流动摩擦损失和叶道进口处的阻塞系数，使效率下降。综合上述原因，也为了防止喷嘴发生共振，工作轮叶片数取 Z_r=19。

工作轮出口气流角 β_2 为：

$$\cos\beta_2 = \frac{u_{2m}}{\omega_{2s}} = \frac{73.56}{115.195} = 0.638$$

$$\beta_2 = 50.36°$$

叶型部分轴向宽度

$$B_r = 0.35D_1 = 0.35 \times 210 = 73.5\ (\text{mm})$$

导向段出口叶片平均跨度

$$t_{2m} = \frac{\pi(D_2'' + D_2')}{2Z_r} = \frac{3.14 \times (77.326 + 125.377)}{2 \times 19} = 16.75(\text{mm})$$

导向段轴向宽度

$$B_D = \frac{t_{2m}}{0.7} = 23.928\text{mm}$$

这里取 B_D=25mm。

工作轮平均直径处的叶片厚度

$$d_0 = \frac{2}{\sin\beta_2} = \frac{2}{\sin 50.36^\circ} = 2.597\text{mm}$$

$$\tan\alpha = \frac{d_0 - \delta_1}{2\times 35} = \frac{2.597 - 1.5}{2\times 35} = 0.015671$$

叶片根部厚度

$$d_1 = 2D_{2m}\tan\alpha + \delta_1 = 2\times 104.16\times 0.015671 + 1.5 = 4.765(\text{mm})$$

叶片在不同半径下的厚度方程

$$d_i = 2.9356 - 0.015671R_i$$

$$y = R_i x^2 / 2250.45$$

$$x = 0\sim 25R_i = 0\sim 79.68$$

根据以上数据，通过计算机编程可以在数控五轴联动铣床上加工出所需的叶轮叶片。

4.5 透平膨胀机的损失和效率

在透平膨胀机中标志能量转换过程完善程度的指标就是效率，习惯上使用等熵效率。对于空分用的制冷透平机来说，它是评价透平膨胀机热力性能的最主要指标。它表述为透平膨胀机进、出口实际比焓降 Δh 与相同条件下可能实现的最大比焓降（即等熵比焓降 Δh_S）之比，即

$$\eta_S = \frac{\Delta h}{\Delta h_S} \tag{4-30}$$

有效率就必然存在损失，透平膨胀机的损失基本可分为两大类，即内部损失和外部损失；内部损失影响透平膨胀机的等熵效率，内部损失又可分为流道损失和非流道损失；外部损失只对膨胀功的回收和利用率有影响而与透平膨胀机的等熵效率无关。在气流流经的通道中，由气流与壁面、气流与气流之间摩擦和冲击而引起的损失等称为流道损失，比如气流在喷嘴、工作轮和扩压器中的损失、喷嘴后气流对工作轮的冲击损失、喷嘴与叶轮之间的流动损失等等。而工作轮与静止件之间的气体摩擦、气体内泄漏等损失称为非流道损失。综合地来说，影响透平膨胀机等熵效率的主要损失有以下 5 种。

（1）喷嘴损失

膨胀气体流经喷嘴时，产生流道表面的阻力、局部涡流和气流冲击等损失。它与气体流动速度、喷嘴叶片叶形、叶片高度、叶片表面粗糙度及叶片出口边缘（尾部）厚度等因素有关。

（2）工作轮损失

工作轮损失是气体在叶轮流道中的流动损失。当气体流经叶轮流道时，由于叶片型线、表面粗糙度等因素引起的摩擦损失，气体流动时的涡流和冲击损失等。

（3）余速损失

现代透平膨胀机中，气体多以较高的气流速度排出叶轮后进入扩压器，经扩压器进一步

来降低介质的速度（压力和温度有所升高），使其达到允许值。实际上，气体在扩压器中的流动是一种压缩过程，需要消耗部分能量。对透平膨胀机来说同样减少了有效能量，这两部分能量的损失称为余速损失。

（4）轮背摩擦鼓风损失

叶轮摩擦鼓风损失是由叶轮轮背、轮盖和静止元件之间间隙中的气体而产生的。紧靠轮背、轮盖的那部分气体附着在叶轮上，以和轮背、轮盖相同的圆周速度运动，而紧靠壳体的那部分气体则和壳体一样，是静止不动的，在这个间隙中就形成了一个速度梯度。这一速度梯度是由气体的黏性引起的，因而要消耗一定的摩擦功。这部分摩擦功又转换成热量，通过叶轮把热量传给气体，提高了工作气体出工作轮时的比焓值，因而降低了制冷量。

（5）泄漏损失

泄漏损失包括内泄漏损失和外泄漏损失两种。对闭式叶轮，在轮盖处采用迷宫密封，有一小股工作轮前的未经膨胀的气流，经密封器与叶轮间的缝隙漏出，它与经工作轮膨胀后的低比焓气体在叶轮出口处汇合，从而使叶轮出口处气体的比焓升高，降低了膨胀机的制冷量，这种损失称为内泄漏损失；在半开式工作轮中由于没有轮盖，无法设置密封器，这时希望尽量减少叶片和固定件的间隙。外泄漏损失，是由工作轮前的一小股气流，经轮盘外侧与壳体之间的缝隙，沿轴漏向外界，它不会影响膨胀后气体的比焓，仅仅是减少了有效膨胀气体量，影响了膨胀机总的制冷量。

当然，对于透平膨胀机来说还有一些其他的损失影响等熵效率，例如上面提到的一些流动损失，装置的热损失等，但在设计良好的情况下它们对效率及制冷量影响都比较小，可以忽略。这里只计算叶轮轮背摩擦损失和工作轮内泄漏损失。

4.5.1　工作轮轮背摩擦损失

气流的黏性是产生流动损失的根本原因，当气流流经压缩机级的通流部分时，由于黏性的存在，在最贴近流道壁的地方，流速最小，而在中间部分的主流中，流速最大。这样就可以将气流分成许多层，而层与层之间的速度各不相同，于是产生了摩擦效应。此外，流动着的气流和流道壁也发生摩擦，这种摩擦就使气流的一部分能量转变为无用的热量。而这种摩擦现象，在气流接近物体表面的很薄一层，即所谓边界层中最为严重。因此可以把经过物体附近的流动分为两个区域：主流区和边界层区。边界层中由于速度梯度大，摩擦起着重大作用，在边界层以外的主流中，由于速度梯度很小，摩擦可以忽略不计。

除了边界层中因摩擦而产生的能量损失外，压缩机级中还经常发生边界层分离现象，它可能会造成旋涡区，从而使气流反向流动而引起较大的能量损失。此外，因为边界层增厚以及分离，使主流有效通流面积减小，主流流速增大，因此将不会得到预期的压力提高效果。

4.5.2　工作轮轮背摩擦损失计算

由 T_1、p_1 运用软件可查得，混合制冷气体的动力黏度 $\eta_1 = 2.508\times10^{-4}$ Pa • s；

运动黏度为：

$$v_1 = \frac{\eta_1}{\gamma_1} = \frac{2.508\times10^{-4}}{8.1} = 3.096\times10^{-5}(\mathrm{Pa}\cdot\mathrm{S})$$

喷嘴出口参数定性的雷诺数

$$Re = \frac{u_1 D_1}{v_1} = \frac{148.317 \times 0.21}{3.096 \times 10^{-5}} = 1.006 \times 10^6$$

工作轮轮背摩擦系数

$$\xi_f = \frac{12.87 \times 10^{-3}}{(1.006 \times 10^6)^{0.2}} = 8.111 \times 10^{-4}$$

这里选用闭式工作轮，系数取 K=3，则工作轮轮背摩擦功率

$$P_B = K \xi_f \gamma_1 u_1^{\ 3} D_1^{\ 2}$$

$$=3 \times 8.111 \times 10^{-4} \times 8.1 \times 148.317^3 \times 0.21^2 = 2835.908(\text{W})$$

单位轮背摩擦损失

$$q_B = \frac{P_B}{q_m} = \frac{2835.908}{1.931} = 1468.621(\text{J/kg})$$

相对轮背摩擦损失

$$\xi_B = \frac{q_B}{h_S'} = \frac{1468.621}{25373} = 0.0579$$

4.5.3 工作轮内泄漏损失

$$\xi_L = 1.3 \frac{\delta}{L_1}(\eta_u - \xi_B) = 1.3 \times 0.01 \times (0.787 - 0.0598) = 0.00945$$

工作轮内泄漏损失的能量：

$$q_L = \xi_L h_S' = 0.00945 \times 25373 \ = 239.775(\text{J/kg})$$

膨胀机理论输出功为 122.03 kW。

4.6 透平膨胀机的运行、维护和故障处理

4.6.1 透平膨胀机的运行

4.6.1.1 透平膨胀机运行前的注意事项

透平膨胀机启动前的准备工作和运行操作，应按厂家提供的使用说明书进行。在膨胀机运行前要严格检查机组各系统是否处于完好状态，是否具备启动运行的条件，是保证机组正常运行的一个重要环节。以下内容启动前应特别注意：

① 有条件时应用手进行盘车，转子应转动灵活，无任何卡住或滞转现象。

② 润滑系统工作正常。供油装置的油品、油压和油温应满足运行要求。为了不使润滑油进入工作介质中，启动油泵之前轴封应通入密封气；对于气体轴承膨胀机，则要求轴承气压力稳定，满足启动要求。

③ 喷嘴调节阀调节线性好、工作准确。

④ 所有的报警联锁设置必须灵敏、准确、可靠，特别是膨胀机进口快速关闭阀联锁关闭应快速可靠，符合设计要求。厂家规定的所有启动条件必须满足。

⑤ 所有阀门关开位置必须正确。

4.6.1.2 透平膨胀机启动后的注意事项

膨胀机启动后要密切注意机器的运行状况，经常查看轴承温度、间隙压力、转速及整机运转状况是否正常。应注意以下几点：

① 按使用说明书要求启动膨胀机。

② 在启动膨胀机的过程中，要尽可能地避免膨胀机在较低的转速下长时间运行，因为在较低的转速下轴承难以形成良好的油膜，可能会使轴承损坏。

③ 如果同时启动两台并联的增压机制动透平膨胀机，则要注意开车的同步性问题，即启动后两台机组应同步进行调整。

④ 临时停车后重新启动膨胀机前应特别注意内轴承温度，不得低于厂家规定的温度值，一般不得低于 15℃。

⑤ 在正常运行过程中，应尽可能保证膨胀机始终工作在最佳工况点附近，这样制冷能力才能得到充分发挥，使空分设备在最经济的情况下运行。

4.6.2 透平膨胀机的维护和检修

透平膨胀机的正常维护和检修是保证透平膨胀机安全可靠运转的必要措施，也是保持发挥膨胀机最好效能的重要前提。

4.6.2.1 装拆说明

透平膨胀机的拆卸、清洗和装配应由具有良好素质的技术工人来完成，严格按照生产厂家提供的技术文件进行。膨胀机的装配必须在十分清洁的环境中进行，所有零部件特别是轴承、密封器、叶轮和喷嘴环等都必须要非常小心地处理，要特别注意的有以下几项：

① 装配时各主要部件应做好对应标记，复装时可以按照标记进行，比较方便。

② 一般来说，轴承本身是不允许进行任何修正的。每次安装都应对轴承的完好程度进行确认，对止推间隙（轴向间隙）进行检查。

③ 转子更换零件或对转子动平衡有怀疑时（在转子运转时，依据运转噪声的增加也可判断其不平衡），要按转子图纸的要求对动平衡进行必要的校正。

④ 一定要按照装配间隙图纸的要求，使喷嘴叶片与工作叶轮进口处叶片、增压机轮出口处叶片与扩压器对中。

⑤ 对于零泄漏喷嘴，喷嘴叶片两端面与盘的滑动配合面，需要喷涂低温润滑剂，用以避免传动过程中或装拆时拉毛。

⑥ 主机完成装配后，用手拨动转子时应转动灵活，无任何卡住或滞转现象，更不允许有不正常的碰触声音出现。

4.6.2.2 维护说明

（1）喷嘴

只要使用的气体制冷剂是清洁的，即使喷嘴叶片的颜色变暗，也不会影响效率。但如果气体中含有较大的（即使是少量的）固体颗粒或含有二氧化碳以及产生液滴时，就会对喷嘴叶片造成磨蚀，情况严重时会出现凹坑，使效率明显下降，这时就要更换喷嘴环，在装置启动期间，最容易发生喷嘴环磨蚀，因此操作时要注意。

（2）膨胀机的叶轮

叶轮与喷嘴环相同的原因，也能对叶轮叶片造成进口边的磨蚀，如果叶轮的磨蚀严重甚至出现凹坑，就会影响运行效率，要更换工作轮。

（3）膨胀机的叶轮密封盖

叶轮密封盖容易造成轻微磨损，这样导致膨胀机的效率下降，如果叶轮密封盖发生显著的磨损就要进行更换。

（4）轴密封

一般来说轴密封在运转时也会发生轻微磨损，但如果轴密封磨损严重，就要调换，因为过大的间隙会使轴承温度降低并增加漏气损失。轴密封的径向间隙一般在 0～0.04mm 之间，当增大到 0.1mm 时应予以调换。

（5）轴承

轴承一般都经过良好的设计并采用机械加工，因此轴承的内孔和止推面一般都不允许进行任何修正。如果发现因为暂时超负荷或润滑不良而导致轴承损坏，就要使用新的轴承。

（6）供油系统

① 油冷却器一般一个运行周期应进行一次清洗，如果冷却水不太干净，油冷却器的清洗次数应该增加，可以根据冷却效果决定。

② 油过滤器发现油过滤器阻力明显增大时，要对过滤器滤芯进行清洗或更换。

③ 润滑油品质是保证轴承性能的重要因素，应定期检查润滑油的性能（外观、黏度、成分、流动点、闪点等）。

④ 按厂家的说明书，定期检查紧急供油装置，确保其何时在线都能起作用。

（7）快速关闭阀

快速关闭阀应定期检查，每次开车前和停车后都要进行必要的检查。以确认其关闭速度和与其他联锁的协调功能，比如快速关闭阀关闭的同时，增压机回流阀或风机调节阀是否打开、电动机是否分闸等。

一般来说，在各种情况下都不允许膨胀机反向旋转，避免损坏轴承。

4.6.2.3 膨胀机主要故障及其处理

下面列举出一些膨胀机常见的主要故障及其产生原因，便于发生相应故障时能参照处理。

① 轴承温度太高，其主要原因有：

a．供油量不足；

b．供油系统不清洁（如油过滤器堵塞等）；

c．轴承上的旋转部件不平衡；

d．轴承已经磨损；

e．轴承过载。

② 内轴承温度太低，其主要原因有：

a．内轴封间隙过大；

b．轴承密封气压力过低；

c．停车时装置冷气体的窜流（此时必须启动油泵加温轴承）；

d．机体内有冷气体泄漏（短路）。

内轴承温度太低会使轴承间隙过小而影响其正常运行，情况严重时还会引起润滑油固化，破坏轴承的工作环境。

③ 膨胀机进口带液，其主要危害有：当膨胀机出现这种情况时，容易损坏喷嘴环和叶轮，同时由于这时叶轮起了“泵”的作用，会使间隙压力增高，增加止推轴承的负荷，有可

能会引起轴承等零件的损坏，要特别地注意。

④ 固体的颗粒进入叶轮，其主要危害有：固体异物进入会打坏叶轮和喷嘴环，因此需要检查机前过滤器的工作是否良好。

⑤ 膨胀机间隙压力高于正常值，其主要原因有：

a．膨胀机实际运行参数偏离其设计值；

b．安装不正确；

c．液体进入喷嘴和叶轮间的空间；

d．膨胀机叶轮有“冰堵”现象。

对间隙压力应特别注意，间隙压力与出口压力之间的压差与止推轴承的负荷有直接关系，为了避免膨胀机间隙压力过大而引起机器故障，因此在出现间隙压力过大时必须查明起因，及时地处理。

⑥ 膨胀机间隙压力过低，其主要原因有：喷嘴流道堵塞。

⑦ 膨胀机振动变大，其主要原因有：

a．转子的动平衡被破坏（膨胀机叶轮损坏、安装不正确、叶轮上有凝结物等）；

b．膨胀机工作转速与转子自身的固有频率相近或相等而产生共振；

c．油膜厚度的周期性变化而引起的油膜振荡；

d．膨胀机喷嘴出口带液，液滴被抛向叶轮边缘并快速气化，使间隙压力产生大幅波动；

e．增压机或风机制动时，制动器进入喘振区工作而引起的振动。

参考文献

[1] 王仲奇，秦仁．透平机械原理［M］．北京：机械工业出版社，1988．

[2] 李文林．混合制冷剂的研究与发展［J］．流体工程，1986，15（4）：60-64．

[3] 郑镇．混合制冷剂的应用研究［J］．制冷与空调，1994，5（2）：43-46．

[4] 吴业正．制冷与低温技术原理［M］．北京：高等教育出版社，2007．

[5] 石文星，田长青．空气调节用制冷技术［M］．北京：中国建筑工业出版社，2010．

[6] JB/T4334-1986．静压空气轴承透平膨胀机技术条件［S］．北京：中国标准出版社，1998．

[7] 杨凯．10000 m^3/h 增压透平膨胀机设计［D］．兰州：兰州理工大学，2013：1-77．

[8] 王心刚．透平膨胀机的工作原理及操作规程［J］．河南科技，2014，30（17）：135-136．

[9] 侯盾．增压透平膨胀机工作叶轮等部件损坏事故分析及修复［J］．黑龙江科技信息，2012，16（15）：39．

[10] 李耀，张卫．增压透平膨胀机的操作与维护［M］．北京：机械工业出版社，2011．

[11] 张卫．膨胀机的工作原理［M］．北京：机械工业出版社，2011．

[12] 张周卫，厉彦忠，陈光奇，等．空间低温冷屏蔽系统及表面温度分布研究［J］．西安交通大学学报，2009（8）：116-124．

[13] 张周卫，李连波，李军，等．缠绕管式换热器设计计算软件［Z］．北京：中国版权保护中心，201310358118．7，2013-02-19．

[14] 张周卫，薛佳幸，汪雅红，等．缠绕管式换热器的研究与开发［J］．机械设计与制造，2015，（9），12-17．

[15] Zhang Zhou-wei，Wang Ya-hong，Xue Jia-xing．Research and Develop on Series of Cryogenic Liquid Nitrogen Coil-wound Heat Exchanger［J］．Advanced Materials Research，2015，Vols．1070-1072：1817-1822．

[16] Zhang Zhou-wei，Xue Jia-xing，Wang Ya-hong．Calculation and design method study of the coil-wound heat exchanger［J］．Advanced Materials Research，2014，Vols．1008-1009：850-860．

[17] Zhang Zhou-wei，Wang Ya-hong，Xue Jia-xing．Research and Develop on Series of Cryogenic Methanol Coil-wound Heat Exchanger［J］．Advanced Materials Research，2015，Vols．1070-1072：1769-1773．

第5章 螺旋压缩膨胀制冷机设计计算

螺旋压缩膨胀制冷机主要应用于天然气预冷过程，可提供-80℃以上制冷量，采用完全轴对称且同轴线结构的螺旋压缩机头、电机及螺旋膨胀机头，应用近似布雷顿循环制冷原理，较布雷顿循环更接近等温压缩过程的循环方式，压缩功相对较小，可回收膨胀功，COP（理论回热循环性能系数）较高；应用多级螺旋压缩叶片逐级改变螺旋压缩叶片螺距及螺旋上升角、逐级扩压再压缩的连续压缩方法，实现高速螺旋叶轮对气体的多级离心冲压压缩过程；通过增大螺旋膨胀叶片螺距及螺旋上升角，高压气流逐渐膨胀加速的连续膨胀做功方法，实现气体对螺旋叶片膨胀做功过程及降温过程；采用气流多级轴向扩压再膨胀的方法带动螺旋叶片高速旋转，实现气流对多级螺旋叶片逐级膨胀做功并降温的过程；结构简洁精巧，外形似圆柱形，可直接连接至管道中，实现高温气体的开式低温制冷过程。

5.1 螺旋压缩膨胀制冷机

5.1.1 制冷压缩机的发展

近年来，随着低温制冷工艺技术的不断提高和低温装备的持续进步，冷冻、冷藏和空调制冷工程得到了很大的发展，但无论是制冷过程或低温过程，其性能和可靠性的改善都与制冷压缩机的发展及制冷方式密不可分。活塞式制冷压缩机在国内外有很长的发展历史，早在100 多年前世界各国就已投入使用，经过不断改进，使之技术日趋成熟，产品具有很高的技术经济指标，一般认为其技术完善程度已达到 95%～96%。空调用滚动转子式压缩机最早由美国 GE 公司研制并生产，由此引发了空调用压缩机在结构上的巨大进步。但由于初期技术上的不完善，使该产品效率低、排温高、振动噪声大，极大地阻碍了该类型机的发展。滑片式压缩机发展到今天，在结构、材料、润滑和冷却方式等方面均有了较大的改进。螺杆式制冷压缩机在我国起步较晚，但它一出现，就以其结构简单、易损件少、排温低、压力大，尤其不怕带尘、带液压缩而得到了飞速的发展。涡旋压缩机原理于 1905 年由法国工程师 Cruex 发明并在美国申请了专利。在随后近 70 年的时间里都没有得到更为深入的研究和发展。20 世纪 70 年代，美国 A.D.L 公司对涡旋压缩机进行了广泛和卓有成效的研究。组装式离心压缩机又称为组装型整体齿轮增速式离心压缩机，近年来在世界上发展得很快，我国对这种压缩机的需求量很大，广泛应用在冶金、石化、制药的空分装置、动力站等各个领域。在 1992 年和 1996 年的普度会议上，日本东芝公司提出了一种新型压缩机——螺旋叶片压缩机，简要阐述了其工作原理和工作特性，并发表了工作过程压力变化的实测结果。螺旋叶片压缩机是一种回转式容积式压缩机，最大的缺点是高速运动下螺旋叶片的磨损非常严重，一方面要求螺旋叶片要有足够的弹性或柔性，以适应于容积的不断变化过程；另一方面要求有足够的刚性及耐磨性，致使螺旋叶片材料难以做到刚柔并济，寿命难以满足要求，因而难以产业化生产，2013年，由张周卫等提出一种螺旋压缩膨胀制冷机，制冷压缩过程主要采用离心压缩与多级螺旋叶片压缩相结合的回转式压缩方式，膨胀段采用多级螺旋叶片膨胀扩压过程，整个制冷机采用完全的轴对称设计，制冷过程近似于布雷顿制冷过程，可克服容积式压缩过程中螺旋叶片易于损坏的缺点。

5.1.2　螺旋压缩膨胀制冷机工作原理

螺旋压缩膨胀制冷机应用近似布雷顿循环制冷原理，在理论循环过程中，布雷顿循环为等熵压缩过程，而螺旋压缩膨胀制冷机由于采用了多级螺旋叶片压缩，采用较长的压缩机头，压缩过程便于气缸向外散热，较布雷顿循环更接近等温压缩过程，压缩功相对较小。同时，螺旋压缩膨胀制冷机采用多级膨胀再扩压再膨胀的膨胀制冷过程，整个过程近似等熵膨胀过程。由于整个膨胀过程与压缩过程连接在一条轴线上，膨胀制冷过程中的理论膨胀功可以回收并通过电机中轴传递给压缩段进行压缩，整个制冷过程中，压缩段的压缩功比布雷顿循环小，COP比布雷顿循环高。

螺旋压缩膨胀制冷机用变螺距螺旋压缩机头，压缩过程中，采用离心压缩与冲压压缩相结合、以冲压压缩为主的压缩原理，应用连续多级螺旋压缩叶片及多级轴向扩压环，沿轴向连续多级压缩及沿轴向扩压的方法，可有效弥补离心压缩过程存在的不足，拓宽回转式气体压缩机械的应用领域。首先，气流进入离心压缩叶轮，应用离心压缩原理进行初步离心加速，并在第一扩压环内增压。增压后的气流进入高速旋转的一级螺旋压缩叶片进气口时，产生冲压压缩作用，相对速度减小后，随高速旋转的螺旋叶片逐渐加速产生离心压缩，并向螺旋叶片下部运动，静压增大；相对于叶片，高速气流进入螺旋叶片瞬间形成冲压，并在螺旋叶片形成的渐缩通道中逐渐扩压，达到螺旋叶片底部时，静压增大；由于螺旋叶片带动气流高速旋转，在叶片底部形成高压气流，高压气流流至叶片底部时，遇到静止的第二扩压环，气流在第二扩压环内再次扩压，静压继续增大，随之改变方向并进入二级螺旋压缩叶片，进行下一级的离心冲压压缩过程，并持续二级、三级压缩及扩压过程。总体压缩过程包括初步离心压缩过程、三级螺旋叶片带动的三级冲压过程，四次扩压过制，冲压过程中伴随离心压缩过程。压缩后的气流通过压缩中轴径向孔进入压缩中轴轴向孔后，再通过电机定子中轴中心孔输送到膨胀段。

其次，由于气流在压缩过程中螺旋叶片持续对气体做功，产生大量的热，热量通过压缩罩外压缩段散热片排入大气环境。压缩机头内螺旋转子高速旋转，最大线速度每秒100m以上，最高转速10000r/min以上，可完成小直径螺旋转子的离心冲压压缩过程。压缩过程中各级螺旋叶片螺距大小、螺旋叶片数量、螺旋角大小等可根据实际气体可压缩性能确定，压缩级数可根据压比确定。利用逐级调节螺旋压缩叶轮叶片螺线螺距及上升角的方法，改变相邻螺旋叶片间距及通流截面面积，采用高速旋转的螺旋叶片逐级离心冲压的多级压缩方法及轴向设置多级扩压环沿轴向扩压的方法，最终实现气体的逐级离心冲压过程。膨胀过程近似压缩过程的反过程，通过增大螺旋膨胀叶片螺距及螺旋上升角，高压气流逐渐膨胀加速的连续膨胀做功方法，实现高压气体对螺旋叶片膨胀做功过程及降温过程；同时采用多级轴向扩压再膨胀的方法带动螺旋叶片高速旋转，实现气体对多级螺旋叶片逐级膨胀做功并降温过程。膨胀功可沿轴向输送至压缩段并减少压缩段压缩功，从而提高系统 COP。冷却气沿筒体右侧进气孔进入壳体，进入定子与转子之间的通道冷却电机，冷却电机后经风扇左侧进入壳内散热片空隙并冷却壳内散热片，冷却后沿筒体左侧出气孔排出壳体。被冷却气体在压缩机头内被压缩过程产生的一部分热量通过筒体左侧的压缩段散热片与冷却气换热排出，另一部分通过壳内散热片与冷却电机后的冷却气进行强制对流换热并排出壳体。多级膨胀过程与外界通过绝热层隔开，防止膨胀制冷量扩散至外界。

5.1.3 螺旋压缩膨胀制冷机技术特点

螺旋压缩膨胀制冷机压缩段、电机、膨胀段连接在同一轴线上，整体压缩机类似圆柱体结构，高温被冷却气从螺旋压缩膨胀制冷机一端进入压缩段后，经多级压缩、冷却和多级膨胀变为低温气体，并从另一端排出，整体制冷机结构简捷，便于安装于管道系统，将高温气体直接冷却变为低温气体，完成开式制冷过程。螺旋压缩膨胀制冷机应用壳内电机风扇冷却电机的同时冷却壳内换热器，达到冷却压缩段的目的，系统结构简单精巧，可直接连接至管道中将高温气体冷却。图 5-1 为螺旋压缩膨胀制冷机总装图。

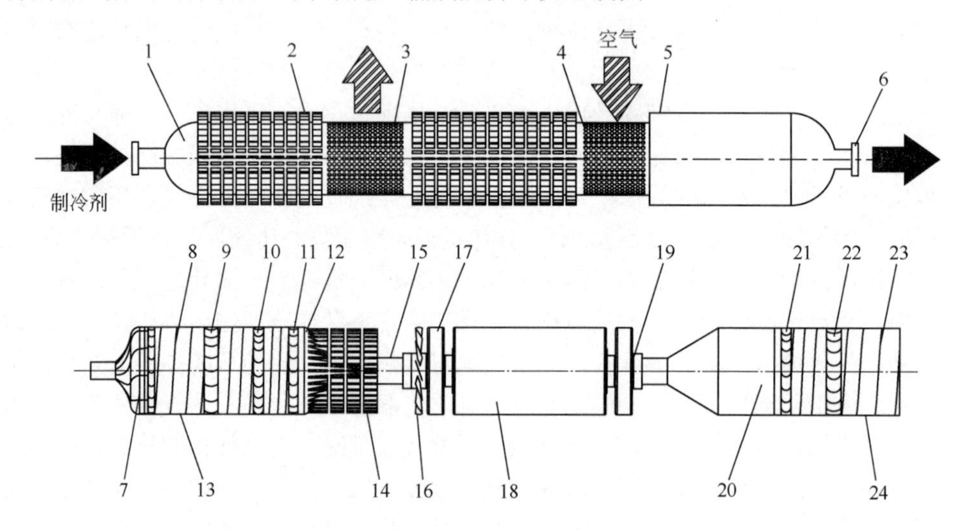

图 5-1 螺旋压缩膨胀制冷机总装图

1—筒体；2—散热片；3—出气孔；4—进气孔；5—绝热层；6—法兰；7—离心轮；8—压缩螺旋叶片；9—压缩机第一压缩导流轮；10—压缩机第二压缩导流轮；11—压缩机第三压缩导流轮；12—压缩室；13—压缩罩；14—冷却罩；15—过电机密封罩；16—风扇；17—轴承架；18—电机；19—轴承；20—膨胀罩；21—压缩机第三膨胀导流轮；22—压缩机第四膨胀导流轮；23—膨胀螺旋叶片；24—膨胀室

从工作原理上讲，螺旋压缩膨胀制冷机是一种回转式压缩机，因此它具有回转式压缩机的一些共同优点。此外，螺旋叶片压缩机结构独特，与其他形式的回转式压缩机相比还具有下列独特的优点。

① 旋转活塞式、涡旋式压缩机均比螺旋叶片压缩机变化大，尤其是活塞式压缩机转矩变化要大出好几倍，而螺旋转矩为一直线，采用完全的轴对称设计，旋转惯性力完全自动平衡，这样可使电机运转极为平稳，压缩机转矩变化很小，所以机组振动非常小。

② 泄漏小，容积效率高。回转式压缩机泄漏量的大小除与泄漏间隙、泄漏周长以及泄

漏时间有关外，更主要的是与压缩腔之间的压差有关，而螺旋压缩过程主要采用离心压缩加多级冲压压缩过程，相对较快的冲压速度及多级冲压效果，可有效降低泄漏量。图 5-2 所示为旋转活塞式、涡旋式以及螺旋压缩式三种压缩机压力变化过程，从图中可以明显看出螺旋叶片压缩机相邻压缩腔间的压力差最小。

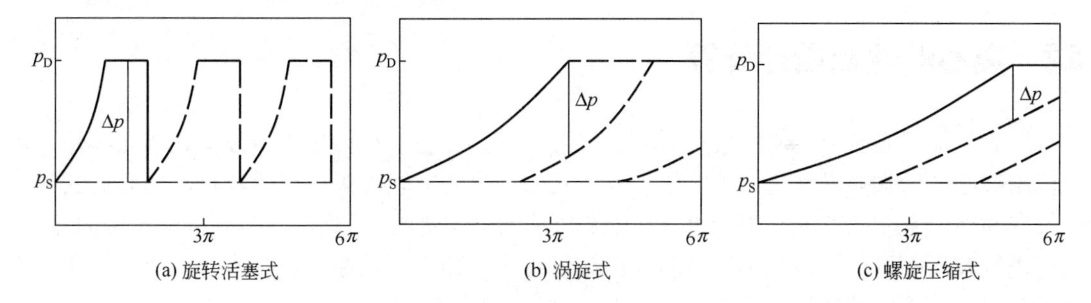

图 5-2　三种压缩机压力变化过程相邻压缩腔的压力差Δp

5.1.4　螺旋压缩膨胀制冷机设计步骤

在此通过完成螺旋压缩膨胀制冷机的结构设计，并在螺旋压缩膨胀制冷机的结构、效率等方面做一些优化和完善的工作，特别是对压缩过程和膨胀过程进行探究，以提高螺旋压缩膨胀制冷机性能水平和设计水平。

该设计对制冷机结构方案进行验证、选择，其中要进行制冷机结构形式的选择，完成技术选择和压力比的分配，进而确定制冷机叶轮的主要参数，从而确定制冷机整体的主要技术参数，再根据所得参数，计算出所需级数及压缩功，选配电机。

先分析和理解螺旋压缩机结构，从其工作原理入手，设计叶轮叶片，确定级的总耗功，计算和校核叶轮叶片强度，简述密封工作原理和结构形式，对应于设计的螺旋压缩机确定其密封形式。而冷却过程也是制冷中的一个重要过程，对于压缩后的高温高压制冷剂通过冷却器进行冷却，所以设计合适的冷却器是必不可少的，通过传热计算设计了高效率肋片式冷却罩。螺旋压缩机和冷却器确定后，进行螺旋膨胀机的设计，膨胀过程的状态参数变化采用冲压方法计算确定。确定了整个制冷机的结构后，简要阐述制冷剂和载冷剂，进入热工性能的计算。最后对制冷机的强度进行计算与校核，完成了整个螺旋压缩膨胀冷机的设计。

由于螺旋压缩膨胀制冷机还没有成形的设计标准，因此需要参考相关文献和资料进行创新性设计计算，建立一种可行的设计标准，采用冲压压缩膨胀方法，确定螺旋式压缩膨胀制冷机的基本参数，进而进行结构设计和强度校核。在此基础上，可完成工程图纸。其中，重点是对叶轮和螺旋叶片的设计及压缩膨胀过程的计算等。

5.1.5　螺旋压缩膨胀制冷机设计方法

螺旋压缩膨胀制冷机设计的基础就是螺旋压缩膨胀制冷机基本原理和设计经验。在工程应用中其主要的设计方法有效率法、流道法和模化法三种。

效率法是根据已有的设计经验和类似的压缩机产品，预先给定级效率，然后按照经验数据选取级的主要几何参数和各个元件的形式，设计出压缩机的流道几何尺寸，其缺点是用级的平均多变效率代替各部件的效率，不能反映各部件的真实情况。

流道法则是以级中各元件的试验为基础，用已有基本元件的性能经过换算去匹配新的元件来设计压缩机的流道。这种方法需要大量元件的试验数据，目前由于缺乏完整的各种典型级和元件匹配性的试验数据而较少采用。

模化法包括整机模化设计和按照基本级匹配的设计，它们都是以相似理论为基础的几何形状和流体动力方面的相似模化，所以模化设计的新机器性能是最可靠的。

5.2 离心叶轮的设计计算

螺旋压缩膨胀制冷机压缩段可采用一级进口离心叶轮，也可采用多级串联离心叶轮，也可应用离心叶轮加多级螺旋压缩叶轮形式。其中，离心叶轮可采用后弯叶轮，离心后的气体沿轴向 90° 折流并在轴向扩压环扩压，压缩气体沿轴向进气，经离心压缩后折流至轴向排气。气体进气及压缩过程近似径轴流叶轮，压缩过程中，离心压缩原理没有本质的变化，所以为便于计算，离心压缩过程参照常规离心叶轮进行计算。

5.2.1 离心叶轮主要结构参数

叶轮叶片的型线，原则上可以根据较少气体的流动损失来设计。叶轮主要由轮盘、叶片和轮盖三者组成。

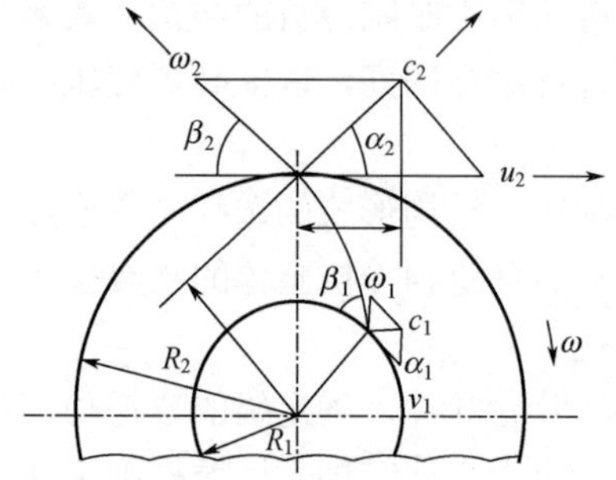

图 5-3 叶轮进出口三角形

叶轮主要结构参数有：叶轮外径 D_2，叶轮叶片进口直径 D_1，叶轮进口直径 D_0，叶轮进口轮壳直径 d，叶轮叶片出口宽度 b_2，叶片进口宽度 b_1，叶片厚度 δ，叶片数 Z，叶片进口安装角 β_{1A}，叶片出口安装角 β_{2A}，叶片进口斜角 γ，叶轮的轮盖斜度 θ，$\theta = \arctan\,[2(b_1 - b_2)/(D_2 - D_1)]$，从叶轮强度考虑，$\theta$ 宜小于 $12°$；轮盖进口圆角半径 r。图 5-3 为叶轮进出口三角形。

其中叶片进口宽度 b_1 是指叶片轮盖侧面边缘延长到叶片进口中心点的直径 $\sigma_1 = K_1 p_1 r / \delta$ 处所量得的宽度。叶片进口边的斜角 γ，一般为 $40°$～$80°$。

5.2.2 后弯形叶轮参数的计算

已知：级进口参数 p_{in}=0.1MPa，T_{in}=20℃，Q_{in}=1.0m^3/s；叶轮圆周速度 u_2=85m/s；转速 n=16242r/min。

5.2.2.1 级的总耗功和功率

压缩机是通过叶轮来传递能量的，因此级的功和功率的消耗，也就是在叶轮上反映出来的。叶轮除了对气体做功外，轮阻损失和内漏气损失都要消耗功。叶轮相对于每公斤有效气体流量的总耗功以 h_{tot} 表示。

当不考虑轮阻损失和内漏气损失，又在没有预选的离心轮中（一般气体按 α_1=90° 进入叶轮），这时叶轮对 1kg 气体所做的功为：

$$h_{th} = \frac{1}{g} c_{2u} u_2 = \frac{1}{g} \frac{c_{2u}}{u_2} u_2^2 = \varphi_{2u} \frac{1}{g} u_2^2 \tag{5-1}$$

式中 φ_{2u} ——叶轮出口处气流的周向分速度系数，$\varphi_{2u}=c_{2u} / u_2$。

每秒钟叶轮流量为 G 时的耗功为：

$$h_{th}=G\varphi_{2u}\frac{u_2^2}{g} \tag{5-2}$$

每秒钟叶轮流量为 G 时的功耗率为：

$$N_{th}=\frac{Gh_{th}}{102} \tag{5-3}$$

对于实际叶轮来说，存在着内漏气损失和轮阻损失。由于漏气的存在，叶轮中总的工作流量 G_{tot} 为有效流量 G 与漏气流量 G_1 之和：

$$G_{tot}=G+G_1 \tag{5-4}$$

因此，在考虑到内漏气损失和轮阻损失的实际条件下，叶轮在有效流量每秒为 G 时，其总的耗功率 N_{tot} 为：

$$N_{tot}=\frac{G+G_1h_{th}}{102}+N_{df} \tag{5-5}$$

式中　N_{df}——叶轮轮阻损失，kW。

这样，叶轮相对于每公斤有效气体流量来说，总耗功为：

$$h_{tot}=\frac{G+G_1}{G}h_{th}+\frac{102N}{G}N_{df} \tag{5-6}$$

令漏气损失系数 $\beta=G_1/G$，轮阻损失系数 $\beta_{df}=102N_{df}/(Gh_{th})$，则叶轮对于每公斤有效气体的总耗功 h_{tot}、内漏气损失 h_1 和轮阻损失 h_{df}，可分别表示为：

$$h_{tot}=(1+\beta_1+\beta_{df})h_{th} \tag{5-7}$$

$$h_1=\beta_1h_{th} \tag{5-8}$$

$$h_{df}=\beta_1h_{th} \tag{5-9}$$

叶轮在有效流量为 G 时，叶轮总的功率消耗 $K_1=1.05$，轮阻损失功率 $\delta=1.05p_1r/(0.85\sigma_s)$ 和内漏气损失功率 $\delta=7.83\times10^{-5}$，也可分别表示为

$$N_{tot}=\frac{(1+\beta_1+\beta_{df})Gh_{th}}{102} \tag{5-10}$$

$$N_{df}=\frac{\beta_{df}Gh_{th}}{102} \tag{5-11}$$

$$N_1=\frac{\beta_1Gh_{th}}{102} \tag{5-12}$$

5.2.2.2　叶轮叶片进口参数计算

取未进叶片的时气流速度

$$c_1'=c_{1r}'=17.3\text{m/s}$$

进气室温升

$$\Delta t_1=-\frac{c_1^{\ 2}}{2gRk/(k-1)}=-\frac{17.3^2}{19.6\times29.27\times1.4/(1.4-1)}=-0.149(℃)$$

$$T_1=T_{in}-\Delta t_1=293+0.149=293.1(℃)$$

取进气室效率 η_{ic}=0.9，则

$$\frac{m_{ic}}{m_{ic}-1}=\frac{k}{k-1}\frac{1}{\eta_{ic}}=\frac{1.4}{1.4-1}\frac{1}{0.9}=3.89$$

$$K_{v1}=\left(1+\frac{\Delta t_1}{T_{in}}\right)^{\frac{m_{ic}}{m_{ic}-1}-1}=\left(1+\frac{-0.149}{293.1}\right)^{3.89-1}=0.999$$

$$p_1=p_{in}\left(\frac{T_1}{T_{in}}\right)^{\frac{m_{ic}}{m_{ic}-1}}=1\times\left(\frac{292.9}{293.1}\right)^{3.89}=0.999$$

取 $\frac{D_1}{D_2}=0.56$，则

$$D_2=\frac{60u_2}{\pi n}=\frac{60\times85}{3.14\times16242}=100(\text{mm})$$

$$D_1=0.56D_2=56\text{mm}$$

$$u_1=\frac{\pi D_{1n}}{60}=\frac{\pi\times0.056\times16242}{60}=47.5(\text{m/s})$$

$$\tan\beta_1=\frac{c_1}{u_1}=\frac{17.3}{47.5}=0.364$$

$$\beta_1=20^\circ$$

取叶片的进口几何角为 $\beta_{1A}=22^\circ$，则叶轮叶片数

$$Z=\left(\frac{1}{t}\right)_{opt}\frac{2\pi\sin[(\beta_{1A}+\beta_{2A})/2]}{\ln(D_2/D_1)}=2.8\times\frac{6.28\sin[(22+20)/2]}{\ln(100/56)}=10$$

叶片进口阻塞系数

$$\tau_1=1-\frac{Z\delta}{\pi D_1\sin\beta_{1A}}=0.544$$

其中叶片进口边厚度 $\delta=3$，气流进入叶片后，

$$c_{1r}=\frac{c'_{1r}}{\tau_1}=\frac{17.3}{0.544}=31.8(\text{m/s})$$

$$\omega_1=\sqrt{c_{1r}^2+u_1^2}=\sqrt{31.8^2+47.5^2}=57.2(\text{m/s})$$

此时

$$\tan\beta_1=\frac{c_{1r}}{u_1}=\frac{31.8}{47.5}=0.669$$

$$\beta_1=38.5^\circ$$

$$b_1=\frac{Q_{in}}{60\pi D_1K_{v1}\tau_1c_{1r}}=\frac{1}{\pi\times0.056\times0.999\times0.544\times31.8\times60}=5.48(\text{mm})$$

5.2.2.3 叶轮 0—0 截面参数计算

取 $c'_1/c_0=1.1$，则 $c_0=17.3/1.1=15.7$ (m/s)，此时从级进口到改截面处温升

$$\Delta t = -\frac{{c_0}^2}{2gRk/(k-1)} = -\frac{15.7^2}{19.6 \times 29.27 \times 1.4/(1.4-1)} = -0.123(℃)$$

$$K_{v0} = \left(1 + \frac{\Delta t_0}{T_{in}}\right)^{\frac{m_{ic}}{m_{ic}-1}-1} = \left(1 + \frac{-0.123}{293}\right)^{3.89-1} = 0.999$$

若 $D_0 = D_1 = 56\ \text{mm}$，则

$$d = \sqrt{{D_0}^2 - \frac{4Q_{in}}{60\pi K_{v0} c_0}} = \sqrt{0.056^2 - \frac{4 \times 1}{\pi \times 0.999 \times 15.7 \times 60}} = 42(\text{mm})$$

5.2.2.4　叶轮出口参数计算

取叶轮出口角为 $\beta_{2A} = 20°$，$\varphi_{2r} = 0.18$，$\tan\alpha_2 = \frac{\varphi_{2r}}{\varphi_{2u}} = \frac{0.18}{0.398} = 0.452$，$\alpha_2 = 24.3°$，这里

$$\varphi_{2u} = 1 - \varphi_{2r}\cot\beta_{2A} - \frac{\pi}{Z}\sin\beta_{2A} = 1 - 0.18\cot 20° - \frac{3.14}{18}\sin 20° = 0.446$$

$$c_2 = \frac{c_{2r}}{\sin\alpha_2} = \frac{0.18 \times 85}{0.412} = 37.1(\text{m/s})$$

$$c_{2r} = 0.18 \times 85 = 15.3(\text{m/s})$$

$$\omega_2^2 = \sqrt{c_{2r}^2 + (u_2 - c_{2u})^2} = \sqrt{15.3^2 + (85 - 33.8)^2} = 53.4(\text{m/s})$$

$$\frac{\omega_1}{\omega_2} = \frac{60.8}{53.4} = 1.13$$

于是可知该比值在允许范围内。

5.2.3　压缩段级的总耗功

叶轮对 1kg 气体所做的功为：

$$h_{th} = \frac{1}{g}c_{2u}u_2 = \frac{1}{g}\frac{c_{2u}}{u_2}u_2^2 = \varphi_{2u}\frac{1}{g}u_2^2 = 0.398 \times \frac{1}{9.8} \times 85^2 = 293.4(\text{kJ})$$

叶轮中的气流温升

$$\Delta t_2 = -\frac{1}{Rk/(k-1)}\left(h_{tot} - \frac{c_2^2}{2g}\right) = \frac{17.3^2}{29.27 \times 1.4/(1.4-1)} \times \left(70.7 - \frac{37.1^2}{19.6}\right) = 1.5\ (℃)$$

取级进口到叶轮的效率为 $\eta_{pol} = 0.88$，则

$$\frac{m}{m-1} = \eta_{pol}\frac{k}{k-1} = 0.88 \times \frac{1.4}{1.4-1} = 3.08$$

$$K_{v2} = \left(1 + \frac{\Delta t_2}{T_{in}}\right)^{\frac{m}{m-1}-1} = \left(1 + \frac{1.5}{293}\right)^{3.08-1} = 1.011$$

$$\varepsilon_2 = \left(1 + \frac{\Delta t_2}{T_{in}}\right)^{\frac{m}{m-1}} = \left(1 + \frac{1.5}{293}\right)^{3.08} = 1.016$$

$$p = p_{in}\varepsilon_2 = 1\times1.016 = 1.016$$

$$\tau_2 = 1-\frac{Z\delta}{\pi D_2 \sin\beta_{2A}} = 0.72$$

$$b_2 = \frac{Q_{in}}{60\pi D_2 K_{v2}\tau_2 c_{1r}} = \frac{1}{\pi\times0.1\times1.011\times0.72\times15.3\times60} = 4.77(\mathrm{mm})$$

$$\frac{b_2}{D_2} = \frac{4.77}{100} = 0.0477$$

按轮径比公式检查得

$$\left(\frac{D_0}{D_2}\right)_{wlmin} = 0.505$$

$$\left(\frac{D_0}{D_2}\right)_{opt} = 1.036\left(\frac{D_0}{D_2}\right)_{wlmin} = 1.036\times0.505 = 0.524$$

轮盖倾角

$$\tan\theta = \frac{2(b_1-b_2)}{D_2-D_1} = \frac{2\times(6-4.77)}{100-56} = 0.056$$

即 $\theta = 16^\circ$。

叶轮圆弧的曲率半径

$$R = \frac{1-(D_1/D_2)^2}{4(\cos\beta_{2A}-D_1/D_2\cos\beta_{1A})}D_2 = \frac{1-0.524^2}{4\left(\cos20^\circ-0.524\cos22^\circ\right)}\times100 = 40(\mathrm{mm})$$

圆心半径 R_0

$$R_0 = \sqrt{R(R-D_2\cos\beta_{2A})+(D_2/2)^2} = \sqrt{40\times(40-100\cos20^\circ)+(100/2)^2} = 18(\mathrm{mm})$$

叶片的弧长 l 计算如下：

$$\sigma_1 = 100.211\ \mathrm{MPa} \leqslant 0.85\sigma_S$$

$$\phi = \phi_1 - \phi_2$$

$$\phi_1 = \arccos\frac{R^2+R_0^2-0.25D_1^2}{2RR_0} = \arccos\frac{40^2+18^2-0.25\times56^2}{2\times40\times18} = 37.66(^\circ)$$

$$\phi_2 = \arccos\frac{R^2+R_0^2-0.25D_2^2}{2RR_0} = \arccos\frac{40^2+18^2-0.25\times100^2}{2\times40\times18} = 113.58(^\circ)$$

所以叶片的弧长 $l = 2\pi\times40\times\frac{76}{360} = 53(\mathrm{mm})$。

5.2.4 叶轮叶片强度计算

5.2.4.1 叶轮强度计算

回转轮盘的基本式见式（5-13）。

$$q_{\mathrm{a}}=\rho\frac{u^2}{r}=\rho\omega^2 r \tag{5-13}$$

式中　u——回转速度，m/s，$u=\pi nr/30$；

ρ——气体密度，$\mathrm{kg/m^3}$；

ω——叶轮角速度，m/s；

r——某点到回转中心的距离，mm。

根据简单假定，将叶轮简化，即可按回转轮盘计算其应力。计算的结果应该偏大一些（即偏于安全）。在计算中不考虑叶片对叶轮的增强作用，同时将叶片离心力 q_i 也叠加在前面算的轮盘单位面积所受的离心力 q_{a} 中，此时：

$$q_i=\frac{\rho_i F_i Z\omega^2}{2\pi h} \tag{5-14}$$

式中　F_i——新的一个截面积，$\mathrm{mm^2}$；

ρ_i——叶片中气体密度，$\mathrm{kg/m^3}$；

Z——叶片数；

h——厚度，mm。

对于闭式叶轮，叶片所受的离心力在轮盘与轮盖之间的比例分配，就是一个极其复杂的问题。但是这种分配比例主要取决于轮盘与轮盖的弹性。契斯恰科夫认为，其分配比例为轮盘 50%～60%，轮盖 20%～30%，叶片 10%。

由叶片载荷所引起的应力，应叠加在轮盘自身的应力中，结果作用于单位体积上的径向载荷为

$$q=\rho\omega^2 r\left(1+\frac{\rho_i}{\rho}-\frac{10^{-2}f_i ZK_i}{2\pi hr}\right) \tag{5-15}$$

式中　f_i——叶片载荷作用于圆盘上的比例；

K_i——转子扭转刚度系数。

载荷增加的比例随半径而变，由于叶片引起的载荷增加一般是不大的，即使采用其平均值，误差也极小。回转中的叶片处于复杂的应力状态，为了问题简化起见，可以略去轴向应力，而只考虑径向与圆周方向上的应力。这样，圆盘的应力状态通常可用径向和圆周的应力状态来表示。根据材料力学理论，这样应力状态可等价于应力来计算。按照莫尔理论，对等质的金属，其等价应力表示为：

$$\sigma_{\mathrm{eq}}=\sigma_{\mathrm{i}}-\lambda\sigma_{\mathrm{r}} \tag{5-16}$$

式中　λ——材料的拉伸应力极限与压缩应力极限之比，$\lambda=\sigma_{\mathrm{i}}/\sigma_{\mathrm{c}}$；

σ_{i}——材料的拉伸应力极限，MPa；

σ_{r}——径向应力，MPa；

σ_{c}——压缩应力极限，MPa。

对于拉伸与压缩的极限值相同的材料，根据能量理论可导得式（5-17）：

$$\sigma_{\mathrm{eq}}=\sqrt{\sigma_{\mathrm{t}}^2+\sigma_{\mathrm{r}}^2-\sigma_{\mathrm{t}}\sigma_{\mathrm{r}}} \tag{5-17}$$

只用静态方法是解不开回转轮盘问题的。必须考虑到变形状态才能解决这类问题。根据虎克定律，弹性回转圆盘微元部分的应力状态为：

$$\xi_r = \frac{1}{E}(\sigma_r - v\sigma_t) \tag{5-18}$$

$$\xi_t = \frac{1}{E}(\sigma_t - v\sigma_r) \tag{5-19}$$

式中　σ_r，σ_t——径向与圆周方向上的变形，MPa；

　　E，v——弹性系数与泊松比。

轮盘的主要材料是合金钢、铝合金、钛等。其泊松比虽有差异，但平均可取0.3。离心式压缩机的温度变化比汽轮机小，实际上泊松比并无影响。

$$\sigma_r rh\mathrm{d}\varphi + \mathrm{d}(\sigma_r rh\mathrm{d}\varphi) - \sigma_r rh\mathrm{d}\varphi - 2\sigma_r h\mathrm{d}r\frac{\mathrm{d}\varphi}{2} + qhr\mathrm{d}\varphi\mathrm{d}r = 0 \tag{5-20}$$

将上式变换可得下式：

$$\frac{\mathrm{d}}{\mathrm{d}r}(\sigma_r hr) - \sigma_t h + qhr = 0 \tag{5-21}$$

叶轮的型线通常随着半径的增大而厚度减小。若能判断圆盘中的σ_r、σ_t，则可根据线性微分方程求圆盘的厚度

$$h = h_1\frac{\sigma_R R}{\sigma_r r}\mathrm{e}^{\int_R^r \frac{\sigma_t - qr}{\sigma_r r}\mathrm{d}r} \tag{5-22}$$

式中　σ_R，h_1——某半径R上的圆盘应力（MPa）和厚度（mm）。

如果圆盘具有半径R_0的中心孔，轴压装在中心孔中，则其边界条件为$r = R_0$时，压入压力p_K等于σ_{R_0}，即$\sigma_{R_0}=-p_K$成立。但是在回转时，嵌装压力减小，虽然希望压力仍能达到一定的数值，但是实际数值极小，在强度计算中可不加以考虑，即$\sigma_{R_0}=0$。

在压缩机中，叶轮盖受的应力最大，其内径处并不存在径向应力。如果处理的是简单的等厚回转圆盘的问题，则

$$\frac{\mathrm{d}}{\mathrm{d}r}(\sigma_r + \sigma_t) = -(1+\upsilon)q \tag{5-23}$$

$$r\frac{\mathrm{d}}{\mathrm{d}r}(\sigma_t - \sigma_r) + 2(\sigma_t - \sigma_r) = (1-\upsilon)qr \tag{5-24}$$

对于圆盘中心，由式（5-23）可知，两个应力的和为常数，即

$$\sigma_r + \sigma_t = 2\sigma_0 \tag{5-25}$$

与此相反，在圆盘中心有孔时，由于$\sigma_{R_0}=0$，$\sigma_t=2\sigma_0$，即等厚圆盘中心有孔时的应力为无孔时的两倍。

5.2.4.2　叶片强度计算

作用于单位梁上的最大弯曲力矩为：

$$M = qb_1^2/8 \tag{5-26}$$

式中　q——单位长度的均布载荷，$q = \gamma\omega^2 r_1 t\cos\beta_1/g$。

因此，最大弯曲应力为：

$$\sigma_b = \frac{M}{Z} = 6\frac{\gamma\omega^2 r_1/g + \cos\beta_1 b_1^2/8}{t^2} = \frac{6\gamma\omega^2\cos\beta_1 b_1^2}{8g}\frac{b_1^2}{t} \tag{5-27}$$

对钢板制成的叶轮轮盘，式（5-27）可变换成便于使用的式（5-26）：

$$\sigma_b = 3.27(b_1^2/t)D_1N^2\cos\beta_1 \tag{5-28}$$

式中　σ_b ——弯曲应力，MPa；

b_1 ——叶片宽度，mm；

t ——叶片厚度，mm；

D_1 ——叶片内径，mm；

N ——每分钟转数，r/min；

β_1 ——叶片入口角，(°)。

式（5-28）只讨论了叶片的入口端，实际在设计时，也应该计算出口端，并且应该取两者之间较大的应力，但是入口段的应力一般比较大。

上面为了方便，只从叶片上切了一个单位梁，并求取作用于该处的应力。但是这种方法只适用于直线叶片的应力情况，实际是不能作为单位梁切下的。叶片一般是圆弧的一部分，对于弯曲有极大的横面模数。作用于一个叶片上的离心力可用下式计算：

$$c = \frac{w}{g}\omega^2 r_m \tag{5-29}$$

式中　w ——个叶片的质量，kg；

ω ——叶片角速度，m^3/s；

g ——重力加速度，m/s^2；。

r_m ——由叶片中心到叶片重心的距离，mm。

5.2.5　密封原理及结构形式

密封的工作原理为当气流通过梳齿形密封片的间隙时，气流近似经历理想节流过程，其压力和温度都下降，而速度增加。当气流从间隙进入密封片间的空腔时，由于截面积的突然扩大，气流形成很强的旋涡，从而使速度几乎完全消失，而压力不变，即等于间隙中的压力，温度恢复到密封片前原来的数值。气流经过随后的每一个密封片间隙和空腔，气流的变化重复上述过程。所不同的是由于气流比体积逐渐增加，在通过间隙时的气流速度和压力降越来越大。由此可见，当气流通过整个密封片时，压力是逐渐下降的，最后趋近于背压，而温度保持不变。

由于通过密封间隙的漏气量是与间隙的截面积和间隙前后的压力成比例的，所以要得到好的密封效果，一方面要尽量减小间隙的截面积；另一方面则需要减少密封片间隙前后的压力差。减小每个密封片前后的压力差有两个办法：第一个办法是增加密封片数；第二个办法是让气流从间隙进入空腔时，使其产生强烈的旋涡，气流速度全部消失，压力不再回升。

5.2.5.1　密封漏气量计算

气体在密封间隙中的漏气量，取决于密封前后的压力差、密封结构形式、齿数 Z 和间隙截面积 f。当密封片很多时，每个间隙中的压力降 Δp 很小，这时在一个间隙中，气流的可压缩性就可忽略。利用伯努利方程，假使忽略气体节流的损失，则从间隙中出来的气流速度 c 为：

$$c = \sqrt{2g\Delta p / \gamma} \tag{5-30}$$

式中　γ——气体密度，kg/m^3。

经过间隙的气体流量

$$G_1 = fc\gamma = f\sqrt{2g\gamma\Delta p} \tag{5-31}$$

$$f = \pi Ds$$

式中 D——间隙的平均直径，mm；

s——间隙大小，mm。

假定气流在间隙中所获得的动能在随后的空腔中完全损失掉，而转化为热量，这样间隙前后的空腔中，气流的温度将是相同的，即有 T=定值或 pV=定值。在密封单位长度上的压力降为：

$$\frac{\Delta p}{\Delta x}=\frac{G_1^2}{2gf^2\gamma\Delta x} \tag{5-32}$$

式中 Δx——一个密封所占的轴向长度，mm，$\Delta x=l/Z$，其中，l 为密封长度，Z 为密封齿数。

将上式的两边都乘以 p，则得

$$\frac{\Delta p}{\Delta x}p=\frac{G_1^2}{2gf^2\Delta x}pV \tag{5-33}$$

若密封齿数足够多，则可用 $\frac{\mathrm{d}p}{\mathrm{d}x}$ 来表示沿长度的压力变化：

$$\frac{\mathrm{d}p}{\mathrm{d}x}p=\frac{G_1^2}{2gf^2\Delta x}pV \tag{5-34}$$

因为在工况稳定时，通过密封的漏气量 G_1 是一定的，且 Δx，f 是定值，于是将上式积分，得漏气量为：

$$G_1=\pi Ds\sqrt{\frac{g(p_1^2-p_2^2)}{Zp_1V_1}} \tag{5-35}$$

式中 p_1——密封前的压力，MPa；

Z——密封齿数；

V_1——漏气前体积，m^3。

p_2——密封后的压力，MPa。

5.2.5.2 轮组损失

叶轮旋转时，叶轮的轮盖轮盘的外侧面及轮缘要与它周围的气体发生摩擦，从而产生轮组损失。离心式压缩机级叶轮的轮阻损失，是借助封闭在机壳内圆盘实验得到的公式来进行计算的。分析圆盘对气体的摩擦功，就可以得到轮组损失的计算公式（5-36）。

$$\mathrm{d}F=2\pi r\mathrm{d}r \tag{5-36}$$

当圆盘旋转时，与周围气体摩擦，这时作用在基元环形面积 $\mathrm{d}F$ 上的摩擦力为：

$$\mathrm{d}F=c_f\mathrm{d}F\gamma\frac{u^2}{2g} \tag{5-37}$$

式中 c_f——摩擦系数；

γ——气体密度，$\mathrm{kg/m^3}$；

u——所取基元的圆周速度，m/s。

摩擦力相对于旋转轴的力矩为：

$$\mathrm{d}M=r\mathrm{d}r=c_f\mathrm{d}F\gamma\frac{u^2}{2g}\mathrm{d}F=c_f\pi\gamma\frac{\omega^2}{g}r^4\mathrm{d}r \tag{5-38}$$

如果认为圆盘附近气体密度不变，并等于外径处的气体密度，则把上述方程对积分，可找到圆盘的一面阻力矩。

5.2.5.3　叶片阻塞系数

气流在叶轮流道中流动时，由于叶片厚度δ和折边部分v或焊缝等的存在，使得气流在叶轮道中的通流截面积减少。这种通流截面积的减少程度，可用阻塞系数τ来表示。因为阻塞，气流在叶片进出口会突然收缩和扩压，这对降低流动损失是不利的。同时拿叶轮来说，由于进入叶片后的径向速度c_1增大，进入叶片后的气流角β_1也增大，而叶片出口处c_2的增大使得叶轮做功能力减少。阻塞系数越小，即阻塞越大，上述影响就越显著。为了正确地估计这种影响，必须计算阻塞系数τ。

阻塞系数τ的计算与叶片和轮盘，轮盖的连接方式有关。对折边部分的叶片，阻塞系数按式（5-39）、式（5-40）计算。

$$\tau_1=\frac{\pi D_1 b_1 - Z\delta_1 b_1/\sin\beta_{1A} - 2Z\delta_1/\sin\beta_{1A}}{\pi D_1 b_1}=1-\frac{Z\delta_1(1+2/b_1)}{\pi D_1\sin\beta_{1A}} \tag{5-39}$$

$$\tau_2=\frac{\pi D_2 b_2 - Z\delta_2 b_2/\sin\beta_{2A} - 2Z\delta_2/\sin\beta_{2A}}{\pi D_2 b_2}=1-\frac{Z\delta_2(1+2/b_2)}{\pi D_2\sin\beta_{2A}} \tag{5-40}$$

对整体叶片或无折边部分的叶片，其阻塞系数可按式（5-41）、式（5-42）计算。

$$\tau_1=1-\frac{Z\delta_1}{\pi D_1\sin\beta_{1A}} \tag{5-41}$$

$$\tau_2=1-\frac{Z\delta_2}{\pi D_2\sin\beta_{2A}} \tag{5-42}$$

对于焊接叶轮，由于焊缝引起的阻塞系数，可根据具体情况加以考虑。叶片进出口端部如果进行了削薄，式中δ_1、δ_2应取厚度和端部削薄后厚度的平均值。

叶轮的圆周速度为$u_2=\sqrt{gH_1/\psi}=85\text{ m/s}$，$D_1/D_2=0.524$，相对速度$u_1=0.524\times 85=44.54(\text{m/s})$，得

$$\omega_1=\frac{u_1}{\cos\beta_1}=47.4\text{m/s}$$

$$M_{\omega_1}=\frac{\omega_1}{a_1}=0.63$$

叶片入口的速度为$c_1=u_1\tan\beta_1=16.2(\text{m/s})$，接近假设的值。

令$k_0=1.05\times 1.16=1.22$，得

$$c_0=\frac{c_1}{k_0}=13.28(\text{m/s})$$

流量

$$V=G_1 v_{01}=0.17(\text{m}^3/\text{s})$$

考虑速度$c_0=c_1/k_0$=13.28m/s，比体积v_0=0.185m^3/s，则叶轮入口的流量为：

$$V_0=G_1 v_0=0.195(\text{m}^3/\text{s})$$

$$k_{v0}=\frac{v_{01}}{v_0}=\frac{0.161}{0.185}=0.87$$

设 ζ=0.4 和泄漏量为 2%，入口直径为 $D_0=\sqrt{4\times1.02V/[\pi(1-\zeta^2)c_0k_{v0}]}=0.020\text{m}$，取 D_0=0.020m，令 $k_D=1.01D_1=k_0D_0=1.01\times20$=20.2(mm)。

压缩机的转速为：

$$n=\frac{60u_2}{\pi D_2}=16242\text{r/min}$$

直径 $d_0=\zeta D_0=0.4\times100=40(\text{mm})$，为了成为刚性轴，第一级入口收缩为 $d_0=d=40\text{mm}$，中央部分变粗，选定轴的平均直径为 $d=40\text{mm}$。

一阶临界转速为：

$$n_\text{k}=\frac{1000d^2}{{k_\text{d}}^2(z+2.3)^2{D_2}^3}=\frac{1000\times40^2}{21^2\times14.3^2\times0.1^3}=17742(\text{r/min})$$

$$\frac{n_\text{k}}{n}=\frac{17742}{16242}=1.09$$

在必须求得正确的 n_k 的值时，可用图解法求取。

叶片中央厚度和两端一样 $\delta=3$ mm，叶轮出入口截面阻塞系数如下所示。

叶轮入口

$$\tau_1=1-\frac{Z\delta}{\pi D_1\sin\beta_1}=1-\frac{10\times3}{\pi\times56\times0.374}=0.544$$

叶轮出口

$$\tau_2=1-\frac{Z\delta}{\pi D_2\sin\beta_2}=1-\frac{10\times3}{\pi\times100\times0.342}=0.72$$

则叶轮入口宽度（直角流入，$c_{1\text{r}}=c_1$）为：

$$b_1=\frac{1.02Gv_1}{\pi D_1c_{1\text{r}}\tau_1}=\frac{1.02\times23.05\times0.192}{\pi\times56\times0.342}=0.0686(\text{m})$$

出口速度三角形的分速度为

$$u_1=\frac{\pi D_{1\text{n}}}{60}=\frac{\pi\times0.056\times16242}{60}=47.5(\text{m/s})$$

$$c_{1\text{r}}=\frac{c'_{1\text{r}}}{\tau_1}=\frac{17.3}{0.544}=31.8(\text{m/s})$$

$$\omega_1=\sqrt{c_{1\text{r}}^2+u_1^2}=\sqrt{31.8^2+47.5^2}=57.2(\text{m/s})$$

$$\tan\beta_1=\frac{c_{1\text{r}}}{u_1}=\frac{31.8}{47.5}=0.669$$

$$\beta_1=33.78^\circ$$

5.2.6 叶片扩压器设计计算

螺旋压缩膨胀制冷机采用轴向扩压，将离心后的高速气流沿轴向折流 90°后，在轴向扩压环进行扩压，扩压原理与图 5-4 所示扩压器扩压原理相似，高速气流经引导后改变方向进入扩压环，所以计算过程参照现有成熟扩压器扩压原理进行计算。

5.2.6.1　扩压器结构特征

若在无叶扩压器的环形通道中，沿圆周有均匀分布的叶片，就成为叶片扩压器。它实际上就是静止的圆环形叶栅。在无叶扩压器内，气体流动时，方向角 α 基本上保持不变，但安装了叶片后，就迫使气体按着叶片的方向流动，气体的运动轨迹与叶片的形状基本一致。在叶片扩压器中，叶片的形状与安装情况总是使 α 角逐渐增大，气流的方向角也不断增大，即 $\alpha_3 < \alpha < \alpha_4$。

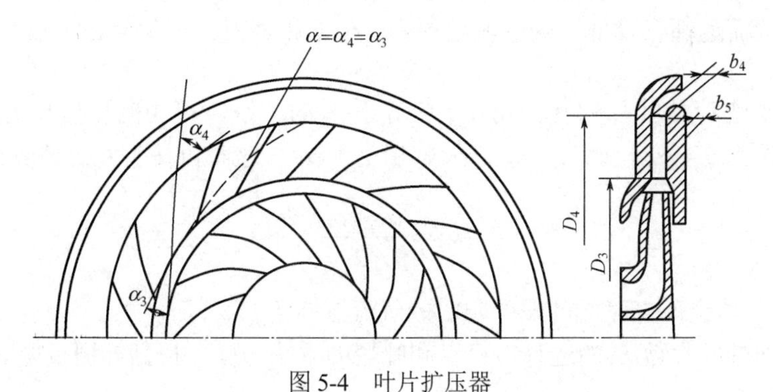

图 5-4　叶片扩压器

在叶片扩压器中，连续性定律依然适用。但由于存在着叶片与气流方向间的相互作用，气流的动量矩发生了变化，这时 c_{ur} 就不再等于常数。由连续性定律，c_{ur} 的变化规律如下所示。

对扩压器进出口，则有

$$c_{r3} = \frac{G}{\pi D_3 b_3 \beta_3} \tag{5-43}$$

$$c_{r4} = \frac{G}{\pi D_4 b_4 \beta_4} \tag{5-44}$$

若叶形的型线已确定，则气流的方向角 α 值也已知（可以认为和叶片方向一致），则可以求得气流的速度 $c_3 = c / \sin\alpha_3$，$c_4 = c / \sin\alpha_4$。

由上式可得

$$\frac{c_4}{c_3} = \frac{D_3 b_3 \gamma_3 \sin\alpha_3}{D_4 b_4 \gamma_4 \sin\alpha_4} \tag{5-45}$$

将上式比较，当两者的 D_3/D_4 相同时，由于叶片扩压器的 $\alpha_3 < \alpha_4$，其速度的减小要比无叶扩压器时的多，也即叶片扩压器的扩压度比无叶扩压器更大。反之，如果两者的扩压度相等，则叶片扩压器的 D_3/D_4 要比无叶扩压器小。例如要使其减小到 1/2，如采用无叶扩压器，则 D_4 是 D_3 的 2 倍；若采用叶片扩压器，则 D_4 仅是 D_3 的 1.2 倍。

决定叶片扩压器形状的几何参数有：扩压器进口宽度和出口宽度，进口直径和出口直径，叶片进口几何角和出口几何角，叶片数 Z 及叶片型线的形状。下面分别讨论这些参数选择的原则及其对压缩机性能的影响。

在无叶扩压器中，叶片与叶轮出口重合。但在叶片扩压器中，就不能将扩压器叶片紧紧靠近叶轮出口，中间必须留一段间隙。气流从叶轮出来，沿圆周方向或宽度方向都是不均匀的，因而间隙的存在，就是气体在进入扩压器之前，有一段过渡阶段而使气流变得均匀以改善进入叶片扩压器内的流动情况，同时可以降低叶片扩压器进口气流脉动所产生的噪声。这一段间隙，实际上就是相当于一段短的无叶扩压器，所以可以用无叶扩压器的方法来计算。对高能量的叶轮来说，气流出口速度很高，采用这样一段无叶间隙更有必要。气体经过间隙，速度有所降低，一般希望叶片扩压器进口最好小于 0.7～0.8。D_3/D_2 一般可取为 1.08～1.15，对 M_{c_2} 较大时，间隙应稍留大些，D_3/D_2 可取较大值。

在叶片扩压器中，一般仍取 $b_3 = b_2$，也可使 b_3 稍取大值。因为增大 b_3，会使扩压器、弯道、回流器内的流速都有降低，减少流动损失。但这种情况，一般只在最后几级或在强后弯叶轮中使用。

叶片扩压器进口处叶片的几何角 α_{3A} 应等于 α_3 的大小，可由叶轮出口无压段算得。如 $b_3 = b_2$，可以认为 $\alpha_3=\alpha_2$。如 $b_3 > b_2$，α_3 则稍小于 α_2，这时可按下式来计算 α_3。

$$\alpha_3 = \frac{\alpha_2 + \alpha_3^*}{2} \tag{5-46}$$

式中　α_3^*——气体全部充满无叶段间隙时的气流方向角。

叶片扩压器的叶片数 Z_3 的选择，可以和叶轮的方法一样，根据叶栅稠度的概念来确定。

$$Z_3 = \frac{1}{t} \times \frac{2\pi \sin \alpha_m}{\ln(D_4 / D_3)} \tag{5-47}$$

式中　$\frac{1}{t}$——叶栅稠度。

α_m——气流方向角平均值，$\alpha_m = (\alpha_{3A} + \alpha_{4A})/2$。

经试验得叶片扩压器的最佳叶栅稠度 $(1/t)_{opt} = 2.0\text{~}2.4$。

扩压气叶片数一般为 $Z_3 = 16\text{~}22$，Z_3 最好小于叶轮的叶片数 Z_2。因为在叶轮叶片之间的流道中，气流是不均匀的，如果扩压气叶片数多于叶轮叶片数，那么就有可能使叶片扩压器某一流道接受的是高速部分气流，而其相邻的另外一流道接受的是低速部分气流，这样扩压器各个通道接受了速度、能量大小不同的气流，会使扩压器稳定工况范围缩小，喘振提早发生。另外，为了避免出现共振现象，扩压器与叶轮的叶片数不应相等或成整数倍，即 $Z_3 \neq Z_2 / n$，n 为任意整数。叶片扩压器有时也采用双列叶片，考虑原则与叶轮相同。

叶片中心线的形状一般是圆弧形或直板形。圆弧形型线构作方法和叶轮叶片型线相同。叶片一般由钢板制成，采用机翼形叶片。机翼形叶片流动损失小，变工况性能好，但工艺要求比较高，如图 5-5 所示。

图 5-5　扩压器的机翼形叶片

D_4 和 α_{4A} 直接决定了扩压器出口面积 F_4。它们的增加，都将使 F_4 增大，也就是扩压度增大。但实际上，过多地增大 D_4，扩压度的增大效果反而不明显。因为一般扩压器内的扩压作用，主要发生在扩压器的前半段，越到后面，扩压作用就越弱，因而用增加 D_4 的办法来增大扩压度，作用并不大，相反会使流道增长，加大了压力损失。α_{4A} 的增加，也会使出口面积增大，但过多的增大 α_{4A}，会使当量扩张角 θ_{eq} 过大，气流扩压程度剧增。又因气流在扩压器内，

总是有 α 角不变方向流动的自然倾向，α_{4A} 过大，就易增加吸收面上气流的分离倾向而加大损失。

以 K_F 表示通道面积比 F/F_3，K_F 值一般限制在 2.5～3.0 以下。D_4/D_3 和 $\alpha_{4A}-\alpha_{3A}$ 值一般推荐分别取 1.3～1.55 和 $12°$～$15°$。

叶片扩压器中的损失，也可利用损失系数 $(h_{hyd})_v$ 来计算：

$$(h_{hyd})_v = \xi_v \frac{c_3^2}{2g} = 0.122 \times \frac{163.2^2}{19.6} = 166\text{m} \tag{5-48}$$

式中　ξ_v——叶片扩压器的损失系数，它的值与叶片扩压器的当量扩张角 θ_{eq} 有关。

$$\tan\frac{\theta_{eq}}{2} = \frac{\sqrt{D_4 b_4 \sin\alpha_{4A}} - \sqrt{D_3 b_3 \sin\alpha_{3A}}}{\sqrt{Z_3}\,l} \tag{5-49}$$

式中　l——流线长度，可以认为它大致等于叶片的长度，用下面近似公式计算。

$$l = \frac{D_4 - D_3}{2\sin\left(\alpha_{3A} + \sin\alpha_{4A}\right)} \tag{5-50}$$

图 5-6 是根据某些级的实验得到的 ξ_v 与 θ_{eq} 关系曲线，曲线形状与扩压器的类似。另外，曲线也可以用下面经验公式表示：

$$\xi_v = 0.123 + 0.0076(\theta_{eq} - 4.8°)^2 \tag{5-51}$$

从上式看到，叶片扩压器也有个损失系数 ξ_v 的最小值，它相当于 θ_{eq} 角约为 $4.8°$。必须注意到，上式只适用于叶片扩压器进口冲角接近于 $0°$ 的情况。当工况发生变化时，由于冲角的变化，ξ_v 值也将大大增加，叶片扩压器的效率与无叶扩压器的效率表示方法相同。

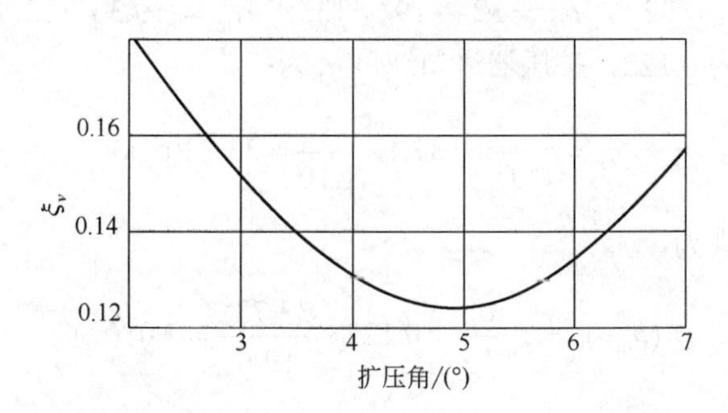

图 5-6　叶片扩压器中损失系数与扩压角的关系

叶片扩压器有扩压程度大，尺寸小的优点。此外，叶片扩压器在设计工况下，损失比无叶扩压器小。由于气流道长度短，其流动损失较小，效率较高。一般在设计工况下，叶片扩压器效率较无叶扩压器高 3%～5%，当 α_2 较小时，两者差别较大。在 α_2 较大时，无叶扩压器中的流线长度也不太长，两者效率的差别就不明显。叶片扩压器的缺点是：由于叶片的存在，变工况时冲击损失比较大，而使效率下降较多，当冲角增大到一定值后，就容易发生强烈的分离现象，导致压缩机的喘振。许多试验证实，当压缩机流量不断减小时，往往是在叶片扩压器中，首先出现严重的旋转脱离，进而引起整个压缩机喘振，所以带叶片扩压器的级或压缩机的性能曲线较陡，稳定工况范围较窄。在 M 数较高的情况下，采用叶片扩压器，会使损失明显增大。

目前对叶片扩压器的试验研究还很不够，其损失的计算公式及几何尺寸的推荐值仅供参考。事实上影响扩压器内部流动的因素很多，如叶道形状及加工的好坏，扩压器前叶轮的工作情况及扩压器的弯道、回流器的工作情况，都会对扩压器工作带来影响。这方面的试验研究工作，有待于进一步充实、完善。

5.2.6.2 扩压器结构计算

叶轮扩压器出口处气体参数为：

$$t_2 = 12.5℃$$

$$p_2 = 1.016\ \text{kgf/cm}^3$$

$$\gamma_2 = 1.365\ \text{kg/m}^3$$

出口几何参数

$$D_2 = 0.1\text{m}$$

$$b_2 = 0.0246\text{m}$$

取叶片扩压器外径 $D_4 = 0.1\text{m}$，$D_2 = 0.1\text{m}$，内径 $D_3 = 0.02\text{m}$，叶片宽度 $b_3 = b_4 = 9.5\text{mm}$，$b_2 = 9.047\text{mm}$，叶片数为 20 片，则

$$\tan\alpha_3^* = \frac{b_2}{b_3}\tan\alpha_2 = \tan 19.33° \times \frac{1}{1.05} = 0.334$$

$$\alpha_3 = \frac{\alpha_2 + \alpha_3^*}{2} = 19.33°$$

取 $\alpha_{3A} = 19°$，$\alpha_{4A} = 32°$，$\alpha_A = 32° - 19° = 13°$，$\alpha_m = (19.33° + 32°)/2 = 25.67°$，由图 5-6 查得扩压器损失系数为 0.122，扩压器进口速度 c_3 为：

$$c_3 = c_2\frac{D_2}{D_3} = 37.1 \times \frac{1}{1.10} = 33.73(\text{m/s})$$

扩压器中能量损失为：

$$(h_{\text{hyd}})_v = \xi_v\frac{c_3^2}{2g} = 0.122 \times \frac{33.73^2}{19.6} = 7.08(\text{m})$$

扩压器效率为：

$$\eta_v = 1 - \frac{\xi_v}{1 - \left(\frac{c_4}{c_3}\right)^2} = 1 - \frac{\xi_v}{1 - \left(\frac{D_3 b_3 \gamma_3 \sin\alpha_3}{D_4 b_4 \gamma_4 \sin\alpha_4}\right)^2} = 1 - \frac{0.122}{1 - \left(\frac{0.020\sin\alpha_3}{0.1\sin\alpha_4}\right)^2} = 0.86$$

如果考虑 γ 的变化，假设 $\gamma_4/\gamma_3 = 1.08$，则

$$\eta_v = 1 - \frac{\xi_v}{1 - \left(\frac{D_3 b_3 \gamma_3 \sin\alpha_3}{D_4 b_4 \gamma_4 \sin\alpha_4}\right)^2} = 0.876$$

根据效率可求得多变指数 m_v：

$$\frac{m_v}{m_v-1}=3.5\times0.876=3.07$$

$$m_v=1.49$$

叶片扩压器出口速度 c_4 为：

$$c_4=c_3\frac{D_3}{D_4}\frac{\gamma_3}{\gamma_4}\frac{\sin\alpha_3}{\sin\alpha_4}=33.73\times\frac{0.02\times\sin19.33}{0.1\times\sin32}\times\frac{1}{1.08}=3.90(\text{m/s})$$

叶片扩压器出口温度为：

$$t_4=21.5+\frac{33.73^2-3.90^2}{2010}=22.05(℃)$$

叶片扩压器出口压力为（认为无叶段与叶片扩压器中气流参数按同一个多变过程变化）：

$$\frac{p_4}{p_2}=\left(\frac{295.05}{294.5}\right)^{2.96}\times10^4=1.005\times10^4(\text{kg/m}^3)$$

$$p_4=1.022\ \text{kg/m}^3$$

密度 γ_4

$$\gamma_4=\frac{p_4}{RT_4}=\frac{1.022}{29.3\times295.05}\times10^4=1.181(\text{kg/m}^3)$$

$$\frac{\gamma_4}{\gamma_3}\approx\frac{\gamma_4}{\gamma_2}=1.085$$

由上可看出与假设值差别不大。

5.3　螺旋叶片的设计计算

螺旋工作叶轮呈变螺距螺旋形式，叶轮叶片型线为空间曲线，一般采用对数螺线。压缩过程中有多级变螺距螺旋叶片及锥形螺旋叶片。

5.3.1　压缩段膨胀段螺线方程

螺旋压缩膨胀制冷机压缩段前段采用圆柱形变螺距螺旋曲面，末端采用圆台形变螺距螺旋曲面，也可根据气流变化情况，前后段均采用曲面圆台螺旋曲面进行设计计算。根据螺线方程的计算方法，同样可用于螺旋压缩膨胀制冷机压缩段及膨胀段螺旋叶片的设计计算过程。

5.3.1.1　圆台面螺线方程

如图 5-7 所示，螺线方程起始点坐标为 (r_0,z_0)，动点 P 所在的轴截面与起始点所在的轴截面间的夹角为 θ，圆台母线与轴线间的夹角为 α。其对应的螺线方程为：

$$r=r_0-a\theta\sin\alpha z_0$$
$$Z=Z_0-a\theta\cos\alpha \tag{5-52}$$

式中，a 与圆台螺线螺距 h 有关，$h=360a\cos\alpha$。

5.3.1.2　曲面圆台面螺线方程

如图 5-8 所示，螺旋线起始点位置坐标为(r_0,z_0)，终点位置坐标为(r_1,z_1)，终点所在的轴截面与起始点所在的轴截面间的夹角为θ_1，动点 P 所在的轴截面与起始点所在的轴截面间的夹角为θ，曲面圆台母线为一段圆弧，圆心为O_1，圆弧半径为 R。其对应的螺旋线方程为：

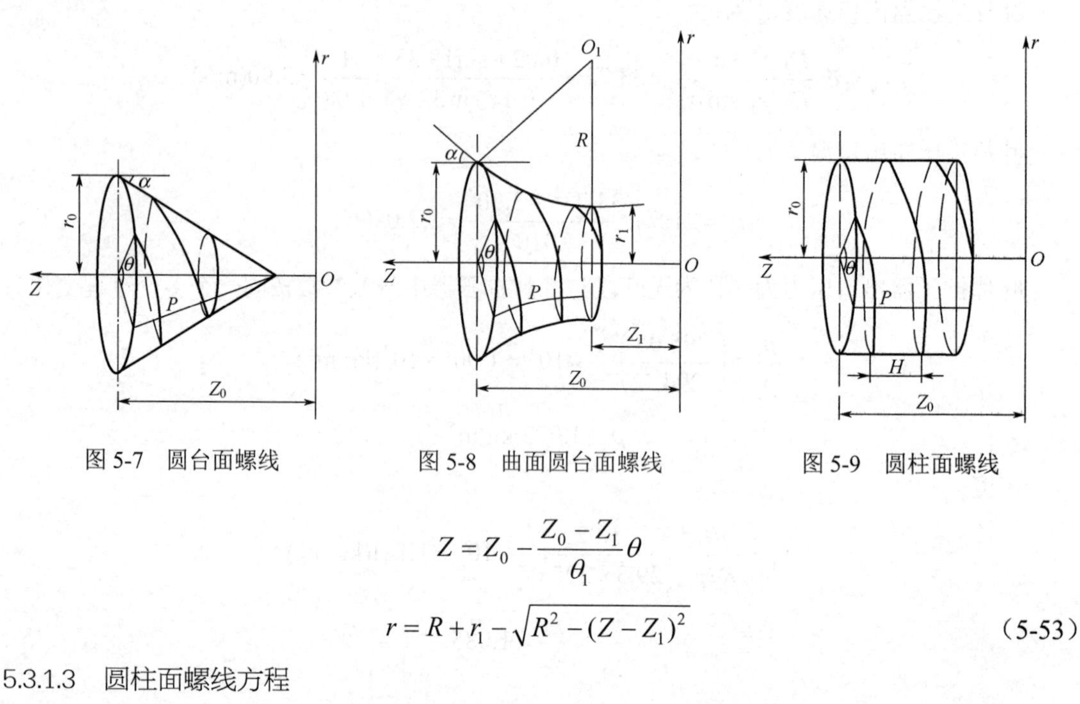

图 5-7　圆台面螺线　　图 5-8　曲面圆台面螺线　　图 5-9　圆柱面螺线

$$Z = Z_0 - \frac{Z_0 - Z_1}{\theta_1}\theta$$

$$r = R + r_1 - \sqrt{R^2 - (Z - Z_1)^2} \tag{5-53}$$

5.3.1.3　圆柱面螺线方程

如图 5-9 所示，螺旋线起始点位置坐标为(r_0,z_0)，螺线导程为 H，动点 P 所在的轴截面与起始点所在的轴截面的夹角为θ，其对应的螺线方程为：

$$Z = Z_0 - \frac{H}{360}\theta$$

$$r = r_0 \tag{5-54}$$

螺旋压缩膨胀制冷机选定的螺旋叶片外径为 100mm，压缩机的固定转速为 16424r/min。图 5-10 为螺旋叶片的示意。

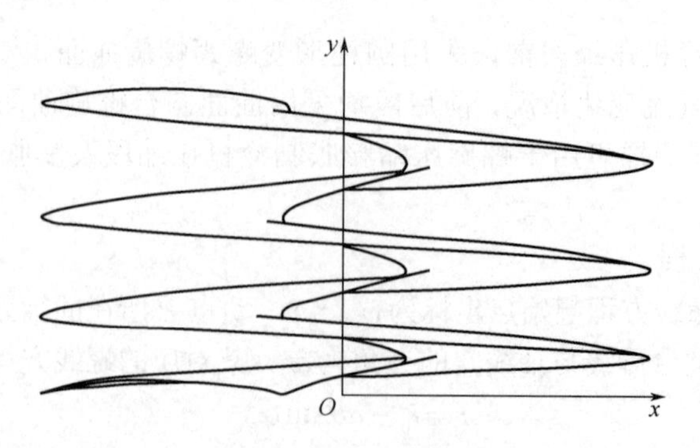

图 5-10　螺旋单叶片等径压缩叶片示意

5.3.2 螺旋叶片设计参数

螺旋压缩机采用三级压缩（图 5-11），螺旋叶片设计参数计算结果见表 5-1～表 5-6。

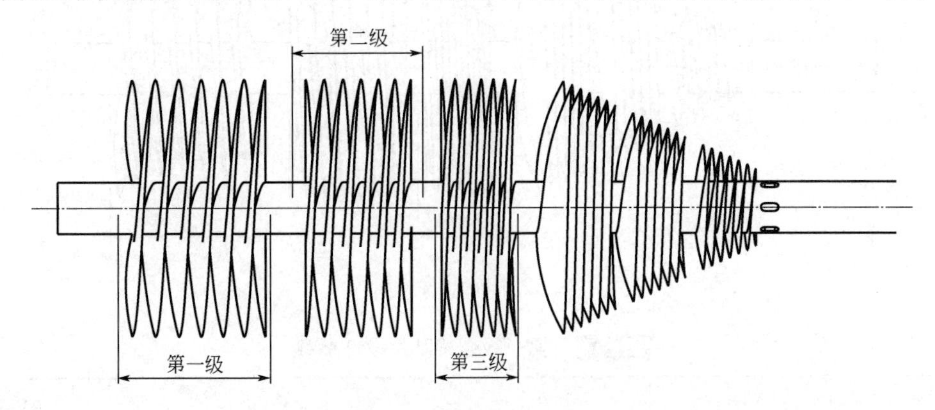

图 5-11　螺旋叶片压缩段

表 5-1　第一级螺旋叶片设计参数

M	R/mm	r/mm	H_e/mm	t/mm	δ/mm
6	50	10	45	3	2

表 5-2　第一级螺旋叶片的螺距汇总

编号	1	2	3	4	5
H/mm	9.474	9.280	8.972	8.787	8.463

表 5-3　第二级螺旋叶片设计参数

M	R/mm	r/mm	H_e/mm	t/mm	δ/mm
6	50	10	35	3	2

表 5-4　第二级螺旋叶片的螺距汇总

编号	1	2	3	4	5
H/mm	7.457	7.295	6.959	6.796	6.461

表 5-5　第三级螺旋叶片设计参数

M	R/mm	r/mm	H_e/mm	t/mm	δ/mm
6	50	10	25	3	2

表 5-6　第三级螺旋叶片的螺距汇总

编号	1	2	3	4	5
H/mm	5.461	5.299	4.954	4.799	4.459

螺旋膨胀机工作过程与螺旋压缩机的相反，其设计结构也与螺旋压缩机的相反，采用三级膨胀（图 5-12），则螺旋叶片参数计算结果见表 5-7～表 5-12。

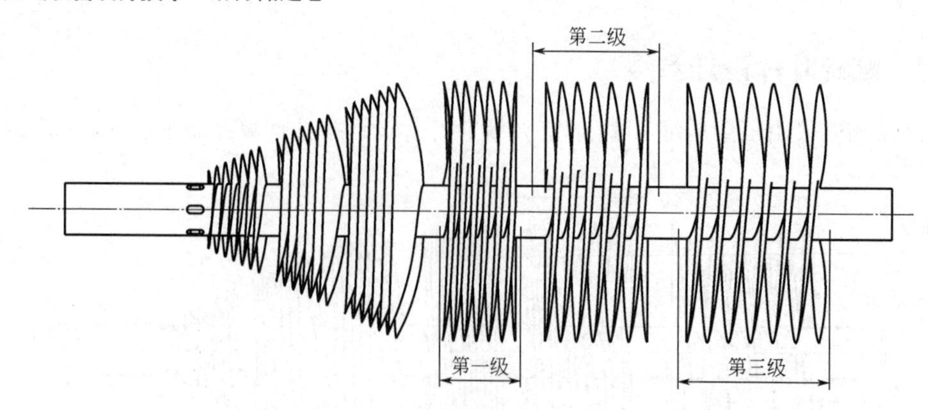

图 5-12 螺旋叶片膨胀段

表 5-7 第一级螺旋叶片设计参数

M	R/mm	r/mm	H_e/mm	t/mm	δ/mm
6	50	10	45	3	2

表 5-8 第一级螺旋叶片的螺距汇总

编号	1	2	3	4	5
H/mm	8.463	8.787	8.972	9.280	9.474

表 5-9 第二级螺旋叶片设计参数

M	R/mm	r/mm	H_e/mm	t/mm	δ/mm
6	50	10	35	3	2

表 5-10 第二级螺旋叶片的螺距汇总

编号	1	2	3	4	5
H/mm	6.461	6.796	6.959	7.295	7.457

表 5-11 第三级螺旋叶片设计参数

M	R/mm	r/mm	H_e/mm	t/mm	δ/mm
6	50	10	25	3	2

表 5-12 第三级螺旋叶片的螺距汇总

编号	1	2	3	4	5
H/mm	4.459	4.799	4.954	5.299	5.461

5.3.3 压缩过程计算

5.3.3.1 压缩过程状态计算

从扩压器出来的气体进入一级叶片压缩，由能量转换方程和伯努利方程可得：

$$\frac{p_1}{\rho_1}+\frac{v_1^2}{2}=\frac{p_2}{\rho_2}, \quad \frac{p_2}{p_1}=\left(\frac{T_2}{T_1}\right)^{\frac{k}{k-1}} \tag{5-55}$$

则 $p_2=1.144\text{kgf/cm}^2$，T_2=304.72K，查焓湿图可得密度 ρ_2=1.326kg/m^3。

一级扩压

$$\frac{p_2}{\rho_2}+\frac{v_2^2}{2}=\frac{p_3}{\rho_3},\quad \frac{p_3}{P_2}=\left(\frac{T_3}{T_2}\right)^{\frac{k}{k-1}}$$

则 $p_3=1.28\text{kgf/cm}^2$，T_3=314.32K，查焓湿图可得密度 ρ_3=1.441kg/m^3。

二级压缩叶片

$$\frac{p_3}{\rho_3}+\frac{v_3^2}{2}=\frac{p_4}{\rho_4},\quad \frac{p_4}{p_3}=\left(\frac{T_4}{T_3}\right)^{\frac{k}{k-1}}$$

则 $p_4=1.43\text{kgf/cm}^2$，T_4=324.3K，查焓湿图可得密度 ρ_4=1.558kg/m^3。

二级扩压

$$\frac{p_4}{\rho_4}+\frac{v_4^2}{2}=\frac{p_5}{\rho_5},\quad \frac{p_5}{p_4}=\left(\frac{T_5}{T_4}\right)^{\frac{k}{k-1}}$$

则 $p_5=1.58\text{kgf/cm}^2$，T_5=333.9K，查焓湿图可得密度 ρ_5=1.669kg/m^3。

三级压缩叶片

$$\frac{p_5}{\rho_5}+\frac{v_5^2}{2}=\frac{p_6}{\rho_6},\quad \frac{p_6}{p_5}=\left(\frac{T_6}{T_5}\right)^{\frac{k}{k-1}}$$

则 $p_6=1.72\text{kgf/cm}^2$，T_6=342.5K，查焓湿图可得密度 ρ_6=1.772kg/m^3。

三级扩压

$$\frac{p_6}{\rho_6}+\frac{v_6^2}{2}=\frac{p_7}{\rho_7},\quad \frac{p_7}{p_6}=\left(\frac{T_7}{T_6}\right)^{\frac{k}{k-1}}$$

则 $T_7=355.3\text{K}$ 查焓湿图可得密度 ρ_7=1.942kg/m^3。图 5-13 为等熵压缩过程的 T-S 图。

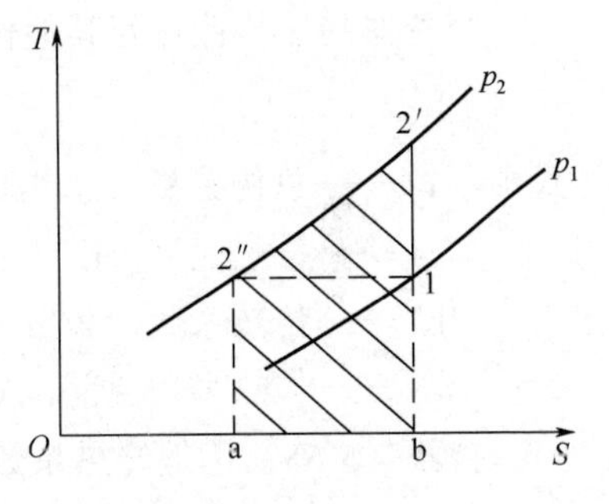

图 5-13　等熵压缩过程的 T-S 图

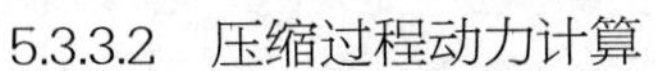

5.3.3.2　压缩过程动力计算

（1）第一级压缩室内气体容积 V_{1J}'、V_{1C}' 及压力比 ε_1 计算

a．一级压缩机进口处容积：

$$V_{1J}'=GRT_{1J}'/p_{1J}'=0.02\times1.204\times287\times295.2/1.022\times101325=0.0197(\text{m}^3)$$

b．一级压缩机出口处容积：

$$V_{1C}'=GRT_{1C}'/p_{1C}'=0.02\times1.204\times287\times314.32/1.28\times101325=0.0167(\text{m}^3)$$

c．压力比：

$$\varepsilon_1=\frac{p_{1C}'}{p_{1J}}=\frac{1.28}{1.022}=1.25$$

（2）第二级压缩室内气体容积 V_{2C}' 及压力比 ε_2 计算

a．二级压缩机出口处容积：

$$V'_{2C}=GRT'_{2C}/p'_{2C}=0.02\times1.204\times287\times333.9/1.58\times101325=0.0144\ (m^3)$$

b．压力比：

$$\varepsilon_2=\frac{p'_{2C}}{p_{2J}}=\frac{1.58}{1.28}=1.23$$

（3）第三级压缩室内气体容积V'_{3C}压力比ε_3计算

a．三级压缩机出口处容积：

$$V'_{3C}=GRT'_{3C}/p'_{3C}=0.02\times1.204\times287\times355.3/1.96\times101325=0.0124(m^3)$$

b．压力比计算：

$$\varepsilon_3=\frac{p'_{3C}}{p_{3J}}=\frac{1.96}{1.58}=1.24$$

c．压缩机进出口的压力比：

$$\varepsilon=\frac{p_2}{p_1}=\frac{299.922}{101.325}=2.96$$

5.4 空气冷却器传热计算

5.4.1 传热系数和传热热阻

空冷器的传热计算和其他传热设备一样，都应用一个基本的公式：

$$Q=AU\Delta t_m \tag{5-56}$$

式中 Q——总传热量（总热负荷），kcal/h（1kcal=4.1868kJ）；

A——传热面积，m^2；

U——传热系数，kcal/ (m^2 • h • ℃)；

Δt_m——传热平均温差，℃。

公式（5-55）也是传热系数U的定义式：

$$U=Q/(A\Delta t_m) \tag{5-57}$$

在同一个传热设备中，当Q与Δt_m保持不变时，若传热面积选取的不同，则相应的传热系数U值也不同。对于空气冷却器，传热面积可以选取光管外表面为基准，也可选取翅片管外表面积为基准，这时对应不同的U值，选取的A越大，对应的U值就越小。该公式也可以写成类似于电学中欧姆定律的形式：

$$q=\frac{Q}{A}=\frac{\Delta t_m}{\sum R} \tag{5-58}$$

式中 q——热流强度，kcal/m^2，相当于电学中的电流强度；

Δt_m——传热平均温差，℃，相当于欧姆定律中电压差；

$\sum R$——传热热阻，$\sum R=1/U$，℃/W，相当于欧姆定律中的电阻，它是传热系数的倒数。

利用式（5-56）或式（5-58）进行冷却器的设计计算，主要困难在于如何确定传热系数 U 或传热热阻 $\sum R$ 。由传热学的基本原理可知，传热热阻等于传热过程的各项分热阻之和。如电路中的串联电阻，从管内向管外，空冷器的传热热阻 $\sum R$ 也可以看作由各项分热阻“串联”而成，如图 5-14 所示。这些分热阻分别产生在不同的传热面积上，为了便于比较计算，一般都将其转换成以光管外表面积（外径为 D_0）为基准。

管内对流传热热阻（如图 5-14 中点 1—2 所示）

$$R_L = \frac{1}{h_i}\frac{A_o}{A_i} \tag{5-59}$$

式中　h_i——以管内表面积 A_i 为基准的管内膜传热系数，kcal/ (m^2 • h • ℃) 。

为了将内热阻 1/h 换算到以光管外表面 A_o 为基准，需乘以 A_o / A_i 。

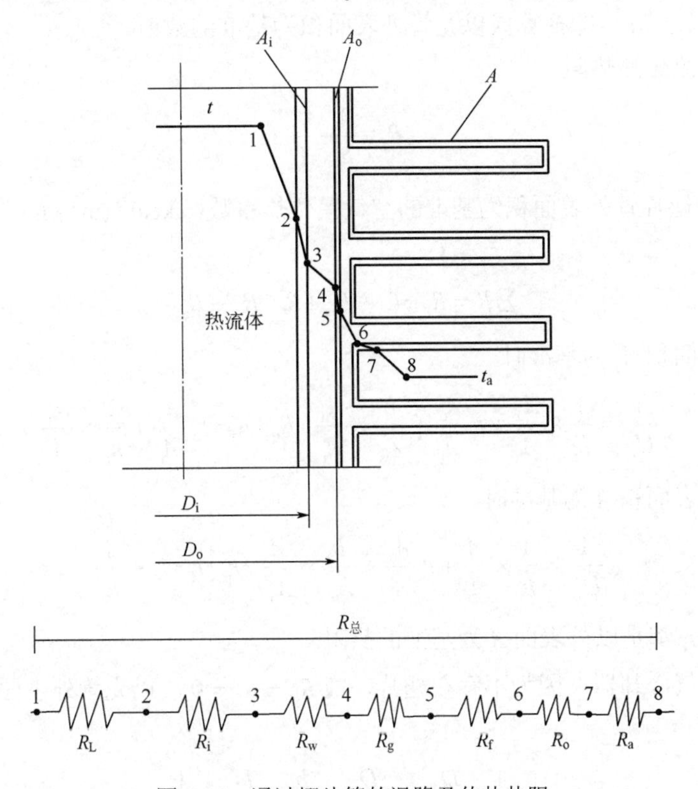

图 5-14　通过翅片管的温降及传热热阻

管内污垢热阻（见图 5-14）

$$R_i = r_i \frac{A_o}{A_i} \tag{5-60}$$

式中　r_i——以管内表面积为基准的污垢热阻，m^2 • h • ℃/kcal，将其换算成以光管外表面积管壁热阻 R_w 为基准的导热热阻。

$$R_w = \frac{b}{\lambda_w}\frac{A_o}{A_m} \tag{5-61}$$

式中　b——管壁厚度，$b = (D_o - D_i)/2$ ，m;

λ_w ——管壁传热系数，kcal/ (m^2 • h • ℃)；

A_m ——管壁的对数平均表面积，m^2，$A_m=(A_o-A_i)/\ln(A_o-A_i)$。

管外壁与翅片之间的间隙热阻 R_g 对于螺旋缠绕式翅片管，由于基管材料（一般为钢）与翅片材料（一般为铝）的热膨胀系数不同，在一定的温度条件下，在结合面上会产生间隙，因而形成间隙热阻。

翅片热阻 R_f 是翅片本身所产生的热阻，它和翅片管的几何尺寸、翅片材料和管外膜传热系数有关。管外污垢热阻 R_o，它是由翅片管外表面的挤压和结垢而产生的热阻。

$$R_o=r_o\frac{A_o}{A}$$

式中 r_o ——以翅片管外表面积 A 为基准的污垢热阻，m^2 • h • ℃/kcal 。

r_o 乘以比值 A_o/A，即换算成以光管外表面积为基准的数值。

管外空气对流传热热阻

$$R_f=\frac{1}{h_f}\frac{A_0}{A}$$

式中 h_f ——以翅片管外表面积为基准的空气膜传热系数，kcal / (m^2 • h • ℃) 。

传热热阻

$$\sum R=R_L+R_i+R_g+R_f+R_o+R_a \quad (5\text{-}62)$$

以光管外表面积 A_o 为基准时

$$\frac{1}{U_o}=\frac{1}{h_i}\times\frac{A_o}{A_i}+r_i\frac{A_o}{A_i}+\frac{b}{\lambda_w}\times\frac{A_o}{A_i}+R_g+R_f+r_o\frac{A_o}{A_i}+\frac{1}{h_f}\times\frac{A_o}{A_i} \quad (5\text{-}63)$$

以翅片管外表面积 A 为基准时

$$\frac{1}{U_o}=\frac{1}{h_i}\times\frac{A}{A_i}+r_i\frac{A_o}{A_i}+\frac{b}{\lambda_w}\times\frac{A}{A_m}+r_g+r_f+r_o+\frac{1}{h_f} \quad (5\text{-}64)$$

式中，r_g，r_f 都是以外表面 A 为基准的热阻。

对于光管空气冷却器，因为不存在翅片，故 $R_g=R_f=0$，以光管外表面积为基准的传热热阻为：

$$\frac{1}{U_o}=\frac{1}{h_i}\times\frac{D_o}{D_i}+r_i\frac{D_o}{D_i}+\frac{b}{\lambda_w}\times\frac{D_o}{D_m}+\frac{1}{h_o}+R_o \quad (5\text{-}65)$$

式中 D_m ——对数平均直径，$D_m=(D_o-D_i)/\ln(D_o/D_i)$；

h_o ——光管表面的膜传热系数，kcal / (m^2 • h • ℃) 。

对于某些翅片管空冷器，为了试验研究的方便，有时，将光管以外的各项热阻用一个综合的热阻 $(1/h_o)$ 表示，也就是说，在这个综合热阻中包含了间隙热阻、翅片热阻、管外污垢热阻以及管外热阻，即

$$\frac{1}{h_o}=R_g+R_t+R_o+R_a$$

这时，传热热阻可表示为：

$$\frac{1}{U_o}=\frac{1}{h_i}\times\frac{D_o}{D_i}+r_i\frac{D_o}{D_i}+\frac{b}{\lambda_w}\times\frac{D_o}{D_m}+\frac{1}{h_o} \tag{5-66}$$

在上述各传热热阻的计算式中，以式（5-63）和式（5-66）应用起来比较方便，故工程上一般都以光管外表面积作为设计计算的基准。

5.4.2　翅片效率和翅片热阻

5.4.2.1　翅片效率

翅片效率是翅片表面有效性的量度，它是翅片管传热计算经常遇到的一个重要问题。观察图 5-14 所示的翅片，设翅根温度为 t_b，空气温度为 t_a，由于翅片沿其高度逐渐散热，从翅根向翅端，翅片表面温度 t_f 逐渐降低，翅片温度与空气温度之差逐渐减少，因此，向外界的散热量逐渐减少，也就是说，翅片的有效性降低了。翅片的实际散热量与翅片各处的温度都等于翅根温度 t_b 时的散热量之比，称为翅片效率，以 E_f 表示。

$$E_f=\frac{\int h_f'(t_f-t_a)\mathrm{d}A_f}{h_f'(t_b-t_a)A_f}=\frac{\int(t_f-t_a)\mathrm{d}A_f}{(t_b-t_a)A_f} \tag{5-67}$$

式中　A_f ——翅片表面积，m^2；

h_f' ——包括外部污垢热阻在内的翅片外表面有效膜传热系数，$W/(m^2\cdot K)$假定 h_f' 保持不变，则 $h_f'=\dfrac{1}{1/h_f+r_0}$。

显然，因为 t_f 总小于 t_b，故翅效率 E_f 是一个小于 1 的数。为了求得 E_f 值，由式（5-67）可知，需要求解翅片温度 t_f 沿翅高的分布规律。对于各种不同形式的翅片表面，已由理论分析的方法求出了其温度分布规律和翅片效率，可查阅有关的传热学书籍和手册。对于空气冷却器，应用最为广泛的为等厚度的环形翅片。当假定翅片外缘端面的散热可以忽略时，推导出翅片效率为：

$$E_f=\frac{2}{u_b[(u_f/u_b)^2-1]}=\frac{I_1(u_f)/K_1(u_b)-I_1(u_b)/K_1(u_f)}{I_0(u_b)/K_1(u_f)-I_1(u_f)/K_0(u_b)} \tag{5-68}$$

$$u_b=\frac{H_f m}{D_f/D_b-1},\quad u_f=u_b\frac{D_f}{D_b},\quad m=\sqrt{\frac{2h_f}{\lambda_f\delta}}$$

式中　H_f ——翅片高度，m；

D_f ——翅片外径，m；

D_b ——翅片根径，m；

δ ——翅片厚度，m；

λ_f ——翅片材料的热导率，$W/(m\cdot K)$；

I_0，I_1——第一类零阶和 1 阶的虚变量贝塞尔函数；

K_0，K_1——第二类零阶和 1 阶的虚变量贝塞尔函数。

式(5-68)表明，环形翅片的翅片效率 E_f 仅仅和参数 u_b、u_f 有关，即仅仅和 $H_f m$ 及 D_f/D_h 有关。如图 5-15 所示，图中曲线表明，翅片越高，比值 D_f/D_b 越大，则翅片效率就越低；此外，当翅片的几何特性一定时，h_f 越大，热导率 λ_f 越低，则翅片效率也随之降低。

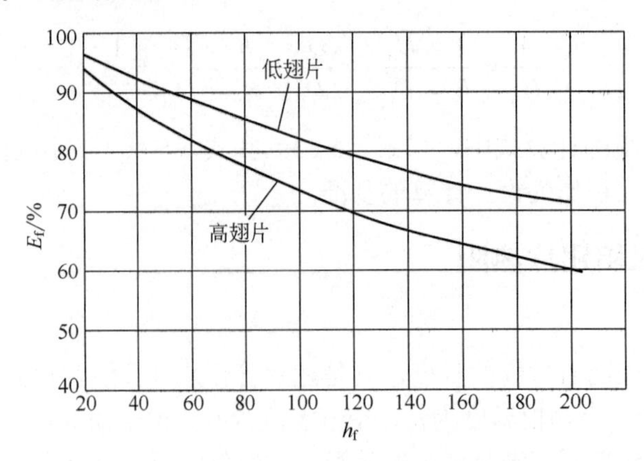

图 5-15 等厚度环形翅片的翅片效率

对于任意几何尺寸的等厚度环形翅片，其翅片效率可由式（5-68）或式（5-67）进行计算。对于国内广泛采用的两种翅片管（参数见表 5-13），翅片的几何特性和材料都是一定的，因此，翅片效率就只能是外表面有效膜传热系数 h_f' 的函数，为了应用方便，已由式（5-68）做出相应的曲线，见图 5-15，可直接由 h_f' 的数值查取翅片效率 E_f。

5.4.2.2 翅片热阻

考虑翅片管的传热，为了方便起见，假定翅片和管是做成一体的，即不考虑间隙热阻，并假定管内壁温度为 t_i，外壁温度（翅根温度）为 t_b。表 5-13 为翅片管尺寸。

从管内流体向管内壁面的传热为：

$$Q = h_i'(T_L - t_i)A_i \tag{5-69}$$

$$h_i' = 1/(1/h_i' + r_i)$$

式中 h_i'——包括内垢阻在内的管内有效膜传热系数，W/(m^2·K)；

A_i——管内壁面积，m^2；

T_L——管内流体平均温度，℃。

表 5-13 翅片管尺寸

参数	高翅片	低翅片
翅片外径/mm	57	50
翅片根径/mm	25	25
翅片厚度/mm	0.4	0.4
翅片节距/mm	2.3	2.3
翅片材质	铝	铝

从管内壁向管外壁的传热为：

$$Q = \frac{\lambda_w}{b}(t_i - t_b)A_m \tag{5-70}$$

式中 A_m——管外壁面积，m^2；

t_i——翅片管内壁温度，℃；

t_b——翅片管外壁温度，℃；

λ_w ——热导率，W/(m·K)。

从翅片之间的裸管表面向空气的散热为：

$$Q_b = h_i(t_b - t_a)A_b \tag{5-71}$$

式中 t_a——环境温度，℃；

t_b——翅片管外壁温度，℃。

A_b——翅片之间裸管部分的表面积，m^2。

从翅片表面积 A_b 向空气的散热为：

$$Q_f = h_t' \int A_f(t_f - t_a)dA_f = h_t'(t_b - t_a)A_f \tag{5-72}$$

式中 t_f——翅片表面温度，℃；

A_f——翅片表面积，m^2。

从翅片管总外表面积向空气的散热为：

$$Q = Q_f + Q_b = h_f'(t_b - t_a)(A_b + E_f A_t) \tag{5-73}$$

$$Q = A\left(\frac{1}{h_f'} \times \frac{A}{A_b + E_f A_i} + \frac{b}{\lambda_w} \times \frac{A}{A_m} + \frac{1}{h_f'} \times \frac{A}{A_i}\right)^{-1}(T_L - t_a) \tag{5-74}$$

式中 A——翅片管总外表面积，m^2，$A = A_b + A_f$。

将式（5-74）中的右边括号内第一项加以变换，得

$$\frac{1}{h_f'} \times \frac{A}{A_b + E_f A_f} = \frac{1}{h_f{'}} + \frac{1}{h_f{'}} \times \frac{A_t - E_f A_f}{A_b + E_f A_f} \tag{5-75}$$

令

$$\frac{1}{h_f'} \times \frac{A_f - E_f A_f}{A_b + E_f A_f} = r_f \tag{5-76}$$

r_f 即为翅片热阻（以翅片管总外表面积 A 为基准），单位是 $m^2 \cdot h \cdot ℃/kcal$。当命名了翅片热阻以后，式（5-76）可转换为下述形式：

$$\frac{A(T_L - t_a)}{Q} = \frac{1}{h_i} \times \frac{A}{A_i} + r_i\frac{A}{A_i} + \frac{b}{\lambda_w} \times \frac{A}{A_m} + r_f + r_o + \frac{1}{h_f} \tag{5-77}$$

注意到传热系数 $U = Q / A(T_L \quad t_a)$，上式即相当于式（5-64）（当 $r_g = 0$ 时）。

由式（5-76）可知，翅片热阻 r_f 除了与翅化表面的几何特征有关以外，还与翅片效率 E_f 与外表面的有效膜传热系数 h_f' 有关，对于国产的两种翅片管（高翅片和低翅片），其几何特征和材质（铝）都是一定的，因此，翅片热阻 r_f 就只能是 h_f' 的函数。为了应用方便，已根据式（5-76）绘制成曲线，见图 5-16。

由图 5-16 可以看出，当 h_f' 改变时，这两种翅片管的翅片热阻 r_f 没有明显的变化，可近似认为是常数。对于高翅片，$r_f \approx 0.0032m^2 \cdot h \cdot ℃/kcal$；对于低翅片，$r_f \approx 0.0019m^2 \cdot h \cdot ℃/kcal$。

如将 r_t 换算到以光管外表面为基准，则 $R_f = r_f A_o / A$，对高翅片，$R_f \approx 0.00014m^2 \cdot h \cdot ℃/kcal$；对低翅片，$R_f \approx 0.00011m^2 \cdot h \cdot ℃/kcal$。

此外，这两种翅片管的管壁热阻 R_w 也是常数，当钢管的热导率 $\lambda_w = 40kcal/(m^2 \cdot h \cdot ℃)$，外径 $D_o = 25$ mm，内径 $D_i = 20$ mm 时，$R_w = bD_o / (\lambda_w D_m) = 0.00007m^2 \cdot h \cdot ℃/kcal$。这是一个很小的数值，在计算时，可将 R_w 和 R_f 加在一起考虑，即

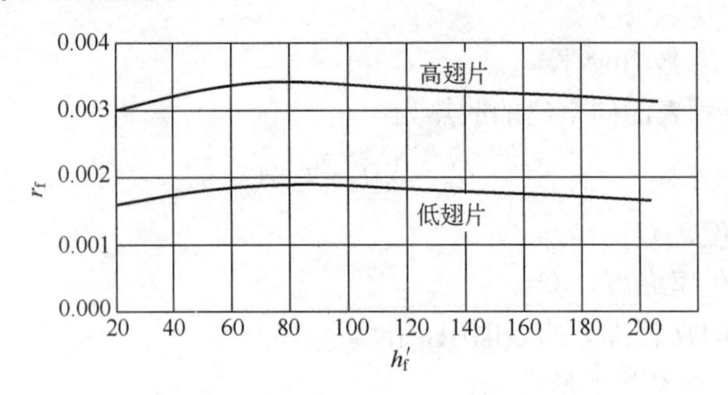

图 5-16　高低翅片的翅片热阻

高翅片管：

$$R_f + R_w = 0.00021 m^2 \cdot h \cdot ℃/kcal$$

低翅片管：

$$R_f + R_w = 0.00018 m^2 \cdot h \cdot ℃/kcal$$

5.4.2.3　翅片管间隙热阻

目前，空冷器中广泛应用的翅片管是张力缠绕式翅片管，翅片和基管之间的结合是靠加工时的初步接触压力来保证的。由于翅片和基管的材料不同，热膨胀系数也不同，铝制翅片的热膨胀性大于钢管的热膨胀性。因此，随着温度的升高，在两种金属的结合面上，会产生“松弛”现象。使初始的接触压力逐渐减小。当温度升高到某一数值时，会使初始接触压力减小到零，导致两种金属在结合面上脱离接触，开始出现间隙，随着温度的升高，间隙会越来越大。

在初始接触压力尚存的情况下，由于接触压力的大小及结合表面粗糙度的不同，在结合面上不能做到像整体结构那样密合无隙。在结合面上的某些点（或某些局部的面），两种金属能直接接触；而在另外一些点（或局部面），两种金属则不能接触。因此，在结合面上会产生一定的热阻，称为“结合热阻”或“接触热阻”。但结合热阻的数值很小，大约是 0.000004～0.00005 $m^2 \cdot h \cdot ℃/kcal$（基管表面），一般不超过 0.00008 $m^2 \cdot h \cdot ℃/kcal$（基管表面）。与传热的其他各项热阻比较，结合热阻可以忽略不计。此外，在实验研究中，此项热阻往往与管外传热热阻一起考虑，即包括在管外热阻中。

结合热阻的存在条件是结合面上必须存在某种接触状态，即加工时所产生的初始接触压力尚未完全消失的情况。这只有在结合面的温度较低时才能做到，对于缠绕式翅片管，一般认为在 100℃以下，方能保证两种金属的接触状态。当温度超过这一数值之后，初始接触压力完全消失，两金属开始脱离接触而产生间隙。由翅片和基管之间出现间隙而产生的附加热阻，称之为“间隙热阻”。在高温下，间隙热阻可能成为传热总热阻的一个重要部分，并成为限制空冷器应用范围的主要因素之一。因此，翅片管的间隙热阻是空冷器设计和应用中必须关注的一个问题。

以基管表面为基准的间隙热阻的理论解析式为：

$$R_g = \frac{D_o}{2\lambda_a}[\alpha_f(t_f - t_o) - \alpha_t(t_b - t_o) - \alpha p_{co}] \tag{5-78}$$

式中　R_g——间隙热阻，$m^2 \cdot h \cdot ℃/kcal$；

D_o ——基管外径，m；

λ_a ——间隙中流体（空气）的传热系数，kcal / (m^2 • h • ℃)；

α_f ——翅片材料的热膨胀系数，℃$^{-1}$；

α_t ——基管材料的热膨胀系数，℃$^{-1}$；

t_f ——翅片平均温度，℃；

t_b ——基管平均温度，℃；

t_o ——加工翅片管时温度，℃；

p_{co} ——初始接触压力，kgf/m^2；

α ——计算因数，由式（5-79）确定：

$$\alpha = \frac{1}{e_f}\left(\frac{D_f^2 + D_o^2}{D_f^2 - D_o^2} + \nu_f\right) + \frac{1}{e_t} \times \frac{\delta}{s}\left(\frac{D_o^2 + D_i^2}{D_o^2 - D_i^2} - \nu_t\right) \tag{5-79}$$

式中　e_f，e_t ——翅片和基管材料的弹性模数，m^2/kgf;

ν_f，ν_t ——翅片和基管材料的波桑比；

δ，s ——翅片厚度和翅片间距，m。

在用式（5-78）和式（5-79）进行计算时，关键是要预先知道初始接触压力 p_{co}。这是一个颇为困难的问题，p_{co} 值和翅片管的制造方法和加工工艺有关，一般需要通过实验测定。Gardner 等对绕片管和双金属轧片管的测定结果是 $p_{co} = 3500 \sim 7000$ lbf/in^2（1lbf/in^2=6894.76Pa，下同），Young 等测定了三种翅片管的 p_{co} 值，其平均值为 7000 lbf/in^2，绕片管的测定值仅为 2340lbf/in^2。

Young 利用式（5-78）和式（5-79）对一种典型的双金属轧片管进行了间隙热阻 R_g 的计算。计算的条件是 $p_{co} = 3500$ lbf/in^2（246kgf/cm^2），$t_0 = 70$°F(21℃)。因为式（5-78）中的翅片温度 t_f 和基管 t_b 都是内外热阻和内外流体温度的函数。所以，在图中影响 R_g 的参变量是外表面有效膜传热系数，内表面有效膜传热系数，以及管内流体平均温度和管外空气温度。

5.4.3　空冷器管外传热及阻力计算

（1）传热计算

目前，已对各种规格的环形翅片管管束的空气侧膜传热系数进行了研究。其结果表明，膜传热系数除了与空气流速或雷诺数有关以外，还与两相邻翅片之间的间隙及翅片高度有关，而翅片的厚度只对其有轻微的影响。

Briggs 和 Young 对 10 多种整体轧制的环形翅片管的管外换热进行了实验研究，实验装置的管内是水蒸气的冷却过程。实验数据的处理方法是：从实验求得的总传热热阻中，逐项减去管内凝结换热热阻、管壁热阻和翅片热阻，即得欲求的管外空气换热热阻。由实验结果得下式，其标准误差在 5%左右。

对于低翅片管束，$D_f / D_b = 1.2 / 1.6$，$D_b = 13.5$～16mm。

$$\frac{D_b h_f}{\lambda} = 0.1507\left(\frac{D_b G_{max}}{\mu}\right)^{0.667}\left(\frac{c\mu}{\lambda}\right)^{1/3}\left(\frac{Y}{H}\right)^{0.164}\left(\frac{Y}{\delta}\right)^{0.075} \tag{5-80}$$

对于高翅片管束，$D_f / D_b = 1.7 / 2.4$，$D_b = 12$～41mm。

$$\frac{D_f h_f}{\lambda} = 0.1378\left(\frac{D_b G_{max}}{\mu}\right)^{0.718}\left(\frac{c\mu}{\lambda}\right)^{1/3}\left(\frac{Y}{H}\right)^{0.296} \tag{5-81}$$

式中　h_f ——以翅片管外表面为基准的空气膜传热系数，kcal / (m^2 • h • ℃)；

D_f，D_b ——翅片外径和翅根直径，m；

Y，H，δ ——翅片的间隙、高度、厚度，m；

λ，μ，c ——以平均温度选取的空气物性。

此外，实验表明，采用鼓风式还是吸风式，对翅片管的传热几乎没有影响，因此，式(5-80)和式（5-81）虽然是在鼓风机的条件下得出的，也可适用于吸风式，而无需加以修正。

（2）阻力计算

Briggs 等对 10 多种交错排列的环形翅片管束，进行了在等温度情况下的压力测定。试验范围是：$Re = D_b G_{max} / \mu = 2000\sim5000$，横向管间距与纵向管间距之比 $s_1 / s_2 = 1.8\sim4.6$。高翅片管束的实验公式为：

$$\Delta p = f\frac{NG_{max}^2}{2g_c\rho} \tag{5-82}$$

摩擦系数 f 为：

$$f = 37.86\left(\frac{D_b G_{max}}{\mu}\right)^{-0.316}\left(\frac{s_1}{D_b}\right)^{-0.927}\left(\frac{s_1}{s_2}\right)^{0.515} \tag{5-83}$$

由式（5-82）和式（5-83）可知，翅根直径 D_b，管间距 s_1、s_2 对空气阻力影响很大。这说明，形状阻力是压力损失的主要因素；此外，阻力与管排数 N 成正比，即每一排管的压力损失是相等的。式中的物理值应按空气在管束中的平均温度来选取。

哈尔滨工业大学和哈尔滨空调厂对两种翅片管束进行了空气阻力测定，得出摩擦系数 f 的计算式为：

$$f = C\left(\frac{D_b G_{max}}{\mu}\right)^{-0.496} \tag{5-84}$$

对高翅片，C=95；对低翅片，C=97。

当空气在管束的平均温度为 50℃左右时，可由下式估算：

$$\Delta p = 0.521 v_{NF}^{\ 1.504} N\varphi \tag{5-85}$$

式中　v_{NF} ——标准迎面风速，m/s；

N ——管排数；

φ ——翅高影响系数，对高翅片 $\varphi = 1$，对低翅片 $\varphi = 1.15$。

空冷器中几乎都是采用立式安装（主轴垂直于地面）的轴流式风机。因为空冷器需要的风量很大，而需要的风压却不是很大。在通常使用的水平式或斜顶式空冷器中，立式安装的风机最容易配置，只有在空冷器中，才可能采用卧式的轴流式风机。风机的基本几何尺寸是叶轮直径、叶片数和叶角。叶片材料现已广泛采用玻璃钢（玻璃纤维增强塑料），可以将它做成空腔式薄壁结构，质量轻，并有足够的强度，表面型线准确、光滑，耐腐蚀性能也好。但是，它的耐热性差，耐水性也较差，因此不适于在风温较高或有水滴的环境中工作。

压缩后的制冷剂处于高温高压状态，要实现制冷，需要处理成低温低压状态，因此，先要进行冷却，然后降压。该设计采用布雷顿循环制冷，则冷却过程是等压冷却，降压过程是绝热的等熵膨胀。

采用空冷式冷却器进行冷却。空冷器用的翅片管基本形式有绕片式翅片管，该形式是将薄金属带螺旋形的缠绕到金属管上。在绕片过程中不断给金属带沿径向递增的张力，以便缠绕紧固。

风机的性能参数为风压、风量和轴功率。它们都与叶轮转速有关，而后者又受叶尖速度（切向）的规定所限制。这个极限值为12000ft/min，约 61m/s。风量、风压和轴功率之间的关系曲线，称为风机的特性曲线，它用无量纲系数来表示风机的性能参数。

空冷器装置选用国产 F36 型风机一台，叶片数为 12。设计风量需 $5.6\times10^4\mathrm{m^3/h}$（标准状况），空冷器空气阻力（全压降）为 $19.5\mathrm{mmH_2O}$（$1\ \mathrm{mmH_2O}=9.80665\mathrm{Pa}$）。设计气温为 $t=35℃$，大气压力为 p=760mmHg（1 mmHg=133.3Pa），计算风机的性能参数。

按下列公式换算：

$$\bar{V}_0=\bar{V} \tag{5-86}$$

式中　$\bar{V}$，$\bar{V}_0$——设计状态、标准状况下的风量系数。

$$\frac{\bar{H}_0}{\bar{H}}=\frac{\rho_0}{\rho} \tag{5-87}$$

式中　$\bar{H}$，$\bar{H}_0$——设计状态、标准状况下的风压系数；

ρ，ρ_0——设计状态、标准状况下的空气密度。

$$\frac{\bar{N}_0}{\bar{N}}=\frac{\rho_0}{\rho} \tag{5-88}$$

式中　$\bar{N}$，$\bar{N}_0$——设计状态、标准状况下的轴功率系数。

$$\eta_0=\eta \tag{5-89}$$

式中　η，η_0——设计状态、标准状况下的空气效率。

$$\frac{\rho_0}{\rho}=\frac{p_0}{p}\times\frac{273+t}{273+t_0} \tag{5-90}$$

式中　p，p_0——设计状态、标准状况下的大气压力；

t，t_0——设计状态、标准状况下的大气温度。

（1）风量系数 $\bar{V}$

$$\bar{V}=\frac{V}{1.48\times10^2D^3n}=\frac{5.6\times10^4\times60}{1.48\times10^2\times2.8^3\times16424\times3600}=0.138$$

（2）风压系数（全风压，标准状况）

$$\bar{H}=\frac{H}{3.34\times10^{-4}D^2n^2}=\frac{19.5\times9.8\times3600}{3.34\times10^{-4}\times2.8^2\times16424^2}=0.0461$$

（3）空气密度的比值

$$\frac{\rho_0}{\rho}=\frac{p_0}{p}\times\frac{273+t}{273+t_0}=\frac{760}{760}\times\frac{273+25}{273+20}=1.017$$

（4）风量系数比值

$$\overline{V}_0 = \overline{V} = 0.138$$

$$V_0 = V = 15.8 \times 10^4 \ \mathrm{m^3/h}$$

$\overline{H}_0 = \rho_0 \overline{H} / \rho = 0.0461 \times 1.017 = 0.0469$，$H_0 = \rho_0 H / \rho = 19.5 \times 1.017 = 19.83 \ \mathrm{mmH_2O}$。作出$\overline{V}_0 = 0.138$，$\overline{H}_0 = 0.0469$时的工况点，按内插法确定叶片角为12°。查$\varphi = 12°$的风机特性$\overline{V}$-$\overline{N}$曲线，确定$\overline{V}_0 = 0.138$时的工况点，得$\overline{N}_0 = 0.000021$。

（5）计算轴功率

$$N_0 = 1.35 \times 10^{-7} \times 0.000021 \times 3.6^5 \times 16424^3 = 7.6(\mathrm{kW})$$

$$N = N_0 / (\rho_0 / \rho) = \frac{7.6}{1.017} = 7.47(\mathrm{kW})$$

查$\varphi = 12°$时风机特性$\overline{V}$-η曲线，$\eta = 0.81$，全压效率为81%。

5.5 制冷过程设计计算

绝热等熵膨胀是获得低温的重要途径之一，也是对外做功的一个重要热力过程。而作为使其他膨胀输出功以产生冷量的膨胀机，则是能够实现接近绝热等熵膨胀过程的一种有效机械。膨胀机可分为活塞式和透平式两大类，一般来说，活塞膨胀机多用于中高压、小流量领域，而低中压、流量相对较大的领域则多用透平膨胀机，随着透平技术的进一步发展，中高压、小流量、大膨胀比的透平膨胀机在各领域也有越来越多的应用。与活塞膨胀机相比，透平膨胀机具有占地面积小（体积小）、结构简单、气流无动脉、震动小、无机械磨损部件、连续工作周期长、操作维护方便、工质不污染、调节性能好、效率高等特点。

螺旋膨胀机是利用工质的绝热等熵膨胀来获得低温的重要热力设备，其工作原理是：螺旋膨胀机由于螺旋叶片的螺距从排气端开始向进气端逐渐增大，因而膨胀腔的体积也相应地逐渐增大，当转子旋转时，带动螺旋叶片旋转。叶片只能绕其中心线（也即气缸中心线）旋转，所以在转子螺旋槽内，叶片与转子之间沿径向还存在相对运动，这样就使得从吸气侧吸进的气体在螺旋叶片的作用下不断地推向吸气侧，由于膨胀腔的体积逐渐在增大，从而达到气体膨胀的目的。所以，螺旋叶片膨胀机机是一种具有内膨胀的回转式透平膨胀机。

5.5.1 布雷顿制冷循环

螺旋压缩膨胀制冷机制冷过程接近布雷顿制冷过程，制冷过程可按近布雷顿过程计算。

5.5.1.1 等熵膨胀制冷

高压气体绝热可逆膨胀过程，称为等熵膨胀。气体等熵膨胀时，有功输出，同时气体的温度降低，产生冷效应，这是制冷的重要方法之一。常用微分等熵效应α_S来表示气体等熵膨胀过程中温度随压力的变化，其定义为：

$$\alpha_S = \left(\frac{\partial T}{\partial p} \right)_S \tag{5-91}$$

因α_S总为正值，故气体等熵膨胀时温度总是降低，产生冷效应。

对于理想气体，膨胀前后的温度关系为：

$$\frac{T_2}{T_1}=\left(\frac{p_2}{p_1}\right)^{\frac{k-1}{k}} \tag{5-92}$$

由此可求得膨胀过程的温差

$$\Delta T = T_2 - T = \left[\left(\frac{p_2}{p_1}\right)^{\frac{k-1}{k}} -1\right] \tag{5-93}$$

对于实际气体，膨胀过程的温差可借助热力学图查得，由于等熵膨胀过程有外功输出，所以必须使用膨胀机。当气体在膨胀机内膨胀时，由于摩擦、漏热等原因，使膨胀过程成为不可逆过程，产生有效能损失，造成膨胀机出口处工质温度的上升，制冷量下降。图5-17为等熵过程的温差，工程上，一般用绝热效率η_S来表示各种不可逆损失对膨胀机效率的影响，其定义为：

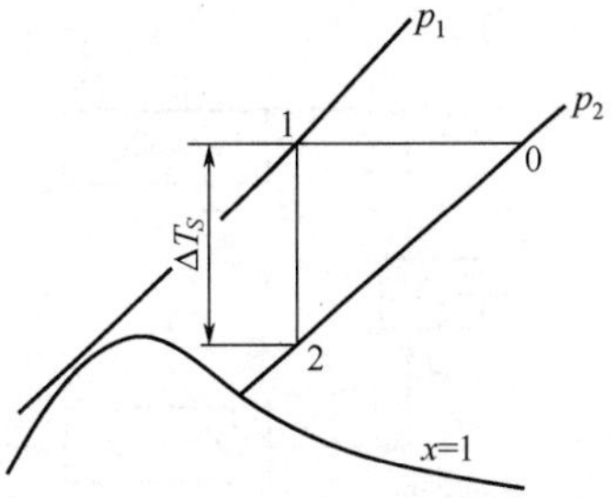

$$\eta_S=\frac{\Delta h_{\mathrm{pr}}}{\Delta h_{\mathrm{id}}} \tag{5-94}$$

图5-17　等熵过程的温差

即为膨胀机进出口的实际比焓降Δh_{pr}与理想比焓降（即等熵焓降）Δh_{id}之比。目前，透平式膨胀机的效率可达到0.75～0.85，活塞式膨胀机的效率达0.65～0.75。

微分等熵效应和微分节流效应两者之差为：

$$\alpha_S-\alpha_{\mathrm{h}}=\frac{v}{p} \tag{5-95}$$

因为v始终为正值，故$\alpha_S>\alpha_{\mathrm{h}}$。因此，对于气体绝热膨胀，无论从温降还是从制冷量看，等熵膨胀比节流膨胀要有效得多，除此之外，等熵膨胀还可以回收膨胀功，因而可以进一步提高循环的经济性。以上仅是对两种过程从理论方面的比较。在实用时尚有如下一些需要考虑的因素。

① 节流过程用节流阀，结构比较简单，也便于调节；等熵膨胀则需要膨胀机，结构复杂，且活塞式膨胀机还有带油问题。

② 在膨胀机中不可能实现等熵膨胀过程，因而实际上能得到的温度效应及制冷量比理论值要小，这就使等熵膨胀过程的优点有所减少。

③ 节流阀可以在含液量大的气液两相区工作，但带液的两相膨胀机带液量尚不能很大。

④ 初温越低，节流膨胀与等熵膨胀的差别越小，此时，应用节流较有利。因此，节流膨胀和等熵膨胀这两个过程在低温装置中都有应用，它们的选择依具体条件而定。

5.5.1.2　布雷顿制冷循环

布雷顿（Brayton）制冷循环又称逆向焦耳（Joule）循环或气体制冷机循环，是以气体为工质的制冷循环，其工作过程包括等熵压缩、等压冷却、等熵膨胀及等压吸热四个过程，这与蒸气压缩式制冷机的四个工作过程相近，两者的区别在于工质在布雷顿制冷循环中不发生集态改变。历史上第一次实现的气体制冷机是以空气作为工质的，称为空气制冷机。除空气外，根据不同的使用目的，工质也可以是CO_2、N_2、He等气体。

（1）无回热气体制冷机循环

图 5-18 为无回热气体制冷机系统图。气体由压力 p_0 被压缩到较高的压力 p_c，然后进入冷却器中被冷却介质（水或循环空气）冷却，放出热量 Q_c，而后气体进入膨胀机，经历绝热膨胀过程，达到很低的温度，又进入冷箱吸热制冷，周而复始地进行循环。

在理想情况下，我们假定压缩过程和膨胀过程均为理想绝热过程，吸热和放热均为理想过程，即没有压力损失，并且换热器出口处没有端部温差。这样假设后的循环称为气体制冷机的理论循环，其 p-V 图及 T-S 图如图 5-19 所示。图中 T_0 是冷箱中制冷温度，T_c 是环境介质的温度，1—2 是等熵压缩过程，2—3 是等温冷却过程，3—4 是等熵膨胀过程，4—1 是在冷箱中的等压吸热过程。

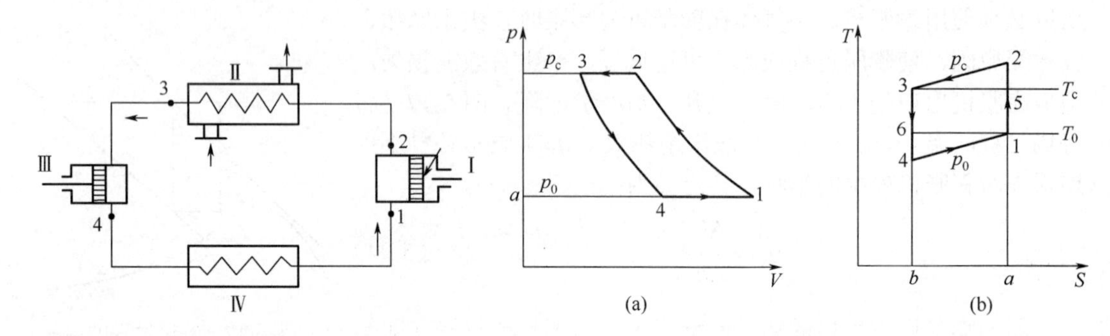

图 5-18　无回热气体制冷机系统图

Ⅰ—压缩机；Ⅱ—冷却器；Ⅲ—膨胀机；Ⅳ—冷箱

图 5-19　无回热气体制冷机理论循环

现进行理论循环的性能计算，单位制冷量 q_0 及单位热负荷 q_c 分别是：

$$q_0 = h_1 - h_4 \tag{5-96}$$

$$q_c = h_2 - h_3 = c_p(T_2 - T_3) \tag{5-97}$$

单位压缩功 w_c 和膨胀功 w_e 分别是：

$$w_c = h_2 - h_1 = c_p(T_2 - T_1) \tag{5-98}$$

$$w_e = h_3 - h_4 = c_p(T_3 - T_4) \tag{5-99}$$

从而可以计算出循环消耗的单位功 w 及性能系数 COP。

$$w = w_c - w_e = c_p(T_2 - T_1) - c_p(T_3 - T_4) \tag{5-100}$$

$$\mathrm{COP} = \frac{q_0}{w} = \frac{c_p(T_1 - T_4)}{c_p(T_2 - T_1) - c_p(T_3 - T_4)} \tag{5-101}$$

气体按理想气体处理时：

$$\frac{T_2}{T_1} = \frac{T_3}{T_4} = \left(\frac{p_c}{p_0}\right)^{\frac{k-1}{k}}$$

则上式可简化为：

$$\mathrm{COP} = \frac{1}{\left(\frac{p_c}{p_0}\right)^{\frac{k-1}{k}} - 1} = \frac{T_1}{T_2 - T_1} = \frac{T_4}{T_3 - T_4} \tag{5-102}$$

由式（5-102）可以看出，无回热气体制冷机理论循环的性能系数与循环的压力比或压缩机的温度比 T_2/T_1、膨胀机的温度比 T_3/T_4 有关。压力比或者温度比越大，循环性能系数越低。因而为了提高循环的经济性应采用较小的压力比。

因为热源温度是恒值，此时可逆卡诺循环的性能系数为：

$$\mathrm{COP_c}=\frac{T_1}{T_3-T_1} \tag{5-103}$$

因此上述理论循环的循环效率 η 为：

$$\eta=\frac{\mathrm{COP}}{\mathrm{COP_c}}=\frac{T_1}{T_2-T_1}\frac{T_3-T_1}{T_1}=\frac{T_c-T_0}{T_2-T_0} \tag{5-104}$$

由于 T_c 小于 T_2，所以无回热气体制冷机理论循环的性能系数小于同温限下的可逆卡诺循环的性能系数，即 $\mathrm{COP}<\mathrm{COP_c}$。这是因为在 T_c 和 T_2 不变的情况下，无回热气体制冷机理论循环冷却器中的放热过程 2—3 和冷箱中的吸热过程 4—1，具有传热温差，因而存在不可逆损失。压力比越大则传热温差越大，不可逆损失越大，循环的制冷系数越小，循环的热力完善度也越低。

由式（5-102）可以看出，当 p_c 及 p_0 给定时，COP 将保持不变；但随着 T_0 的降低（或 T 的升高）可逆卡诺循环的性能系数 COP 将下降，使气体制冷机理论循环的热力完善度提高。因此，用气体制冷机制取较低的温度时效率较高。

实际循环中压缩机与膨胀机中并非等熵过程，换热器中存在传热温差和流动阻力损失，这些因素使得实际循环的单位制冷量减小，单位功增大，性能系数与热力完善度降低，并引起循环特性的某些变化。

（2）定压回热气体制冷机循环

在分析无回热气体制冷机的理论循环时得出结论：理论循环的性能系数随压力比 p_c/p_0 的减小而增大，所以适当地降低压力比是合理的。但是由于环境介质温度是一定的，降低压力比将使膨胀后的气体温度升高，从而限制了制冷箱温度的降低。应用回热原理，可以既克服上述缺点，又达到降低压力比的目的。所谓回热就是把由冷箱返回的冷气流引入一个热交换器——回热器，用来冷却从冷却器来的高压常温气流，使其温度进一步降低，而从冷箱返回的气流则被加热，温度升高。这样就使压缩机的吸气温度升高，而膨胀机的进气温度降低，因而循环的工作参数和特性发生了变化。图 5-20（a）为定压回热式气体制冷机的系统图及其理论循环的 *T-S* 图。图中 1—2 和 4—5 是压缩和膨胀过程；2—3 和 5—6 是在冷却器中的冷却过程和冷箱中的吸热过程；3—4 和 6—1 是在回热器中的回热过程。图 5-20（b）中还表示出了工作于同一温度范围内具有相同制冷量的无回热循环 6—7—8—5—6。显然两个循环具有相同的工作温度和相等的单位制冷量，但定压回热循环的压力比，单位压缩功和单位膨胀功都比无回热循环的小得多，现进行定压回热理论循环的计算。

为了区别于无回热的制冷循环，在 q_0、q_c、w_c、w_e 和 w 等负荷上加上下标“h”，则

$$q_{0h}=c_p(T_6-T_5) \tag{5-105}$$

$$q_{eh}=c_p(T_2-T_3) \tag{5-106}$$

$$w_{ch}=c_p(T_2-T_1) \tag{5-107}$$

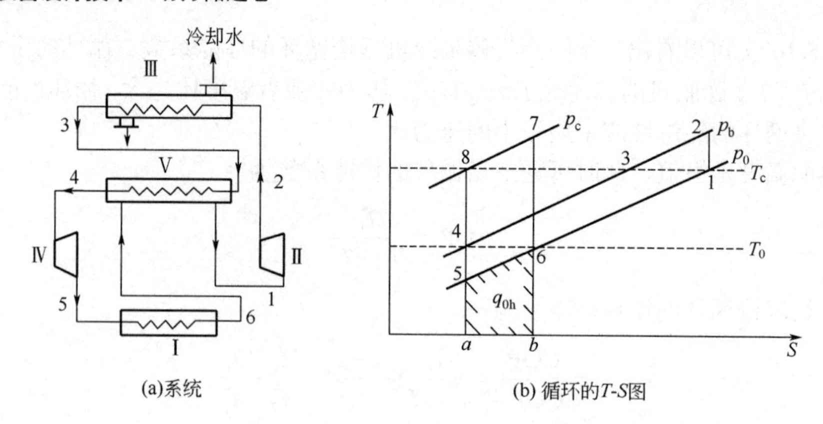

图 5-20　定压回热气体制冷机

Ⅰ—冷箱；Ⅱ—透平压缩机；Ⅲ—冷却器；Ⅳ—透平膨胀机；Ⅴ—回热器

$$w_{eh}=c_p(T_4-T_5) \tag{5-108}$$

$$w_h=c_p(T_2-T_1)-c_p(T_4-T_1) \tag{5-109}$$

理论回热循环性能系数

$$\mathrm{COP}=\frac{q_{0h}}{w_h}=\frac{c_p(T_6-T_5)}{c_p(T_2-T_1)-c_p(T_4-T_5)}=\frac{1}{\dfrac{T_2-T_1}{T_4-T_5}-1} \tag{5-110}$$

因为

$$\frac{T_2}{T_1}=\frac{T_4}{T_5}=\left(\frac{p_h}{p_0}\right)^{\frac{k-1}{k}} \tag{5-111}$$

故

$$\frac{T_2-T_1}{T_4-T_5}=\frac{T_1\left(\dfrac{T_2}{T_1}-1\right)}{T_5\left(\dfrac{T_4}{T_5}-1\right)}=\frac{T_1}{T_5}=\frac{T_1}{T_4}\frac{T_4}{T_5}=\frac{T_c}{T_0}\left(\frac{p_h}{p_0}\right)^{\frac{k-1}{k}}=\left(\frac{p_h}{p_0}\right)^{\frac{k-1}{k}} \tag{5-112}$$

$$\mathrm{COP_h}=\frac{1}{\left(\dfrac{p_h}{p_0}\right)^{\frac{k-1}{k}}-1} \tag{5-113}$$

由式（5-113）可以看出，回热循环 2—3—4—5—6 与无回热循环 6—7—8—5，两者不但有相同的工作温度范围和相等的单位制冷量，而且理论性能系数的表达式也相同。但这并不能说明两种循环是等效的，因为回热循环压力比小，不仅减小了压缩机和膨胀机的单位功，而且减小了压缩过程、膨胀过程的不可逆损失，所以回热循环实际性能系数比无回热循环大，特别是应用高效透平机械后，制冷机经济性大大提高。当制取-80℃以下低温时，定压回热气体制冷机的热力完善度超过了各种形式的蒸汽压缩式制冷机。但是到目前为止，定压回热气体制冷机的应用还是很不普遍，这是因为它的热交换设备比较庞大，而且，透平机械只适用于大型的制冷装置。

5.5.2 膨胀过程计算

5.5.2.1　膨胀过程的状态计算

冷凝器出来的气体状态为 $p_3 = 1.96 p_0$，$T_3 = 316.3\text{K}$。

（1）一级膨胀

由膨胀过程中的能量转化得

$$\frac{p_3}{\rho_3} = \frac{V^2}{2} + \frac{p_3'}{\rho_3'} \tag{5-114}$$

该过程为绝热膨胀过程，于是

$$\frac{p_3'}{p_3} = \left(\frac{T_3'}{T}\right)^{\frac{k}{k-1}} \tag{5-115}$$

联立方程解得 $p_3' = 1.62 p_0$，$T_3' = 299.4\ \text{K}$。

（2）二级膨胀

由膨胀过程中的能量转化得

$$\frac{p_3'}{\rho_3'} = \frac{V^2}{2} + \frac{p_4'}{\rho_4'} \tag{5-116}$$

该过程为绝热膨胀过程，于是

$$\frac{p_4'}{p_3'} = \left(\frac{T_4'}{T_3'}\right)^{\frac{k}{k-1}} \tag{5-117}$$

联立方程解得 $p_4' = 1.304 p_0$，$T_4' = 281.1\ \text{K}$。

（3）三级膨胀

由膨胀过程中的能量转化得

$$\frac{p_4'}{\rho_4'} = \frac{V^2}{2} + \frac{p_4}{\rho_4} \tag{5-118}$$

该过程为绝热膨胀过程，于是

$$\frac{p_4}{p_4'} = \left(\frac{T_4}{T_4'}\right)^{\frac{k}{k-1}} \tag{5-119}$$

联立方程解得：$p_4 = 1.01 p_0$，$T_4 = 263\text{K}$。

5.5.2.2　膨胀过程的动力计算

已知 G=0.02×1.204kg/m^3，R=287，T_3=316.3K，p_3=1.96atm，T_4=263K，$p_4 = 101325\text{Pa}$，则有 $pV = mRT$，m 值可由气体的重量 G，热量输出温度 T、容积 V 和状态常熟 R 求出。

膨胀机进口处的体积

$$V_3 = GRT_3 / p_3 = 0.02 \times 1.204 \times 287 \times 316.3 / (1.96 \times 101325) = 0.011(\text{m}^3)$$

膨胀机出口处的体积

$$V_4 = GRT_4 / p_4 = 0.02 \times 1.204 \times 287 \times 263 / 101325 = 0.018(\text{m}^3)$$

绝热膨胀功

$$w_{\text{JP}} = \frac{1}{k-1}(p_3V_3 - p_4V_4) = \frac{1}{0.4} \times (198.597 \times 0.011 - 101.325 \times 0.018) = 0.91(\text{kJ})$$

式中，膨胀功 w 的下角标 J 为绝热；P 为膨胀。

膨胀功中的大气压力跟出功

$$L_{\text{C}} = p_1(V_4 - V_3) = 101.325 \times (0.018 - 0.011) = 0.71(\text{kJ})$$

反馈功（回收的机械功）

$$L_{\text{F}} = w_{\text{JP}} - L_{\text{C}} = 0.91 - 0.71 = 0.20(\text{kJ})$$

5.6 制冷剂的选择与应用

螺旋压缩膨胀制冷机采用的布雷顿循环过程，主要采用无相变膨胀制冷过程，在制冷温区内制冷剂一般不会被液化，也可用于开式制冷过程，制冷剂可以是空气，也可以是甲烷、氮气等气体。

5.6.1 制冷系统常用制冷剂

5.6.1.1 制冷剂种类与代号

制冷剂采用其英文单词 refrigerant 的首字母 R 作总代号。为了避免书写分子式的麻烦，在字母 R 的后面用数字来区分不同的制冷剂。压缩式制冷用制冷剂，按其化学结构分为四类：

（1）无机化合物

无机化合物如氨（NH_3），代号为 R717，可作为螺旋压缩膨胀制冷机用制冷剂，主要应用于-30℃以上的制冷。

（2）氟利昂（Freon）

氟利昂是烷烃的卤化物，其分子通式为 $C_mH_nF_xCl_yBr_z$。有两种：R12（国内习用 F12）的分子式为 CF_2Cl_2；R22（国内惯用 F22）的分子式为 CHF_2Cl（二氟一氯甲烷）。

（3）混合制冷剂

螺旋压缩膨胀制冷机用混合制冷剂一般为轻质成分混合制冷剂，比如空气等制冷过程中一般不会发生相变。

共沸溶液在固定压力下蒸发或冷凝时，其蒸发温度或冷凝温度恒定不变，而且它的气相和液相具有相同的成分。目前用得较多的有 R500（由 R12 和 R152a 组成，R12 占 73.5%）、R501（由 R22 和 R12 组成，R22 占 75%）等。共沸溶液与它的组成成分比较，在相同的工作条件下，蒸发温度降低，制冷量增大，压缩机排气温度降低，热、化学稳定性好。

非共沸溶液在固定压力下蒸发和冷凝时，它的蒸发温度或冷凝温度不能保持恒定，而且在饱和状态下气液两相的组成也不相同。采用非共沸溶液作工质的制冷装置，其冷凝压力较低，蒸发温度较高，循环耗功量较小，而冷凝器排放的热量较多。

5.6.1.2　烃类化合物

常用作制冷剂的烃类化合物有甲烷、乙烷、丙烷、乙烯、丙烯等。烃类化合物为石油化工产物且多应用于工业制冷领域并作为制冷剂。

根据标准蒸发温度（在 1atm 下的蒸发温度）与常温下的冷凝压力范围不同，又可把各种制冷剂区分为高温低压制冷剂、中温中压制冷剂和低温高压制冷剂三类。

5.6.2　对制冷剂要求

5.6.2.1　热力学性质

在标准大气压力下，制冷剂的蒸发温度低是一个必要条件，以获得较低的制冷温度。在蒸发器内制冷剂的压力最好和大气压力相近，并稍高于大气压力，因为当蒸发器中制冷剂的压力低于大气压时，外部的空气就可能从不密封处渗入制冷系统，将影响换热器的传热效果，增大压缩机的耗功量；对易燃易爆的制冷剂还可能引起爆炸。

为了减小制冷设备承受的压力，降低对设备制造材料的强度要求和制造成本，避免制冷剂向外渗漏，减少密封的困难，制冷剂在常温下的冷凝压力不应过高，一般要求不超过12～16bar（$1bar=10^5Pa$）。为提高压缩机的输气系数，减小压缩机的耗功量，并降低压缩机的排气温度，以利于润滑，要求制冷剂在给定的温度条件下，对应的冷凝压力和蒸发压力比较小，绝热指数也比较小。

临界温度颇高于环境大气温度，凝固温度要低，便于用一般冷却介质（水或空气）进行冷却。

5.6.2.2　物理化学性质

制冷剂的热导率和放热系数要高，这样能提高蒸发器和冷凝器的传热效率，减少它们的传热面积。

制冷剂的黏度和密度应尽可能小，这样可减少制冷剂在制冷装置中流动时的阻力，降低压缩机的能耗或缩小流道管径。

制冷剂应具有一定的吸水性。当制冷系统中渗进极少的水分时，虽会导致蒸发温度升高，但不致在低温下产生“冰塞”而影响制冷系统的正常进行。

制冷剂应具有化学稳定性，在高温下不分解，不易燃烧，无爆炸危险，对金属和其他材料（如橡胶）无腐蚀和侵蚀作用。制冷剂应有溶解于油的性质。制冷剂与油无限溶解时，可使润滑油随制冷剂渗透入压缩机各部件，对润滑有利；并且在换热器的换热面上不易形成油膜阻碍传热，对换热也有利；但是，这会稀释润滑油和提高蒸发温度，并使制冷剂沸腾气化时泡沫增多，造成蒸发器液面不稳定。

5.6.3　载冷剂

载冷剂又称冷媒，用于向被间接冷却的物体输送制冷系统产生的冷量。为提高载冷量、增强传热及减小流动阻力，从而减小设备的尺寸重量和降低能耗要求，载冷剂的比热容和换热系数要大，而黏度和密度要小。

此外，还要求载冷剂的凝固点低，挥发性和腐蚀性小，不易燃烧，无毒无臭，对人无害，化学性质稳定，且价格低廉，易于获得。在空气调节中，常用水、空气和盐水作为载冷剂。

显然，水是一种较理想的载冷剂，但水只适用于温度范围在 0℃以上的工况。当制冷温度要求在 0℃以下时，可使用盐水（氯化钙或氯化钠的水溶液）作载冷剂，盐水的凝固温度随浓度的增加而降低，选择盐水的浓度时，一般使对应的盐水凝固点比制冷系统制冷剂的蒸发温度低 6～8℃。但盐水对金属的腐蚀性强，腐蚀程度与盐水中的含氧量相关，而氧主要来自空气，应尽量减少盐水与空气的接触。空气作载冷剂有很多优点，但是由于它的比热容小，所以只有对空气直接冷却时才采用它，如房间空调器。

5.6.4 冷冻油

压缩机所有运动零部件的磨合面，必须用润滑油加以润滑，以减少磨损。制冷压缩机所使用的润滑油叫作冷冻机油，简称冷冻油。冷冻油还把磨合面的摩擦热及磨屑带走，从而限制了压缩机的温升，改善了压缩机的工作条件。压缩机活塞与气缸壁、轴封磨合面间的油膜，不仅有润滑作用，而且还有密封作用，可阻挡制冷剂的泄漏。

冷冻油与制冷剂有很强的互溶性，并随制冷剂进入冷凝器和蒸发器，因此，冷冻油不但要对运动部件起润滑和冷却作用，而且不能对制冷系统产生不良影响。所以，冷冻油的物理、化学、热力性质应满足下列要求。

（1）黏度适当

黏度是表示流体黏滞性大小的物理量。黏度分为动力黏度和运动黏度两种，黏度随温度的升高而降低，随压力的上升而增大。黏度是冷冻油的一项主要性能指标，因此，冷冻油通常是以运动黏度值来划分牌号的。不同制冷剂要使用不同黏度（标号）的冷冻油。如 R12 与冷冻油互溶性强，使冷冻油变稀，应使用黏度较高的冷冻油。制冷系统工作温度低，应使用黏度低的冷冻油；制冷系统工作温度高，应使用黏度高的冷冻油。转速高的往复式压缩机及旋转式压缩机应使用黏度高的冷冻油。

（2）浊点低于蒸发温度

冷冻油中残留有微量的石蜡。当温度降到某一值时，石蜡就开始析出，这时的温度称为浊点。冷冻油的浊点必须低于制冷系统中的蒸发温度，因为冷冻油与制冷剂互相溶解，并随着制冷剂的循环而流经制冷系统的各有关部分，冷冻油析出石蜡后，会堵塞节流阀孔等狭窄部位，或存积在蒸发器盘管的内表面，使传热效果变差。

（3）凝固点足够低

冷冻油失去流动性时的温度称为凝固点，凝固点总比浊点低。冷冻油的凝固点必须足够低，以 R12、R22 为制冷剂的压缩机，其冷冻油的凝固点应分别低于-30～-40℃、-55°C。冷冻油中溶入制冷剂后，其凝固点会降低。如冷冻油中溶入 R22 后，其凝固点会比纯油时降低 15～30℃。

（4）闪点足够高

冷冻油蒸气与火焰接触时发生闪火的最低温度，叫作冷冻油的闪点。冷冻油的闪点应比压缩机的排气温度高 20～30℃，以免冷冻油分解、结炭，使润滑性能和密封性能恶化。使用 R12 或 R22 为制冷剂的压缩机，其冷冻油闪点应在 160℃以上；而在热带等高温环境（50℃左右）下使用的空调器，其冷冻油闪点宜在 190℃以上。

（5）化学稳定性好

冷冻油在与制冷剂、金属共存的系统中，若温度比较高，则在金属的催化作用下，会起分解、聚合、氧化等化学反应，生成具有腐蚀作用的酸。因此，化学稳定性好的冷冻油，其含酸值比较低。

5.7 制冷机热工性能计算

主要设计要求及设计参数如下所示：

制冷工质　　　　空气（自选）

膨胀机出口温度　　t_0=−9.75℃

冷凝温度　　　　t_k=43℃

吸气温度　　　　t_1=20℃

压缩温度　　　　t_2=82℃

在 p-V 图和 T-S 图上的制冷循环示于图 5-19 中，各计算点的状态参数由空气热物理性质图表查取。

（1）1 点的状态参数

$t_1 = 20℃$，$p_1 = 101.325\text{kPa}$，$\rho_1 = 1.204\text{m}^3/\text{kg}$，$S_1 = 6.8433\text{kJ/(kg·K)}$，$h_1 = 293.41\text{kJ/kg}$。

（2）2 点的状态参数

$t_2 = 82℃$，$p_2 = 299.922\text{kPa}$，$\rho_2 = 2.941\text{m}^3/\text{kg}$，$S_2 = 6.8433\text{kJ/(kg·K)}$，$h_2 = 305.59\ \text{kJ/kg}$。

（3）3 点的状态参数

$t_3 = 43℃$，$p_3 = 299.922\text{kPa}$，$\rho_3 = 3.306\text{m}^3/\text{kg}$，$S_3 = 6.607\text{kJ/(kg·K)}$，$h_3 = 301.17\text{kJ/kg}$。

（4）4 点的状态参数

t_4=−9.75℃，$p_4 = 101.325\text{kPa}$，$\rho_4 = 1.341\text{m}^3/\text{kg}$，$S_4 = 6.607\text{kJ/(kg·K)}$，$h_4 = 257.48\text{kJ/kg}$。

（5）单位质量制冷量

$$q_0 = h_1 - h_4 = 293.41 - 257.48 = 35.93(\text{kJ/kg})$$

（6）单位质量理论功

$$w_{\text{ts}} = h_2 - h_1 = 305.59 - 293.41 = 12.18(\text{kJ/kg})$$

（7）压力比

$$\varepsilon = p_2 / p_1 = 299.922 / 101.325 = 2.96$$

（8）性能系数

$$\text{COP} = q_0 / w_{\text{ts}} = 35.93 / 12.18 = 2.95$$

5.8 空心轴壳体强度计算

5.8.1 空心轴圆筒强度

内半径为 a，外半径为 b 的厚壁圆筒，在外表面处作用有均匀压力 p［见图 5-21（a）]，圆筒材料为理想弹塑性的［见图 5-21（b）]。随着压力 p 的增加，圆筒内的 σ_θ 及 $|\sigma_r|$ 都不断增加，若圆筒处于平面应变状态下，其 σ_z 也在增加。当应力分量的组合达到某一临界值时，该处材料进入塑性变形状态，并逐渐形成塑性区，随着压力的继续增加，塑性区不断扩大，

弹性区相应减小，直至圆筒的截面全部进入塑性状态时即为圆筒的塑性极限状态。当圆筒达到塑性极限状态时，其外压达到最大值，即载荷不能继续增加，而圆筒的变形也处于无约束变形状态下，即变形是不定值，或者说瞬时变形速度无穷大。为了使讨论的问题得以简化，本文中限定讨论轴对称平面应变问题，并设$\nu=1/2$。

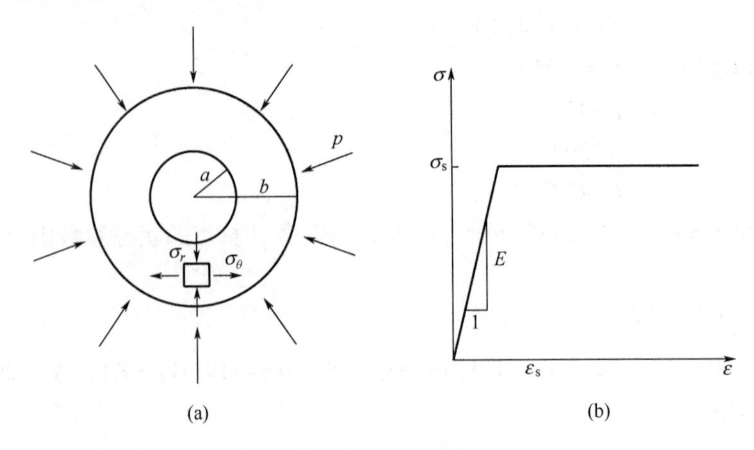

图 5-21　厚壁圆筒

5.8.2　弹性分析

5.8.2.1　基本方程

平面轴对称问题中的未知量为σ_r，σ_θ，ε_r，ε_θ，u，它们应该满足基本方程及相应的边界条件，其中平衡方程为：

$$\frac{\mathrm{d}\sigma_r}{\mathrm{d}r}+\frac{\sigma_r-\sigma_\theta}{r}=0 \tag{5-120}$$

几何方程为：

$$\varepsilon_r=\frac{\mathrm{d}u}{\mathrm{d}r}，\quad \varepsilon_\theta=\frac{u}{r} \tag{5-121}$$

本构方程为：

$$\varepsilon_r=\frac{1}{E}(\sigma_r-\nu\sigma_\theta)，\quad \varepsilon_\theta=\frac{1}{E}(\sigma_\theta-\nu\sigma_r) \tag{5-122}$$

边界条件为$\sigma_r\big|_{S_\sigma}=F_r$，在力的边界$S_\sigma$上。

5.8.2.2　应力求解

取应力分量σ_r，σ_θ为基本未知函数，利用平衡方程和以应力分量表示的协调方程联立求解，可以求得应力分量的表达式为：

$$\sigma_r=C_1+\frac{C_2}{r^2}，\quad \sigma_\theta=C_1-\frac{C_2}{r^2} \tag{5-123}$$

如图 5-21（a）所示内半径为a，外半径为b的厚壁圆筒，在外表面处受外压p，内表面没有压力，相应的边界条件为$\sigma_r\big|_{r=a}=0$，$\sigma_r\big|_{r=b}=-p$，将以上边界条件代入式（5-123），则可以求得两个常数为：

$$C_1 = \frac{-b^2 p}{b^2 - a^2}，\quad C_2 = \frac{a^2 b^2 p}{b^2 - a^2} \tag{5-124}$$

则应力分量为：

$$\sigma_r = \frac{-b^2 p}{b^2 - a^2}\left(1 - \frac{a^2}{r^2}\right)，\quad \sigma_\theta = \frac{-b^2 p}{b^2 - a^2}\left(1 + \frac{a^2}{r^2}\right) \tag{5-125}$$

上式和弹性常数无关，因而适用于两类平面问题。

5.8.3 弹塑性分析

5.8.3.1 屈服条件

在塑性理论中，常用的屈服条件是米泽斯（Mises）屈服条件，其屈服强度（σ_s）表达式为

$$(\sigma_r - \sigma_\theta)^2 + (\sigma_r - \sigma_z)^2 + (\sigma_z - \sigma_\theta)^2 + 6(\tau_{r\theta}^2 + \tau_{rz}^2 + \tau_{z\theta}^2) = 2\sigma_s^2 \tag{5-126}$$

由于厚壁圆筒为轴对称平面应变问题，则有$\tau_{r\theta} = \tau_{rz} = \tau_{z\theta} = 0$，即$\sigma_r$，$\sigma_\theta$，$\sigma_z$均为主应力，且由$\varepsilon_z = 0$，可以得到$\sigma_z = (\sigma_r + \sigma_\theta)/2$，代入 Mises 屈服条件其表达式为：

$$|\sigma_\theta - \sigma_r| = \frac{2}{\sqrt{3}}\sigma_s = 1.155\sigma_s \tag{5-127}$$

5.8.3.2 具体分析

当压力p较小时，厚壁圆筒处于弹性状态，由式（5-125）可求出应力分量。

在$r = a$处$|\sigma_\theta - \sigma_r|$有最大值，即筒体由内壁开始屈服，若此时的压力为$p_e$，由式（5-126）和式（5-127）可以求得弹性极限压力为：

$$p_e = \frac{1.155(b^2 - a^2)\sigma_s}{2b^2} \tag{5-128}$$

当$p < p_e$时，圆筒处于弹性状态；当$p > p_e$时，在圆筒内壁附近出现塑性区，并且随着压力的增大，塑性区逐渐向外扩展，而外壁附近仍然为弹性区。由于应力组合$|\sigma_\theta - \sigma_r|$的轴对称性，塑性区和弹性区的分界面为圆柱面。设筒体处于弹塑性状态下的压力为p_p，弹塑性分界半径为r_p，分别考虑两个变形区（图 5-22），也可将两个区域按两个厚壁圆筒分别进行讨论，设弹性区和塑性区的相互作用力为q，即$\sigma_r|_{r=r_p} = -q$。

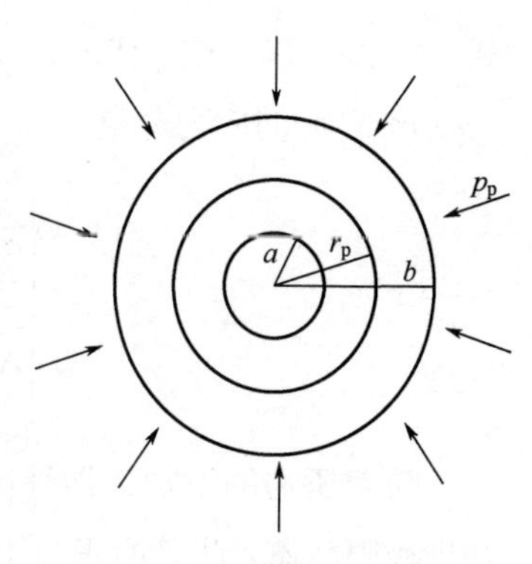

图 5-22　弹塑性分析

为求弹性区的应力分量，将弹性区作为内半径为r_p，外半径为 b，承受外压p_p，内压q的厚壁圆筒。由圆筒的弹性分析公式可以求得弹性区（$r_p \leqslant r \leqslant b$）的应力分量为：

$$\begin{cases} \sigma_r = \dfrac{r_p^2 b^2 (p_p - q)}{b^2 - r_p^2} \times \dfrac{1}{r} + \dfrac{r_p^2 q - b^2 p_p}{b^2 - r_p^2} \\ \sigma_\theta = -\dfrac{r_p^2 b^2 (p_p - q)}{b^2 - r_p^2} \times \dfrac{1}{r} + \dfrac{r_p^2 q - b^2 p_p}{b^2 - r_p^2} \end{cases} \tag{5-129}$$

为求解塑性区的应力分量，将弹性区作为内半径为 a，外半径为 r_{p}，承受外压 q 的厚壁圆筒。应满足平衡方程和屈服条件，即

$$\frac{\mathrm{d}\sigma_r}{\mathrm{d}r}+\frac{\sigma_r-\sigma_\theta}{r}=0 \tag{5-130}$$

$$\left|\sigma_\theta-\sigma_r\right|=\frac{2}{\sqrt{3}}\sigma_{\mathrm{s}}=1.155\sigma \tag{5-131}$$

由上面两式可得

$$\sigma_r=C-1.155\sigma_{\mathrm{s}}\ln r \tag{5-132}$$

由于在 $r=r_{\mathrm{p}}$ 处压力为 q，即 $\sigma_r\big|_{r=r_{\mathrm{p}}}=-q$，代入可得 $C=-q+1.155\sigma_{\mathrm{s}}\ln r_{\mathrm{p}}$（$\sigma_{\mathrm{s}}$ 为材料屈服极限），再代入 σ_r 表达式，并利用屈服条件求得 σ_θ，即塑性区（$a \leqslant r \leqslant r_{\mathrm{p}}$）的应力分量为：

$$\sigma_r=-q+1.155\sigma_{\mathrm{s}}\ln\frac{r_{\mathrm{p}}}{r}，\quad \sigma_\theta=-q+1.155\sigma_{\mathrm{s}}\left(\ln\frac{r_{\mathrm{p}}}{r}-1\right) \tag{5-133}$$

式（5-133）中的 r_{p} 和 q 是未知量，由径向应力边界条件确定它们之间的关系。在塑性区的 $r=a$ 处压力为 0，即 $\sigma_r\big|_{r=a}=0$，代入式（5-133）的第一式可得

$$q=1.155\sigma_{\mathrm{s}}\ln\frac{r_{\mathrm{p}}}{a} \tag{5-134}$$

在弹性区的 $r=r_{\mathrm{p}}$ 处刚达到屈服，由屈服条件 $\left|\sigma_\theta-\sigma_r\right|=\frac{2}{\sqrt{3}}\sigma_{\mathrm{s}}=1.155\sigma_{\mathrm{s}}$ 可得

$$p_{\mathrm{p}}=1.155\sigma_{\mathrm{s}}\ln\frac{r_{\mathrm{p}}}{a}+\frac{1.155\sigma_{\mathrm{s}}(b^2-r_{\mathrm{p}}^2)}{2r_{\mathrm{p}}b^2} \tag{5-135}$$

上式给出了 p_{p} 与 r_{p} 的关系，当给定 p_{p} 可以确定 r_{p}，或者给定 r_{p} 后也可以确定 p_{p}。将式（5-134）确定的 q 代入式（5-133）中，则可以得到 r_{p} 表示的弹性区（$r_{\mathrm{p}} \leqslant r \leqslant b$）和塑性区（$a \leqslant r \leqslant r_{\mathrm{p}}$）的应力分量。

$$\begin{cases}\sigma_r=-1.155\sigma_{\mathrm{s}}\ln\dfrac{r_{\mathrm{p}}}{a}+1.155\sigma_{\mathrm{s}}\ln\dfrac{r_{\mathrm{p}}}{r}\\ \sigma_\theta=-1.155\sigma_{\mathrm{s}}\ln\dfrac{r_{\mathrm{p}}}{a}+1.155\sigma_{\mathrm{s}}\left(\ln\dfrac{r_{\mathrm{p}}}{r}-1\right)\end{cases} \tag{5-136}$$

随着压力的增加，塑性区不断扩大，当 $r_{\mathrm{p}}=b$ 时，整个截面进入塑性状态，即圆筒达到塑性极限状态，此时的压力不能继续增加，该临界值称为塑性极限压力，以 p_1 表示。将 $r_{\mathrm{p}}=b$ 代入式（5-135）得

$$p_1=1.155\sigma_{\mathrm{s}}\ln\frac{b}{a} \tag{5-137}$$

令式（5-136）中的 $r_{\mathrm{p}}=b$，则得压力达到 p_1 时的应力分量，此时整个截面进入塑性状态。

$$\sigma_r=1.155\sigma_{\mathrm{s}}\ln\frac{a}{r}，\quad \sigma_\theta=1.155\sigma_{\mathrm{s}}\left(\ln\frac{a}{r}-1\right) \tag{5-138}$$

取$a=5$，$b=15$，$\sigma_s=200$，$r_p=10$，则由式（5-128）、式（5-134）、式（5-135）、式（5-137）可得$p_e=102.7$，$q=160$，$p_p=166.5$，$p_l=253.8$。将以上结果代入式（5-129）、式（5-133）、式（5-136）、式（5-138）中可以得到在p_e、p_p、p_l作用下的应力分布。三种状态下均有$\sigma_\theta>0$，$\sigma_r<0$，且σ_r绝对值的最大值在筒体的外壁处，而σ_θ的绝对值的最大值则随着外压的增加而由内壁移动到外壁。

5.8.4 加肋圆柱形壳体强度和稳定性计算

壳体的失效形式主要有强度失效和失稳破坏（屈曲问题）两种。强度失效是指在工作状态下，壳体的某些受力点达到屈服状态，产生塑性变形而导致的结构破坏。壳体失稳是指壳体在外压作用下，其内部应力在远未达到材料强度极限的情况下，突然产生较大的变形而使结构的承载能力降低，甚至发生破坏。壳体的失效会直接影响设备的正常工作，但如果壳体结构的强度过于富余，也会产生一些负面的影响，如使设备的带负载能力降低、壳体材料不能得到充分利用等。本文给出了壳体强度和稳定性的计算方法，并以某加肋薄壁结构为例，确定此壳体结构的主要参数。

5.8.4.1 壳体强度计算

在加肋圆柱形壳体结构设计过程中，要考虑到肋距中点处壳板的环向平均应力、肋骨处壳板的轴向应力和肋骨应力，因为壳体的厚度、肋骨间距以及壳体直径都能影响到壳体的强度。肋距中点处壳板的环向平均应力σ_1的计算公式为：

$$\sigma_1=K_1\frac{p_1r}{\delta} \tag{5-139}$$

式中，p_1为计算压力；r为壳体半径；δ为壳板厚度；K_1为系数，$K_1=f_1(\mu,\beta)$，$\mu=0.6425/\sqrt{r\delta}$，$\beta=l\delta/A_r$，$l$为肋骨间距，$A_r$为肋骨截面积。当$\sigma_1\leqslant0.85\sigma_s$（$\sigma_s$为材料屈服极限）时，满足强度要求。

肋骨处壳板的轴向应力σ_2的计算公式为：

$$\sigma_2=K_2\frac{p_1r}{\delta} \tag{5-140}$$

式中，K_2为系数，$K_2=f_2(\mu,\beta)$。当$\sigma_2\leqslant1.15\sigma_s$时，满足强度要求。

肋骨应力δ_1的计算公式为：

$$\delta_1=K_1\frac{p_1r}{\delta} \tag{5-141}$$

式中，K_1为系数，$K_1=f_1(\mu,\beta)$。当$\sigma_2\leqslant0.6\sigma_s$时，满足强度要求。

在设计壳体结构时，必须满足以上条件。

5.8.4.2 壳体稳定性计算

加肋圆柱形壳体结构失稳主要有总体失稳和肋间壳板局部失稳两种情况，失稳取决于它的结构形式和尺寸，对此各国学者已进行了大量理论分析和试验研究，得到了预测临界压力的理论公式。

（1）总体稳定性计算

当实际临界压力$\sigma_s p_{cr}=\eta_1\eta_2 p_E\geqslant1.3p_1$时，总体稳定性满足要求。其中，$p_E$为理论临界压力；$\eta_1$为初始缺陷修正系数，一般取$\eta_1=0.75$；$\eta_2$为材料物理性质修正系数，$\eta_2$由$\sigma_E/\sigma_s$

值确定，理论临界应力 $\sigma_E=(K_r+0.15)\eta_1 p_E r/\delta$ ，$K_r=f_r(\mu,\beta)$ 。其理论临界压力的计算公式为：

$$p_E=\frac{E}{1+\dfrac{\alpha_1^2}{2(n^2-1)}}\left[\frac{\delta^3}{12\times(1-\mu^2)r^3}\times\frac{(n^2-\alpha_1^2-1)^2}{n^2-1}+\frac{\delta}{r}\times\frac{\alpha_1^{\ 4}}{(n^2+\alpha_1^2)(n^2-1)}+\frac{I(n^2-1)}{r^3l}\right] \tag{5-142}$$

其中，E 为材料弹性模量；μ 为泊松比；$\alpha_1=\pi r/L$ ，L 为舱段全长；I 为包括壳板在内的肋骨惯性矩；r 为半径；n 为周向波数，一般总体失稳时的波数较少。壳板的抗弯刚度较肋骨的抗弯刚度要小得多，在实际应用中可以忽略，则总体理论临界压力可以简化为：

$$p_E=\frac{E}{1+\dfrac{\alpha_1^2}{2(n^2-1)}}\left[\frac{\delta}{r}\times\frac{\alpha_1^4}{(n^2+\alpha_1^2)^2(n^2-1)}+\frac{I(n^2-1)}{r^3l}\right] \tag{5-143}$$

（2）壳板稳定性计算

当实际临界压力 $p_{cr}=\eta_1\eta_2 p_E\geqslant p_1$ 时，壳板稳定性满足要求，理论临应力 $\sigma_E=(K_r+0.15)\dfrac{\eta_1 p_E r}{\delta}$ 。壳板稳定时理论临界压力的计算公式为：

$$p_E=\frac{E}{\alpha^2/2+n^2-1}\left[\frac{\delta^3}{12\times(1-\mu^2)r^3}\times(n^2-\alpha_1^{\ 2}-1)^2+\frac{\delta}{r}\times\frac{\alpha_1^{\ 4}}{(n^2+\alpha_1^{\ 2})^2}\right] \tag{5-144}$$

其中，$\alpha=\dfrac{\pi r}{l}$ ；壳板失稳后形成的周向波数相当大，一般 $n>10$ 。

（3）肋骨失稳理论临界压力

当实际临界压力 $p_{cr}=\eta_1\eta_2 p_E\geqslant p_1$ 时，肋骨稳定性满足要求。肋骨稳定时理论临界压力的计算公式为：

$$p_E=\frac{3EI}{r^3l} \tag{5-145}$$

5.8.5 相关案例

已知壳体外径 $D=2r=0.14$ m ，工作压力 $p_0=0.101$ MPa ，试确定此结构的主要参数。

5.8.5.1 计算压力

根据工作压力选取安全系数 m=1.23，则计算压力

$$p_j=mp=1.23\times0.101=0.124\ (\text{MPa})$$

（1）选取材料并确定壳板厚度 δ

选取 0Cr18Ni10T 钢作为壳板及肋骨的材料，其 $\sigma_s=137$MPa ，$E=1.96\times10^5$MPa ，μ=0.3 。系数 K_1 变化不是很大，一般在 0.95～1.05 之间，取 $K_1=1.05$，根据式（5-139）得 $1.05p_1r/\sigma_s$ 。代入数据得 $\delta=7.83\times10^{-5}$ mm ，取壳板的名义厚度取为 1mm。

（2）确定肋骨间距

考虑纵向变形对失稳临界压力的影响，肋骨间距由式（5-146）确定：

$$l \leqslant \frac{1.029}{p_1}\frac{100\delta}{r} \times 3/2 \times 100\delta + 0.62\sqrt{r\delta} \tag{5-146}$$

将数据代入式（5-146），得 $l \leqslant 143\text{cm}$，暂取 $l = 0.5\text{cm}$。

5.8.5.2　计算壳板临界压力

由 $\alpha = 1/\pi r$ 计算得到 $\alpha = 5.6$；由 $\mu = 0.6425/\sqrt{r\delta}$ 计算得到 $\mu = 3.81$；则 $A_{\text{r}} = 0.32\text{cm}^2$，由 $\beta = \delta / A_{\text{r}}$ 计算得到 $\beta = 4.337$；则系数 $\lambda = n/\alpha = 1.92$，周向波数 $n = \lambda\alpha = 10.75$，取周向波数 $n = 11$。将数据代入式（5-144）得壳板稳定时理论临界压力 $p_{\text{E}} = 1.006\ \text{MPa}$。

5.8.5.3　计算壳板实际临界压力

由计算得到壳板稳定时理论临界压力 $\sigma_{\text{E}} = 152.62\ \text{MPa}$，$\sigma_{\text{E}}/\sigma_{\text{s}} = 1.114$，则 $\eta_2 = 0.762$。则壳板稳定时的实际临界压力 $p_{\text{cr}} = \eta_1\eta_2 p_{\text{E}} = 1.021\ \text{MPa} \geqslant p_1$，符合壳板稳定性要求。

5.8.5.4　计算惯性矩

按实际临界压力考虑，修正系数 η_1 和 η_2 暂取计算壳板稳定性的值，由式（5-145）计算得到 $I = 1.328\text{cm}^4$，取 $I = 1.41\text{cm}^4$。

5.8.5.5　检验总体稳定性

设壳体长度 L=19.5cm，肋骨间距 $l = 0.2\ \text{cm}$，总体失稳周向波数 $n = 2$，则 $\alpha_1 = 0.21$。将数据代入式（5-144）得到总体理论临界压力 $p_{\text{E}} = 1.341\ \text{MPa}$。分别取 $n = 3$ 和 $n = 4$，计算所得的 p_{E} 值都较 $n = 2$ 时大。$n = 3$ 时，$p_{\text{E}} = 2.748\ \text{MPa}$；$n = 4$ 时，$p_{\text{E}} = 4.568\ \text{MPa}$，故取 $p_{\text{E}} = 1.341\ \text{MPa}$。

根据 $\mu = 3.81$ 和 $\beta = 4.337$，则 $K_{\text{r}} = 0.44$，理论临界压力 $\sigma_{\text{E}} = (K_{\text{r}} + 0.15)\eta_1 P_{\text{E}} r/\delta = 92.48\text{MPa}$。$\sigma_{\text{E}}/\sigma_{\text{s}} = 0.675$，则 $\eta_2 = 0.945$，总体实际临界压力 $p_{\text{cr}} = \eta_1\eta_2 p_{\text{E}} = 1.001\text{MPa} \geqslant 1.3p_1$，符合总体性要求。

5.8.5.6　检验壳板肋骨强度

根据 $u = 3.81$ 和 $\beta = 4.337$，可得 $K_1 = 1.03$，$K_1 = 0.44$。将数据代入式（5-139）得肋距中点处壳板的环向平均应力 $\sigma_1 = 100.211\ \text{MPa} \leqslant 0.85\sigma_{\text{s}}$，满足强度要求。

参考文献

[1] 张周卫，汪雅红，张小卫．螺旋压缩膨胀制冷机 [P]．中国：201310414563.0，2013-12-4.

[2] 张周卫，汪雅红，张小卫．螺旋压缩膨胀制冷机用径轴流进气增压叶轮 [P]．中国：201310372519.8，2013-12-4.

[3] 张周卫，汪雅红，张小卫．螺旋压缩膨胀制冷机用变螺距螺旋压缩机头 [P]．中国：201310396324.7，2013-12-4.

[4] 李仁年，苏吉鑫，韩伟，等．螺旋离心泵叶轮叶片型线方程 [J]．排灌机械，2007，25（3）：8-11.

[5] 徐忠．离心式压缩机原理 [M]．北京：机械工业出版社，1980.

[6] 黄振华．压缩机与风机密封 [M]．北京：机械工业出版社，1987.

[7] 西安交通大学透平压缩机教研室．离心式压缩机强度 [M]．北京：机械工业出版社，1978.

[8] 朱报祯，郭涛．离心压缩机 [M]．西安：西安交通大学出版社，1987.

[9] 高田秋一．离心式制冷机 [M]．北京：机械工业出版社，1982.

[10] 汪云英，张湘亚．泵与压缩机 [M]．北京：石油工业出版社，1984.

[11] 吴业正，李红旗，张华．制冷压缩机 [M]．北京：机械工业出版社，2011.

[12] 吴正业，等．制冷与低温技术原理 [M]．北京：高等教育出版社，2003.

[13] 杨策，施新．径流式叶轮机械理论及设计 [M]．北京：国防工业出版社，2004.

[14] 席光，王晓锋，王尚锦．离心压缩机叶轮的响应面优化设计Ⅱ：实例及讨论［J］．工程热物理学报，2004（3）：53-55.

[15] 成大先，等．机械设计手册（第二卷）［M］．北京：化学工业出版社，1993.

[16] 王尚锦．离心压缩机三元流动理论及应用［M］．西安：西安交通大学出版，1991.

[17] 里斯 B φ．离心压缩机械［M］．北京：机械工业出版社，1986.

[18] 熊欲均．机械工程手册．第 2 版［M］．北京：机械工业出版社，1997.

[19] 黄钟岳，王晓放．透平式压缩机［M］．北京：化学工业出版社，2004.

[20] 张周卫，汪雅红．空间低温制冷技术［M］．兰州：兰州大学出版社，2014.

[21] 张周卫，汪雅红．缠绕管式换热器［M］．兰州：兰州大学出版社，2014.

[22] 张周卫，厉彦忠，汪雅红，等．空间低红外辐射液氮冷屏低温特性研究［J］．机械工程学报，2010，46(2)：111-118.

[23] 张周卫，张国珍，周文和，等．双压控制减压节流阀的数值模拟及实验研究［J］．机械工程学报，2010，46(22)，130-135.

[24] Zhang Zhou-wei， Wang Ya-hong， Xue Jia-xing．Research on cryogenic characteristics in spatial cold-shield system［J］．Advanced Materials Research， 2014，Vols．1008-1009：873-885.

[25] 张周卫，陈光奇，施宝毅，等．自增压式空间低红外辐射冷屏蔽系统装置．中国：200910117513X［P］，2014-07-30.

[26] 张周卫，汪雅红，厉彦忠，等．空间冷屏蔽系统分层蓄液制冷装置．中国：2008100743456［P］，2011-11-23.

[27] 张周卫，汪雅红，厉彦忠，等．空间冷屏蔽系统冷蒸汽排放控制装置．中国：2008100742684［P］，2010-01-13.

[28] 张周卫，陈光奇，施宝毅，等．一种冷屏过热蒸汽二次扩压分流系统．中国：2007103046435［P］，2009-07-01.

第6章 LNG潜液泵设计计算

作为整个LNG加气站的动力装置，LNG低温泵的最主要的性能要求是耐低温、绝热效果好以及能承受出口高压，其次是气密性和电气方面的安全性能要求比普通泵高很多。低温泵必须有足够的压力和流量范围，以适应不同级别的汽车LNG储存系统，要尽可能减少运行时产生的热量，以防止引发LNG气化，储存时不可出现两相流，否则会造成泵的损坏。LNG汽车加气站用潜液泵主要由泵、泵夹套和电机组成，采用离心式结构体，转速高、质量轻，这种高速离心式LNG潜液泵采用屏蔽电机一体轴配装泵体、叶轮、导流器、诱导轮等部件，通过变频控制器控制电机的转速。其结构设计为屏蔽电机和泵体全部浸没在低温液体中以达到零泄漏的效果。LNG潜液泵示意如图6-1所示。

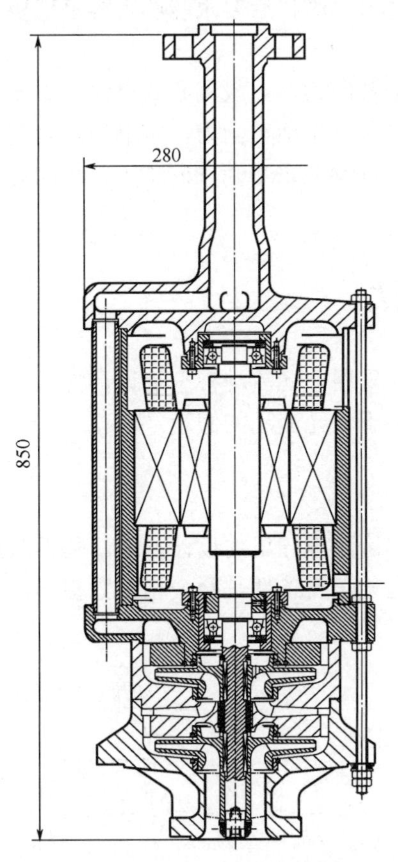

图6-1　LNG潜液泵的示意

6.1 泵的主要零部件

（1）叶轮

叶轮是将来自原动机的能量传递给液体的零件，液体流经叶轮后能量增加。叶轮一般由前盖板、后盖板、叶片和轮毂组成，按其有无前后盖板可分为开式叶轮和闭式叶轮。

（2）吸水室

吸水室的作用是使液体以最小的损失均匀地进入叶轮。吸水室主要有三种结构形式，即锥形管吸水室、圆环形吸水室和半螺旋形吸水室。

（3）压出室

压水室的作用是以最小的损失，将从叶轮中流出的液体收集起来，均匀地引至泵的吐出口或次级叶轮，在这个过程中还将液体的一部分动能转变为压力能。压水室主要有以下几种结构形式：螺旋形涡室、环形压水室、径向导叶、流道式导叶和扭曲叶片式导叶等。

离心泵的叶轮、吸水室、压水室以及泵的吸入口和吐出口称为泵的过流部件，过流部件形状和材质的好坏是影响泵性能、效率和寿命的主要因素之一。

（4）密封环

叶轮旋转时将能量传递给液体，在离心泵中形成了高压区和低压区。为了减少高压区液体向低压区的流动，在泵体和叶轮上分别安装两个密封环。装在泵体上的叫泵体密封环，装在叶轮上的叫叶轮密封环，密封环磨损后要求能够很容易地更换。

（5）轴向力平衡机构

泵在运行过程中，会产生轴向力，一般离心式单级泵主要采用平衡孔或平衡管平衡轴向力，多级泵一般用平衡鼓或平衡盘平衡轴向力。本书中，轴向推力的平衡采用推力平衡机构（thrust equalizing mechanism，TEM）来平衡轴向推力，径向力的平衡采用对称扩散器叶片来实现。

6.2 泵的水力设计方法

在工程上，离心泵的设计采用一元流动模型等设计方法。以下是离心泵的水力设计中常用的方法，这些设计方法均基于一元流动的假设。

6.2.1 模拟设计法

模拟设计法是根据相似理论而推导出的设计方法，基于欧拉方程，对于两个几何相似的离心泵，其性能完全相似的充分必要条件是两个相似数相等，对于黏性流动来说，还需雷诺数相等。例如，相似准则为：

$$n_{sp} = n_{sm} = \frac{n\sqrt{q_V}}{H^{3/4}} \tag{6-1}$$

$$\lambda = \frac{D_p}{D_m} = \sqrt{\frac{q_{Vp}}{q_{Vm}}} = \sqrt{\left(\frac{n_m}{n_p}\right)^2 \frac{H_p}{H_m}} \tag{6-2}$$

式中：D——特征直径，m；

q_V——体积流量，m^3/s；

H——扬程，m；

n——转速，r/min。

式中，下标 m 为模型泵，p 为原型泵，在优良的水利模型条件下，此种方法简单可靠。

6.2.2 变型设计法

变型设计法，是通过局部改变现有泵的几何参数，取得所需要泵的性能。典型的几何改变有：

① 改变入口几何参数，例如进口直径，以改变流量特性；

② 改变叶片出口角及叶片数，以改变扬程；

③ 改变叶轮盖板间的出口宽度，以改变流量；

④ 改变蜗壳式多级泵导叶喉部面积，以改变流量特性；

⑤ 切割叶轮外径，以改变扬程及流量等；

⑥ 修正叶片进口端及出口端等。

6.2.3 速度系数设计法

速度系数设计法其实质也是一种相似设计法，所不同的是相似设计法是以一台模型泵为基础，而速度系数法则以一系列相似泵为基础。以现有性能较好的产品为基础统计出来的各种流速的速度系数图（设计时按 n 选取速度系数），作为计算水力尺寸的依据，该设计方法叫速度系数设计法。Stepanoff 早于 1948 年就提出了利用比转速规律进行水力设计的设计系数法，在统计大量实测资料的基础上提出了著名的 Stepanoff 速度图，国内于 20 世纪 80 年代初曾对部分优秀模型进行了统计，20 世纪 90 年代初，张俊达和何希杰等对近年来的优秀模型进行了重新统计，提出了一些系数及其规律。用速度系数法设计产品，优点是设计计算比较简便，然而产品只能保持原有的水平。因此，在采用速度系数设计法设计产品时，应结合模型实验，不断创造新的优秀的模型，并将这些模型的速度系数充实到速度系数曲线中去，才能不断提高产品技术水平。

6.2.4 设计中关键问题的解决

（1）汽蚀问题的解决

汽蚀问题的解决是为了防止在泵的吸入口产生汽蚀，减少流体在吸入口的阻力，从而在吸入口设置了螺旋状导流器。整个泵安装在一个不锈钢容器内，不锈钢容器具有气、液分离作用，按照压力容器标准制造，泵的吸入口位于较低的位置，保证吸入口处于液体中。螺旋状导流器和不锈钢容器的应用，使得 LNG 泵能够达到应有的净吸入压头，有利于改善水利特性，降低泵对净吸入压头的要求，防止在泵的吸入口产生汽蚀。

（2）热应力问题的解决

LNG 潜液泵启动时，热应力的作用可能会导致泵出现裂纹和抱死不能转动等现象而损害泵。为了防止这类现象出现，结构上可以采用悬壁型，使得在低温环境下整体向顶部收缩，泵体配合部位选用热膨胀系数相近的材料，避免低温环境下收缩程度不同产生裂纹和抱死现象，同时通过温度传感器实时监控泵出口温度，根据出口温度显示，调整泵前后阀门，控制泵预冷时间，实验表明这种方法解决热应力问题时相当有效。

6.3 LNG 潜液泵的设计技术指标和设计计算

用于 LNG 汽车加气站的液化天然气泵是一种潜液式 LNG 多级离心泵。该泵能满足流量大，出口压力高的要求，结构和整体性能良好，可广泛应用于各种低温工艺过程中，如 LNG 液化天然气汽车加气站，LNG 接收站，管道输送，充装 LNG 运输槽车和液氮、液氩的输送系统等。液化天然气泵主要设计技术指标如下：

类型：潜液式低温离心泵；

设计温度：-196℃；

电机参数：380V/50Hz 三相；

设计流量：$10m^3/h$（折合液态流量）；

设计扬程：220m；

工作转速：1500～6000r/min；

级数：2 级；

$NPSH_r$：1～4m；

输送介质：使用状态为 LNG，试验状态为液氮。

6.3.1 泵的基本参数的确定

（1）泵进出口流道直径的确定

泵的进口直径 D_1 由进口速度 V_s 确定，即

$$D_1=\sqrt{\frac{4Q}{\pi V_s}} \tag{6-3}$$

式中　Q——泵的设计流量，m^3/h；

V_s——泵的入口速度，m/s，可取 3m/s 左右，对于高汽蚀性能要求的泵，进口流速可以取到 1.0～2.2 m/s，或按表 6-1 取值。

表 6-1　泵进口流速的选择

进口直径/mm		40	50	65	80	100	150	200	250	300	400
单级	V_s/(m/s)	1.375	1.77	2.1	2.7	6	3.53	2.83	2.15	2.83	
	$Q/(m^3/s)$	6.25	12.5	25	50	100	180	300	500		
多级	V_s/(m/s)	1.375	1.77	2.1	2.54	3	2.44	2.48	2.54	2.84	3.42
	$Q/(m^3/s)$	6.52	12.5	25	46	85	155	280	450	720	1500

将数据代入式（6-3）计算得：D_1=26mm，取 D_1=40mm，计算实际进口流速 V_s=1.375m/s。

（2）泵的出口直径的确定

泵的出口直径可取 D_2 与 D_1 相同，或小于 D_1，即

$$D_2=(0.7\sim1.0)D_1 \tag{6-4}$$

式中　D_2——泵出口直径，mm，取 D_2=0.8×40=32(mm)。

6.3.2 泵转速的确定

① 确定泵转速 n 应考虑以下因素：

泵的转速高，体积小，质量轻，离心泵应向高转速方向发展。

② 转速与比转速 n_s 成正比，为提高效率应选择合适的比转速 n_s，从而确定合理的转速。

③ 计算空化比转速：

$$C = \frac{5.62n\sqrt{Q}}{\mathrm{NPSH}_r^{3/4}} \tag{6-5}$$

式中，NPSH_r 为泵的必要空化余量。对于一定的 C 值，如提高转速 n，则 NPSH_r 加大，当 NPSH_r 大于给定的装置空化余量 NPSH_a 时，即 $\mathrm{NPSH}_r > \mathrm{NPSH}_a$ 时，会发生空化及空蚀。当泵是几何相似和运动相似时，C 值等于常数，所以 C 值可以作为汽蚀相似准数，并标志抗汽蚀性能的好坏，C 值越大，泵的抗汽蚀性能越好，对应不同的 C 值，所以 C 通常是指最高效率工况下的值。C 值的大致范围是：对抗汽蚀性能高的泵 C=1000～1600，取 C=1200。

必要空化余量 NPSH_r 可用下式计算：

$$\mathrm{NPSH}_r = \mathrm{NPSH}_a / (1.1\sim1.3) \tag{6-6}$$

式中，NPSH_a 为装置汽蚀余量，是由泵的吸入装置提供的，表示在泵的进口处单位重量液体具有的超过气化压力水头的富余量。它主要与装置参数和液体性质有关。

$$\mathrm{NPSH}_a = \frac{p_0}{\rho g} - h_s - \Delta h_s - \frac{p_V}{\rho g} \tag{6-7}$$

式中　p_0——吸入液面的气压，Pa；

h_s——泵的几何安装高度，也就是几何吸水高度，当液面高于泵的安装高度时为负值，m；

p_V——气化压力，Pa；

Δh_s——吸入管的水力损失，Pa。

本文中，设计参数汽蚀余量为 1～4m，故取 NPSH_a=4m。所以 $\mathrm{NPSH}_r = \mathrm{NPSH}_a - k = 4 - 0.3 = 3.7$ 。

根据 C 值及 NPSH_r 可以计算空化条件所允许的泵的转速：

$$n < \frac{C \cdot \mathrm{NPSH}_r^{3/4}}{5.62\sqrt{q_V}} \tag{6-8}$$

代入数据计算得：n<10808r/min，选择转速为 n=6000r/min。

6.3.3 泵比转速的计算

比转速 n_s 的计算公式为：

$$n_s = \frac{3.65n\sqrt{q_V}}{(H/i)^{3/4}} \tag{6-9}$$

式中　i——多级泵的级数，此处设计取 2；

n——转速，n=6000r/min；

q_V——进口流量，$\mathrm{m^3/h}$；

H——泵的设计扬程，m。

代入数据计算得：n_s=22。

在 n_s=120～210 时，泵的效率高，当 n_s<60 时，效率下降。当单吸泵 n_s 过大时，可采用双吸泵，当采用单级叶轮 n_s 过小时，可采用多级泵，本设计采用 2 级泵，修正比转速为：

$$n_s = \frac{3.65 \times 6000 \times \sqrt{\frac{10}{3600}}}{(220/2)^{3/4}} = 34$$

取整为 n_s=34。

6.3.4 计算泵的效率

泵的总效率、水利效率、容积效率和机械效率在泵被制造出来之前，只能参考同类产品的经验公式进行估算。

（1）水力效率

$$\eta_h = 1 - \frac{0.42}{(\lg D_0 - 0.172)^2} \tag{6-10}$$

$$D_0 = 4 \times 10^3 \times \sqrt[3]{Q/n} \tag{6-11}$$

将 Q=10m^3/h 代入式（6-11）可得：D_0=30mm

将式（6-11）代入式（6-10）得：

$$\eta_h = 1 - \frac{0.42}{(\lg D_0 - 0.172)^2} = 0.754$$

故泵的水力效率为 0.754。

（2）容积效率

可按 A.A.洛马金公式计算，即：

$$\frac{1}{\eta_V} = 1 + \frac{0.597}{n_s^{2/3}} \tag{6-12}$$

式中　η_V——容积效率，%；

n_s——比转速，n_s=34。

代入数据计算得：η_V=94.6%。

（3）机械效率

$$\eta_m = 1 - 0.07 \frac{1}{\left(\frac{n_s}{100}\right)^{7/6}} \tag{6-13}$$

式中　η_m——机械效率，%；

n_s——比转速，n_s=34。

代入计算得：η_m=75.3%。

（4）总效率

$$\eta = \eta_h \eta_V \eta_m = 0.754 \times 0.946 \times 0.753 = 53.7\%$$

估算结果得泵的总效率为 53.7%，故所设计的离心泵满足预期的效率要求。

6.3.5　叶轮主要参数的选择和计算

本设计中离心泵选择级数为 2 级，故有两个叶轮，本章只设计首级叶轮，另外一个叶轮基本参数与首级叶轮一样。叶轮是离心泵最主要的过流部件，其主要作用是把原动机的能量转换成液体能。其分类如下：

按吸入方式分为单吸式叶轮和双吸式叶轮；

在构造上叶轮又可分为封闭式叶轮、半开式叶轮和开式叶轮；

按比转速分为低比转速叶轮、正常比转速叶轮、高比转速叶轮、混流泵叶轮和轴流泵叶轮五类。

（1）轴径和轮毂直径的计算

① 根据转矩计算泵轴直径的公式为：

$$M_{\mathrm{h}} = 9550\frac{1.2N}{n} \tag{6-14}$$

式中　M_{h}——轴所传递的转矩，N • m；

n——泵的转速，r/min，其中，n=6000r/min；

N——泵的轴功率，kW。

$$N = \frac{\rho gQH}{1000\eta} \tag{6-15}$$

式中　ρ——LNG 的密度，g/cm^3，为 0.42～0.46g/cm^3；

Q——设计流量，m^3/h，为 10m^3/h；

H——扬程，m，为 220m；

η——泵的总效率，%，为 53.7%。

代入数据计算得：

$$N = \frac{440\times9.81\times10/3600\times220}{1000\times0.537} = 4.91(\mathrm{kW})$$

所以泵轴所传递的转矩为：

$$M_{\mathrm{h}} = 9550\times\frac{1.2\times4.912}{6000} = 9.38(\mathrm{N\cdot m})\ (n = 6000)$$

$$M_{\mathrm{h}} = 9550\times\frac{1.2\times4.912}{1500} = 37.53(\mathrm{N\cdot m})\ (n = 1500)$$

泵轴的最小直径按下式计算：

$$d = 1000\sqrt[3]{\frac{M_{\mathrm{h}}}{0.2[\tau]}} \tag{6-16}$$

式中　d——泵轴的最小直径，mm；

M_{h}——轴所传递的转矩，N • m；

$[\tau]$——材料的许用切应力，N/m^2，本设计使用奥氏 S30408 不锈钢，许用应力为 137MPa，$[\tau]$=137MPa。

$$d = \sqrt[3]{\frac{37.53}{0.2\times137\times10^6}}\times1000 = 11.11(\mathrm{mm})$$

故在泵轴上的理论最小轴径为 11.11mm，取安全系数为 2.2 时，实际最小直径取 d_B=25mm。

② 确定叶轮轮毂直径 d_h

根据轴的结构初步确定叶轮处的轴径 d_B 为 25mm，则轮毂直径 d_h 为：

$$d_h = (1.2 \sim 1.4)d_B$$

所以，取系数 1.4 后，轮毂直径 d_h=35mm。

（2）确定叶轮进口速度 v_0

叶轮进口速度 v_0 可按式（6-17）计算：

$$v_0 = k_{v_0}\sqrt{2gH} \tag{6-17}$$

式中 v_0——叶轮进口速度，m/s；

k_{v_0}——叶轮进口速度系数，由叶轮的速度系数查得 k_{v_0}=0.06；

H——泵的扬程，H=220m。

代入数据得：

$$v_0 = 0.06\sqrt{2\times 9.81\times 220} = 3.94(\text{m/s})$$

（3）确定叶轮进口直径 D_j

叶轮进口有效直径按式（6-18）计算：

$$D_0 = \sqrt{\frac{4Q}{\pi v_0}} \tag{6-18}$$

式中 D_0——叶轮进口有效直径，m；

Q——泵的设计流量，m^3/s；

v_0——叶轮进口速度，m/s。

代入数据得：

$$D_0 = \sqrt{\frac{4\times 10/3600}{3.14\times 3.94}} = 0.0299(\text{m}) = 29.9(\text{mm})$$

取整为 D_0=30mm。

叶轮进口直径按下式计算：

$$D_j = \sqrt{D_0^2 + d_B^2} \tag{6-19}$$

式中 D_j——叶轮进口直径，mm。

代入数据得：

$$D_j = \sqrt{30^2 + 25^2} = 39.05(\text{mm})$$

取整为 D_j=40mm，故叶轮的进口直径为 40mm。

（4）确定叶轮出口直径 D_2

叶轮出口直径按式（6-20）计算：

$$D_2 = k_{D_2}\sqrt{2gH/n} \tag{6-20}$$

$$K_{D_2}=19.2\left(\frac{n_s}{100}\right)^{1/6} \quad (6\text{-}21)$$

式中　D_2——叶轮出口直径，mm；

K_{D_2}——出口系数；

n——泵的转速，r/min，n=6000r/min；

n_s——泵的比转速，n_s=34；

H——泵的扬程，m，H=220 m。

代入数据得：

$$K_{D_2}=19.2\left(\frac{34}{100}\right)^{1/6}=16.04$$

$$D_2=16.04\times\frac{\sqrt{2\times9.81\times220}}{6000}=0.17563(\mathrm{m})=175.63(\mathrm{mm})$$

取整为176mm，故叶轮出口直径D_2=176mm。

（5）确定叶轮出口宽度b_2

计算叶轮出口宽度b_2按式（6-22）计算：

$$b_2=\frac{K_{b_2}\sqrt{2gH}}{n} \quad (6\text{-}22)$$

$$K_{b_2}=1.30\left(\frac{n_s}{100}\right)^{3/2} \quad (6\text{-}23)$$

式中　b_2——叶轮出口宽度，mm；

n——泵的转速，r/min，n=6000r/min；

K_{b_2}——叶轮出口宽度系数；

H——泵的扬程，m，H=220m；

n_s——泵的比转速，n_s=34。

代入数据得：

$$K_{b_2}=1.30\times\left(\frac{34}{100}\right)^{3/2}=0.26$$

$$b_2=0.26\times\frac{\sqrt{2\times9.81\times220}}{6000}=0.00285(\mathrm{m})=2.85(\mathrm{mm})$$

故叶轮出口宽度为3mm。

（6）确定叶片厚度s

叶片厚度按最薄的叶片厚度确定，一般钢的最薄厚度为5mm，这里取s=5mm。

（7）确定叶轮出口圆周速度

叶轮出口圆周速度按式（6-24）确定：

$$u_2=K_{u_2}\sqrt{2gH} \quad (6\text{-}24)$$

叶轮出口系数K_{u_2}=0.95，代入数据得：$u_2=0.95\times\sqrt{2\times9.81\times220}=62.4(\mathrm{m/s})$。

（8）确定叶轮叶片数 Z

表 6-2 泵的叶片数

n_s	30～60	60～80	180～280
Z	5 片长叶片加 5 片短叶片或 8～9	6～8	5～6

由表 6-2 知，n_s 较小时，Z=8～9，取叶轮叶片数 Z=9，可增大排挤系数，有利于提高泵的抗汽蚀性能。

（9）确定叶片的出口安放角 β_{2A}

离心泵叶片出口安放角 β_{2A} 一般小于 90°，当 β_{2A}>90°或 β_{2A}<90°并取较大值时，H-q_V 性能曲线会出现驼峰现象，使离心泵运行不稳定。为了得到较高的效率，所以 β_{2A} 的范围取 18°～30°。取泵的叶片安放角 β_{2A}=25°。

（10）确定叶片包角 φ

如叶片数 Z 大，φ 应小一些，β_{2A} 也可大一些；如叶片数 Z 小，φ 应取大一些，β_{2A} 也要取小一些。一般 φ 可取 85°～110°，少数可达 150°。φ 与叶片间距的比值 φ/t_0 反映了叶栅稠密度，叫作相对稠密度，由表 6-3 决定：

$$t_0 = \frac{360^\circ}{Z} \tag{6-25}$$

取叶片包角 φ=90°。

表 6-3 离心泵叶轮叶栅相对稠密度

n_s	35～50	55～70	80～120	130～220	230～280
φ/t_0	2.1～2.3	1.9～2.1	1.7～1.9	1.5～1.8	1.4～1.65

（11）叶片绘形

叶片绘形就是画叶片，首先在几个流面上画出叶片（叶片骨线），再按一定的规律将叶片串起来，形成无厚度叶片。叶片绘形有两种方法：作图法和解析法。作图法主要有两种，保角变换法和扭曲三角形法，解析法也就是逐点积分法，本书的设计采用作图法。

流面是空间曲面，直接在流面上画流线，很难表示出流线形状和角度的变化规律。因此，要设法将流面展开成平面，在展开的平面上画出流线，而后按预先做好的记号，返回到相应的流面上。通常作图是借助特征线利用插入法进行的。保角变换绘形法和扭曲三角形绘形法都在离心泵的水力设计中广泛应用。扭曲三角形法是一种比较简单的叶片绘形方法，适合叶轮的扭曲叶片绘形，也适合叶轮的圆柱叶片绘形。它与保角变换法相比较，其优点是绘形所得叶片型线长度与叶轮叶片的真实长度基本相等，叶片型线与叶片真实形状基本一致。逐点积分法由于计算麻烦，往往很少采用。通过比较，本节采用扭曲三角形法进行叶片绘形。低比转速泵的叶轮多设计成圆柱形叶片，中、高比转速泵的叶轮设计成空间扭曲叶片。本章中的离心泵属于中比转速泵，故选择叶片为空间扭曲叶片。

① 绘形原理　在流面上有一条流线，现用两组相互垂直的平面（轴面和垂直轴线的平面）去截这条流线。这两组平面和流面的交线和原来的流线在流面上组成一系列的小直角三角形。因为流面是空间曲面，所得的小三角形都是扭曲的曲面三角形。空间流线被截成单元长度 ΔL 和相应的轴面流线长度 Δs，圆周弧长 Δu 构成的小三角形足够多时，则可近似地看

作是平面三角形。既然是平面小三角形，就可以在平面上画出。将所得小三角形首尾相接地画在平面上，并保持直角边相平行。按此类方法将空间流面上的流线，用局部全等的办法，表示在平面上，实质是把空间流面展开成了平面。

② 绘形步骤　作轴面投影图，分线图，初定叶片进口边。

在轴面投影图上从各流线出口开始分点，得 0，1，2，…为了作图方便，所分线段展开长度可取为相等。

作平面展开图，相应流线分点，画间距等于轴面流线分点间曲线展开长度的平行线，并编号 0，1，2，…。

在展开图上绘流线。所画流线进出口点应和轴面位置相对应，进出口角度和预先角度的值相对应；根据展开图各小三角形水平长度 Δu 和平面图对应的 Δu 相等和轴面流线分点半径和平面图半径相等，作出各流线的平面投影。

作轴面截线。在平面上作一定夹角的射线，并编号 0，Ⅰ，Ⅱ，…把各射线和流线的交点，按相同的半径移到相应的轴面流线上，光滑连接所得到的曲线，就是轴面截线。

叶片加厚。有了轴面截线，可按方格网保角变换绘形方法加厚。扭曲三角形法作图是建立在局部全等的基础上，展开的流线不但和空间的流线相似，而且近似相等。垂直流线方向的厚度为流线厚度 s，水平方向长度为圆周方向加厚度 S_u，竖直方向长度为轴面厚度 S_m。

作叶片剪裁图和绘型质量检查与方格网保角变换方法相同。

③ 用扭曲三角形法展开流线进行叶片加厚　在流面展开图上加厚可以直观反映厚度对流动的影响。方格网保角变换法的展开流面不是真实的，为此，用方格网法得到轴面截线和流线的平面投影，可用扭曲三角形（或锥面展开法），画出流线的展开图，为作图方便，展开流线的分点应为轴面截线和轴面流线的交点。作出展开图之后，在其上加厚，并返回到平面图和轴面图上，与前述步骤相同。

6.4 压水室、吸水室的水力设计

6.4.1 压水室

压水室是指叶轮出口至泵出口法兰（对多级泵是到下一级叶轮进口）的过流部件，其作用为：

① 将叶轮流出的液体收集在一起，形成轴对称的流动，并送至下一级叶轮或泵的出口；

② 降低流速，把动能转换成压能，以减少下一级叶轮或压水管路中的损失；

③ 消除流动的环量，以减少水力损失。为了达到上述要求，压水室在设计中要做到：

a．压水室的水力损失占整个泵中的损失的很大一部分，为此压水室中的水力损失应尽量小；

b．尽可能使水流量轴对称，提高泵运行的稳定性；

c．具有足够的强度，较好的经济性及公益性，并考虑到泵布置的要求。

离心泵的压水室按其结构可分为：

① 螺旋形压水室，由螺旋线部件及扩散管两部分组成，水力性能好，用途广。

② 环形压水室，其特点是压水室各过流截面的面积相等。过流截面通常为半圆形或矩形，效率较低。

③ 叶片式压水室也称导叶压水室，又分径向式导叶和流道式导叶。其特点是在叶轮出口后面的流道中布置若干个导叶，将流体引至出流口。导叶间流道的过流面积沿流动逐渐变大，流动方向发生改变，使流体的动能转换成压能并消除了环量，起压水室的作用。

6.4.2 压水室的设计

根据所要设计的泵的各项参数，压水室选择导叶式的，导叶式的压水室又称为导叶，用于节段式多级泵中的两级叶轮之间，分为径向式和流道式两种。由于流道式导叶结构复杂，加工困难，所以选择设计径向式导叶。

径向式导叶由正导叶、弯道和反导叶三部分组成。正导叶由螺旋线部分和扩散管组成，螺旋线部分的作用是收集叶轮流出的液体，并由扩散管降低流速，使动能转化成压能。正导叶可以看成由 Z_d 个（正导叶数）小的螺旋形压水室排列在叶轮周围。弯道也称环形空间，主要作用是使液流转向，从正导叶流出，引至反导叶，反导叶的作用是把液体引至下一级叶轮进口，可以满足叶轮进口的流动条件，还起到消除液流速度环量的作用，同时也减低了流速，且兼有压水室及吸水室的双重作用。

正导叶设计计算：

（1）正导叶的进口直径 D_3

正导叶进口直径是正导叶螺旋线起始点的基圆直径 D_3。

$$D_3 = (1.03 \sim 1.05) D_2 \tag{6-26}$$

式中　D_2——叶轮外径，比转数较高或尺寸较小时取大值，反之取小值，mm，此处取 D_2=176mm。则：

$$D_3 = 1.03 \times 176 = 179(\text{mm})$$

取整为 D_3=179 mm。

（2）进口宽度 b_3 计算

$$b_3 = (1.15 \sim 1.25) b_2 \tag{6-27}$$

式中　b_2——叶轮出口宽度，mm，b_2=3 mm。故 $b_3 = (1.15 \sim 1.25) \times 3$，取 4mm。

（3）导叶的进口角 α_3'

导叶的进口角 α_3' 按式（6-28）确定：

$$\tan \alpha_3' = (1.1 \sim 1.3) \tan \alpha_2 \tag{6-28}$$

$$\tan \alpha_2 = \frac{v_{\text{m2}}}{v_{u2}} \tag{6-29}$$

$$v_{\text{m2}} = k_{v_{\text{m2}}} \sqrt{2gH} \tag{6-30}$$

$$H_t = H / \eta \tag{6-31}$$

$$v_{\text{m2}} = k_{v_{\text{m2}}} \sqrt{2gH} = 0.087 \times \sqrt{2 \times 9.81 \times 220} = 5.72(\text{m/s})$$

$$u_2 = 0.95 \sqrt{2 \times 9.81 \times 200} = 62.4(\text{m/s})$$

$$H_{\text{t}} = \frac{H}{\eta} = \frac{220}{0.537} = 409.7(\text{m})$$

$$v_{u2}=\frac{gH_t}{u_2}=\frac{9.81\times\dfrac{220}{0.537}}{62.4}=64.4(\text{m/s})$$

$$\tan\alpha_2=\frac{v_{m2}}{v_{u_2}}=\frac{5.72}{64.4}=0.09$$

$$\alpha_2=5.35^\circ$$

$$\tan\alpha_3=(1.1\sim1.3)\tan\alpha_2=1.3\times0.0936=0.122$$

代入数据计算得，$\alpha_3'=6.9^\circ$。

（4）导叶的叶片数 Z_d 及喉部高度 a_3

求出导叶喉部的液体平均速度：

$$v_3=k_3\sqrt{2gH} \tag{6-32}$$

式中，$k_3=0.52$，代入可得 v_3=34.2m/s。

导叶叶片数：

$$Z_d=\frac{Q}{{b_3}^2v_3} \tag{6-33}$$

式中 Q——泵的设计流量，m^3/h，Q=10m^3/h；

b_3——进口宽度，mm，b_3=4mm；

v_3——导叶喉部的液体平均速度，m/s。

代入数据计算得：

$$Z_d=\frac{Q}{{b_3}^2v_3}=\frac{10/3600}{\left(\dfrac{4}{1000}\right)^2\times34.2}=5.076$$

因此，取导叶的叶片数为 Z_d=5.1。喉部的高度 $a_3\approx b_3$=4 mm。

6.4.3 吸水室

离心泵的吸水室是指泵进口法兰至叶轮进口前泵体的过流部分。吸水室中的水力损失要比压水室中的水力损失小得多，水泵吸水室仍是水泵中不可缺少的部件。吸水室设计的好坏影响到水泵的抗空化性能。因此在设计水泵吸水室时，要在水力损失最小的条件下保证以下要求。

① 为了形成在设计工况下叶轮中稳定的相对流动，沿吸水室所有截面流速必须均匀分布。

② 将吸入管路内的速度变为叶轮入口所需的速度。

吸水室按结构可分成直锥形吸水室、弯形吸水室、环形吸水室和半螺旋形吸水室4种类型，分别如下：

a．直锥形吸水室　直锥形吸水室水力性能好，结构简单，广泛应用于单极悬臂式离心泵上。从进口到出口，锥形吸入室的过流断面逐渐收缩，有利于使液流均匀地进入叶轮。

b．弯形吸水室　广泛应用于大型离心泵中，此类吸水室在叶轮前部有一段直锥式收缩管，故也按直锥形吸水室计算。

c．环形吸水室　主要应用于节段式多级泵中，吸水室各轴面内的截面尺寸和形状均相同，结构简单，但流速分布不均匀，存在冲击流动和涡漩。

d. 半螺旋形吸水室　主要应用于单级双吸收离心泵和水平中开式多级离心泵中，一般选用单侧流量不超过 500m^3/h 的中低比转速水泵。其特点是吸水室截面随流动的变化而改变，成螺旋状，使叶轮进口的流速均匀。

6.4.4　吸水室的设计

根据所要设计泵的各项参数，以及泵的性能，本书的设计选择直锥形吸水室。吸水室进口直径按下式计算：

$$D' = (1.1 \sim 1.15)D_{\mathrm{j}} \tag{6-34}$$

式中　D_{j}——叶轮的进口直径，mm，D_{j}=40mm；

D'——吸水室的进口直径，mm。

代入数据计算得：

$$D' = (1.1 \sim 1.15)D_{\mathrm{j}} = 1.15 \times 40 = 46(\mathrm{mm})$$

取 $D' = 46\ \mathrm{mm}$ 。

6.5　泵的轴向力、径向力计算及平衡

6.5.1　轴向力的平衡

叶轮上产生轴向力的原因主要有以下几点。

① 叶轮前后盖板不对称压力产生的轴向力，是所有轴向力中最重要的一个因素。由于叶轮盖板的形状是不规则的，因此其轴向力大小比较复杂，此力指向压力小的盖板方向，用 A_1 表示。

② 液体流过叶轮由于方向改变产生的冲力（动反力），此力指向叶轮后面，用 A_2 表示。

③ 泵轴两端压力不同时产生的轴向力，其方向视具体情况而定，用 A_3 表示。

④ 转子重量产生的轴向力，其方向与转子的布置方式有关，用 A_4 表示。

⑤ 其他能够影响轴向力的因素：当有径向流时会改变压力分布，因而影响轴向力的数值。图 6-2 中交错阴影表示无径向流时压力的分布，斜线阴影表示有径向流时压力的分布。在前盖板泵腔，存在着内向径向流动，压力分布如左侧的虚线所示。叶轮与泵轴的固定与否，叶轮进口密封状况如何以及泵轴间隙状况等，都对轴向力有影响。

虽然有以上几种产生轴向力的原因，但一般计算时需考虑具体情况，做适当的取舍计算。还有其他很多因素对叶轮轴向力的形成也有影响，部分属于加工制造装配等因素，部分属于使用后密封环磨损，是间隙增大引起的。

实际上，叶轮因铸造关系，每级叶轮产生的扬程都不尽相同，叶轮前盖板外腔内液体将向内流经密封环，回到叶轮进口；叶轮后盖板外腔液体有向外流动，也有向内流动，也就是末级叶轮向内流动，其余叶轮有向外流动的趋势。

6.5.2　轴向力的计算

（1）叶轮前后盖板压力分布不对称产生的轴向力 F_1

图6-3所示为叶轮前后盖板上的压力分布。由于液体在泵腔内旋转，前后盖板上的压力可近似地认为按抛物线规律分布，不考虑密封环处泄漏的影响，则前后泵腔内液体的运动情况近似相等。在叶轮出口半径 R_2 到密封环半径 R_{mi} 的范围内，可认为叶轮两侧压力相等，互相平衡。从密封环半径 R_{mi} 到轮毂半径 r_h 的范围内，右面的压力大于左面的压力，所以产生了轴向力 F_1。

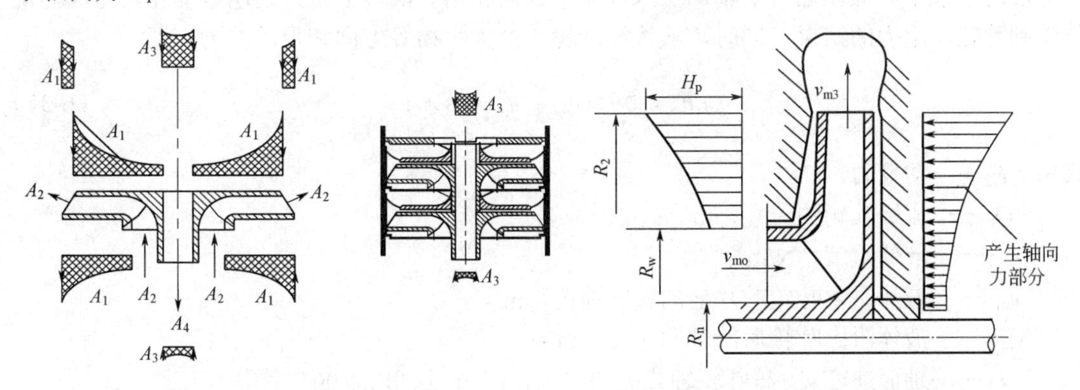

图6-2 轴向力的示意

图6-3 叶轮前后盖板上的压力分布

$$F_1=\gamma\pi(R_{mi}^2-r_h^2)\left[H_p-\left(R_2^2-\frac{R_{mi}^2+r_h^2}{2}\right)\frac{\omega^2}{8g}\right] \quad (6\text{-}35)$$

式中 F_1——轴向力，N；

H_p——单级叶轮的势扬程，m；

R_2——叶轮出口半径，m；

R_{mi}——叶轮密封环半径，m；

r_h——轮毂半径，m；

ω——叶轮旋转角速度，rad/s；

γ——液体重度，N/m^3；

g——重力加速度，m/s^2。

$$H_p=H_t\left(1-\frac{H_t g}{2u_2^2}\right) \quad (6\text{-}36)$$

式中 H_t——单级叶轮的理论扬程（$H_t=H/\eta_h$，η_h 是水力效率），$H_t=H/\eta_h=110/0.754=145.9$(m)；

u_2——叶轮出口直径圆周速度，m/s。

代入数据计算得：

$$\omega=\frac{2n\pi}{60}=\frac{2\times6000\times3.14}{60}=628(\text{rad/s})$$

$$H_p=H_t\left(1-\frac{H_t g}{2u_2^2}\right)=145.9\times\left(1-\frac{145.9\times9.81}{2\times55.3^2}\right)=111.8(\text{m})$$

$$F_1=\gamma\pi(R_{mi}^2-r_h^2)\left[H_p-\left(R_2^2-\frac{R_{mi}^2+r_h^2}{2}\right)\frac{\omega^2}{8g}\right]$$

$$=440\times9.81\times3.14\times(0.025^2-0.0175^2)\times\left[111.8-\left(0.088^2-\frac{0.025^2+0.0175^2}{2}\times\frac{628^2}{8\times9.81}\right)\right]$$

$$=493.1(\mathrm{N})$$

（2）动反力 F_2

在离心泵中，液体通常是轴向进入叶轮，径向流出，液体的方向之所以变化，是因为液体受到叶轮作用力的结果，同时，液体给叶轮一个大小相等方向相反的冲力，即

$$F_2=\frac{Q_t}{g}\gamma(v_{mo}-v'_{m2}\cos\lambda_2) \tag{6-37}$$

式中 F_2——动反力，N；

Q_t——流经叶轮的流量，m³/s；

γ——液体重度，N/m³；

v_{mo}——液体进入叶轮叶片前的轴向速度，m/s；

v'_{m2}——液体流出叶轮后的轴向速度，m/s；

λ_2——轴面速度 v'_{m2} 与叶轮轴线间的夹角，（°），这里 λ_2=90°。

代入数据计算得：

$$F_2=\frac{Q_t}{g}\gamma(v_{mo}-v'_{m2}\cos\lambda_2)=\frac{10}{3600\times9.81}\times440\times9.81\times3.93=4.80(\mathrm{N})$$

（3）总轴向力 F

动反力F_2的方向与轴向力F_1的方向相反，总的轴向力为：$F=F_1-F_2=493.1-4.8=488.3(\mathrm{N})$

6.5.3 径向力的计算及平衡

在设计 LNG 潜液泵时需考虑到流体和机械方面由于力不平衡所产生的负面影响，在设计和制造时，就应尽可能地消除非平衡力。LNG 潜液泵的结构是电机与叶轮同轴，电机高速运转过程中产生的轴向推力和径向力受力的不平衡，直接影响泵和电机的使用寿命，而且在-196℃的深冷环境下，轴承不能采用润滑油润滑，而是引入少量的 LNG 冲洗以避免轴承发热和润滑的作用，轴向推力和径向力影响液膜的状态，极易造成严重的磨损。

对于轴向推力的平衡采用了推力平衡机构（thrust equalizing mechanism，TEM）来平衡轴向推力。TEM 的上磨损环直径大于下磨损环，致使高速转动过程中合力向上，因此泵轴上的所有转动部件向上移动，此时叶轮的节流环调节缩小它与固定板的间距，限制通过磨损环的流动，并引起上闸室压力增加，由于上闸室压力的增加，此时推力向下，旋转部件又向下移动，因此，固定板与叶轮节流环间的距离变大，上闸室压力减小。经过 TEM 反复连续的自调节，可以使利用 LNG 润滑的球形推力轴承在零轴向推力状态下运转，大大地提高了轴承的可靠性，并延长了 LNG 潜液泵的使用寿命。

（1）径向力的计算

当泵工况偏离设计点时，在整个叶轮外缘上的压力分布呈不对称状态，使叶轮受到径向力的作用，流量偏离设计点越远，径向力越大。径向力可按式（6-38）计算：

$$F'=K_R g\rho HD_2b_2 \tag{6-38}$$

式中 F'——径向力，N；

K_R——径向力系数，按图 6-4 选取；

H——相应流量下的扬程，m；

D_2——叶轮外径，m；

b_2——包括叶轮盖板在内的叶轮出口宽度，m；

ρ——液体密度，kg/m^3。

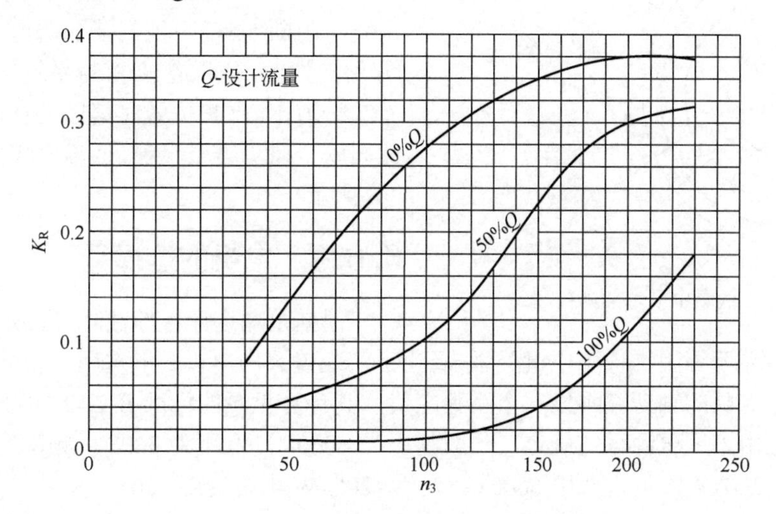

图 6-4　径向力系数

当 Q=0 时，H≈1.3H=1.3×220=286（m），径向力最大；当 Q_t=Q 时，H=220m，径向力最小。分别代入式（6-38）中，可得径向力的最大值和最小值分别为：

$$F'_{\max}=0.1\times9.81\times440\times220\times0.176\times0.013=217.3(\mathrm{N})$$

$$F'_{\min}=0.02\times9.81\times440\times220\times0.176\times0.013=43.5(\mathrm{N})$$

（2）径向力的平衡

径向力的平衡采用对称扩散器叶片来实现。低温的 LNG 从叶轮中流出后进入轴向的扩散器，轴向扩散器具有良好的水力对称性。由于扩散器与流体是对称的，在其流量范围下具有完美的液压对称性。当泵达到设计流量时，潜液式 LNG 泵作用在叶轮上的径向力理论上为零。

6.6 低温潜液泵电机的选择

6.6.1 低温潜液泵电机的相关问题解决

当电机浸入低温液体时，需要保证电机在低温液体中不能被击穿，首先是定子和转子之间不能被击穿，然后就是匝线之间不能被击穿。通过对电机的硅钢片间隙做绝缘处理，电缆线圈采用树脂绝缘漆的漆包线，并通过液氮对树脂绝缘漆的漆包线进行低温处理，确保电机绝缘性能，电机定子空间做低温胶发泡处理，防止发生局部放电和电晕对绕组造成破坏。

由于电机的动力电缆需要外接，动力电缆的对外封装需要绝对的密封。为了适应低温环境，电缆采用聚酯带与聚乙烯复合纸作为绝缘层，可使其耐低温，不易老化变形，由壳体外接的动力电缆部分的密封采用双O形圈密封、压紧密封和自紧密封相结合的特殊密封，确保密封可靠。为减少接线环节，定子与壳体之间的连接采取漆包线直接做绝缘处理后卡接在铜接线柱上，由防爆接线盒接在密封装置后，以防止 LNG 沿着电缆从连接处泄漏到接线盒遇到火花发生爆炸。为达到密封防爆作用，设计时在外接电缆与接线盒处设置两道氮气密封保护系统，阻断 LNG 可能的泄漏通道。如果第一道 N_2 保护失效，第两道 N_2 密封系统仍可正常工作，而第一道 N_2 保护失效时其压力有显著变化，由此向安全监测装置报警，低温电缆内部结构如图 6-5 所示。

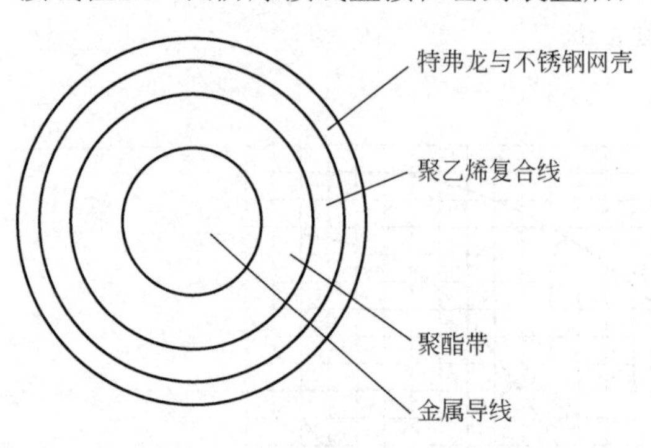

图 6-5　低温电缆内部结构图

6.6.2　电机的选择

根据泵输送液体的性质、泵所需功率、泵的转速及所处的环境等因素选用电机类型，石化工艺装置泵用电机一般选用三相交流异步电机。电机需要功率为泵的轴功率乘以安全系数之值，其计算见泵的标准 BA2-3-10-89。

电源电压由工厂电源系统确定，一般高压为 6000V，低压为 380V，频率均 50Hz。一般情况：功率≥200kW，电机选用 6000V；功率<200kW 电机选用 380V。

选用电机的功率应等于或稍大于计算所需功率。泵的有效功率和泵的轴功率关系如式（6-39）所示：

$$N = \frac{N_e}{\eta} \tag{6-39}$$

式中　N——泵的轴功率，kW，N=4.91kW；

N_e——泵的有效功率，kW；

η——泵的总效率，η=0.537。

代入数据，解得：$N_e = N/\eta = 4.91 \times 0.537 = 2.64(\text{kW})$。

根据轴功率选择电机如下：

防护等级：潜液；　　　　电机型号：1TL0002-1CA03-3AA5；

电机的防爆结构选型：变频调速三相异步电动机；

电机转速：3000r/min（2 级）；　　　　额定功率：5.5kW；

额定电流：15.1A；　　　　额定转速：2915r/min；

效率：86.4%；　　　　质量：56kg。

电机部件的材料选择：

定子铁心材料：热轧硅钢片 DR510-50，厚度为 0.5mm；

定子绕组材料：铜线；

转子材料：26NiCrMoV115，由 JB/T 1267—2014 查知；

保护装置：a. 温控开关；b. 泄漏传感器。

6.6.3　电缆的选择

潜液式 LNG 泵与传统泵不同，其动力电缆需要特殊设计并采用可靠的材料，使其耐低温，不易老化变形，柔韧性好，且还要求具有良好的绝缘性，在-200℃条件下仍保持弹性。电缆采用聚酯带与聚乙烯复合纸作为绝缘层。

6.6.4 电气连接处的密封

电气连接处的密封装置是影响潜液式 LNG 泵安全性的关键之一，使用陶瓷气体密封端子和双头密封结构可以使电气连接端耐高压，保证其可靠性。泵的所有密封装置采用特殊焊接技术，气体密封两端接线柱采用串联方式，串联部分中间空腔内充有氮气，两边密封，保证气体无法通过。密封空腔内的氮气压力低于泵内压力，高于环境压力，这样，任何一侧泄漏都可以探测到。

6.7 泵主要零部件的强度计算

在工作过程中，潜液式离心泵零件承受各种外力作用，使零件产生变形和破坏，而零件依靠自身的尺寸和材料性能来抵抗变形和破坏，设计离心泵零件时，应使零件具有足够的强度和刚度。为了提高泵运行的可靠性和寿命，一方面使零件的尺寸做得较大，选用较好的材料；另一方面，要求零件小、质量小、成本低，这些要求是相互矛盾的，在设计计算时要合理地确定离心泵零件尺寸和材料，以便满足零件的刚度和强度要求，又要物尽其用，合理使用材料。

6.7.1 叶轮强度计算

泵叶轮强度计算可以分为计算叶轮盖板强度、叶片强度等两部分，现分析计算如下：

（1）叶轮盖板

离心泵不断向高速化方向发展，泵转速提高后，叶轮因离心力作用而产生的应力也随之提高，当转速超过一定数值后，就会导致叶轮破坏。在计算时，可把叶轮盖板简化为一个旋转圆盘（即将叶片对叶轮盖板的影响略去不计）。经验表明，铸铁叶轮的圆周速度最高可达到 60m/s 左右。因此，单级扬程可达 200m，合金钢叶轮的圆周速度最高可达到 110m/s，因此，单级扬程可达 650m。如果叶轮的圆周速度没有超过上述范围，则叶轮盖板厚度由结构与工艺的要求决定，悬臂式泵和多级泵的叶轮盖板厚度一般可按表 6-4 选取。

表 6-4　叶轮直径与盖板厚度

叶轮直径/mm	100～180	181～250	251～520	>520
盖板厚度/mm	4	5	6	7

本书设计的叶轮直径选择盖板厚度为 4mm。

（2）叶片厚度

为了扩大水泵叶轮流道的有效过流面积，要求叶片越薄越好，但如果叶片选择得太薄，在铸造工艺上有一定的困难，而且从强度方面考虑，叶片也需要有一定的厚度。叶片也不能选择得太厚，叶片太厚会降低泵的效率，恶化泵的防汽蚀性能。

叶片厚度 s（mm）可按下列经验公式计算：

$$s = kD_2\sqrt{\frac{H_i}{Z}} + 1 \tag{6-40}$$

式中　k——经验系数，与材料和比转数有关，不同材料的系数 k 推荐值按表 6-5 选取；

D_2——叶轮外径，m；

H_i——单级扬程，m；

Z——水泵叶轮叶片的数目。

表 6-5　叶片厚度经验系数 k

材料	比转数 n						
	60	70	80	90	130	190	280
铸铁	3.5	3.8	4	4.5	6	7	10
铸钢	3.2	3.3	3.4	3.5	5	6	8

叶片材料选择为铸钢，查表 6-5，得 k=3.0，所以，代入数据得：

$$s = kD_2\sqrt{\frac{H_i}{Z}}+1 = 3.0\times 0.176\sqrt{\frac{110}{9}}+1 = 2.85(\text{mm})$$

取叶片的厚度为 3mm。

6.7.2　轴承的选择

轴承是用来支撑转子零件，并承受作用在转子上的各种载荷的。根据轴承中摩擦性质的不同，轴承可分为滑动摩擦轴承（简称滑动轴承）和滚动摩擦轴承（简称滚动轴承）两类，每一类轴承又可按照所承受的载荷方向而分为向心轴承（支撑径向载荷）和推力轴承（支撑轴向）两种。采用滚动轴承的原因是：功率损失小，轴向尺寸小，寿命长，润滑剂消耗少和维护方便。滑动轴承可使用于各种大小的高速泵，为了降低噪声，也可以使用滑动轴承。立式泵中浸于被输送液体中的轴承，通常都做成滑动轴承。本章设计为潜入式离心泵，泵体浸入 LNG 液体中，故选用滑动轴承。

6.8　泵的各零部件材料的设计

液化天然气是一种不同于常规流体的一种特殊的低温流体，在选择泵体各零部件材料时必须要综合考虑-163℃的工作温度和 LNG 的特性。由于工作温度能达到-163℃的超低温，金属零部件必须进行深冷处理，以稳定材料的金相组织，消除可能存在的低温变形，使材料在服役过程中，不会出现突然的失效。常见的一些金属材料，在很低的温度下其强度和韧性可能会有所变化，故不能使用。本章设计选用 AISI304 奥氏体不锈钢作为 LNG 潜液泵的主要材料，并采用等离子堆焊机在 AISI304 奥氏体不锈钢表面分别堆焊 Ni40 和 Ni60 合金粉末的焊接技术。

6.8.1　奥氏体不锈钢

奥氏体不锈钢是指组织状态为奥氏体的不锈钢，奥氏体不锈钢的 Cr 大于 18%，Ni 含量为 8%～10%，还含有适量的 C、Ti、N 等元素。因为 Cr 和 Ni 的含量比较高，所以奥氏体不锈钢的价格比较贵。奥氏体是面心立方结构，所以不具有磁性，它还具有高的塑性，容易加工成各种形状的钢材，加热时不会出现同素异构转变，所以焊接性比较好。除此，奥氏体不锈钢还具有抗高、低温，抗氧化，抗腐蚀等特点。奥氏体的热处理一般包括固溶处理和稳定化处理。奥氏体不锈钢低温性能良好，在-196℃以上没有韧脆转变温度，没有低温脆性，在低温下依然具备很好的塑韧性。

6.8.2 镍基硬质合金

难熔的金属化合物和黏结金属粉末通过冶金过程结合在一起的材料就是硬质合金，高硬度、耐腐蚀、耐热、耐磨是硬质合金主要的特点，被广泛的用作加工刀具的原材料。目前研究比较多的合金体系有Fe基合金、Co基合金、Ni基合金，比较常见的硬质合金的类型和用途见表6-6。

镍基合金主要元素是铬、钼、钨，还有少量的铌、钽和铟。除具有耐磨性能外，还具有抗氧化、耐腐蚀、焊接性能良好等特点。可制造耐磨零部件，通过堆焊和喷涂工艺将其熔敷在其他材料表面改善材料表面的性能。镍基合金粉末包括自熔性与非自熔性合金粉末。非自熔性镍基粉末是不含B、Si元素或这两种元素含量较低，广泛应用于等离子弧堆焊和火焰喷涂。

表6-6 硬质合金的用途

合金种类	用途
Co基合金	耐磨损、耐腐蚀
Ni基合金	耐金属与金属磨损
Fe-Cr合金	耐高应力腐蚀
马氏体不锈钢	高耐磨性
Cu基合金	修复磨损的机械

6.8.3 等离子堆焊技术

等离子堆焊以等离子弧作为热源，高温热源把粉末焊料和母材表面熔化，使焊材在母材表面凝固形成冶金结合。等离子堆焊技术是表面强化的一种方式，通常堆焊层具有高的硬度、高的耐磨性和耐腐蚀性。等离子堆焊技术应用的发展从20世纪50年代主要用于修复，到60年代的表面强化和表面改性，到80年代的制造业，再到等离子堆焊的智能控制和可堆焊材料的多样化。近几年各学者已经把堆焊材料扩展到陶瓷材料和复合材料，可谓发展迅速。和传统的堆焊技术相比，等离子弧堆焊技术具有的特点见表6-7。

表6-7 传统堆焊与等离子堆焊的比较

焊接方法	生产率	焊材使用量	精加工程度	稀释率
传统堆焊技术	低	多	复杂	大
等离子堆焊	高	少	简单	小

6.8.4 深冷处理

深冷处理又叫作超低温处理，它是热处理工艺冷却过程的延续，普通冷处理的温度为-100℃以上，而深冷处理的处理温度为-100℃以下。有的文献表明，深冷处理的温度是在

-130℃或-160℃以下，对于深冷处理的温度的界限目前还没有统一的观点。各国科学家对深冷处理的研究得出结论：深冷处理可以提高材料耐磨性，可以提高硬质合金的硬度和强度、冲击韧性和磁矫顽力，但会使其磁导率下降。所以本章设计使用的材料均需采用深冷处理。

6.8.5 冲击试验

材料在低温下最重要的性能指标就是低温冲击韧性，通过常温和低温下的冲击试验确定AISI304 及 AISI304 表面堆焊硬质合金在不同温度下的冲击韧性是非常有必要的。把 AISI304 加工成长度为 55mm，横截面为 10mm×10mm 的方形截面的标准冲击试样，在试样长度中间开 V 形缺口。将表面堆焊 Ni40 和 Ni60 硬质合金的 AISI304 加工成冲击试样，堆焊层和母材厚度各为 5mm，表面堆焊 Ni40 硬质合金的试件分别在母材侧、堆焊层侧、堆焊层和母材搭接侧开 V 形坡口。表面堆焊 Ni60 硬质合金的试件在母材侧开 V 形坡口。V 形缺口夹角 45°，其深度为 2mm，底部曲率半径为 0.25mm。各组试样分别在常温、-60℃、-100℃、-140℃和-196℃温度下进行 V 形坡口冲击试验。

将冲击试样放入低温冲击试验机配套的低温箱中，吹入液氮，试样温度持续下降，冷却至指定温度后，在此温度下保温 20min，然后通过自动推送装置，依次将冲击试样从低温箱中推入到试样台上，进行冲击试验。

6.8.6 拉伸试验

为了研究 AISI304 在常温和低温下的塑性和强度的变化，通过常温和-196℃的拉伸试验测量 AISI304 在室温及低温下的屈服强度、抗拉强度、断后伸长率和断面收缩率。

常温拉伸试验的试样、试验方法等完全按 GB/T 228—2010《金属材料　拉伸试验　第 1 部分：室温试验方法》进行，试样尺寸为ϕ5mm 标准短试样。

低温拉伸试验的试样、试验方法等按 GB/T 13239—2006 金属材料低温拉伸试验方法进行，试样尺寸为ϕ5mm 的短试样。

参考文献

[1] 严敬，杨小林. 低比转速泵叶轮水力设计方法综述 [J]. 排灌机械，2003，(03)：6-9.
[2] 范海峰，范琪. 离心泵汽蚀问题研究及抗汽蚀性能改进 [J]. 化学工程，2011，(01)：1-3
[3] 程福，刘中华，张序成. 一种低比转速小流量离心泵的设计 [J]. 通用机械，2004，(06)：59-61.
[4] 袁寿其. 低比速离心泵理论与设计 [M]. 北京：机械工业出版社，1996.
[5] 毕龙生. 低温容器应用进展及发展前景（三）[J]. 真空与低温，2000，(01)：6-7.
[6] 梁骞，厉彦忠. 潜液式 LNG 泵的结构特点及其应用优势 [J]. 天然气工业，2008，(02)：1-2.
[7] 袁寿其. 低比速离心泵理论与设计 [M]. 北京：机械工业出版社，1996.
[8] [苏] 洛马金 AA. 离心泵与轴流泵 [M]. 北京：机械工业出版社，1978.
[9] 陈乃祥，吴玉林. 离心泵 [M]. 北京：机械工业出版社，2003.
[10] 关醒凡. 泵的理论与设计 [M]. 北京：机械工业出版社，1987.
[11] 沈阳水泵研究所，中国农业机械化科学研究院. 叶片泵设计手册 [M]. 北京：机械工业出版社，1983.
[12] GB 150.1.4—2011，压力容器 [S].

第7章 LNG温控阀及其附件设计计算

温度控制阀是流量调节阀在温度控制领域中的典型应用，其基本原理是通过控制换热器，制冷机组或其他用热、冷设备，一次热冷媒入口流量，以达到控制设备出口温度。当负荷产生变化时，通过改变阀门开启度调节流量，以消除负荷波动造成的影响，使温度恢复至设定的值。

7.1 LNG温控阀设计计算

LNG温控阀执行标准：

阀门设计按照GB/T 12234—2007的规定；

阀门法兰按照GB/T 9113—2010的规定；

阀门结构长度按照GB/T 12221—2005的规定；

阀门试验与检验按照GB/T 13927—2008的规定。

温控阀的简化结构如图7-1所示。

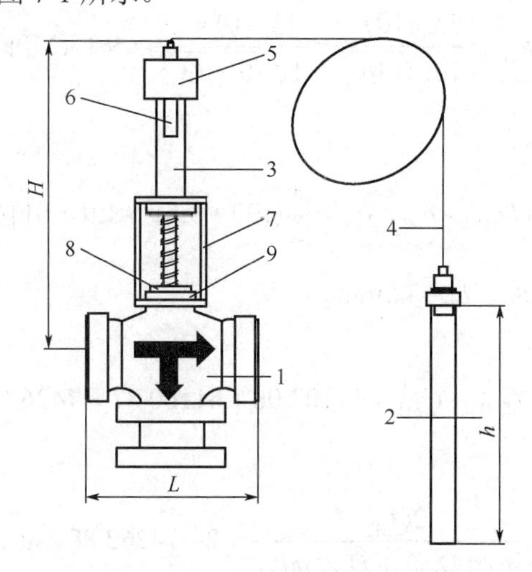

图7-1 LNG温控阀的简化结构

1—阀体；2—感温探头；3—执行器组成；4—毛细管；5—调温旋钮；

6—指示标牌；7—隔热架；8—钟罩压塞；9—连接螺母

技术参数：

① 公称尺寸 DN：80mm；

② 工作温度：-196℃；

③ 工作介质：液化天然气；

④ 工作压力：1.6MPa；

⑤ 安全等级：常规级；

⑥ 主体材料：AISI304。

阀门结构：

① 密封副结构：环状密封；

② 中法兰结构：凹凸面；

③ 阀杆结构：明杆。

7.1.1 LNG 温控阀密封比压计算

查表得，常温压力 p_N=1.9MPa。

密封面上的密封力：

$$Q=\pi(D_{MW}^2-D_{MN}^2)(1+f_M/\tan\alpha)q_{MF}/4 \\ =3.14\times(202^2-199^2)\times(1+0.3/\tan 30°)\times 9.13/4=13102.06(\text{N}) \tag{7-1}$$

式中 D_{MW}——密封面的外径，D_{MW}=202mm；

D_{MN}——密封面的内径，D_{MN}=199mm；

α——密封面的锥半角，α=30°；

f_M——密封面的摩擦系数，f_M=0.3。

密封面的必须比压：

$$q_{MF}=\frac{35+10p_N}{10\sqrt{0.1b_M}}=\frac{35+10\times 1.9}{10\sqrt{0.1\times 3.5}}=9.13(\text{MPa}) \tag{7-2}$$

密封面上的介质静压力：

$$Q_{MJ}=\frac{\pi}{4}(D_{MN}+b_M)^2 p_N=\frac{\pi}{4}(199+3.5)^2\times 1.9=61160.82(\text{N}) \tag{7-3}$$

式中 b_M——密封面的宽度，b_M=3.5mm。

密封面上的总作用力：

$$Q_{MZ}=Q_{MF}+Q_{MJ}=13102.06+61160.82=74262.88(\text{N}) \tag{7-4}$$

密封面上比压：

$$q=\frac{2Q_{MZ}}{\sin\alpha(D_{MW}+D_{MN})\pi b_M}=2\times 74262.88/\sin 30°\times \\ (202+199)\times 3.14\times 3.5=114.65(\text{MPa}) \tag{7-5}$$

许用密封比压[q]=250MPa。

结论：q_{FM}=9.13MPa<q=114.65MPa<[q]=250MPa 满足条件。

7.1.2 LNG 温控阀阀体壁厚计算

根据《阀门设计计算手册》得

$$S'_B = \frac{p_N D_N}{2.3[\sigma_L] - p_N} + C = \frac{1.9 \times 250}{2.3 \times 84 - 1.9} + 5 = 7.48(\text{mm}) \tag{7-6}$$

式中 $[\sigma_L]$——阀体材料许用拉应力，查表$[\sigma_L]$=84MPa；

D_N——阀体中腔最大内径，D_N=250mm；

C——腐蚀裕量，查《阀门设计》的取 C=5。

阀体实际壁厚 S_B=12.7mm，结论：S_B=12.7 mm > S'_B =7.48mm，满足条件。

7.1.3 阀杆轴向力计算

阀杆为升降杆，介质从阀瓣下方流入，最大轴向力在关闭的瞬时产生，公式计算阀杆轴向最大力：

$$\begin{aligned} Q'_{FZ} &= Q_{MJ} + Q_{MF} + Q_T + Q'_J \\ &= 61160.82 + 13102.06 + 1360.25 + 1003.11 \\ &= 76626.24(\text{N}) \end{aligned} \tag{7-7}$$

式中 Q_{MJ}——密封面上介质静压力，由式（7-3）得 Q_{MJ}=61160.82MPa；

Q_{MF}——密封面的密封力，由式（7-1）得 Q_{MF}=13102.06N；

Q_T——阀杆和填料的摩擦力，按《阀门设计》进行计算。

$$Q_T = 1.2\pi d_F h Z p_N f = \pi \times 40 \times 9.5 \times 5 \times 1.2 \times 1.9 \times 0.1 = 1360.25(\text{N}) \tag{7-8}$$

式中 d_F——阀杆的直径，d_F=40mm；

h——单圈填料和阀杆直接接触的高度，h=9.5mm；

Z——填料的圈数，Z=5；

p_N——常温压力，p_N=1.9MPa；

f——填料和阀杆的摩擦系数，取 f=0.1。

Q'_J 为关闭时防转结构中的摩擦力，由公式（7-9）可得：

$$\begin{aligned} Q'_J &= \frac{Q_{MF} + Q_{MJ} + Q_T}{R/(f_J R_{FM}) - 1} \\ &= \frac{13102.06 + 61160.82 + 1360.25}{55/(0.2 \times 3.6) - 1} = 1003.11(\text{N}) \end{aligned} \tag{7-9}$$

式中 R——计算半径，mm；

f_J——防转结构中的摩擦系数，取 0.2；

R_{FM}——关闭时阀杆螺纹的摩擦半径，mm。

7.1.4 阀杆总转矩计算

介质从阀瓣下方流入，最大转矩在关闭的瞬时产生。

$$M'_F = M'_{FL} = 275854.46\text{N} \tag{7-10}$$

式中　M'_{FL}——关闭时阀杆转矩，可按式（7-11）计算。

$$M'_{FL}=Q'_{FZ}R_{FM}=76626.24\times3.6=275854.46(\text{N})\tag{7-11}$$

式中　R_{FM}——关闭时阀杆螺纹的摩擦半径，查表得，R_{FM}=3.6mm。

M'_{FJ}为阀杆螺纹凸肩处的摩擦矩，可按式（7-12）计算。

$$M'_{FJ}=Q'_{FZ}f_{FJ}\frac{d_{FJ}}{2}=76626.24\times0.01\times\frac{71.5}{2}=27393.88(\text{N})\tag{7-12}$$

式中　f_{FJ}——摩擦系数，取 0.01；

d_{FJ}——接触面平均直径，mm。

M'_Z为作用在手轮上的总转矩，N•mm，可按式（7-13）计算。

$$M'_Z=M'_{FL}+M'_{FJ}=275854.46+27393.88=303248.34(\text{N}\cdot\text{mm})\tag{7-13}$$

7.1.5　LNG温控阀阀杆应力校核

（1）最小截面积

阀杆的最小截面积在阀杆螺纹处，阀杆螺纹部分选用 1-1/2-4ACME-2G-LH，螺纹中径d=31.75mm。

（2）阀杆压应力

$$\sigma_y=\frac{Q'_{FZ}}{A}=76626.24/791.33=96.83(\text{MPa})\tag{7-14}$$

根据《阀门设计计算手册》查得阀杆材料许用压应力$[\sigma_y]$=170 MPa。

结论：σ_y=96.83 MPa<$[\sigma_y]$= 170 MPa 满足条件。

（3）扭转剪应力

上部螺杆受轴向力与力矩作用，下部阀杆只受轴向力，因此扭转剪应力(τ_N)只考虑上部螺杆即可。

$$\tau_N=\frac{M'_{FL}}{J/r_1}=275854.46/\left(81685.42/12.7\right)=42.89(\text{MPa})\tag{7-15}$$

$$J=\frac{2\pi d_2^4}{64}=2\pi\times25.4^4/64=81685.42(\text{mm}^4)\tag{7-16}$$

式中　J——螺杆螺纹根部最小截面惯性矩；

r_1——螺纹根部最小半径，$r_1=d_2/2=25.4/2=12.7\text{mm}$。

根据《阀门设计计算手册》表查得阀杆材料的许用扭转剪应力$[\tau_N]$=87MPa。

结论：τ_N=42.89MPa<$[\tau_N]$=87MPa，满足条件。

（4）合成应力

$$\sigma_\varepsilon=\sqrt{\sigma_y^2+4\tau_N'^2}=\sqrt{96.83^2+4\times42.89^2}=129.36(\text{MPa})\tag{7-17}$$

根据《阀门设计计算手册》查得阀杆材料的许用合成应力$\left[\sigma_\varepsilon\right]=150\text{MPa}$。

结论：$\sigma_\varepsilon=129.36\text{ MPa}<\left[\sigma_\varepsilon\right]=150\text{ MPa}$ 满足条件。

7.1.6 LNG 温控阀阀杆稳定性分析

（1）阀杆柔度（细长比）λ

根据《阀门设计》阀杆的强度，计算阀杆柔度 λ：

$$\lambda = \frac{4\mu_2 l_F}{d_F} = \frac{4 \times 0.51 \times 940}{40} = 47.94 \tag{7-18}$$

式中　l_F——阀杆计算长度，阀杆螺母螺纹总长中点到阀杆端部的长度，mm，l_F=940mm；

d_F——阀杆光杆处的直径，mm，d_F=40mm；

μ_2——阀杆两端的支承状态相关系数，由《阀门设计》查得 μ_2=0.51。

（2）阀杆的稳定性校核

由《阀门设计》可以查得阀杆柔度上临界 λ_2 与阀杆柔度下临界 λ_1：λ_1=60，λ_2=115.0。$\lambda = 47.94 \leqslant \lambda_1$，满足第一种情况，属于低细长比小柔度压杆，不进行稳定性验算。结论：低细长比阀杆稳定性更好。

7.1.7 阀杆头部强度验算

阀杆头部及阀瓣结构如图 7-2 及图 7-3 所示。

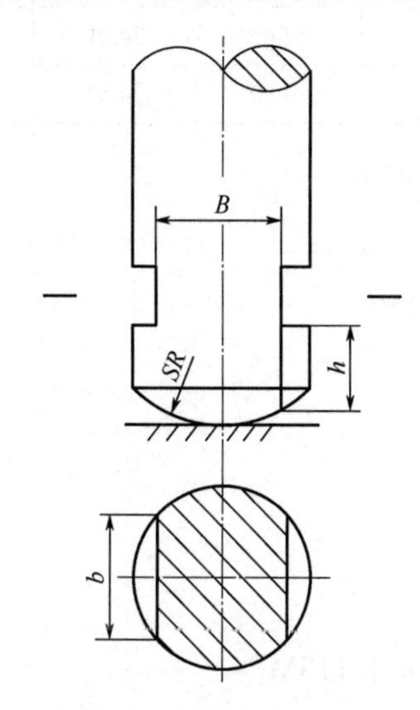

图 7-2　阀杆头部示意图

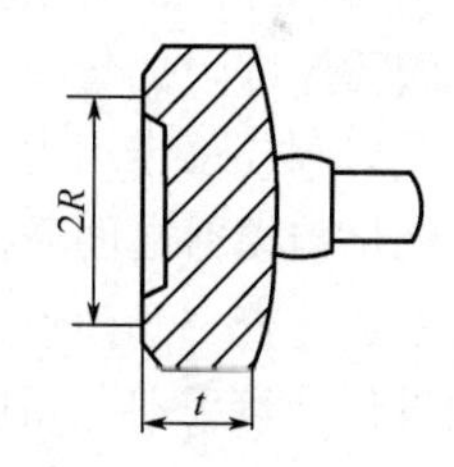

图 7-3　阀瓣结构示意

剪应力：

$$\tau = (Q''_{FZ} - Q_T)/(2bh) = 16.16\text{MPa}\ ;$$

开启时阀杆总作用力：

$$Q''_{FZ} = 16457.14\text{MPa}\ ;$$

阀杆与填料摩擦力：

$$Q''_{FZ} = 16457.14\text{MPa}\ ;$$

式中，b=35.72mm；h=13.23mm。

查《阀门设计计算手册》得，许用剪应力[τ]=120MPa（注：τ<[τ]合格）。

7.1.8 LNG温控阀阀瓣应力校核

阀瓣最大载荷是在关闭的最终，这时阀瓣受到阀杆力、介质作用力和密封面间摩擦力以及阀座支反力的作用，应对危险断面的弯应力进行校核。

平板形阀瓣厚度计算：

$$\sigma = 1.2pR^2/(t-C^2) \leqslant [\sigma] \tag{7-19}$$

式中 p——设计压力，MPa，按ASME B16.34—2013取值，见表7-1；

R——密封面平均半径，mm；

t——阀瓣厚度，mm；

C——腐蚀裕量，mm（$t \leqslant 20$，$C=4$；$t>20$，$C=1$）；

σ——计算应力，MPa；

$[\sigma]$——许用应力，MPa。

表7-1 设计压力取值表

温压等级 LB	150	300	600	900	1500	2500
WCB 设计压力/MPa	1.96	5.11	10.21	15.32	25.53	42.55
LCB 设计压力/MPa	1.84	4.8	9.6	14.41	24.01	40,01
CF8M 设计压力/MPa	1.9	4.96	9.93	14.89	24.82	41.37

对于介质从下方流入的升降杆阀瓣，弯曲应力计算如下：

当介质从阀瓣下面引入时，

$$\sigma_w = K_1 \frac{Q'_{FZ} - Q_T}{(s_B - C)^2} = 17.42\text{MPa} \tag{7-20}$$

式中 s_B——阀瓣厚度，s_B=47mm；

C——阀瓣厚度附加量，取C=4mm；

Q'_{FZ}——开启阀杆总作用力，N；

Q_T——阀杆与填料之间摩擦力，N；

K_1——系数，查《阀门设计》得，K_1=0.428。

查《阀门设计计算手册》得阀瓣材料的许用弯应力$[\sigma_w]$=115MPa。

结论：$\sigma_w = 17.42\text{ MPa} \leqslant [\sigma_w] = 115\text{MPa}$ 满足条件。

7.1.9 LNG温控阀中法兰连接螺栓

（1）拉应力计算

操作下总作用力：

$$\begin{aligned} Q' &= Q_{DJ} + Q_{DF} + Q_{DT} + Q'_{FZ} \\ &= 112794 + 73829.25 + 22558.94 + 76626.24 = 285809.12(\text{N}) \end{aligned} \tag{7-21}$$

式中 Q_{DJ}——垫片处介质的作用力；

Q_{DF}——垫片上密封力。

$$Q_{DJ} = \frac{\pi}{4} D_{DP}^2 p_N = \frac{\pi}{4} \times 275^2 \times 1.9 = 112794.7(\text{N}) \tag{7-22}$$

式中　D_{DP}——垫片的平均直径，mm，D_{DP}=275mm。

$$Q_{DF}=2\pi D_{DP}B_{N}m_{DP}p_{N}=2\pi\times275\times7.5\times3\times1.9=73829.25(\mathrm{N}) \tag{7-23}$$

式中　B_N——垫片的有效宽度，mm，查表得 B_N=7.5mm；

p_N——计算压力，MPa；

m_{DP}——垫片系数，查表得 m_{DP}=3。

Q_{DT}为垫片的弹性力，可由式（7-24）计算：

$$Q_{DT}=\eta Q_{DJ}=0.2\times112794.69=22558.94(\mathrm{N}) \tag{7-24}$$

式中　η——系数，η=0.2。

必需预紧力：

$$Q_{YJ}=\pi D_{DP}B_{N}q_{YJ}K_{DP}=\pi\times275\times7.5\times31.7\times1=205297.13(\mathrm{N}) \tag{7-25}$$

式中　q_{YJ}——密封面的预紧比压，查表得 q_{YJ}=31.7；

K_{DP}——垫片的形状系数，K_{DP}=1。

螺栓计算载荷：

$$Q_{L}=\max\left\{Q',Q_{YJ}\right\}=285809.12\mathrm{N} \tag{7-26}$$

螺栓的拉应力：

$$\sigma_{L}=Q_{L}/(ZF_{1})=285809.12/(12\times213.72)=111.44(\mathrm{MPa}) \tag{7-27}$$

式中　Z——螺栓数量，Z=12；

F_1——单个螺栓截面积，mm^2，F_1=213.72mm^2。

查表得螺栓许用拉应力[σ_L]=150MPa。

结论：σ_L=111.44MPa<[σ_L]=150MPa 满足条件。

（2）螺栓间距与直径比

$$L_{J}=\pi D_{1}/(Zd_{L})=\pi\times330/(12\times19)=4.54 \tag{7-28}$$

式中　D_1——螺栓孔中心圆直径，mm，D_1=330mm；

d_L——螺栓直径，mm，d_L=19mm。

结论：2.7<L_J=4.54<5 满足条件。

7.1.10　LNG 温控阀中法兰强度验算

计算载荷：

$$Q=Q_{L}=285809.12\mathrm{N}$$

查表得许用弯曲应力[σ_w]=115MPa。

Ⅰ—Ⅰ断面弯曲应力（参见《阀门设计计算手册》图 3-45）：

$$\sigma_{w1}=Ql_{1}/W_{1}=285809.12\times20/155409.07=36.78(\mathrm{MPa}) \tag{7-29}$$

$$l_1=(D_1-D_m)/2=20\mathrm{mm}$$

$$W_{1}=\pi D_{m}h^{2}/6=\pi\times290\times32^{2}/6=155409.07(\mathrm{mm}^{3}) \tag{7-30}$$

式中　l_1——力臂；

D_1——螺栓孔中心圆直径，mm，D_1=330mm；

D_m——中法兰根径，mm，D_m=290mm；

h——法兰厚度，h =32mm；

W_1 ——断面系数。

Ⅱ—Ⅱ断面弯曲应力：

$$\sigma_{w2} = 0.4Ql_2 / W_2 = 0.4 \times 285809.12 \times 30 / 56520 = 60.68(\text{MPa}) \tag{7-31}$$

$$l_2 = l_1 + (D_m - D_n) / 4 = 30\text{mm}$$

式中　l_2——力臂；

D_n——计算内径，D_n=250mm；

W_2——断面系数。

$$W_2 = \pi(D_m + D_n)(D_m - D_n) \times 2 / 48 = 56520\text{mm}^3$$

结论：σ_{w1}=36.78MPa<[σ_w]=115MPa 满足条件；σ_{w2}=60.68MPa<[σ_w]=115MPa 满足条件。

7.1.11　LNG 温控阀阀盖强度验算

阀盖厚度计算

$$t_s = D_1\sqrt{\frac{0.162p}{[\sigma_w]}} + C \tag{7-32}$$

式中　D_1——螺栓孔中心圆直径，mm；

[σ_w] ——材料许用弯曲应力，mm；

p ——设计压力，取公称压力 PN；

C ——附加裕量，mm。

断面弯曲应力：

$$\sigma_w = Kp\frac{D_1^2}{(s_B - C)^2} = 0.477 \times 1.9 \times \frac{275^2}{(30-2)^2} = 87.42(\text{MPa}) \tag{7-33}$$

式中　D_1——螺栓孔中心圆直径，mm，D_1=275mm；

s_B ——实际厚度，mm，s_B=30mm；

C ——腐蚀裕量，mm，C=2mm；

K ——形状系数，取 K=0.477。

查《阀门设计计算手册》表得阀盖材料许用弯曲应力[σ_w]=115MPa。

结论：σ_w=87.42MPa<[σ_w]=115MPa 满足条件。

7.1.12　阀盖支架（T 形加强筋）

由图 7-4，Ⅰ—Ⅰ断面弯曲应力：$\sigma_{w1} = \frac{Q'_{FZ}L}{8}\frac{1}{\left(1+\frac{1}{2}\frac{H}{L}\frac{I_3}{I_2}\right)W_1} = 10\text{MPa}$

关闭时阀杆总轴向力：$Q'_{FZ} = 76626.24\text{ N}$

框架两重心处距离：

$$L = L_1 + 2Y = 84.85(\text{mm})$$

$$L_1=70\text{mm}$$

$$Y=[CA_2+(B-C)a_2]/\{2[CA+(B-C)a]\}=7.42\text{mm}$$

$$C=16\text{mm}$$

$$A=20\text{mm}$$

$$B=50\text{mm}$$

$$a=10\text{mm}$$

$$h=152\text{mm}$$

Ⅲ—Ⅲ断面惯性矩：

$$I=(D-d)h_3/12=157208.33\text{mm}^4$$

$$D=70\text{mm}$$

$$d=26\text{mm}$$

$$h=35\text{mm}$$

Ⅱ—Ⅱ断面惯性矩：$M_{\text{TJ}}=\dfrac{2f_{\text{TJ}}Q_{\text{FZ}}(r_{\text{w}}^3-r_{\text{N}}^3)(r_{\text{w}}^2-r_{\text{N}}^2)}{3}=3013.79\text{N}\cdot\text{mm}$，$r_{\text{N}}=20.00\text{mm}$，$[\sigma_{\text{w}}]=102\text{MPa}$；

Ⅰ—Ⅰ断面系数：$W_1=I_2/Y=I_1/Y=2343.47\text{mm}^4$；

Ⅲ—Ⅲ断面弯曲应力：$\sigma_{\text{w3}}=(4Q'_{\text{FZ}}L/4-M_2)_3/W=44.80\text{MPa}$；

Ⅲ—Ⅲ断面弯曲力矩：$M_2=Q_{\text{FZ}}L/8/(1=1/2\times H/L\times I_3/I_2)=23700.71.71\text{N}\cdot\text{mm}$；

Ⅲ—Ⅲ断面系数：$W_3=(D-d)h^2/6=8983.33\text{mm}$；

Ⅰ—Ⅰ断面拉应力：$\sigma_{\text{L1}}=Q'_{\text{FZ}}/\{2[aB+C(A-a)]\}=15.22\text{MPa}$；

Ⅰ—Ⅰ断面转矩引起的弯曲应力：

$$\sigma_{\text{w1}}^{\text{N}}=[(M_0\times H)/1]\times\{(ac^3+AB^3)/[12\times(A-Y)]\}=0.32\text{N}\cdot\text{mm}\text{；}$$

弯曲力矩：$M_0=M_{\text{TJ}}=3013.79\text{N}\cdot\text{mm}$；

阀杆螺母凸肩摩擦力矩：$M_{\text{TJ}}=2/3\times f_{\text{TJ}}Q_{\text{FZ}}(r_{\text{w}}^3-r_{\text{N}}^3)(r_{\text{w}}^2-r_{\text{N}}^2)=3013.79\ \text{N}\cdot\text{mm}$；

由查表得：凸肩部分摩擦系数 $f_{\text{TJ}}=0.30$，阀杆螺母凸肩外半径 $r_{\text{w}}=24.00\text{mm}$，阀杆螺母凸肩内半径 $r_{\text{N}}=20.00\text{mm}$；

Ⅰ—Ⅰ断面合成应力：$\sigma_{\varepsilon}=\sigma_{\text{w1}}+\sigma_{\text{L1}}+\sigma_{\text{w1}}^{\text{N}}=25.53\text{MPa}$；

由查表得，许用拉应力：$[\sigma_{\text{L}}]=82\text{MPa}$，许用弯曲应力：$[\sigma_{\text{w}}]=102\text{MPa}$；

注：$\sigma_{\varepsilon}<[\sigma_{\text{L}}]$，$\sigma_{\text{w3}}<[\sigma_{\text{w}}]$，满足要求。

7.1.13　中法兰螺栓扭紧力矩

图 7-5 为温控阀中法兰，计算螺母扭紧力矩 T 的计算公式为（查《机械设计手册》）：

$$T=KFd/n\times2.27=0.2\times285809.12\times0.019/12\times2.27=205.45(\text{N}\cdot\text{m})\tag{7-34}$$

式中　F——预紧力（垫片压紧状况下），$F=Q=285809.12$ N；

d——螺纹大径，mm，$d=19$ mm；

K——扭转系数，取 $K=0.2$；

n ——螺栓个数，n=12。

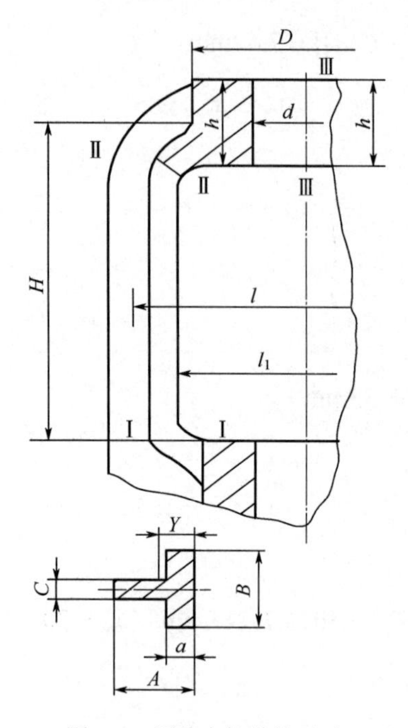

图 7-4　阀盖支架结构尺寸

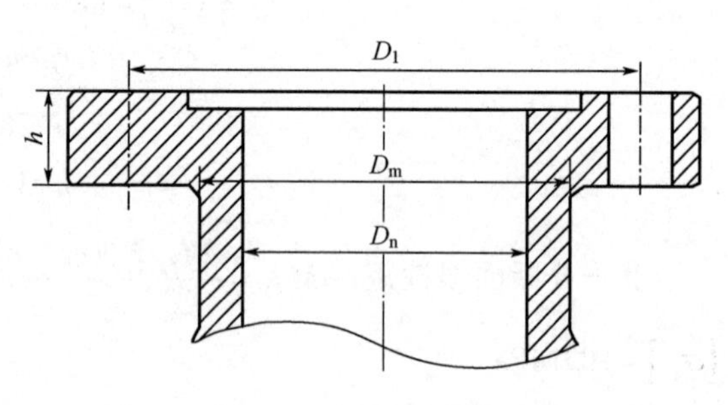

图 7-5　温控阀中法兰

7.1.14　密封结构计算

（1）载荷计算

① 内压引起的总轴向力：

$$F=\frac{\pi}{4}D_C^2 p=285809.12\text{N} \tag{7-35}$$

式中　D_C ——密封接触圆直径，mm；

p ——设计压力，MPa。

② 预紧螺栓载荷：

$$F_a=\pi D_C q_1\times\frac{\sin(\alpha+\rho)}{\cos\rho}=85809.28\text{N} \tag{7-36}$$

式中　q_1——线密封比压，取 q_1=300N/mm；

α ——密封圈半夹角，（°）；

ρ ——摩擦角，（°），钢与钢接触 ρ=8.5°。

（2）支承板计算

① 纵向截面的弯曲应力：

$$\sigma_m=\frac{3F_a(D_a-D_b)}{\pi(D_3-D_1-2\times d_k)\times\delta^2}\leqslant 0.9[\sigma]_t \tag{7-37}$$

式中　D_a ——支承板外径，mm；

D_b ——螺栓孔中心圆直径，mm；

D_3 ——支承板凸台内径，如图 7-6 所示，mm；

D_1 ——支承板内径，mm；

d_k ——螺栓孔直径，mm；

δ——支承板厚度，mm；

$[\sigma]_t$ ——设计温度下元件材料的许用应力，MPa。

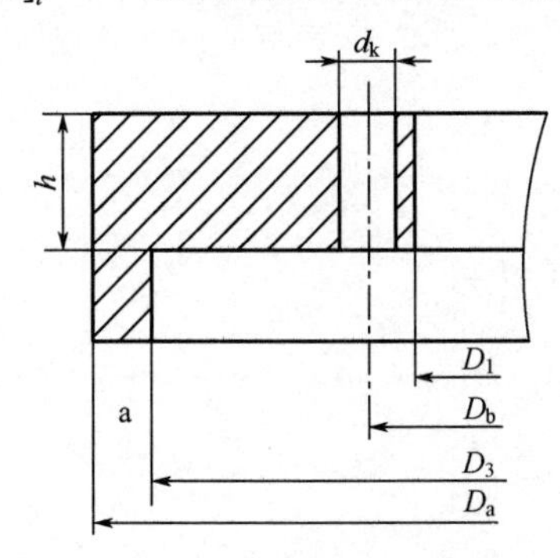

图 7-6　支承板结构示意

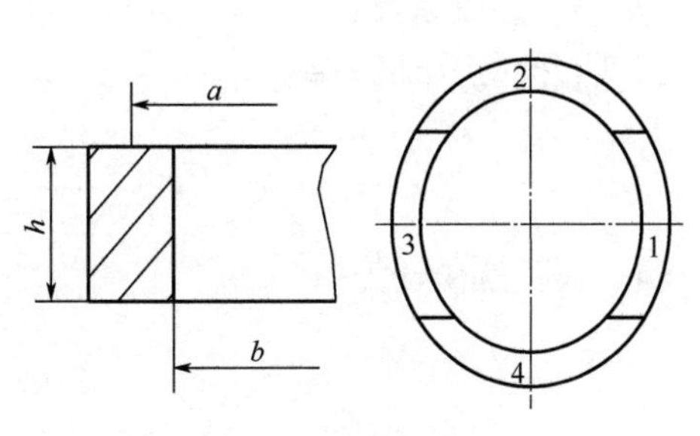

图 7-7　四开环结构图

② a—a 环向截面的当量应力：

$$o_0 = \sqrt{\sigma_{ma}^2 + 3\times\tau_a^2} \leqslant 0.9[\sigma]_t \tag{7-38}$$

a—a 环向截面的弯曲应力：

$$\sigma_{ma} = \frac{3F_a(D_a - D_b)}{\pi D_a h^2} = 0.2\times 285809.12/(12\times 2.27) = 10813(\text{N}\cdot\text{m}) \tag{7-39}$$

式中　h——支承板内缘厚度，mm。

a—a 环向截面的切应力：

$$\tau_a = \frac{F_a}{\pi D_a h} = 3.25\text{MPa} \tag{7-40}$$

（3）四开环计算

① 四开环切应力：

$$\tau_a = \frac{F + F_a}{\pi a h} \leqslant 0.9[\sigma]_t \tag{7-41}$$

式中　a——筒体内径，mm；

h——四开环厚，mm。

② 按平板理论计算应力：

外周边固定，内周边自由，受均布连续载荷，当 $b/a > 0.168$ 时，

$$\sigma_{max} = (\sigma_r)_{r=a} \leqslant 0.9[\sigma]_t \tag{7-42}$$

$$\sigma_r = f\frac{qa^2}{h^2} \tag{7-43}$$

其中：

$$f = \frac{3}{8}\left[(3+\mu)\frac{r^2}{a^2} + 4(1+\mu)\left(A + \ln\frac{a}{r}\right)\frac{b^2}{a^2} - (1-\mu)\left(\frac{2\times b^2}{a^2} + B\frac{a^2}{r^2}\right)\right]$$

$$A=-\frac{1}{4}\times\frac{a^2}{(1-\mu)a^2+(1+\mu)b^2}\left\{(1-\mu)\left(2+\frac{a^2}{b^2}\right)+\left[(1+3\mu)+4(1+\mu)\ln\frac{a}{b}\right]\frac{b^2}{a^2}\right\}$$

$$B=-\frac{b^2}{(1-\mu)a^2+(1+\mu)b^2}\left[(1+\mu)\left(1-4\frac{b^2}{a^2}\ln\frac{a}{b}\right)+(1-\mu)\frac{b^2}{a^2}\right]$$

式中　b——四开环内径（见图 7-7），mm；

μ——黏度系数。

③ 四开环挤压应力：

$$\sigma_{\mathrm{nJY}}=q=\frac{F+F_{\mathrm{a}}}{\pi(a^2-b^2)}\leqslant 1.7[\sigma]_t \tag{7-44}$$

（4）预紧螺栓计算

$$\sigma=\frac{F_{\mathrm{a}}}{0.785nd_3^2} \tag{7-45}$$

式中　n——螺栓个数，n 取 8；

d_3——螺栓内径，mm，由螺栓设计强度标准可取 24mm；

F_{a}——预紧螺栓载荷，N，由上可知：F_{a}=85809.28N；

$[\sigma]_t$——预紧螺栓的许用应力，MPa，查螺栓设计手册知$[\sigma]_t$可取 90MPa。

$$\sigma=\frac{F_{\mathrm{a}}}{0.785nd_3^2}=\frac{85809.28}{0.785\times8\times(24\times10^{-3})^2}=2.37\times10^7(\mathrm{Pa})=23.7(\mathrm{MPa})$$

故螺栓设计符合要求。

（5）填料箱计算

计算时：$d_5=\delta$，$d_6=D_6$，$h_5=h$。

① 纵向截面的当量应力：

$$\sigma_{\mathrm{m}}=\frac{M}{Z}\leqslant 0.9[\sigma]_t \tag{7-46}$$

$$Z=I_{\mathrm{c}}/Z_{\mathrm{c}}=2.3\mathrm{mm}$$

式中　M——纵向截面的弯矩，$M=1/2\pi\left[(D_{\mathrm{c}}-2/3D_{\mathrm{c}})F+(D_{\mathrm{c}}-D_{\mathrm{b}})F_{\mathrm{a}}\right]=2314\mathrm{N\cdot mm}$；

Z——纵向截面的抗弯截面系数；

D_{b}——预紧螺栓中心圆直径，mm；

D_{c}——法兰截面直径，mm；

I_{c}——纵向截面的惯性矩，mm^4；

Z_{c}——纵向截面的形心离截面最外端距离（如图 7-8 和图 7-9 所示），mm。

② a—a 环向截面的当量应力：

$$o_{0\mathrm{a}}=\sqrt{\sigma_{\mathrm{ma}}^2+3\tau_{\mathrm{a}}^2}\leqslant 0.9[\sigma]_t \tag{7-47}$$

a—a 环向截面的弯曲应力：

$$\sigma_{\mathrm{ma}}=\frac{6(F+F_{\mathrm{a}})L}{\pi D_5 l^2\sin\alpha} \tag{7-48}$$

式中　L——弯曲力臂，mm。

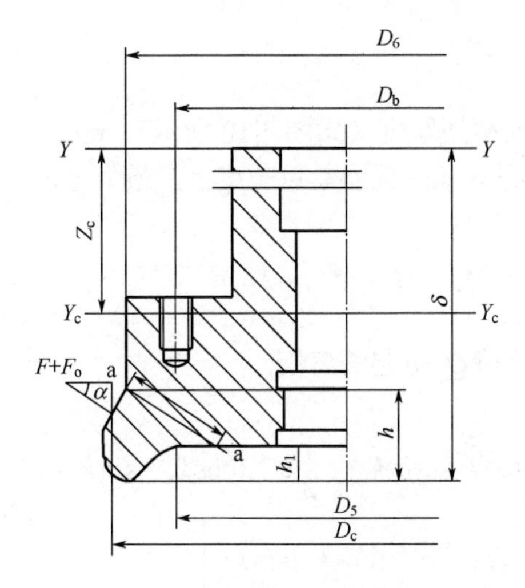

图 7-8　填料箱结构示意图

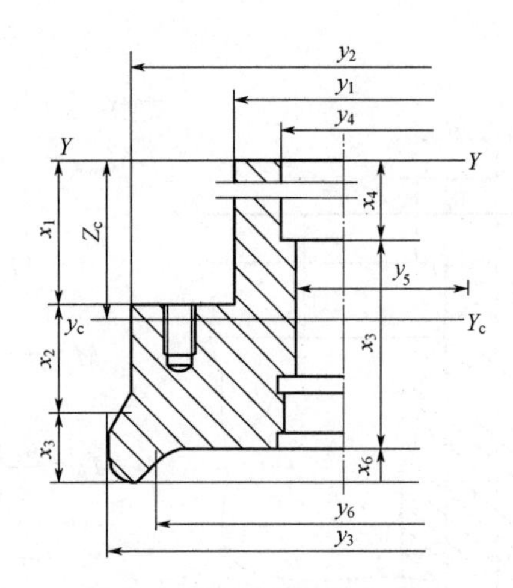

图 7-9　填料箱惯性矩示意图

$$D_5 = D_6 - l\cos\alpha \tag{7-49}$$

$$l = \frac{h - hl}{\sin\alpha} \tag{7-50}$$

a—a 环向截面的切应力：

$$\tau_a = \frac{F + F_a}{\pi D_5 l \sin\alpha} \tag{7-51}$$

③ b—b 环向截面的当量应力：

$$o_{0b} = \sqrt{\sigma_{mb}^2 + 3\tau_b^2} \leqslant 0.9[\sigma]_t \tag{7-52}$$

b—b 环向截面的弯曲应力：

$$\sigma_{mb} = \frac{3(F + F_a) \times (D_c - D_6)}{\pi D_6 h^2} \tag{7-53}$$

b—b 环向截面的切应力：

$$\tau_b = \frac{F + F_a}{\pi D_6 h} \tag{7-54}$$

（6）筒体顶部计算

① a—a 环向截面的当量应力：

$$o_{0a} = \sigma_a + \sigma_{ma} \leqslant 0.9[\sigma]_t \tag{7-55}$$

a—a 环向截面的拉应力：

$$\sigma_a = \frac{4(F + F_a)}{\pi(D_o^2 - D_7^2)} \tag{7-56}$$

式中　D_o——筒体外直径，mm；

　　　D_7——四开环槽直径，mm。

a—a 环向截面的弯曲应力：

$$\sigma_{\mathrm{ma}}=\frac{6M_{\max}}{s^2} \tag{7-57}$$

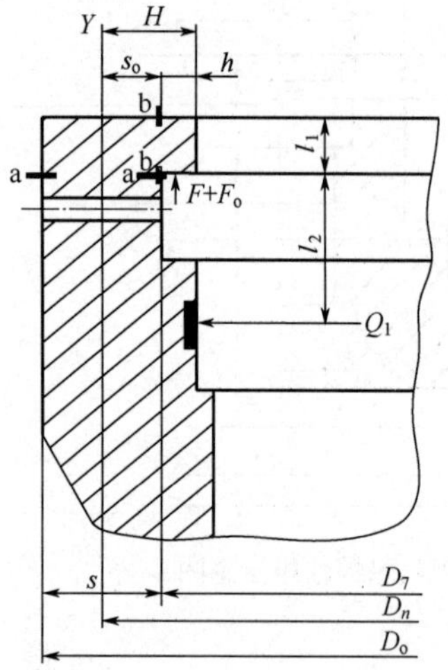

式中　s——a—a 环向截面厚度（如图 7-10 所示），mm；

$M_{\max}$——作用于 a—a 环向截面单位长度上的最大弯矩，N·mm。

$$M_{\max}=\max\left\{(M_r+M_3),(M_r+M_4)\right\} \tag{7-58}$$

M_r——由径向载荷 Q_r 引起的弯矩。

$$M_r=\frac{q_r}{k}\left[-\frac{1}{4}\mathrm{e}^{-k_1}(\cos k_1-\sin k_1)+\frac{1}{4}\mathrm{e}^{-k_2}(\cos k_3-\sin k_3)(\cos kl_1+\sin kl_1)+\frac{1}{2}\mathrm{e}^{-k_2}(\cos k_3)\sin kl_1\right] \tag{7-59}$$

$$Q_r=\frac{F+F_{\mathrm{a}}}{\tan(\alpha+\rho)} \tag{7-60}$$

图 7-10　筒体结构示意

$$q_r=\frac{Q_r}{\pi D_n} \tag{7-61}$$

$$k=\sqrt[4]{\frac{12(1-\mu^2)}{D_n^2 s^2}} \tag{7-62}$$

$$k_1=kcl_1 \tag{7-63}$$

$$k_2=k(2+c)l_1 \tag{7-64}$$

$$k_3=kl_1+kcl_1 \tag{7-65}$$

当 $\dfrac{D_{\mathrm{o}}}{D_7}\leqslant 1.45$ 时，

$$s_0=\frac{D_{\mathrm{o}}-D_7}{4} \tag{7-66}$$

$$D_n=D_7+2s_{\mathrm{o}} \tag{7-67}$$

$$s=\frac{D_{\mathrm{o}}-D_7}{2} \tag{7-68}$$

$$M_4=M_1\left\{-\frac{1}{2}+\frac{1}{2}\mathrm{e}^{-2kl_1}[1+\sin(2kl_1)]\right\} \tag{7-69}$$

$$M_1=\frac{(F+F_{\mathrm{a}})\times H}{\pi D_n} \tag{7-70}$$

$$H=s_{\mathrm{o}}+h \tag{7-71}$$

$$M_3=M_1\left\{\frac{1}{2}+\frac{1}{2}\mathrm{e}^{-2kl_1}[1+\sin(2kl_1)]\right\} \tag{7-72}$$

式中，$c = l_2/l_1$；M_1 为中性面单位长度的弯矩。

② b—b 环向截面的当量应力：

$$\sigma_{ob} = \sqrt{\sigma_{mb}^2 + 3\tau_b^2} \leqslant 0.9[\sigma]_t \tag{7-73}$$

b—b 环向截面的弯曲应力：

$$\sigma_{mb} = \frac{3(F + F_a)h}{\pi D_7 l_1^2} \tag{7-74}$$

b—b 环向截面的切应力：

$$\tau_b = \frac{F + F_a}{\pi D_7 l_1} \tag{7-75}$$

7.2　毛细管的设计计算与分析

毛细管一般指内径为 0.4~2.0 mm 的细长铜管，作为制冷系统的节流机构，毛细管是最简单的一种，因其价廉和选用灵活的优点，故广泛用于小型制冷装置中，最近在较大制冷量的机组中也有采用。

7.2.1　毛细管的节流特性

毛细管节流是利用制冷剂在细长管内流动的阻力而实现的，按使用情况，毛细管可以是有热交换和无热交换的，故制冷剂流经毛细管的过程可以典型化为绝热膨胀过程和有热交换的膨胀过程。制冷剂在毛细管中的流动状态，沿管长方向的压力和温度变化，如图 7-11 所示。

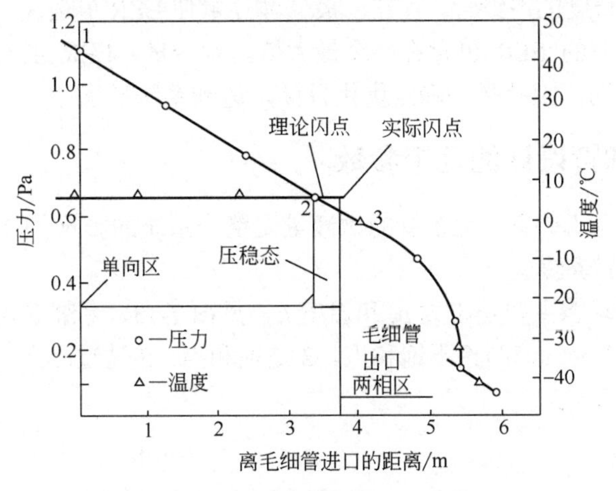

图 7-11　制冷剂沿毛细管流动的状态变化过程

（1）过冷区

从冷凝器流出的液体制冷剂以过冷状态 1 点进入毛细管内流动，并随着压力的降低液体过冷度不断减小，直至变为饱和液体，即理论闪点 2 点，此段制冷剂状态为单相液体。在这一段中制冷剂在管内为绝热流动，同时因流速不变，其管内液体部分的压力降是一条直线。

（2）亚稳区

即从毛细管内流动的制冷剂的理论闪点 2 点到达到饱和湿蒸气点 3 点，通过对毛细管的机制研究，由于毛细管直径很小，制冷剂的流速较大，通常情况下会出现亚稳定状态的液体-

过热液体的存在，使得闪点的温度和压力并不对应，一般闪点延迟 3℃左右。

（3）两相区

从 3 点开始制冷剂为气液两相流动，随着压力的降低，温度也降低，压力和温度曲线重合。毛细管内气液两相混合物也是一种可压缩流体，当毛细管的进口压力保持不变，制冷剂的质量流量将不会随出口压力减小而无限增大，而是达到某一值后，就不受出口压力的影响而保持不变，也会出现临界流现象，也就是说，通过毛细管的流量，是随毛细管进口压力的增加而增加，而毛细管出口压力降低时流量也会增加，但出口压力降低到临界压力以下时，流量就不再增加，即出现临界流现象，这也是用毛细管来控制流量的重要特征。

7.2.2 毛细管长度对系统的影响

制冷量与能效比：当毛细管长度一定时，随灌注量的增大，制冷量会出现一最大值。因为随灌注量的增大，系统工质的流量增加，蒸发压力上升，单位质量制冷量增加，从而制冷量增大，但随灌注量的进一步增加，蒸发压力、温度的提高使传热温差减小，抑制制冷量的进一步上升，当传热温差占主导地位时，制冷量反而会下降，出现一个最大值，见图 7-12。

从图 7-12 中可以看出，随毛细管的增长，制冷量的最大值向右偏移，造成这种现象的原因是随毛细管的增长，阻力增加，冷凝器内集液增多，压力提高，蒸发器内供液减少，压力下降，单位质量流量下降，蒸发器换热面积利用不充分，灌注量增加，可使蒸发器内工质增加，改善其换热条件，使制冷量增大，所以，毛细管加长后，冷媒灌注量也要相应增加，这样才会使制冷量达到最大。

同样，对应一定长度的毛细管，存在一最佳灌注量使 EER 值最大，对于不同长度的毛细管，其最佳灌注量对应的 EER 也存在一个最大值。制冷量、EER 出现最大值时的毛细管长度与灌注量不一定相同，因此必须确定优化目标，达到系统最优。

7.2.3 影响毛细管设计的几个参数

制冷系统是一个动态系统，毛细管的供液量受整个系统的影响。归结起来，主要因素有：

（1）毛细管前制冷剂状态

毛细管前制冷剂状态主要是压力 p_k 和温度 t_k，见图 7-13，毛细管入口处制冷剂状态是不定的，受 t_k 的影响，1 是气液两相不饱和点，2 是饱和点，3 是过冷点。随着 p 的变化，毛细管入口处状态要发生变化。

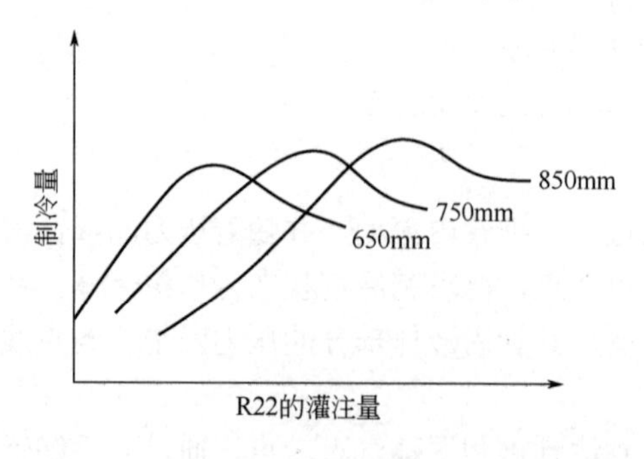

图 7-12 制冷量随毛细管和灌注量变化曲线

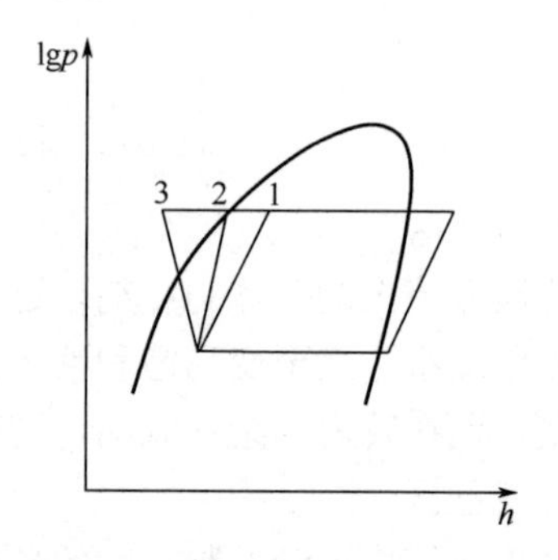

图 7-13 毛细管内制冷剂压焓图

（2）毛细管几何尺寸

毛细管几何尺寸包括内径 D、长度 L 和管内壁粗糙度 e。毛细管内径 D 越大，长度 L 越短，粗糙度越小，制冷剂在管内的流动阻力就小，供液量就大。反之，供液量就小。

（3）热交换的影响

为了使毛细管中的制冷剂过冷，提高制冷系统的热效率，毛细管一般焊入回气管内或附着于回气管表面。通常，毛细管内制冷剂与回气管表面存在着温度差 Δt。Δt 使制冷剂温度降低，过冷度增加，管中制冷剂流速受影响，从而影响供液量。在相同流量下，Δt 与毛细管长度的关系如图 7-14，与绝热情况相比，出口温度和干度都降低，见图 7-15。

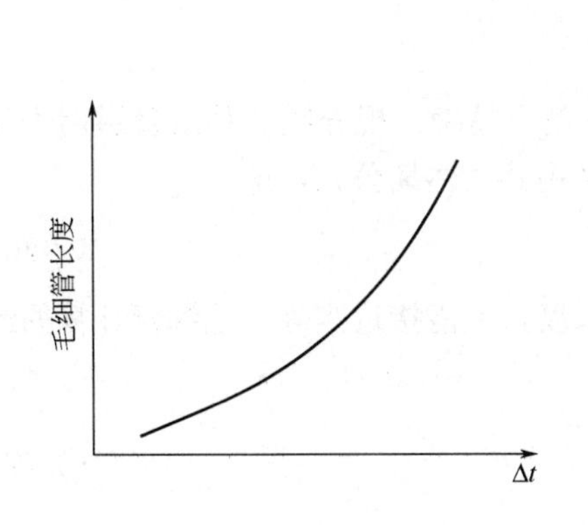

图 7-14　毛细管长度与 Δt 的关系

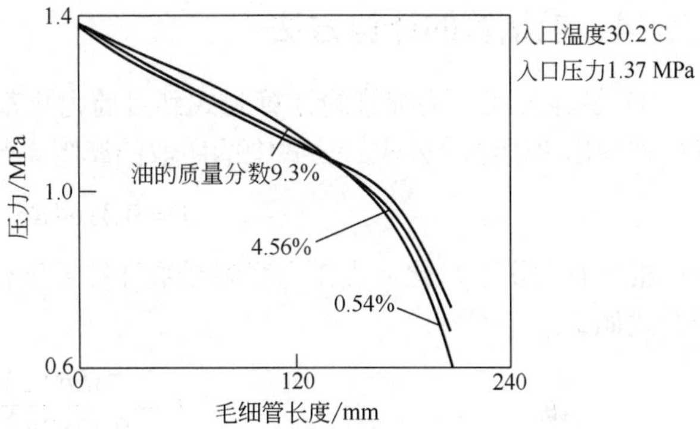

入口温度30.2℃
入口压力1.37 MPa
1.4
1.0
0.6
压力/MPa
油的质量分数9.3%
4.56%
0.54%
0
120
240
毛细管长度/mm

图 7-15　沿毛细管长度的压力分布

（4）毛细管出口压力 p_e

制冷剂在毛细管出口处形成喷射，气体动力学指出，出口处截面的压力 p 将随着蒸发器内压力 p_e 的降低而降低，随着 p 的降低，喷射速度将增加，当增加到当地的音速时 p 不再降低，始终等于临界压力 $p_{临}$。因此，随着毛细管增长，压力和流量都要减小，当增长到一定的长度时，压力和流量不再随毛细管增长而变化，这就是所谓的扼流现象。

（5）制冷剂含油量

制冷剂含油影响毛细管流量的原因有 2 个方面。

① 油的黏度远远高于制冷剂的黏度，制冷剂中含少量油会增加混合物的黏度及相应的流动阻力，使得流量减小。

② 油的表面张力高于制冷剂的表面张力，制冷剂中含油会使混合物的表面张力增大，从而使气化欠压增大，气化延迟，毛细管中的液体段增长，使得两相段的加速压降减小，从而增加毛细管的流量。

这两个方面中第一个方面占优，则流量减小，第二个方面占优，则流量增大。至于哪个方面占优，则取决于入口的过冷度，如果过冷度小，则液体段短，两相段长，加速压降成为总压降的主要部分，则制冷剂中含少量润滑油会增大制冷剂的流量。相反，如果过冷度大，则液体段长，两相段短，摩阻压降成为总压降的主要部分，则制冷剂中含少量润滑油会减少制冷剂的流量。

由实验分析的曲线知，随着油的质量分数的增加，制冷剂流量减小，气体欠压降低，气化点位置后移，当含油量从 0 增加到 5%时，制冷剂流量降低了 4%，结果说明混合物黏度变化的影响超过了表面张力变化的影响。

图 7-15 是三种含油浓度下沿毛细管的压力分布，在液体段，含油量为 9.3%时压力降低

比含油量为4.5%的压力降低快，两者又都比含油量为0.54%时快，到两相段则正好相反。这证实了前面的分析。

（6）冷剂种类的影响

使用不同的制冷剂，在不改变系统的整体结构的基础上，毛细管需做一些改动。改动的长度与制冷剂的物性有密切的联系。总的来讲，单位质量制冷量大的工质，所需的制冷剂流量就要小，而减小制冷剂的循环流量一般都是通过减少制冷剂的充注量和增长毛细管长度来实现的。如使用R134a的容量流量仅为使用R12的容积流量的80%，因此使用R134a的毛细管阻力比R12时要大，对相同管径的毛细管要加长10%～20%。

7.2.4 毛细管的计算方法

① 经验公式　毛细管的计算公式到目前为止都不是很精确，现介绍一种从管道阻力计算中推导出来的经验公式，公式中的所取的摩阻系数采用勃兰休斯公式，即

$$f = 0.3164Re^{-0.25} \tag{7-76}$$

根据有关报道，此公式作为摩阻系数计算毛细管长度，更能接近实际。毛细管计算的经验公式如下：

$$L = \frac{\Delta p Re 0.25 d}{0.1582 w^2 \rho} \tag{7-77}$$

式中　Δp ——压力差（p_k-p_e），Pa，取8×10^4 Pa；

Re——雷诺数；

L——毛细管长度，m；

w——流体流速，m/s，取80 m/s；

ρ——流体密度，kg/m^3，取420～460 kg/m^3；

d——毛细管内径，m，取 2.0×10^{-3} m。

$$Re = \frac{wd\rho}{\mu} \tag{7-78}$$

式中　μ——液化天然气动力黏度，N•s/m^2；

② 液化天然气动力黏度μ的计算　Teja和Rice提出了一个计算液体混合物黏度的方程，该方程对在完全非极性到高极性水-有机物混合物范围内的许多混合物，均可得到良好的结果。Teja-Rice法计算天然气混合物液相黏度的方程式如下：

$$\ln(u_{1,\mathrm{m}}\varepsilon_{1,\mathrm{m}}) = \ln(\mu_1\varepsilon_1)^{\mathrm{r}_1} + \left[\ln(\mu_1\varepsilon_1)^{\mathrm{r}_2} - \ln(\mu_1\varepsilon_1)^{\mathrm{r}_2}\right]\frac{Z_{1,\mathrm{m}} - Z_1^{\mathrm{r}_1}}{Z_1^{\mathrm{r}_2} - Z_1^{\mathrm{r}_1}} \tag{7-79}$$

$$\varepsilon_{1,\mathrm{m}} = \frac{V_{\mathrm{m,c,m}}^{2/3}}{(T_{\mathrm{m,c,m}}M_{\mathrm{m}})^{1/2}} \tag{7-80}$$

$$\varepsilon_{1,i} = \frac{V_{\mathrm{m,c},i}^{2/3}}{(T_{\mathrm{c},i}M_i)^{1/2}} \tag{7-81}$$

$$Z_{1,\mathrm{m}} = \sum_{i=1}^{n} x_i Z_{1,i} \tag{7-82}$$

$$V_{\mathrm{m,c,m}}=\sum_{i=1}^{n}\sum_{j=1}^{n}\frac{x_i x_j (V_{\mathrm{m,c},i}^{1/3}+V_{\mathrm{m,c},j}^{1/3})^3}{8} \tag{7-83}$$

$$T_{\mathrm{c,m}}\frac{\sum_{i=1}^{n}\sum_{j=1}^{n}x_i x_j (T_{\mathrm{c},i}T_{\mathrm{c},j}V_{\mathrm{m,c},i}V_{\mathrm{m,c},j})^{1/2}}{V_{\mathrm{m,c,m}}} \tag{7-84}$$

式中　$\mu_{1,\mathrm{m}}$ ——天然气混合物液相黏度，Pa・s；

$\varepsilon_{1,\mathrm{m}}$ ——天然气混合物液相特性参数，m；

μ_1 ——参考流体的液相黏度，Pa・s；

ε_1 ——参考流体的液相特性参数，m；

r_1、r_2 ——参考流体甲烷、乙烷；

$Z_{1,\mathrm{m}}$ ——天然气混合物液相压缩因子；

Z_1 ——参考流体的液相压缩因子；

$\varepsilon_{1,i}$ ——组分 i 的液相特性参数；

$Z_{1,i}$ ——组分 i 的液相压缩因子；

j ——第 j 种天然气组分；

x_j ——组分 j 在天然气混合物中的摩尔分数；

$V_{\mathrm{m,c},j}$ ——组分 j 的临界摩尔体积，$\mathrm{m^3/mol}$；

$V_{\mathrm{m,c,m}}$ ——混合物临界摩尔体积，$\mathrm{m^3/mol}$；

$T_{\mathrm{c},i}$ ——组分 i 的临界温度，K；

$T_{\mathrm{c},j}$ ——组分 j 的临界温度，K。

③ 在研究中采用简化的一元流动模型，即只考虑各参数沿流向的变化，这种处理既便于分析，又可抓住问题的主要特点。

a．单相流动　连续性方程：

$$\rho_1 v_1 A_1=\rho_2 v_2 A_2 \tag{7-85}$$

因为管路截面积（A）不变，化为：

$$G=\frac{M}{A}=\frac{v_1}{V_1}=\frac{v_2}{V_2} \tag{7-86}$$

式中　G——质量流率，$\mathrm{m^3/s}$；

M——质量流量，kg/s；

v——流速，m/s；

V——比体积，$\mathrm{m^3}$。

动量方程：$\delta p+\delta h_{\mathrm{f}}+\rho\upsilon\delta\upsilon=0$，即

$$\delta p+\lambda\frac{\delta l}{d}\frac{\rho v^2}{2}+\rho v\delta v=0 \tag{7-87}$$

能量方程：

$$\frac{\delta p}{\rho}+v\delta v+\frac{\lambda}{2d}v^2\delta l=0 \tag{7-88}$$

式中　ρ——质量密度，$\mathrm{kg/m^3}$；

p——压强，MPa；

v——流速，m/s；

l——长度，m；

λ——阻力系数；

d——直径，m。

b．阻力系数λ的选取　盘管-单相流动的阻力系数：

$$\lambda=\frac{0.300\left(d/D\right)^{0.5}}{[Re_t(d/D)^2]^{0.2}}\times\left\{1+\frac{0.112}{[Re_t(d/D)^2]^{0.2}}\right\} \tag{7-89}$$

式中　D——盘管曲率直径，m。

④ 天然气各组分黏度可由式（7-90）求得：

$$\mu_i=A+BT+CT^2 \tag{7-90}$$

表 7-2　天然气组成成分

组分	A	B	C	温度范围/K
N_2	42.606	0.4750	-0.9880×10^{-5}	150～1500
CH_4	3.844	0.4011	-1.4303×10^{-4}	91～850
C_2H_6	0.514	0.3345	-7.1071×10^{-5}	150～1000
C_3H_8	−5.462	0.3272	-1.6072×10^{-4}	193～750
n-C_4H_{10}	−4.946	0.2900	-6.9665×10^{-5}	150～1200
i-C_4H_{10}	−5.138	0.3138	-5.7864×10^{-5}	150～1200

由表 7-2 可求出液化天然气动力黏度。

$$\begin{aligned}\mu_i&=A+BT+CT^2=3.844+0.4011\left(273.15-162\right)+\\&(-1.4303\times10^{-4})(273.15-162)^2=48.4(\mathrm{N\cdot s/m^2})=48.4(\mathrm{Pa\cdot s})\end{aligned} \tag{7-91}$$

联立以上各式得：

$$Re=\frac{wd\rho}{\mu}=\frac{80\times2\times10^{-3}\times440}{47}=1.454 \tag{7-92}$$

$$L=\frac{\Delta pRe0.25d}{0.1582w^2\rho}=\frac{8\times10^4\times1.454\times0.25\times2\times10^{-3}}{0.1582\times80^2\times440}=0.131(\mathrm{mm}) \tag{7-93}$$

综上，毛细管长度为 131mm。

7.3 温控阀执行器

超磁致伸缩材料（giant magnetostrictive materia，GMM）是指能在常温下产生显著磁致伸缩效应的一类金属化合物。

7.3.1 GMA 热变形机理分析

GMA 温控系统控温过程分为两个阶段：第一阶段为恒温水箱升温阶段，要求水箱里的水温快速升至水箱温度设定值并保持稳定；第二阶段为泵调速阶段，要求通过控制循环水流量，调节 GMA 内部热量，使温度稳定在设定工作点附近。通过比较研究，考虑将 PID 控制算法的实用性与模糊控制算法的智能性相结合，实现优势互补，研究一种参数自整定模糊 PID 控制器对 GMA 温度进行控制。图 7-16 为系统温度 T 对磁致伸缩系数的影响。

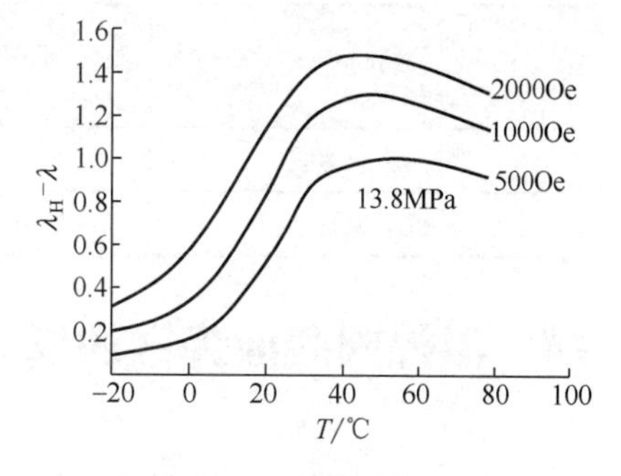

图 7-16　温度对磁致伸缩系数的影响

在温控系统的设计过程中，还应保证半导体制冷器具有富足的制冷能力，即：$Q_c > Q_{total}$。

该加减速的控制算法，保证了速度和加速度均连续变化，减小了冲击，改善了加工质量，与传统的七阶段 S 曲线加减速控制方法相比，程序实现上大为简化。该方法已在三维计算机微细雕刻系统中得到了实际应用，并取得了较好的加工效果。

7.3.2　感温包

感温包是温控阀的核心元件。流体进入阀腔以后，感温介质受热膨胀产生很大的膨胀力，所以感温包的强度要足够大，才能保证介质膨胀时不被损坏。当流体温度发生变化时，温控阀应能够迅速响应，使调节套筒产生相应的启闭动作。所以感温包材料大多采用导热性能好的铜合金，而且设计感温包时在结构上做一些调整，如在其内部加入铜棒，同时在感温介质中加入导热性好的填充物。

在冷热流体温度和流量一定的情况下，阀杆行程与感温介质膨胀率有直接关系。所以，为了满足温控阀的出口温度要求，选择合适的感温介质是温控阀设计的关键所在。

7.3.3　感温介质

石蜡经过加工后变成感温蜡的特性在于从固态受热转变为液态时，体积膨胀量可达 13%~15%，利用感温蜡的这一特性，在感温蜡受热产生固液相变时，将热能转化成机械能，应用于热传动及各种恒温器件的温度自动控制。

7.3.4　隔膜

温控阀的隔膜除了起密封感温介质的作用外，还具有力的传递作用。感温介质膨胀使隔膜发生变形，将膨胀力传递到橡胶键，推动阀杆运动。所以隔膜宜选用弹性和韧性良好的材料，如合成橡胶。隔膜的厚度为：

$$\delta_m = \frac{0.7 p_c A_{MZ}}{\pi D_m [\tau]} \tag{7-94}$$

式中　δ_m——隔膜厚度，mm；

A_{MZ}——隔膜的自由面积，mm^2；

p_c——感温介质压力，MPa；

D_m——隔膜直径，mm；

$[\tau]$——橡胶材料的许用剪切应力（可参照表 7-3 选取），MPa。

表 7-3 橡胶的许用剪切应力[τ]

材料	扯断强度	最大厚度/mm		
		2.7	5	7
带夹层的橡胶	5	3	2.4	2.1
氯丁橡胶	10～12		4～5	

7.4 温控阀截面弹簧的设计计算

7.4.1 异形钢丝弹簧特性及基本设计公式

（1）钢丝弹簧的工作原理

当混合流体温度高于设定值，热敏材料受热膨胀，产生的膨胀力超过控温弹簧组的预紧力时，推动阀杆使调节筒下降，冷流体流量加大，热流体流量减小，直至混合流体温度降为设定值，之后若当混合流体温度低于设定值，热敏材料收缩，控温弹簧组回弹使调节筒上升，始终保持混合流体温度恒定。弹簧的计算参考《弹簧》。

（2）基本设计公式推导

切应力 τ 公式和变形 F 公式是各类弹簧的初始设计公式，即：

$$\tau=\frac{M_n}{W_p}=\frac{PD_x}{2I_p} \tag{7-95}$$

式中 M_n——弹簧弯矩，N·mm；

P——弹簧轴向负荷，N；

W_p——断面系数；

D_x——弹簧直径，mm；

I_p——极惯性矩，mm^4；

$$F=\frac{\pi nPD_2^3}{4GI_p} \tag{7-96}$$

式中 n——工作圈数；

D_2——弹簧中径，mm；

G——切变模量，MPa；

I_p——极惯性矩，mm^4。

对于异形钢丝弹簧，与普通弹簧所不同的是对 I_p 的求解方法。普通弹簧可用材料力学的方法求出，但异形钢丝弹簧的截面在扭转时会发生翘曲现象，则不符合平面假设，只有采用弹性力学的方法才能解决，因此必须由下式计算：

$$I_p=\iint_D\left(x^2+y^2+x\frac{\partial\varphi}{\partial y}-y\frac{\partial\varphi}{\partial x}\right)\mathrm{d}x\mathrm{d}y \tag{7-97}$$

其中：$\varphi(x, y)$ 是扭转位移函数，不同的截面形状对应有不同的$\varphi(x, y)$。联立以上三式得到异形钢丝弹簧基本设计公式：

$$\tau = PD_{2x}\left[2\iint_D\left(x^2+y^2+x\frac{\partial\varphi}{\partial y}-y\frac{\partial\varphi}{\partial x}\right)\mathrm{d}x\mathrm{d}y\right]^{-1} \tag{7-98}$$

$$F = \pi nPD_2^3\left[4G\iint_D\left(x^2+y^2+x\frac{\partial\varphi}{\partial y}-y\frac{\partial\varphi}{\partial x}\right)\mathrm{d}x\mathrm{d}y\right]^{-1} \tag{7-99}$$

7.4.2　异型钢丝弹簧设计变形公式的推导

（1）最大切应力 $\tau_{\max}$ 公式推导

已知矩形截面扭转位移函数为：

$$\psi(x,y) = xy + \sum_{n=1,3,5,\cdots}^{\infty}\frac{32a^2(-1)^{\frac{n+1}{2}}}{n^3\pi^3\mathrm{ch}\left(\frac{n\pi}{2a}b\right)}\sin\left(\frac{n\pi}{2a}x\right)\sin\left(\frac{n\pi}{2a}y\right) \tag{7-100}$$

其中：n 根据精度要求只取到前几项。

在弹簧圈内侧会产生最大应力点，利用扭转切应力计算：

$$\tau_{\max} = (\tau_{zy})_{\substack{x=a\\y=0}} = K\tau\left(\frac{1}{x}\frac{\partial\varphi}{\partial y}+1\right) \tag{7-101}$$

式中　K——弹簧曲度修正系数。

$$K = 1+\frac{1.2}{C}+\frac{0.56}{C^2}+\frac{0.5}{C^3} \tag{7-102}$$

式中　C——弹簧指数，$C=D_2/a$。

根据以上几式得到最大切应力公式：

$$\tau_{\max} = \beta\frac{PD_2}{ab\sqrt{ab}} \tag{7-103}$$

$$\beta = K\sqrt{b/a}\,\frac{1-\dfrac{8}{\pi^2}\displaystyle\sum_{n=1,3,5\cdots}^{\infty}\frac{1}{n^2\mathrm{ch}\dfrac{n\pi b}{2a}}}{\dfrac{1}{3}-\dfrac{64a}{\pi^5 b}\displaystyle\sum_{n=1,3,5\cdots}^{\infty}\frac{1}{n^5}\mathrm{th}\frac{n\pi b}{2a}} \tag{7-104}$$

实际设计中需根据设计者对设计精确度的要求适当限定上式中 n 值的范围，以 n=1，3，5 计算常用数值（表 7-4）。另外，为减轻计算量，还可通过 Liesecke 曲线图查得近似值。

表 7-4　β、γ 常用数值计算结果

C	a/b	1.0	2.0	2.5	3.0	3.5	4.0	b/a	2.0	2.5	3.0	3.5	4.0
3	β	3.52	3.63	3.80	4.01	4.22	4.44	β	4.05	4.26	4.46	4.62	4.81
	γ	5.40	6.22	7.00	7.86	8.68	9.60	γ	7.11	8.18	9.37	10.59	11.69
4	β	3.22	3.26	3.40	3.58	3.85	4.12	β	3.72	3.96	4.18	4.39	4.49
	γ	5.49	6.48	7.33	8.28	9.29	10.18	γ	6.98	8.02	9.20	10.38	11.58

续表

C	a/b	1.0	2.0	2.5	3.0	3.5	4.0	b/a	2.0	2.5	3.0	3.5	4.0
6	β	2.92	2.94	3.19	3.44	3.68	3.90	β	3.41	3.64	3.82	4.01	4.18
	γ	5.53	6.69	7.64	8.64	9.69	10.72	γ	—	—	—	—	—
∞	β	2.40	2.84	3.06	3.24	3.40	3.53	β	2.88	3.09	3.25	3.40	3.56
	γ	5.60	6.84	7.86	8.90	9.79	11.10	γ	6.89	7.88	8.95	10.06	11.16

（2）变形 F 公式推导

$$F=\gamma\frac{PD_{2n}^{3}}{Ga^{2}b^{2}} \tag{7-105}$$

$$\gamma=\left[\frac{4a}{\pi b}\left(\frac{1}{3}-\frac{64a}{\pi^{5}b}\sum_{n=1,3,5\cdots}^{\infty}\frac{1}{n^{5}}\operatorname{th}\frac{n\pi b}{2a}\right)\right]^{-1} \tag{7-106}$$

温控阀属于热静力式温控阀，工作可靠，自动化程度高，应用前景广阔，但也还存在着控温单一不可调节的不足，还需进一步研究开发。

参考文献

[1] 曹晓林，吴业正．含油制冷剂流过毛细管的流动特性的实验研究［J］．流体机械，1999，27（09）：48-50.

[2] 徐君，邬义杰，赵章荣，等．超磁致伸缩执行器温控系统设计［J］．组合机床与自动化加工技术，2007（10）：47-48.

[3] 何世权，刘潇，安晓英．温控阀中感温蜡的膨胀特性及其调配规律［J］．兰州理工大学学报，2008，34（03）：56-59.

[4] 张会英．弹簧［M］．北京：机械工业出版社，1982.

[5] 何世权，翟鹏程，林建，等．蜡式温控阀矩形截面弹簧的设计计算［J］．化工机械，2010，37（04）：435-438.

[6] 杨源泉．阀门设计手册［M］．北京：机械工业出版社，1992.

[7] 张周卫，汪雅红，张小卫，等．管道内置多股流低温减压节流阀．中国：2011102930571［P］，2014-04-23.

[8] 汪雅红，张小卫，张周卫，等．中流式低温过程控制减压节流阀．中国：2011102949578［P］，2014-04-16.

[9] 张周卫，汪雅红，张小卫，等．低温系统管道内置减压节流阀．中国：2011102928798［P］，2013-10-23.

[10] 张周卫，汪雅红，张小卫，等．低温系统减压安全阀．中国：2011203760357［P］，2012-07-25.

[11] 张周卫，汪雅红，张小卫，等．低温系统温度控制节流阀．中国：201120370013X［P］，2012-07-25.

[12] 张周卫，陈光奇，厉彦忠，等．双压控制减压节流阀．中国：2009201441063［P］，2010-03-24.

[13] 张周卫，张国珍，周文和，等．双压控制减压节流阀的数值模拟及实验研究［J］．机械工程学报，2010，46（22），130-135.

[14] 张周卫，吴金群，汪雅红，等．低温液氮用气动控制快速自密封加注阀．中国：2013105708411［P］，2014-03-19.

[15] 张周卫，汪雅红，张小卫，等．LNG 截止阀．中国：2014100537774［P］，2014-02-18.

[16] 张周卫，汪雅红，张小卫，等．LNG 闸阀．中国：2014100577593［P］，2014-02-20.

[17] 张周卫，汪雅红，张小卫，等．LNG 蝶阀．中国：2014100675187［P］，2014-02-27.

[18] 张周卫，汪雅红，张小卫，等．LNG 球阀．中国：2014100607461［P］，2014-02-24.

[19] 张周卫，汪雅红，张小卫，等．LNG 止回阀．中国：2014100712608［P］，2014-03-01.

[20] 赵想平，汪雅红，张小卫，等．LNG 低温过程控制安全阀．中国：2011103027816［P］，2013-10-30.

[21] 吴金群，张周卫，薛佳幸．弹簧组弹性阀座结构分析［J］．机械研究与应用，2013，26(6)，99-101.

[22] 吴金群，张周卫，薛佳幸．低温阀门热特性要求和热力计算研究［J］．机械，2014，41(3)，11-13.

[23] Li He，Zhang Zhou wei，Wang Ya hong，Zhao Li．Research and Development of new LNG Series valves technology［C］．International Conference on Mechatronics and Manufacturing Technologies（MMT 2016，Wuhan China），2016（4），121-128.

第 8 章 LNG 汽车加气系统设计计算

以 LNG 为燃料的汽车称为 LNG 汽车，一般分三种形式：第一种是完全以 LNG 为燃料的纯 LNG 汽车；第二种为 LNG 与柴油混合使用的双燃料 LNG 汽车；第三种为 LNG 与汽油混合使用的双燃料 LNG 汽车。这几种 LNG 汽车的燃气系统基本相同，都是将 LNG 储存在车用储罐内，通过气化装置气化为 0.5MPa 左右的气体供给发动机，其主要构成有 LNG 储罐、气化器、减压调压阀、混合器和控制系统等。

8.1 液化天然气（LNG）汽车综述

8.1.1 LNG 汽车的燃料系统

LNG 汽车的主要核心部件，由 LNG 汽车发动机和燃料系统构成，其中燃料系统主要由 LNG 储气瓶总成、储气瓶附件、气化器和燃料加注系统等组成。车用 LNG 储气瓶，是一种低温绝热压力容器，设计为双层（真空）结构。内胆用来储存低温液态的 LNG，在其外壁缠有多层绝热材料，具有超强的隔热性能，同时夹套（两层容器之间的空间）被抽成高真空，共同形成良好的绝热系统。外壳和支撑系统的设计，能够承受运输车辆在行驶时所产生的相关外力。内胆设计有两级安全阀，在超压时起到保护作用。在超压情况下，首先打开主安全阀，其开启压力为 1.75MPa，副安全阀开启压力为 2.9MPa，设定压力较主安全阀高，在主安全阀失灵或发生故障时，副安全阀工作，这样可确保气瓶使用安全。外壳在内部超压条件下的保护，是通过一个环形的真空塞来实现的。如果内胆发生泄漏（导致夹套压力超高），夹层压力达到 0.1～0.2MPa，真空塞将自动打开泄压。当真空塞发生泄漏或真空破坏，会使绝热能力下降或失效，这时可能发生外壳“冒汗”或结霜现象。当然，在与气瓶连接的管道末端出现结霜或凝水现象是正常的。储气瓶附件主要有：进液单向阀、出液截止阀、过流阀、压力表、一级安全阀、二级安全阀（手动放空阀）、气相阀、经济阀、真空塞、液位计的传感器及连接管路等。图 8-1 为 LNG 车用气瓶。

LNG 在储气瓶中，以低温的液态和气态形式储存，能够以纯液态形式或气液混合形式从气瓶中放出，通过气化器将其加热成为气体。气化器安装在气瓶和发动机之间。气化器与发动机冷却水系统相连，冷却液流经气化器壳程并对盘管进行加热，气化器本身不会使 LNG 燃料压力增加。气化器一般包括稳压器和增压器（水浴式），当 LNG 进入气化器时，来自发动机的高温冷却液将其气化，并加热转化为0.5～0.8MPa的气体供给发动机。

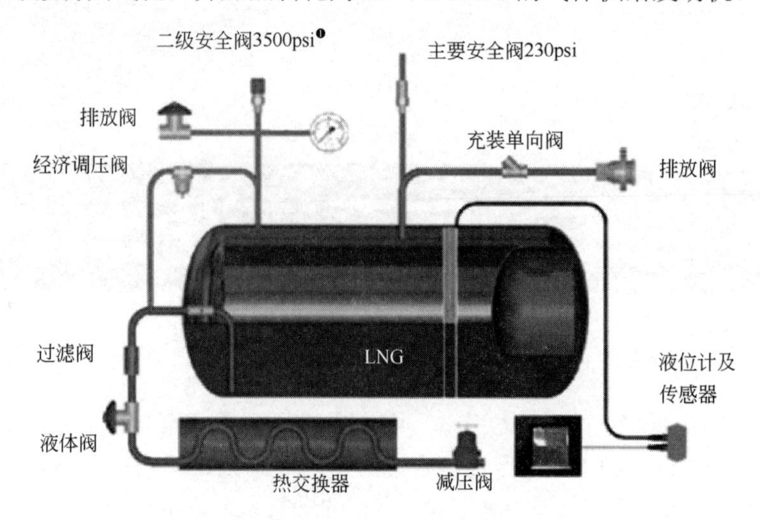

图8-1　LNG车用气瓶

燃料加注系统包括有加液口、回气口、气瓶压力指示表、调压后压力指示表及其管路等，一般会将这些零件集成于一块面板（即加液面板），以便操作。

8.1.2　LNG汽车的充装

LNG汽车的充装，首先要在使用前，确保所有的管路连接可靠，并检漏检验确认合格后方可进行。其充装方式主要有常规充装、放空充装、热瓶充装三种。

8.1.2.1　常规充装

LNG汽车燃料的充装，是通过一根独立软管完成的。充液时，首先将瓶内压力泄放回收（降到0.7～0.8 MPa），将加气枪与车用LNG气瓶加液口快速接头连接，然后启动加气机充液开关，LNG将通过连接软管，进入气瓶内胆，液体通过安装在内胆顶部的进液管注入。采取这种充液方式的目的，是降低气瓶顶部压力，对瓶内存留的LNG闪蒸气（BOG）进行再液化回收，以避免放空损失。充装阀是一个单向阀，充液时液体在压力作用下，自动进入气瓶，无需手动开关。当液位达到额定位置时，充液自动停止。其作用原理是当LNG液体漫过顶部进液管时，管口背压迅速升高并与充液压力平衡，压力达到加气机设定的停止压力（约1.2 MPa），此时加气机停止充液。

8.1.2.2　放空充装

可以用增压型气瓶（或LNG槽车）向车用LNG气瓶中充LNG，用一根充装软管，将增压型气瓶和车用LNG气瓶加液口相连后，即可开始充液。当车用LNG气瓶中的压力升高时，打开放空阀进行放空，但是必须确保增压型气瓶和车用LNG气瓶的气体饱和压力不低于发动机所需的工作压力。连续充装直到LNG从放空阀溢出，依次关闭放空阀和增压型气瓶充液阀，并卸下充液软管。

8.1.2.3　热瓶充装

通常将首次充装LNG前和停止工作两周以上的车用LNG气瓶称为“热瓶”。热瓶的充

[1] 1psi=6894.76Pa。

装，首先向瓶内充入大约 15L 的 LNG，静置，在瓶内 LNG 气化升压的过程中，气瓶内胆也得到冷却；当瓶内压力达到正常工作压力后，进行系统的检漏；通过放空降低压力后，即可按常规充装程序进行操作。

8.1.3 LNG 汽车的运行及维护注意事项

LNG 汽车的运行操作程序，一般应注意以下 5 点。

① 每天行车之前必须检查气瓶与托架、供气装置与安装梁之间固定是否牢固，燃气设备的状态是否完好，所有气管的连接处是否漏气，检查各传感器接头是否有松动现象。

② 检查完毕后先打开气瓶放空阀，然后缓慢打开出液阀（一般开启 3～4 圈即可）。打开各阀门时要将阀门完全打开后回拧一圈，以防阀门被卡住。停车后先关闭出液阀，放空阀可处在常开状态。若停车时间超过 2d，则需关闭放空阀，每天检查一下气瓶压力，若高于 1.5MPa，则应泄压。瓶内压力过高时一定要开启放空阀放空泄压，应尽量避免安全阀的频繁开启。

③ 发动机启动后怠速运行 30s，检查机油压力和水温是否正常。

④ 单燃料气体发动机在环境温度较低的情况下启动后短时间内可能发现排气管冒白烟或有水滴冒出，这属于正常现象，原因是 LNG 中 H 含量较多，故最终燃烧产物中水较多，在低温时不能气化，形成白烟或水滴。随着排温升高，白烟和水滴将消失。

⑤ 其余使用操作及注意事项与使用汽油燃料相同。

LNG 汽车（燃料系统）的维护，应注意以下事项。

① LNG 燃料系统的定期维护与修理，应在有关资质认证部门取得合格证书的专业的维修厂（场）进行。

② 执行 LNG 车辆燃料系统维护和修理的技工，必须经过专业培训，并取得培训合格证，其他人员不得擅自维修。

③ 维修场地严禁吸烟，场内应有防火消防措施。如气瓶已充气，车辆与周围明火距离不得小于 10m。

④ 维修车辆时，严禁敲击或碰撞气瓶、减压阀、管线及各种阀体。

⑤ 在车辆维护和故障排除过程中，如涉及燃气装置的管路接头、阀门、仪表、减压装置的拆装，调整等作业时，维修人员应首先断开蓄电池供电电路（若需要进行电焊操作时，则必须拆除总电源正负极），关闭总气阀与瓶阀，待卸压后方可拆卸故障部位。

⑥ 如果难以准确诊断困难，在保证车辆周围 10 m 内无明火的前提下，允许开启总气阀进行带压检查。漏气部位明确后，应立即关闭总气阀和全部瓶阀，待卸压后方可拆卸、维修。

⑦ 排除供气系统故障时，必须关闭总气阀和全部瓶阀，进行管路卸压，严禁在带压状态下进行修理作业。

⑧ 应严格检查卡套是否完好无损。高压管线、卡套接头只能更换新的，不允许重复使用。维修好后，应采用气体检测仪或肥皂水进行泄漏检验。

⑨ 在拆检管路和各种接头后，必须对管路进行吹管处理，防止燃气管路内进入沙尘。

⑩ 在冲洗车辆时，应特别注意避开发动机电控系统部件，如火花塞、点火线圈、喷射阀等。

8.2 LNG 车载气瓶

8.2.1 LNG 车载气瓶发展现状及应用

8.2.1.1 LNG 车载气瓶发展现状

LNG 车载气瓶于 20 世纪 80 年代在美国、加拿大、德国和法国等国开始研究，至 20 世纪 90 年代初技术已趋成熟，并开始小规模推广。目前全世界约有 1×10^6 辆装有 LNG 车载气瓶的汽车在运行，拥有 LNG 车载气瓶的汽车最多的国家是美国、日本、俄罗斯和加拿大。表 8-1 为美国 LNG 车载气瓶技术指标。国外 LNG 车载气瓶生产厂家主要有美国泰莱华顿公司（Taylor Wharton）、美国查特深冷工程系统有限公司（Chart Industries Inc.）和俄罗斯（JSC Cryo.genmash）等。

美国泰莱华顿公司是世界上专门从事研究开发气体控制设备的最大跨国厂商，该公司生产的 LNG 车载气瓶规格齐全，LNG 保存期长，方便使用，深受各国用户欢迎。泰莱华顿公司生产的 LNG 车载气瓶规格参数见表 8-2。

表 8-1　美国 LNG 车载气瓶技术指标

型号	LNG-72V	LNG-90V	LNG-119V	LNG-150V
公称容积/L	272.5	340.7	450.5	567.8
外径/mm	660.4	660.4	660.4	660.4
外形长度/mm	1320.8	1 555.8	1930.4	2 346.3
空质量/kg	158.8	183.7	222.3	265.4
最大工作压力/MPa	1.59	1.59	1.59	1.59
主安全阀泄放压力/MPa	1.59	1.59	1.59	1.59
副安全阀泄放压力/MPa	2.41	2.41	2.41	2.41

表 8-2　美国泰莱华顿公司 LNG 车载气瓶规格参数

型号	LNG-72V	LNG-90V	LNG-119V	LNG-150V
公称容积/L	270	340	450	570
外径/mm	660	660	660	660
外形长度/mm	1 320	1 555	1 930	2 346
空质量/kg	177	202	241	284
主安全阀泄放压力/MPa	1.59	1.59	1.59	1.59
副安全阀泄放压力/MPa	2.07	2.07	2.07	2.07

美国查特深冷工程系统有限公司（Chart Industries Inc.）是全球深冷和低温设备行业的领导者，为广大的深冷和低温设备用户提供标准化及客户定制的产品和系统方案。该公司生产的 LNG 车载气瓶技术参数见表 8-3。

表 8-3　美国查特深冷工程系统有限 LNG 车载气瓶技术参数

型号	HLNG-52	HLNG-52	HLNG-63	HLNG-72	HLNG-97	HLNG-100
外径/mm	510	660	610	660	610	660
外形长度/mm	1450	1020	1270	1270	1800	1630
有效容积/L	174	178	223	250	333	341
公称容积/L	197	197	238	273	367	379
空质量/kg	111	134	125	159	200	190
满意质量/kg	184	208	218	263	339	333

俄罗斯（JSC Cryo.genmash）是世界级低温设备专业制造商、俄罗斯低温工程领导者，从事低温设备研究、开发、设计、制造、安装、培训和服务工作，并承接交钥匙工程。

国内企业也加快了 LNG 车载气瓶的开发步伐。2002 年 8 月，四川某公司 55L 车用低温绝热气瓶试制成功；同月，配备该型车载气瓶的样车（羚羊 SC7101LNG / 汽油两用燃料轿车）顺利通过国家重型汽车质量监督检验中心燃气汽车检验室检验。2002 年 12 月月底，开发出 35L、55L 的 LNG 车载气瓶并已成功打入市场。

张家港某公司已与多家企业建立了长期的合作关系。该公司生产的 LNG 车载气瓶的规格有 275L、335L、375L、450L，技术参数见表 8-4。

表 8-4　张家港某公司 LNG 车载气瓶动手术参数（不带自增压装置）

型号	CKPW500-275-1.59	CKPW600-335-1.59	CDPW600-375-1.59
外形尺寸/mm	1740×600×625	1570×700×740	1720×700×740
有效容积/L	247	300	337
空质量/kg	185	225	260
最大充液质量/kg	105	127	143
安全阀泄放压力/MPa	1.59	1.59	1.59

北京某公司是国内最大的钢瓶生产企业。该公司生产的 LNG 车载气瓶规格有 265L、285L、340L、378L、400L、450L，技术参数见表 8-5、表 8-6。

表 8-5　HPDI T4 型 LNG 车载气瓶技术参数

型号	HPDIT4		
公称容积/L	265	378	450
有效容积/L	230	322	394
规格/mm	ϕ660.4×1472	ϕ660.4×1875	ϕ660.4×2143
空质量/kg	226	277	312
最大充液质量/kg	97	136	167
日蒸发率/%	<1.4	<1.2	<1.0
最高工作压力/MPa	1.45	1.45	1.45
液位计形式	电容指示	电容指示	电容指示

表 8-6　CDPW600 型 LNG 车载气瓶技术参数

型号	CDPW600-285-1.451	CDPW600-340-1.451	CDPW600-400-1.451
公称容积/L	285	340	400
有效容积/L	254	303	356
规格/mm	ϕ660.4×1595	ϕ660.4×1790	ϕ660.4×200
空质量/kg	227	249	272
充液质量/kg	108	128	152
日蒸发率/%	<1.8	<1.7	<1.5
压力/MPa	1.45	1.45	1.45
液位计形式	电容指示	电容指示	电容指示

张家港某低温装备公司是国内第一家设计和制造LNG车载气瓶的企业。公司生产的LNG车载气瓶规格有：60L、275L、335L、450L；采用高真空多层缠绕绝热，工作压力≤1.6MPa。公司设计生产的 LNG 车载气瓶已经在乌鲁木齐、贵阳等城市大量应用，其中在乌鲁木齐已经使用近 7 年。

宁波某公司是专业生产压力容器的企业，也是浙江省最大的压力容器制造企业，在国内行业中有一定知名度，公司生产的 LNG 车载气瓶规格有 175 L、195 L 等。

8.2.1.2　LNG 车载气瓶应用

LNG 车载气瓶在国外已逐步用于汽车、火车、船舶和飞机等交通工具。1985 年 10 月，美国伯灵顿北方铁路在从明尼阿普利斯到威斯康星的苏必利尔的路段使用以 LNG 车载气瓶为燃料箱的列车。此后美国、俄罗斯、比利时、芬兰、德国、荷兰、挪威、法国、西班牙、英国等国家都有 LNG 车载气瓶投入使用的报道，欧洲的梅赛德斯-奔驰公司、曼公司、Messer 公司、宝马公司开发的新型汽车上也竟相使用了 LNG 车载气瓶。据称日产、福特两大集团也正全力以赴开发以 LNG 车载气瓶为燃料箱的汽车。LNG 车载气瓶应用市场前景广阔，主要集中在轿车、公交车、重型汽车等。

早在 1987 年，莫斯科就有 400 多辆安装有 LNG 车载气瓶的轿车在运行。2005 年，我国贵阳市公交总公司和贵州大学进行产学研优势互补合作，利用旧车开始实施 LNG 车载气瓶的安装改造。2006 年 10 月，国内首台装有 LNG 车载气瓶的试验轿车面世并载客运营，自此贵阳出租车开始批量改造，首开全国在用车改造使用 LNG 车载气瓶供气的先河。截至 2007 年 1 月，贵阳市公交总公司成功改装 200 辆 LNG 轿车，一次充满 LNG，测试运行 485km。表 8-7 为某公司生产的轿车用 LNG 车载气瓶参数。

表 8-7　轿车系列 LNG 车载气瓶参数（工作压力为 1.6MPa）

公称容积/L	有效容积/L	日蒸发率/%	空质量/kg
40	36	3.6	46
62	55	3.1	58
70	63	3.0	62
111	100	2.8	84

21 世纪初，上海交通大学承担了上海市液化天然气公交车相关项目的开发研究工作，并

成功通过技术验收。2003 年，北京市利用国外技术在城市公交车上成功实施了 LNG 车载气瓶供气示范项目，验证了 LNG 车载气瓶作为燃料箱的技术经济可行性和相对于 CNGV（压缩天然气汽车）的优势。随后，乌鲁木齐、长沙、海口、湛江等城市也已开始城市公交车使用 LNG 的示范应用，还有一些城市也在进行 LNG 车载气瓶的可行性研究工作，到 2009 年 4 月底，湛江市 100 辆 LNG 公交车已安全行驶总里程达 719×10km，车辆完好率为 96.9%，与同运营线路同品牌同规格的柴油公交车相比，燃料费用下降 26.3%，发动机润滑油费用下降 50%，尾气排放除一项指标优于国Ⅲ未达国Ⅳ外，其余指标均优于国Ⅳ标准。表 8-8 为某公司生产的公交车用 LNG 车载气瓶参数。

表 8-8　公交车系列 LNG 车载气瓶参数（工作压力为 1.6MPa）

公称容积/L	有效容积/L	日蒸发率/%	空质量/kg
200	180	1.9	170
240	215	1.9	188
275	240	1.9	210
373	335	1.9	280
456	410	1.9	320

早在 2005 年和 2006 年，陕西重汽和华菱汽车就把 LNG 重型卡车推向市场。东风商用车、中国重汽、上汽依维柯红岩、陕西重汽、华菱等多家主流重型卡车企业都已经生产有带 LNG 车载气瓶的重型卡车产品。

8.2.2 LNG 车载气瓶的特点

8.2.2.1 经济优势

LNG 温度在-162℃左右，压力约为 0.1MPa，密度约为 423kg/m^3，气化后体积约为液态体积的 600～624 倍，同容积 LNG 车载气瓶盛装量（质量）是 CNG（压缩天然气）的 2.5 倍。国外大型 LNG 货车车载气瓶一次加气可连续行驶 1000～1300km，非常适合长距离运输。国内 410L 车载气瓶加气一次在市区可连续行驶 400～500km，在高速公路加气一次可连续行驶约 700km。可见 LNG 汽车与现有的 CNG、LPG（液化石油气）汽车相比，大大提升了车辆续驶里程。如珠海广通汽车有限公司 10.5m 空调公交车采用 335L 的 LNG 车载气瓶，一次充装可续行 530～550km。

8.2.2.2 安全性

LNG 的燃点为 650℃，爆炸极限为 5%～15%，气化后密度较小，稍有泄漏会立即挥发扩散；而 LPG 燃点为 466℃，爆炸极限为 2.4%～9.5%，气化后密度大于空气，泄漏后不易扩散；汽油燃点为 427℃，爆炸极限为 1.0%～7.6%；柴油燃点为 260℃，爆炸极限为 0.5%～4.1%。可见装载 LNG 车载气瓶的汽车比 LPG、汽油、柴油汽车更安全。

8.2.2.3 环保性

LNG 中甲烷含量（摩尔分数）在 90%以上，且脱除了硫和水分，其组成比 CNG 更纯净，与燃油车相比，装载 LNG 车载气瓶的汽车有害物质排放量降低约 85%，被称为真正的环保汽车。

8.2.2.4 无排放加气

实施无气体排放加气后，可有效减少天然气气体的泄放，节省了燃料，同时减少了发生火灾的可能。以国内为例，查特深冷工程系统（常州）有限公司推出了适用无排放加气的 LNG 车载气瓶系列产品，其加气时间约为常规排放加气时间的 1/4。

8.2.2.5　车辆制冷

利用 LNG 还可以改变以往汽车空调的设计思路。目前汽车空调装置是基于压缩式制冷原理开发的，其结构复杂，具有蒸发器、压缩机、冷凝器、控制继电器、电子真空阀、加热器、转速真空稳定器、过滤干燥器、电机以及风扇等设备，这些装置都需要汽车发动机提供动力，必然降低汽车的有效功率。如果将 LNG 车载气瓶内的 LNG 用作燃料的同时又利用其气化释放的冷量来制冷和冷却发动机，将大大提高汽车的效能。

8.2.3　LNG 车载气瓶结构及操作原理

8.2.3.1　结构

LNG 车载气瓶（图 8-2）的作用是储存并供给燃料。当 LNG 工作时，LNG 车载气瓶中的液化天然气在自身压力作用下，从液体管道中流出，经燃料切断阀和过流阀进入气化器内被加热气化，供汽车使用。

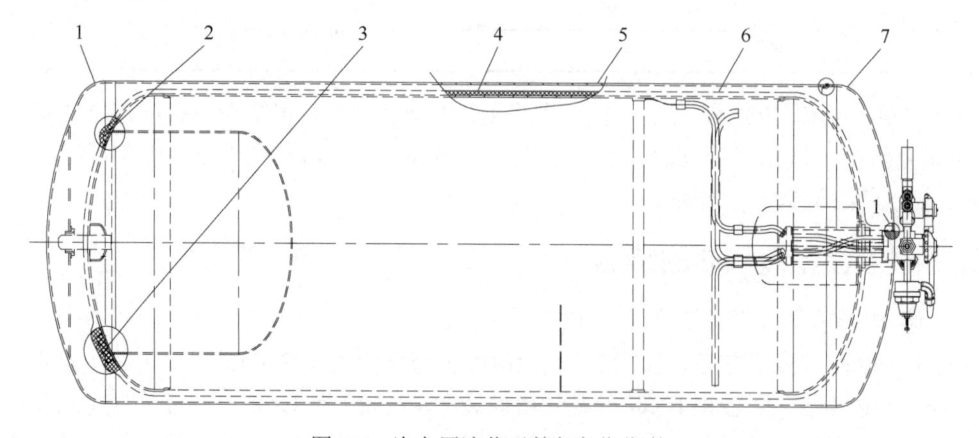

图 8-2　汽车用液化天然气气瓶瓶体

1—外后封头组件；2—氧化钯；3—分子筛包；4—绝热体；5—外筒节；6—内胆；7—外前封头组件

LNG 车载气瓶由内胆、外壳、绝热结构、支撑系统和刚性组件等组成。内胆用以盛装 LNG，内部有加注喷淋管、液位探头等。外壳和内胆之间是密闭的真空绝热夹套，夹套采用高真空多层绝热，又称超级绝热。外壳保护内胆并对整个瓶体起支撑作用，具有高强度及良好绝热性能的支承系统将内胆悬挂在外壳之内；支承结构多采用轴向支撑固定内胆。在移动或运输过程中，内胆容易发生振荡，尤其对于满液的 LNG 车载气瓶，装载的 LNG 自重所引发的支撑臂的弯曲不可被忽略，最大应力主要出现在颈管与内封头连接处。

LNG 车用气瓶结构大致分为 4 个部分，包括气瓶内容器、气瓶外容器、气瓶接口阀门、LNG 液位传感器。

气瓶接口阀门有 14 个，分别为出液口低温截止阀、回气口低温截止阀、一级安全阀、二级安全阀、经济调压阀、出液口过流保护阀、充装单向阀、加液口、回气口、自增压液体出口低温截止阀、自增压液体出口过流保护阀、自增压气体返回过流保护阀、升压调压阀、自增压安全阀。

8.2.3.2 燃料箱操作原理

开启增压阀，气瓶底部液体通过增压盘管与外壳内壁进行热交换，转变为饱和蒸气，经组合调压阀回到气瓶气相空间以增加气瓶内压力。在使用过程中增压阀可以一直处于开启状态，其管道是否流通由组合调压阀来控制，当气瓶内部压力达到组合调压阀设定压力后，增压系统自动关闭，使用结束后，手动关闭增压阀。进液阀和出液阀用以控制低温液体的充灌和排放，可通过专门软管与阀前快速接头相接，进行对气瓶的充灌和排放。排放阀与气瓶气相空间相连，开启此阀可释放气瓶内气体使压力降低。气瓶液位计采用抗振、抗污染的电容式液位计，可有效防止过量充装。

8.2.3.3 进液管路工作原理

进液管管路工作过程主要有以下 4 步：

① 打开充装口保护罩；

② 安装充装枪；

③ 启动加液机加液；

④ 液体沿充装管进行充装。

当瓶内加入 LNG，气瓶会逐渐变冷。LNG 在吸热后会自动气化，从而能维持瓶内的压力。液体会从底部管路里压出到外管路去。

8.2.3.4 设计及自增压汽化量分析

LNG 车载气瓶采用卧式双圆筒结构，内胆允许的最大盛液容积取 0.9 倍的公称容积，内胆的组成最多不超过 3 部分，即采用纵缝 1 条、环缝 2 条的结构。

水压试验压力为工作压力的 2 倍，气压试验压力为工作压力的 1.8 倍，安全阀开启压力为工作压力的 1.1～1.2 倍，爆破片爆破压力不大于工作压力的 2 倍。

8.3 LNG 汽车加气

8.3.1 稳定供气条件

自增压系统包括增压气体与气瓶内气体的混合过程、气瓶内气液界面上的传热传质过程、气瓶内气体与内胆内壁面之间的热交换以及在壁面上的凝结过程、气瓶内液体与内胆内壁面之间的热交换以及液体的排出过程。此外，除了气瓶内部发生的一系列传热传质过程，气化器、增压管路中也将经历加热气化和过热过程。特别是增压管路的长度及流阻将决定气瓶自增压速度的快慢以及增压流量的大小。LNG 在气瓶内气相压力的作用下向空温式气化器自流供液，忽略液体管路和气体管路上吸收的环境漏热，LNG 在增压系统内的流动压降可分为液相段、气化器和气相段三部分。

（1）液相段流动压降 Δp_L

假设液体在管内的流动速度不变，则有

$$\Delta p_L = \left(\lambda_L \frac{l_L}{d_L} + \sum \xi_L\right) \frac{\rho_L u_L^2}{2} \tag{8-1}$$

式中 λ_L ——液相段沿程损失系数；

$\sum \xi_L$ ——液相段局部损失系数；

l_L——液相管长度，m；

d_L——液相管直径，m；

ρ_L——液化天然气密度，kg/m^3；

u_L——液相段液体流速，m/s。

（2）空温式气化器内流动压降Δp_{Pr}

LNG 在光滑管内流动，忽略摩擦压降，则有

$$\Delta p_{Pr} = q_{Pr}{}^2 \left(\frac{1}{\rho_G} - \frac{1}{\rho_L} \right) + \sum \xi_{Pr} \frac{\rho u^2}{2} \tag{8-2}$$

式中　q_{Pr}——空温式气化器的质量流量，kg/s；

ρ_G——天然气的气体密度，kg/m^3；

$\sum\xi_{Pr}$——气化器换热管局部损失系数；

ρ——均匀流动时气液两相流平均密度，kg/m^3；

u——均匀流动时的气液两相流平均速度，m/s。

（3）气相段流动压降 Δp_G

假设气体在管内的流动速度不变 ，忽略动量压降，则有

$$\Delta p_G = \left(\lambda_G \frac{l_G}{d_G} + \sum \xi_G \right) \frac{\rho_G u_G^2}{2} \tag{8-3}$$

式中　λ_G——气相段沿程损失系数；

$\sum\xi_G$——气相段局部损失系数；

l_G——相管长度，m；

d_G——气相管直径，m；

u_G——气相段气体流速，m/s。

根据气瓶自增压原理，若气瓶内液体在最低液位 h 时，气瓶仍能够向空温式气化器自流供液，那么需满足在最低液位时的静压力大于各管段流阻损失压降之和，亦即

$$\rho_L gh > \Delta p_L + \Delta p_{Pr} + \Delta p_G \tag{8-4}$$

而要保证气瓶能够给发动机稳定输送液体，气瓶内压力 p 还应满足气瓶内液位在最低高度 h 时，供液动力大于送液管路上的压降 Δp_1，即

$$p + \rho_L gh > \Delta p_1 \tag{8-5}$$

由上述计算推导可知，气瓶内气相压力 p 在满足要求时，自增压系统在工作和非工作状态下，都能满足发动机燃料的稳定供给。此外，影响空温式气化器内流动压降的主要因素为气化器的气化量 q_{Pr}，气化量的增大可使气化器内的流动压降成倍增大。因此，在气瓶能够稳定供气的基础上，气化量大小的合理取值也尤为重要。

8.3.2　气化量与供气量关系

自增压管路工作原理如下所示：

① 先打开截止阀 1；

② 再打开截止阀 2；

③ 气瓶压力小于稳压阀设定压力；

④ 液体从气瓶流出进入气化器；

⑤ 液体加热后再回到气瓶内；

⑥ 实现气瓶增压。

8.3.2.1　自增压管路过流阀工作原理

对于液相过流阀，假设气化器管路断裂，液体喷出，过流阀将紧急切断管路，实现阻止液体大量泄漏的功能；假设气化器管路断裂，气体喷出，过流阀将紧急切断管路，实现阻止气体大量泄漏的功能；假设出液管路断裂，液体喷出，过流阀将紧急切断供液管路，实现阻止液体大量泄漏的功能。

8.3.2.2　经济回路工作原理

当发动机工作时，如果瓶内的压力高于经济调压阀设定的压力时，该调压阀会自行打开，优先使用气瓶调压设定的压力，并自行打开经济回路，输向发动机，将瓶内气体压力快速降低到经济调压阀设定的压力下。

8.3.2.3　热交换器（气化器）工作原理

利用低温液体特性，将液态天然气气化成气态天然气的零部件如图 8-3 所示。

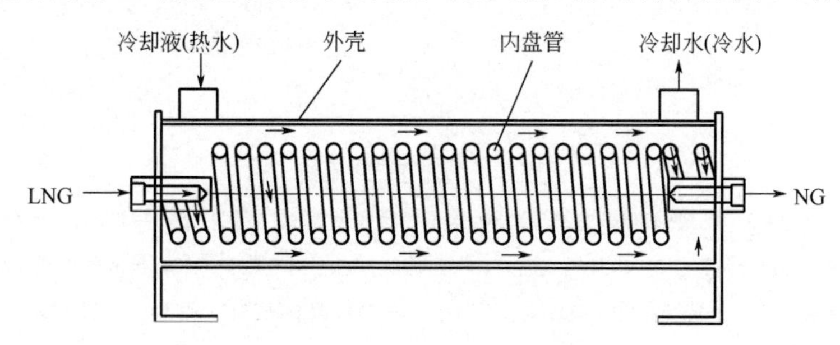

图 8-3　热交换器工作原理

8.3.2.4　缓冲罐工作原理

缓冲罐安装在供气系统末端，内部盛装气态天然气，车辆发动机在极端用气情况下起到瞬时缓冲作用。

8.3.2.5　安全阀工作原理

（1）气瓶一级安全阀

气瓶压力上升，当压力上升到安全阀设定压力时，气体通过安全阀排出气瓶，实现降低气瓶压力功能。

（2）气瓶二级安全阀

二级安全阀主要是在一级安全阀损坏无法排气时，起到备用排气功能。

（3）气瓶自增压管路安全阀

气瓶气化器两端都设置有截止阀，如果同时关闭截止阀，液体气化后气体膨胀 600 倍，当压力上升到安全阀设定压力，安全阀泄放压力，保证自增压管道安全。

8.3.2.6　主要阀门及其维护保养

LNG 充液口阀门、回气口阀门采用不锈钢、铜等耐受低温的材料。其维护保养（维修）包括干燥气体吹扫、去除灰尘油污，由于该阀门属于低温阀门，维修需返厂。

截止阀需要采用不锈钢、铜等耐受低温的材料，密封采用低温密封材料。其维护保养（维修）方法：阀门在阀杆处泄漏，拧紧阀杆；若还泄漏，需更换阀芯；更换阀芯，需更换阀门维修包上所有零部件；该阀门属于低温阀门，非受专业培训不得维修。阀门管路系统如图 8-4 所示。

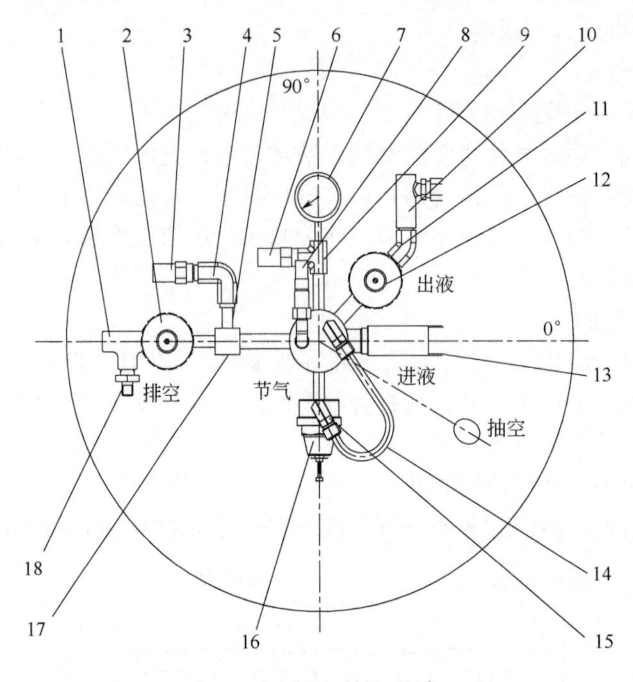

图 8-4　阀门管路系统

1—外接丝三通；2—排空阀；3—二级安全阀；4—二级安全阀 90° 弯头；5—接管；6—一级安全阀；7—压力表；8—液位计附件；9—内接丝三通；10—过流阀；11—出液接头；12—出液截止阀；13—止回阀；14—卡套 90° 弯头连接管；15—卡套 90° 弯头；16—节气调节阀；17—排空三通阀；18—回气接丝

8.3.2.7　安全性能测试

LNG 车载气瓶在生产完成后，需通过一系列安全性能试验，包括振动试验、火烧试验、跌落试验等。

（1）振动试验

振动试验主要模拟检验 LNG 车载气瓶在汽车运行条件下，内胆与外壳的支撑结构、管道系统等附件的耐久性。振动试验前气瓶中充装与 LNG 等质量的液氮，气瓶处于完全冷却状态，压力（表压）为 0MPa。振动加速度为 $3g$（g 为重力加速度），振动方向为汽车前进方向的垂直方向。振动完毕后，任何部位不得出现泄漏，静置 30min 以上气瓶外壳没有结露或结霜现象为合格。

（2）火烧试验

火烧试验考察在汽车发生火灾情况下 LNG 车载气瓶绝热系统性能的安全可靠性。试验前气瓶中充装与 LNG 等质量的液氮。试验采用天然气（或液化石油气）为燃料，在卧放的气瓶正下部布置燃气管道和燃烧装置，保证气瓶最低点距燃烧装置 120～130mm。燃烧装置大小应足以使气瓶的主体边缘完全置于火焰之中，因此燃烧装置长度至少超出气瓶在水平面投影长度 100mm，宽度至少超出气瓶在水平面投影宽度 100mm，但超出长度均不大于 200mm。应保证足够燃烧时间，气瓶在规定时间内安全阀不起跳为合格。

（3）跌落试验

跌落试验模拟在汽车发生翻车情况下检验 LNG 车载气瓶受冲击后的完整性。跌落试验包括对气瓶最关键部位（自行指定，如封头、筒体等，管道系统端除外）进行 10m 高的跌落试验和对管道系统端 3m 高的跌落试验。跌落试验前，气瓶应装满与 LNG 等质量的液氮，气瓶处于完全冷却状态，压力（表压）为 0MPa，地面为混凝土地面。跌落试验完毕后的 1h 内，气瓶外壳没有结露或结霜现象为合格。

8.3.3　LNG 车载气瓶的计算

8.3.3.1　设计参数的确定

LNG 车载气瓶设计相关参数见表 8-9。

表 8-9　设计参数表

序号	项目	数值	单位	备注
1	名称	LNG 车载气瓶		
2	用途	车用 LNG 储存		
3	最高工作压力	1.414	MPa	由介质温度确定
4	工作温度	−162	℃	
5	公称容积（V_g）	5	m^3	
6	工程直径	600	mm	
7	装量系数（φ_V）	0.9		
8	工作介质	液态 LNG		
9	使用地点	车载		
10	储存状态	液态		
11	其他要求	100%无损检测		

（1）设计压力

设计压力为压力容器的设计载荷条件之一，其值不得低于最高工作压力，通常可取最高工作压力的 1.05～1.1 倍。经过查设计手册，我们取设计压力为 1.62 MPa。

（2）设计温度

设计温度也是压力容器的设计载荷条件之一，指容器在正常工作情况下，设定元件的金属温度。当元件金属温度不低于 0℃时，设计温度不得低于元件可能达到的最高温度；当元件金属温度低于 0℃时，其值不得高于元件金属可能达到的最高温度，所以设计温度选择为−162℃。

（3）主要元件材料的选择

① 筒体材料的选择　根据 LNG 的特性，查 GB 150.1～150.4—2011 选择 16MnR。16MnR 是压力容器专用钢，适用于介质具有一定腐蚀性，壁厚较大（≥8mm）的压力容器。−162℃时的许用应力 $[\sigma]^t=170\text{MPa}$，钢板标准采用 GB 6654。

② 钢管材料的选择　根据 NB/T 47042—2014，钢管的材料选用 20 钢，其许用应力 $[\sigma]_{sa}=137\text{MPa}$。

8.3.3.2　压力容器结构设计

（1）筒体和封头

筒体的公称直径 D_i 有标准选择，而它的长度 L 可以根据容积要求来决定。根据公式

$\pi D_i^2 L/4 = 5\text{m}^3$ 并取 L/D=4，得 $D_i = 0.59\text{m}$，圆整后 $D_i \approx 600\text{mm}$。采用标准椭圆封头，查标准 GB/T 25198—2010《钢制压力容器用封头》中表 1，得公称直径 $DN = D_i = 600\text{mm}$，封头深度 $H = 450\text{mm}$，容积为 0.6999m^3。

根据 $V_筒 + V_封 = V_g \times 1.05V$，$\pi D_i^2 L/4 + 0.6999 \times 2 = 5 \times 1.05$，得 $L_筒 = 1.32\text{m}$，圆整 $L_筒 = 1320\text{mm}$。

而 $L/D_g = 1320/600 = 2.2$，在 2～5 之间。

$$V_筒 = \frac{\pi}{4} D_g^2 L_筒 = 4.7\text{m}^3$$

$$V_筒 + 2V_封 = 5.3\text{m}^3$$

所以计算容积为 5.3m^3，工作容积为 $5.3 \times 0.9 = 4.77(\text{m}^3)$。

液柱静压力为：

$$p_1 = \rho gh = 1470 \times 9.81 \times 1.7 = 2.45 \times 10^5 \text{Pa} = 0.0245(\text{MPa})$$

$$(p_1 / p) \times 100\% = (0.0245 / 1.62) \times 100\% = 1.5\% < 5\%$$

故液柱静压力可以忽略，即 $p_c = p = 1.62\text{MPa}$，该容器需 100%探伤，所以取焊接系数为 ϕ=1.0。

由中径公式

$$\delta = \frac{p_c D_i}{2[\sigma]^t - p_c} \tag{8-6}$$

可得筒体的计算厚度 7.925mm，钢板厚度负偏差 $C_1 = 0$，腐蚀裕量 $C_2 = 2\text{mm}$，故筒体的名义厚度为 δ_n=10mm。

由椭圆厚度计算公式可得 $\delta = p_c D_i / (2[\sigma]^t \phi - 0.5 p_c) = 7.865\text{mm}$，腐蚀裕量 $C_2 = 2\text{mm}$，钢板负偏差 $C_1 = 0$，圆整后取名义厚度 $\delta_n = \delta_c + C_1 + C_2 = 10(\text{mm})$。有效厚度 $\delta_e = \delta_n - C_1 - C_2 = 10 - 2 = 8(\text{mm})$。

（2）接管、法兰、垫片和螺栓的选择

LNG 储罐要开设 LNG 进口管、放散口、空气进气口、空气出口、安全阀口、压力表接口、液位计接口、LNG 出口管，并根据各接口的大小选择相对应的法兰及垫片，接管法兰相关数据见表 8-10。

表 8-10　接管法兰数据表

项目	公称直径/mm	钢管外径/mm	法兰外径/mm	法兰厚度/mm	垫片/mm				
					D2	D3	D4	T	T1
LNG 进口管	50	57	165	20	6	4	07	4.5	3
安全阀	100	108	235	24	20	0	68	4.5	3
放散口	400	426	620	38	46	78	14	4.5	3
空气进口管	50	57	165	20	6	4	07	4.5	3
空气出口管	50	57	165	20	6	4	07	4.5	3
压力表接口	10	14	90	14	4	6	6	4.5	3
液位计接口	32	38	140	18	9	5	2	4.5	3
LNG 出口管	50	57	165	20	6	4	07	4.5	3

根据管口公称直径选择相应的法兰，2.5MPa 时选用带颈对焊法兰，主要参数见表 8-11。

表 8-11　法兰数据表

公称通径/mm	钢管外径	连接尺寸					法兰厚度 C/mm	法兰颈/mm				高度 H/mm
	B/mm	法兰外径 D/mm	螺栓孔中心圆直径 K/mm	螺栓孔直径 L/mm	螺栓孔数量 n	螺纹 Th		N	S	H	R	
10	14	90	60	14	4	M12	14	8	2.3	3	3	5
32	38	140	100	18	4	M16	18	6	3.6	6	5	2
50	57	165	125	18	4	M16	20	4	4	8	5	8
100	108	235	190	22	8	M20	24	34	6.3	12	6	5

（3）补强圈设计

根据 GB 150.1～150.4—2011，当设计压力小于或等于 2.5MPa 时，在壳体上开孔，两相邻开孔中心的间距大于两孔直径之和的 2.5 倍，且接管公称外径不大于 89mm 时，接管厚度满足要求，不另行补强，故该储罐中有 DN=25mm 的放散口和 DN=15mm 的安全阀孔需要补强。

① 补强设计方法判别　按 HG/T 21518—2014，选用水平吊盖带颈对焊法兰放散口，开孔直径 d 为：

$$d = d_{\mathrm{i}} + 2C_2 = 400 + 2\times 2 = 404(\mathrm{mm})$$

$$d < \frac{D_{\mathrm{i}}}{2} = \frac{1700}{2} = 850(\mathrm{mm})$$

采用等面积法进行开孔补强计算，接管材料选用 20 钢，其许用应力$[\sigma]^t = 137$ MPa。

根据 GB 150.1～150.4—2011，开孔所需补强面积 $A = d\delta + 2\delta\delta_{\mathrm{et}}(1-f_{\mathrm{r}})$。其中，壳体开孔处的计算厚度 $\delta = 7.865\mathrm{mm}$，接管的有效厚度 $\delta_{\mathrm{et}} = \delta_{\mathrm{nt}} - C_1 - C_2 = 13 - 2 = 11(\mathrm{mm})$。

强度削弱系数

$$f_{\mathrm{r}} = \frac{[\sigma]_n^t}{[\sigma]^r} = \frac{137}{170} = 0.806$$

所以开孔所需补强面积为 A=4082.68mm^2。

② 有效补强范围　对于有效宽度 B 的确定，按 GB 150.1～150.4 得

$$B_1 = 2d = 2\times 404 = 808(\mathrm{mm})$$

$$B_2 = d + 2\delta_{\mathrm{n}} + 2\delta_{\mathrm{nt}} = 404 + 2\times 10 + 2\times 13 = 450(\mathrm{mm})$$

$$B = \max(B_1, B_2) = 808\mathrm{mm}$$

对于外侧有效高度 h_1 的确定，按 GB 150.1～150.4 $h_1' = \sqrt{d\delta_{\mathrm{nt}}} = \sqrt{404\times 13} = 72.47\mathrm{mm}$，$h_1'' = H_1 = 240\mathrm{mm}$ 接管实际外伸高度为 H_1，$h_1 = \min\{h_1', h_1''\} = 72.47\mathrm{mm}$。

对于内侧有效高度 h_2 的确定，根据 GB 150.1～150.4，$h_2' = \sqrt{d\delta_{\mathrm{nt}}} = \sqrt{404\times 13} = 72.47\mathrm{mm}$，$h_2'' = 0$ 则 $h_2 = \min\{h_2', h_2''\} = 0$。

③ 有效补强面积　根据 GB 150.1～150.4—2011，有效补强面积 $A_e = A_1 + A_2 + A_3$，其中筒体多余面积 A_1 为：

$$A_1 = (B-d)(\delta_n - \delta) - 2\delta_{et}(\delta_n - \delta)(1-f_r) \tag{8-7}$$

接管厚度

$$\delta_t = \frac{p_c D_i}{2[\sigma]^t \phi - 0.5P_c} = \frac{1.62\times 400}{2\times 170\times 1 - 0.5\times 1.62} = 1.91(\text{mm})$$

接管的多余面积

$$A_2 = 2h_1(\delta_{nt} - \delta_t)f_r + 2h_2(\delta_{et} - C_2)f_r = 2\times 72.47\times(13-1.91)\times 0.806 = 1295.55(\text{mm}^2)$$

焊角取 6.0mm，则焊缝金属截面积 A_3 为：

$$A_3 = \frac{1}{2}\times 6^2\times 2 = 36(\text{mm}^2)$$

④ 补强面积

补强面积 A_e 的计算式为：

$$A_e = A_1 + A_2 + A_3 = 813 + 1295.55 + 36 = 2144.55(\text{mm}^2)$$

因为 $A_e < A = 6885\text{mm}^2$，所以开孔需另行补强，所需另行补强面积 A_4 为：

$$A_4 = A - A_e = 6885 - 2144.55 = 4740.45(\text{mm}^2)$$

对于补强圈的设计，根据 $DN400$，取补强圈外径 $D' = 680$ mm。因为 $B > D'$，所以在有效补强范围。补强圈内径 $d' = 428$ mm，则补强圈厚度 δ' 为

$$\delta' = \frac{A_4}{D' - d'} = \frac{4740.45}{680-428} = 18.81(\text{mm})$$

圆整取名义厚度为 19mm，同理可得安全阀的补强圈厚度 6 mm，外径 190 mm。

⑤ 鞍座选型　该卧式容器鞍座结构采用双鞍式支座，材料选用 Q235-B。需要估算鞍座的负荷，其中储罐总质量 m 为：

$$m = m_1 + 2m_2 + m_3 + m_4 m_2 = 251.6\text{kg}$$

$$m_3 = \rho_{LNG}V = 1470V = 1470\times\left(\frac{\pi}{4}\times 1.7^2\times 6.3 + 2\times 0.6999\right) = 23078.33(\text{kg})$$

式中　m_1 ——筒体质量，$m_1 = \pi DL\delta\rho = 3.14\times 1.7\times 6.3\times 10\times 10^{-3}\times 7.85\times 10^3 = 2905.37(\text{kg})$；

m_2 ——单个封头的质量，查标准 GB/T 25198—2010《钢制压力容器用封头》中表 B.2EHA 椭圆形封头质量可知；

m_3 ——充液质量，由于 $\rho_n < \rho_{LNG}$；

m_4 ——附件质量，人孔质量为 300 kg，其他接管质量总和估算 100kg，即 $m_4 = 400\text{kg}$。

综上所述，$m = m_1 + 2m_2 + m_3 + m_4 = 26888.8$ kg，G=mg=263.51kN，每个鞍座承受的重量为 131.75N。由此查 JB/T 4712.1—2007 容器支座，选取轻型，焊制为 BI，包角为$120°$有垫板的鞍座。由 JB/T 4712.1—2007 得鞍座结构尺寸见表 8-12。

表 8-12　鞍式支座结构尺寸

参数		数值	参数		数值	参数		数值
公称直径/mm	DN	600	底板/mm	l_1	1200	筋板/mm	l_3	277
允许载荷/kN	Q	278		b_1	200		b_2	170
鞍座高度/mm	h	250		δ_1	12		b_3	230
腹板/mm	δ_2	12	垫板/mm	b_4	320		δ_3	8
螺栓间距/mm	l_2	1040		δ_4	8	垫板/mm	e	40

对于鞍座位置的确定，通常取尺寸 A 不超过 $0.2L$ 值，NB/T 47042—2014《钢制卧式容器》规定 $A \leqslant 0.2L=0.2(L+2h)$，$A$ 最大不超过 0.25L，否则由于容器外伸端的作用将使支座截面处的应力过大。

由标准椭圆封头 $\dfrac{D_{\rm i}}{2(H-h)}=2$，有 $h=H-\dfrac{D_{\rm i}}{4}=25\text{mm}$，故

$$A \leqslant 0.2(L+2h)=0.2\times(6300+2\times25)=1270(\text{mm})$$

由于封头的抗弯刚度大于圆筒的抗变刚度，故封头对于圆筒的抗弯刚度具有局部的加强作用。若支座靠近封头，则可充分利用罐体封头对支座处圆筒截面的加强作用。

因此，NB/T 47042—2014 还规定当满足 $A \leqslant 0.2L$ 时，需要满足：

$$A \leqslant 0.5R_{\rm m}=R_{\rm i}+\frac{\delta_{\rm n}}{2} \tag{8-8}$$

$$R_{\rm m}=\frac{1700}{2}+\frac{\delta_{\rm n}}{2}=855\text{mm}$$

$$A \leqslant 0.5R_{\rm m}=0.5\times855=427.5(\text{mm})$$

综上可得 A=420mm。

⑥ 焊接接头　容器各受压元件的组装通常采用焊接。焊接接头是焊缝、融合线和热影响区的总称，焊缝是焊接接头的主要部分。焊接接头的形式和坡口形式的设计直接影响到焊接的质量与容器的安全。焊接时应注意：回转壳体与封头的焊接接头采用对接接头；接管与筒体的焊接接头坡口为50°±5°；人孔处接管、补强圈的焊接采用角焊，坡口为50°±2°。

⑦ 厚度计算　对于筒体壁厚计算，查《压力容器材料使用手册—碳钢及合金钢》得16MnR 的密度为 7.85t/m^3，熔点为 1430℃时许用应力$[\sigma]^t$ 列于表 8-13 中。

表 8-13　16MnR 许用应力

钢号	板厚/mm	在下列温度下的许用应力/MPa					
		≤20℃	100℃	150℃	200℃	250℃	300℃
16MnR	6～16	170	170	170	170	156	144
	16～36	163	163	163	159	147	134
	36～60	157	157	157	150	138	125
	>60～100	153	150	150	140	128	116

圆筒的计算压力为 2.16MPa，容器筒体的纵向焊接接头和封头的拼接接头都采用双面焊或相当于双面焊的全焊透的焊接接头，取焊接接头系数为 1.00，全部无损探伤。取许用应力为 163MPa。

壁厚为：

$$\delta_t = \frac{p_c D_i}{2[\sigma]^t \phi - p_c} = \frac{2.16 \times 3000}{2 \times 163 \times 1 - 2.16} = 20.01(\text{mm})$$

钢板厚度负偏差 C_1=0.8，查材料腐蚀手册得 50℃下液氨对钢板的腐蚀速率小于 0.05mm/a，所以双面腐蚀取腐蚀裕量 C_2=2mm，所以设计厚度为 $\delta_d = \delta + C_2 + C_1 = 22.81\text{mm}$，圆整后取名义厚度 24mm。对于封头壁厚的计算，标准椭圆形封头 a：b=2：1，封头计算公式为：

$$\delta_t = \frac{p_c D_i}{2[\sigma]^t \phi - 0.5 p_c} \tag{8-9}$$

可见封头厚度近似等于筒体厚度，则取同样厚度。因为封头壁厚≥20mm，则标准椭圆形封头的直边高度 $h_0 = 50\text{mm}$。

⑧ 开孔补强的计算　压力容器开孔补强常用的形式可分为补强圈补强、厚壁管补强、整体锻件补强三种。

补强圈补强是使用最为广泛的结构形式，它具有结构简单、制造方便、原材料易解决、安全、可靠等优点。在一般用途、条件不苛刻的条件下，可采用补强圈补强形式，但必须满足规定的条件。压力容器开孔补强的计算方法有多种，为了计算方便，采用等面积补强法，即壳体截面因开孔被削弱的承载面积，必须由补强材料予以等面积的补偿。当补强材料与被削弱壳体的材料相同时，则补强面积等于削弱的面积，补强材料采用 16MnR。

对于内压容器开孔后所需的补强面积

$$A = d\delta + 2\delta\delta_{et}(1 - f_r) \tag{8-10}$$

开孔直径 d 为：

$$d = d_i + 2C = 456 + 2 \times 2.8 = 461.6(\text{mm})$$

强度削弱系数 f_r 为：

$$f_r = \frac{[\sigma]_n^t}{[\sigma]^t} = \frac{133}{163} = 0.82$$

壳体开孔处的计算厚度 $\delta = 20.01\text{mm}$，管有效厚度 $\delta_{et} = \delta_{nt} - C = 12 - 2.8 = 9.2(\text{mm})$，则所需的补强面积为：

$$A = 461.6 \times 20.01 + 2 \times 20.01 \times 9.2 \times \left(1 - \frac{133}{163}\right) = 9304.38(\text{mm}^2)$$

对于有效补强面积即已有的加强面积，开孔后，在有效补强范围内，可作为补强的截面积 A_e（包括来自壳体、接管、焊缝金属、补强元件）。

$$A_e = A_1 + A_2 + A_3 \tag{8-11}$$

筒体上多余金属面积 A_1 为：

$$A_1=(B-d)(\delta_e-\delta)-2\delta_{et}(\delta_e-\delta)(1-f_r) \tag{8-12}$$

有效补强宽度 $B=2d$，筒体的有效厚度 $\delta_e=24-2.8=21.2(\text{mm})$，所以

$$A_1=461.6\times(21.2-20.01)-2\times9.2\times(21.2-20.01)\times\left(1-\frac{133}{163}\right)=545.27(\text{mm}^2)$$

人孔接管上多余的面积 A_2 为：

$$A_2=2h_1(\delta_{et}-\delta_t)f_r+2h_2(\delta_{et}-C_2)f_r \tag{8-13}$$

外侧有效高度 h_1 为：

$$h_1=\sqrt{\delta_{nt}d}=\sqrt{12\times461.6}=74.43(\text{mm})$$

内侧有效高度即实际内伸高度 $h_2=0$。

接管计算厚度 δ_t 为：

$$\delta_t=\frac{p_c d_i}{2[\sigma]_n^t\phi-p_c}=\frac{2.16\times(480-24)}{2\times133\times1-2.16}=3.73(\text{mm})$$

即

$$A_2=2\times\sqrt{12\times461.6}\times(9.2-3.73)\times\frac{133}{163}=664.36(\text{mm}^2)$$

焊缝金属截面积

$$A_3=2\times\frac{1}{2}\times12\times12=144(\text{mm}^2)$$

即

$$A_e=A_1+A_2+A_3=545.27+664.36+144=1353.63\text{mm}^2$$

比较得 $A>A_e$。

满足以下条件的可选用补强圈补强，钢材的标准常温抗拉强度 σ_b<540MPa；补强圈厚度应小于或等于壳体壁厚的 1.5 倍；壳体名义厚度 σ_n<38mm；设计压力<4MPa；设计温度<350℃。可知本设计满足要求，则采用补强圈补强。

所需补强圈的面积 A_4 为：

$$A_4=A-A_e=7950.75\text{mm}^2$$

对于补强圈的结构及尺寸，为检验焊缝的紧密型，补强圈上钻 M10 的螺孔一个，以通入压缩空气检验焊缝质量。按照根据焊接接头分类，接管、人孔等与壳体连接的接头，补强圈与壳体连接的接头取 D 类焊缝。根据补强圈焊缝要求，并查得结构图为带补强圈焊缝 T 形接头，补强圈坡口取 B 形（查《化工容器及设备简明设计手册》）。查标准 HG 21506—1992 得补强圈外径 $D_0=760\text{mm}$，内径 $D_i=d_0+(3\sim5)$ 则取 485mm。

计算补强圈厚度 δ_c 为：

$$\delta_t=\frac{A_4}{B-D_i}=\frac{7950.75}{416.6\times2-485}=22.83(\text{mm})$$

查标准补强圈厚度取 24mm，计算的补强圈厚度也满足补强圈补强的条件。查得对应补强圈质量为 50.8kg。

8.3.3.3　压力容器校核

内压圆筒、内压椭圆封头、右封头、卧式容器校核，开孔补强计算，窄面整体（或带颈松式）法兰计算见表 8-14～表 8-19。

表 8-14　内压圆筒校核

计算条件			筒体简图
计算压力 p_c	1.64	MPa	
设计温度 t	−162	℃	
内径 D_i	1700.00	mm	
材料	16MnR（正火）（板材）		
试验温度许用应力$[\sigma]$	170.00	MPa	
设计温度许用应力$[\sigma]^t$	170.00	MPa	
试验温度下屈服点σ_s	345.00	MPa	
钢板负偏差 C_1	0.00	mm	
腐蚀裕量 C_2	2.00	mm	
焊接接头系数ϕ	1.00		

厚度及质量计算		
计算厚度	$\delta=\dfrac{p_c D_i}{2[\sigma]^t\phi-p_c}=8.26$	mm
有效厚度	$\delta_e=\delta_n-C_1-C_2=8.00$	mm
名义厚度	$\delta_n=10.00$	mm
质量	56.70	kg
压力试验时应力校核		
压力试验类型	气压试验	
试验压力值	$p_T=1.15P\dfrac{[\sigma]}{[\sigma]^t}=2.0250$（或由用户输入）	MPa
压力试验允许通过的应力水平$[\sigma]_T$	$[\sigma]_T\leqslant 0.8\sigma_s=276.00$	MPa
试验压力下圆筒的应力	$\sigma_T=\dfrac{p_T(D_i+\delta_e)}{2\delta_e\varphi}=216.17$	MPa
校核条件	$\sigma_T\leqslant[\sigma]_T$	
校核结果	合格	

续表

计算条件		
压力及应力计算		
最大允许工作压力	$[p_w]=\dfrac{2\delta_e[\sigma]^t\phi}{D_i+\delta_e}=1.59251$	MPa
设计温度下计算应力	$\sigma_t=\dfrac{P_c(D_i+\delta_e)}{2\delta_e}=165.55$	MPa
$[\sigma]^t\phi$	170.00	MPa
校核条件	$\sigma_t \leqslant [\sigma]^t\phi$	
结论	合格	

表 8-15　内压椭圆封头校核

计算条件			椭圆封头简图
计算压力 p_c	1.62	MPa	δ_n　H_i　D_i
设计温度 t	-162	℃	
内径 D_i	600.00	mm	
曲面高度 h_i	425.00	mm	
材料	16MnR（正火）（板材）		
试验温度许用应力$[\sigma]$	163.00	MPa	
设计温度许用应力$[\sigma]^t$	163.00	MPa	
钢板负偏差 C_1	0.00	mm	
腐蚀裕量 C_2	2.00	mm	
焊接接头系数ϕ	1.00		

厚度及质量计算		
形状系数	$K=\dfrac{1}{6}\left[2+\left(\dfrac{D_i}{2h_i}\right)^2\right]=1.0000$	
计算厚度	$\delta=\dfrac{KP_cD_i}{2[\sigma]^t\phi-0.5p_c}=16.52$	mm
有效厚度	$\delta_e=\delta_n-C_1-C_2=17.00$	mm
最小厚度	$\delta_{min}=3.60$	mm
名义厚度	$\delta_n=19.00$	mm
结论	满足最小厚度要求	
质量	462.88	kg
压力计算		
最大允许工作压力	$[p_w]=\dfrac{2[\sigma]^t\phi\delta_e}{KD_i+0.5\delta_e}=2.30102$	MPa
结论	合格	

表 8-16　右封头校核

计算条件			椭圆封头简图
计算压力 p_c	1.64	MPa	
设计温度 t	−162	℃	
内径 D_i	600.00	mm	
曲面高度 h_i	425.00	mm	
材料	16MnR（正火）（板材）		
试验温度许用应力$[\sigma]$	170.00	MPa	
设计温度许用应力$[\sigma]^t$	170.00	MPa	
钢板负偏差 C_1	0.00	mm	
腐蚀裕量 C_2	2.00	mm	
焊接接头系数ϕ	1.00		
厚度及质量计算			
形状系数	$K=\frac{1}{6}\left[2+\left(\frac{D_i}{2h_i}\right)^2\right]=1.0000$		
计算厚度	$\delta=\frac{Kp_cD_i}{2[\sigma]^t\phi-0.5p_c}=7.84$		mm
有效厚度	$\delta_e=\delta_n-C_1-C_2=8.00$		mm
最小厚度	$\delta_{min}=2.55$		mm
名义厚度	$\delta_n=10.00$		mm
结论	满足最小厚度要求		
质量	251.62		kg
压力计算			
最大允许工作压力	$[p_w]=\frac{2[\sigma]^t\phi\delta_e}{KD_i+0.5\delta_e}=1.59624$		MPa
结论	合格		

表 8-17　卧式容器校核

计算条件			简图
计算压力 p_c	1.62	MPa	
设计温度 t	50	℃	
圆筒材料	16MnR（正火）		
鞍座材料	16MnR		
圆筒材料常温许用应力$[\sigma]$	170	MPa	
圆筒材料设计温度下许用应力$[\sigma]^t$	170	MPa	
圆筒材料常温屈服点σ	345	MPa	

续表

计算条件		
鞍座材料许用应力$[\sigma]_{sa}$	170	MPa
工作时物料密度 γ_0	1470	kg/m^3
液压试验介质密度 γ_T	1000	kg/m^3
圆筒内径 D_i	1700	mm
圆筒名义厚度 δ_n	10	mm
圆筒厚度附加量 C	2	mm
圆筒焊接接头系数 ϕ	1	
封头名义厚度 δ_{hn}	10	mm
封头厚度附加量 C_h	2	mm
两封头切线间距离 L	6350	mm
鞍座垫板名义厚度 δ_{rn}	12	mm
鞍座垫板有效厚度 δ_{re}	12	mm
鞍座轴向宽度 b	200	mm
鞍座包角 θ	120	（°）
鞍座底板中心至封头切线距离 A	445	mm
封头曲面高度 h_i	425	mm
试验压力 p_T	2.025	MPa
鞍座高度 H	250	mm
腹板与筋板（小端）组合截面积 A_{sa}	44672	mm^2
腹板与筋板（小端）组合抗弯截面系数 Z_r	1.14417×10^6	mm^3
地震烈度	0	
配管轴向分力	0	N
圆筒平均半径 R_m	855	mm
物料充装系数 δ_0	0.85	
支座反力计算		
圆筒质量（两切线间）	$m_1=\pi(D_i+\delta_n)L_c\delta_n\gamma_s=2677.87$	kg
封头质量（曲面部分）	$m_2=248.823$	kg
附件质量	$m_3=400$	kg
封头容积（曲面部分）	$V_h=6.4311\times10^8$	mm^3
容器容积（两切线间）	$V=1.56995\times10^{10}$	mm^3
容器内充液质量	工作时，$m_4=V\gamma_0\phi_0=19616.5$；压力试验时，$m_4=V\gamma_r=15699.5$	kg
耐热层质量	$m_5=0$	kg

续表

<table>
<tr><th colspan="4">计算条件</th></tr>
<tr><td colspan="2">总质量</td><td>工作时，$m = m_1 + 2\times m_2 + m_3 + m_4 + m_5 = 23192$
压力试验时，$m' = m_1 + 2\times m_2 + m_3 + m_4 + m_5 = 19275$</td><td>kg</td></tr>
<tr><td colspan="2">单位长度载荷</td><td>$q = \dfrac{mg}{L + 4h_i/3} = 32.9002$，$q' = \dfrac{m'g}{L + 4h_i/3} = 27.3435$</td><td>N/mm</td></tr>
<tr><td colspan="2">支座反力</td><td>$F' = \dfrac{1}{2}mg = 113780$，$F'' = \dfrac{1}{2}m'g = 94563$，$F = \max\{F', F''\} = 113780$</td><td>N</td></tr>
<tr><td colspan="4">筒体弯矩计算</td></tr>
<tr><td colspan="2">圆筒中间处截面上的弯矩</td><td>工作时，
$$M_1 = \frac{F'L}{4}\left[\frac{1 + 2(R_m^2 - h_i^2)/L^2}{1 + \dfrac{4h_i}{3L}} - \frac{4A}{L}\right] = 1.19722\times 10^8$$
压力试验时，
$$M_{\tau 1} = \frac{F''L}{4}\left[\frac{1 + 2(R_m^2 - h_i^2)/L^2}{1 + \dfrac{4h_i}{3L}} - \frac{4A}{L}\right] = 9.95018\times 10^7$$</td><td>N · mm</td></tr>
<tr><td colspan="2">支座处横截面弯矩</td><td>工作时，
$$M_2 = -F'A\left(1 - \frac{1 - \dfrac{A}{L} + \dfrac{R_m^2 - h_i^2}{2AL}}{1 + \dfrac{4h_i}{3L}}\right) = -2.87863\times 10^6$$
压力试验时，
$$M_{T2} = -F''A\left(1 - \frac{1 - \dfrac{A}{L} + \dfrac{R_m^2 - h_i^2}{2AL}}{1 + \dfrac{4h_i}{3L}}\right) = -2.39244\times 10^6$$</td><td>N · mm</td></tr>
<tr><td colspan="4">筒体轴向应力计算计算</td></tr>
<tr><td rowspan="4">轴向应力计算</td><td rowspan="2">操作状态</td><td>$$\sigma_2 = \frac{p_c R_m}{2\delta_e} + \frac{M_1}{\pi R_m^2 \delta_e} = 93.0884$$
$$\sigma_3 = \frac{p_c R_m}{2\delta_e} - \frac{M_2}{K_1 \pi R_m^2 \delta_e} = 88.0384$$</td><td>MPa</td></tr>
<tr><td>$\sigma_1 = -\dfrac{M_1}{\pi R_m^2 \delta_e} = -6.51964$，$\sigma_4 = \dfrac{M_2}{K_2 \pi R_m^2 \delta_e} = -0.814979$</td><td>MPa</td></tr>
<tr><td rowspan="2">水压试验状态</td><td>$$\sigma_{T_1} = -\frac{M_{\tau_1}}{\pi R_m^2 \delta_e} = -5.41575$$
$$\sigma_{\tau_4} = \frac{M_{\tau_4}}{K_2 \pi R_m^2 \delta_e} = -0.677333$$</td><td>MPa</td></tr>
<tr><td>$$\sigma_{T_2} = \frac{p_T R_m}{2\delta_e} + \frac{M_{T_1}}{\pi R_m^2 \delta_e} = 113.629$$
$$\sigma_{T_3} = \frac{p_T R_m}{2\delta_e} - \frac{M_{T_2}}{K_1 \pi R_m^2 \delta_e} = 109.432$$</td><td>MPa</td></tr>
<tr><td>应力校核</td><td>许用压缩应力</td><td>$A = \dfrac{0.094\delta_e}{R_m} = 0.000884706$</td><td>MPa</td></tr>
</table>

续表

计算条件				
应力校核	许用压缩应力		根据圆筒材料查 GB150 图 6-3～图 6-10，B=117.436	MPa
			$[\sigma]_{ac}^{t}=\min\{[\sigma]^{t},B\}=117.436$ $[\sigma]_{ac}=\min\{0.8\sigma_s,B\}=117.436$	
			$\sigma_2,\sigma_3<[\sigma]^{t}=170$ 合格 $\lvert\sigma_1\rvert,\lvert\sigma_4\rvert<[\sigma]_{ac}^{t}=117.436$ 合格 $\lvert\delta_{hn}\rvert,\lvert\sigma_{\tau_4}\rvert<[\sigma]_{ac}=117.436$ 合格 $\sigma_{\tau_2},\sigma_{\tau_3}<0.9\sigma_s=310.5$ 合格	MPa
$A>\dfrac{R_m}{2}$ 时 $\left(A>\dfrac{L}{4}\right.$ 时， 不适用$\left.\right)$			$\tau=\dfrac{K_3F}{R_m\delta_e}\left(\dfrac{L-2A}{L+4h_i/3}\right)=15.3727$	MPa
$A>\dfrac{R_m}{2}$ 时			圆筒中：$\tau=\dfrac{K_3F}{R_m\delta_e}$　　封头中：$\tau_h=\dfrac{K_4F}{R_m\delta_{he}}$	MPa
应力校核	封头		椭圆形封头 $\sigma_h=\dfrac{Kp_cD_i}{2\delta_{he}}$ 蝶形封头 $\sigma_h=\dfrac{Mp_cR_h}{2\delta_{he}}$ 半球形封头 $\sigma_h=\dfrac{p_cD_i}{4\delta_{he}}$	MPa
	圆筒封头		$\tau=\dfrac{K_3F}{R_m\delta_e}$	MPa
	圆筒，$\tau<[\tau]$ 封头，$\tau_h<[\tau]_h$		$[\tau]=0.8[\sigma]^{t}$ $[\tau]=1.25[\sigma]^{t}-\sigma_h$	MPa
鞍座处圆筒轴向应力				
无加强圈圆筒	圆筒的有效宽度		$b_2=b+1.56\sqrt{R_m\delta_n}$	mm
	无垫板或垫板不起加强作用	在横截面最低点处	$\sigma_5=-\dfrac{kK_5F}{\delta_eb_2}$	MPa
		在鞍座边角处	$L/R_m\geqslant 8$ 时，$\sigma_6=-\dfrac{F}{4\delta_eb_2}-\dfrac{3K_6F}{2\delta_e^2}$	MPa
			$L/R_m<8$ 时，$\sigma_6=-\dfrac{F}{4\delta_eb_2}-\dfrac{12K_6FR_m}{L\delta_e^2}$	
无加强圈圆筒	垫板起加强作用时		鞍座垫板宽度 $W\geqslant b+1.56\sqrt{R_m\delta_n}$；鞍座垫板包角 $\geqslant\theta+12^\circ$	
		截面最低点处的周向应力	$\sigma_5=-\dfrac{kK_5F}{(\delta_e+\delta_{re})b_2}$	MPa
		座边角处周向应力	$L/R_m\geqslant 8$ 时， $\sigma_6=-\dfrac{F}{4(\delta_e+\delta_{re})b_2}-\dfrac{3K_6F}{2(\delta_e^2+\delta_{re}^2)}$ $L/R_m<8$ 时，$\sigma_6=-\dfrac{F}{4(\delta_e+\delta_{re})b_2}-\dfrac{12K_6FR_m}{L(\delta_e^2+\delta_{re}^2)}$	MPa

续表

计算条件				
无加强圈圆筒	垫板起加强作用时	座垫板边处圆筒中周向应力	$L/R_m \geqslant 8$ 时，$\sigma_6' = -\dfrac{F}{4\delta_e b_2} - \dfrac{3K_6'F}{2\delta_e^2}$ $L/R_m < 8$ 时，$\sigma_6' = -\dfrac{F}{4\delta_e b_2} - \dfrac{12K_6'FR_m}{L\delta_e^2}$	MPa
	应力校核		$\lvert\sigma_5\rvert < [\sigma]^t$ $\lvert\sigma_6\rvert < 1.25[\sigma]^t$ $\lvert\sigma_6'\rvert = 1.25[\sigma]^t$	MPa
横截面最低点的周向应力				
有加强圈圆筒	加强圈靠近鞍座		无垫板（或垫板不起加强作用） $\sigma_5 = -\dfrac{kK_5F}{\delta_e b_2}$ 采用垫板（垫板起加强作用） $\sigma_5 = -\dfrac{kK_5F}{(\delta_e + \delta_{re})b_2}$	MPa
			在横截上靠近水平中心线的周向应力 $\sigma_7 = \dfrac{C_4K_7FR_m e}{I_0} - \dfrac{K_8F}{A_0}$	MPa
			在横截上靠近水平中心线处，不与筒壁相接的加强圈内缘或外缘表面的周向应力： $\sigma_8 = \dfrac{C_5K_7R_m dF}{I_0} - \dfrac{K_8F}{A_0}$	MPa
	座边角处点的周向应力		无垫板或垫板不起加强作用，$L/R_m \geqslant 8$，$\sigma_6 = -\dfrac{F}{4\delta_e b_2} - \dfrac{3K_6F}{2\delta_e^2}$ $L/R_m < 8$ 时，$\sigma_6 = -\dfrac{F}{4\delta_e b_2} - \dfrac{12K_6FR_m}{L\delta_e^2}$	MPa
			采用垫板时（垫板起加强作用） $L/R_m \geqslant 8$ 时，$\sigma_6 = -\dfrac{F}{4(\delta_e + \delta_{re})b_2} - \dfrac{3K_6F}{2(\delta_e^2 + \delta_{re}^2)}$ $L/R_m < 8$ 时，$\sigma_6 = -\dfrac{F}{4(\delta_e + \delta_{re})b_2} - \dfrac{12K_6FR_m}{L(\delta_e^2 + \delta_{re}^2)}$	MPa
应力校核			$\lvert\sigma_5\rvert < [\sigma]^t$，$\lvert\sigma_6\rvert < 1.25[\sigma]^t$，$\lvert\sigma_7\rvert > 1.25[\sigma]^t$，$\lvert\sigma_8\rvert < 1.25[\sigma]_R^t$	MPa
鞍座应力计算				
水平分力			$F_s = K_9F$	N
腹板水平应力	计算高度		$H_s = \min\left\{\dfrac{1}{3}R_m, H\right\}$	mm
	鞍座腹板厚度		b_0	mm
	鞍座垫板实际宽度		b_4	mm
	鞍座垫板有效宽度		$b_r = \min\{b_4, b_2\}$	mm
	腹板水平应力		无垫板或垫板不起加强作用 $\sigma_9 = \dfrac{F_s}{H_s b_0}$ 垫板起加强作用 $\sigma_9 = \dfrac{F_s}{H_s b_0 + b_r\delta_{re}}$	MPa

续表

计算条件			
腹板水平应力	应力判断	$\sigma_9 < \frac{2}{3}[\sigma]_{sa}$	MPa
腹板与筋板组合截面轴向弯曲应力	由地震、配管轴向水平分力引起的支座轴向弯曲强度计算		
	圆筒中心至基础表面距离 H_V		mm
	轴向力	$F_E = 0.3\alpha_E mg$ ， $F_L = F_p + F_E$	N
	$F_L \leqslant F_f$ 时， $\sigma_{sa} = -\frac{F}{A_{sa}} - \frac{F_L H}{2Z_r} - \frac{F_L H_V}{A_{sa}(L-2A)}$ $F_L > F_f$ 时， $\sigma_{sa} = -\frac{F}{A_{sa}} - \frac{(F_L - F_{fs})H}{Z_r} - \frac{F_L H_V}{A_{sa}(L-2A)}$		MPa
由圆筒温差引起的轴向力为 F_f			**N**
$\sigma_{sa} = -\frac{F}{A_{sa}} - \frac{F_f H}{Z_r}$			MPa
应力判断		$\sigma_{sa} < 1.2[\sigma]_{sa}$	MPa

表 8-18　开孔补强计算

计算条件			说明		
接管 d：Φ400mm×13mm			计算方法：GB 150.1～150.4—2011 等面积补强法，单孔		
设计条件			简图		
计算压力 p_c	1.645	MPa	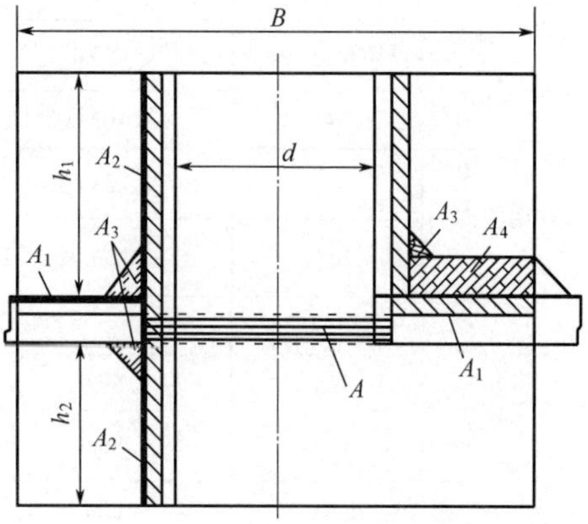		
设计温度	50	℃			
壳体形式	圆形筒体				
壳体材料名称及类型	16MnR（正火）板材				
壳体开孔处焊接接头系数 ϕ		1			
壳体内径 D_i	1700	mm			
壳体开孔处名义厚度 δ_n	12	mm			
壳体厚度负偏差 C_1	0	mm			
壳体腐蚀裕量 C_2	2	mm			
壳体材料许用应力 $[\sigma]^t$	170	MPa			
接管实际外伸长度	300	mm			
接管实际内伸长度	0	mm	接管材料	20g（正火）	
接管焊接接头系数	1		名称及类型	管材	
接管腐蚀裕量	0	mm	补强圈材料名称	16MnR（热轧）	
凸形封头开孔中心至封头轴线的距离		mm	补强圈外径	680	mm
			补强圈厚度	18	mm
接管厚度负偏差 C_{1t}	1.625	mm	补强圈厚度负偏差 C_{1r}	0	mm
接管材料许用应力 $[\sigma]^t$	137	MPa	补强圈许用应力 $[\sigma]^t$	163	MPa

续表

计算条件					
开孔补强计算					
壳体计算厚度 δ	8.262	mm	接管计算厚度 δ_t	2.258	mm
补强圈强度削弱系数 f_{rr}	0.959		接管材料强度削弱系数 f_r	0.806	
开孔直径 d	377.2	mm	补强区有效宽度 B	754.5	mm
接管有效外伸长度 h_1	70.03	mm	接管有效内伸长度 h_2	0	mm
开孔削弱所需的补强面积 A	3154	mm^2	壳体多余金属面积 A_1	647.8	mm^2
接管多余金属面积 A_2	1029	mm^2	补强区内的焊缝面积 A_3	64	mm^2
$A_1+A_2+A_3=1741mm^2$，小于 A，需另加补强					
补强圈面积 A_4	4832	mm^2	$A-(A_1+A_2+A_3)$	1413	mm^2
结论：补强满足要求					

表 8-19 窄面整体（或带颈松式）法兰计算

设计条件					简图
设计压力 p			1.645	MPa	
计算压力 p_c			1.645	MPa	
设计温度 t			50.0	℃	
轴向外载荷 F			0.0	N	
外力矩 M			0.0	N·mm	
壳体	材料名称		16MnR（正火）		
壳体	许用应力 $[\sigma]_f$		170.0	MPa	
壳体	材料名称		16MnR（热轧）		
壳体	许用应力	$[\sigma]_f$	163.0	MPa	
壳体	许用应力	$[\sigma]_f^t$	163.0	MPa	
螺栓	材料名称		Q235-A		
螺栓	许用应力	$[\sigma]_b$	87.0	MPa	
螺栓	许用应力	$[\sigma]_b^t$	86.4	MPa	
螺栓	公称直径 d_B		20.0	mm	
螺栓	螺栓根径 d_1		17.3	mm	
螺栓	数量 n		8	个	

结构尺寸/mm	D_i	100.0	D_o	235.0				
结构尺寸/mm	D_b	190.0	$D_{外}$	140.0	$D_{内}$	120.0	δ_0	4.0
结构尺寸/mm	L_e	22.5	L_A	39.0	h	8.0	δ_1	6.0
垫片	材料类型	软垫片	N	10.0	m	3.00	y/MPa	31.0
垫片	压紧面形状		1a，1b		b	5.00	D_G	130.0

续表

设计条件		
垫片	$b_0 \leqslant 6.4$ mm，$b = \sqrt{b_0}$，$b_0 > 6.4$ mm，$b = 2.53$	$b_0 \leqslant 6.4$mm，$D_G = (D_{外} + D_{内})/2$ $b_0 > 6.4$mm，$D_G = D_{外} - 2b$

螺栓受力计算		
预紧状态下需要的最小螺栓载荷 W_a	$W_a = \pi b D_G y = 63303.0$	N
操作状态下需要的最小螺栓载荷 W_p	$W_p = F_p + F = 41976.6$	N
所需螺栓总截面积 A_m	$A_m = \max\{A_p, A_a\} = 727.6$	mm^2
实际使用螺栓总截面积 A_b	$A_b = n\dfrac{\pi}{4}d_1^2 = 1879.2$	mm^2

力矩计算						
操作 M_p	$F_D = 0.785$ $p_c = 12909.3$	N	$L_D = L_A + 0.5\delta_1 = 42.0$	mm	$M_D = F_D L_D = 542191.7$	N·mm
	$F_G = F_p = 20138.5$	N	$L_G = 0.5(D_b - D_G) = 30.0$	mm	$M_G = F_G L_G = 604156.4$	N·mm
	$F_T = F - F_D = 8907.4$	N	$L_T = 0.5(L_A + \delta_1 + L_G) = 37.5$	mm	$M_T = F_T L_T = 334028.8$	N·mm
	外压：$M_p = F_D(L_D - L_G) + F_T(L_T - L_G)$；内压：$M_p = M_D + M_G + M_T = 1480376.9$					N·mm
预紧 M_a	$W = 113396.2$	N	$L_G = 30.0$	mm	$M_a = W L_G = 3401887.2$	N·mm
计算力矩 $M_o = M_p$ 与 $M_a[\sigma]_f^t/[\sigma]_f$ 中大者，$M_o = 3401887.2$						N·mm

螺栓间距校核		
实际间距	$L = \dfrac{\pi D_b}{n} = 74.6$	mm
最小间距	$L_{min} = 46.0$（查 GB 150.3—2011 表 7-3）	mm
最大间距	$L_{max} = 81.1$	mm

形状常数确定				
$h_0 = \sqrt{D_i\delta_0} = 20.00$	$h/h_o = 0.4$		$K = D_o/D_i = 2.350$	$\delta_1/\delta_0 = 1.5$
由 K 查 GB 150.3—2011 表 9-5 得	T=1.386	Z=1.442	Y=2.414	U=2.653
整体法兰	查 GB 150.3—2011 图 7-3 和图 7-4	F_I=0.86361	V_I=0.33758	$e = F_I/h_0 = 0.04318$
松式法兰	查 GB 150.3—2011 图 7-5 和图 7-6	F_L=0.00000	V_L=0.00000	$e = F_L/h_0 = 0.00000$
查 GB 150.3—2011 图 9-7，由 δ_1/δ_o 得	f = 1.00000	整体法兰 $d_1 = \dfrac{U}{V_I}h_o\delta_o^2 = 2514.6$	松式法兰 $d_1 = \dfrac{U}{V_L}h_o\delta_o^2 = 0.0$	$\eta = \dfrac{\delta_f^3}{d_1} = 5.5$
$\psi = \delta_f e + 1 = 2.04$	$\gamma = \psi/T = 1.47$	$\beta = \dfrac{4}{3}\delta_f e + 1 = 2.38$		$\lambda = \gamma + \eta = 6.97$

剪应力校核	计算值		许用值	结论
预紧状态	$\tau_1 = \dfrac{W}{\pi D_1 l} = 9.10$	MPa	$[\tau]_1 = 0.8[\sigma]_n$	校核合格
操作状态	$\tau_2 = \dfrac{W_p}{\pi D_1 l} = 3.37$	MPa	$[\tau]_2 = 0.8[\sigma]_n^t$	校核合格

续表

设计条件				
输入法兰厚度 δ_f=24.0mm 时，法兰应力校核				
应力性质	计算值		许用值	结论
轴向应力	$\sigma_H = \dfrac{fM_0}{\lambda \delta_1^2 D_i} = 127.95$	MPa	$1.5[\sigma]_f^t = 244.5$ 或 $2.5[\sigma]_n^t = 425.0$（按整体法兰设计的任意式法兰，取 $1.5[\sigma]_n^t$）	校核合格
径向应力	$\sigma_R = \dfrac{(1.33\delta_f e + 1)M_0}{\lambda \delta_f^2 D_i} = 20.19$	MPa	$1.5[\sigma]_f^t = 163.0$	校核合格
切向应力	$\sigma_T = \dfrac{M_0 Y}{\delta_f{}^2 D_i} - Z\sigma_R = 113.45$	MPa	$[\sigma]_f^t = 163.0$	校核合格
综合应力	$\max\{0.5(\sigma_H + \sigma_R), 0.5(\sigma_H + \sigma_T)\} = 120.70$	MPa	$[\sigma]_f^t = 163.0$	校核合格
法兰校核结果		校核合格		

8.3.4 换热器的设计计算

燃料气进入发动机前的压力一般要求在 0.3～1.0MPa 之间，温度允许范围在-40～90℃之间。如果进气温度太高，可能会导致天然气发动机爆燃，从而很难达到最大功率；进气温度太低则可能导致发动机严重喘振或丢火。发动机的进口阀门控制燃料气的体积流量，在供气压力稳定的情况下，供气温度直接影响燃料气密度，从而影响进入发动机的气体质量，而供气流量与温度主要由气化器决定。工作时，LNG 由气化螺旋环热管的内部通过，加热水则通过螺旋管与外套之间的空间。加热水通过螺旋管壁与 LNG 进行热交换，使 LNG 气化。由于螺旋管内 LNG 从液态变为气态，属于气液两相流范畴，因此要精确计算其传热过程非常困难。在设计气化器时，可以按管内流态分为过冷段、沸腾段和过热段三个区段来计算传热过程。这样可以大大简化计算过程，并可以满足工程设计要求。

过冷段是否存在根据采用的不同的 LNG 汽车燃料系统流程而定。常用的 LNG 燃料系统工艺有饱和工艺和过冷工艺两种。饱和工艺利用气液热力动态平衡控制技术，给 LNG 燃料储罐充注饱和低温液体，因此进入气化器为饱和液体，不存在过冷段。过冷工艺给储罐充注过冷液体，汽车运行时需要给储罐增压，需要一套自增压系统，进入气化器为过冷液体，存在过冷段。本文采用饱和工艺，不存在过冷段计算。

（1）沸腾段换热系数

沸腾段管内介质的换热系数，提出按对流传热与池内核态传热加和法计算。

$$h_i = h_{fc} = h_{jb} \tag{8-14}$$

式中 h_{fc} ——对流换热系数，$h_{fc} = 0.023 Re_i^{0.8} Pr_i^{0.35} K_p^{0.7} \lambda_i / b$；

h_{jb} ——池内核态换热系数，$h_{jb} = 7.0 \times 10^{-4} Re_i^{0.7} Pr^{0.35} K_p^{0.7} \lambda_i / b$；

λ_i ——液体燃料的热导率，W/（m·K）。

$$K_{\mathrm{p}}=\frac{p}{\sqrt{\sigma_{\mathrm{g}}(\rho_{\mathrm{i}}-\rho_{\mathrm{g}})}} \tag{8-15}$$

$$b=\left[\sigma/(\rho_{\mathrm{i}}-\rho_{\mathrm{g}})\right]^{0.5} \tag{8-16}$$

式中　σ——液态燃料的表面张力，N • m；

　　p——压力，Pa；

$\rho_{\mathrm{i}},\rho_{\mathrm{g}}$——饱和温度下液态与气态的密度，kg/ m^3。

螺旋管内的流体在运动的过程中作圆周运动，离心力的作用使流体沿圆周形成“二次流”，二次流与沿管轴向的主流运动相互叠加改变了管内流动的速度场与温度场，从而使传热得到了强化。对于流体在螺旋管内的对流换热的计算，工程上可以采用螺旋管的修正系数 ε_{g} 对计算出的环热系数进行修正。

$$\varepsilon_{\mathrm{g}}=1+1.77\frac{d_{\mathrm{i}}}{R} \tag{8-17}$$

式中　R——螺旋管的圆心半径，m。

（2）过热段换热系数

过热段进口参数为沸腾段出口参数。沸腾段液体燃料气化为饱和气体所吸收的热量为加热水释放的热量，由热平衡方程式可计算沸腾段水的出口温度。

假设燃料气体在过热段继续吸热升温至出口温度，则该段的定性温度可取该段燃料气进出口温度的平均值。

采用代温度修正因子 C 的 Dittus -Boelter 关联式计算 Nu 数，即

$$Nu=0.023Re^{0.5}Pr^{0.4}C_i \tag{8-18}$$

当流体被加热时，$C_i=(T_f/T_w)^{0.5}$，T_f，T_w 分别为流体的平均温度和壁面温度，K。乘以螺旋管的修正系数 ε_{g} 即可计算得到过热段管内侧换热系数。

8.4　加气机

8.4.1　加气机管路

加气管路是 LNG 用质量流量计计量后通过加气软管进入汽车储罐。回气管路是为了泄放车载瓶中的较高残气，便于充装或检修。吹扫管路是用于吹除加气枪和加气口上的霜雪、机械杂质或污物，保证密封和便于操作。单枪 LNG 加气机主要技术参数有工作工质（LNG），计量准确度（±1.5%），最大工作压力（1.6MPa），设计压力（1.8MPa），系统工作温度范围（-196～55℃），显示参数（加气量，单价）等。

8.4.2　加气机结构

加气机主要由机架、流量计、加气枪、回气枪、吹扫枪、安全阀、气动截止阀、预冷循环接口、压力传感器、拉断阀等组成。

8.4.2.1　加气系统

LNG 加气机的加气系统主要有 3 个接口，即加气枪接口、加气枪回流接口、回气枪接口。

它们主要起着以下几个方面的作用。

第一，加气枪接口主要用来连接加气枪和加气枪软管，为车载气瓶从加气口加气提供方便；第二，刚开始加气时，整个加气系统需要有一个预冷的过程，而加气枪回流口可以实现循环预冷，从而进一步减少 LNG 的损耗，提高加气经营商的效益；第三，车载气瓶的压力较大时（31.0MPa），回气枪主要负责将车载气瓶内的天然气输送到储罐之内，这样可以使气瓶与 LNG 储罐的压力保持平衡，同时还能收集到残余天然气，降低用户的加气费用。为了使 LNG 储罐的压力保持稳定，车载气瓶的回气都回到了储罐的液相之中，使气体发生液化。通常情况下，回气枪只在车载气瓶压力较高的时候使用。

总的来说，LNG 加气系统工艺流程的设计理念是将 LNG 的损失量降到最低。处于待机模式时，潜液泵满足了设定条件后（要使温度在-110℃，然后延时 5min，使潜液泵完全冷却），然后启动潜液泵，使液体按照储罐的方向流动，从出口到储罐底部形成一个完整的循环，同时采取预冷措施，满足条件之后自动停机。处于加注模式时，先对加气枪预冷，流程为：VO1—Fl—GV2—加气枪接口—加气枪—回流口—止回阀—VO3—LNG 储罐，在这种状态下，GV3 是关闭的。加气枪预冷之后，GV2 关闭，GV3 则自动打开。预冷完加气枪之后，将其插入车载气瓶加气接口对加气枪进行加气，车载气瓶加满气之后会自动停止加气。

8.4.2.2　LNG 加气机的计量系统

对于 LNG 加气机的计量系统来说，计量的精确性非常重要，也是衡量整个系统工作效率的关键指标。为了提高系统的精度，可以采用双流量计量法进行计量。

如果车载气瓶内的压力≤1.0MPa，可以直接接加气枪加气，使用进液流量计进行计量。

如果车载气瓶内的压力>1.0MPa，应先接回气口回气，使用回气流量计进行计量，然后再接加气枪加气，这时候由进液流量计进行计量。

加气枪和流量计是 LNG 加气枪的主要设备，其中加气枪一般采用从国外进口的品牌，使用流量计的时候要根据加气和回气的具体情况进行计量。

参考文献

[1] 文代志，陆军．液化天然气（LNG）汽车综述［J］．装备制造技术，2012，30（7）：120-123.

[2] 金树峰，陈叔平，姚淑婷，等．车载 LNG 气瓶稳定供气及自增压气化量分析［J］．低温与超导，2013，41（12）：59-62.

[3] 李多金．LNG 汽车燃料汽化器设计与实验研究［J］．低温与超导，2007，35（6）：533-535.

[4] 封晓宁．LNG 加气机加气计量系统的优化设计探讨［J］．建筑设计，2015，5（30）.

[5] GB 150.1～150.4—2011．压力容器［S］．北京：中国标准出版社，1998.

[6] JB/T 4712.1～4712.4—2007．容器支座［S］．北京：新华出版社，2007.

[7] 贺匡国．化工容器及设备简明设计手册［M］．北京：化学工业出版社，2002.

第9章 LNG大型储罐设计计算

LNG大型储罐主要用于LNG接收站或LNG液化工厂末端，为接收LNG的最主要设备。LNG接收站内一般有多个大型LNG储罐，设计容积从几万立方米到几十万立方米，投资造价很高。LNG大型储罐结构形式有单包容罐、双包容罐、全包容罐和膜式罐等。

9.1 LNG大型储罐

9.1.1 LNG的低温储罐运输

天然气的储存运输是天然气工业中的重要环节，常温常压下气体只能靠管道运输，灵活性能差，而且要有稳定的气源。此外，天然气需进行压缩运输，压缩天然气的多级压缩功较高，高压充装设备投资较高，且高压气瓶本身重量较大，增加了运输过程中的成本，高压设备还存在安全问题，可能发生钢瓶爆炸事故。

利用低温技术将天然气液化，有利于天然气的储存运输和运用，这是世界广泛运用的先进技术，LNG储存温度为112K（-161℃）、压力为0.1MPa，其密度为标准状态下甲烷的600多倍，气体能量密度为汽油的72%。作为储存、运输液化天然气的装置，液化天然气储存属于低温压力容器，与管道运输和压缩天然气储运形式相比，液化天然气储运具有体积小，储存运输方便，安全性能高等优点。

液化天然气的储存、运输技术已成为天然气工业一项重大的先进技术。随着低温技术的迅速发展普及，低温液化的应用日趋广泛，各行各业对储存和运输低温液体的低温器的要求也不断增长。

9.1.2 LNG低温储罐的特殊要求

（1）耐低温

常压下液化天然气的沸点为-160℃。LNG选择低温常压储存方式，将天然气的温度降到沸点以下，使储液罐的操作压力稍高于常压，与高压常温储存方式相比，可以大大降低罐壁厚度，提高安全性能。因此，LNG要求储液罐体具有良好的耐低温性能和优异的保冷性能。

（2）安全要求高

由于罐内储存的是低温液体，储罐一旦出现意外，冷藏的液体会大量挥发，气化量大约是原来冷藏状态下的300倍，在大气中形成会自动引爆的气团。因此，API、BS等规范都要求储罐采用双层壁结构，运用封拦理念，在第一层罐体泄漏时第二层罐体可对泄漏液体与蒸发气实现完全封拦，确保储存安全。

（3）材料特殊

内罐壁要求耐低温，一般选用 A537CL2、A516Gr60 等材料，外罐壁为预应力钢筋混凝土，一般设计抗拉强度≥20kPa。

（4）保温措施严格

由于罐内外温差最高可达 200℃，要使罐内温度保持在-160℃，罐体就要具有良好的保冷性能，在内罐和外罐之间填充高性能的保冷材料，罐底保冷材料还要有足够的承压性能。

（5）抗震性能好

一般建筑物的抗震要求是在规定地震载荷下裂而不倒。为确保储罐在意外荷载作用下的安全，储罐必须具有良好的抗震性能，对 LNG 储罐则要求在规定地震载荷下不倒也不裂。因此，选择的建造场地一般要避开地震断裂带，在施工前要对储罐做抗震试验，分析动态条件下储罐的结构性能，确保在给定地震烈度下罐体不损坏。

（6）施工要求严格

储罐焊缝必须进行 100%磁粉检测（MT）及 100%真空气密检测（VBT）。要严格选择保冷材料，施工中应遵循规定的程序。为防止混凝土出现裂纹，均采用后张拉预应力施工，对罐壁垂直度控制十分严格。混凝土外罐顶应具备较高的抗压、抗拉能力，能抵御一般坠落物的击打；由于罐底混凝土较厚，浇注时要控制水化温度，防止因温度应力产生的开裂。

9.2 LNG 储罐内罐总体结构尺寸确定

9.2.1 储罐设计数据

储罐容量：100000m³；

设计压力：290mbar（1bar=10^5Pa）；

板材许用压力：585N/mm²；

存储条件下液体最大密度：0.48kg/L。

9.2.2 LNG 储罐几何尺寸

储罐容量的选择一般由设计储存能力计算公式来确定。

$$V_s = V_t + nQ - tq \tag{9-1}$$

式中 V_s ——储存能力，m^3；

V_t ——卸载所需储存能力，m^3；

Q ——平均日输出量，m^3；

t ——卸船时间，h；

q ——平均小时输出量，m^3；

n ——延误变量。

本文中 LNG 储罐容量定为 $10\times10^5 m^3$。最经济的储罐尺寸要求内罐保冷表面积最小。体积确定由下列公式计算：

$$V = \pi r^2 h \tag{9-2}$$

$$A = 2\pi rh + 2\pi r^2 \tag{9-3}$$

为使表面积最小，则需要运用以下公式：

$$dA / dr = 4\pi r + 2V / r^2$$

$$r = [V / (2\pi)]^{1/3}$$

$$h = V / (\pi r^2) \tag{9-4}$$

式中　V——内罐容积，m^3；

A——内罐表面积，m^2；

r——内罐半径，m；

h——内罐高度，m。

本设计给定设计参数容积为 $1.0\times10^5 m^3$，根据公式得

$$V = \pi r^2 h = 100000 m^3$$

$$r(理论) = [V / (2\pi)]^{1/3} = [100000 / (2\pi)]^{1/3} = 25.15(m)$$

结合实际生产中的 9%镍钢板宽度最大可达 3m，所以初步设计确定该 LNG 储罐的壁板总共 9 层，$h = 3\times9 = 27(m)$。

故可得

$$r(实际) = [V / (h\pi)]^{1/2} = [100000 / (27\pi)]^{1/2} = 34.44(m) \approx 35(m)$$

$$D = 2r = 35\times2 = 70(m)$$

实际工艺容量为：

$$V' = \pi r^2 h = \pi\times35^2\times27 = 103855.5(m^3)$$

由此可得充装系数为：

$$\mu = V / V' = 100000 / 103855.5 = 0.96 \tag{9-5}$$

故最大设计液位高度为：

$$H_{max} = 0.96\times27 = 25.92(m)$$

现将计算数据统计结果列于表 9-1，储罐示意如图 9-1 所示。

表 9-1　储罐设计参数

理论容积/m^3	高/m	直径/m	实际容量/m^3	充装系数	设计液位高度/m
100000	27	70	103855.5	0.96	25.92

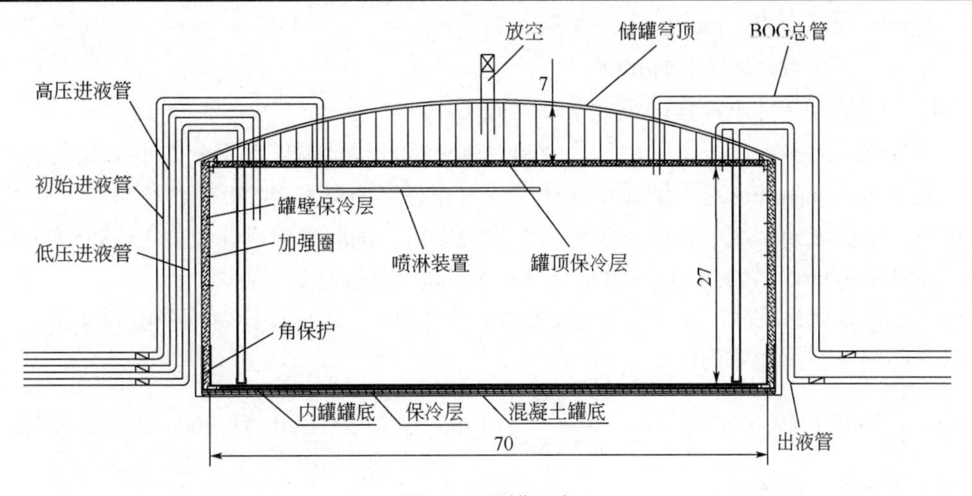

图 9-1　储罐示意

9.2.3 主要构件结构尺寸的计算

BSEN14620 罐壁最小厚度见表 9-2。

表 9-2 储罐板壁尺寸

储罐直径/m	最小厚度/mm
$D \leqslant 10$	5
$10 < D \leqslant 30$	6
$30 < D \leqslant 60$	8
$60 < D$	10

操作条件下罐壁计算厚度

$$e=\frac{D}{20S}[98W(H-0.3)+p]+c \tag{9-6}$$

式中 c——腐蚀裕量，mm；

D——罐体内部直径，m；

e——板材计算厚度，mm；

H——第一圈壁板的下部与最大设计液位之间的高度，m；

p——设计压力，mbar；

S——许用设计应力，N/mm²；

W——储存条件下液体的最大密度，kg/L。

在静水压试验条件下，计算厚度为：

$$e_t=\frac{D}{20S_t}[98W_t(H_t-0.3)+p_t] \tag{9-7}$$

式中 D——罐体内部直径，m；

e_t——板材计算厚度，mm；

H_t——第一圈壁板的下部与最大设计液位之间的高度，m；

p_t——设计压力，mbar；

S_t——许用设计应力，N/mm²；

W_t——储存条件下液体的最大密度，kg/L。

对于任何一圈壁板，无论采用什么材料，其壁板的设计厚度都不允许小于其上层壁板的厚度，但受压区域除外。对于壁板厚度计算，根据标准 BSEN-14620 第二部分 5.2.1.2.2 壁板厚度计算，壁板应为 e_t 或 e 或最小厚度三者的最大值。选取许用设计应力 S=585N/ mm^2，设计压力 p=290 mbar，试验压力 $p_{试}$=1.25p=362.5mbar，腐蚀裕量 c=0。

由于山西太钢厂实际生产 9%镍钢板宽度最大为 3m，初步设计内罐壁板共 9 层。

第一圈壁板厚度计算为：

$$e=\frac{D}{20S}[98W(H-0.3)+p]+c=\frac{70}{20\times 585}\times[98\times 0.48(25.92-0.3)+290]+0\approx 8.95(\text{mm})$$

第二圈壁板厚度计算为：

$$e=\frac{D}{20S}[98W(H-0.3)+p]+c=\frac{70}{20\times585}\times[98\times0.48\times(22.92-0.3)+290]+0\approx8.10(\text{mm})$$

$$e_t=\frac{D}{20S_t}[98W_t(H_t-0.3)+p_t]=\frac{70}{20\times585}\times[98\times1.0\times(22.92-0.3)+362.5]\approx15.43(\text{mm})$$

第三圈壁板厚度计算为：

$$e=\frac{D}{20S}[98W(H-0.3)+p]+c=\frac{70}{20\times585}\times[98\times0.48\times(19.92-0.3)+290]+0\approx7.26(\text{mm})$$

$$e_t=\frac{D}{20S_t}[98W_t(H_t-0.3)+p_t]=\frac{70}{20\times585}\times[98\times1.0\times(19.92-0.3)+362.5]\approx13.67(\text{mm})$$

第四圈壁板厚度计算为：

$$e=\frac{D}{20S}[98W(H-0.3)+p]+c=\frac{70}{20\times585}\times[98\times0.48\times(16.92-0.3)+290]+0\approx6.41(\text{mm})$$

$$e_t=\frac{D}{20S_t}[98W_t(H_t-0.3)+p_t]=\frac{70}{20\times585}\times[98\times1.0\times(16.2-0.3)+362.5]\approx11.91(\text{mm})$$

第五圈壁板厚度计算为：

$$e=\frac{D}{20S}[98W(H-0.3)+p]+0=\frac{70}{20\times585}\times[98\times0.48\times(13.92-0.3)+290]+0\approx5.57(\text{mm})$$

$$e_t=\frac{D}{20S_t}[98W_t(H_t-0.3)+p_t]=\frac{70}{20\times585}\times[98\times1.0\times(13.92-0.3)+362.5]\approx10.15(\text{mm})$$

第六圈壁板厚度计算为：

$$e=\frac{D}{20S}[98W(H-0.3)+p]+0=\frac{70}{20\times585}\times[98\times0.48\times(10.92-0.3)+290]+0\approx4.72(\text{mm})$$

$$e_t=\frac{D}{20S_t}[98W_t(H_t-0.3)+p_t]=\frac{70}{20\times585}\times[98\times1.0\times(10.92-0.3)+362.5]\approx8.4(\text{mm})$$

由第六圈的壁板厚度可知，第六圈以上的壁板计算厚度势必小于 10mm。而当罐壁内径 D=70m>60m 时，其罐壁厚度不得小于 10mm。

根据上面厚度计算值再加上腐蚀裕量和钢板负偏差再圆整，则可得从下往上依次每圈壁板厚度如表 9-3 所列。

表 9-3　板壁厚度

壁板层数	一	二	三	四	五	六	七	八	九
名义厚度/mm	20	18	16	14	12	10	10	10	10

9.2.4　加强圈

对于大型储罐，由于罐壁较薄，并且主容器与次容器之间装有保温材料，当 LNG 储罐内为空时，对内罐形成挤压造成局部失稳变形。

（1）上部加强圈

选择加强圈初定截面尺寸，计算比较所需惯性矩 I 与组合惯性矩 I_s，然后反复试算，直至 $I_s>I$ 且较接近为止。加强圈各相关数据见表 9-4。

表 9-4　加强圈各相关数据

加强圈腹板宽度	650mm
加强圈腹板厚度	12mm
加强圈翼板宽度	360mm
加强圈翼板厚度	24.9mm
加强圈与壳体组合段所需惯性矩	2362000000
加强圈与壳体惯性矩设计计算值	2370600602

（2）中间加强圈

① 中间加强圈个数　加强圈的个数可通过分析风力和内部负压确定罐体当量计算长度来确定，在大多数情况下，加强圈位于罐壁顶圈板或位于具有相同厚度的圈板上，如果不在这些位置上，应将当量罐壁板高度转换为实际值来确定，即根据 EN14015200493 石油工业立式钢制焊接油罐的方法来确定。

$$K=\frac{95000}{3.563V_{\mathrm{w}}^{2}+5800p_{\mathrm{v}}} \tag{9-8}$$

$$H_{\mathrm{p}}=Ke_{\min}^{2.5}/D^{1.5} \tag{9-9}$$

$$H_{\mathrm{E}}=\sum H_{e} \tag{9-10}$$

式中　K——系数；

V_{w}——设计风速，m/s；

p_{v}——设计真空度，kPa；

H_{p}——最小壁厚时加强圈允许最大间距，mm；

D——罐体直径，mm；

$e_{\min}$——顶圈壁板厚度，mm；

H_e——每圈壁板的厚度为 $e_{\min}$ 时的等效稳定高度，mm；

H_{E}——当量筒体总长度，mm。

由于 $nH_{\mathrm{p}}<H_{\mathrm{E}}<(n+1)H_{\mathrm{p}}$，所需加强圈个数为 n。设计真空度 p_{v}=2.5kPa，设计风速 V_{w}=0 m/s，可得 K=6.55，H_{p}=3.54。

② 加强圈当量长度的确定　对于中间加强圈的间距，罐壁厚度变化时，可以使用罐壁反变形换算法确定不同壁厚中间环形加强圈的间距。加强圈之间的等效高度（间距）H_e 按以下公式计算。

$$H_e=h\sqrt{\left(\frac{e_{\min}}{e}\right)^{5}} \tag{9-11}$$

式中　e——依次排定的每圈板壁的厚度，mm；

$e_{\min}$——顶圈壁板的厚度，mm；

h——每圈壁板的高度，mm。

第一层壁板的当量稳定高度为：

$$H_e = h\sqrt{\left(\frac{e_{\min}}{e}\right)^5} = 3\sqrt{\left(\frac{10}{20}\right)^5} \approx 0.53(\text{m})$$

第二层壁板的当量稳定高度为：

$$H_e = h\sqrt{\left(\frac{e_{\min}}{e}\right)^5} = 3\sqrt{\left(\frac{10}{18}\right)^5} \approx 0.69(\text{m})$$

第三层壁板的当量稳定高度为：

$$H_e = h\sqrt{\left(\frac{e_{\min}}{e}\right)^5} = 3\sqrt{\left(\frac{10}{16}\right)^5} \approx 0.93(\text{m})$$

第四层壁板的当量稳定高度为：

$$H_e = h\sqrt{\left(\frac{e_{\min}}{e}\right)^5} = 3\sqrt{\left(\frac{10}{14}\right)^5} \approx 1.29(\text{m})$$

第五层壁板的当量稳定高度为：

$$H_e = h\sqrt{\left(\frac{e_{\min}}{e}\right)^5} = 3\sqrt{\left(\frac{10}{12}\right)^5} \approx 1.90(\text{m})$$

第六层壁板的当量稳定高度为：

$$H_e = h\sqrt{\left(\frac{e_{\min}}{e}\right)^5} = 3\sqrt{\left(\frac{10}{10}\right)^5} = 3(\text{m})$$

现将各当量稳定高度汇总于表 9-5 中。

表 9-5　当量稳定高度

圈板编号	圈壁板高度/m	壁厚/mm	H_e /m
1	3	20	0.53
2	3	18	0.69
3	3	16	0.93
4	3	14	1.29
5	3	12	1.90
6	3	10	3
7	3	10	3
8	3	10	3
9	3	10	3

对于加强圈的个数确定，$nH_{\text{p}} < H_{\text{E}} < (n+1)H_{\text{p}}$，$H_{\text{p}} = 3.54\text{m}$，$H_{\text{E}} = \sum H_e = 17.34\text{m}$，$4H_{\text{p}} < H_{\text{E}} < 5H_{\text{p}}$，故所需 4 个加强圈。

③ 加强圈位置的确定　加强圈位置确定依据准则，即两个加强圈之间的间距小于允许

的最大加强圈间距；加强圈与水平焊缝之间的最小距离应为150 mm。

$$\frac{\sum H_e}{5}=3468\text{mm}，\frac{2\sum H_e}{5}=6936\text{mm}，\frac{3\sum H_e}{5}=10404\text{mm}，\frac{4\sum H_e}{5}=13872\text{mm}$$

间距取整则可得中间加强圈距罐壁顶端的距离如表9-6所列。

表9-6 加强圈距顶端距离

加强圈编号	加强圈与顶端距离/mm	加强圈所在的圈板编号
1	3600	8
2	7100	7
3	11000	6
4	14500	5

综上可得加强圈示意图如图9-2所示。

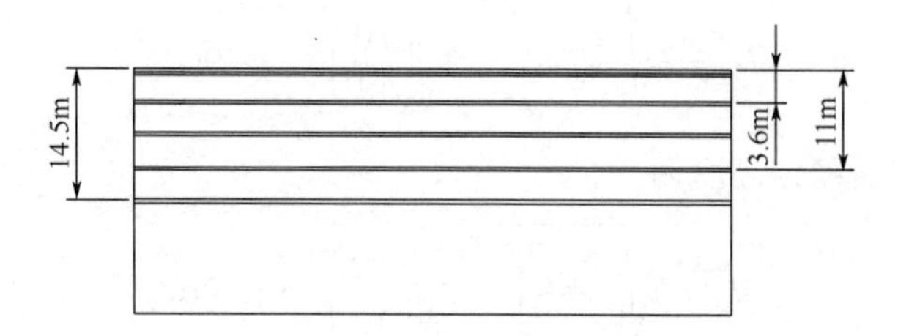

图9-2 加强圈示意图

9.2.5 罐底板尺寸

不包括腐蚀裕量，罐底板的最小公称厚度再结合API650中的关于罐底板最小厚度的有关规则，最终确定设计内罐地板的名义厚度为6 mm。储罐中幅板最小公称尺寸如表9-7所列。

表9-7 储罐中幅板最小公称尺寸

油罐内径/m	中幅板最小公称厚度/mm
$D\leqslant10$	5
$D>10$	6

9.2.6 内罐罐底边缘板厚度与宽度确定

（1）边缘板厚度计算

根据标准BSEN-14620环形罐底板的最小厚度的确定公式，可得，环形罐底板的最小厚度（不包括腐蚀裕量）$e_a=(3.0+e_1/3)$，但不小于8mm，其中e_1为最下层壁板的厚度，单位为mm。

根据上式可计算知弓形边缘板厚度为$e_a=(3.0+20/3)\approx9.67$。由计算可得弓形边缘板计算厚度约为9.67mm，然后再加上腐蚀裕量和钢板负偏差进行圆整，则弓形边缘板的名义厚度为14mm。不包括腐蚀裕量，罐底环形边缘板的最小公称厚度应符合表9-8中的要求。

表9-8 边缘板最小公称厚度

底圈罐壁板公称厚度/mm	环形边缘板最小公称厚度/mm
≤6	6
7～10	7
11～20	9
21～25	11
26～30	12
≥30	14

（2）边缘板宽度确定

边缘板上与壁板内侧之间的最小宽度 L_a，计算值按下式计算：

$$L_a > \frac{240}{\sqrt{H}} e_a \tag{9-12}$$

式中 e_a ——弓形边缘板厚度，mm；

H ——最大设计液体高度，m。

另外，还要达到如下附加条件，边缘板之间的半径方向接缝应使用对焊，壁板与边缘板附件连接应对缝焊接；在两侧进行角焊，角焊缝焊趾尺寸最大为 12mm，最小为壁板或边缘板厚度，选择较小者；对于边缘板厚度大于 12mm 的坡口焊加角焊，坡口深度加上角焊缝焊趾应等于边缘板厚度；边缘板半径方向接缝与任何壁板立缝之间的距离应超过 300mm；壁板外侧与边缘板外缘之间的最小距离应为 50mm。根据上式宽度计算公式可得

$$L_a > \frac{240}{\sqrt{H}} e_a = \frac{240}{\sqrt{25.92}} \times 9.67 \approx 455.85(\text{mm})$$

则选择弓形边缘宽度为 500mm。

（3）罐底中幅板排版与连接

罐底板的连接要求应遵循（靠近边缘的）中幅板的最小直边长度为 500mm；板底应使用角焊或对焊的方法加以连接；搭接焊接接头的最小搭接宽度应达到板材厚度的五倍，角焊至少应焊两层；中幅底板应搭接在边缘板上面。最小搭接宽度应为 60mm；地板上的对接焊缝即可以是从两侧焊，也可使用背垫条从一侧进行焊接；个别三块板接头之间的最小距离应为 300mm；如果在底板上安装加强板，应使用连续角焊。

对于储罐罐顶，外罐顶盖为钢筋混凝土结构（穹顶）；穹顶作用在外罐罐壁顶部的环梁上，穹顶上附加钢平台、走道等管道附属设施。此次设计取钢筋混凝土球面穹顶，厚度取 400mm 的等厚结构，内径取 73m，支撑于预应力混凝土圆形墙体上。罐顶先是在地面上进行预制，然后用气升顶的方式将罐顶升到顶部。罐顶结构的气升是工程的关键，储罐的顶部是钢结构的半球形拱顶。

由于直径较大，穹顶的施工采用特殊措施：在钢筋混凝土底板上预制钢网壳，网壳上预制铝薄钢板，然后通过充气将钢穹顶通过设计在罐内壁的导轨顶升至标高，以薄钢板作为钢筋混凝土穹顶的底模。绑扎穹顶钢筋，浇筑钢筋混凝土穹顶，在浇筑混凝土期间需始终保持充气，以平衡钢筋混凝土自重。待到混凝土强度达到后，将同底部钢穹顶共同形成一个组合结构，达到最大承受能力。

气升时，将罐内地面上预制好的罐顶结构与罐壁密封，然后气升就位。为防止气升过程的倾斜、偏移，罐顶上均布28条平衡钢索，一端锚固在罐底中心。另一端穿过罐顶中心，沿罐顶上部的定滑轮到边缘，而后固定于承压环上，中间布置滑轮及支撑件。考虑到内罐与绝热施工的可行性及便利性，在钢穹顶下还设有环形轨道及吊梁。吊顶支撑结构的设计应考虑实际LNG储液的最低温度。在设计当中应确保外罐顶在吊架连接处总是处于环境温度。

支撑结构的设计应允许任何一个吊杆或吊索失效。吊顶的隔热设计应使得外罐顶的温度不会冷却到低于它的设计温度，蒸发气得到控制，并且应防止结冰导致出现过度的罐顶负载。隔热和支撑机构的设计应防止隔热材料进入所储存的产品中，但应允许气体从吊顶下方到上方的流通（反之亦然），以使吊顶两侧的压差不超过2.41mbar。

应避免气体直接涌入罐顶空间。穿越罐顶空间和能够显著冷却空间气体的附件应进行隔热。吊顶的位置应处于LNG设计液位以上0.5m的位置。吊顶通常具有扁平的表面形状，通常吊架连接到外罐顶上。其目的是支撑隔热材料，防止冷气体从内罐进入内罐顶和外罐顶之间的气体空间。由于悬吊顶不密封气体，因此外罐承受气体压力，内罐承受所储存液体的流体静压。

根据最低设计温度，吊顶可能采用的材料包括锰钢、铝合金、9%镍钢、不锈钢、木材。

9.3 大型LNG储罐绝热计算

9.3.1 传热机理

本设计中灌顶结构：拱顶加吊顶。

保冷层在吊顶处漏热方式：拱顶向悬挂式吊顶的热辐射；吊顶保冷层向储罐内部传递热量。

全容积罐与双容积罐相同，都有两个独立的罐体，全容积罐的罐顶与外罐直接相连，外罐与吊顶、罐底和内罐组成一个环形空间，能够储存 LNG 的蒸发气体，内外罐之间的环形空间内充满了气态天然气。环形空间的蒸发气温度与内罐的 LNG 液体温度不一样，设环形空间内的蒸发气体的温度是均匀的，为 T_{cx}。则此时通过储罐侧壁泄漏到罐内LNG的热量，首先透过外罐内侧保温层由热传导导热方式传递到环形空间，再在环形空间内通过 LNG 蒸发气体的热对流导热方式传递到罐内。

9.3.2 基础数据

100000m^{3}大型LNG储罐，技术特性见表 9-9，绝热材料基础数据见表9-10。

表9-9 100000m^{3}大型LNG储罐技术特性

项目	内罐	外罐
物料	LNG	氮气、珠光砂/混凝土
几何容积/m^3	103908	—
有效容积/m^3	100000	—
设计压力/MPa	—	0.029
负压/MPa	—	—

续表

项目	内罐	外罐
设计温度/℃	−162/40	−20/50
操作温度/℃	—	—
直径/m	70	73.6
LNG 密度/（kg/m^3）	480	2500
LNG 汽化潜热/（kJ/kg）	510	—
环境温度/℃	35	—

表 9-10　100000m^3 大型 LNG 储罐绝热材料基础数据

保冷材料	厚度/m	热导率/［W/（m·K）］
罐壁、罐顶、罐底混凝土	0.80、0.40、0.60	3.200
吊顶玻璃纤维毡	1.00	0.033
侧面膨胀珍珠岩	0.70	0.038
侧面弹性毡	0.30	0.040
罐底中心泡沫玻璃	0.50	0.037
罐底混凝土环梁	0.40	3.200
环梁下泡沫玻璃	0.30	0.043
底部支撑圈泡沫玻璃	0.40	0.040
底部支撑圈珍珠岩混凝土	0.40	0.071
底部支撑圈沥青层	0.02	0.700

9.3.3 绝热计算

（1）罐顶漏热计算

设吊顶上表面温度为 T_{dx}，吊顶下表面温度与液体表面的蒸发气体温度一致，热量通过拱顶向吊顶的热辐射热阻用式（9-13）计算。

$$R_{r,d}=\frac{1-\varepsilon_r}{\varepsilon_r A_r}+\frac{1}{A_d X_{d,r}}+\frac{1-\varepsilon_d}{\varepsilon_d A_d} \tag{9-13}$$

式中 ε_r——拱顶内表面发射率；

ε_d——吊顶上表面发射率；

A_r——拱顶内表面的面积，m^2；

A_d——吊顶上表面面积，m^2；

$X_{d,r}$——吊顶上表面对拱顶内表面系数，由于悬挂式吊顶为一固定平面，完全将拱顶罩住，所以从吊顶上表面发射出的辐射能可以全都落在拱顶上，故 $X_{d,r}=1$，代入式（9-13）得

$$R_{r,d}=\frac{1-\varepsilon_r}{\varepsilon_r A_r}+\frac{1}{A_d}+\frac{1-\varepsilon_d}{\varepsilon_d A_d} \tag{9-14}$$

通过拱顶向吊顶的热辐射漏热量可根据式（9-15）来计算。

$$\phi_{r,d}=\frac{\sigma_b(T_\infty^4-T_{dx}^4)}{R_{r,d}} \tag{9-15}$$

式中 σ_b——黑体辐射常数，σ_b 为 $5.67\times10^{-8}\ W/(m^2\cdot K^4)$。

悬挂式吊顶的导热热阻可根据式（9-16）计算。

$$R_d=\frac{\delta_{d,m}}{\lambda_{d,m}A_d}+\frac{\delta_{d,s}}{\lambda_{d,s}A_d} \tag{9-16}$$

式中 $\delta_{d,m}$，$\lambda_{d,m}$——吊顶上表面到其保冷层的厚度，mm，热导率［W/（m·K）］；

$\delta_{d,s}$，$\lambda_{d,s}$——吊顶下表面到其保冷层的厚度，mm，热导率［W/（m·K）］；

拱顶空间通过悬挂式吊顶的保冷层传递到罐内的热量可根据式（9-17）计算。

$$\phi_d=\frac{T_X-T}{R_d} \tag{9-17}$$

式中 T_X，T——吊顶上、下表面温度，K。

由于罐顶的热传递是由拱顶向悬挂式吊顶辐射传热，然后通过吊顶的保冷层以热传导的方式进入罐内，所以拱顶辐射传热量与通过悬挂式吊顶的导热传热量相等，则罐顶漏热量为：

$$\phi_d=\phi_{r,d} \tag{9-18}$$

计算中 $\varepsilon_r=0.7$，$\varepsilon_d=0.6$，内罐直径 D=70m，T=111K，设周围环境的平均温度 $T_\infty=293\ K$，吊顶上表面的温度 $T_{dx}=270\ K$。

在罐顶漏热计算中要用到拱顶的内表面积，拱顶内表面积可根据吊顶面积和储罐顶部结构进行计算，具体计算过程如下所示。

设球体的方程：

$$x^2+y^2+z^2=R^2(R=91)$$

建立坐标系：

$$x^2+y^2=r^2(r=35)$$
$$z=84$$

所以

$$z=\sqrt{R^2-x^2-y^2}$$

$$\frac{\partial z}{\partial x}=\frac{-x}{\sqrt{R^2-x^2-y^2}}$$

$$\frac{\partial y}{\partial z}=\frac{-y}{\sqrt{R^2-x^2-y^2}}$$

$$S=\iint_{x^2+y^2+z^2}\sqrt{1+\frac{x^2}{R^2-x^2-y^2}+\frac{y^2}{R^2-x^2-y^2}}\mathrm{d}x\mathrm{d}y=\iint_{x^2+y^2+z^2}\sqrt{\frac{r^2}{R^2-x^2-y^2}}\mathrm{d}x\mathrm{d}y$$

$$=\int_0^{2\pi}\mathrm{d}\theta\int_0^{35}R\frac{r}{\sqrt{R^2-r^2}}\mathrm{d}r=2\pi\times91\times7=1274\pi=4000.4(\mathrm{m}^2)$$

故拱顶内表面积为4000.4m^2。

将求得的A_r，A_d代入式（9-13）求得罐顶向吊顶的热辐射热阻为：

$$R_{r,d}=\frac{1-0.7}{0.7\times 4000.4}+\frac{1}{3848.5}+\frac{1-0.6}{0.6\times 3848.5}=5.4\times 10^{-4}(m^{-2})$$

其中$A_d=\pi r^2=35^2\pi=3838.5m^2$。

罐顶漏热量为：

$$\phi_{r,d}=\frac{\sigma_b(T_\infty^4-T_{dx}^4)}{R_{r,d}}=\frac{5.67\times 10^{-8}\times(293^4-270^4)}{5.4\times 10^{-4}}=215842.3(W)$$

通过对储罐三个主要组成部分的漏热计算，可以发现罐顶漏热量最大，罐底漏热量相对较小，而罐壁的漏热量最小，与罐顶漏热量相比甚至可以忽略。因此如何降低罐顶的漏热量成为今后LNG储罐保冷技术领域研究的重点。

（2）罐壁漏热量计算

全容积罐与双容积罐相同都有两个独立的罐体，全容积罐的罐顶与外罐直接相连，外罐与吊顶、罐底和内罐组成一个环形空间，能够储存LNG的蒸发气体，内外罐之间的环形空间内充满了气态天然气。环形空间的蒸发气温度与内罐的LNG液体温度不一样，设环形空间内的蒸发气体的温度是均匀的，为T_{cx}。则此时通过储罐侧壁泄漏到罐内LNG的热量，首先透过外罐内侧保温层由热传导导热方式传递到环形空间，再在环形空间内通过LNG蒸发气体的热对流导热方式传递到罐内。外罐内侧保冷层的导热热阻可以根据式（9-19）计算。

$$R_c=\frac{\delta_c}{\lambda_c A_c} \tag{9-19}$$

式中 δ_c——管壁保冷材料厚度，m；

λ_c——罐壁保冷材料的热导率，W/(m·K)；

A_c——罐壁保冷材料的面积，m^2。

透过外罐内侧保冷层的导热热量可根据式（9-20）计算。

$$\phi_c=\frac{T_\infty-T_{cx}}{R_c} \tag{9-20}$$

式中 T_∞——周围环境的平均温度，K；

T_{cx}——环形空间内蒸发气体的温度，K；

R_c——外罐内侧保冷层的导热热阻，K/W。

在环形空间内，LNG蒸发气体的对流传热量可根据式（9-21）计算。

$$\phi_c=h_c(T_{cx}-T) \tag{9-21}$$

式中 T——吊顶下表面温度，K；

h_c——内罐外壁的对流传热系数，W/(m^2·K)。

由能量守恒定律可知透过外罐内侧保冷层的导热热量和环形空间内LNG蒸发气体的对流传热量是相等的，即

$$\frac{T_\infty-T_{cx}}{R_c}=h_c(T_{cx}-T) \tag{9-22}$$

根据式（9-22）求得环形空间的温度T_{cx}，再代入式（9-20）或式（9-19）即可计算出通过罐壁的漏热量。计算中取$\delta_c=0.8$ m，$\lambda_c=0.038$ W/(m·K)，$A_c=\pi Dh=\pi\times 70\times 27=5934.6(m^2)$，

T=111K，$T_{\infty}=293$ K，低温液体储罐的自然对流系数一般在 $3\sim10$ W/(m^2·K) 之间，本文计算取 $h_c=5$ W/(m^2·K)。

将 $\delta_c=0.8$ m，$\lambda_c=0.038$ W/(m·K)，A_c=5934.6 m^2 代入式（9-18）计算得储罐外罐内侧保冷层的导热热阻。

$$R_c=\frac{0.8}{0.038\times5934.6}=0.0035(\text{K/W})$$

将外罐内侧保冷层的导热热阻 R_c 代入式（9-22）可求得环形空间的温度 T_{cx}=228.5K，将求得的环形空间的温度 T_{cx} 代入式（9-20）可求出通过储罐罐壁的漏热量

$$\phi_c=\frac{293-228.5}{0.038}=1697.3(\text{W/ m}^2)$$

（3）罐底漏热量计算

底部中心部分

$$Q_1^3=q_3A_3=\alpha_3(T_5-T_1)A_3=0.072\times(278-110)\times3846.5=46527.3(\text{W})$$

式中 q_3——罐底中心单位面积传热量，W/m^2；

T_1——LNG 蒸发后温度，K；

α_3——罐底总传热系数，W/(m^2·K)；

T_5——混凝土基础温度，K；

A_3——罐底中心面积，m^2。

$$\alpha_3=\frac{1}{\dfrac{d_4}{\lambda_4}+\dfrac{d_5}{\lambda_5}+\dfrac{d_6}{\lambda_6}}=\frac{1}{\dfrac{0.6}{3.2}+\dfrac{0.5}{0.037}+\dfrac{0.4}{3.2}}=0.072[\text{W/(m}^2\cdot\text{K)}]$$

$$A_3=\frac{1}{4}\pi d_3^2=\frac{1}{4}\times3.14\times70^2=3846.5(\text{m}^2)$$

式中，d_4，d_5，d_6 分别为底部中心混凝土抹面层厚度、底部中心泡沫玻璃砖厚度、底部混凝土环厚度，m；λ_4，λ_5，λ_6 分别为底部中心混凝土抹面层热导率、底部泡沫玻璃热导率、底部沥青热导率，W/(m·K)。

底部支撑圈部分

$$Q_1^4=q_4A_4=\alpha_4(T_5-T_1)A_4=0.063\times(278-110)\times405.81=4295.1(\text{W})$$

式中 q_4——罐底支撑圈单位面积传热量，W/m^2；

α_4——罐底支撑圈总传热系数，W/(m^2·K)；

A_4——罐底支撑圈面积，m^2。

$$\alpha_3=\frac{1}{\dfrac{d_4}{\lambda_4}+\dfrac{d_7}{\lambda_4}+\dfrac{d_8}{\lambda_7}+\dfrac{d_9}{d_6}}=\frac{1}{\dfrac{0.6}{3.2}+\dfrac{0.4}{0.04}+\dfrac{0.4}{0.07}+\dfrac{0.02}{0.7}}=0.063\ \text{W/(m}^2\cdot\text{K)}$$

$$A_4=\frac{1}{4}\pi(d_4^2-d_3^2)=\frac{1}{4}\pi(73.6^2-70^2)=405.81\text{m}^2$$

式中，d_7，d_8，d_9 分别为底部支撑圈泡沫玻璃厚度、底部支撑圈珍珠岩混凝土厚度、底部支撑圈混凝土厚度，m；λ_7 为底部支撑圈珍珠岩混凝土热导率，W/(m·K)。

所以罐底漏热量为：

$$Q_D = Q_1^3 + Q_1^4 = 50822.4(W)$$

9.3.3.2　LNG 储罐许用漏热量计算

LNG 储罐的许用漏热量 Q 可根据储罐的日蒸发率来计算，见式（9-23）。

$$Q = \frac{\rho V \alpha \gamma}{24 \times 3600} \tag{9-23}$$

式中　α ——日蒸发率；

γ ——标准沸点下甲烷的汽化潜热，kJ/kg；

ρ ——标准沸点下液体甲烷的密度，kg/m^3；

V ——储罐的有效容积，m^3。

将 $\alpha = 0.1\%$，$\gamma = 517.7kJ/kg$，$\rho = 480kg/m^3$，$V = 1.0 \times 10^5 m^3$，代入式（9-23）中计算得该储罐的许用漏热量。

$$Q = \alpha \gamma G = \frac{480 \times 1.0 \times 10^5 \times 517.7 \times 1000 \times 0.1\%}{24 \times 3600} = 287000(J/s)=287000(W)$$

对 LNG 储罐罐底、罐壁和罐顶三部分的漏热计算可以得到储罐的总漏热量 ϕ：

$$\begin{aligned}\phi &= 顶部漏热量 + 罐壁漏热量 + 底部漏热量 \\ &= \phi_{r,d} + \phi_c + Q_D = 215842.3 + 1697.3 + 50822.4 = 268362.0(W)\end{aligned}$$

由此可见，通过计算所求得的储罐漏热总量小于由蒸发率估算的许用漏热量，即 $\phi < Q$，且差值较大，说明该 LNG 储罐具有良好的低温保冷性能。

9.4　内罐罐体强度计算

9.4.1　水压试验

压力容器在投入使用之前应该完成水压试验，水压试验用以证明设计和制造的储罐能够储存 LNG（无泄漏）。

对于薄膜罐将不采用泄漏试验，而是在焊接完成后代之以氨试验。将氨感光涂料涂于储罐内部的焊缝处，在绝热层空间内导入氨气，一旦发生泄漏，氨气就会与涂料发生反应导致其颜色变化，由黄变蓝。为了使试验准确，在薄膜上设置参数孔，以证实该检验工作按规定完成。修复所有泄漏后，还需再次进行此项试验，并使用吸尘器清除罐内的涂料。

表 9-11　水压试验要求

<table>
<tr><th>储存产品</th><th>单容式</th><th>双容罐</th><th>全容罐</th><th>薄膜罐</th></tr>
<tr><td rowspan="3">氨、丁烷、丙烷、丙烯</td><td rowspan="3">储罐（Ⅱ-Ⅲ级钢）：FH</td><td>内罐（Ⅰ-Ⅱ级钢）：FH</td><td>内罐（Ⅰ-Ⅱ级钢）：FH</td><td rowspan="3">外罐（预应力混凝土）：PH</td></tr>
<tr><td>外罐（Ⅰ-Ⅱ级钢）：FH</td><td>外罐（Ⅰ-Ⅱ级钢）：FH</td></tr>
<tr><td>外罐（预应力混凝土）：无试验</td><td>外罐（预应力混凝土）：无试验</td></tr>
<tr><td rowspan="3">乙烷、乙烯、LNG</td><td rowspan="3">储罐（Ⅳ级钢）：PH</td><td>内罐（Ⅳ级钢）：PH</td><td>内罐（Ⅳ级钢）：PH</td><td rowspan="3">外罐（预应力混凝土）：无试验</td></tr>
<tr><td>外罐（Ⅳ级钢）：PH</td><td>外罐（Ⅳ级钢）：PH</td></tr>
<tr><td>外罐（预应力混凝土）：无试验</td><td>外罐（预应力混凝土）：无试验</td></tr>
</table>

表 9-11 中，FH 指全高度水压试验，PH 指部分高度水压试验，无试验即为不要求对预应

力混凝土外罐进行水压试验。水质应证明水压试验用水的适用性。特别注意可能产生的腐蚀现象，应考虑到以下类型腐蚀：一般腐蚀和电腐蚀。

电腐蚀（淡水和海水）是电化学形式的腐蚀，主要发生在一种金属或合金与另一种带有不同电化学势的金属或合金通电连接时所产生的现象。两种金属都应暴露于同样的电解液和电路中。金属焊接会导致焊缝、热影响区及板材之间金属的构成出现差异。由于阴极材料区域的电流效应，大多数阳极材料区域会发生腐蚀现象，包括局部腐蚀（蚀损斑、沉淀腐蚀及细菌腐蚀）。在促进形成局部电池的以下环境中会产生局部腐蚀现象：

a．存在沉淀物或其他固体物；

b．存在使硫酸盐减少的细菌；

c．存在氧气含量低的位置。

进行水压试验时，海水中存在的沉淀物或固体可能会残留在金属表面，从而产生局部腐蚀电池，导致高腐蚀穿透率。

使用海水对9%镍钢结构储罐进行水压试验时，产生腐蚀现象主要由于：

a．罐板材料，焊缝及热影响区之间的电流作用；

b．当海水中含有固体沉淀物时，形成腐蚀电池导致产生局部腐蚀；

c．使硫酸盐减少的细菌作用导致产生酸性腐蚀环境和可能放出氢气；

d．不锈钢内部部件及裸露的法兰衬垫表面保护；

e．去除/预防在排泄海水时产生的干燥矿物沉淀。

应研究阴极保护的要求，以避免电流腐蚀和减少一般腐蚀。阴极保护促进阴极反应，在除气除氧（在沉淀物下面）的条件下会产生氢气，如果同时存在 H_2S，则会增加氢气应力开裂的危险。应设计阴极保护系统以避免产生氢脆危险。如果水的质量无法达到要求，那么应考虑选择加入适当缓蚀剂的方法。应减少排水污染，并充分调查对环境的影响。

在填加水时，填充速度由水设备能力及地基土壤条件决定。储罐内满水荷载至少保持24h。试验期间对可能出现泄漏的外壁焊缝进行目视检查。对于罐顶敞开，试验水位以上焊缝的严密性，应使用真空箱试验检查。如果有锚件，当水位处于恒定高度（至少为最大设计液位的70%）时应给予调节。储罐使用期间，应将观测的沉降与预料值比较。如出现差异，应咨询地基基础设计方面专家并通知买方。

9.4.2 水压试验校核

由于工艺设计给定设计温度-162℃，设计压力 $p_c = (0.029 + \rho gh)(\mathrm{MPa})$ ，选用牌号为06Ni9 的钢板，材料-165℃时的许用应力 $[\sigma]' = 585\mathrm{MPa}$ ，设计给出焊缝系数为 1.0，钢板负偏差 $C_2 = 0\mathrm{mm}$ 。

计算厚度

$$e = 17.19\mathrm{mm}$$

设计厚度

$$e_d = e + C_2 = 17.19 + 0 = 17.19(\mathrm{mm})$$

名义厚度

$$e_n = e_d + C_1 = 17.19 + 0 = 17.19(\mathrm{mm})$$

有效厚度取（ $e_n = 20\mathrm{mm}$ ）

$$e_e = e_n - C_1 - C_2 = 20 - 0 - 0 = 20(\mathrm{mm})$$

水压试验压力

$$p_t = 1.25 p_c$$

屈服应力

$$\sigma_s = 585\ \text{MPa}$$

水压试验压力

$$\sigma_T = \frac{p_T(D_i + e_e)}{2e_e} = \frac{p_T \times (70000 + 20)}{40} = 63.45\ \text{MPa}$$

$63.45\ \text{MPa} < (0.9 \times 585 \times 1.0)\text{MPa} = 526\ \text{MPa}$，故第一层板壁水压强度满足要求。

9.4.3 气压试验

气体压力试验应在压力值为储罐设计压力的1.25倍时进行。试验压力应作用于水压试验上方的蒸汽空间，除非双壁罐，内罐顶部敞开，如果是双容储罐顶部开口的内罐，在压力试验前将内罐中的水全部或部分排空。

注意事项如下。

① 进行压力试验时将释放阀调至打开状态，或提供临时释放系统防止压力超过试验压力值。达到设计压力之后，保持压力30min。然后将其减小至设计压力值。压力实验的条件下对所有焊接接头进行肥皂溶液试验。

② 如果焊接接头已进行过真空箱试验，则肥皂溶液试验可用目视检测法代替。储罐在承压状态下不应对其进行修复。

③ 修复可以稍迟进行并单独进行真空箱试验。

压力应被降下来和释放阀应调整成设计压力打开状态。释放阀的设定压力应通过进入蒸汽空间的压入空气进行验证。

气密试验压力

$$p_T = 1.25 p_c = 1.25 \times 0.029 = 0.03625(\text{MPa})$$

9.4.4 负压试验

罐内压力等于设计内部负压值时进行负压试验，没有最小持续时间，达到设计内部负压时立即停止试验。进行负压试验时储罐内应仍然装有水，这样可以避免储罐底部及热保护系统抬升。采取如下措施。

① 安装真空释放阀，在进行负压试验时将其调节至打开状态或提供临时真空释放系统，防止超过负压试验的负压值。

② 关闭除释放阀外的所有开口，降低水位或使用空气抽气器可以得到要求的负压值。

③ 达到规定的设定压力值时应减小负压并将真空释放阀调至打开的状态。真空释放阀的设定压力值可以通过排水或使用空气抽气器进行检验。

9.5 LNG储罐抗震计算

9.5.1 自震周期的计算

储罐的罐液耦联振动基本自震周期 T_1 和罐内储液晃动基本自震周期 T_W 的计算式分别见

式（9-24）和式（9-25），储罐基本参数汇总于表9-12中。

$$T_1 = 7.743\times10^{-5}\left(e^{\frac{H_W}{D}} + 0.7147\frac{H_W}{D}\right)D\sqrt{\frac{D}{\delta_3}} \tag{9-24}$$

$$T_W = 2\pi\sqrt{\frac{D}{3.68g}\text{cth}\left(\frac{3.68H_W}{D}\right)} \tag{9-25}$$

式中　e——自然对数的底；

H_W——储罐底面至储液面高度，m；

D——储罐的内直径，m；

δ_3——位于罐壁高度1/3处的罐壁有效厚度，m；

T_1——储罐的罐液耦联振动基本自震周期，s；

T_W——罐内储液晃动基本自震周期，s。

表9-12　储罐基本参数

H_W/m	D/m	δ_3/m	T_1/s	T_W/s
27	70	0.012	0.723	9.277

9.5.2　储罐水平地震作用

储罐的水平地震作用F_H，等效质量m_{eq}，水平地震作用对储罐底面的倾倒力矩M_1计算式分别见式（9-26）～式（9-28），计算结果汇总于表9-13中。

$$F_H = K_Z\alpha m_{eq}g \tag{9-26}$$

$$m_{eq} = m_L\varphi \tag{9-27}$$

$$M_1 = 0.45F_H H_W \tag{9-28}$$

式中　F_H——储罐的水平地震作用，N；

K_Z——综合影响系数，对于立式储罐取0.4；

α——水平地震影响系数，按罐液耦连振动基本自震周期确定，取值0.45；

m_{eq}——等效质量，kg；

m_L——储液质量，kg；

φ——动液系数，0.436，当$H_W/R\leqslant1.5$时（R为储罐内半径），$\varphi=\text{th}(\sqrt{3}R/H_W)/(\sqrt{3}R/H_W)$，当$H_W/R>1.5$时（$R$为储罐内半径），$\varphi=1-0.4375R/H_W$；

M_1——水平地震作用对储罐底面的倾倒力矩，N·m。

表9-13　计算结果

K_Z	α	m_L/kg	F_H/N	m_{eq}/kg	φ	M_1/N·m
0.4	0.45	49875920	383989160	217459033	0.436	465468294

最底层罐壁的竖向临界应力σ_{cr}，最底层罐壁的允许临界应力$[\sigma_{cr}]$，计算公式见式（9-29），式（9-30），应力计算结果汇总于表9-14中。

$$\sigma_{cr}=k_c E\frac{\delta_1}{D_1} \tag{9-29}$$

$$[\sigma_{cr}]=\frac{\sigma_{cr}}{1.5\eta} \tag{9-30}$$

式中　σ_{cr}——最底层罐壁的竖向临界应力，Pa；
$[\sigma_{cr}]$——最底层罐壁的允许临界应力，Pa；
δ_1——最底层罐壁的厚度，m；
E——罐壁材料的弹性模量，Pa；
η——设备重要系数，取1.1；
k_c——修正系数，取0.131，$k_c=0.0915(1+0.0429\sqrt{H/\delta_1})(1-0.1706D_1/H)$；
H——罐壁高度，m；
D_1——最底层储罐直径，m。

表9-14　应力计算结果

δ_1/m	E/Pa	η	k_c	σ_{cr}/Pa	$[\sigma_{cr}]$/Pa
0.02	1.99×10^{11}	1.1	0.131	7446158	4512823

9.5.3　罐壁抗震验算

罐底周边单位长度上的提离力F_t，罐底周边单位长度上的提离反抗力F_L，储液和罐底的最大提离反抗力F_{L0}计算式见式（9-31）～式（9-33），抗震计算结果汇总于表9-15中。

$$F_t=\frac{4M_1}{\pi D_1^2} \tag{9-31}$$

$$F_L=F_{L0}+\frac{N_1}{\pi D_1} \tag{9-32}$$

$$F_{L0}=\delta_b\sqrt{\sigma_y H_W \rho_s g} \tag{9-33}$$

式中　F_t——罐底周边单位长度上的提离力，N/m；
F_{L0}——储液和官邸的最大提离反抗力，N/m，如果$F_{L0}>0.02H_W D_1\rho_s g$，取$F_{L0}=0.02H_W D_1\rho_s g$；
F_L——罐底周边单位长度上的提离反抗力，N/m；
δ_b——罐罐底环形边缘板的厚度，m；
σ_y——罐罐底环形边缘板的屈服点，Pa；
ρ_s——罐储液密度，kg/m^3；
N_1——罐第一圈罐壁底部所承受的重力，N，通常可取罐体金属重力的80%与保温体重力之和，N。

当$F_t\leqslant F_L$时，罐壁底部的竖向压应力为：

$$\sigma_c=\frac{N_1}{A_1}+\frac{M_1}{Z_1} \tag{9-34}$$

当 $F_L < F_t \leqslant 2F_L$ 时，罐壁底部的竖向压应力为：

$$\sigma_c = \frac{N_1}{A_1} + \tau \frac{M_1}{Z_1} \tag{9-35}$$

$$\tau = 0.4(F_t / F_L)^2 - 0.7(F_t / F_L) + 1.3$$

式中　A_1 ——第一圈罐壁的截面积，m^2，取 $\pi D_1 \delta$；

Z_1 ——第一圈罐壁的截面抵抗矩，m^3，取 $\pi D_1^2 \delta_{1/4}$；

σ_c ——罐壁底部的竖向压应力，Pa。

若 $\sigma_c > [\sigma_c]$，则罐壁底部压应力不合格，抗震验算不通过，应适当加锚固螺栓。

表 9-15　抗震计算结果

δ_b /m	σ_y /Pa	ρ_s /(kg/m³)	N_1 /（N/m）	F_t /（N/m）	F_{L0} /（N/m）	F_L /（N/m）	A_1 /m²	Z_1 /m³	τ	σ_c /Pa
0.014	584000000	480	110781960	1211605	12034	624247	4.399	77.013	1.448	11903672

9.5.4　罐内液面晃动波高

假设场地类别为Ⅳ类，地震设防级别为 8 度，近远震类型为远震，则罐内液面晃动波高 h_V 计算式见（9-36），供参考的保守计算见（9-37），计算结果汇总于表 9-16 中。

$$h_V = \xi_1 \xi_2 \alpha R \tag{9-36}$$

式中　h_V ——罐内液面晃动波高，m;

ξ_1 ——浮顶影响系数;

ξ_2 ——阻尼修正系数，$\xi_2 = 1.85 - 0.08T_W$；

α ——水平地震影响系数;

R ——储罐内半径，m。

$$h = 1.5R\alpha_1 \tag{9-37}$$

当罐内储液晃动基本自震周期 $T_W \geqslant 3.5s$ 时 $\alpha_1 = 1.20 / (T_W^{1.8})$，罐内储液晃动基本自震周期 $0.85 < T_W < 3.5s$ 时，$\alpha_1 = 0.389 / (T_W^{0.9})$。

表 9-16　罐内液体晃动波高

ξ_1	ξ_2	α	R /m	h_V /m	h /m
1	1.108	0.021777959	35	0.845	1.143

9.5.5　锚固罐的罐壁抗震验算

选取螺栓公称直径为 M39，罐壁底部压应力 σ_{bt} 的计算式见（9-38）。

$$\sigma_{bt} = \frac{1}{nA_{bt}} \left(\frac{4M_1}{D_r} - N_1 \right) \tag{9-38}$$

式中　A_{bt} ——螺栓有效截面积，mm^2;

n ——地脚螺栓个数;

D_r ——螺栓中心圆直径，m;

σ_{bt} ——罐壁底部压应力，MPa。

$[\sigma_{bt}]$ 为罐壁底部许用压应力，MPa。

因为 $\sigma_{bt} \leqslant [\sigma_{bt}]$，所以地脚螺栓应力校核合格。

9.5.6　地脚螺栓个数确定

螺栓的相关计算结果见表 9-17。

表 9-17　螺栓计算

项　目	数　据
储罐内径 D	70m
罐壁高度 H	27m
设计内压 p	29000Pa
风压	600Pa
安全系数 K	1.25
螺栓许用应力	147MPa
螺栓公称直径	M39
螺栓有效截面积	976mm²
气体内压造成的升力 p_1	507500N/m
风力作用于罐壁造成的升力 p_2	1989N/m
风力作用于罐顶造成的升力 p_3	10500N/m
$q=K（p_1+p_2+p_3）$	649986.25N/m
计算螺栓个数 n	997
实际选用螺栓个数	1000
实际每个螺栓承受的应力	146.5MPa

9.6　气升顶方案设计

9.6.1　平衡导向系统

平衡导向系统（简称平衡装置）主要由顶部锚固件、底部锚固件、中间导向滑轮组及钢丝绳拉锁等几部分组成。其平衡钢丝绳组数由灌顶钢结构径向梁的数量决定，一般不低于 24 组，本设计采用 24 组平衡钢丝，沿储罐圆周等分均布。每一组平衡装置必须处于同一竖直平面上。平衡装置因底部锚固方式不同，有底部边缘对称锚固及底部中心锚固两种。

（1）底部边缘对称锚固平衡装置

平衡装置（见图 9-3）的顶部锚固件可以是 T 形支架，每组平衡钢丝绳由顶部支架开始，一端固定在外罐罐壁（PC 墙）承压环的外侧，通过花篮螺栓连接调节钢丝绳的张力，另一端绕过 T 形支架竖直向下穿过罐顶板，通过固定在拱顶钢结构径向梁一侧的第一个导向滑轮，引向对称方向的第二个导向滑轮，然后向下固定于底部锚固件上。

底部边缘对称锚固平衡装置相互对称的两组平衡钢丝绳共同作用，将罐顶钢结构的运动方向锁定在平衡钢丝绳向上平移的路径中，从而使罐顶处于水平状态达到平衡效果，这种平衡工艺为底部边缘对称锚固平行线平衡法。

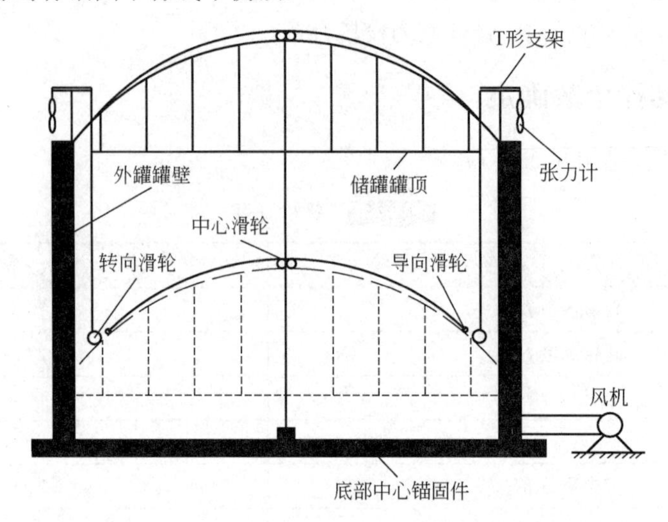

图 9-3　底部中心锚固平衡装置

（2）底部中心锚固平衡装置

与底部边缘对称锚固不同的是每组平衡钢丝绳在绕过 T 形支架竖直向下后不是穿过罐顶板，而是经过固定在拱顶钢结构径向梁上的转向滑轮改变方向，沿着两组导向滑轮引向位于罐顶顶部的中心滑轮组，再次改变方向向下锚固件上，锚固件预埋在承台中心。

底部中心锚固平衡装置的每组平衡钢丝绳并不完全依赖对称方向的平衡钢丝绳共同作用。通过钢丝绳的张力和滑轮组锁定的行走方向，限制罐顶的运动路径。多组平衡钢丝绳的共同作用使罐顶被锁定在水平状态下平稳上升。所以我们称这种平衡工艺为底部中心锚固限位平衡法。

（3）平衡导向系统的安装要点

钢丝绳的选取要在经过钢丝的受力计算后确定，钢丝绳总的受力 F 计算式见式（9-39）：

$$F = F_{\max} + \Delta F \tag{9-39}$$

式中　F ——钢丝绳总的受力，N；

$F_{\max}$ ——最大预紧力，N；

ΔF ——罐顶出现最大允许倾斜时钢丝绳延展受力增量，N。

有四组带有张力计的平衡钢丝绳均匀分布，初始预紧力必须相同，并且在顶升过程中时刻监测拉力计的度数。使用同一张力计检查平衡钢丝绳的预紧力，提起相同高度，读数相同。检查平衡钢丝绳锁定的运动轨迹，任何部位不得有部件阻挡。并确保每个转向滑轮、导向滑轮与钢丝绳的配合通畅，防止脱道。钢丝绳的绳头必须用 4 个钢丝绳夹扣固定，逐个检查每个卡扣的安装方向、间距、紧固螺栓扭力。

9.6.2　密封装置系统

（1）罐顶气顶升的密封

气顶升的密封工作主要包括拱顶边缘与 PC 墙之间的密封、施工门洞的密封、所有罐顶开孔的密封、排水孔的密封和 PC 墙体施工孔洞的密封。密封装置系统（见图 9-4）主要指拱顶钢结构边缘与 PC 墙之间的密封结构。

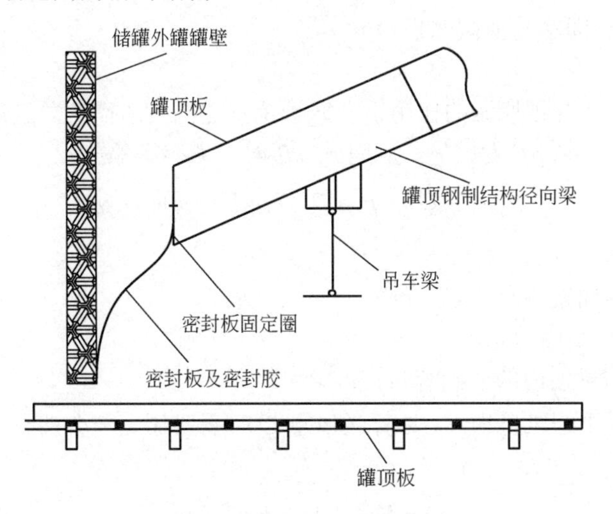

图 9-4　密封装置系统

首先在拱顶板边缘一周安装密封板固定圈。密封板与固定圈用螺栓连接，密封板材料要求具有一定的强度及弹性，可紧贴 PC 墙内壁滑动且不会被吹翻。一般采用镀锌铁皮作为密封板材料。密封板内衬密封材料，要求不透气、防火及耐磨。密封装置的所有接缝必须紧密粘接。

（2）密封装置的安装要点

密封板及密封材料如果在同一工程中被首次使用，必须对密封装置做强度试验。实验的目的是保证在最不利的情况下密封板不会被罐内的气压掀翻。最不利的情况需要考虑：罐内可能出现最大气压时密封板所承受的压力；密封板与 PC 墙之间可能出现的最大间隙；罐顶发生倾斜时密封板与 PC 墙之间的最大夹角。

密封装置应在 PC 墙内壁修补完成后安装，以避免杂物损伤密封面。PC 的修补包括表面平整处理，各类毛刺、异物的清理及空洞的修补。密封装置的安装要确保每个接缝有足够的搭接宽度并且粘接牢固，密封面没有破损缺陷及漏气点。密封装置的所有材料必须防火，否则在罐顶与承压环的焊接过程中一旦点燃密封装置，可能引发安全事故。

9.6.3　供气系统

供气系统是储罐顶升的动力系统，也是气顶升工作的关键。供气系统的设计要完成升顶风压、风量的确定；风机选型；供电系统、风道、风压调节及测量装置的设计等。

（1）升顶风压的确定

理论上只要罐顶受到的空气浮力与它的自重形成一对平衡力，罐顶便可平稳上升，所以理想状态下升顶风压为罐顶自重与空间水平横截面积之比。但实际中由于存在风量损失、罐顶与 PC 墙之间的摩擦力等附加因素，升顶压力的计算［见式（9-40）］必须考虑附加系数。

$$p_{升} = K_1 p_{平} = G/S \tag{9-40}$$

式中　$p_{升}$ ——升顶风压，Pa；

　　　$p_{平}$ ——平衡风压，Pa；

K_1——风压附加系数，一般取1.1～1.3；

G——顶升最大重力，N；

S——罐内空间水平横截面积，m^2。

（2）风量计算

风量指储罐罐顶在升顶风压的作用下，升顶至预定高度所需的总进风量Q。根据气体方程，假设温度一定时，则pV为恒量，则有式（9-41）所示关系式。

$$p_0(V_0+Q)=p_{升}VQ=(p_{升}V-p_0V_0)/p_0 \tag{9-41}$$

式中 Q——进风量，m^3；

V——顶升后储罐内总容量，m^3；

p_0——标准大气压，Pa；

V_0——顶升前罐顶内的初始容量，m^3。

考虑到升顶过程中的风量损失，计算进风量Q时需要加上一个调整系数K_2，即风量的计算式为：

$$Q=K_2(p_{升}V-p_0V_0)/p_0 \tag{9-42}$$

（3）罐顶气顶升步骤

气顶升的主要步骤：准备工作→预顶升→调节与检查→气顶升→罐顶固定。

① 准备工作　准备工作主要为完成罐顶气顶升工艺的设计、制作及所有相关工装、部件、工序验收的检查工作；编制详细的罐顶气顶升工作计划，并通过气顶升方案审查；技术交底，明确所有参与气顶升工作人员的职责要求及岗位分工，并反复演练；检查外罐罐壁的几何尺寸，修补缺陷，并组织中间验收。检查所有顶升气系统制作的符合性、完整性及相应备品备件；关注气顶升阶段的天气状况，选择晴朗无云的天气，并且在白天完成气顶升全过程。

② 预顶升　罐顶预顶升的高度一般为1m，其操作步骤与正式顶升完全一致，相当于罐顶气顶升的实际预演，对整个系统的有效性及安全性实施检验。预顶升的另一个关键目的是对气顶升工艺设计中相关参数的计算结果进行复核。尤其是确定实际操作时升顶风压$p_{升}$、平衡风压$p_{平}$、进风速率等。

③ 调节与检查　根据预顶升的结果调整系统的不足和缺漏，并对照检查表反复检查所有系统。

④ 罐顶气顶升的主要步骤　所有工作人员进入工作状态，检查通信系统的完好性，检查备品备件、工装器具的准备就位情况，启动风机空载运转确认其运转正常。在所有状态得到完好确认后，开始升顶。

开启进风阀向罐内鼓风，在顶升高度1m以下时，控制顶升速率在100 mm/min左右。罐顶升至1m时调整风压使罐顶悬浮，再次检查平衡压力、供风系统、罐顶的平衡度、平衡钢丝绳的张力等。

调整风压以200～300 mm/min的速率继续升顶。

顶升至罐顶距离承压环的间距小于1m时，调整风压以不超过100mm/min的速率顶升，直至罐顶达到预定位置与承压环平稳接合。

罐顶就位后，快速将安装在罐顶径向梁的固定装置挂件与承压环连接锁定。调整罐顶与承压环的焊缝间隙，首先从罐顶径向开始向两侧延展定位并焊接，直至完成整个罐顶的固定过程。逐个并缓慢地调整鼓风机的风压，罐内泄压，关闭鼓风机。

参考文献

[1] 吴长春，张孔明．天然气的运输方式及其特点［J］．油气储运，2003，22（9）：39-43.

[2] 袁中立，闫伦江．LNG 低温储罐的设计及建造技术［J］．石油工程建设，2007，33（5）：19-22.

[3] 张艳春，于国杰，杜国强，等．LNG 大型储罐加强圈设计［J］．石油与天然气化工，2011，40（5）：433-436.

[4] 赵勇，赖华宴，汪奎．运用 API650 标准进行低压储罐设计［J］．石油化工建设，2010，32（1）：60-61.

[5] 王振良．大型 LNG 低温储罐设计理论与方法研究［D］．西安：西安石油大学，2011：1-58.

[6] 侯衍鹏．大型 LNG 储罐结构优化及研究［D］．青岛：青岛科技大学，2015：1-79.

[7] 张成伟，洪宁，吕国峰．16 万 m^3LNG 储罐罐顶气顶升工艺研究［J］．石油工程建设，2010，36（2）：32-36.

[8] 张周卫，汪雅红，李跃，等．LNG 低温液化一级制冷五股流板翅式换热器．中国：2015100402447［P］，2016-10-05.

[9] 张周卫，汪雅红，李跃，等．LNG 低温液化二级制冷四股流板翅式换热器．中国：201510042630X［P］，2016-10-05.

[10] 张周卫，汪雅红，李跃，等．LNG 低温液化三级制冷三股流板翅式换热器．中国：2015102319726［P］，2016-11-16.

[11] 张周卫，薛佳幸，汪雅红．LNG 系列缠绕管式换热器的研究与开发［J］．石油机械，2015，43(4)，118-123.

[12] 张周卫，汪雅红，张小卫，等．LNG 低温液化一级制冷四股流螺旋缠绕管式换热装备．中国：201110379518.7［P］，2012-05-16.

[13] 张周卫，汪雅红，张小卫，等．LNG 低温液化二级制冷三股流螺旋缠绕管式换热装备．中国：201110376419.3［P］，2012-07-04.

[14] 张周卫，汪雅红，张小卫，等．LNG 低温液化三级制冷螺旋缠绕管式换热装备．中国：201110373110.9［P］，2012-07-04.

第10章 $10000m^3$液化天然气球罐设计计算

$10000m^3$液化天然气球罐是一种常用的LNG储存罐体，为中小型LNG接收站内核心设备，一般一个接收站可由几个罐体组成。LNG球罐主要由真空双壳体组成，外层安装水平环路，用以均匀罐内LNG温度，避免罐内LNG温度分层。LNG球罐是一个大型、复杂的焊接壳体，它涉及材料、结构、焊接、热处理、无损检测等多方面技术，对球罐设计方法和理论、选材和材料评价体系、高性能材料的焊接及热处理技术、大板片球罐制造技术的理论和实际都有重要作用。球形储罐与其他形式的压力容器比较，有许多突出的优点。如与同等容量，相同工作压力的圆筒形压力容器比较，球罐具有表面积小，所需钢板厚度较薄，因而耗钢量少，质量轻的优点。图10-1为LNG球罐结构形式简图，图10-2为LNG球罐真空绝热结构简图。

10.1 球罐用钢

10.1.1 国内外球罐的常用钢种

我国球罐选用的材料主要是国产钢材，国产球罐用材主要有：Q235F、Q235、Q235R、20R、16Mn、15MnV、15MnVR、15MnVN、15MnVNR、16MnDR、09Mn2VDR及从国外引进的各种球罐材料。到20世纪末为止，我国建设的球罐主要选用16MnR，约占总量的85%，进入21世纪以后据国家标准GB 12337—2014《钢制球形储罐》规定，球罐用材可选20R、16MnR、15MnVR、15MnVNR、16MnDR、09Mn2VDR，国产低温球罐可选用07MnCrMoVR、07MnNiCrMoVDR（CF钢）。引进球罐选用的高强度钢主要是SPV490Q（日本）、WEL-TEN610CF（新日铁）、RIVERACE610（川崎制铁）、NK-HITEN610U（日本钢管）、低温球罐选用低温高强度钢N-TUF490（新日铁）以及SA537CL.1（法国）。LNG球罐内罐一般采用9Ni钢，或含9Ni钢的不锈钢，外罐可选用耐低温的碳钢材料，或选用不锈钢材料。

10.1.2 几种典型球罐用钢

① 16MnR钢板是普通低合金钢，是压力容器专用钢，它的强度较高，塑性韧性良好，

具有良好的综合力学性能和工艺性能。磷、硫含量略低于普通 16Mn 钢，抗拉强度、延伸率要求较普通 16Mn 钢有所提高。

② 07MnCrMoVR 钢属于低焊裂纹敏感性钢，屈服强度为 490MPa，抗拉强度为 610～740MPa。此种钢强度高，焊接工艺要求高，焊前必须预热、焊后必须保温，焊接过程中有层间温度控制等要求。

③ 15MnNbR 钢强度和韧性优于 16MnR，厚板韧性也较好，而焊接性能及抗硫化氢性能与其相近。该钢种采用先进的冶炼工艺，钢材的化学成分、力学性能及冷弯性能得到很好的保证。

④ 日本产 610CF 钢板具有高强度、低焊接裂纹敏感性，较好的焊接性、较高的缺口韧性值，且设计时容易将球罐壁厚控制在 38mm 以下，国内部分设计、制造和组焊单位已较好掌握该钢种的特性。

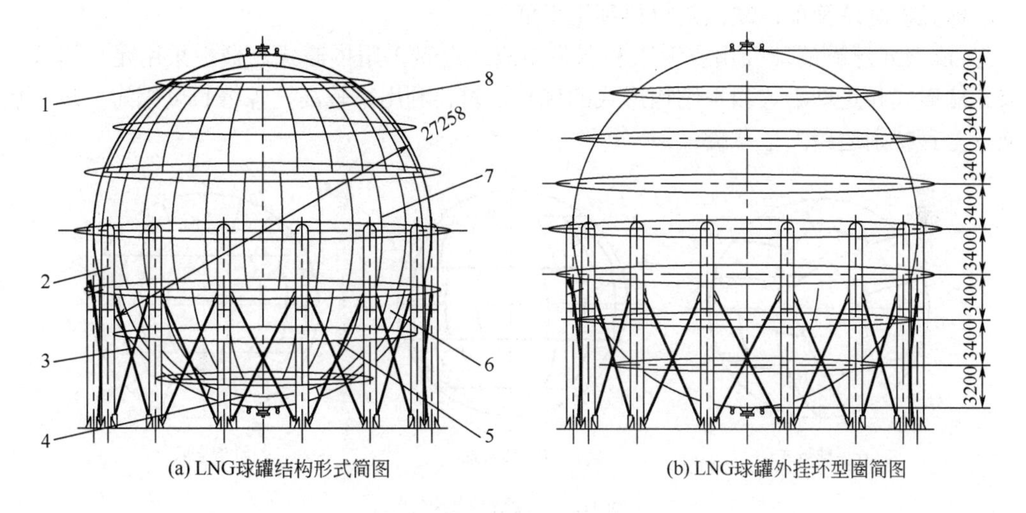

图 10-1　LNG 球罐结构形式简图

1—北极板；2—支柱；3—拉杆；4—南极板；5—环形圈；

6—下温带板；7—赤道带板；8—上温带板

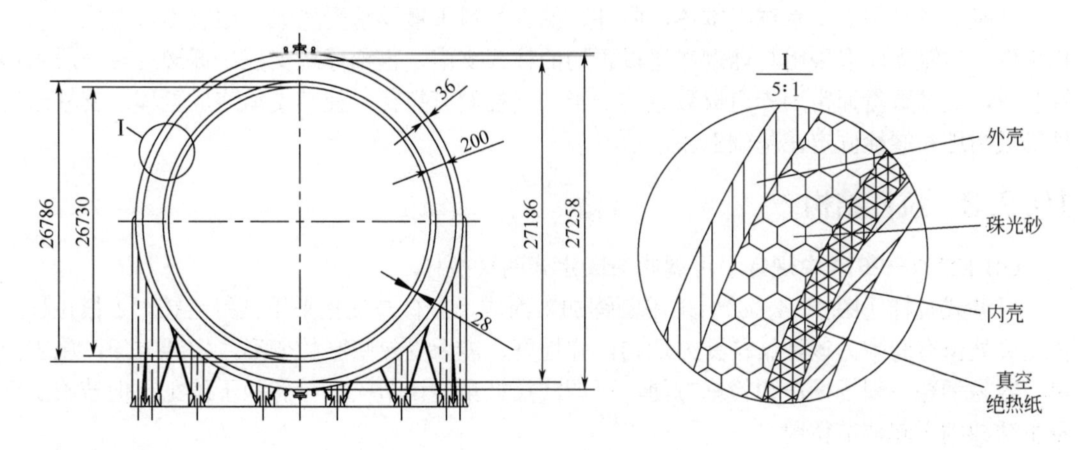

图 10-2　LNG 球罐真空绝热结构简图

10.2 球罐设计

10.2.1 球壳结构

球壳结构形式主要分为足球瓣式、橘瓣式和混合式3种，如图10-3所示，国内自行设计、制造、组焊的球罐多为桔瓣式。

① 足球瓣式球罐球壳划分和足球一样，所有球壳板片大小相同，所以又叫均分法。优点是每块球壳板尺寸相同，下料成型规格化，材料利用率高，互换性好，组装焊缝较短，焊接及检验工作量小，缺点是焊缝布置复杂，施工组装困难，对球壳板制造精度要求高。

② 橘瓣式球壳像橘子瓣或西瓜瓣，是一种最通用的形式，优点是焊缝布置简单，组装容易，球壳板制造简单，缺点是材料利用率低。

③ 混合式球罐的球壳由赤道带和温带组成，温带采用橘瓣式，极板采用足球瓣式。由于取其橘瓣式和足球瓣式两种结构形式的优点，材料利用率较高，焊缝长度缩短，球壳板数量减少，且特别适用大型球罐。

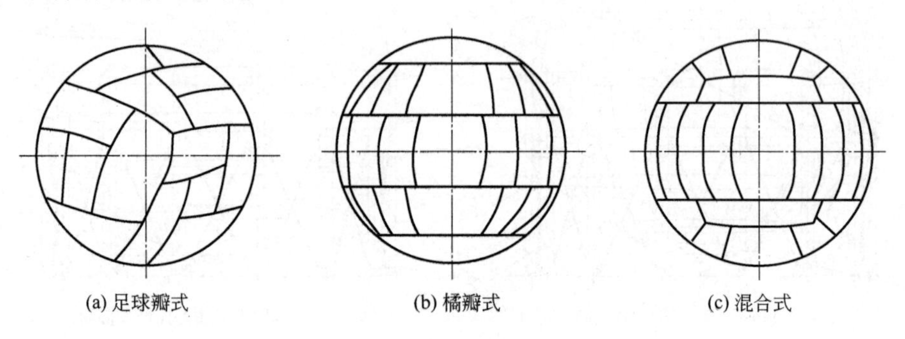

图10-3 球罐分瓣形式

10.2.2 支座结构

球罐支座系用于支承球罐本体、附件、储存物料重量及承受风载、地震力等自然力的结构部件。球罐支座多采用与球罐赤道板正切的柱式支座，也称球罐支柱。球罐支柱一般用钢管制成，支柱数量通常为赤道板数量的一半。支柱间有拉杆，使其支承连成整体。支柱通过柱脚板用地角螺栓固定在基础上。

10.2.3 拉杆结构

GB 12337—2014中规定了可调式与固定式两种拉杆。

可调式拉杆［图10-4（a）］采用圆钢加工而成，拉杆与支柱采用销钉连接，2根拉杆立体交叉处留有间隙。该种结构受力均匀，弹性好，能承受热膨胀的变形，安装方便，施工简单，容易调整，现场操作和检修方便。可调式拉杆虽能调节松紧，有利于施工，但若施工后发生锈蚀则不起调节作用。

固定式拉杆［图10-4（b）］一般采用钢管，拉杆与支柱的连接采用焊接结构，拉杆与拉杆的交叉处采用固定板焊接结构或直接焊接结构。

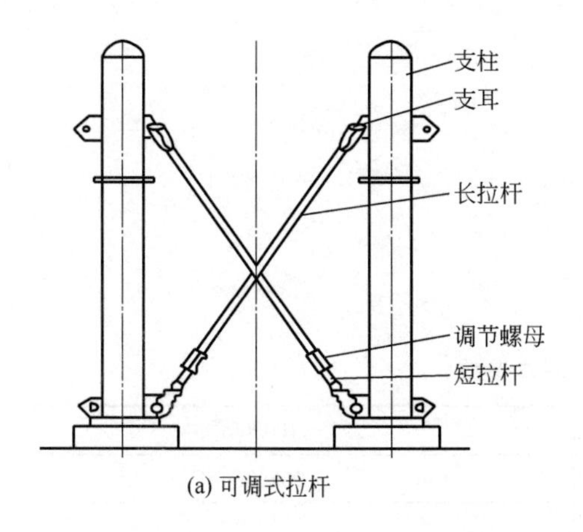

(a) 可调式拉杆

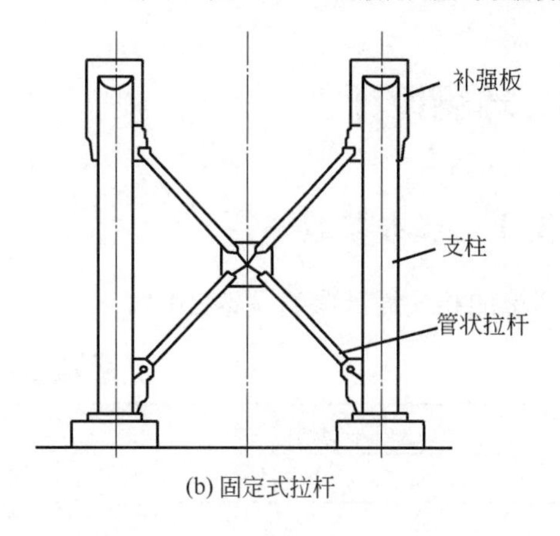

(b) 固定式拉杆

图 10-4　拉杆结构形式

10.2.4　支柱与球壳连接下部结构

我国球罐标准 GB 12337—2014 选择了 4 种正切式支柱与球罐连接结构形式，a 型直接连接结构形式，在支柱和球罐连接焊缝的下部焊接质量难以保证，该部位应力较大，而 d 型翻边支柱与球壳连接结构难以制造，很少被采用。因此目前球罐设计主要采用 b 型 U 形托板的结构形式和 c 型 U 形上支柱加连接板和内筋板结构形式。

10.2.5　接管补强结构

接管的补强结构可分为以下 3 种类型，a．补强圈补强结构；b．插入式厚壁管补强结构；c．整体凸缘补强结构，球罐补强形式如图 10-5 所示。为使工艺配管不产生附加应力，且便于管道的安装，法兰面应保持水平。凸缘轴线垂直于球体开孔表面（即凸缘轴线通过球心）。

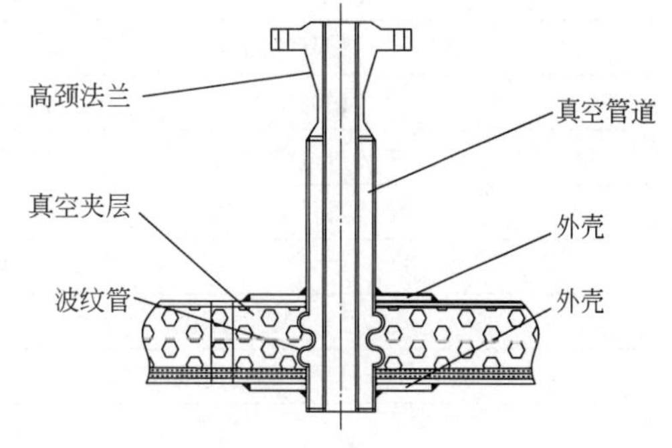

图 10-5　球罐补强形式

10.2.6　球罐的设计方法

球罐的设计计算有两种方法，即常规设计方法与分析设计方法。

常规设计法是以弹性失效为准则，以薄膜应力为基础来计算元件的厚度。限定最大应力不超过一定的许用值。对容器中存在的较大边缘应力等局部应力以应力增强系数等形式加以体现，并对计及局部应力后的最大应力取薄膜应力相同的许用值。

分析设计法以塑性失效及弹塑性失效准则为基础，计及容器中的各种应力，如总体薄膜应力、边缘应力、峰值应力进行准确计算，并对应力加以分类，按照不同应力引起的不同破坏形式，分别予以不同的强度限制条件，以此对元件的厚度进行计算。按该法设计的容器更趋于科学合理、安全可靠且可体现一定的经济效益。

10.3 球罐设计

10.3.1 基本参数

球罐的相关设计参数见表10-1。

表10-1 基本参数

公称容积	10000m³
公称内径	26730mm
设计温度	-196℃
工作温度	-162℃
内罐设计内压力	0.55MPa
外罐设计外压力	0.1MPa
内罐工作压力	0.45MPa
外罐工作压力	0.1MPa

10.3.2 基础资料

设计过程中的气象环境条件、场地条件、工作介质列于表10-2～表10-4中。

表10-2 安装与运行地区气象环境条件

大气温度	
年平均气温	18.3℃
最高气温	42.2℃
最低气温	-18 ℃
最热月月平均气温	33℃
最冷月月平均气温	-8℃
大气相对湿度	
最热月平均相对湿度	75%
最冷月平均相对湿度	82%
大气压力	
夏季	100.3kPa
冬季	101.1kPa
雪压	
基本雪压	250Pa
大气流速（地面）	
基本风压	400Pa
夏季平均风速	1.2m/s
冬季平均风速	1.0m/s
30年一遇最大风速	16.9m/s
季风最多风速平均值	1.8m/s

表 10-3　场地条件

安装场地海拔高度	3.3m
地震设防烈度	7 度近震
球罐安装场地	已平基，Ⅱ类场地

表 10-4　工作介质

液化天然气的主要成分（甲烷）	
密度	$0.43\times10^3\sim0.47\times10^3$kg/m^3
相对密度	0.43～0.47
着火温度	540℃
爆炸极限	5%～15%

10.4　设计原则

10.4.1　设计规范的确定

国内外球罐通常采用的设计标准或规范有两类：第一类是常规设计标准，主要有中国 GB 12337 标准和美国 ASMEⅧDiv1；第二类是分析设计标准，主要有法国 CODAP 规范、中国 JB 4732 标准、日本 JIS B8270 标准（第一类容器）及美国 ASMEⅧDiv2。

本次球罐设计只考虑国内标准，即采用常规设计标准 GB 12337。球罐设计、制造、安装、检验和验收，执行我国现行的相关规范，主要有《固定式压力容器安全技术监察规程》2009 版、GB 150.1～150.4—2011、GB 12337—2014、《低温压力容器用 9%Ni 钢板》（GB 24510—2009）、GB/T 18442.1～18442.6—2011《固定式真空绝热深冷压力容器》、GB/T 18441—2009 等相关标准。

10.4.2　压力试验方法

压力试验是压力容器投用前进行强度考核的重要方法，目前球罐压力试验的方法主要有水压试验法和气压试验法。如果采用水压试验方法必须考虑装满 1 万吨水时对受压元件、支柱、拉杆和基础的承载能力。

根据 GB 12337—2014 和 GB 150.1～150.4—2011 规定要求，球罐制造完成后必须进行水压试验。同时根据 GB 12337—2014 中 3.12 的要求对球罐进行气密性试验，合格后进行 100% 表面检测，不得有任何裂纹，并符合 NB/T 47013—2015 规定的Ⅰ级要求。

水压试验压力

$$p_{\mathrm{T}}=1.25p\frac{[\sigma]}{[\sigma]^t}=1.25\times0.5\times\frac{177}{177}=0.625(\mathrm{MPa}) \tag{10-1}$$

气密性试验压力

$$p_{\mathrm{T}} = p\frac{[\sigma]}{[\sigma]^t} = 0.5\times\frac{177}{177} = 0.5(\mathrm{MPa}) \tag{10-2}$$

10.5 球壳设计

10.5.1 材料选用

根据操作条件，选用球壳材料 0Cr18Ni9，作为不锈钢耐低温钢使用最为广泛，通俗地讲，0Cr18Ni9 就是 304 不锈钢板，其中 0Cr18Ni9 是国标，304 是美式牌号，支柱拉杆采用 16 MnR 制造。表 10-5～表 10-7 为外壳材料的化学成分，表 10-8 为 0Cr18Ni9 的力学特性。

表 10-5 0Cr18Ni9 化学成分（内壳材料、外壳材料 1）

C	Si	Mn	S	P	Cr	Ni
≤0.08	≤1.00	≤2.00	≤0.030	≤0.045	8～20	8～10.5

表 10-6 0Cr18Ni10Ti 化学成分（外壳材料 2）

C	Si	Mn	S	P	Cr	Ni
≤0.08	≤1.00	≤2.00	≤0.030	≤0.045	8～20	8～10.5

表 10-7 16MnDR 化学成分（外壳材料 3）

C	Si	Mn	Ni	V	Nb	Al	P	S
≤0.20	0.15～0.50	1.20～1.60	—	—	—	≥0.02	≤0.025	≤0.012

表 10-8 0Cr18Ni9 力学特性

抗拉特性	$\sigma_b \geqslant 520\mathrm{MPa}$
条件屈服强度	$\sigma_{0.2} \geqslant 205\mathrm{MPa}$
伸长率	$\sigma_{5\%} \geqslant 40\%$
断面收缩率	≥60%
硬度	≤187HBS；≤90HBR；≤200HV
特性	有良好的耐蚀性，耐热性，低温强度和机械性能；冲压弯曲加热性好，无热处理硬化现象，无磁性
常用的许用压力	$[\sigma_b]^t \geqslant 137\mathrm{MPa}$
厚度	28mm

球罐支柱数和分带角的确定：本次设计的球罐采用混合式的结构。根据 GB/T 17261—2011《钢制球形储罐型式与基本参数》，同时充分考虑钢板厂供货尺寸，制造厂的球片压制能力，以及安装单位现场的安装能力。最终确定采用 5 带 14 支柱混合式结构。赤道带由 28 瓣球壳板组成，分带角 39°；上、下温带各由 28 瓣球壳板组成，分带角 38°；极带上下各由 7 瓣组成，宽度方向分带角 13°。罐体焊缝总长 1118m/台。与 7 带 14 支柱橘瓣式相比，每

台球罐的焊缝总长由原来的 1290m，缩短了 170 多米。

10.5.2　内压球壳的计算

计算压力如下。

LNG 密度：$\rho=450\text{kg/m}^3$；

重力加速度：$g=9.81\text{ m/s}^2$；

球壳的计算压力：

$$p_c = p + \rho h g \times 10^{-6} \tag{10-3}$$

式中　h——球壳内 LNG 高度，m；

p_c——设计压力，MPa；

p——空壳设计压力，MPa，根据设计经验取 0.29MPa。

内壳采用水压试验时，代入数值计算可得：

$$p_{c_1} = 0.29 + 26.73 \times 1000 \times 9.81 \times 10^{-6} = 0.55(\text{MPa})$$

内壳正常工作时，代入数值计算可得：

$$p_{c_2} = 0.29 + 26.73 \times 450 \times 9.81 \times 10^{-6} = 0.41(\text{MPa})$$

所以，内压球壳设计压力取 0.55MPa。

球壳内直径：D_i=26730 mm；

设计温度下球壳材料 0Cr18Ni9 的许用应力：$[\sigma]^t$= 137MPa；

焊缝系数：$\phi=1$；

壁厚附加值：$c=c_1+c_2$，其中 $c_1=1\text{mm}$，$c_2=0\text{mm}$。

名义厚度：

$$\delta_1 = \frac{p_{c_1} D_i}{4[\sigma]^t \varphi - p_{c_1}} + c = \frac{0.55 \times 26730}{4 \times 137 \times 1 - 0.55} + 1 = 27.85(\text{mm}) \tag{10-4}$$

圆整后可取 δ_1 =28 mm。

10.5.3　外压球壳的计算

材料 1：0Cr18Ni9；

设计压力：0.1 MPa；

设计温度：30 °C；

腐蚀裕量：0 mm；

外压球壳内径：D_i=27186mm；

设外压球壳直径名义厚度：δ_n=35mm；

有效厚度：δ_e=35mm；

外压球壳外径：D_o=27186+2×35=27256（mm）。

（1）确定外压系数 A

根据式（10-5）计算系数 A 值。

$$A=\frac{0.125}{R_o/\delta_e} \tag{10-5}$$

式中 R_o ——外压球壳外半径，mm。

代入数值计算可得：

$$A=\frac{0.125}{13628/35}=3.2\times10^{-4}$$

（2）确定外压应变系数 B

按所用材料，查 GB 150.1—2011 中的表 4-1，确定对应的外压应力系数 B 曲线图，由 A 查取值，即 B=45MPa。

（3）确定许用外压力$[p]$

根据 B 值，按式（10-6）计算许用外压力。

$$[p]=\frac{B}{R_o/\delta_e} \tag{10-6}$$

代入数值计算可得：

$$[p]=\frac{45}{13628/35}=0.12(\text{MPa})$$

由于$[p]>p_c=0.1\text{MPa}$，即满足设计要求，所以外压球壳直径名义厚度 δ_n=35mm 假设合理。

材料 2：0Cr18Ni10Ti；

设计压力：0.1 MPa；

设计温度：30℃；

腐蚀裕量：0 mm；

外压球壳内径：D_i=27186 mm；

设外压球壳直径名义厚度：δ_n=35mm；

有效厚度：δ_e=35 mm；

外压球壳外径：D_o=27186+2×35=27256（mm）。

（1）确定外压系数 A

根据式（10-5）计算系数 A 值。

$$A=\frac{0.125}{13628/35}=3.2\times10^{-4}$$

（2）确定外压应变系数 B

按所用材料，查 GB 150.1—2011 中的表 4-1，确定对应的外压应力系数 B 曲线图（图 4-8），由 A 查取值，即 B=43MPa。

（3）确定许用外压力$[p]$

根据 B 值，按式（10-6）计算许用外压力。

$$[p]=\frac{43}{13628/35}=0.11(\text{MPa})$$

由于$[p]>p_c=0.1\text{MPa}$，即满足设计要求，所以外压球壳直径名义厚度 δ_n=35mm 假设合理。

材料 3：16MnDR；

设计压力：0.1MPa；

设计温度：30℃；

腐蚀裕量：1mm；

外压球壳内径：D_i=27186mm；

设外压球壳直径名义厚度：δ_n=36mm；

有效厚度：δ_e=35mm；

外压球壳外径：D_o=27186+ 2×36=27258(mm)。

（1）确定外压系数 A

根据式（10-5）计算系数 A 值。

$$A=\frac{0.125}{R_o/\delta_e}$$

式中　R_o ——外压球壳外半径，mm。

代入数值计算可得：

$$A=\frac{0.125}{13629/35}=3.21\times10^{-4}$$

（2）确定外压应变系数 B

按所用材料，查 GB 150.1—2011 中的表 4-1，确定对应的外压应力系数 B，见公式（10-7）。

$$B=\frac{2AE_t}{3} \tag{10-7}$$

式中　E_t ——设计温度下材料的弹性模量，MPa。

代入数值计算可得：

$$B=\frac{2\times3.21\times10^{-4}\times2\times10^5}{3}=42.8(\text{MPa})$$

（3）确定许用外压力[p]

根据 B 值，按式（10-6）计算许用外压力。

$$[p]=\frac{B}{R_o/\delta_e}$$

代入数值计算可得：

$$[p]=\frac{42.8}{13629/35}=0.11(\text{MPa})$$

由于$[p]>p_c=0.1\text{MPa}$，即满足设计要求，所以外压球壳直径名义厚度 δ_n=36mm 假设合理。对以上三种材料进行综合考虑，最终选定外壳材料为 16MnDR。

10.5.4　球壳薄膜应力校核

设计温度下球壳的计算应力公式为

$$\sigma_t=\frac{p_{ci}(D_i+\delta_e)}{4\delta_e} \tag{10-8}$$

式中　σ_t——设计温度下球壳的计算应力，MPa。

设计温度下球壳的最大允许工作压力计算公式为

$$p_w = \frac{4\delta_e[\sigma]^t\varphi}{D_i+\delta_e} \tag{10-9}$$

式中　p_w——设计温度下球壳的最大允许工作压力，MPa。

10.6　球罐质量计算

表 10-9 为球罐质量参数。

表 10-9　球罐质量参数

球壳平均直径	$D_{cp}=26730\text{mm}$
内球壳材料密度	$\rho_1=7850\text{kg/m}^3$
外球壳材料密度	$\rho_2=7810\text{kg/m}^3$
LNG 的密度	$\rho_3=450\text{kg/m}^3$
水的密度	$\rho_4=1000\text{kg/m}^3$
绝热材料密度	$\rho_5=40\text{kg/m}^3$
球壳外直径	$D_o=27258\text{mm}$
基本雪压值	$q=250\text{N/m}^2$
球面的积雪系数	$C_s=0.4$

球壳质量：

$$\begin{aligned} m_1 &= V_1\rho_1+V_2\rho_2 \\ &= \frac{4\pi}{3}\left\{\left[\left(\frac{26.786}{2}\right)^3-\left(\frac{26.730}{2}\right)^3\right]\times 7850+\left[\left(\frac{27.258}{2}\right)^3-\left(\frac{27.186}{2}\right)^3\right]\times 7810\right\} \\ &= 1152311.3(\text{kg}) \end{aligned} \tag{10-10}$$

物料质量：

$$m_2 = \frac{\pi}{6}D_i^3\rho_3K\times 10^{-9} = \frac{\pi}{6}\times 26730^3\times 450\times 0.85\times 10^{-9} = 3824960(\text{kg}) \tag{10-11}$$

液压试验时液体的质量：

$$m_3 = \frac{\pi}{6}D_i^3\rho_4K\times 10^{-9} = \frac{\pi}{6}\times 26730^3\times 1000\times 10^{-9} = 9999896(\text{kg})$$

支柱质量：

$$m_z = 14\times 3.14\times 1\times 18\times 10^{-3}\times 15\times 7810 = 92698.45(\text{kg})$$

拉杆质量：

$$m_l = 28\times 3.14\times 0.045\times 0.045\times 12.53\times 7810 = 17422.67(\text{kg})$$

支柱和拉杆的总质量：

$$m_4 = m_z + m_1 = 92698.45 + 17422.67 = 110121.12(\text{kg}) \tag{10-12}$$

附件质量：

$$m_5 = 30000\text{kg}$$

绝热材料重量：

$$m_6 = V_3\rho_5 = \frac{4\pi}{3}\left[\left(\frac{27.186}{2}\right)^3 - \left(\frac{26.786}{2}\right)^3\right] \times 40 = 18303.11(\text{kg})$$

操作状态下球罐质量：

$$\begin{aligned} m_0 &= m_1 + m_2 + m_4 + m_5 + m_6 \\ &= 1152311.3 + 3824960 + 110121.12 + 30000 + 18303.11 \\ &= 5135695.53(\text{kg}) \end{aligned} \tag{10-13}$$

液压试验状态下的球罐质量：

$$\begin{aligned} m_\text{T} &= m_1 + m_3 + m_4 + m_5 + m_6 \\ &= 1152311.3 + 9999896 + 110121.12 + 30000 + 18303.11 \\ &= 11310631.53(\text{kg}) \end{aligned} \tag{10-14}$$

球罐最小质量：

$$\begin{aligned} m_\text{min} &= m_1 + m_4 + m_5 + m_6 \\ &= 1152311.3 + 110121.12 + 30000 + 18303.11 \\ &= 1310735.53(\text{kg}) \end{aligned} \tag{10-15}$$

10.7 载荷计算

10.7.1 自振周期

支柱底板底面至球壳中心的距离：H_0=15000mm；
支柱数目：n=14；
支柱材料 16MnDR 钢的常温弹性模量：E_s=206×10^3MPa；
支柱外直径：d_o=1036mm；
支柱内直径：d_i=1000mm；
支柱横截面的惯性矩：

$$I = \frac{\pi}{64}(d_o^4 - d_i^4) = \frac{\pi}{64} \times (1036^4 - 1000^4) = 7.46 \times 10^9(\text{mm}^4) \tag{10-16}$$

支柱底板底面至拉杆中心线与支柱中心线交点处的距离：l=11000mm；
拉杆影响系数：ξ=0.1576（查 GB 12337—2014 表 13 得）；
球罐的基本自震周期：

$$T = \pi\sqrt{\frac{m_0 H_0^3 \xi \times 10^{-3}}{3nE_s I}} = 0.306\text{s} \tag{10-17}$$

10.7.2 地震力

综合影响系数：C_z=0.45；

地震影响系数的最大值：$a_{max}=0.24$（查 GB 12337—2014 表 14 得）；

对应于自振周期 T 的地震影响系数：

$$a = 0.3a_{max}/T = 0.235 \tag{10-18}$$

球罐的水平地震力：

$$F_e = C_z a_{max} m_0 g = 0.45 \times 0.24 \times 5153207.53 \times 9.81 = 5.46 \times 10^6 (\text{N}) \tag{10-19}$$

10.7.3 风载荷计算

风载形体系数：K_1=0.4；

系数：ξ_1=1.498（按 GB 12337—2014 表 15 选取）；

风振系数：$K_2 = 1 + 0.35\xi_1 = 1 + 0.35 \times 1.498 = 1.5243$；

10m 高度处的基本风压值：q_0=400N/m^2；

支柱底板底面至球壳中心的距离：$H_0 = 15\text{m}$；

风压高度变化系数：f_1=1.14；

球罐附件增大系数：f_2=1.1；

球罐的水平风力：

$$\begin{aligned} F_w &= \frac{\pi}{4} D_o^2 K_1 K_2 q_0 f_1 f_2 \times 10^{-6} \\ &= \frac{\pi}{4} \times 27258^2 \times 0.4 \times 1.5243 \times 400 \times 1.14 \times 1.1 \times 10^{-6} = 1.78 \times 10^5 (\text{N}) \end{aligned} \tag{10-20}$$

10.7.4 弯矩计算

计算（F_e+0.25F_w）与 F_w 的较大值 F_{max}：

$$F_e + 0.25F_w = 5.46 \times 10^6 + 0.25 \times 1.78 \times 10^5 = 5.50 \times 10^6 (\text{N})$$

$$F_w = 1.78 \times 10^5 \text{N}$$

$$F_{max} = 5.50 \times 10^6 \text{N}$$

力臂 L：

$$L = H_0 - l = 15000 - 11000 = 4000(\text{mm}) \tag{10-21}$$

由水平地震力和水平风力引起的最大弯矩：

$$M_{max} = F_{max} L = 5.50 \times 10^6 \times 4000 = 2.2 \times 10^{10} (\text{N} \cdot \text{mm}) \tag{10-22}$$

10.7.5 支柱计算

（1）单个支柱的垂直载荷

操作状态下的重力载荷：

$$G_0 = \frac{m_0 g}{n} = \frac{5153207.53 \times 9.81}{14} = 3.61 \times 10^6 (\mathrm{N}) \tag{10-23}$$

液压试验状态下的重力载荷：

$$G_{\mathrm{T}} = \frac{m_{\mathrm{T}} g}{n} = \frac{11328143.53 \times 9.81}{14} = 7.94 \times 10^6 (\mathrm{N}) \tag{10-24}$$

支柱中心圆半径：$R=R_{\mathrm{i}}=13365\mathrm{mm}$；

最大弯矩对支柱产生的垂直载荷的最大值：

$$(F_i)_{\max} = 0.1429 \frac{M_{\max}}{R} = 0.1429 \times \frac{2.2 \times 10^{10}}{13365} = 2.35 \times 10^5 (\mathrm{N}) \tag{10-25}$$

拉杆作用在支柱上的垂直载荷的最大值：

$$(P_{i-j})_{\max} = 0.321 \frac{lF_{\max}}{R} = 0.321 \times \frac{11000 \times 5.50 \times 10^6}{13365} = 1.45 \times 10^6 (\mathrm{N}) \tag{10-26}$$

按 GB 12337—2014 表 17 计算，以上两力之和的最大值：

$$\begin{aligned}(F_i + P_{i-j})_{\max} &= 0.062 \frac{M_{\max}}{R} + 0.3129 \frac{lF_{\max}}{R} \\ &= 0.062 \times \frac{2.2 \times 10^{10}}{13365} + 0.3129 \times \frac{11000 \times 5.5 \times 10^6}{13365} = 1.52 \times 10^6 (\mathrm{N})\end{aligned} \tag{10-27}$$

（2）组合载荷

操作状态下支柱的最大垂直载荷：

$$W_0 = G_0 + (F_i + P_{i-j})_{\max} = 3.61 \times 10^6 + 1.52 \times 10^6 = 5.13 \times 10^6 (\mathrm{N}) \tag{10-28}$$

液压试验状态下支柱的最大垂直载荷：

$$W_{\mathrm{T}} = G_{\mathrm{T}} + 0.3(F_i + P_{i-j})_{\max} = 7.94 \times 10^6 + 0.3 \times 1.52 \times 10^6 = 8.40 \times 10^6 (\mathrm{N}) \tag{10-29}$$

10.7.6　单个支柱弯矩

（1）偏心弯矩

操作状态下赤道线的液柱高度：$h_{0\mathrm{e}} = 6850\mathrm{mm}$；

液压试验状态下赤道线的液柱高度：$h_{\mathrm{Te}} = 13365\mathrm{mm}$；

操作状态下物料在球壳赤道线的液柱静压力：

$$p_{0\mathrm{e}} = h_{0\mathrm{e}} \rho_3 g \times 10^{-9} = 6850 \times 450 \times 9.81 \times 10^{-9} = 0.030 (\mathrm{MPa}) \tag{10-30}$$

液压试验状态下液体在赤道线的液柱静压力：

$$p_{\mathrm{Te}} = h_{\mathrm{Te}} \rho_4 g \times 10^{-9} = 13365 \times 1000 \times 9.81 \times 10^{-9} = 0.131 (\mathrm{MPa}) \tag{10-31}$$

球壳的有效厚度（$c=1$）：$\delta_{\mathrm{e}} = \delta_{\mathrm{n}} - c = 27 (\mathrm{mm})$

操作状态下物料在球壳赤道线的薄膜应力：

$$\sigma_{0\mathrm{e}} = \frac{(p + p_{0\mathrm{e}})(D_{\mathrm{i}} + \delta_{\mathrm{e}})}{4\delta_{\mathrm{e}} \varphi} = \frac{(0.55 + 0.030)(26730 + 27)}{4 \times 27 \times 1} = 143.69 (\mathrm{MPa}) \tag{10-32}$$

液压试验状态下液体在球壳赤道线的薄膜应力：

$$\sigma_{\mathrm{Te}}=\frac{(p_{\mathrm{T}}+p_{\mathrm{Te}})(D_{\mathrm{i}}+\delta_{\mathrm{e}})}{4\delta_{\mathrm{e}}\varphi}=\frac{(0.625+0.131)\times(26730+27)}{4\times 27\times 1}=187.30(\mathrm{MPa}) \tag{10-33}$$

球壳内半径：R_i=13365mm；

球壳材料的泊松比：μ=0.3；

球壳材料 0Cr18Ni9 的弹性模量：$E=206\times10^3$MPa；

操作状态下支柱的偏心弯矩：

$$M_{01}=\frac{\sigma_{0\mathrm{e}}R_{\mathrm{i}}W_0}{E}(1-\mu)=\frac{143.695\times 13365\times 5.13\times 10^6}{206000}\times(1-0.3)=3.35\times10^7(\mathrm{N\cdot mm}) \tag{10-34}$$

液压试验状态下支柱的偏心弯矩：

$$M_{\mathrm{T1}}=\frac{\sigma_{\mathrm{Te}}R_{\mathrm{i}}W_{\mathrm{T}}}{E}(1-\mu)=\frac{187.30\times 13365\times 8.40\times 10^6}{206000}\times(1-0.3)=7.14\times10^7(\mathrm{N\cdot mm}) \tag{10-35}$$

（2）附加弯矩

操作状态下支柱的偏心弯矩：

$$\begin{aligned}M_{02}&=\frac{6E_{\mathrm{s}}I\sigma_{0\mathrm{e}}R_{\mathrm{i}}}{H_0^{\,2}E}(1-\mu)=\frac{6\times 206000\times 7.46\times 10^9\times 143.69\times 13365}{15000^2\times 206000}\times(1-0.3)\\&=2.67\times10^8(\mathrm{N\cdot mm})\end{aligned} \tag{10-36}$$

液压试验状态下支柱的偏心弯矩：

$$\begin{aligned}M_{\mathrm{T2}}&=\frac{6E_{\mathrm{s}}I\sigma_{\mathrm{Te}}R_{\mathrm{i}}}{H_0^{\,2}E}(1-\mu)=\frac{6\times 206000\times 7.46\times 10^9\times 187.30\times 13365}{15000^2\times 206000}\times(1-0.3)\\&=3.49\times10^8(\mathrm{N\cdot mm})\end{aligned} \tag{10-37}$$

（3）总弯矩

操作状态下支柱的总弯矩

$$M_0=M_{01}+M_{02}=3.35\times10^7+2.67\times10^8=3.01\times10^8(\mathrm{N\cdot mm}) \tag{10-38}$$

液压试验状态下支柱的总弯矩：

$$M_{\mathrm{T}}=M_{\mathrm{T1}}+M_{\mathrm{T2}}=7.14\times10^7+3.49\times10^8=4.20\times10^8(\mathrm{N\cdot mm}) \tag{10-39}$$

10.7.7 支柱稳定性校核

（1）支柱的偏心率计算

单个支柱的横截面积

$$A=\frac{\pi}{4}(d_{\mathrm{o}}^2-d_{\mathrm{i}}^2)=\frac{\pi}{4}\times(1036^2-1000^2)=5.76\times10^4(\mathrm{mm}^2) \tag{10-40}$$

单个支柱的截面系数

$$Z=\frac{\pi}{32d_{\mathrm{o}}}(d_{\mathrm{o}}^4-d_{\mathrm{i}}^4)=\frac{\pi}{32\times 1036}\times(1036^4-1000^4)=1.44\times10^7(\mathrm{mm}^3) \tag{10-41}$$

操作状态下支柱的偏心率

$$\varepsilon_0=\frac{1}{W_0Z}M_{0\mathrm{A}}=\frac{1}{5.13\times10^6\times1.44\times10^7}\times3.01\times10^8\times5.76\times10^4=0.23 \tag{10-42}$$

液压试验状态下支柱的偏心率

$$\varepsilon_{\mathrm{T}}=\frac{1}{W_{\mathrm{T}}Z}M_{\mathrm{TA}}=\frac{1}{8.40\times10^{6}\times1.44\times10^{7}}\times4.20\times10^{8}\times5.76\times10^{4}=0.2 \tag{10-43}$$

（2）稳定性校核

计算长度系数：K_3=1；

支柱的惯性半径：

$$r_{\mathrm{i}}=\sqrt{I/A}=\sqrt{7.46\times10^{9}\ /(5.76\times10^{4})}=359.88(\mathrm{mm}) \tag{10-44}$$

支柱长细比：

$$\lambda=K_3H_0/r_{\mathrm{i}}=(1\times15000)/359.88=41.68 \tag{10-45}$$

操作状态下偏心受压支柱的稳定系数：按 GB 12337—2014 表 18 选取 $\phi_{0\mathrm{P}}=0.753$；

液压试验状态下偏心受压支柱的稳定系数：按 GB 12337—2014 表 18 选取 $\phi_{\mathrm{TP}}=0.768$；

支柱材料：16MnR；

支柱材料的许用应力：

$$\sigma_{\mathrm{s}}=310\mathrm{MPa}$$

$$[\sigma]_{\mathrm{c}}=\frac{\sigma_{\mathrm{s}}}{1.5}=310/1.5=206.667(\mathrm{MPa}) \tag{10-46}$$

操作状态下支柱的稳定性校核：

$$\frac{W_0}{A\phi_{0\mathrm{P}}}=5.13\times10^{6}/(5.76\times10^{4}\times0.753)=118.28(\mathrm{MPa})<[\sigma]_{\mathrm{c}}$$

液压试验状态下支柱的稳定性校核：

$$\frac{W_{\mathrm{T}}}{A\phi_{\mathrm{TP}}}=8.40\times10^{6}/(5.76\times10^{4}\times0.768)=189.89(\mathrm{MPa})<[\sigma]_{\mathrm{c}}$$

10.7.8　地脚螺栓计算

（1）拉杆作用在支柱上的水平力

拉杆和支柱间的夹角：

$$\beta=\arctan\left(5963.5/11000\right)=28.46(^{\circ})$$

拉杆作用在支柱上的水平力：

$$F_{\mathrm{c}}=(P_{i-j})_{\max}\tan\beta=1.45\times10^{6}\times(5963.5/11000)=7.86\times10^{5}(\mathrm{N}) \tag{10-47}$$

（2）支柱底板与基础的摩擦力

支柱底板与基础的摩擦系数：f_{s}=0.4；

支柱底板与基础的摩擦力：

$$F_{\mathrm{s}}=f_{\mathrm{s}}m_{\min}g/n=0.4\times1328247.53\times9.81/14=3.72\times10^{5}(\mathrm{N}) \tag{10-48}$$

（3）地脚螺栓

因 $F_{\mathrm{s}}<F_{\mathrm{c}}$，所以球罐必须设置地脚螺栓。

每个支柱上的地脚螺栓个数：$n_d = 2$；

地脚螺栓材料：40MnB；

地脚螺栓材料的许用剪切应力：

$$\sigma_s = 635\ \text{MPa}$$

$$[\tau]_B = 0.4\sigma_s = 0.4 \times 635 = 254(\text{MPa}) \tag{10-49}$$

地脚螺栓的腐蚀裕量：C_B=3mm；

地脚螺栓的螺纹小径：

$$d_B = 1.13\sqrt{\frac{F_c - F_s}{n_d[\tau]_B}} + C_B = 1.13 \times \sqrt{(7.86 \times 10^5 - 3.72 \times 10^5)/2/254} + 3 = 35.26(\text{mm}) \tag{10-50}$$

所以选取 M40 的地脚螺栓。

10.7.9 支柱底板计算

（1）支柱底板直径

基础采用钢筋混凝土，其许用压应力$[\sigma]_{bc}$=3.0MPa，则支柱底板直径取以下两式的最大值。

$$D_{b1} = 1.13\sqrt{\frac{W_{max}}{[\sigma]_{bc}}} = 1.13 \times \sqrt{8.4 \times 10^6 / 3} = 1890.85(\text{mm}) \tag{10-51}$$

$$D_{b2} = (8 \sim 10)d + d_o = (8 \sim 10) \times 40 + 1036 = 1356 \sim 1436(\text{mm}) \tag{10-52}$$

则选取底板直径 D_b=1900 mm。

（2）底板厚度

图 10-6 为基础示意。

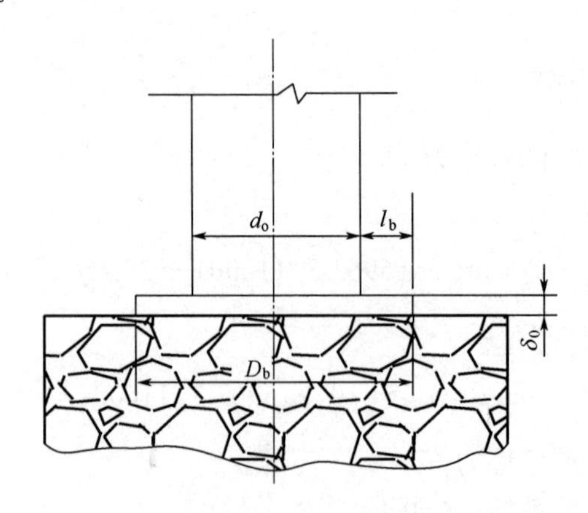

图 10-6 基础示意

底板的压应力：

$$\sigma_{bc} = \frac{4}{\pi D_b^2} W_{max} = \frac{4}{\pi \times 1900^2} \times 8.4 \times 10^6 = 2.96(\text{MPa}) \tag{10-53}$$

底板外边缘至支柱外表面的距离：$l_b = (1900 - 1045) \div 2 = 427.5(\text{mm})$；

底板材料：16MnR；

底板材料的许用弯曲应力：

$$\sigma_s = 265\text{MPa}$$

$$[\sigma]_b = \frac{\sigma_s}{1.5} = 265 / 1.5 = 176.67(\text{MPa})$$

底板的腐蚀裕量：C_b=3mm；

底板厚度：

$$\delta_b = \sqrt{\frac{3\sigma_{bc} l_b^2}{[\sigma]_b}} + C_b = \sqrt{3 \times 2.840 \times 427.5^2 / 176.67} + 3 = 96.88(\text{mm}) \qquad (10\text{-}54)$$

因此选取底板厚度 100mm。

10.7.10　拉杆计算

（1）拉杆螺纹小径的计算

拉杆的最大拉力：

$$F_T = (P_{i-j})_{max} / \cos\beta = 1.45 \times 10^6 / \cos 28.46° = 1.65 \times 10^6 (\text{N})$$

拉杆材料：Q235；

拉杆材料的许用应力：

$$\sigma_s = 215\text{MPa}$$

$$[\sigma]_T = \sigma_s / 1.5 = 215 / 1.5 = 143.33(\text{MPa})$$

拉杆的腐蚀裕量：C_T=2mm；

拉杆螺纹小径：

$$d_T = 1.13\sqrt{\frac{F_T}{[\sigma]_T}} + C_T = 1.13 \times \sqrt{1.65 \times 10^6 / 143.33} + 2 = 123.24(\text{mm}) \qquad (10\text{-}55)$$

则选取拉杆的螺纹公称直径为 M130。

（2）拉杆连接部位的计算

a．销子直径相关计算如下：

销子材料：35；

销子材料的许用剪切应力：

$$\sigma_s = 295\text{MPa}$$

$$[\tau]_P = 0.4\sigma_s = 0.4 \times 295 = 118(\text{MPa})$$

销子直径：

$$d_P = 0.8\sqrt{\frac{F_T}{[\tau]_P}} = 0.8 \times \sqrt{1.65 \times 10^6 / 118} = 94.60(\text{mm}) \qquad (10\text{-}56)$$

则选取销子直径 $d_P = 98$ mm 。

b．耳板厚度相关计算如下：

耳板材料：16MnR；

耳板材料的许用应力：

$$\sigma_s = 285\ \text{MPa}$$

$$[\sigma]_c = \sigma_s / 1.1 = 285 / 1.1 = 259.091(\text{MPa}) \tag{10-57}$$

耳板厚度：

$$\delta_c = F_T / (d_P[\sigma]_c) = 1.65 \times 10^6 / 98 / 259.09 = 64.98(\text{mm}) \tag{10-58}$$

则选取耳板厚度为70mm。

（3）翼板厚度

翼板材料：Q235；

翼板厚度：

$$\sigma_s' = 225\ \text{MPa}$$

$$\delta_a = \delta_{cs} / 2\sigma_s' = 25380 / (2 \times 225) = 56.4(\text{mm}) \tag{10-59}$$

则选取翼板厚度为60mm。

（4）焊缝强度验算

支柱与耳板连接焊缝单边长度：L_1=800mm；

支柱与耳板连接焊缝焊角尺寸：S_1=23mm；

支柱或耳板材料屈服点的较小值：$\sigma_s = 285\text{MPa}$；

角焊缝系数：ϕ_a=0.6；

焊缝许用剪切应力：

$$[\tau]_w = 0.4\sigma_s = 0.4 \times 285 \times 0.6 = 68.4(\text{MPa})$$

耳板与支柱连接焊缝的剪切应力校核：

$$\frac{F_T}{1.41 L_1 S_1} = 1.65 \times 10^6 / (1.41 \times 800 \times 23) = 63.60(\text{MPa}) < [\tau]_w$$

拉杆与翼板连接焊缝单边长度：L_1=500mm；

拉杆与翼板连接焊缝焊角尺寸：S_1=22mm；

拉杆与翼板材料屈服点的较小值：$\sigma_s = 215\text{MPa}$；

角焊缝系数：ϕ_a=0.6；

焊缝许用剪切应力：

$$[\tau]_w = 0.4\sigma_s\phi_a \tag{10-60}$$

拉杆与翼板连接焊缝的剪切应力校核：

$$\frac{F_T}{2.82 L_2 S_2} = 1.65 \times 10^6 / (2.82 \times 500 \times 24) = 48.76(\text{MPa}) < [\tau]_w$$

10.7.11 支柱与球壳连接最低点 *a* 的应力校核

（1）*a* 点的剪切应力

支柱与球壳连接焊缝单边的弧长：L_W=4070.4mm；

球壳 a 点处的有效厚度：δ_{ca}=26mm；

操作状态下 a 点的剪切应力：

$$\tau_0=\frac{G_0+(F_i)_{max}}{2L_w\delta_{ca}}=(3.61\times10^6+2.35\times10^5)/(2\times4070.4\times26)=18.17(MPa) \tag{10-61}$$

液压试验状态下 a 点的剪切应力：

$$\tau_T=\frac{G_T+0.3(F_i)_{max}F_w/F_{max}}{2L_w\delta_{ca}}=\frac{7.94\times10^6+(0.3\times2.35\times10^5\times1.78\times10^5)/(5.50\times10^6)}{2\times4070.4\times26}=37.52(MPa) \tag{10-62}$$

（2）a 点的纬向应力

操作状态下 a 点的液柱高度：h_{0a}=10850mm；

液压试验状态下 a 点的液柱高度：h_{Ta}=17400mm；

操作状态下物料在 a 点的液柱静压力：

$$p_{0a}=h_{0a}\rho_3g\times10^{-9}=10850\times450\times9.81\times10^{-9}=0.048(MPa) \tag{10-63}$$

液压试验状态下物料在 a 点的液柱静压力：

$$p_{Ta}=h_{Ta}\rho_4g\times10^{-9}=17400\times1000\times9.81\times10^{-9}=0.17(MPa) \tag{10-64}$$

操作状态下 a 点的纬向应力：

$$\sigma_{01}=\frac{(p+p_{0a})(D_i+\delta_{ea})}{4\delta_{ea}\varphi}=(0.55+0.048)(26730+26)/(4\times26\times1)=153.82(MPa) \tag{10-65}$$

液压试验状态下 a 点的纬向应力：

$$\sigma_{T1}=\frac{(p_T+p_{Ta})(D_i+\delta_{ea})}{4\delta_{ea}\varphi}=(0.625+0.171)(26730+26)/(4\times26\times1)=204.79(MPa) \tag{10-66}$$

（3）a 点的应力校核

操作状态下 a 点的组合应力：

$$\sigma_{0a}=\sigma_{01}+\tau_0=153.82+18.17=171.99(MPa) \tag{10-67}$$

液压状态下 a 点的组合应力：

$$\sigma_{Ta}=\sigma_{T1}+\tau_T=204.79+37.52=242.31(MPa) \tag{10-68}$$

应力校核：

$$\sigma_{0a}=171.99\ MPa<[\sigma]^t=177MPa$$

$$\sigma_{Ta}=242.31\ MPa<0.9\sigma_s=256.5MPa$$

所以满足要求。

10.7.12　支柱与球壳连接焊缝的强度校核

计算 $G_0+(F_i)_{max}$ 和 $G_T+0.3(F_i)_{max}F_w/F_{max}$ 两者中的较大值 W。

$$G_0+(F_i)_{max}=3.61\times10^6+2.35\times10^5=3.85\times10^6(N)$$

$$G_T + 0.3(F_i)_{max} F_w / F_{max} = 7.94 \times 10^6 + 0.3 \times 2.35 \times 10^5 \times 1.78 \times 10^5 / (5.5 \times 10^6) = 7.94 \times 10^6 (N)$$

$$W = G_T + 0.3(F_i)_{max} = 7.94 \times 10^6 N$$

支柱与球壳连接焊缝焊角尺寸：$S=19mm$

支柱与球壳连接焊缝的剪切应力：

$$\tau_w = W / (1.41 L_w S) = 7.94 \times 10^6 / (1.41 \times 4070.4 \times 19) = 72.81(MPa)$$

支柱与球壳材料屈服点的较小值：$\sigma_s = 310$ MPa

焊缝的许用剪切应力：

$$[\tau]_w = 0.4 \sigma_s \phi_a = 0.4 \times 310 \times 0.6 = 74.4(MPa)$$

应力校核：

$$\tau_w = 72.81 \text{ MPa} < [\tau]_w$$

因此满足要求。

10.8 安全泄放计算

10.8.1 安全阀排泄量

安全阀排泄量按公式（10-69）进行计算：

$$W_s = \frac{2.61 \times (650 - t) \lambda A_r^{0.82}}{\delta q} \tag{10-69}$$

式中 W_s——球罐的安全泄放量，kg/h；

q——在泄放压力下液化气体的汽化潜热，kJ/kg，查《化工物性手册》取 q=380kJ/kg；

A_r——球罐的受热面积，m^2，$A_r=1.75D_o^2=1250.36m^2$；

t——泄放压力下介质的饱和温度，℃，t=15℃；

λ——常温下绝热材料的热导率，kJ/（h • m • ℃），保温层材料为聚氨基甲酸酯板，查得 λ=0.0837J/（h • m • ℃）；

δ——保温层厚度，mm，δ=50mm。

经计算 W_s=2529.04kg/h。

10.8.2 安全阀排放面积的计算

由于 $p_o / p_d \leqslant \left(\frac{2}{k+1}\right)^{\frac{k}{k-1}}$ 处于临界条件，计算安全排放面积：

$$A = \frac{W_s}{7.6 \times 10^{-2} CKp_d \sqrt{M / (ZT)}} \tag{10-70}$$

式中 W_s——安全阀的安全排放量，kg/h；

A——安全阀的最小排放面积，mm^2；

K——安全阀额定排放系数，取 0.9 倍泄放系数（泄放系数由安全阀制造厂提供）；

C——气体特性系数，查《球罐和大型储罐》表 3-9 得 C=329；

k——气体绝热指数，查《化工物性手册》得 k=1.12；

p_o——安全阀出口侧的压力，MPa，p_o=0MPa；

p_d——安全阀的泄放压力，MPa，p_d=0.45MPa；

M——气体的摩尔质量，kg/kmol，M=50kg/kmol；

T——泄放装置进口侧气体的温度，K，T=288K；

Z——气体的压缩系数，对比温度 T_r=288/400，对比压力 p_r=0.42/4，查图得 Z=0.86。

经计算 A=488.26mm^2。

参考文献

[1] 韩伟基．中国球形容器建设回顾与展望［J］．石油工程建设，1999，25（1）：2-5．

[2] 段利明，王飞，田云丰，等．国产 07MnCrMoVR 高强钢的焊接工艺［J］．云南水力发电，2005，21（1）：69-71．

[3] 李文平．2000m^{3}LPG 球罐的选材与结构设计［J］．化工设备与管道，2005，42（1）：43-45．

[4] 刘福禄，朱保国，严国华，等．8000m^3 商品液化石油气球罐设计研究［J］．石油化工设备，1999，28（1）：21-25．

[5] 刘福录．GB 12337 球罐标准新结构介绍［J］．石油化工设备，1998，27（3）：1-4．

[6] 李永泰，黄金国．球罐支柱型式及其与球壳连接的结构［J］．压力容器，2003，20（10）：29-33．

[7] 孙欣华，黄红祥．燃气球形储罐的分析设计［J］．煤气与热力，2004，24（12）：682-684．

[8] 赵国勇，邱瑞萍，王秀霞，等．2000m^3 液化石油气球罐设计［J］．油气田地面工程，2006，25（5）：44-45．

[9] 胡志方，周焱，张辉琴．混合式球壳与桔瓣式球壳的设计对比［J］．石油化工设备，2003，32（1）：25-26．

[10] 洪德晓．球形容器设计［M］．上海：上海科学技术出版社，1985．

[11] 窦万波，方国爱，刘国庆，等．首台 15MnNbR 钢制 2000 m^3 液化石油气球罐设计［J］．压力容器．19（6）：19-22．

[12] JB 4732—1995．钢制压力容器分析设计标准标准释义［S］．北京：中国标准出版社，1995．

[13] 刘志军，喻健良，李志义．过程机械［M］．北京：中国石化出版社，2002．

[14] 窦万波．1000m^3 大型天然气球罐设计及制造关键技术研究［D］．北京：北京工业大学机械学院，2009．

[15] 丘志坚，王艳，支淑民，等．2000m^3 丙烯球罐设计研究［J］．石油工程建设，2009，35（4）：21-24．

[16] 费继曾，李勇，严国华，等．8000m^3 球罐选材及焊态使用技术要求探讨［J］．石油化工设备，2000，（3）：26-28．

[17] 李广．10000 立方米石油液化气球罐设计［D］．大连：大连理工大学，2010：1-51．

[18] GB 150.1～GB 150.4—2011．压力容器［S］．北京：中国标准出版社，2011．

第11章 LNG立式储罐设计计算

LNG立式储罐一般是垂直圆柱形双层真空储罐，具有耐低温特性，要求储液具有良好的耐低温性能和优异的保冷性能。储罐内LNG一般储存在1atm、-162℃饱和状态。内罐壁要求耐低温材料，一般选用A537CL2、A516Gr60等材料。在内罐和外罐之间填充高性能的保冷材料，罐底保冷材料还要有足够的承压性能。

11.1 LNG立式储罐的特点

① 耐低温。常压下液化天然气的沸点为-160℃。LNG选择低温常压储存方式，将天然气的温度降到沸点以下，使储液罐的操作压力稍高于常压，与高压常温储存方式相比，可以大大降低罐壁厚度，提高安全性能。因此，LNG要求储液罐体具有良好的耐低温性能和优异的保冷性能。

② 安全要求高。由于罐内储存的是低温液体，储罐一旦出现意外，冷藏的液体会大量挥发，气化量大约是原来冷藏状态下的300倍，在大气中形成会自动引爆的气团。因此，API、BS等规范都要求储罐采用双层壁结构，运用封拦理念，在第一层罐体泄漏时，第二层罐体可对泄漏液体与蒸发气实现完全封拦，确保储存安全。

③ 材料特殊。内罐壁要求耐低温，一般选用A537CL2、A516Gr60等材料，外罐壁为预应力钢筋混凝土，一般设计抗拉强度≥20kPa。

④ 保温措施严格。由于罐内外温差最高可达200℃，要使罐内温度保持在-160℃，罐体就要具有良好的保冷性能，在内罐和外罐之间填充高性能的保冷材料。罐底保冷材料还要有足够的承压性能。

⑤ 抗震性能好。一般建筑物的抗震要求是在规定地震荷载下裂而不倒。为确保储罐在意外荷载作用下的安全，储罐必须具有良好的抗震性能。对LNG储罐则要求在规定地震荷载下不倒也不裂。因此，选择的建造场地一般要避开地震断裂带，在施工前要对储罐做抗震试验，分析动态条件下储罐的结构性能，确保在给定地震烈度下罐体不损坏。

⑥ 施工要求严格。储罐焊缝必须进行100%磁粉检测（MT）及100%真空气密检测（VBT），要严格选择保冷材料，施工中应遵循规定的程序。为防止混凝土出现裂纹，均采用后张拉预应力施工，对罐壁垂直度控制十分严格。混凝土外罐顶应具备较高的抗压、抗拉能力，能抵御一般坠落物的击打；由于罐底混凝土较厚，浇注时要控制水化温度，防止因温度应力产生的开裂。

LNG 立式储罐的简图如图 11-1 所示。

图 11-1 LNG 立式储罐简图

11.2 LNG 立式储罐的设计

11.2.1 设计依据的标准及主要设计参数

本书的编写依据标准有：GB 150.1～150.4—2011《压力容器》，GB /T 18442.1～18442.6—2011《固定式真空绝热深冷压力容器》，Q/CIMC23001—2009《奥氏体不锈钢应变强化深冷容器-固定容器》，GB 50264—2013《工业设备及管道绝热工程设计规范》以及达道安的《真空设计手册》。本书所用立式储罐主要设计参数见表 11-1。

表 11-1 LNG 立式储罐的主要设计参数

设计参数	内罐	外罐
设计压力/MPa	0.93	0.1
工作压力/MPa	0.883	0.1
设计温度/℃	-196	50
工作温度/℃	-162	环境温度
介质名称	LNG	普通型膨胀珍珠岩
腐蚀裕量/mm	0	1
焊接接头系数	1	0.85
主体材质	0Cr18Ni9	Q345R
几何容积/m^2	100	
充装系数	0.9	
设备净重/t	55499.46	
充液后总质量/t	94199.46	
安全阀开启压力/MPa	0.93	
地震烈度	8 度	
日蒸发率/%	0.25	

11.2.2 LNG储罐结构的初步设计

11.2.2.1 内罐的应变强化设计

（1）内罐的选材

由于内罐直接与液化天然气接触，承受着内压力和低温，在选材时应考虑材料在低温深冷条件下的强度和韧性，同时还需考虑材料与天然气的相变性。奥氏不锈钢0Cr18Ni9有较好的低温性能，且与天然气很好相容，所以材料选用（内容器）0Cr18Ni9。

（2）内罐的结构

内罐结构为圆柱体，封头采用标准椭圆封头。

（3）内罐设计条件

工作介质：液化天然气；设计温度：-196℃；焊接系数：0.9。

（4）内罐的应变强度设计计算

介质：液化天然气；材料屈服强度：205MPa；腐蚀裕量：0mm；内罐内径取：D=3000mm；内罐标准椭圆封头深度计算：H=750mm。

$$V_{球冠}=\pi H^2\left(R-\frac{H}{3}\right)=\pi\times0.75^2\times\left(1.5-\frac{0.75}{3}\right)=2.21(\mathrm{m}^3) \tag{11-1}$$

$$V=\frac{\pi}{4}D^2h+2V_{球冠} \tag{11-2}$$

圆柱体高度：

$$h=\frac{V-2\times2.21}{\frac{\pi}{4}D^2}=\frac{100-4.42}{\frac{\pi}{4}\times3^2}=13.5(\mathrm{m}) \tag{11-3}$$

代入上述公式得：$V=100\ \mathrm{m}^3$。

圆柱体壁厚计算：

$$\delta_1=\frac{p_{\mathrm{D}}D}{2\frac{\delta_{\mathrm{k}}}{1.5}-0.5p_{\mathrm{c}}}=0.93\times\frac{3000}{2\times\frac{405}{1.5}-0.5\times0.93}=5.17(\mathrm{mm}) \tag{11-4}$$

钢板厚度负偏差，取0.6，圆整后取内筒体名义厚度为δ'=6mm。

封头厚度计算由公式（11-4）得：

$$\delta'=0.93\times\frac{3000}{2\times\frac{405}{1.5}\times10-0.5\times0.93}=5.17(\mathrm{mm})$$

经圆整，取δ'=6mm。有效厚度为7mm。其中δ_{k}为应变强化后的屈服强度，取405MPa。

11.2.2.2 内罐的常规设计

（1）内罐筒体设计计算

设计温度下的圆筒的计算厚度：

$$\delta=\frac{p_{\mathrm{c}}D_{\mathrm{t}}}{2[\sigma]^t\varphi-p_{\mathrm{c}}} \tag{11-5}$$

式中　p_{c}——计算压力，$p_{\mathrm{c}}=p_{\mathrm{s}}+p_{\mathrm{y}}$；

p_s——设计压力，0.93MPa；

p_y——液柱静压力，$p_y=\rho gh=13.5\times9.8\times426=0.056(\text{MPa})$；

δ——内罐计算厚度，mm；

D_t——内罐直径，mm；

$[\sigma]^t$——设计温度下材料的许用应力，MPa；

φ——焊接系数，取 φ=1.0。

代入数据得：

$$\delta_j=\frac{(0.93+0.056)\times3000}{2\times1.0\times137-(0.93+0.056)}=10.87(\text{mm})$$

腐蚀裕量取 C=0mm；

钢板负偏差 C=0.53mm；

钢板的设计厚度 $\delta_s=\delta_j+0=11\text{mm}$；

钢板的有效厚度 δ=11mm。

（2）内罐封头设计计算

本书圆筒采用椭圆形封头，椭圆形封头一般采用长短轴比值为 2 的标准型、受内压（凹面受压）椭圆形封头。

封头计算厚度：

$$\delta_h=\frac{KHD_i}{2[\sigma]^t\varphi-0.5p_c} \tag{11-6}$$

式中 D_i——封头内径或与其连接的圆筒内直径；

H——凸形封头内曲面深度；

δ_h——凸形封头计算厚度；

p_c——计算压力；

K——椭圆形封头形状系数。

$$K=\frac{1}{6}\left[2+\left(\frac{p_i}{2H_i}\right)^2\right] \tag{11-7}$$

式中 p_i——封头压力，Pa；

H_i——封头深度，mm。

查表得：K=1。

$$\delta_h=\frac{0.956\times3000}{2\times137\times1.0-0.5\times0.956}=10.48(\text{mm})$$

椭圆形封头的最大工作压力：

$$[p_w]=\frac{2[\sigma]^t\varphi\delta_y}{KD_i-0.5\delta_y}=\frac{2\times137\times1\times0.01147}{3+0.5\times0.01147}=1.046(\text{MPa}) \tag{11-8}$$

计算厚度：10.48mm；

设计厚度：计算厚度+腐蚀裕量=10.48mm；

名义厚度：计算厚度+腐蚀裕量+负偏差=11.01，圆整得 12mm；

取负偏差：0.53mm；

有效厚度：名义厚度-负偏差=11.47mm。

计算所得的偏差与厚度统计见表 11-2。

表 11-2 偏差和厚度的统计 单位：mm

项目	数值
计算厚度 δ_j	10.48
腐蚀裕量 δ_f	0
设计厚度 δ_c	10.48
名义厚度 δ_m	12
负偏差 δ_n	0.53
有效厚度 δ_v	11.47

（3）保温层设计

保冷材料为控制储存 LNG 的气化量，减少罐体的热冲击和热应力，保冷材料必须具备极高的隔热性能和较高的压缩强度，以及如下特性：

a．低热导率；

b．耐-162℃低温，不出现裂纹特性；

c．高压缩强度；

d．低吸水性和吸湿性；

e．化学稳定性良好；

f．难燃性或不燃性；

g．施工容易，投资少。

保冷层的绝热方式采用真空粉末绝热，所填充的多孔介质为膨胀珍珠岩。使用原因：由于膨胀后的珍珠岩具有微孔、质轻的特点，所以当低温设备绝热层充入膨胀珍珠岩后，绝热层内的空气发生自然对流。

保冷层所需要的特征尺度非常小，由于空气的黏性对对流热阻的作用，导致微孔中空气的吸收和散射，从而使得辐射对热传递的贡献大大减小。所以，填充膨胀珍珠岩后的绝热系统中的热传递形式仅可以看作是绝热材料本身的固体热传导和材料间的气体传导，实际上这部分的热流量约占总热流量的 90%以上。而在常压、温度为 273～277K 的条件下，膨胀珍珠岩的平均热传导率仅为 0.0185～0.029W/（m·K），且热稳定性好；所以膨胀珍珠岩作为一种非常好的绝热材料被广泛应用于空气分离装置等低温绝热系统。

（4）保温层的计算

按最大冷损失量计算：

$$D_1 \ln \frac{D_1}{D_0} = 2\lambda \left(\frac{T_0 - T_a}{[Q]} \frac{1}{\alpha_s} \right) \tag{11-9}$$

式中 D_0——内筒外径；

D_1——绝热层外径；

T_a——环境温度；

T_0——设备外表面温度；

α_s——绝热层放热系数；

λ——绝热材料在平均温度下的热导率；

$[Q]$——最大冷损失量，当 $T_a - T_d \leqslant 4.5$℃时，$[Q] = -(T_0 - T_a)\alpha_s$，当 $T_a - T_d > 4.5$ 时，$[Q] = -4.5\alpha_s$。

由 GB 50264—2013 查知：兰州市内最热月平均相对湿度：Φ=61%；最热月环境温度 T=30.5℃，查 *h-d* 图知露点温度 T_d=22.2℃，当地环境温度：T_a=30.5℃，$T_a - T_d = 8.3$℃，即 $T_a - T_d > 4.5$℃，则$[Q]$=4.5α_s。根据 GB 50264—2013 查知：α_s=8.141W/m^2，T_0=163℃，故$[Q] = -4.5 \times 8.141 = -36.63(\mathrm{W/m^2})$。查得 $\lambda = 0.05\mathrm{W/(m \cdot K)}$，$D_0 = 3000 + 2 \times 13 = 3026(\mathrm{mm}) = 3.026(\mathrm{m})$。

将数据代入式（11-9）得：

$$D_1 \ln \frac{D_1}{3.026} = 2 \times 0.05 \left(\frac{-163 - 30.5}{-36.63} \times \frac{1}{8.141} \right) = 65$$

即 D_1=3.205m。

保温层厚度为：

$$\delta = \frac{1}{2}(D_1 - D_0) = \frac{1}{2} \times (3.205 - 3.026) = 0.09(\mathrm{m}) \tag{11-10}$$

故取保温层厚度为 $\delta = (144 + 90)/2 = 117(\mathrm{mm})$，取 117mm。

11.2.2.3 外罐设计

（1）外罐设计

材料：Q345R（16MnR）低合金钢板；

外罐直径：D_1=3310mm；

设外筒直径名义厚度：δ_n=22mm；

有效厚度：δ_e=21mm；

外径：D_2=3310+2×22=3354(mm)；

圆筒体长：L=13.81m。

因为 $\frac{L}{D_2} = \frac{13810}{3354} = 4.117$，$\frac{D_2}{\delta_e} = \frac{3354}{21} = 159.71$，查外压或轴向受压圆筒和管子几何参数，代入下式得：

$$B = \frac{2}{3}EA = \frac{2}{3} \times 1.98353 \times 10^5 \times 0.00012 = 15.99(\mathrm{MPa}) \tag{11-11}$$

计算许用外压力：

$$[p] = \frac{B}{D_2/\delta_e} = \frac{15.99}{159.71} = 0.101(\mathrm{MPa}) \tag{11-12}$$

设计压力 $p = 0.1$ MPa$\leqslant$0.101MPa，即外筒名义厚度 δ_n=22mm 合理。

（2）外封头外压校核

取封头厚度为筒体厚度，即外罐内直径 D_1=3310mm；

设外筒直径名义厚度：δ_n=22mm；

有效厚度：δ_e=21mm；

外罐外直径：D_2=3354mm；

等效半径：R_0=D_1+δ_n=3310+22=3332(mm)；

查图得 B=102MPa。

$$A=\frac{0.125}{R_0/\delta_e}=\frac{0.125}{3332/21}=0.00079$$

计算许用压力：

$$[p]=21B/R_0=0.64\ \text{MPa}>p=0.1\text{MPa}$$

满足要求，故外容器名义厚度为 δ_n=22mm。

11.2.2.4　内罐设计

（1）加强圈

加强圈用扁钢，材料为 0Cr18Ni9，腐蚀裕量为 0mm，敷在内容器内部，加强圈的最大间距：

$$L_{max}=\frac{2.6ED_0}{mp_c(D_0/\delta_e)^{2.5}}=\frac{2.6\times1.98\times10^5\times3026}{3\times0.1\times\left(\frac{3026}{7}\right)^{2.5}}=1336(\text{mm})\tag{11-13}$$

式中　D_0——内容器外径，mm；

E——压强常数；

m——稳定性安全系数，取 3.0；

δ_e——壳体有效厚度，mm；

p_c——计算压力，取 0.1MPa。

取加强圈间距为 1300 mm，选取截面尺寸为 50mm×30mm 的扁钢。

（2）组合惯性矩

x-x 轴为组合截面中性轴，则加强圈与内壳体的组合惯性矩为：

$$I_s=I_0+A_s\left(E_0+\frac{\delta_e}{2}-a\right)^2+I_0'+A_s'a^2\tag{11-14}$$

$$I_0=1/12\,h_e^3b_e$$

式中　I_0——加强圈惯性矩，mm^4；

h_e——加强圈截面高度，mm；

b_e——有效高度，mm；

A_s——加强圈有效截面积，mm^2，$A_s=h_eb_e$；

E_0——型心轴距，mm，$E_0=h_e/2$；

a——组合截面形心轴距，mm；

I_0'——圆筒起加强作用部分的惯性矩，mm^4，$I_0'=1/(12l\delta_e^3)$；

A_s'——圆筒起加强作用部分的面积，mm^2；

l——加强圈两侧筒体有效宽度之和，mm，$l=1.10\sqrt{D_0\delta_e}$。

a. 若加强圈中心线两侧壳体有效宽度相重叠，则该壳体有效段宽度中相重叠部分截面每侧按一半计算。

组合截面形心轴距：

$$a=\frac{A_s\left(E_0+\frac{\delta_2}{2}\right)+A_s'}{A_s+A_s'} \tag{11-15}$$

即组合惯性矩：

$$\begin{aligned}I_s&=\frac{1}{12}h_e^3b_e+\frac{A_sA_s'+2(h_e+\delta_e)^2}{4(A_s+A_s')^2}+\frac{1}{12}l\delta_e^3+\frac{A_s^1A_s^2(h_e+\delta_e)^2}{4(A_s+A_s')^2}\\&=\frac{1}{12}\times(50^3\times30)+\frac{50\times30\times(800\times6)^2\times(50+6)^2}{4\times(50\times30+800\times6)^2}+\frac{6^3\times800}{12}+\\&\quad\frac{800\times6\times(50\times30)^2\times(50+6)^2}{4\times(50\times30+800\times6)^2}=1.65\times10^6(\text{mm}^4)\end{aligned} \tag{11-16}$$

b．保持稳定时加强圈和内筒组合段所需最小惯性矩为：

$$I=\frac{D_0^2l\left(\delta_e+\frac{A_s}{l}\right)A}{10.9} \tag{11-17}$$

c．当量圆筒周向失稳时的值为：

$$B=\frac{p_c}{\delta_e+\frac{A_s}{l}}=\frac{3\times0.9\times10^3}{6+\frac{1500}{800}}=342.8$$

所以计算 I 得：

$$I=\frac{D_0^2l\left(\delta_e+\frac{A_s}{l}\right)A}{10.9}=\frac{\left(3\times10^3\right)^2\times800\times\left(6+\frac{1500}{800}\right)\times0.00026}{10.9}=1.35\times10^6(\text{mm}^4)$$

由以上计算结果知 I_s 大于并接近于 I，即所选加强圈尺寸满足要求，选用 50×30 的扁钢。

（3）内容器下支撑结构的设计

内容器下支撑结构为：公称直径为 3200mm 的 56 号 A 形支撑式支座的结构改进型，玻璃钢柱定位装置和玻璃钢柱，支撑式支座和 0Cr18Ni9 玻璃钢柱定位装置。

支撑式支座受力校核：

内罐充装率为 0.9，所以 LNG 质量：

$$m=\varphi\rho v=0.9\times100\times0.43=38.7(\text{t})=38700(\text{kg})$$

内罐高度：

$$L=h+H=13.5+0.75\times2=15(\text{m})$$

即内罐需 20 个加强圈。

内罐加强圈质量：

$$m'=\pi\times2.8\times11.78\times20=2072.4(\text{kg})$$

故在内罐充完 LNG 后质量为：$m=2072.4+39000=41072.4(\text{kg})$。故

每个支撑式支座所承受载荷为：

$$Q=\frac{mg}{4}=\frac{2072.4\times9.8}{4}=100.6(\text{kN})$$

所以 $Q<[Q]=200\text{kN}$ 满足要求。

结构改进型支撑式支座的截面为：$A=0.01117\text{m}^2$。

支撑件内的应力为：

$$\sigma=\frac{mg}{4A}=\frac{100.6\times10^3}{[A]}\leqslant[\sigma]=1.37\times10^6\,\text{Pa}$$

得$[A]=0.088\text{m}^2$，故 $A=0.01117\text{m}^2$ 满足要求。取玻璃钢截面积为 0.01117m^2，故玻璃钢柱直径为：$d=\sqrt{4A/\pi}=119\text{mm}$，圆整取直径为 $d=120\text{mm}$。

（4）内罐常规设计与应变设计比较

内罐常规设计壁厚为 13mm，经应变强化处理后壁厚降为 7mm，比较常规设计减少了 6mm。

$$m_1=\pi\times2.8\times0.007\times15.235\times7800+2\times8.8503\times0.007\times7800=8279.9(\text{kg})$$

而常规设计的罐体质量为：

$$m_2=\pi\times2.8\times0.013\times15.235\times7800+2\times8.8503\times0.013\times7800=15376.9(\text{kg})$$

由此经应变强化设计后，节省钢材 7097kg；可见，应变强化技术可有效减少容器壁厚，减轻容器质量，节约资源，实现容器轻量化。

11.2.3 LNG 立式储罐强度校核

11.2.3.1 LNG 立式储罐设计条件

（1）LNG 储罐结构设计

外罐内径：$D_1=3310\text{mm}$；外罐高度：$H=15.39\text{m}$。

（2）设置地区

10mm 高度处基本风压值 $q=600\text{N/m}^2$；

地震设防烈度为 8 度；

场地土类为Ⅱ类第二组。

（3）裙座基础环材料选择

裙座材料选用 Q345R（16MnR），基础环材料选用 Q235-A。

11.2.3.2 LNG 立式储罐质量载荷计算

① 结构质量：

$$m=m_1+m_2+m_3+m_4\tag{11-18}$$

式中 m_1——内外筒总质量，kg；

m_2——内外容器封头总质量，kg；

m_3——裙座质量，kg；

m_4——其他附件质量，kg。

② 内外筒总质量：

$$m_1=\pi\times2.8\times0.007\times15.235\times7800+\left[\frac{112}{200}\times(1857-1745)+1745\right]\times15.654=36588.73(\text{kg})$$

③ 内外容器封头质量：

$$m_2=2\times 8.8503\times 0.007\times 7800+\left[\frac{12}{100}\times(2233.9-2107.6)+2107.6\right]\times 2=5137.9(\text{kg})$$

④ 裙座质量：

$$m_3=\left[\frac{112}{200}\times(1857-1745)+1745\right]\times 3=5423.16(\text{kg})$$

⑤ 加强圈、支撑结构及其他附件质量：m_4=2500kg

储罐钢结构质量：

$$m=m_1+m_2+m_3+m_4=49649.8\text{kg}$$

保冷层质量：

$$m_b=\left[\left(\frac{\pi}{4}\times 3.315^2-\frac{\pi}{4}\times 3^2\right)\times 15.215+2\times\left(4.75+\frac{\pi}{4}\times 3.315^2\times 0.2095-3.119-8.8503\times 0.007\right)\right]\times 130=5849.66(\text{kg})$$

所装 LNG 质量为：$m'=38700\text{kg}$

最小质量为：

$$m_{\min}=m+m_b=49649.8+5849.66=55499.46(\text{kg})$$

11.2.3.3 LNG 立式储罐风弯矩计算

（1）自振周期 T 计算

为简化计算，将储罐视为等直径、等壁厚、沿高度上质量均匀分布的圆截面容器。

$$T=90.33H\sqrt{\frac{mH}{E\delta_e D^3}}\times 10^{-3} \tag{11-19}$$

式中 E——外罐材料弹性模量，MPa（在设计温度 50℃下，查得 $E=1.98353\times 10^{-5}$ MPa）；

δ_e——外罐有效厚度，δ_e=21mm。

所以，自振周期：

$$T=90.33\times 15.31\sqrt{\frac{55499.46\times 15.39}{1.98353\times 10^{-5}\times 21\times 3.354^3}}\times 10^{-3}=10248(\text{s})$$

（2）风载荷的计算

$$P=k_1k_2f_2q_0lD\times 10^{-6} \tag{11-20}$$

式中 k_1——空气动力系数，对圆筒形设备，取 k_1=0.7；

k_2——储罐的风振系数，当高为 20m 时，取 k_2=1.7；

f_2——风压高度系数，查表得 f_2=0.72；

l——此段高度，l=2000mm；

q_0——基本风压，kN/m^2；

D——储罐有效直径，取 D=3354m。

所以，代入数值得：

$$P=600\times 0.7\times 1.7\times 0.72\times 2000\times 3354\times 10^{-6}=3448.5(\text{N})$$

计算所得的数据汇总于表 11-3。

表 11-3 各断面风载荷

计算断面	L/mm	Q_0	k_1	k_2	f	D/mm	P/N
0—1	1000	600	0.7	1.7	0.64	3354	1533.56
1—2	2000				0.72		3448.5
2—3	12310				1.21		47882.3

a．截面 0—0 处弯矩：

$$M_1 = 1533.56 \times 500 + 3448.5 \times 2000 + 47882.3 \times 9155 = 4.46 \times 10^8 (\mathrm{N \cdot m})$$

b．截面 1—1 处弯矩：

$$M_2 = 3448.5 \times 1000 + 47882.3 \times 8155 = 3.94 \times 10^8 (\mathrm{N \cdot m})$$

c．截面 2—2 处弯矩：

$$M_3 = 47882.3 \times 6155 = 2.95 \times 10^8 (\mathrm{N \cdot m})$$

11.2.3.4　LNG 立式储罐地震载荷计算

（1）基本振型参与系数

$$\eta = \frac{A}{B} h_i^{1.5} \tag{11-21}$$

式中　h_i——各点距地面高度；

A，B——系数，$A = \sum_{i=1} m_i h_i^{1.5}$，$B = m_i h_i^3$；

m_i——各段操作质量。

综合影响系数 C_Z，取 C_Z=0.5。

（2）地震影响系数

$$\sigma = \left(\frac{T_g}{T_1} \right)^{0.9} \sigma_{max} \tag{11-22}$$

式中　σ_{max}——地震影响系数最大值，$\sigma_{max} = 0.08$；

T_g——场类的特征周期，T_g=0.3；

T_1——塔自振周期，T_1=0.102s。

a．截面 0—0 地震弯矩：

$$M_E^{0-0} = \frac{8C\alpha_1 m_1 g}{175H^{2.5}}(10H^{3.5} - 14hH^{2.5} + 4hH^{3.5}) = 4.027 \times 10^5 (\mathrm{N \cdot m})$$

b．截面 1—1 地震弯矩：

$$M_E^{1-1} = \frac{8C\alpha_1 m_2 g}{175H^{2.5}}(10H^{3.5} - 14hH^{2.5} + 4hH^{3.5}) = 3.842 \times 10^5 (\mathrm{N \cdot m})$$

c．截面 2—2 地震弯矩：

$$M_E^{2-2} = \frac{8C\alpha_1 m_3 g}{175H^{2.5}}(10H^{3.5} - 14hH^{2.5} + 4hH^{3.5}) = 3.021 \times 10^5 (\mathrm{N \cdot m})$$

11.2.3.5 LNG 立式储罐各种载荷引起的轴向力

（1）内压力引起轴向拉应力

$$\sigma_1 = 0.785D^2P = 0.785\times 3000^2\times 0.93 = 6.6(\text{MPa}) \qquad (11\text{-}23)$$

式中 D——内罐中径，mm；

P——计算压力，MPa。

（2）操作质量引起的轴向应力

$$\sigma_1^{1-1} = \frac{-m^{1-1}g}{\pi D\delta_e} = -\frac{(1533.56+3448.5)\times 9.8}{3.14\times 3354\times 21} = -0.22(\text{MPa}) \qquad (11\text{-}24)$$

$$\sigma_1^{2-2} = \frac{-m^{2-2}g}{\pi D\delta_e} = -\frac{47882.3\times 9.8}{3.14\times 3354\times 21} = -2.12(\text{MPa}) \qquad (11\text{-}25)$$

式中 D——外罐内径，mm；

m^{1-1}——1—1 截面以上设备质量，kg；

m^{2-2}——2—2 截面以上设备质量，kg。

（3）最大弯矩引起的轴向应力

最大弯矩取风弯矩或地震弯矩加 25%风弯矩的较大值。

0—0 截面处轴向应力，按风弯矩计算：

$$\sigma_1^{0-0} = \frac{4m^{0-0}}{\pi D^2\delta_e} = \frac{4\times 4.46\times 10^5}{3.14\times 3354^2\times 21} = 0.00255(\text{MPa})$$

按地震弯矩加 25%风弯矩计算。

$$\sigma_1^{0-0'} = \frac{4m^{0-0}}{\pi D^2\delta_e} = \frac{4\times(4.027+0.25\times 4.46)\times 10^5}{3.14\times 3354^2\times 21} = 0.00277(\text{MPa})$$

1—1 截面处轴向应力：

$$\sigma_2^{1-1} = \frac{4m^{1-1}}{\pi D^2\delta_e} = \frac{4\times 3.94\times 10^5}{3.14\times 3354^2\times 21} = 0.00212(\text{MPa})$$

$$\sigma_2^{1-1'} = \frac{4m^{1-1}}{\pi D^2\delta_e} = \frac{4\times(3.842+0.25\times 3.94)\times 10^5}{3.14\times 3354^2\times 21} = 0.0026(\text{MPa})$$

2—2 截面处轴向应力：

$$\sigma_3^{2-2} = \frac{4m^{2-2}}{\pi D^2\delta_e} = \frac{4\times 2.95\times 10^5}{3.14\times 3354^2\times 21} = 0.00159(\text{MPa})$$

$$\sigma_3^{2-2'} = \frac{4m^{2-2}}{\pi D^2\delta_e} = \frac{4\times(3.021+0.25\times 2.95)\times 10^5}{3.14\times 3354^2\times 21} = 0.00202(\text{MPa})$$

11.2.3.6 储罐罐体和裙座危险截面的强度与稳定性校核

（1）内压引起的轴向拉应力校核

$$\sigma_1 = 218\ \text{MPa} \geqslant \frac{\sigma_k}{1.5} = \frac{405}{1.5} = 270(\text{MPa})$$

即内罐厚 13mm，满足要求。

（2）罐体和裙座的稳定性校核

B 值计算：查图得 Q345R 在 50℃下，B=142。

截面 2—2，塔体的最大组合轴向应力发生在 2—2 上，其中，$[\sigma]^t$=170MPa，$\varphi=1.0$，$k=1.2$。所以

$$k[\sigma]^t\varphi = 1.2\times170\times1=204(\text{MPa})$$

此时为二应力状态。

三个主应力为：

$$\xi_1 = 0\text{ MPa}；\ \xi_2 = 6.263\text{ MPa}；\ \xi_3 = -7.63\text{ MPa}$$

故

$$\xi_1 - \xi_2 - \xi_3 = 13.893\text{ MPa} \leqslant k[\sigma]^t\varphi = 204\text{MPa}$$

所以满足要求。

截面 1—1 的最大组合轴向拉应力校核：

$$\sigma_{\max}^{1-1} = \sigma_2^{1-1} + \sigma_3^{1-1} = 2.013 + 0.87 = 2.883(\text{MPa})$$

$$\sigma_{\max}^{1-1}=2.883\text{MPa}\leqslant[\sigma]=34\text{MPa}$$

故 1—1 截面满足要求。

截面 2—2 的轴向应力校核：

$$\sigma_{\max}^{2-2} = \sigma_2^{2-2} + \sigma_3^{2-2}=2.87 + 3.829=6.699(\text{MPa})$$

由于

$$\sigma_{\max}^{2-2}=6.699\text{MPa} < 34\text{MPa}$$

故 2—2 截面满足要求。

储罐体验算合格，壁厚 21mm。

11.2.3.7 LNG 储罐吊装时应力校核

按吊装点设在储罐顶部的最不利的吊装条件校核：

$$\sigma = \frac{mgH^2}{6.28D^2\delta_e(H-h)} = \frac{55499.46\times9.8\times9155^2}{6.28\times3354^2\times21\times(9155-3000)} = 4.99(\text{MPa})$$

即 $\sigma\leqslant[\sigma]=170\text{MPa}$。

① 基础环尺寸设定　按相关标准取基础环外径：D=4200 mm；基础环内径：d=3800mm。

② 基础环厚度计算　在操作或试压时，基础环由于设备自重及各种弯矩作用，在背风侧外缘的压应力最大，假设基础环上有筋板时，

$$\delta = \sqrt{\frac{6MC}{[\sigma]_0}} \tag{11-26}$$

式中　δ——基础环厚度，mm；

C——腐蚀裕量，mm；

$[\sigma]_0$——许用应力，MPa，取 140MPa；

M——计算力矩，N・m。

将两筋板间的基础环板作为承受均布载荷矩形板，与筋板相连的一边为固定，另一边为简支，基础环板轴向单位长度的弯矩 M_x，其最大位于 x=0，y=0 处，即在自由边中点，径向单位长度弯矩 M_y，其最大位于 x=0，y=0 处，即固定边的中点，取 M_x，M_y 中绝对值较大者为计算弯矩：

$$M_x = \frac{mgb\delta_x}{Hl} \tag{11-27}$$

③ 确定两相邻筋板最大外侧间距　假设螺栓直径为 M36，查表知：螺栓座宽度为 l=160mm；由基础环采用 24 个地脚螺栓均匀分布，计算知：两螺栓筒筋板最大外侧间距 l_2=301.28mm，因此取 l=301.28mm。$b/l = 89 / 301.28 = 0.2594$，查表得：$M_y$=2569.44N・mm，$M_x$=1896.53N・mm，取 M=2596.44N・mm。

a．地脚螺栓计算　基础中由地脚螺栓承受的最大拉应力为：

$$\sigma_1 = \frac{M_{\mathrm{E}}^{0-0} + M}{Z} - \frac{mg}{A} \tag{11-28}$$

$$\sigma_2 = \frac{M_{\mathrm{E}}^{0-0} + 0.25M}{Z} - \frac{mg - F}{A} \tag{11-29}$$

式中　M_{E}^{0-0}——0—0 截面地震弯矩；

M——风弯矩。

计算得：σ_1=3192.68N，σ_2=3876.87N，取两数值的较大值 σ=3876.87N，由此可得储罐必须安装地脚螺栓。

螺栓根径：

$$d_1 = \frac{AC}{n[\xi]_{\mathrm{b}}} \tag{11-30}$$

式中　A——基础环面积，mm^2，A=203752mm^2；

n——螺栓个数，取 n=24；

$[\xi]_{\mathrm{b}}$——螺栓材料许用应力，MPa，对低碳钢取 147MPa；

C——腐蚀裕量。

查表得 M36 螺栓根径 d=31.67mm，选用 24 个 M36 的螺栓，满足要求。

b．内罐的环向定位支撑（6 根玻璃钢柱）结构的设计计算　内罐高度为：

$$L = h + 2 \times 0.74 + 2\delta = 13.5 + 1.48 + 2 \times 0.007 = 15(\mathrm{m})$$

充完 LNG 后内罐质量：

$$M = \pi \times 2.8 \times 0.007 \times 13.5 \times 7800 + 2 \times 8.85 \times 0.007 \times 7800 + 38340 + 1967.8 = 47754(\mathrm{kg})$$

假设只有上下两根玻璃钢柱且这两根钢柱位于罐体两侧，内斜角为 x，则由罐体力矩平衡得：

$$mg\frac{l}{2}\sin x = Fl\cos x \tag{11-31}$$

式中　F——玻璃钢柱所受拉力；

x——偏斜角，（°），偏斜角度 x 最大值为 150°。

$$F=\frac{4M}{\pi d^2} \tag{11-32}$$

$$F=\frac{mg\sin 15^\circ}{2l\cos 15^\circ}=62.2\text{kN}$$

玻璃钢柱内应力为：

$$F'=\frac{F}{6}=10.4\text{kN}$$

玻璃钢直径：

$$d=\sqrt{\frac{4M}{F'\pi}}=\sqrt{\frac{130.3\times 4}{10.4\times 3.14}}=3.99(\text{mm})$$

取玻璃钢直径 D=8mm。

c．内容器外压校核　内容器内径 D=3000mm，名义厚度 δ_n=7mm，有效厚度 δ_e=7mm。

d．内容器圆筒的外压校核：

内筒体外径 $D_0=3000+2\times 7=3014\text{mm}$，由于内容器加强圈间距为 800mm，所以外压校核中长度 L=800mm；

查相关图得：A=0.005；

查 A-B 图得：B=63.8MPa；

外压力 $p=0.1\text{MPa}<[p]=0.136\text{MPa}$。

所以内筒体在 0.1MPa 压力下不会发生失稳失效。

e．内容器标准椭圆形封头外压校核：

D=3000mm，δ_n=7mm，δ_e=7mm，D_0=3014mm；封头当量球壳外径为 $d_0=2K_1D_0$，K_1 为长短比值，标准取 0.9。

计算系数：

$$A=\frac{0.125}{R_0/\delta_e} \tag{11-33}$$

$$d_0=2\times 0.9\times 30.14=54.25(\text{m})=5425.2(\text{mm})$$

$$A=\frac{0.125}{\frac{5425}{2}\Big/7}=0.00032$$

查图得 B=42MPa，即封头在 0.1MPa 外压下不会发生失稳失效。

综上所述，内容器在进行喷氮法检漏时不会发生失稳失效且有足够的安全裕度，所以内容器名义厚度 δ_n=7mm 满足要求。

f．开孔补强计算：

进出口管道设计：采用两根井口管道和两根出口管道，设定充装时间为 40min，常用经济流速范围为 0.5～3.0m/s，取 LNG 的充装流速为 v=3.0m/s，则进出口管道内径为：

$$d=\sqrt{\frac{4mg}{\rho\pi vt}}=\sqrt{\frac{4\times 47754.3\times 9.8}{0.46\times 3.14\times 3\times 40\times 60}}=13.41(\text{mm}) \tag{11-34}$$

取 ϕ108mm×6mm 的无缝钢管。

验算流速：

$$v=\frac{4mg}{\rho\pi d^2 t}=2.31\text{m/s} \tag{11-35}$$

符合要求。

g．内罐开孔补强计算：

储罐进出口管道的一端开口开在内罐的封头上，其余小管忽略，只需进行内罐封头处开孔补强计算。设计压力小于等于 2.5MPa，两相邻开孔中心的间距应不小于两孔直径之和的两倍，接管公称直径小于等于 89mm。

根据 Q/CIMC23001—2009《奥氏体不锈钢应变强化深冷容器——固定容器》可得，不需另行补强的最大单孔直径，即：

$$d_m \leqslant 0.14\sqrt{D_m \delta} \tag{11-36}$$

式中　D_m——内罐外直径，mm；

　　δ——未开孔时内罐封头的设计厚度，mm。

代入数据得：

$$d_m \leqslant 0.14\times\sqrt{3014\times 10.48}=24.88(\text{mm})$$

而进出口管道外径等于 108 mm，故需进行补强计算，应用等面积法进行补强计算。

h．开孔所需补强面积确定：

开孔所需补强面积为：

$$A=d\delta+2\delta\delta_{et}(1-f_r) \tag{11-37}$$

式中　d——开孔的直径，mm；

　　δ——内罐封头开孔处的设计厚度，mm；

　　δ_{et}——接管有效厚度，mm，$\delta_{et}=\delta_{nt}-C$，$C$ 为厚度附加量，取 C=0，δ_{nt} 为接管名义厚度；

　　f_r——强度削弱系数，等于设计温度下接管材料与壳体材料许用应力之比值，得 f_r=0.82。

代入数据得：

$$A=108\times 5.18+2\times 5.18\times 6\times(1-0.82)=570.63(\text{mm}^2)$$

i．有效补强范围　有效补强宽度 B 按下式确定：

$$B=d+2\delta_n+2\delta_{nt}=108+2\times 6+2\times 6=132(\text{mm}) \tag{11-38}$$

式中　δ_n——内罐封头开孔处的名义厚度，mm；

　　δ_{nt}——接管名义厚度，mm。

j．有效补强面积计算：

内罐封头多余金属面积 A_1 计算：

$$\begin{aligned}A_1&=(B-d)(\delta_e-\delta)-2\delta_{et}(\delta_n-\delta)(1-f_r)\\&=(132-108)\times(6-5.18)-2\times 6\times(7-5.18)\times(1-0.82)=15.75(\text{mm}^2)\end{aligned} \tag{11-39}$$

式中　δ_e——内罐封头的有效厚度，mm，$\delta_e=\delta_n-C$，C 取 0。

接管多余金属面积 A_2 的计算：

$$A_2=2h_1(\delta_{et}-\delta_t)\times f_r+2h_2(\delta_{et}-c_2)f_r \tag{11-40}$$

式中 h_1——接管外侧有效高度，mm，$h_1=\sqrt{d_1\delta_{et}}$；

h_2——接管内侧有效高度，mm，$h_2=\sqrt{d_2\delta_{et}}$；

c_2——接管腐蚀裕量，取 0mm；

δ_t——接管计算厚度，mm。

代入数据得：

$$A_2=2\times23.6\times(6-5.82)\times0.82+2\times23.6\times(7-0)=337.3(\text{mm}^2)$$

接管区焊缝面积 A_3 计算（取焊脚为 6mm）：

$$A_3=2\times\frac{1}{2}\times6^2=36(\text{mm}^2)$$

有效补强面积：

$$A_e=A_1+A_2+A_3=15.75+337.3+36=389.1(\text{mm}^2) \tag{11-41}$$

因为 $A_e>A$，所以不需另行补强。

11.3 外罐的开孔补强计算

储罐的进出口管道的另一端开孔开在外罐的封头上，其余小管忽略。所以也只需进行外罐封头处的开孔补强计算。

根据 GB 150.1～150.4—2011 可得允许不另行补强的最大接管外径为ϕ89mm，而进出口管道的外径等于 180mm，故需要进行补强计算。

11.3.1 强度削弱系数计算

$$f_r=\frac{[\sigma]_n^t}{[\sigma]^t}=\frac{137}{137}=1 \tag{11-42}$$

式中 $[\sigma]_n^t$——设计温度下开孔接管材料的许用应力，MPa，0Cr18Ni9 在 50℃时为 137MPa。

开孔所需补强面积 A 为：

$$A=d\delta+2\delta\delta_{nt}(1-f_r)=98\times8+2\times6\times8\times(1-1)=784(\text{mm}^2) \tag{11-43}$$

式中 d——开孔直径，mm，$d=d_i+2c=108-2\times6+2\times1=98(\text{mm})$；

c——接管厚度负偏差。

11.3.2 有效补强范围计算

有效宽度 B 按式（11-44）确定：

$$B=\max\begin{Bmatrix}B=2d\\B=d+2\delta_n+2\delta_{nt}\end{Bmatrix}=\max\begin{Bmatrix}2\times98=196(\text{mm})\\96+2\times22+2\times6=152(\text{mm})\end{Bmatrix}=196(\text{mm}) \tag{11-44}$$

式中 δ_n——外罐封头开孔处的名义厚度，mm。

11.3.3 有效补强面积 A_e 的计算

外罐封头多余金属面积 A_1 计算：

$$A_1=(B-d)(\delta_e-\delta)-2\delta_{et}(\delta_e-\delta)(1-f_r)=(196-98)\times(21-8)-2\times6\times(21-8)\times(1-1)=1274(\text{mm}^2) \tag{11-45}$$

接管多余金属面积 A_2 计算：

$$A_2=2h_1(\delta_{et}-\delta_t)f_r+2h_2(\delta_{et}-\delta_t)f_r=2\times24\times(6-0.36)\times1+2\times23.6\times(6-0.36)\times1=536.93(\text{mm}^2) \tag{11-46}$$

式中 h_1——接管外侧有效高度，mm，取 h_1=24mm；

h_2——接管内侧有效高度，mm，取 h_2=23.6mm；

δ_t——接管计算厚度，mm。

$$\delta_t=\frac{p_c d_i}{2[\delta]_n^t f-p_c}=\frac{1.0\times98}{2\times137\times1.0-1.0}=0.36\text{mm}$$

接管区焊缝面积 A_3 计算（焊脚取 6mm）：

$$A_3=2\times\frac{1}{2}\times6^2=36(\text{mm}^2)$$

有效补强面积 A_e 计算：

$$A_e=A_1+A_2+A_3=1274+536.93+36=1846.93(\text{mm}^2)$$

因为 $A_e>A$，所以不需另行补强。

综上所述，储罐内外罐的开孔都不需要另行补强。

11.4 LNG 立式储罐安全附件

11.4.1 安全阀的设计计算

由于内容器所充装的 LNG 是易燃易爆的介质，所以该储罐选择使用两个安全阀，采用并联安装。

（1）安全阀最小泄放面积的计算

取安全阀的动作压力等于设计压力，即：p=0.93MPa，容器超压极限度为 900kPa。

根据 GB 150.1～150.4—2011 附录 B 及压力容器安全技术监察规程附件安全阀和爆破片的设计计算，有完善的绝热保温层的液化气体压力容器的安全泄放量按式（11-47）计算：

$$W_s=\frac{2.61(650-t)\lambda A_t^{0.82}}{\delta q} \tag{11-47}$$

式中 t——泄放压力下的饱和温度，℃；

q——在泄放压力下液化天然气的汽化潜热，kJ/kg；

W_s——压力容器安全泄放量，kg/h；

λ——常温下绝热材料的导热系数，kJ/（m·h·℃）；

δ——保温层厚度，m；

A_t——内容器受热面积，m^2，立式容器 $A_t = 3.14D_0h$；

D_0——内容器的外径，m；

h——容器最高液位，m。

所以

$$W_s = \frac{2.61\times(650-196)\times0.048\times(3.14\times3.013\times12.15)^{0.82}}{0.142\times279.28} = 70.18(\text{kg/h})$$

（2）安全阀的最小排气截面积的计算（安全阀为全启式安全阀）

$$A = \frac{W_s}{7.6\times10^{-2}CKp_d\sqrt{M/(ZT)}} \tag{11-48}$$

式中 A——安全阀的最小排放截面积，mm^2；

W_s——LNG储罐的安全泄放量，kg/h；

C——气体特性系数，查表得 C=347；

K——安全阀的额定泄放系数，取 K=0.70；

p_d——安全阀的泄放压力，MPa；

M——气体的摩尔质量，kg/kmol；

Z——气体的压缩系数，查得 Z=0.813；

T——安全阀排放时的液化天然气温度，K。

所以

$$A = \frac{130.9}{7.6\times10^{-2}\times0.347\times0.70\times0.93\times\sqrt{0.3584/[0.813\times(273-196)]}} = 101660(\text{mm}^2)$$

计算得安全阀最小流道直径（阀座喉部直径）d=65.58mm，安全阀开启高度 h=4mm，所以取安全阀最小流道直径 d=65mm。

11.4.2 爆破片的设计计算

与安全阀一样，内容器的爆破片也需要并联安装两支，以爆破片的最小排放面积计算的爆破片的压力为设计压力，即 p_b=0.93MPa。

$$A_b = \frac{W_s}{7.6\times10^{-2}CK_tp_b\sqrt{M/(ZT)}} \tag{11-49}$$

式中 A_b——安全阀的最小排放截面积，mm^2；

W_s——LNG储罐的安全泄放量，kg/h；

C——气体特性系数，查表得 C=347；

K_t——安全阀的额定泄放系数，取 K_t=0.70；

p_b——爆破片的泄放压力，MPa；

M——气体的摩尔质量，kg/kmol；

Z ——气体的压缩系数，查图得 Z=0.825；

T ——爆破片排放时的液化天然气温度，K。

代入数据得：

$$A=\frac{130.9}{7.6\times10^{-2}\times347\times0.70\times0.93\times\sqrt{0.3584/[0.825\times(273-196)]}}=101.5(\text{mm}^2)$$

所以爆破片的最小几何流道直径 d_b=9.65mm，圆整取爆破片的最小几何流道直径 d_b=10mm。

由于 LNG 是易燃易爆的介质，因此爆破片选用爆破时不会产生火花的正拱刻槽型爆破片，材料选用 0Cr18Ni9，夹持器选用 LJC 型夹持器，其安装使用结构如图 11-2 所示。

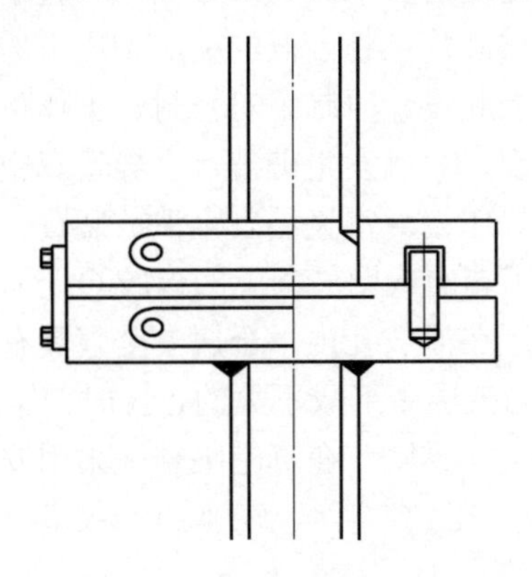

图 11-2　爆破片的安装使用结构

11.5　LNG 立式储罐及相关设备的选型

11.5.1　测温装置的选型

由于储罐的设计压力为 0.93MPa，可得罐内 LNG 的最大可能工作温度区间为：-162.3～-120.85℃，由手册查得镍铬-考铜热电偶温度计的测温范围为 70～300K，即为-203～27℃，所以选用镍铬-考铜热电偶温度计作为温度测量装置，并采用自动电子电位差计测量热电偶的热电势。

11.5.2　液位测量装置的选型

由于液位计需要在低温下工作，所以选用的液位计必须满足低温工况的要求，可以选用差压计液面指示仪，差压计液面指示仪是以容器内低温液体液面升降时产生的液柱高度等于容器气相空间和底部液相静压力之差为原理，通过测量静压力差的大小，来确定被测液体液面的高低的仪器。

由于此储罐完全充满 LNG，所以会产生液注静压力：

$$p=\rho gh=460\times9.8\times(13.5+2\times0.74)=0.675\times10^5(\text{Pa})=515.2(\text{mmHg})$$

所以选用型号为 CGS-50 的压差计液面指示仪。

11.5.3 真空测量装置的选型

此储罐夹层为1.33Pa的真空，可以选用型号为WZR-1的热电偶真空计。热电偶真空计是基于热电偶规管内加热丝加热电流保持不变时，热电偶的热电势取决于热电偶规管内气压力的原理，通过测量热电偶热电势的大小来确定真空度的高低。

11.5.4 真空夹层安全泄放装置的选型

真空夹层安全泄放装置的工作特点：一方面夹层在高真空下工作，对密封性的要求非常严格，以满足长期保持夹层真空度的要求；另一方面，若选用爆破片作为真空夹层安全泄放装置，为了保证安全，则要求爆破片在相当低的夹层正压下爆破。然而密封要求高和爆破压力低是一对相互矛盾的要求，因此设计研制绝对密封、工作可靠的真空夹层爆破片会相当困难。低爆破压力的膜片易于破裂，一旦发生破裂，会导致真空度完全丧失的重大事故。因此该类储罐采用安全塞取代爆破片作为真空夹层安全泄放装置。安全塞是一个不锈钢的塞子，装在外容器的泄放孔内，靠塞子端面或四周向上的橡胶O形环密封。在夹层真空条件下，塞子在大气压作用下被牢牢地吸压在泄放孔内，金属安全塞具有强度好、密封可靠的优点，不存在爆破片易于破裂的缺点。当夹层中形成不大的正压时，靠气体压力克服O形环的摩擦力使得安全塞开启卸压，其动作十分灵敏。在真空夹层上采用安全塞比爆破片更安全可靠，而且易于制造，可以重复使用。

11.6 LNG立式储罐管路的设计

LNG储罐的管路要直接与低温液体接触，如果形状设计不合理，就有可能出现以下问题。

① 管路由于骤冷而收缩，从而产生应力集中或弯曲变形。

② LNG能自行流入绝热结构管段中，由于漏热气化，再将气化的蒸气压回内容器中，即所谓的穿透现象，所以将储罐中的管路在夹层中设计成S形。储罐的管路集中设置在罐体的一边，以便安装和维修。

11.7 LNG储罐的漏热校核

11.7.1 夹层允许漏热

按照GB/T 18442.1～18442.6—2011的规定，100m^{3}的LNG储罐静态蒸发率为0.25%，由此计算得到的夹层允许漏热如下：

$$Q_y = \frac{0.25\%G}{\eta q} = \frac{0.0025 \times 38700}{0.0008 \times 509.74} = 237.25(\text{W})$$

式中 η——液化天然气蒸发率，取0.08%；

q——汽化潜热，J/kg，q=509.74×10^{3}J/kg；

G——充装的LNG质量，kg。

11.7.2　真空粉末绝热层综合漏热

$$Q_1 = \frac{\lambda_e \Delta T A_m}{\delta} \tag{11-50}$$

式中　λ_e——有效热导率，W/（m·K），查手册得膨胀珍珠岩在密度 130kg/m^3，压力为 1.3MPa 时的有效热导率为 1.03×10^{-3}W/（m·K）；

ΔT——温差，K；

δ——夹层间距，m；

A_m——内罐外表面积，m^2。

$$A_m = \pi h(D_i + 2\delta) + 2A_0 = 3.14\times13.5\times(3+2\times0.007)+2\times8.85=145.46(m^2) \tag{11-51}$$

式中　D_i——内罐的内径，m；

δ——内罐的壁厚，m；

A_0——内封头的外表面积，m^2，取 A_0=8.85 m^2。

代入数据得：

$$Q_1=\frac{1.03\times10^{-3}\times196\times145.46}{0.142}=206.9(W)$$

11.7.3　内外罐下支撑漏热

热桥传热可分为 5 个部分：构件 1 传热量 Q_1，构件 1 与构件 2 之间的传热量 Q_{12}，构件 2 传热量 Q_2，构件 2 与构件 3 传热量 Q_{23}，构件 3 传热量 Q_3。

根据傅里叶定律：

$$Q_2=\frac{\lambda\Delta T}{L}A_c \tag{11-52}$$

而传热面积 A_c 与吊件所承受的负荷 p 有关，故：

$$A_c=\frac{Ap}{[\zeta]} \tag{11-53}$$

式中　A——不锈钢支撑件截面积，m^2，A=0.01117m^2；

L——不锈钢支撑件长度，m，取 L=0.54m；

λ——支撑件在 ΔT 温区的平均热导率，W/（m·K），取 λ=16.2W/（m·K）；

$[\zeta]$——支撑材料在 ΔT 温区的许用拉应力，Pa，$[\zeta]$=137×10^6Pa；

p——支撑件单位面积负荷，Pa。

$$p=\frac{mg}{3A}=\frac{38700\times9.8}{3\times0.01117}=1.132\times10^7(Pa)$$

代入数据得：

$$Q_2=\frac{16.2\times(50+196)\times0.01117\times1.132\times10^7}{0.54\times137\times10^6}=6.811(W)$$

11.7.4　内外罐定位支撑漏热

$$Q_3=\frac{N\lambda A\Delta T}{L}=\frac{6\times0.43\times0.01117\times(50+196)}{0.54}=13.13(W)$$

式中　λ——玻璃钢层向热导率，取 λ=0.43 W/（m·K）；

　　N——支撑的数量，N=6。

11.7.5　管道漏热近似计算

进出口管道为无缝钢管，管道漏热：

$$Q_4=\lambda_d \frac{A}{L}\Delta T=9.62\times\frac{\frac{\pi}{4}\times(0.108^2-0.096^2)}{0.54}\times(50+196)=8.422(\mathrm{W})$$

式中　λ_d——不锈钢的热导率，W/（m·K）；

　　A——管道截面积，m^2。

综上，总漏热为：

$$Q=Q_1+Q_2+Q_3+Q_4=206.9+6.811+13.13+8.422=235.263(\mathrm{W})<Q_y=493.17(\mathrm{W})$$

所以满足要求。

综上设计结果，汇总见表 11-4。

表 11-4　偏差和厚度的统计

名　称	数　值	单　位
内罐内径	3000	mm
内罐应变强化设计厚度	7	mm
内罐常规设计厚度	13	mm
内罐圆筒体长度	13500	mm
保冷层厚度	142	mm
外罐内径	3298	mm
外罐厚度	22	mm
加强圈的尺寸	5030	mm
储罐的总高度	15000	mm
内容器操作质量	38700	kg
储罐的操作质量	94199.46	kg
储罐的最小质量	55499.46	kg
内罐下支撑截面积	0.01117	m^2
内罐下玻璃钢柱直径	120	mm
定位玻璃钢柱直径	8	mm
基础环厚度	16	mm
地脚螺栓规格	M36	mm
地脚螺栓个数	24	个
储罐的安全泄放量	130.9	kg/h
安全阀的最小流道直径	65	mm

续表

名　称	数　值	单　位
爆破片的最小几何流道直径	10	mm
储罐夹层允许漏热	493.17	W
真空粉末绝热层综合漏热	206.9	W
内外罐下支撑漏热	5.524	W
内外罐定位支撑漏热	2.559	W
管道漏热	8.063	W

参考文献

[1] 国家技术监督局．GB 150.1～GB 150.4—2011，压力容器［S］．北京：中国标准出版社，2011．

[2] 国家技术监督局．GB/T 18442.1～GB/T 18442.6—2011，固定式真空绝热深冷压力容器［S］．北京：中国标准出版社，2011．

[3] 国家技术监督局．Q/CIMC23001—2009，奥氏体不锈钢应变强化深冷容器-固定容器［S］．北京：中国标准出版社，2009．

[4] 国家技术监督局．GB 50264—2013，工业设备及管道绝热工程设计规范［S］．北京：中国标准出版社，2013．

[5] 国家技术监督局．HG 20652—1998，塔器设计技术规定［S］．北京：中国标准出版社，1998．

[6] 达道安．真空设计手册［M］．北京：国防工业出版社，2004．

[7] 郑律阳，陈志平．特殊压力容器［M］．北京：化学工业出版社，1997．

[8] 张周卫，李跃，汪雅红．低温液氮用系列缠绕管式换热器的研究与开发［J］．石油机械，2015，43(6)，117-122．

[9] 张周卫，汪雅红，张小卫，等．低温液氮用多股流缠绕管式主回热换热装备．中国：201310366573.1［P］，2013-12-11．

[10] 张周卫，汪雅红，张小卫，等．低温液氮用一级回热多股流换热装备．中国：201310387575.9［P］，2013-12-11．

[11] 张周卫，汪雅红，张小卫，等．低温液氮用二级回热多股流缠绕管式换热装备．中国：201310361165.7［P］，2013-12-11．

[12] 张周卫，汪雅红，张小卫，等．低温液氮用三级回热多股流缠绕管式换热装备．中国：201310358118.7［P］，2013-12-11．

[13] 张周卫，汪雅红，薛佳幸，等．扩散制冷型低温液氮洗涤塔．中国：2013105928178［P］，2015-03-25．

[14] 张周卫，汪雅红，张小卫，等．低温污氮用闪蒸气液分离器．中国：2013106014075［P］，2013-11-25．

[15] 张周卫，薛佳幸，汪雅红．双股流低温缠绕管式换热器设计计算方法研究［J］．低温工程，2014(6)，17-23．

[16] Xue Jia-xing，Zhang Zhou-wei，Wang Ya-hong．Research on Double-stream Coil-wound Heat Exchanger［J］．Applied Mechanics and Materials，2014，Vols．672-674：1485-1495．

[17] 张周卫，汪雅红，张小卫，等．一种带真空绝热的双股流低温螺旋缠绕管式换热器．中国：2011103156319［P］，2012-05-16．

[18] 张周卫，汪雅红，张小卫，等．一种带真空绝热的单股流低温螺旋缠绕管式换热器．中国：2011103111939［P］，2012-07-11．

[19] 张周卫，汪雅红，张小卫，等．双股流螺旋缠绕管式换热器设计计算方法．中国：201210303321.X［P］，2013-01-02．

[20] 张周卫，汪雅红，张小卫，等．单股流螺旋缠绕管式换热器设计计算方法．中国：201210297815.1［P］，2012-12-05．

第 12 章 LNG 槽车设计计算

LNG 槽车主要由双层平卧真空罐体与汽车底盘两部分组成，作为 LNG 陆地运输的最主要的工具，因其具有很强的灵活性和经济性，已得到了广泛应用。目前，我国使用的 LNG 槽车主要有两种形式，即 LNG 半挂式运输槽车和 LNG 集装箱式罐车（图 12-1）；半挂式运输槽车有效容积为 36m^3，集装箱式有效容积为 40m^3。

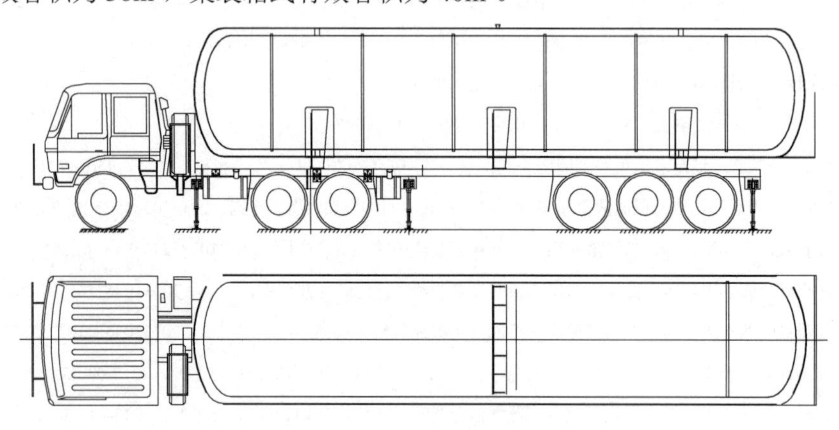

图 12-1 LNG 槽车简图

12.1 概述

12.1.1 背景

目前，国内外天然气资源与用户分布极不均衡，世界上已探明的天然气储量大多位于俄罗斯境内的西伯利亚西部与波斯湾，而中国的天然气资源多分布在中西部地区。随着市场需求的日益增长，天然气用户市场严重缺乏资源供应。为了更合理利用天然气资源，必须先要解决利用与运输之间的矛盾。

12.1.1.1 天然气

天然气，是一种多组分的混合气态化石燃料，主要成分是烷烃，其中甲烷占绝大多数，另有少量的乙烷、丙烷和丁烷。天然气燃烧后无废渣、废水产生，相较煤炭、石油等能源有使用安全、热值高、洁净等优势。因其绿色环保、经济实惠、安全可靠等优点而被公认成一种优质清洁燃料。

我国的天然气资源比较丰富，据不完全统计，总资源量达 $38\times10^{12}m^3$，陆上天然气主要分布在中部和西部地区。随着技术的发展，近几年我国在勘探、开发和利用方面均有较大的进展。

12.1.1.2　液化天然气

液化天然气（liquefied natural gas，LNG），是指天然气原料经过预处理，脱除其中的杂质后，再通过低温冷冻工艺在-162℃下形成的低温液体混合物。

与 LNG 工厂生产的产品组成不同，LNG 组成主要取决于生产工艺和气源气的组成。按照欧洲标准 EN1160 的规定，LNG 的甲烷含量应高于 75%，氮含量应低于 5%。

一般商业 LNG 产品的组成如表 12-1 所列。由表 12-1 可见，LNG 的主要成分为甲烷，其中还有少量的乙烷、丙烷、丁烷及氮气等惰性组分。

表 12-1　商业 LNG 的基本组成

组分	ϕ /%	组分	ϕ /%
甲烷	92~98	丁烷	0~4
乙烷	1~6	其他烃类化合物	0~1
丙烷	1~4	惰性成分	0~3

LNG 的性质随组分的变化而略有不同，一般商业 LNG 的基本性质为：在-162℃与 0.1MPa 下，LNG 为无色无味的液体，其密度约为 $430kg/m^3$，燃点为 650℃，热值一般为 $37.62MJ/m^3$，在-162℃时的汽化潜热约为 510kJ/kg，爆炸极限为 5%～15%，压缩系数为 0.740～0.820。

LNG 的主要优点表现在以下方面。

① 安全可靠。LNG 的燃点比汽油高 230℃，比柴油更高；LNG 爆炸极限比汽油高 2.5～4.7 倍；LNG 的相对密度为 0.47 左右，汽油为 0.7 左右，它比空气轻，即使稍有泄漏也将迅速挥发扩散，不至于自然爆炸或形成遇火爆炸的极限浓度。

② 清洁环保。天然气在液化前必须经过严格的预净化，因而 LNG 中的杂质含量较低。根据取样分析对比，LNG 作为汽车燃料，比汽油、柴油的综合排放量降低约 85%，其中 CO 排放减少 97%、NO_x 减少 30%～40%、CO_2 减少 90%、微粒排放减少 40%、噪声减少 40%，而且无铅、苯等致癌物质，基本不含硫化物，环保性能非常优越。

③ 便于输送和储存。通常的液化天然气多储存在温度为 112K、压力为 0.1MPa 左右的低温储罐内，其密度为标准状态下甲烷的 600 多倍，体积能量密度为汽油的 72%，十分有利于输送和储存。

④ 可作优质的车用燃料。天然气的辛烷值高，抗爆性好，燃烧完全，污染小，与压缩天然气相比，LNG 储存效率高，自重轻且建站不受供气管网的限制。

⑤ 便于供气负荷的调节。对于定期或不定期的供气不平衡，LNG 储罐能很好地起到削峰填谷的调节作用。

12.1.2　低温容器

低温技术是 19 世纪末在液态空气工业上发展起来的，随着科学的进步，目前得到了广泛的应用。低温容器是低温工业过程中的关键设备，其特点是很容易产生低温脆性破坏。低温脆断是在没有预兆的情况下突然发生的，危害性很大，因此在选材、试验方法和制造等方面均要采取措施，防止低温脆断事故的发生。对于深低温下运行的容器，还必须有良好的低温绝热结构和密封结构。

对于压力容器的低温界限，目前世界各个国家压力容器常规设计规范对低温压力容器划分的温度界限各不相同。温度界线是各个国家根据本国在压力容器方面的经验，人为划分开的。具体划分见表 12-2。

表 12-2　各国规范的低温界线

国家	美国	德国	日本	英国	中国
规范名称	ASMEⅧ1	AD 规范	JIS B8207	BS5500	GB 150
低温界限	<-30℃	<-10℃	<-10℃	<0℃	≤-10℃

12.1.3　LNG 运输工具发展趋势

LNG 的主要成分是甲烷，甲烷的正常沸点为-162℃，故储运 LNG 均应采用低温绝热结构，属于低温液体储运设备。液化天然气输运容器根据用途不同可分为三类：LNG 罐式集装箱、LNG 罐车（包括挂车和半挂车）、LNG 车载储气瓶。三种 LNG 输运容器的性能比较见表 12-3。

表 12-3　LNG 输运容器产品种类与特点

项目	LNG 罐式集装箱	LNG 罐车	LNG 车载储气瓶
用途	船只、铁路、公路运转 LNG，也可兼作小型固定储罐用	公路转运 LNG	LNG 汽车用燃料箱
规格或容积范围	20ft、40ft、43ft[1]三种	30~120m^3	0.6m^3 以下
主导的绝热方式	高真空多层绝热为主	真空纤维绝热 高真空多层绝热	高真空多层绝热
工作压力	<1.6MPa	<1.6MPa	<1.6MPa
国际市场价格	15 万～25 万美元	15 万～30 万美元	5000 美元左右

我国的 LNG 运输工具目前主要采用 LNG 罐车，容积为 25～45m^3，车型均为半挂式运输罐车。

随着许多国家加速天然气汽车工业发展计划的实施，未来 LNG 汽车的数量将会大幅度增长，LNG 燃料加注站等基础设施的大力发展为重型车辆使用 LNG 燃料创造了条件。

由于汽车的耗油量并不随载重量的增加而成比例地增加，汽车列车的耗油量与同功率的单车相比增加不多，因此半挂车 LNG 罐车的吨千米成本远小于单车，LNG 罐车向大型化、列车化发展是必然趋势。

液化天然气输运容器采用双层金属壳的真空绝热结构。作为移动式的低温容器，考虑到运输过程的安全性，LNG 输运容器对结构的要求以及无损储存时间方面的要求比固定储罐要高。输运容器结构的要求不仅包括框架和内外容器的强度及抗冲击性能，还包括内外容器之间绝热支撑结构，要求在承受各种冲击载荷的情况下依然能够保持支撑可靠性和高效绝热性。而足够的无损储存时间是 LNG 在运输过程中安全不泄放的重要保障，一般 40ft 罐式集装箱的日蒸发率小于 0.19%，无损储存时间要求在 8 周以上，需要对 LNG 输运容器的设计、

[1] 1ft=0.3048m。

选材及工艺装配等方面提出比一般低温压力容器更高的要求。美国和俄罗斯的 LNG 输运容器抗冲击设计要求一般为 49，LNG 车载储气瓶的抗冲击设计要求为 89。绝热支撑结构的形式也是多种多样，所用支撑材料美国以不锈钢为主，俄罗斯不锈钢和玻璃钢兼用。

12.2　设计依据的标准及主要设计参数

12.2.1　设计依据的标准

本书设计依据的标准有 GB 150.1～150.4—2011《压力容器》，GB/T 18442.1～18442.6—2011《固定式真空绝热深冷压力容器》，Q/CIMC23001—2009《奥氏体不锈钢应变强化深冷容器—固定容器》，欧盟标准 EN13458-2—2002 以及 GB 50264—2013《工业设备及管道绝热工程设计规范》。

12.2.2　主要设计参数

主要设计参数如表 12-4 所列。

表 12-4　主要设计参数

设计参数	内胆	外胆
设计压力/MPa	0.8	-0.1
工作压力/MPa	0.7	-0.1
设计温度/℃	-197	
工作温度/℃	-162.3	环境温度
介质名称	LNG	高真空多层绝热
腐蚀裕量/mm	0	0.1
焊接接头系数	1	0.85
主体材质	0Cr18Ni9	Q345R
几何容积/m^3	55	72.46
充装系数	0.9	
设备净重/t	26157.05（罐体净重，不包括卡车）	
充液后总质量/t	47244.05（充液后罐体净重，不包括卡车）	
安全阀开启压力/MPa	0.8	
日蒸发率/%	≤0.25%/d（LNG）	
基本风压/（N/m^2）	600	
容器类别	三	

12.3　LNG 槽车结构的初步设计

12.3.1　内胆的应变强化设计

12.3.1.1　内胆的选材

由于内胆直接与液化天然气接触，承受着内压力和低温，所以在选择材料时应考虑材料在低温深冷条件下的强度和韧性，同时还要考虑材料与液化天然气的相容性。奥氏体不锈钢0Cr18Ni9有较好的低温性能，且与天然气能很好相容，因此内容器的材料选用奥氏体不锈钢0Cr18Ni9。

12.3.1.2 内胆的结构

内胆结构为圆柱体，直径 D=2400mm，封头采用标准椭圆封头，内封头高 h_3=600mm，内封头直边高度 h_2=40mm。

12.3.1.3 内胆设计条件

工作介质：液化天然气；

设计压力：0.8MPa；

设计温度：-197℃；

材料屈服强度：205MPa；

焊接接头系数：1.0；

腐蚀裕量：0mm。

12.3.1.4 内胆的应变强化设计计算

内胆的应变强化处理，其计算按照 Q/CIMC23001—2009 进行，内胆的内径取：D_i=2400mm。体积为：

$$V=\frac{\pi}{4}D_i h_1+2\left(\frac{\pi}{4}D_i^2 h_2+\frac{\pi}{6}D_i^2 h_3\right)=55\text{m}^3$$

将 D_i=2400mm，h_2=40mm，h_3=600mm 代入上式，所以圆柱体的长度 h_1 为：

$$h_1=\left[55-2\left(\frac{\pi}{4}D_i^2 h_2+\frac{\pi}{6}D_i^2 h_3\right)\right]/\frac{\pi}{4}D_i^2=\frac{4\times 55}{\pi D_i^2}-2h_2-\frac{4}{3}h_3=\frac{4\times 55}{2.4^2\pi}-$$

$$2\times 0.04-\frac{4}{3}\times 0.6=11.28(\text{m})$$

液柱静压力为：

$$p_1=\rho g H=426\times 9.81\times 2.4=10029.744(\text{Pa})=0.01(\text{MPa})$$

因此

$$p_1=0.01\ \text{MPa}<0.05p=0.05\times 0.8=0.04(\text{MPa})$$

GB 150.1～150.4—2011《压力容器》中规定：容器顶部的最高压力加上液柱静压力，当元件所承受的液柱静压力小于设计压力5% 时可忽略不计。因此计算压力取 p_c=0.8MPa。

内压筒体计算壁厚由下式计算：

$$\delta_1=\frac{p_c D_i}{2\frac{\sigma_k}{1.5}\phi-p_c}=\frac{0.8\times 2400}{2\times\frac{405}{1.5}\times 1.0-0.8}=3.56(\text{mm}) \tag{12-1}$$

式中 δ_1——内压筒体计算壁厚，mm；

p_c——计算压力，MPa；

D_i——内压筒体的内径，mm；

σ_k——应变强化后的屈服强度，MPa，取405MPa；

ϕ——焊接接头系数。

考虑腐蚀余量为 0 及钢板负偏差为 0.4mm，圆整后取内压筒体的名义厚度为 δ_{n1}=4mm。

内压封头计算壁厚：

$$\delta_2=\frac{p_c D_i}{2\frac{\sigma_k}{1.5}\phi-0.5p_c}=\frac{0.8\times2400}{2\times\frac{405}{1.5}\times1.0-0.5\times0.8}=3.56(\text{mm})$$

考虑腐蚀余量为 0 及钢板厚度负偏差为 0.4，圆整后取内压封头的名义厚度为 δ_{n2}=4mm。

12.3.2 内胆的常规设计

12.3.2.1 内胆筒体的常规设计

内压筒体计算壁厚按式（12-21）计算：

$$\delta_1=\frac{p_c D_i}{2[\sigma]^t\phi-p_c}+C \tag{12-2}$$

式中 $[\sigma]^t$——内圆筒材料的许用应力，MPa，取$[\sigma]^t$=137MPa；

C——材料的腐蚀裕量，mm，取 C=0mm；

ϕ——焊接接头系数，取 1.0。

$$\delta_1=\frac{0.8\times2400}{2\times137\times1.0-0.8}+0=7.03(\text{mm})$$

考虑腐蚀余量为 0 及钢板厚度负偏差为 0.4mm；所以圆整取内筒体的名义厚度为 δ_{n1}=8mm。

12.3.2.2 内胆封头的常规设计

内压封头计算壁厚按下式计算：

$$\delta_2=\frac{p_c D_i}{2[\sigma]^t\phi-0.5p_c}+C=\frac{0.8\times2400}{2\times137\times1.0-0.5\times0.8}+0=7.02(\text{mm})$$

考虑腐蚀余量为 0 及钢板负偏差为 0.4mm，圆整后取内压封头的名义厚度为 δ_{n2}=8mm。

12.3.3 保冷层的设计计算

保冷层的绝热方式采用高真空多层绝热，所选用的材料性能见表 12-5。

表 12-5 所选材料性能参数表

绝热形式	绝热材料	表观热导率/[W/（m·K）]	夹层真空度/Pa
高真空多层绝热	MLI，镀铝薄膜	0.06	0.005

根据工艺要求确定保冷计算参数，当无特殊工艺要求时，保冷厚度应采用最大允许冷损失量进行计算并用经济厚度调整，保冷的经济厚度必须用防结露厚度校核。

12.3.3.1 按最大允许冷损失量进行计算

此时，绝热层厚度计算中，应使其外径 D_1 满足式（12-3）要求：

$$D_1\ln\frac{D_1}{D_0}=2\lambda\left(\frac{T_0-T_a}{[Q]}-\frac{1}{\alpha_s}\right) \tag{12-3}$$

式中 $[Q]$——以每平方米绝热层外表面积为单位的最大允许冷损失量（为负值），W/m^2，保温时［Q］应按附录取值，保冷时［Q］为负值，当 $T_a-T_d\leqslant4.5$ 时$[Q]=-(T_a-T_d)\alpha_s$，当 $T_a-T_d>4.5$ 时 $[Q]=-4.5\alpha_s$；

λ——绝热材料在平均温度下的热导率，W/（m^2·℃），取 0.05W/（m^2·℃）；

α_s——绝热层外表面向周围环境的放热系数，W/（m^2·℃）；

T_0——管道或设备的外表面温度，℃；

T_a——环境温度，℃；

D_1——绝热层外径，m；

D_0——内筒体外径，m。

由 GB 50264—2013 查得：兰州市内最热月平均相对湿度Φ=61%，最热月环境温度 T=30.5℃，T_d为当地气象条件下最热月的露点温度（℃）。T_d的取值应按 GB 50264—2013 的附录 C 提供的环境温度和相对湿度查有关的环境温度、相对湿度、露点对照表（T_a、Φ、T_d表）而得到，查 h-d 图知，露点温度 T_d=22.2℃，当地环境温度 T_a=30.5℃，T_a-T_d=8.3℃。所以 T_a-T_d>4.5℃，[Q]=−4.5α_s。

根据 GB 50264 查得，α_s=8.141W/（m^2·℃），所以[Q]=−4.5×8.141=−36.63W/（m^2·℃），则

$$D_1 \ln \frac{D_1}{2.4+0.016} = 2 \times 0.05 \times \left[\frac{(-196-30.5)}{-36.63} \times \frac{1}{8.141} \right]$$

得

$$D_1 = 2.964\text{m}$$

所以保温层的厚度为：

$$\delta = \frac{1}{2}(D_1 - D_0) = \frac{1}{2} \times (2.964 - 2.416) = 0.274(\text{m}) = 274(\text{mm})$$

12.3.3.2　按防止绝热层外表面结露进行计算

圆筒形单层防止绝热层外表面结露的绝热层厚度计算中应使绝热层外径 D_1 满足下式的要求：

$$D_1 \ln \frac{D_1}{D_0} = \frac{2\lambda}{\alpha_s} \frac{T_d - T_0}{T_a - T_d} \tag{12-4}$$

式中　λ——绝热材料在平均温度下的热导率，W/（m·℃），取 0.05W/（m·℃）；

α_s——绝热层外表面向周围环境的传热系数，W/（m^2·℃）；

T_0——管道或设备的外表面温度，℃；

T_a——环境温度，℃；

D_1——绝热层外径，m；

D_0——内筒体外径，m；

T_d——当地气象条件下最热月份的露点温度，℃。

$$D_1 \ln \frac{D_1}{2.416} = \frac{2 \times 0.05}{8.141} \times \frac{22.2+196}{30.5-22.2} = 0.323$$

得：D_1=2.72m 。

所以保温层的厚度为：

$$\delta = \frac{1}{2}(D_1 - D_0) = \frac{1}{2} \times (2.72 - 2.416) = 0.152(\text{m}) = 152(\text{mm})$$

综上所述，保冷层厚度为 δ=274mm，取整得 δ=280mm。所选保温材料的层密度为每毫米$\frac{50}{30}$层，故保温层的层数为$\frac{50}{30}\times280=466.7$，取 467 层。

12.3.4　外胆的设计计算

12.3.4.1　外胆的选材

由于外胆没有直接与液化天然气接触，不承受低温，在常温和真空条件下工作，承受着外压，所以可以选用综合性能较好的材料 Q345R。

12.3.4.2　外胆的结构

外胆结构为圆柱体，封头采用蝶形封头，支座采用包角为 150° 的鞍座。

12.3.4.3　外胆设计条件

设计压力：0.1MPa（外压）；

设计温度：50℃；

焊接接头系数：0.85；

腐蚀裕量：1mm。

12.3.4.4　外胆设计计算

外压筒体内径 D_1=2700mm，设外压筒体的名义厚度为 δ_n=18mm，取有效厚度为 δ_e=17mm。外罐的外径 D_2=2700+2×18=2736(mm)。

查外压或轴向受压图及圆筒和管子几何参数计算图可得到，$A=0.000127\text{m}^2$。所以

$$B=\frac{2}{3}EA=\frac{2}{3}\times1.98353\times10^5\times0.000127=16.794(\text{MPa})$$

式中，E 为常温下的材料抵抗弹性变形能力的大小，取 1.98353MPa。所以许用压力

$$[p]=\frac{B}{D_2/\delta_e}=\frac{16.794}{2736/17}=0.1043(\text{MPa})$$

由于设计压力 $p=0.1\text{MPa}<[p]=0.1043\text{MPa}$，且两者较接近，所以外筒体名义厚度 δ_n=18mm 合理。

蝶形封头外压校核：取封头的厚度等于筒体厚度，所以 D_1=2700mm，δ_e=17mm，D_2=2736mm。等效直径 $D=D_0+\delta_n=2700+18=2718$(mm)。

根据公式：

$$[p]=\frac{0.0833E}{\left(R_0/\delta_e\right)^2} \tag{12-5}$$

式中　$[p]$——许用外压力，MPa；

E——材料弹性模量，MPa；

R_0——球壳外半径，mm；

δ_e——球壳有效厚度，mm。

将 E=1.98353MPa，R_0=2622mm，δ_e=21mm 代入式（12-5）得：

$$[p]=\frac{0.0833\times1.98353}{\left(2622/21\right)^2}=1.06\times10^{-5}(\text{MPa})$$

由于设计压力 p=0.1MPa<[p]=0.106MPa，且两者较接近，查图得，B=102MPa，所以外封头的名义厚度 δ_n=18mm 满足要求。故外容器的外压筒体名义厚度为 δ_n=18mm。

12.3.5 内胆加强圈的设计

当内胆进行喷氦法检漏时，内胆承受 0.1MPa 的外压，所以内胆需要加加强圈以防止内压容器发生失稳失效。加强圈选用扁钢，材料用 0Cr18Ni9，腐蚀裕量取 0mm，位置放置在内压容器的内部。加强圈的焊接和开孔应符合 GB 150.1～150.4—2011 的要求。加强圈的设置必须使容器属于短圆筒才有实际作用，所以加强圈的最大间距应符合下式要求：

$$L_s \leqslant L_{max} = \frac{2.59E\left(\delta_e / D_0\right)^{2.5}}{m\left([p]/D_0\right)} \tag{12-6}$$

式中 L_{max}——加强圈的最大间距，mm；

E——内压容器材料的弹性模量，MPa；

D_0——内压容器的外径，mm；

m——稳定性安全系数，取 m=3.0；

[p]——内胆许用外压，MPa，取[p]=0.1 MPa；

δ_e——内压容器的有效厚度，mm。

$$L_s \leqslant L_{max} = \frac{2.59 \times 1.93 \times 10^5 \times (8/2416)^{2.5}}{3.0 \times (0.1/2416)} = 2539.893(\text{mm})$$

故取加强圈的间距为 L_s=2500mm，选取截面尺寸为 50mm×30mm 的扁钢。扁钢加强圈与内壳体有效段组合截面如图 12-2 所示。

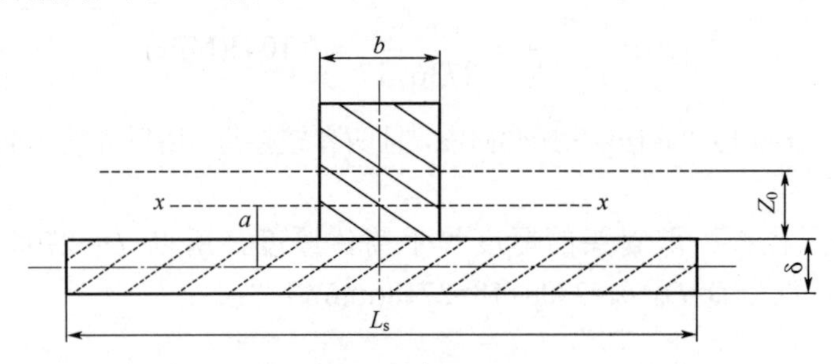

图 12-2 扁钢加强圈与内壳体有效段组合截面

12.3.6 内压容器下支撑结构的设计

12.3.6.1 下支撑结构的设计

内压容器的下支撑结构均匀分布 4 个，其结构为：使用容器公称直径为 3200mm 的 5-6 号 A 型支承式支座的结构改进型（即对支座在结构和安装形式上进行改进），结构上将靠近封头中心的一块筋板移至远离封头中心一端，并将其宽度由 11mm 减小至 $b_2-2\delta_2$mm，并使其与另外 3 块筋板对齐。安装形式上将整个支座位置向封头中心外侧移动，使移动过的那块筋板最右侧面与封头外表面相切于玻璃钢柱定位装置和玻璃钢柱（其他参数不变）。支承式支座和玻璃钢柱定位装置材料选用 0Cr18Ni9。

12.3.6.2　支承式支座受力校核

内压容器充装率为 0.9，所以所充 LNG 的质量为：

$$m_{\mathrm{LNG}} = 426 \times 55 \times 0.9 = 21087(\mathrm{kg})$$

内压容器内部长度为：

$$L = h_1 + 2h_2 + 2h_3 = 11.28 + 2 \times 0.04 + 2 \times 0.6 = 12.56(\mathrm{m})$$

所以内胆需要 6 个加强圈。

内压筒体质量为：

$$m_{内筒} = \pi D h_1 \delta_{\mathrm{n}} \rho = 2.4\pi \times 11.28 \times 0.008 \times 7.93 \times 10^3 = 5392.79(\mathrm{kg})$$

查标准椭圆封头尺寸表可得内压封头的质量为：

$$m_{内封头} = 2 \times 519 = 1038(\mathrm{kg})$$

内胆加强圈的质量为：

$$m_{圈} = \pi D S \rho = 2.4\pi \times 0.05 \times 0.03 \times 7.93 \times 10^3 \times 6 = 538.12(\mathrm{kg})$$

在内胆充完 LNG 后质量为：

$$m_{内总} = m_{筒} + m_{封头} + m_{圈} + m_{\mathrm{LNG}} = 5392.79 + 1038 + 538.12 + 21087 = 28055.91(\mathrm{kg})$$

所以每个支承式支座所受载荷为：

$$Q = \frac{m_{内总} g}{12} = \frac{28055.91 \times 9.81}{12} = 22935.71(\mathrm{N}) = 22.94(\mathrm{kN})$$

所以，$Q < [Q] = 200$ kN 满足要求。

假设取玻璃钢支柱的直径为 100mm，则其截面积为：

$$A = \frac{1}{4}\pi D^2 = \frac{1}{4}\pi \times 0.1^2 = 0.007854(\mathrm{m}^2)$$

所以支撑件内的应力为：

$$\sigma = \frac{m_{内总} g}{4A} = \frac{28055.91 \times 9.81}{0.007854} = 8.76 \times 10^6(\mathrm{Pa})$$

因为

$$\sigma = 8.76 \times 10^6\,\mathrm{Pa} \leqslant [\sigma] = 137 \times 10^6(\mathrm{Pa})$$

所以玻璃钢柱的直径为 100mm 满足条件。其长度为内外筒的间距，即 $L = (2700 - 2416) / 2 = 142(\mathrm{mm})$。

12.4　LNG 槽车强度校核

12.4.1　设计条件

① LNG 外胆设计参数：

外胆内径 D_1=2700mm；

封头为蝶形封头，查《压力容器设计手册（第二版）》中表 2-3-4 可得，封头的深度为

h_2=626mm，内表面积为A=7.5219m^2；封头的容积为V=2.6152m^3。

初步确定槽车外罐体长度：H=11.748+2×0.626=13m。

② 设置地区：10m 高度处基本风压值 q_0=600N/m^2；地震设防烈度为 7 度。

③ 鞍座材料选用 Q345R（16MnR）。

④ 基础环材料选用 Q235-A。

12.4.2 槽车质量载荷计算

槽车钢结构质量：

$$m_g = m_1 + m_2 + m_3 + m_4 \tag{12-7}$$

式中 m_1——内外圆筒总质量，kg；

m_2——内外容器封头总质量，kg；

m_3——裙座质量，kg；

m_4——其他附件质量，kg。

内外圆筒总质量：

$$\begin{aligned} m_1 &= m_{内1} + m_{外1} = m_{内1} + \pi D L_2 \delta_n \rho \\ &= 5392.79 + \pi \times 2.7 \times 11.748 \times 0.018 \times 7.85 \times 10^3 = 5392.79 + 14073.42 = 19466.21(\text{kg}) \end{aligned}$$

所以m_1=19466.21kg 。

内外容器封头总质量：

$$m_2 = m_{内封} + m_{外封} = 1038 + 2 \times (7.5219 \times 0.018 \times 7.85 \times 10^3) = 3163.689(\text{kg})$$

所以$m_2 = 3163.689$kg 。

鞍座质量：

查《压力容器设计手册（第二版）》中表 3-3-8 鞍座尺寸和质量表得：

$$m_3 = 642 \times 3 = 1926(\text{kg})$$

加强圈和内胆支撑结构等其他附件质量：

查《最新实用五金手册》常用材料密度表可知玻璃钢的密度为 1.40～2.10g/cm^3，本设计中取 2.0g/cm^3，即 2.0×10^3 kg/m^3。则：

$$m_4 = m_{圈} + m_{支} = 538.12 + 0.007854 \times 4 \times 2 \times 10^3 = 600.95(\text{kg})$$

所以槽车钢结构质量为：

$$m_g = m_1 + m_2 + m_3 + m_4 = 19466.21 + 3163.689 + 1926 + 600.95 = 25156.85(\text{kg})$$

保冷层质量：

查得镀铝箔膜的密度为 2.7×10^{3}kg/m^3，缠绕形成绝热层后的密度为 60kg/m^3. 则

$$\begin{aligned} m_b &= \left[\left(\frac{\pi}{4} \times 2.7^2 \times 11.748 + 2 \times 2.6152\right) - \left(\frac{\pi}{4} \times 2.416^2 \times 11.28 + 2 \times 2.05\right)\right] \times 60 \\ &= (72.46 - 55.79) \times 60 = 1000.2(\text{kg}) \end{aligned}$$

所以 m_b=1000.2kg。

所装的 LNG 的质量：

$$m_{\text{LNG}} = 426 \times 55 \times 0.9 = 21087(\text{kg})$$

操作质量为：

$$m_{\text{p}} = m_{\text{g}} + m_{\text{b}} + m_{\text{LNG}} = 25156.85 + 1000.2 + 21087 = 47244.05(\text{kg})$$

最小质量为：

$$m_{\min} = m_{\text{g}} + m_{\text{b}} = 25156.85 + 1000.2 = 26157.05(\text{kg})$$

12.4.3　内胆的轴向定位支撑结构的设计计算

内胆的长度为：12.576m。

充完 LNG 后内胆质量：

$$m = m_{\text{内筒}} + m_{\text{内封头}} + m_{\text{LNG}} = 5392.79 + 1038 + 21087 = 27517.79(\text{kg})$$

假设只有上下两根玻璃钢柱，并且这两根玻璃钢柱位于罐体的两端，内胆偏斜角为 x（罐体与水平方向的夹角），由罐体的力矩平衡可得：

$$mg\frac{L}{2}\sin x = FL\cos x \tag{12-8}$$

式中　F——一根玻璃钢柱所受到的拉力，N。

假设偏斜角度 x 的最大值为 15°，所以

$$F = \frac{1}{2}mg\tan x = \frac{1}{2} \times 27517.79 \times 9.81 \times \tan 15° = 36166.38(\text{N})$$

玻璃钢柱内的应力应满足：

$$\frac{W_{\text{s}}}{A} = \frac{F/g}{A} \leqslant [\sigma]=60\text{MPa}$$

$$\frac{36166.38/9.81}{A} \leqslant 60 \times 10^{6}$$

则

$$A \geqslant 6.14 \times 10^{-5}\,\text{m}^2$$

$$d \geqslant \sqrt{\frac{4A}{\pi}} = \sqrt{\frac{4 \times 6.14 \times 10^{-5}}{\pi}} = 8.844 \times 10^{-3}(\text{m})$$

取玻璃钢柱直径为 d=10mm。

12.4.4　开孔及补强计算

12.4.4.1　人孔的设计

人孔为组合件，包括承压零件筒节、法兰、盖、密封垫圈和紧固件以及和人孔启闭有关的非承压零件。查《压力容器设计手册》中表 3-4-1（A）可知选择的人孔的型号为：HG 21515—2005。

12.4.4.2　进出口管的设计

采用两根进口管道和两根出口管道，设定充装时间为 40min，常用经济流速范围为 0.5～3m/s 取 LNG 的充装流速为 v=3 m/s，则进出口管道内径为：

$$d=\sqrt{\frac{4}{\pi}\frac{V}{vt}}=\sqrt{\frac{4}{\pi}\times\frac{55\times0.9}{3\times40\times60}}=0.09356(\mathrm{m})$$

所以取ϕ108mm×6mm 无缝钢管，材料选用 0Cr18Ni9。

验算流速：

$$v=\frac{4V}{d^2\pi t}=\frac{4\times55\times0.9}{0.108^2\times\pi\times40\times60}=2.251\ \mathrm{m/s}$$

符合要求，所以取Φ108mm×6mm 无缝钢管，材料选用 0Cr18Ni9。

12.4.4.3　内胆的开孔补强计算

槽车的进出口管道一端开孔开在内胆的封头上，其余小管忽略。所以只需进行内胆封头处的开孔补强计算。

在圆筒体、球壳、锥壳上，以及凸形封头中心 80%的内直径范围内开孔时，当满足下述全部要求时可允许不另行补强：

① 设计压力小于等于 2.5MPa；

② 两相邻的开孔中心的间距（对曲面间距以弧长计算）应不小于两孔直径之和的 2 倍；

③ 接管公称外径小于或等于 89mm；

④ 接管最小壁厚满足表 12-6 的要求。

表 12-6　接管最小壁厚要求　　单位：mm

接管公称外径	25	32	38	45	48	57	65	76	89
最小壁厚		3.5			4.0		5.0		6.0

本书设计中的内胆上的开孔直径为ϕ108mm×6mm，不满足以上条件，所以需要补强，应用等面积法进行，其补强计算如下：

（1）开孔所需补强面积确定

计算强度削弱系数为：

$$f_{\mathrm{r}}=\min\left(\frac{[\sigma]_{\mathrm{t}}^{t}}{[\sigma]^{t}},1\right)\tag{12-9}$$

式中　$\frac{[\sigma]_{\mathrm{t}}^{t}}{[\sigma]^{t}}$——接管与壳体材料许用应力之比。

因为接管与壳体的材料相同，均为 0Cr18Ni9，所以其值为 1，所以：

$$f_{\mathrm{r}}=\min\left\{\frac{[\sigma]_{\mathrm{t}}^{t}}{[\sigma]^{t}},1\right\}=1$$

开孔所需补强面积 A 为：

$$A=d\delta+2\delta\delta_{\mathrm{et}}\left(1-f_{\mathrm{r}}\right)\tag{12-10}$$

$$d=d_{\mathrm{i}}+2C=108+2\times0=108(\mathrm{mm})$$

式中　d——考虑腐蚀裕量后的开孔内直径，mm；

δ——内胆封头开孔处的计算厚度，mm，δ=7.03mm；

δ_{et}——接管的有效厚度，mm。

$$\delta_{et}=\delta_{nt}-C=6-0=6(\text{mm})$$

所以

$$A=d\delta+2\delta\delta_{et}(1-f_r)=108\times7.03+2\times7.03\times6\times(1-1)=759.24(\text{mm}^2)$$

（2）有效补强范围

有效宽度 B 按下式确定：

$$B=\max\left\{2d^2+2\delta_n+2\delta_{nt}\right\} \tag{12-11}$$

式中 δ_n——内胆封头开孔处的名义厚度，mm，δ_n=8mm；

δ_{nt}——接管名义厚度，mm，δ_{nt}=6mm；

d——考虑腐蚀裕量后的开孔内直径，mm。

$$d=d_i+2C=108+2\times0=108(\text{mm})$$

所以

$$B=\max\left\{2d,d+2\delta_n+2\delta_{nt}\right\}=\max\left\{216,120\right\}=216(\text{mm})$$

（3）有效补强面积 A_e 计算

内胆封头多余金属面积 A_1 计算

$$\begin{aligned}A_1&=(B-d)(\delta_n-C-\delta)-2(\delta_{nt}-C-\delta)(1-f_r)\\&=(216-108)(8-0-7.03)-2\times(108-6)\times(1-1)=104.76(\text{mm}^2)\end{aligned}$$

式中 A_1——内胆封头多余金属面积，mm^2；

B——补强圈的有效补强宽度，mm。

（4）接管多余金属面积 A_2 计算

$$A_2=2h_1(\delta_{nt}-C-\delta_t)f_r \tag{12-12}$$

式中 h_1——接管外侧有效高度，mm；

δ_t——接管计算厚度，取 93.56mm。

查《化工容器及设备简明设计手册》中表 21-2.1 可知ϕ108mm×6mm 的补强管外伸或内伸最小高度 h_{min}=25mm，而

$$h_1=\min\left\{\sqrt{d\delta_{nt}},\text{接管实际外伸高度}\right\}=\min\left\{\sqrt{96\times6},25\right\}=24\text{mm}$$

所以

$$A_2=2h_1(\delta_{nt}-C-\delta_t)f_r=2\times24\times(108-0-93.56)\times1=693.12(\text{mm}^2)$$

（5）接管区焊缝面积 A_3 计算（焊缝面积不予考虑）

$$A_1+A_2+A_3=104.76+693.12=797.88(\text{mm}^2)>A=759.24\text{mm}^2$$

所以不需要补强。

12.4.4.4 外胆的开孔补强计算

槽车进出口管道的另一端开孔开在外胆的封头上，其余小管忽略，因此只需进行外胆封头处的开孔补强计算。根据 GB 150.1～150.4—2011 查得允许不另行补强的最大接管外径为

89mm，而进出口管道的外径等于108mm，故应用等面积法进行补强计算。

（1）开孔所需补强面积确定

计算强度削弱系数为：

$$f_r = \min\left\{\frac{[\sigma]_t^t}{[\sigma]^t}, 1\right\}$$

因为接管的材料为0Cr18Ni9，其在-196℃下的许用应力为137MPa，而外胆壳体的材料为Q345R，其许用应力为185MPa，则：

$$f_r = \min\left\{\frac{[\sigma]_t^t}{[\sigma]^t}, 1\right\} = \min\left\{\frac{137}{185}, 1\right\} = 0.74054$$

开孔所需补强面积 A 为：

$$A = d\delta + 2\delta\delta_{et}\left(1 - f_r\right) \quad (12\text{-}13)$$

$$d = d_i + 2C = 108 - 2\times 0 = 108(\text{mm})$$

式中 d——考虑腐蚀裕量后的开孔内直径，mm；

δ——外胆封头开孔处的计算厚度，mm，δ=17mm；

δ_{et}——接管的有效厚度，mm。

$$\delta_{et} = \delta_{nt} - C = 6 - 0 = 6(\text{mm})$$

所以

$$A = d\delta + 2\delta\delta_{et}(1 - f_r) = 108\times 17 + 2\times 17\times 6\times(1 - 0.74054) = 1888.93(\text{mm}^2)$$

（2）有效补强范围

有效宽度 B 按下式确定：

$$B = \max\left\{2d, d + 2\delta_n + 2\delta_{nt}\right\} \quad (12\text{-}14)$$

式中 δ_n——外胆封头开孔处的名义厚度，mm，δ_n=18mm；

δ_{nt}——接管名义厚度，mm，δ_{nt}=6mm；

d——考虑腐蚀裕量后的开孔内直径，mm。

$$d = d_i + 2C = 108 + 2\times 0 = 108(\text{mm})$$

所以

$$B = \max\left\{2d, d + 2\delta_n + 2\delta_{nt}\right\} = \max\left\{216, 140\right\} = 216(\text{mm})$$

（3）有效补强面积 A_e 计算

内胆封头多余金属面积 A_1 计算

$$\begin{aligned} A_1 &= (B - d)(\delta_n - C - \delta) - 2(\delta_n - C - \delta)(1 - f_r) \\ &= (216 - 108)(18 - 0 - 17) - 2\times(18 - 17)\times(1 - 0.74054) = 107.481(\text{mm}^2) \end{aligned}$$

式中 A_1——内胆封头多余金属面积，mm^2；

B——补强圈的有效补强宽度，mm。

（4）接管多余金属面积 A_2 计算

$$A_2 = 2h_1(\delta_{nt} - C - \delta_t)f_r + 2h_2(\delta_{nt} - C - C_2)f_r \quad (12\text{-}15)$$

式中　h_1——接管外侧有效高度，mm；

h_2——接管内侧有效高度，mm；

C_2——壳体腐蚀裕量，mm；

C——壳体厚度负偏差，mm；

δ_t——接管计算厚度，取 93.56mm。

查《化工容器及设备简明设计手册》表 21-2.1 可知ϕ108mm×6mm 的补强管外伸或内伸最小高度 h_{min}=25mm，而

$$h_1 = \min\left\{\sqrt{d\delta_{nt}}, \text{接管实际外伸高度}\right\} = \min\left\{\sqrt{96\times 6}, 25\right\} = 24\text{mm}$$

所以

$$A_2 = 2h_1(\delta_{nt} - C - \delta_t)f_r = 2\times 24\times(108-0-93.56)\times 0.74054 = 513.28(\text{mm}^2)$$

（5）接管区焊缝面积 A_3 计算

焊缝面积不予考虑：

$$A_1 + A_2 + A_3 = 107.481 + 513.28 = 620.761(\text{mm}^2) < A = 1888.93\text{mm}^2$$

所以需要补强的面积为：

$$A_4 = A - (A_1 + A_2 + A_3) = 1888.93 - 620.761 = 1268.587(\text{mm}^2)$$

取补强圈的厚度 S'=18mm（与外封头厚度相同），则补强圈的外径为 D 为：

$$D = \frac{A_4}{S'} + (d_i + \delta_{nt}) = \frac{1268.587}{18} + (108+6) = 184.477(\text{mm})$$

查《压力容器设计手册》中表 3-6-1，取补强圈的外径为 190mm。

12.5　LNG 槽车安全附件和管路的设计

12.5.1　安全阀的设计计算

由于内容器所充装的 LNG 是易燃易爆的介质，所以使用两个安全阀，并采用并联安装。

12.5.1.1　安全阀最小泄放面积计算

取安全阀的动作压力等于设计压力，即 p=0.80MPa，容器超压限度为 90kPa。

根据 GB 150.1～GB 150.4—2011 附录 B 及压力容器安全技术监察规程附件五安全阀和爆破片的设计计算，有完善的绝热保温层的液化气体压力容器的安全泄放量计算按下式：

$$W_s = \frac{2.61(650-t)\lambda A_r^{0.82}}{\delta q} \tag{12-16}$$

式中　W_s——压力容器安全泄放量，kg/h；

q——在泄放压力下液化气体的汽化潜热，kJ/kg，查表得 $q = 96\text{kcal/kg} = 96\times 10^3 \times 4.18\text{J/kg} = 111.47\text{W}\cdot\text{h/kg}$；

λ——常温下绝热材料的传热系数，kJ/（m・h・℃）；

δ——保温层厚度，m；

t——泄放压力下的饱和温度，℃，取-120℃，即 153.15K；

A_r ——内容器受热面积，m^2，对于椭圆形封头的卧式容器。

$$A_r = \pi D_0 (L + 0.3D_0) \tag{12-17}$$

式中 D_0——内容器的外径，m；

L——压力容器总长，m。

所以

$$A_r = \pi D_0 (L + 0.3D_0) = \pi \times 2.416 \times (13.252 + 0.3 \times 2.416) = 106.085(m^2)$$

$$W_s = \frac{2.61 \times (650 - 153.15) \times 0.03 \times 101.92}{0.09 \times 111.47} = 395.226(kg/h)$$

12.5.1.2 安全阀的最小排气截面积的计算

出口侧压力与排放压力之比为：

$$\frac{p_0}{p_d} = \frac{p_0}{1.1p_s + 0.1} = \frac{0.101}{1.1 \times 0.8 + 0.1} = 0.1031$$

临界压力比为：

$$\left(\frac{2}{k+1}\right)^{\frac{k}{k-1}} = \left(\frac{2}{1.4+1}\right)^{\frac{1.4}{1.4-1}} = 0.528$$

因为

$$\frac{p_0}{p_d} \leqslant \left(\frac{2}{k+1}\right)^{\frac{k}{k-1}} \tag{12-18}$$

所以安全阀的最小排放能力按式（12-19）计算：

$$W_s = 7.6 \times 10^{-2} CKp_d A\sqrt{M/(ZT)} \tag{12-19}$$

式中 A——安全阀的最小排放截面积，mm，对于全启式安全阀，即 $h \geqslant \frac{1}{4}d_1$ 时，$A = \pi d_1^2/4$；

W_s——安全阀的排放能力，kg/h；

C ——气体特性系数；

K——安全阀的额定泄放系数，与安全阀结构有关，应根据实验数据确定，无参考数据时全启式安全阀可按 K=0.60～0.70 选取，本文取 0.65；

M ——液化天然气的摩尔质量，kg/kmol；

p_d——安全阀的泄放压力（绝压），包括动作压力和超压限度，MPa，$p_d = 1.1p_s + 0.1$；

p_s——安全阀的整定压力，取 0.8MPa；

T——安全阀排放时的液化天然气温度，K；

Z——液化天然气在操作温度压力下的压缩系数，查图可得 Z=0.813。

代入数据得：

$$395.226 = 7.6 \times 10^{-2} \times 356 \times 0.65 \times 0.98 \times A \times \sqrt{\frac{16}{0.813 \times 111.15}}$$

$$A = \pi \frac{d_1^2}{4} = 54.47mm^2$$

式中　d_1——安全阀最小流道直径（阀座喉部直径），mm。

解得 d_1=8.328mm。

查《压力容器设计手册》表 3-8-8，取安全阀最小流道直径（阀座喉部直径）d_1=10mm。

根据压力要求选用型号为：A44Y-16C 的弹簧封闭全启式（带扳手）安全阀，其性能参数见表 12-7。

表 12-7　安全阀性能参数

型号	公称压力 PN/MPa	强度试验压力/MPa	公称直径/喉径/（mm/mm）	适用温度/℃	适用介质
A44Y-16C	1.6	2.4	18/10	≤300	空气、天然气

12.5.2　爆破片的设计计算

以安全阀一样，内容器的爆破片也需要并联安装两只。

爆破片的最小排放面积计算：

$$A=\frac{W_s}{7.6\times10^{-2}CK'p_b\sqrt{\dfrac{M}{ZT}}}=\frac{395.226}{7.6\times10^{-2}\times356\times0.73\times(1.15+0.065)\times\sqrt{\dfrac{16}{0.813\times111.15}}}=39.12(\mathrm{mm}^2) \tag{12-20}$$

式中　C——气体特性系数，由气体绝热指数 k=1.4 可查得 $C=356$；

K'——爆破片的额定泄放系数，取平齐式接管，K'=0.73；

A——爆破片的最小排放截面积，mm^2；

p_b——爆破片的设计爆破压力，MPa，确定一个高于容器工作压力 p_w 的“最低标定爆破压力”p_{bmin}，爆破片的设计压力 p_b 等于 p_{bmin} 加所选爆破片制造范围下限 0.065；

T——爆破片排放时的液化天然气温度，K；

Z——液化天然气在操作温度压力下的压缩系数，查图可得 Z=0.825。

所以爆破片的最小几何流道直径 d

$$d=\sqrt{\frac{4A}{\pi}}=\sqrt{\frac{4\times39.12}{\pi}}=7.0576(\mathrm{mm})$$

取 d=8mm。

由于 LNG 是易燃易爆的介质，因此爆破片选用爆破不会产生火花的正拱形槽型爆破片，材料选用 0Cr18Ni9，夹持器选用 LJC 型夹持器。其安装使用如图 12-3 所示。

12.5.3　测温装置的选型

槽车的设计压力为 1.1MPa，由此可得罐内 LNG 的最大可能工作温度区间为−162.3～−120.85℃，由手册查得镍铬-考铜热电偶温度计的测温范围为 70～300K 即为−203～27℃。此槽车选用镍铬-考铜热电偶温度计作为温度测量装置，并采用自动电子电位差计测量热电偶的热电势。热电偶温度计具有体积小，结构简单，安装使用方便，便于远距离测量和集中控制等优点。其安装使用如图 12-4 所示。

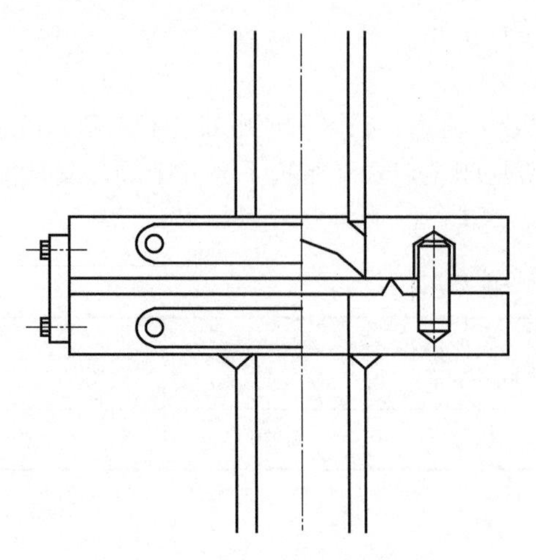

图 12-3 爆破片的安装使用结构

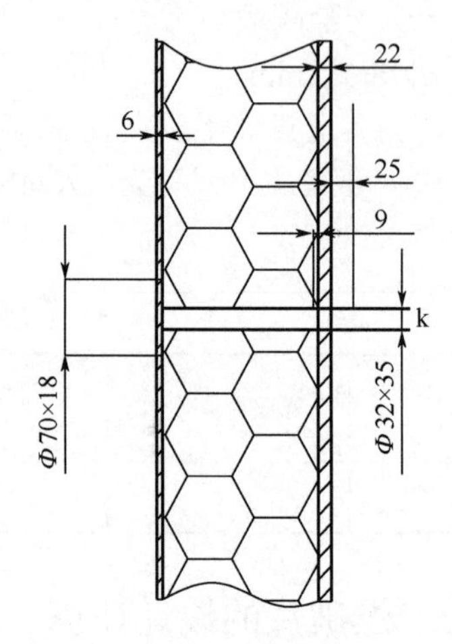

图 12-4 热电偶的安装使用结构

12.5.4 液位测量装置的选型

液位计需在低温下工作，所用的液位计必须满足低温工况的要求，可以选用差压计液面指示仪，差压计液面指示仪是以容器内低温液体液面升降时产生的液柱高度，等于容器气相空间和底部液相静压力之差为原理，通过测量静压力差的大小，来确定被测液体液面的高低。由于槽车完全充满 LNG 时所产生的液柱静压力为：

$$p = \rho gh = 426 \times 9.81 \times 2.4 = 10029.744(\text{Pa})$$

所以选用型号为 CGS-50 的差压计液面指示仪。

12.5.5 真空测量装置的选型

此槽车夹层为 1.33Pa 的真空，可以选用型号为 WZR-1 的热电偶真空计。热电偶真空计是基于热电偶规管内加热丝加热电流保持不变时，热电偶的热电势取决于热电偶规管内气体压力的原理，通过测量热电偶热电势的大小，来确定真空度的高低的。

12.5.6 真空夹层安全泄放装置的选型

真空夹层安全泄放装置的工作特点一方面是在夹层高真空下工作，对密封性的要求非常严格，要求绝对不漏，来满足长期保持夹层真空度的要求。另一方面，若选用爆破片作为真空夹层安全泄放装置，则要求爆破片在相当低的夹层正压下爆破以保证安全，密封要求高和爆破压力低是一对相互矛盾的要求。因此设计研制绝对密封、工作可靠的真空夹层爆破片相当困难。低爆破压力的膜片易于破裂，万一发生破裂会导致真空度完全丧失的重大事故。因此此槽车采用安全塞取代爆破片作为真空夹层安全泄放装置。

安全塞是一个不锈钢的塞子，装在外容器的泄放孔内，靠塞子端面或周向上的橡胶 O 形环密封。在夹层真空条件下，塞子在大气压作用下被牢牢地吸压在泄放孔内。

金属安全塞具有强度好、密封可靠，不存在爆破片易于破裂的缺点。当夹层中形成不大的正压，靠气体压力克服 O 形环的摩擦力使安全塞开启动作十分灵敏。在真空夹层上采用安全塞比爆破片安全可靠而且易于制造，可以重复使用。

12.5.7　管路的设计

LNG 槽车的管路由于要直接与低温液体接触，如果形状设计不合理，就有可能出现以下问题：

① 管路由于骤冷而收缩，从而产生应力集中或弯曲变形。

② LNG 能自行流入绝热结构管段中，因为漏热气化，再将气化的蒸气压回内容器中也即所谓的穿透现象。所以将槽车中的管路在夹层中设计成 S 形。槽车的管路集中设置在罐体的一边，以便安装和维修。

12.6　LNG 槽车的漏热校核

12.6.1　夹层允许漏热

按照 GB/T 18442.1—2011 的规定，$55m^2$ LNG 槽车静态蒸发率为 0.25%，由此计算得到的夹层允许漏热如下：

$$Q = \Delta Gq = \eta G_0 q / (24 \times 3600) \tag{12-21}$$

式中　η——液化天然气日蒸发率，%；

q——汽化热，q=509.74kJ/kg；

G_0——充装的 LNG 的质量，kg。

$$Q = \Delta Gq = \eta G_0 q / (24 \times 3600) = 0.25\% \times 21087 \times 509.74 \times 10^3 / (24 \times 3600) = 311.021(\text{W})$$

12.6.2　高真空绝热层综合漏热

由公式

$$Q = \lambda_e A_m \frac{\Delta T}{\delta_1} \tag{12-22}$$

式中　λ_e——多层绝热体的有效热导率，W/（m・K），查得为 2.51×10^{-4}W/（m・K）；

ΔT——温差，K；

δ_1——夹层间距，m；

A_m——内胆外表面积，m^2。

$$A_m = \frac{\pi}{4}\left(D_i + \delta_2\right)^2 L + 2A_0 \tag{12-23}$$

式中　D_i——内胆的内径，m；

δ_2——内胆的壁厚，m；

L——内胆的长度，m；

A_0——内封头的外表面积，m^2。

$$A_0 = 1.084 D_i^2 + \pi D_i h = 1.084 \times 2.4^2 + \pi \times 2.4 \times 0.04 = 6.54543(\text{m}^2)$$

所以

$$A_m = \frac{\pi}{4}(D_i + \delta_2)^2 L + A_0 = \frac{\pi}{4} \times (2.4 + 0.008)^2 \times 11.74 + 6.54543 \times 2 = 66.556(\text{m}^2)$$

$$Q_{绝热层}=\lambda_e A_m \Delta T / \delta_1 = 2.51\times10^{-4}\times66.556\times\frac{196+50}{0.142}=28.941(\mathrm{W})$$

12.6.3　内外胆下支撑漏热

图 12-5 为支撑局部简图。根据傅里叶定律可知一个玻璃钢支柱的漏热量为：

$$Q=\bar{\lambda}A_1\frac{\Delta T}{L_1} \tag{12-24}$$

式中　A_1——玻璃钢支撑件截面积，m^2，A=0.007854m^2；

L_1——不锈钢支撑件长度，m，L=0.142m；

ΔT——内外胆的温差，℃；

$\bar{\lambda}$——玻璃钢支撑件在 ΔT 温区的平均热导率，W/（m·K）查得为 0.364 W/（m·K）。

所以

$$Q_{支撑}=0.364\times0.007854\times\frac{50+196}{0.142}=4.953(\mathrm{W})$$

玻璃钢支撑的总漏热量为：

$$Q_{总支撑}=4.953\times12=59.436(\mathrm{W})$$

12.6.4　内外胆定位支撑漏热

$$Q=\bar{\lambda}A\frac{\Delta T}{L}$$

式中　A——支撑横截面积，$A=A_1N$（N 为支撑的数量 12）。

则

$$Q=\bar{\lambda}A\frac{\Delta T}{L}=0.364\times(0.007854\times12)\times\frac{196+50}{0.116}=72.75(\mathrm{W})$$

则内外胆定位支撑漏热为：

$$Q_{定位}=72.75\times2=145.5(\mathrm{W})$$

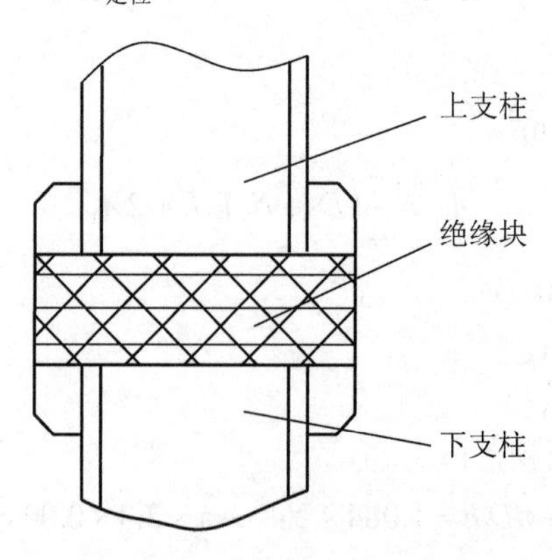

图 12-5　支撑局部简图

12.6.5　管道漏热近似计算

进出口管道为ϕ57mm×3mm 的无缝钢管，则管道漏热为：

$$Q_{管道}=\bar{\lambda}_{\mathrm{d}}\frac{A}{L}(T_2-T_1)=9.62\times2\times\frac{\pi(0.108^2-0.096^2)}{4\times8.470}\times(50+196)=1.08(\mathrm{W}) \qquad (12\text{-}25)$$

式中　$\bar{\lambda}_{\mathrm{d}}$ ——不锈钢的热导率，W/（m·K），查得为 9.62W/（m·K）；

A ——管道截面积，m^2。

取槽车的进出口管道ϕ108mm×6mm 管，其余小管忽略。

综上，总漏热为：

$$Q_{总}=Q_{绝热层}+Q_{总支撑}+Q_{定位}+Q_{管道}=28.941+59.436+145.5+1.08=234.956(\mathrm{W}) \qquad (12\text{-}26)$$

因为 $Q_{总}=234.956<Q=311.021\mathrm{W}$（$Q$ 为按国家标准 LNG 蒸发率计算的允许值），满足要求。

12.7　校核表

12.7.1　内压圆筒校核

表 12-8 为内压圆筒校核表。

表 12-8　内压圆筒校核表

内压圆筒校核		计算单位	中航一集团航空动力控制系统研究所
计算所依据的标准	GB 150.3—2011		
计算条件			筒体简图
计算压力 p_c	0.8	MPa	δ_n D_i
设计温度 t	-197.00	℃	
内径 D_i	2400.00	mm	
材料	0Cr18Ni9（管材）		
试验温度许用应力$[\sigma]$	137.00	MPa	
设计温度许用应力$[\sigma]^t$	137.00	MPa	
试验温度下屈服点σ_s	205.00	MPa	
钢板负偏差 C_1	0.40	mm	
腐蚀裕量 C_2	0.00	mm	
焊接接头系数ϕ	1.00		
厚度及质量计算			
计算厚度	$\delta=\frac{p_c D_i}{2[\sigma]^t\phi-p_c}=7.03$	mm	
有效厚度	$\delta_e=\delta_n-C_1-C_2$	mm	

续表

内压圆筒校核	计算单位	中航一集团航空动力控制系统研究所
计算所依据的标准	GB 150.3—2011	
计算条件	筒体简图	
名义厚度	$\delta_e = 8.00$	mm
质量	5392.79	kg
压力试验时应力校核		
压力试验类型	液压试验	
试验压力值	$p_t = 1.25p\dfrac{[\sigma]}{[\sigma]^t}$（或由用户输入）	MPa
压力试验允许通过的应力水平$[\sigma]_t$	$[\sigma]_t \leqslant 0.90\sigma_s$	MPa
试验压力下圆筒的应力	$\sigma_t = \dfrac{p_t(D_i+\delta_e)}{2\delta_e\phi}$	MPa
校核条件	$\sigma_t \leqslant [\sigma]_t$	
校核结果	合格	
压力及应力计算		
最大允许工作压力	$[p_w] = \dfrac{2\delta_e[\sigma]^t\phi}{D_i+\delta_e} = 0.92164$	MPa
设计温度下计算应力	$\sigma_t = \dfrac{p_c(D_i+\delta_e)}{2\delta_e} = 127.82$	MPa
$[\sigma]^t\phi$	137.00	MPa
校核条件	$[\sigma]^t\phi \geqslant \sigma_t$	
结论	合格	

12.7.2 内压椭圆左封头校核

表 12-9 为内压椭圆左封头校核表。

表 12-9 内压椭圆左封头校核表

内压椭圆左封头校核		计算单位	中航一集团航空动力控制系统研究所
计算所依据的标准			GB 150.3—2011
计算条件			椭圆封头简图
计算压力 p_c	0.8	MPa	
设计温度 t	−197.00	℃	
内径 D_i	2400.00	mm	
曲面深度 h_i	600.00	mm	
材料	0Cr18Ni9（板材）		
设计温度许用应力$[\sigma]^t$	137.00	MPa	
试验温度许用应力$[\sigma]$	137.00	MPa	
钢板负偏差 C_1	0.00	mm	
腐蚀裕量 C_2	0.00	mm	

续表

内压椭圆左封头校核	计算单位	中航一集团航空动力控制系统研究所
计算所依据的标准		GB 150.3—2011
计算条件		椭圆封头简图
焊接接头系数 ϕ	1.00	
压力试验时应力校核		
压力试验类型	液压试验	
试验压力值	$p_t = 1.25p\dfrac{[\sigma]}{[\sigma]^t}$	MPa
压力试验允许通过的应力 $[\sigma]_t$	$[\sigma]_t \leqslant 0.90\sigma_s$	MPa
试验压力下封头的应力	$\sigma_t = \dfrac{p_t(KD_i + 0.5\delta_e)}{2\delta_e\phi}$	MPa
校核条件	$\sigma_t \leqslant [\sigma]_t$	
校核结果	非标准材料，请建立用户材料数据库进行压力试验计算	
厚度及质量计算		
形状系数	$K = 1/6\left\{2 + \left[D_i/(2h_i)\right]^2\right\} = 1.0000$	
计算厚度	$\delta_h = \dfrac{Kp_cD_i}{2\left[\sigma\right]^t\phi - 0.5p_c} = 7.02$	mm
有效厚度	$\delta_{eh} = \delta_{nh} - C_1 - C_2$	mm
最小厚度	$\delta_{min} = 7.02$	mm
名义厚度	$\delta_{nh} = 8.00$	mm
结论	满足最小厚度要求	
质量		kg
压力计算		
最大允许工作压力	$\left[p_w\right] = \dfrac{2\left[\sigma\right]^t\phi\delta_e}{KD_i + 0.5\delta_e}$	MPa
结论	合格	

12.7.3　内胆椭圆右封头校核

表 12-10 为内胆椭圆右封头校核表。

表 12-10　内胆椭圆右封头校核表

内胆椭圆右封头校核		计算单位	中航一集团航空动力控制系统研究所
计算所依据的标准			GB 150.3—2011
计算条件			椭圆封头简图
计算压力 p_c	0.8	MPa	
设计温度 t	-197.00	℃	
内径 D_i	2400.00	mm	
曲面深度 h_i	600.00	mm	
材料	（板材）		

续表

内胆椭圆右封头校核		计算单位	中航一集团航空动力控制系统研究所
计算所依据的标准			GB 150.3—2011
计算条件			椭圆封头简图
设计温度许用应力$[\sigma]^t$	137.00	MPa	
试验温度许用应力$[\sigma]$	137.00	MPa	
钢板负偏差 C_1	0.00	mm	
腐蚀裕量 C_2	0.00	mm	
焊接接头系数ϕ	1.00		

压力试验时应力校核		
压力试验类型	液压试验	
试验压力值	$p_t = 1.25p\dfrac{[\sigma]}{[\sigma]^t}$	MPa
压力试验允许通过的应力$[\sigma]_t$	$[\sigma]_t \leqslant 0.90\sigma_s$	MPa
试验压力下封头的应力	$\sigma_t = \dfrac{p_t(KD_i + 0.5\delta_e)}{2\delta_e\phi}$	MPa
校核条件	$\sigma_t \leqslant [\sigma]_t$	
校核结果	非标准材料，请建立用户材料数据库进行压力试验计算	
厚度及质量计算		
形状系数	$K = 1/6\left\{2 + \left[D_i/(2h_i)\right]^2\right\} = 1$	
计算厚度	$\delta_h = \dfrac{Kp_cD_i}{2\left[\sigma\right]^t\phi - 0.5p_c} = 7.02$	mm
有效厚度	$\delta_{eh} = \delta_{nh} - C_1 - C_2$	mm
最小厚度	$\delta_{min} = 7.02$	mm
名义厚度	$\delta_{nh} = 8.00$	mm
结论	满足最小厚度要求	
质量		kg
压力计算		
最大允许工作压力	$\left[p_w\right] = \dfrac{2\left[\sigma\right]^t\phi\delta_e}{KD_i + 0.5\delta_e}$	MPa
结论	合格	

12.7.4 外压圆筒校核

表 12-11 为外压圆筒校核表。

表 12-11 外压圆筒校核表

外压圆筒校核		计算单位	中航一集团航空动力控制系统研究所
计算所依据的标准			GB 150.3—2011
计算条件			圆筒简图
计算压力 p_c	0.10	MPa	
设计温度 t	50.00	℃	

续表

外压圆筒校核		计算单位	中航一集团航空动力控制系统研究所
计算所依据的标准			GB 150.3—2011
计算条件			圆筒简图
内径 D_i	2700.00	mm	
材料名称	Q345R　（板材）		
试验温度许用应力[σ]	0.1043	MPa	
设计温度许用应力$[\sigma]^t$	0.1043	MPa	
钢板负偏差 C_1	0	mm	
腐蚀裕量 C_2	0	mm	
焊接接头系数ϕ	0.85		
压力试验时应力校核			
压力试验类型	液压试验		
试验压力值	$p_t = 1.25p_c$		MPa
压力试验允许通过的应力$[\sigma]_t$	$[\sigma]_t \leqslant 0.90\sigma_s$		MPa
试验压力下圆筒的应力	$\sigma_t = \dfrac{p_t(D_i + \delta_e)}{2\delta_e\phi}$		MPa
校核条件	$[\sigma]_t \leqslant 0.90\sigma_s$		
校核结果	合格		
厚度及质量计算			
计算厚度	$\delta = 17$		mm
有效厚度	$\delta_e = \delta_n - C_1 - C_2 = 17$		mm
名义厚度	$\delta_n = 18.00$		mm
外压计算长度 L	$L = 13000.00$		mm
筒体外径 D_o	$D_o = D_i + 2\delta_n = 2736.00$		mm
L/D_o	4.75		
D_o/δ_e	152.00		
A 值	$A = 0.000127$		
B 值	$B = 16.794$		
质量	14073.42		kg
压力计算			
许用外压力	$[p] = \dfrac{B}{D_o/\delta_e}$		MPa
结论	合格		

12.7.5　外压碟形左封头校核

表 12-12 为外压碟形左封头校核表。

表 12-12　外压碟形左封头校核表

外压碟形左封头校核		计算单位	中航一集团航空动力控制系统研究所
计算所依据的标准			GB 150.3—2011
计算条件			碟形封头简图
计算压力 p_c	0.10	MPa	
设计温度 t	50.00	℃	
内径 D_i	2700.00	mm	
球面部分内半径 R_i	1350.00	mm	
过渡段转角内半径 r	405.00	mm	
材料	Q345R（板材）		
试验温度许用应力$[\sigma]$	185.00	MPa	
设计温度许用应力$[\sigma]^t$	185.00	MPa	
钢板负偏差 C_1	0.00	mm	
腐蚀裕量 C_2	1.00	mm	
焊接接头系数ϕ	0.85		
压力试验时应力校核			
压力试验类型	液压试验		
试验压力值	$p_t = 1.25p_c$	MPa	
压力试验允许通过的应力$[\sigma]_t$	$[\sigma]_t \leqslant 0.90\sigma_s$	MPa	
试验压力下封头的应力	$\sigma_t = \dfrac{p_t(KD_i + 0.5\delta_e)}{2\delta_e\phi}$	MPa	
校核条件	$\sigma_t \leqslant [\sigma]_t$		
校核结果	合格		
厚度及质量计算			
计算厚度	$\delta_h = 17.00$	mm	
有效厚度	$\delta_{eh} = \delta_{nh} - C_1 - C_2 = 17.00$	mm	
名义厚度	$\delta_{nh} = 18.00$	mm	
封头球面部分外直径 R_o	$R_o = R_i + \delta_{nh} = 1368.00$	mm	
A 值	$A = \dfrac{0.125}{R_o/\delta_{eh}} = 0.000127$		
B 值	$B = 16.794$		
质量	2125.69	kg	
压力计算			
许用外压力	$[p] = \dfrac{B}{R_o/\delta_{eh}}$	MPa	
结论	合格		

12.7.6 外胆碟形右封头校核

表 12-13 为外胆碟形右封头校核表。

表 12-13　外胆碟形右封头校核表

外胆碟形右封头校核		计算单位	中航一集团航空动力控制系统研究所
计算所依据的标准			GB 150.3—2011
计算条件			碟形封头简图
计算压力 p_c	0.10	MPa	
设计温度 t	50.00	℃	
内径 D_i	2700.00	mm	
球面部分内半径 R_i	1350.00	mm	
过渡段转角内半径 r	405.00	mm	
材料	Q345R（板材）		
试验温度许用应力$[\sigma]$	185.00	MPa	
设计温度许用应力$[\sigma]^t$	185.00	MPa	
钢板负偏差 C_1	0.00	mm	
腐蚀裕量 C_2	0.00	mm	
焊接接头系数ϕ	0.85		
压力试验时应力校核			
压力试验类型	液压试验		
试验压力值	$p_t = 1.25 p_c$	MPa	
压力试验允许通过的应力$[\sigma]_t$	$[\sigma]_t \leqslant 0.90\sigma_s$	MPa	
试验压力下封头的应力	$\sigma_t = \dfrac{p_t(KD_i + 0.5\delta_e)}{2\delta_e\phi}$	MPa	
校核条件	$\sigma_t \leqslant [\sigma]_t$		
校核结果	合格		
厚度及重量计算			
计算厚度	$\delta_h = 17.00$	mm	
有效厚度	$\delta_{eh} = \delta_{nh} - C_1 - C_2 = 17.00$	mm	
名义厚度	$\delta_{nh} = 18.00$	mm	
封头球面部分外直径 R_o	$R_o = R_i + \delta_{nh} = 1368.00$	mm	
A 值	$A = \dfrac{0.125}{R_o/\delta_{eh}} = 0.000127$		
B 值	$B = 16.794$		
质量	2125.69	kg	
压力计算			
许用外压力	$[p] = \dfrac{B}{R_o/\delta_{eh}}$	MPa	
结论	合格		

12.7.7 卧式容器（三鞍座）校核

表 12-14 为卧式容器（三鞍座）校核表

表 12-14 卧式容器（三鞍座）校核表

卧式容器（三鞍座）校核		计算单位	中航一集团航空动力控制系统研究所
计算条件			简图
计算压力 p_c	0.1	MPa	
设计温度 t	50	℃	
圆筒材料	Q345R		
鞍座材料	Q345		
圆筒材料常温许用应力 $[\sigma]$	185	MPa	
圆筒材料设计温度下许用应力 $[\sigma]^t$	185	MPa	
圆筒材料常温屈服点 σ	325	MPa	
鞍座材料许用应力 $[\sigma]_{sa}$		170	MPa
工作时物料密度		2000	kg/m^3
液压试验介质密度	γ_t	1000	kg/m^3
圆筒内直径 D_i		2700	mm
圆筒名义厚度 δ_n		18	mm
圆筒厚度附加量 C		0	mm
圆筒焊接接头系数 ϕ		0.85	
封头名义厚度 δ_{hn}		18	mm
封头厚度附加量 C_h		0	mm
两封头切线间距离 L		13	mm
鞍座垫板名义厚度 δ_m		18	mm
鞍座垫板有效厚度 δ_{re}		18	mm
鞍座轴向宽度 b		620	mm
鞍座包角 θ		150	(°)
鞍座底板中心至封头切线距离 A		2090	mm
封头曲面高度 h_i		0	mm
试验压力 p_t		0.2	MPa
鞍座高度 H		250	mm
腹板与筋板组合截面积 A_{sa}		0	mm^2
腹板与筋板组合截面断面系数 Z_r		62040	mm^3
地震烈度		9	度
圆筒平均半径 R_a		1368	mm
物料充装系数 φ_o		0.9	
一个鞍座上地脚螺栓个数		2	

续表

卧式容器（三鞍座）校核	计算单位	中航一集团航空动力控制系统研究所	
计算条件		简图	
地脚螺栓公称直径		24	mm
地脚螺栓根径		20.752	mm
鞍座轴线两侧的螺栓间距		900	mm
地脚螺栓材料		Q345	

系数计算		
K_1=0.160673	K_2=0.279233	K_3=0.798847
K_4	K_5=0.673288	K_6=0.0316746
K_6'	K_7	K_8
K_9=0.259372	C_4	C_5

筒体轴向应力计算			
轴向应力计算	操作状态	$\sigma_2=\dfrac{p_cR_a}{2\delta_c}+\dfrac{M_1}{\pi R_a^2\delta_c}=3.81$，$\sigma_3=\dfrac{p_cR_a}{2\delta_e}-\dfrac{M_2}{K_1\pi R_a^2\delta_e}=13.4622$	MPa
		$\sigma_1=\dfrac{p_cR_a}{2\delta_e}-\dfrac{M_1}{\pi R_a^2\delta_e}=-11.9568$，$\sigma_4=\dfrac{p_cR_a}{2\delta_e}+\dfrac{M_2}{K_2\pi R_a^2\delta_e}=-11.8191$	MPa
	水压试验状态	$\sigma_{t1}=-\dfrac{M_{t1}}{\pi R_a^2\delta_e}=-4.77227$，$\sigma_{t4}=\dfrac{M_{t2}}{K_2\pi R_a^2\delta_e}=-4.69134$	MPa
		$\sigma_{t2}=\dfrac{p_tR_a}{2\delta_e}+\dfrac{M_{t1}}{\pi R_a^2\delta_e}=12.9124$，$\sigma_{t3}=\dfrac{p_tR_a}{2\delta_e}-\dfrac{M_{t2}}{K_1\pi R_a^2\delta_e}=16.2866$	MPa
应力校核	许用压缩应力	$A=\dfrac{0.094\delta_e}{R_a}=0.00116281$	
		根据圆筒材料查 GB 150.1～150.4—2011 图 4-3～图 4-12 得 B=144.979	MPa
		$[\sigma]_{ac}^t=\min\{[\sigma]^t,B\}=144.979$ $[\sigma]_{ac}=\min\{0.9R_{eL},B\}=144.979$	MPa
	σ_2，$\sigma_3<[\sigma]^t=185$ 合格，$\lvert\sigma_1\rvert,\lvert\sigma_4\rvert<[\sigma]_{ac}^t=144.979$ 合格 $\lvert\sigma_{t1}\rvert,\lvert\sigma_{t4}\rvert<[\sigma]_{ac}=144.979$ 合格，$\sigma_{t2},\sigma_{t3}<0.9\sigma_s=292.5$ 合格		MPa
筒体和封头的切应力	$A>\dfrac{R_m}{2}$ $\left(A>\dfrac{L}{4}\text{时，不适用}\right)$	$\tau=\dfrac{K_3F}{R_s\delta_e}\dfrac{L-2A}{L+4h_i/3}=17.1331$	MPa
	$A\leqslant\dfrac{R_m}{2}$ 时	圆筒中：$\tau=\dfrac{K_3F}{R_a\delta_e}$ 封头中：$\tau_h=\dfrac{K_4F}{R_a\delta_{he}}$	MPa
应力校核	封头	椭圆形封头：$\sigma_h=\dfrac{Kp_cD_i}{2\delta_{he}}$ 碟形封头：$\sigma_k=\dfrac{Mp_cR_k}{2\delta_{he}}$ 半球形封头：$\sigma_k=\dfrac{p_cD_i}{4\delta_{he}}$	MPa
	圆筒封头	$[\tau]=0.8[\sigma]^t=148$，$[\tau]=1.25[\sigma]^t-\sigma_h$	MPa
	圆筒 $\tau<[\tau]=148$ MPa 合格封头 $\tau_h<[\tau_h]$		

续表

卧式容器（三鞍座）校核			计算单位	中航一集团航空动力控制系统研究所
计算条件			简图	
鞍座处圆筒周向应力				
无加强圈圆筒	圆筒的有效宽度		$b_2 = b + 1.56\sqrt{R_s\delta_e} = 863.989$	mm
无加强圈圆筒	无垫板或垫板不起加强作用时	在横截面最低点处	$\sigma_5 = -\dfrac{kK_5F}{\delta_e b_2} = -3.45814$	MPa
无加强圈圆筒	无垫板或垫板不起加强作用时	在鞍座边角处	$L/R_m \geqslant 8$ 时，$\sigma_6 = -\dfrac{F}{4\delta_e b_2} - \dfrac{3K_6F}{2\delta_e^2} = -139.092$	MPa
无加强圈圆筒	无垫板或垫板不起加强作用时	在鞍座边角处	$L/R_m < 8$ 时，$\sigma_6 = -\dfrac{F}{4\delta_e b_2} - \dfrac{12K_6FR_a}{L\delta_e^2}$	MPa
无加强圈筒体	垫板起加强作用时		鞍座垫板宽度 $W \geqslant b + 1.56\sqrt{R_a\delta_n}$；鞍座垫板包角 $\geqslant \theta + 12°$	
无加强圈筒体	垫板起加强作用时	横截面最低点处的周向应力	$\sigma_5 = -\dfrac{kK_5F}{(\delta_e + \delta_{re})b_2}$	MPa
无加强圈筒体	垫板起加强作用时	鞍座边角处的周向应力	$L/R_m \geqslant 8$ 时，$\sigma_6 = -\dfrac{F}{4(\delta_e + \delta_{re})b_2} - \dfrac{3K_6F}{2(\delta_e^2 + \delta_{re}^2)}$	MPa
无加强圈筒体	垫板起加强作用时	鞍座边角处的周向应力	$L/R_m < 8$ 时，$\sigma_6 = -\dfrac{F}{4(\delta_e + \delta_{re})b_2} - \dfrac{12K_6FR_m}{L(\delta_e^2 + \delta_{re}^2)}$	MPa
无加强圈筒体	垫板起加强作用时	鞍座垫板边缘处圆筒中的周向应力	$L/R_m \geqslant 8$ 时，$\sigma_6' = -\dfrac{F}{4\delta_e b_2} - \dfrac{3K_6'F}{2\delta_e^2}$	MPa
无加强圈筒体	垫板起加强作用时	鞍座垫板边缘处圆筒中的周向应力	$L/R_m < 8$ 时，$\sigma_6' = -\dfrac{F}{4\delta_e b_2} - \dfrac{12K_6'FR_m}{L\delta_e^2}$	MPa
无加强圈筒体	应力校核		$\lvert\sigma_5\rvert < [\sigma]^t = 185$，合格 $\lvert\sigma_6\rvert < 1.25[\sigma]^t = 231.25$，合格 $\lvert\sigma_6'\rvert < 1.25[\sigma]^t = 231.25$	MPa
应力校核			$\lvert\sigma_5\rvert < [\sigma]^t$，合格 $\lvert\sigma_6\rvert < 1.25[\sigma]^t$，合格 $\lvert\sigma_7\rvert < 1.25[\sigma]^t$，$\lvert\sigma_8\rvert < 1.25[\sigma]_R^t$	MPa

鞍座应力计算			
水平分力		$F_s = K_9F = 192216$	N
腹板水平应力	计算高度	$H_s = \min\{1/3\,R_a, H\} = 250$	mm
腹板水平应力	鞍座腹板厚度	$b_o = 18$	mm
腹板水平应力	鞍座垫板实际宽度	$b_4 = 18$	mm
腹板水平应力	鞍座垫板有效宽度	$b_r = \min\{b_4, b_2\} = 18$	mm
腹板水平应力	腹板水平应力	无垫板或垫板不起加强作用，$\sigma_9 = \dfrac{F_s}{H_s b_o} = 96.1081$ 垫板起加强作用，$\sigma_9 = \dfrac{F_s}{H_s b_o + b_r\delta_{re}}$	MPa
腹板水平应力	应力判断	$\sigma_p < \dfrac{2}{3}[\sigma]_{sa} = 113.333$，合格	MPa

续表

<table>
<tr><th colspan="2">卧式容器（三鞍座）校核</th><th>计算单位</th><th colspan="2">中航一集团航空动力控制系统研究所</th></tr>
<tr><th colspan="3">计算条件</th><th colspan="2">简图</th></tr>
<tr><td rowspan="6">腹板与筋板组合截面应力</td><td colspan="4">由地震水平分力引起的支座强度计算</td></tr>
<tr><td rowspan="2">轴向力</td><td colspan="2">圆筒中心至基础表面距离 $H_v = 1618$</td><td>mm</td></tr>
<tr><td colspan="2">$F_{Ev} = \alpha_1 mg = 474292$</td><td>N</td></tr>
<tr><td colspan="3">$F_{Ev} \leqslant Ef$ ，0</td><td>MPa</td></tr>
<tr><td colspan="3">$F_{Ev} > Ef$ ，$\sigma_{sa} = -\frac{F}{A_{sa}} - \frac{F_{Ev}H}{2Z_r} - \frac{F_{Ev}H_v}{A_{sa}(L-2A)}$</td><td>MPa</td></tr>
<tr><td colspan="4">$\lvert\sigma_{sa}\rvert < 1.2[\sigma_{bt}] = 204$</td></tr>
<tr><td rowspan="4">地脚螺栓应力</td><td rowspan="2">拉应力</td><td colspan="2">$\sigma_{bt} = \frac{M_{Ev}^{0-0}}{nl_1A_{bt}} = 0$</td><td>MPa</td></tr>
<tr><td colspan="3">$\lvert\sigma_{sa}\rvert < 1.2[\sigma_{bt}] = 204$ MPa，合格</td></tr>
<tr><td rowspan="2">剪应力</td><td colspan="2">$\tau_{bt} = \frac{F_{Ev} - Ff_s}{n'A_{bt}}$</td><td>MPa</td></tr>
<tr><td colspan="3">$\tau_{bt} < 0.8K_o[\sigma_{bt}] = 136$ MPa 合格</td></tr>
<tr><td rowspan="3">温差引起的应力</td><td colspan="3">$F_f = Ff = 222325$</td><td>N</td></tr>
<tr><td colspan="3">$\sigma_{sa}^t = -\frac{F}{A_{sa}} - \frac{FfH}{Z_r} = 0$</td><td>MPa</td></tr>
<tr><td colspan="4">$\lvert\sigma_{sa}^t\rvert < [\sigma]_{sa} = 170$</td></tr>
</table>

12.8　设计结果汇总

综上，LNG 槽车的设计结果汇总见表 12-15。

表 12-15　LNG 槽车设计结果汇总表

名称	数值	单位
内胆内径	2400	mm
内胆常规设计的厚度	8	mm
内胆圆筒体长度	11280	mm
保冷层厚度	280	mm
外胆内径	2700	mm
外胆的厚度	18	mm
加强圈的尺寸	50×30	mm
槽车的总高度	13000	mm
内容器操作质量	28055.91	kg
槽车的操作质量	47244.05	kg
槽车的最小质量	26157.05	kg
内胆下支撑截面积	0.007854	m^2

续表

名称	数值	单位
内胆下玻璃钢柱直径	100	mm
内胆定位玻璃钢柱直径	10	mm
基础环厚度	10	mm
地脚螺栓规格	M36	mm
地脚螺栓个数	24	个
槽车的安全泄放量	395.226	kg/h
安全阀最小流道直径	10	mm
爆破片的最小几何流道直径	8	mm
槽车夹层允许漏热	311.021	W
高真空绝热层综合漏热	28.941	W
内外胆下支撑漏热	59.436	W
内外胆定位支撑漏热	145.5	W
管道漏热	46.574	W

参考文献

[1] 敬加强，梁光川．液化天然气技术问答［M］．北京：化学工业出版社，2006，12.

[2] 徐烈．我国低温绝热与贮运技术的发展与应用［J］．低温工程，2001，(02)：1-8.

[3] 李兆慈，徐烈，张洁，孙恒．LNG 槽车贮槽绝热结构设计［J］．天然气工业，2004，(02)：85-87.

[4] 魏巍，汪荣顺．国内外液化天然气输运容器发展状态［J］．低温与超导，2005，(02)：40-41.

[5] 董大勤，袁凤隐．压力容器设计手册．第 2 版［M］．北京：化学工业出版社，2014.

[6] 王志文，蔡仁良．化工容器设计．第 3 版［M］．北京：化学工业出版社，2011.

[7] JB/T 4700～4707—2000．压力容器法兰［S］.

[8] TSG R0005—2011．移动式压力容器安全技术监察规程［S］.

[9] 贺匡国．化工容器及设备简明设计手册．第 2 版［M］．北京：化学工业出版社，2002.

[10] GB150.1～GB 150.4—2011．压力容器［S］.

[11] 潘家祯．压力容器材料实用手册［M］．北京：化学工业出版社，2000.

[12] HG/T 20592～20635—2009．钢制管法兰、垫片、紧固件［S］.

[13] JB/T 4712.1～4712.4—2007．容器支座［S］.

[14] JB/T 4736—2002．补强圈［S］.

致　谢

在本书即将完成之际，深深感谢在项目研究开发及专利技术开发方面给予关心和帮助的老师、同学及同事们。

（1）感谢田源、张梓洲两位同学在第 1 章混合制冷剂离心压缩机设计计算方面所做的大量工作；

（2）感谢王俊杰等在第 2 章天然气往复式压缩机设计计算方面所做的大量试算工作；

（3）感谢曾嘉豪等在第 3 章 BOG 压缩机设计计算方面所做的大量试算工作；

（4）感谢王守本等在第 4 章混合制冷剂膨胀机设计计算方面所做的大量试算工作；

（5）感谢李荣中、严兴国等在第 5 章螺旋压缩膨胀制冷机设计计算方面所做的大量试算工作；

（6）感谢杨孝东等在第 6 章 LNG 潜液泵设计计算方面所做的大量试算工作；

（7）感谢周彦鲁等在第 7 章 LNG 温控阀及其附件设计计算方面所做的大量试算工作；

（8）感谢马立春等在第 8 章 LNG 汽车加气系统设计计算方面所做的大量试算工作；

（9）感谢席波等在第 9 章 LNG 大型储罐设计计算方面所做的大量试算工作；

（10）感谢席波等在第 10 章 10000m^3 液化天然气球罐设计计算方面所做的大量试算工作；

（11）感谢韩昊东等在第 11 章 LNG 立式储罐设计计算方面所做的大量试算工作；

（12）感谢高世佩等在第 12 章 LNG 槽车设计计算方面所做的大量试算工作；

（13）感谢田源、张梓洲两位同学在本书编辑过程中所做的大量编排整理工作。

另外，感谢兰州交通大学众多师生们的热忱帮助，对他们在本书所做的大量工作表示由衷的感谢，没有他们的辛勤付出，相关设计计算技术及本书也难以完成，这本书也是兰州交通大学广大师生们共同努力的劳动成果。

最后，感谢在本书编辑过程中做出大量工作的化学工业出版社编辑的耐心修改与宝贵意见。

兰州交通大学

张周卫　赵　丽　汪雅红　郭舜之

2017 年 12 月

附　录

附表 1　甲烷的物性参数

温度/K	压力/MPa	液体密度/（kg/m^3）	气体密度/（kg/m^3）	液体焓/（kJ/kg）	气体焓/（kJ/kg）	液体熵/［kJ/（kg·K）］	气体熵/［kJ/（kg·K）］
100	0.034376	438.89	0.67457	−40.269	490.21	−0.37933	4.9255
105	0.056377	431.92	1.0613	−23.124	499.31	−0.21253	4.7631
110	0.08813	424.78	1.5982	−5.813	508.02	−0.052168	4.6191
115	0.13221	417.45	2.3193	11.687	516.28	0.10248	4.4902
120	0.19143	409.9	3.2619	29.405	524.02	0.25207	4.3738
125	0.26876	402.11	4.4669	47.373	531.17	0.3972	4.2676
130	0.36732	394.04	5.9804	65.629	537.67	0.53846	4.1695
135	0.49035	385.64	7.8549	84.22	543.42	0.67639	4.0779
140	0.64118	376.87	10.152	103.2	548.34	0.81158	3.9912
145	0.82322	367.65	12.945	122.65	552.32	0.94461	3.9079
150	1.04	357.9	16.328	142.64	555.23	1.0761	3.8267
155	1.295	347.51	20.419	163.31	556.89	1.2069	3.7461
160	1.5921	336.31	25.382	184.8	557.07	1.3378	3.6645
165	1.9351	324.1	31.448	207.33	555.45	1.4701	3.5799
170	2.3283	310.5	38.974	231.24	551.54	1.6054	3.4895
175	2.7765	294.94	48.559	257.09	544.52	1.7466	3.3891
180	3.2852	276.23	61.375	285.94	532.83	1.8991	3.2707
185	3.8617	251.36	80.435	320.51	512.49	2.0765	3.1142
190	4.5186	200.78	125.18	378.27	459.03	2.3687	2.7937

附表 2　乙烷的物性参数

温度/K	压力/MPa	液体密度/（kg/m^3）	气体密度/（kg/m^3）	液体焓/（kJ/kg）	气体焓/（kJ/kg）	液体熵/［kJ/（kg·K）］	气体熵/［kJ/（kg·K）］
100	0.00001108	640.95	0.0004007	−197.03	386.92	−1.4217	4.4179
105	0.00003015	635.47	0.0010386	−185.64	392.88	−1.3105	4.1992
110	0.00007428	629.98	0.0024426	−174.27	398.89	−1.2047	4.0058

续表

温度/K	压力/MPa	液体密度/（kg/m³）	气体密度/（kg/m³）	液体焓/（kJ/kg）	气体焓/（kJ/kg）	液体熵/［kJ/（kg・K）］	气体熵/［kJ/（kg・K）］
115	0.00016794	624.47	0.0052826	−162.9	404.93	−1.1036	3.834
120	0.0003523	618.95	0.010622	−151.52	411.02	−1.0067	3.681
125	0.0006922	613.4	0.020042	−140.1	417.14	−0.91356	3.5443
130	0.0012839	607.83	0.035762	−128.65	423.28	−0.82376	3.4219
135	0.0022633	602.22	0.060748	−117.16	429.45	−0.73706	3.3119
140	0.0038136	596.58	0.098797	−105.63	435.63	−0.65318	3.213
145	0.0061725	590.9	0.15459	−94.046	441.82	−0.5719	3.1237
150	0.009638	585.17	0.23373	−82.406	448	−0.49303	3.043
155	0.014573	579.39	0.34273	−70.708	454.17	−0.41637	2.9699
160	0.021405	573.55	0.48901	−58.945	460.31	−0.34175	2.9036
165	0.030633	567.65	0.68086	−47.113	466.39	−0.26903	2.8431
170	0.042819	561.68	0.92742	−35.203	472.42	−0.19806	2.7879
175	0.058591	555.64	1.2387	−23.211	478.35	−0.12869	2.7374
180	0.078638	549.51	1.6253	−11.128	484.18	−0.06082	2.6909
185	0.10371	543.29	2.099	1.0553	489.89	0.0056873	2.648
190	0.13459	536.97	2.6721	13.347	495.47	0.07094	2.6084
195	0.17214	530.53	3.3578	25.757	500.91	0.13504	2.5717
200	0.21723	523.98	4.1705	38.297	506.19	0.19811	2.5376
205	0.2708	517.29	5.1253	50.978	511.3	0.26022	2.5057
210	0.3338	510.45	6.239	63.814	516.23	0.32149	2.4759
215	0.40721	503.45	7.5297	76.818	520.96	0.38201	2.4478
220	0.49205	496.27	9.0174	90.007	525.48	0.44187	2.4213
225	0.58935	488.89	10.724	103.4	529.76	0.50117	2.3961
230	0.70018	481.29	12.676	117.01	533.77	0.56	2.372
235	0.82563	473.44	14.902	130.87	537.5	0.61847	2.3488
240	0.96679	465.31	17.435	144.99	540.89	0.67668	2.3263
245	1.1248	456.86	20.315	159.42	543.92	0.73475	2.3041
250	1.3008	448.05	23.591	174.18	546.53	0.79282	2.2822
255	1.4961	438.81	27.321	189.31	548.66	0.85102	2.2602
260	1.7118	429.08	31.578	204.88	550.24	0.90953	2.2378
265	1.9493	418.75	36.459	220.94	551.17	0.96858	2.2147
270	2.21	407.72	42.089	237.58	551.33	1.0284	2.1905
275	2.4952	395.79	48.643	254.92	550.55	1.0894	2.1645
280	2.8067	382.73	56.374	273.12	548.57	1.1521	2.1359
285	3.1463	368.13	65.675	292.43	545.02	1.2173	2.1036
290	3.5159	351.31	77.214	313.29	539.26	1.2863	2.0655
295	3.9184	330.96	92.319	336.53	530.04	1.3617	2.0177
300	4.3573	303.51	114.5	364.39	514.1	1.4507	1.9497

附表3 丙烷的物性参数

温度/K	压力/MPa	液体密度/（kg/m³）	气体密度/（kg/m³）	液体焓/（kJ/kg）	气体焓/（kJ/kg）	液体熵/［kJ/（kg·K）］	气体熵/［kJ/（kg·K）］
90	9.691×10^{-10}	728.47	5.7107×10^{-8}	−188.06	370.23	−1.2981	4.9051
95	5.4324×10^{-9}	723.29	3.0327×10^{-7}	−178.45	374.77	−1.1942	4.6291
100	2.5272×10^{-8}	718.15	1.3403×10^{-6}	−168.81	379.4	−1.0953	4.3868
105	1.0029×10^{-7}	713.03	5.0654×10^{-6}	−159.15	384.13	−1.001	4.173
110	3.4717×10^{-7}	707.93	0.00001673	−149.45	388.95	−0.91077	3.9837
115	1.0679×10^{-6}	702.86	0.00004924	−139.72	393.86	−0.82424	3.8156
120	2.9638×10^{-6}	697.79	0.00013099	−129.95	398.87	−0.74111	3.6657
125	7.5173×10^{-6}	692.74	0.00031895	−120.15	403.96	−0.66107	3.5317
130	0.00001761	687.69	0.00071863	−110.31	409.13	−0.58388	3.4118
135	0.00003848	682.64	0.0015118	−100.43	414.39	−0.50931	3.3041
140	0.00007899	677.59	0.0029928	−90.506	419.72	−0.43715	3.2073
145	0.0001534	672.53	0.005612	−80.542	425.13	−0.36723	3.1202
150	0.00028345	667.46	0.010026	−70.535	430.62	−0.29938	3.0417
155	0.00050088	662.37	0.017149	−60.481	436.18	−0.23345	2.9708
160	0.00085022	657.27	0.02821	−50.379	441.8	−0.16931	2.9068
165	0.0013917	652.15	0.044797	−40.226	447.49	−0.10683	2.849
170	0.0022041	647	0.068908	−30.019	453.23	−0.045896	2.7968
175	0.003388	641.83	0.10298	−19.756	459.03	0.013593	2.7495
180	0.0050678	636.62	0.14993	−9.433	464.88	0.071738	2.7068
185	0.0073944	631.38	0.21313	0.95299	470.77	0.12863	2.6682
190	0.010547	626.1	0.2965	11.406	476.69	0.18436	2.6332
195	0.014733	620.78	0.4044	21.931	482.65	0.239	2.6016
200	0.020192	615.42	0.54171	32.531	488.63	0.29263	2.5731
205	0.027192	610.01	0.71377	43.213	494.63	0.34532	2.5474
210	0.036032	604.55	0.92641	53.981	500.64	0.39715	2.5241
215	0.047041	599.03	1.1859	64.84	506.67	0.44817	2.5032
220	0.060574	593.45	1.499	75.797	512.69	0.49844	2.4843
225	0.077016	587.8	1.8728	86.857	518.7	0.54802	2.4673
230	0.096776	582.08	2.3152	98.027	524.71	0.59697	2.4521
235	0.12029	576.28	2.8341	109.31	530.69	0.64534	2.4384
240	0.148	570.39	3.4383	120.72	536.65	0.69318	2.4262
245	0.18039	564.42	4.137	132.26	542.57	0.74052	2.4153
250	0.21796	558.34	4.9402	143.93	548.45	0.78742	2.4055
255	0.26122	552.15	5.8585	155.75	554.28	0.83392	2.3968
260	0.31068	545.84	6.9033	167.72	560.05	0.88006	2.389

续表

温度/K	压力/MPa	液体密度/（kg/m³）	气体密度/（kg/m³）	液体焓/（kJ/kg）	气体焓/（kJ/kg）	液体熵/［kJ/（kg・K）］	气体熵/［kJ/（kg・K）］
265	0.3669	539.4	8.0871	179.86	565.75	0.92589	2.3821
270	0.43043	532.82	9.4235	192.16	571.37	0.97143	2.3759
275	0.50183	526.08	10.928	204.64	576.9	1.0167	2.3704
280	0.58169	519.17	12.616	217.31	582.32	1.0619	2.3655
285	0.67059	512.08	14.507	230.18	587.62	1.1068	2.361
290	0.76914	504.78	16.623	243.27	592.78	1.1517	2.3569
295	0.87796	497.24	18.988	256.59	597.78	1.1964	2.353
300	0.99768	489.45	21.63	270.15	602.6	1.2412	2.3494
305	1.129	481.36	24.581	283.98	607.22	1.286	2.3458
310	1.2724	472.95	27.883	298.1	611.6	1.331	2.3423
315	1.4288	464.16	31.584	312.52	615.7	1.3761	2.3385
320	1.5989	454.94	35.742	327.3	619.47	1.4214	2.3345
325	1.7833	445.2	40.434	342.46	622.87	1.4672	2.33
330	1.9828	434.86	45.757	358.06	625.8	1.5134	2.3247
335	2.1985	423.78	51.844	374.16	628.16	1.5603	2.3185
340	2.4311	411.77	58.88	390.86	629.8	1.6082	2.3109
345	2.6817	398.58	67.134	408.3	630.51	1.6573	2.3014
350	2.9514	383.77	77.028	426.7	629.95	1.7082	2.289
355	3.2418	366.6	89.285	446.41	627.6	1.7619	2.2723
360	3.5545	345.58	105.37	468.18	622.36	1.8204	2.2487

附表4　混合制冷剂物性参数

温度/K	液相压力/MPa	气相压力/MPa	液相密度/（kg/m³）	气相密度/（kg/m³）	液相焓/（kJ/kg）	气相焓/（kJ/kg）	液相熵/［kJ/（kg・K）］	气相熵/［kJ/（kg・K）］
90	0.006343	0.0063435	625.6	1.1691×10^{-7}	−161.25	396.33	−0.92437	7.558
95	0.011702	0.011702	619.92	6.2073×10^{-7}	−149.99	402.64	−0.80268	7.1223
100	0.020149	0.020149	614.21	0.00000274	−138.77	409.01	−0.68767	6.7384
105	0.032736	0.032736	608.49	0.00001035	−127.49	415.44	−0.57784	6.3985
110	0.050632	1.0992×10^{-6}	602.73	0.00003418	−116.12	421.93	−0.47234	6.0961
115	0.075076	3.3766×10^{-6}	596.96	0.00010044	−104.64	428.48	−0.37063	5.8263
120	0.10734	9.3551×10^{-6}	591.15	0.00026668	−93.041	435.09	−0.27236	5.5846
125	0.14871	0.00002367	585.31	0.00064802	−81.324	441.75	−0.17727	5.3675
130	0.20039	0.00005535	579.44	0.0014565	−69.492	448.46	−0.085163	5.172
135	0.26356	0.00012058	573.52	0.0030557	−57.55	455.23	0.0041472	4.9955
140	0.33926	0.00024676	567.56	0.0060304	−45.501	462.05	0.090821	4.8357
145	0.42843	0.00047757	561.55	0.01127	−33.347	468.91	0.17501	4.6909

续表

温度/K	液相压力/MPa	气相压力/MPa	液相密度/（kg/m³）	气相密度/（kg/m³）	液相焓/（kJ/kg）	气相焓/（kJ/kg）	液相熵/［kJ/（kg·K）］	气相熵/［kJ/（kg·K）］
150	0.53188	0.00087922	555.49	0.02006	−21.089	475.82	0.25687	4.5594
155	0.65025	0.0015477	549.37	0.034181	−8.7267	482.77	0.33653	4.4397
160	0.78402	0.0026164	543.18	0.056	3.7406	489.75	0.41414	4.3307
165	0.93352	0.0042648	536.93	0.088563	16.316	496.76	0.48982	4.2312
170	1.0989	0.006726	530.6	0.13566	29.001	503.79	0.56372	4.1403
175	1.2802	0.010295	524.18	0.20191	41.803	510.83	0.63594	4.057
180	1.4772	0.015335	517.67	0.29278	54.724	517.88	0.70661	3.9807
185	1.6897	0.022286	511.06	0.41464	67.772	524.91	0.77584	3.9106
190	1.9172	0.031666	504.34	0.5748	80.953	531.94	0.84376	3.8461
195	2.1591	0.044081	497.5	0.78151	94.275	538.92	0.91045	3.7866
200	2.4148	0.060225	490.52	1.044	107.75	545.87	0.97604	3.7316
205	2.6835	0.080886	483.4	1.3727	121.38	552.75	1.0406	3.6807
210	2.9643	0.10695	476.12	1.7789	135.18	559.56	1.1043	3.6334
215	3.2564	0.1394	468.65	2.2753	149.16	566.28	1.1672	3.5893
220	3.5586	0.17933	460.98	2.8761	163.34	572.89	1.2294	3.5481
225	3.87	0.22796	453.09	3.5968	177.73	579.37	1.291	3.5094
230	4.1892	0.28661	444.95	4.4549	192.35	585.7	1.3522	3.4729
235	4.5151	0.35676	436.52	5.4704	207.22	591.85	1.413	3.4384
240	4.8462	0.44004	427.77	6.6659	222.38	597.8	1.4735	3.4055
245	5.1809	0.53826	418.64	8.0676	237.84	603.52	1.534	3.3739
250	5.5175	0.65345	409.09	9.7063	253.64	608.97	1.5946	3.3434
255	5.854	0.78789	399.03	11.619	269.83	614.11	1.6554	3.3137
260	6.1878	0.94423	388.38	13.849	286.47	618.9	1.7168	3.2845
265	6.5159	1.1255	377.02	16.453	303.63	623.27	1.7789	3.2554
270	6.8343	1.3354	364.78	19.502	321.41	627.14	1.8421	3.2262
275	7.1377	1.5784	351.46	23.086	339.93	630.43	1.907	3.1962
280	7.4187	1.86	336.75	27.333	359.4	632.98	1.9742	3.1651
285	7.6661	2.1878	320.19	32.421	380.09	634.63	2.0447	3.132
290	7.8626	2.5722	301.09	38.621	402.46	635.09	2.1203	3.0958
295	7.9809	3.0291	278.42	46.375	427.23	633.91	2.2036	3.0549
300	7.977	3.5863	250.67	56.516	455.64	630.26	2.2992	3.0061